MATHEMATIQUES
&
APPLICATIONS

Directeurs de la collection:
J. M. Ghidaglia et X. Guyon

28

T0215942

Springer

Paris
Berlin
Heidelberg
New York
Barcelone
Budapest
Hong Kong
Londres
Milan
Santa Clara
Singapour
Tokyo

MATHEMATIQUES & APPLICATIONS

Comité de Lecture/Editorial Board

ROBERT AZENCOTT
Centre de Mathématiques et de Leurs Applications
Ecole Normale Supérieure de Cachan
61 Av du Pdt Wilson, 94235 Cachan Cedex

J. FRÉDÉRIC BONNANS
I.N.R.I.A., Domaine de Voluceau
Rocquencourt BP 105
78153 Le Chesnay Cedex

HUY DUONG BUI
Ecole Polytechnique
Laboratoire de Mécanique des Solides
Rte de Saclay, 91128 Palaiseau Cedex

PIERRE COLLET
Ecole Polytechnique
Centre de Physique Théorique
Rte de Saclay, 91128 Palaiseau Cedex

JEAN-MICHEL CORON
Centre de Mathématiques et de Leurs Applications
Ecole Normale Supérieure de Cachan
61 Av du Pdt Wilson, 94235 Cachan Cedex

PIERRE DEGOND
Mathématiques MIP UFR MIG
Université Paul Sabatier
118 Rte de Narbonne, 31062 Toulouse Cedex

JEAN-MICHEL GHIDAGLIA
Centre de Mathématiques et de Leurs Applications
Ecole Normale Supérieure de Cachan
61 Av du Pdt Wilson, 94235 Cachan Cedex

XAVIER GUYON
Département de Mathématiques
Université Paris I
12, Place du Panthéon, 75005 Paris

THIERRY JEULIN
Mathématiques case 7012
Université Paris VII
2 Place Jussieu, 75251 Paris Cedex 05

PIERRE LADEVÈZE
Laboratoire de Mécanique et Technologie
Ecole Normale Supérieure de Cachan
61 Av du Pdt Wilson, 94235 Cachan Cedex

PATRICK LASCAUX
Direction des Recherches en Île de France CEA
BP12, 91680 Bruyères le Chatel

YVES MORCHOISNE
ONERA CMN, BP 72, 29 Av Division Leclerc,
93322 Châtillon Cedex

JEAN-MICHEL MOREL
Université Paris-Dauphine, Ceremade
Place du Mal de Lattre de Tassigny
75775 Paris Cedex 16

BENOÎT PERTHAME
Université Paris 6
Analyse Numérique T. 55/65 5ème Etage
4 Place Jussieu, 75252 Paris Cedex 05

JEAN-CHARLES ROCHET
Université des Sciences Sociales
Institut d'Economie industrielle
Place Anatole France, 31042 Toulouse Cedex

GAUTHIER SALLET
I.N.R.I.A.
Cescom Technopole
4, rue Marconi, 57070 Metz

BERNARD SARAMITO
Université de Clermont II
Mathématiques Appliquées
Les Cézeaux, 63174 Aubière Cedex

JEAN-CLAUDE SAUT
Université Paris-Sud
Département de Mathématiques
Bâtiment 425, 91405 Orsay Cedex

JACQUES WOLFMANN
Groupe d'Etude du Codage de Toulon
Université de Toulon BP 132
Faculté des Sciences et Techniques
83957 La Garde Cedex

Directeurs de la collection:
J. M. GHIDAGLIA et X. GUYON

Instructions aux auteurs:

Les textes ou projets peuvent être soumis directement à l'un des membres du comité de lecture avec copie à J. M. GHIDAGLIA ou X. GUYON. Les manuscrits devront être remis à l'Éditeur *in fine* prêts à être reproduits par procédé photographique.

Christiane Cocozza-Thivent

Processus stochastiques et fiabilité des systèmes

Springer

Christiane Cocozza-Thivent
Université de Marne-la-Vallée
Equipe Analyse et Mathématiques Appliquées
2, Rue de la Butte Verte
F-93166 Noisy-Le-Grand, France

Mathematics Subject Classification:
60G55 60J75 60K05 60K10 60K15 60K20 90B25 62N05 62M99

ISBN 3-540-63390-1 Springer-Verlag Berlin Heidelberg New York

Tous droits de traduction, de reproduction et d'adaptation réservés pour tous pays.
La loi du 11 mars 1957 interdit les copies ou les reproductions destinées à une utilisation collective. Toute représentation, reproduction intégrale ou partielle faite par quelque procédé que ce soit, sans le consentement de l'auteur ou de ses
ayants cause, est illicite et constitue une contrefaçon sanctionnée par les articles 425 et suivants du Code pénal.

© Springer-Verlag Berlin Heidelberg 1997
Imprimé en Allemagne

SPIN: 10551948   46/3143 - 5 4 3 2 1 0 - Imprimé sur papier non acide

A la mémoire de François

Avant-Propos

Encore un livre sur les processus stochastiques, dira-t-on ! J'espère que l'état d'esprit dans lequel il a été conçu lui donne cependant quelque originalité. Ce livre est le résultat de la compilation des cours de DESS que j'ai dispensés à l'université de Marne-la-Vallée et des cours de DEA donnés au Laboratoire de Probabilités de l'université Pierre et Marie Curie puis au Laboratoire d'Analyse et Mathématiques Appliquées de l'université de Marne-la-Vallée.

Le fil directeur de ces cours est la fiabilité et j'ai voulu montrer ce que peut apporter l'étude des processus stochastiques dans ce domaine. Cela permet d'aborder des techniques variées dans des cas relativement simples. Chemin faisant, cela m'a conduit à présenter des démonstrations de résultats (éventuellement partiels) qui sont vrais dans des cadres plus généraux, sans utiliser de techniques sophistiquées mais en conservant cependant l'esprit (les principes, les idées, les méthodes) des démonstrations.

Certaines parties sont d'inspiration très appliquée et peuvent être abordées par toute personne (étudiant, ingénieur) ayant des connaisances en probabilités-statistiques. D'autres font appel à des concepts plus pointus et offrent des ouvertures sur la recherche.

Le plus souvent un thème a donné lieu à deux chapitres : le premier présente les outils mathématiques, le second les applications à la fiabilité. J'espère que cette présentation permettra au lecteur de s'orienter plus facilement en fonction de ses centres d'intérêt, l'objet mathématique lui-même ou ses applications en fiabilité, tout en lui donnant la possibilité de compléter son étude en parcourant les applications ou en se référant aux résultats mathématiques utiles.

Après un premier chapitre présentant la terminologie de la fiabilité, l'ouvrage se divise en deux parties qui peuvent être consultées indépendamment.

L'idée directrice de la première partie est l'analyse statistique des défaillances d'un matériel. Ce n'est pas un cours de statistiques sur le sujet, seul l'apport des processus stochastiques est abordé. Les chapitres 2 et 3 sont consacrés au processus de Poisson; l'intérêt d'une modélisation par les processus ponctuels apparait dans les chapitres 4 et 5.

La deuxième partie est tournée vers l'analyse prévisionnelle d'un système. Le concept mathématique de base utilisé dans cette partie est la théorie du renouvellement à laquelle est consacré le chapitre 6. Le chapitre 7 présente les méthodes les plus répandues (et les plus utilisées par les ingénieurs) de représentation et d'analyse de systèmes, les informations qu'elles permettent d'obtenir, les problèmes qu'elles posent. Cette seconde partie se poursuit par la modélisation par processus de Markov (chapitres 8 et 9) et s'achève par l'étude des processus semi-markoviens (chapitre 10).

Les appendices contiennent des développements techniques qui complètent et éclairent le corps de l'ouvrage.

Les principales notations utilisées sont rappelées après la table des matières.

Les définitions, lemmes, propositions, théorèmes, remarques, exemples, sont numérotés linéairement (par exemple la définition 1.1 est suivie par la proposition 1.2, elle-même suivie par la définition 1.3 et l'exemple 1.4), le premier nombre correspond au numéro du chapitre, le deuxième à la place dans celui-ci. Les exercices sont numérotés indépendamment, selon le même principe. Il en va de même pour les formules. Les figures ne sont repérées que par un seul nombre, qui les situe par rapport à l'ensemble des figures du chapitre courant. Pour les appendices, le numéro de chapitre est remplacé par une lettre.

Les démonstrations sont délimitées par des trèfles, de façon à permettre au lecteur pressé d'en sauter le texte s'il le souhaite.

Je voudrais remercier très chaleureusement tous les collègues et étudiants qui m'ont aidés par leurs conseils, leurs remarques, leurs suggestions. Je pense en particulier à Didier Chauveau, Valentine Genon-Catalot, Jean Jacod, James Ledoux, Sophie Mercier, Jean-Pierre Raoult, Michel Roussignol, Isabelle Siffre.

Christiane Cocozza–Thivent

Table des Matières

Terminologie et notations

Dans tout ce livre, les variables aléatoires considérées sont définies sur un espace de probabilité $(\Omega, \mathcal{A}, \mathbb{P})$ et les points de Ω sont notés ω.

$a \wedge b$	minimum de a et b
A^c	complémentaire de l'ensemble A
A^T	transposée de la matrice A
1_A	fonction indicatrice de l'ensemble A
$diagq$	matrice diagonale dont la diagonale est le vecteur q
càd-làg	continu à droite et pourvu de limite à gauche
$\|f\|_\infty$	$= \sup_x |f(x)|$
$f^{(n)}$	dérivée $n^{ème}$ de f
positive	≥ 0
p.s.	presque-sûrement
$\mathbb{R}_+$	$[0, +\infty[$
$\mathbb{R}_+^*$	$]0, +\infty[$
$\xrightarrow{p.s.}$	converge presque-sûrement
$\xrightarrow{P}$	converge en probabilité
$\xrightarrow{\mathcal{L}}$	converge en loi
$\mathcal{N}(0, \Sigma)$	variable aléatoire gaussienne centrée de dispersion Σ

Chapitre 1

Introduction à la fiabilité

1.1 Mesures de performances

On considère un matériel (une pompe, un moteur, un composant électronique, une voiture...) pouvant se trouver dans différents états. Cet ensemble d'états est noté E ; dans tous les exemples que nous considèrerons, ce sera un ensemble fini. Il se décompose en deux sous-ensembles formant une partition : l'ensemble $\mathcal{M}$ des états de marche et l'ensemble $\mathcal{P}$ des états de panne.

L'évolution du matériel dans le temps est décrite par un processus stochastique $(X_t)_{t \geq 0}$, à valeurs dans E, continu à droite et pourvu de limite à gauche en tout point.

La "qualité" du matériel, du point de vue sûreté de fonctionnement, est donnée par un certain nombre d'indicateurs ou mesures de performance. La liste de celles qui sont utilisées le plus couramment est donnée ci-dessous.

La **disponibilité** (*availability* en anglais) $D(t)$ du matériel à l'instant t est la probabilité pour que le matériel fonctionne à cet instant :

$$D(t) = \mathbb{P}(X_t \in \mathcal{M}).$$

Cette quantité est également appelée **disponibilité instantanée** à l'instant t (terminologie que nous n'adopterons pas dans ce livre), par opposition à la **disponibilité moyenne sur l'intervalle de temps** $[0, t]$ qui, selon les auteurs, désigne soit la proportion de temps pendant laquelle le matériel est en marche sur l'intervalle de temps $[0, t]$:

$$\frac{1}{t} \int_0^t 1_{\{X_s \in \mathcal{M}\}} \, ds,$$

soit l'espérance mathématique de cette dernière quantité, c'est-à-dire la moyenne de la disponibilité instantanée sur l'intervalle de temps $[0, t]$:

$$\frac{1}{t} \int_0^t D(s) \, ds .$$

Nous appelons **disponibilité asymptotique** et nous la notons $D(\infty)$, la limite, lorsque t tend vers l'infini, de la disponibilité à l'instant t (quand cette limite existe) :

$$D(\infty) = \lim_{t \to +\infty} D(t),$$

c'est donc également la limite, quand t tend vers l'infini de $\frac{1}{t} \int_0^t D(s)\,ds$.

Le processus considéré sera en général ergodique, si bien qu'on aura aussi, presque-sûrement :

$$D(\infty) = \lim_{t \to +\infty} \frac{1}{t} \int_0^t 1_{\{X_s \in \mathcal{M}\}}\,ds.$$

L'**indisponibilité** à l'instant t est la probabilité que le système soit en panne à cet instant :

$$\bar{D}(t) = \mathbb{P}(X_t \in \mathcal{P}) = 1 - D(t),$$

et l'**indisponibilité asymptotique** est la limite, lorsque t tend vers l'infini, de l'indisponibilité à l'instant t (quand cette limite existe) :

$$\bar{D}(\infty) = \lim_{t \to +\infty} \bar{D}(t) = 1 - D(\infty).$$

La **fiabilité** (*reliability* en anglais) $R(t)$ du matériel à l'instant t est la probabilité que le matériel soit en fonctionnement sur tout l'intervalle de temps $[0, t]$:

$$R(t) = \mathbb{P}(X_s \in \mathcal{M}, \forall s \in [0, t]),$$

et la **défiabilité** $\bar{R}(t)$ à l'instant t est la probabilité que le matériel ait une panne pendant l'intervalle de temps $[0, t]$.

Soit $T = \inf\{s \geq 0 : X_s \in \mathcal{P}\}$ la première durée de bon fonctionnement du matériel, et F la fonction de répartition de la variable aléatoire T, nous avons :

$$R(t) = \mathbb{P}(T > t) = 1 - F(t),$$

$$\bar{R}(t) = 1 - R(t) = \mathbb{P}(T \leq t) = F(t).$$

L'inégalité $R(t) \leq D(t)$ est toujours vérifiée. Remarquons que lorsque le matériel n'est pas réparable (ce qui revient à dire que l'ensemble des états de panne est absorbant), nous avons $R(t) = D(t)$. Cette remarque évidente permet de ramener un calcul de fiabilité à un calcul de disponibilité et sera utilisée dans les modélisations markoviennes (chapitre 9) et semi-markoviennes (chapitre 10).

Si on remplace l'ensemble $\mathcal{M}$ par l'ensemble $\mathcal{P}$, la quantité duale de la fiabilité est la **démaintenabilité**, $\bar{M}$:

$$\bar{M}(t) = \mathbb{P}(X_s \in \mathcal{P}, \forall s \in [0, t]),$$

tandis que la **maintenabilité** est la probabilité que la réparation du matériel soit achevée avant l'instant t, ces notions de maintenabilité et de démaintenabilité n'étant utilisées que lorsque le matériel est en panne à l'instant initial :

$$M(t) = 1 - \bar{M}(t) = \mathbb{P}(\exists s \in [0, t],\ X_s \in \mathcal{M}) \qquad \text{lorsque}\ \ X_0 \in \mathcal{P}.$$

Examinons maintenant les différentes durées moyennes.

Le **MTTF** (Mean Time To Failure) est la durée moyenne de bon fonctionnement :

$$MTTF = \mathbb{E}(T) = \int_0^{+\infty} \mathbb{P}(T > t)\, dt = \int_0^{+\infty} R(t)\, dt.$$

Le **MTTR** (Mean Time To Repair) est la durée moyenne de réparation. Elle n'est en général définie que si le matériel est en panne à l'instant initial, et :

$$MTTR = \int_0^{+\infty} \bar{M}(t)\, dt \qquad \text{lorsque } X_0 \in \mathcal{P}.$$

Lorsque le matériel considéré est réparable, le matériel passe par des périodes successives de marche et de panne. Notons M_n (respectivement P_n) la durée de la $n^{\text{ème}}$ période de bon fonctionnement (respectivement de réparation). Le **MUT** (Mean Up Time) est la durée moyenne de fonctionnement sans panne "en asymptotique" dans le sens où :

$$MUT = \lim_{n\to\infty} \mathbb{E}(M_n)$$

lorsque cette limite existe, tandis que le **MDT** (Mean Down Time) est la quantité duale :

$$MDT = \lim_{n\to\infty} \mathbb{E}(P_n)$$

lorsque cette limite existe.
Le **MTBF** (Mean Time Between Failure) est la durée moyenne qui sépare deux défaillances "en asymptotique" (au sens précédent), c'est-à-dire :

$$MTBF = MUT + MDT.$$

1.2 Taux de hasard, de défaillance, de réparation

Dans ce paragraphe nous considérons une variable aléatoire positive T de fonction de répartition F et nous posons $\bar{F} = 1 - F$.

1.2.1 Les formules de base

Nous commençons par supposer que la loi de T admet une densité f par rapport à la mesure de Lebesgue sur $\mathbb{R}_+$.

On appelle **taux de hasard** de la variable aléatoire T, la fonction :

$$h(t) = \begin{cases} \dfrac{f(t)}{\bar{F}(t)} & \text{si } \bar{F}(t) \neq 0, \\[2mm] 0 & \text{si } \bar{F}(t) = 0. \end{cases} \qquad (1.1)$$

La fonction f n'est définie qu'à une équivalence près (relativement à la mesure de Lebesgue), il en est donc de même pour le taux de hasard h. Cependant, dans la plupart des applications, la variable T admet pour densité une fonction continue sur $\mathbb{R}_+^*$. Si tel est le cas nous prendrons pour fonction f *cette fonction continue* et nous prendrons pour taux de hasard *la* fonction continue correspondante.

Si T représente la durée de fonctionnement sans défaillance d'un matériel, la fonction h s'appelle le **taux de défaillance** du matériel et se note λ. Si T représente une durée de réparation, h est appelée **taux de réparation** et se note μ.

La terminologie de "taux" est justifiée par la proposition suivante :

Proposition 1.1 *Supposons que la variable aléatoire T admette une densité f qui soit continue sur $\mathbb{R}_+^*$. Alors, pour tout $t > 0$ tel que $P(T > t) > 0$:*

$$h(t) = \lim_{\Delta \to 0_+} \frac{1}{\Delta} \mathbb{P}(t < T \le t + \Delta / T > t).$$

♣ *Démonstration* : Il suffit de remarquer que :

$$\frac{1}{\Delta} \mathbb{P}(t < T \le t + \Delta / T > t) = \frac{1}{\bar{F}(t)} \frac{F(t+\Delta) - F(t)}{\Delta},$$

et que $F' = f$ puisque f est continue. ♣

Proposition 1.2 *Supposons que T admette une densité f qui soit une fonction continue sur $\mathbb{R}_+^*$, et soit $A = \{t > 0 : \bar{F}(t) \neq 0\}$, alors les conditions suivantes sont équivalentes :*

1. $\forall t \in A$, $\quad h(t) = \dfrac{f(t)}{\bar{F}(t)}$

2. $\forall t \in A$, $\quad h(t) = (-\log \bar{F}(t))'$

3. $\forall t \in A$, $\quad \bar{F}(t) = \exp\left(-\displaystyle\int_0^t h(s)\, ds\right)$

4. $\forall t \in A$, $\quad f(t) = h(t) \exp\left(-\displaystyle\int_0^t h(s)\, ds\right)$

♣ *Démonstration* : La condition *1* équivaut à $h = \dfrac{-\bar{F}'}{\bar{F}}$, d'où l'équivalence entre *1* et *2*. L'équivalence entre les conditions *2* et *3* est immédiate en utilisant le fait que $\bar{F}(0) = 1$. L'implication *3* $\Rightarrow$ *4* s'obtient par dérivation et *4* $\Rightarrow$ *3* par intégration en remarquant que *4* s'écrit :

$$' -\bar{F}'(t) = -\left[\exp\left(-\int_0^t h(s)\, ds\right)\right]'. \qquad ♣$$

Lorsque nous enlevons la condition de continuité sur f, l'équivalence entre les conditions *1* et *3* de la proposition 1.2 reste valable et nous donne la caractérisation fondamentale du taux de hasard.

Proposition 1.3 *La variable aléatoire T a pour taux de hasard h si et seulement si, pour tout t positif :*

$$\mathbb{P}(T > t) = \exp\left(-\int_0^t h(s)\,ds\right).$$

♣ *Démonstration* : Supposons que T ait pour taux de hasard h, alors :

$$\mathbb{P}(T \le t) = \int_0^t f(s)\,ds = \int_0^t \mathbb{P}(T > s)h(s)\,ds.$$

Nous en déduisons que la fonction $z(t) = \mathbb{P}(T > t)$ est solution de l'équation intégrale :

$$z(t) = 1 - \int_0^t z(s)h(s)\,ds.$$

Or, d'après la proposition A.7 (appendice A), cette équation admet une et une seule solution $t \to z(t)$ qui soit bornée sur tout compact, et cette solution est :

$$z(t) = \exp\left(-\int_0^t h(s)\,ds\right).$$

Réciproquement, supposons que $\mathbb{P}(T > t) = \exp\left(-\int_0^t h_0(s)\,ds\right)$ pour une certaine fonction h_0. En utilisant la condition nécessaire que nous venons de démontrer, nous voyons que :

$$\int_0^t h_0(s)\,ds = \int_0^t h(s)\,ds \quad \forall t,$$

et par conséquent $h = h_0$ presque-partout (relativement à la mesure de Lebesgue). ♣

Nous allons déduire deux corollaires de cette proposition. Le premier n'est qu'une ré-écriture de la proposition 1.3 avec la terminologie de la fiabilité.

Corollaire 1.4 *La fiabilité d'un matériel de taux de défaillance λ est :*

$$R(t) = \exp\left(-\int_0^t \lambda(s)\,ds\right).$$

Le second corollaire est une manière d'exprimer le fait que la loi exponentielle est la seule loi avec densité qui soit sans mémoire.

Corollaire 1.5 *La variable aléatoire T a un taux de hasard constant égal à c si et seulement si T est de loi exponentielle de paramètre c.*

Si la variable aléatoire T désigne la durée de fonctionnement d'un matériel, un taux de défaillance constant signifie que le matériel ne vieillit pas (et ne rajeunit pas non plus !).

Il est couramment admis que la courbe du taux de défaillance $t \to \lambda(t)$ d'un matériel est une courbe en baignoire (cf figure ci-dessous). Pendant une première période, le taux de défaillance est décroissant, c'est la période de déverminage ou de rodage ou encore de jeunesse, puis le taux de défaillance est approximativement constant, c'est la période de "vie utile", enfin dans une troisième phase le taux de défaillance est croissant, c'est la période de vieillissement ou d'usure.

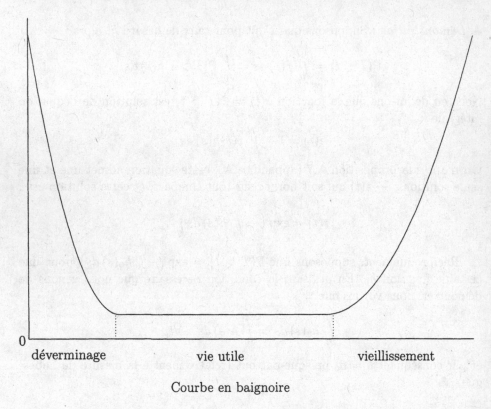

Courbe en baignoire

1.2.2 Taux de défaillance monotone

Nous supposons ici que la variable aléatoire T possède une densité et représente la durée de fonctionnement d'un matériel, nous parlerons donc de taux de défaillance au lieu de taux de hasard et nous le noterons $\lambda(t)$ (au lieu de $h(t)$).

Une variable aléatoire ou une loi est dite **IFR** (*Increasing Failure Rate*) si son taux de défaillance est une fonction croissante. Elle est dite **DFR** (*Decreasing Failure Rate*) si son taux de défaillance est une fonction décroissante.

En accord avec ce que nous avons dit précédemment, si T admet une densité f continue, le taux de défaillance est défini *partout* par la formule (1.1) et les définitions sont claires. Dans le cas contraire, le taux de défaillance n'est défini que presque-partout et les définitions ci-dessus signifient qu'il existe une version du taux de défaillance qui est croissante (pour le cas IFR) ou décroissante (pour le cas DFR).

On appelle **durée de survie** à la date t, une variable aléatoire τ_t dont la loi est donnée par :

$$\mathbb{P}(\tau_t > x) = \mathbb{P}(T - t > x/T > t) = \frac{\bar{F}(t+x)}{\bar{F}(t)} . \tag{1.2}$$

Proposition 1.6 *On suppose f continue, donc $\bar{F}$ dérivable, alors :*
1) Les propriétés suivantes sont équivalentes :

- T *est IFR,*

- $\log \bar{F}$ *est concave,*

- $\forall a > 0$ *, la fonction $t \rightarrow \dfrac{\bar{F}(t+a)}{\bar{F}(t)}$ est décroissante,*

- $\forall a > 0$ *, la fonction $t \rightarrow \mathbb{P}(\tau_t > a)$ est décroissante.*

2) Les propriétés suivantes sont équivalentes :

- T *est DFR,*

- $\log \bar{F}$ *est convexe,*

- $\forall a > 0$ *, la fonction $t \rightarrow \dfrac{\bar{F}(t+a)}{\bar{F}(t)}$ est croissante,*

- $\forall a > 0$ *, la fonction $t \rightarrow \mathbb{P}(\tau_t > a)$ est croissante.*

♣ *Démonstration* : Nous nous contentons de démontrer la première partie de la proposition.

L'égalité $\lambda = -(\log \bar{F})'$ montre que T est IFR si et seulement si $(\log \bar{F})'$ est décroissante, ce qui équivaut à $\log \bar{F}$ concave.

Posons $\varphi(t) = \log \bar{F}(t)$. Alors la fonction $t \rightarrow \bar{F}(t+a)/\bar{F}(t)$ est décroissante si et seulement si la fonction $t \rightarrow \log \frac{\bar{F}(t+a)}{\bar{F}(t)} = \varphi(t+a) - \varphi(t)$ est décroissante, c'est-à-dire $\varphi'(t+a) - \varphi'(t) \leq 0$ pour tout t. Par conséquent, pour tout $a > 0$ la fonction $t \rightarrow \bar{F}(t+a)/\bar{F}(t)$ est décroissante si et seulement si pour tous a et t, $\varphi'(t+a) - \varphi'(t) \leq 0$, c'est-à-dire si et seulement si φ' est décroissante ou de façon équivalente φ est concave. ♣

Proposition 1.7 *Posons $a_n = \dfrac{\mathbb{E}(T^n)}{n!}$ pour $n \geq 0$. Soit n tel que les quantités a_{n-1}, a_n, a_{n+1} soient finies, nous avons :*

- *si T est IFR alors $a_{n+1}a_{n-1} \leq a_n^2$,*

- *si T est DFR alors $a_{n+1}a_{n-1} \geq a_n^2$.*

♣ *Démonstration* : Elle s'appuie sur les égalités :

$$\mathbb{E}(T^n) = \int_0^{+\infty} x^n f(x)\, dx,$$

$$\frac{1}{n}\mathbb{E}(T^n) = \int_0^{+\infty} x^{n-1}\bar{F}(x)\, dx$$

(la deuxième égalité s'obtient en appliquant le théorème de Fubini au second membre). Nous en déduisons que :

$$
\begin{aligned}
a_{n+1}a_{n-1} - a_n^2 &= \int_0^{+\infty} \frac{x^n}{n!}\bar{F}(x)\, dx \times \int_0^{+\infty} \frac{y^{n-1}}{(n-1)!}f(y)\, dy \\
&\quad - \int_0^{+\infty} \frac{x^{n-1}}{(n-1)!}\bar{F}(x)\, dx \times \int_0^{+\infty} \frac{y^n}{n!}f(y)\, dy \\
&= \int_0^{+\infty}\int_0^{+\infty} \frac{1}{n!(n-1)!}\bar{F}(x)f(y)x^{n-1}y^{n-1}(x-y)\, dx\, dy.
\end{aligned}
$$

En utilisant l'égalité $f = \lambda\bar{F}$ et la symétrie de l'expression ci-dessus, nous obtenons :

$$
\begin{aligned}
a_{n+1}a_{n-1} &- a_n^2 \\
&= \int_0^{+\infty}\int_0^{+\infty} \frac{1}{n!(n-1)!}\bar{F}(x)\bar{F}(y)\lambda(y)x^{n-1}y^{n-1}(x-y)\, dx\, dy \\
&= \int_0^{+\infty}\int_0^{+\infty} \frac{1}{n!(n-1)!}\bar{F}(x)\bar{F}(y)\lambda(x)x^{n-1}y^{n-1}(y-x)\, dx\, dy \\
&= \frac{1}{2}\int_0^{+\infty}\int_0^{+\infty} \frac{1}{n!(n-1)!}\bar{F}(x)\bar{F}(y)x^{n-1}y^{n-1}(\lambda(y)-\lambda(x))(x-y)\, dx\, dy,
\end{aligned}
$$

d'où le résultat. ♣

Le **coefficient de variation** d'une variable aléatoire ou d'une loi de probabilité d'espérance μ et de variance σ^2 est le quotient $\frac{\sigma}{\mu}$. Cela peut s'interpréter comme la version aléatoire de la notion d'erreur relative.

Corollaire 1.8 *Soit T une variable aléatoire de carré intégrable :*

- *si T est IFR, alors $\dfrac{\sigma}{\mu} \leq 1$,*

- *si T est DFR, alors $\dfrac{\sigma}{\mu} \geq 1$.*

1.2.3 Loi NBU

Nous gardons la terminologie et les notations du paragraphe précédent, la variable aléatoire T représente donc la durée de fonctionnement d'un matériel et son taux de défaillance est noté λ.

La variable aléatoire T (ou sa loi) est **NBU** (New Better than Used) si pour tous s et t :

$$\bar{F}(t+s) \leq \bar{F}(t)\bar{F}(s),$$

ce qui équivaut, en notant

$$\Lambda(t) = \int_0^t \lambda(u)\,du$$

le taux de défaillance cumulé, à la sur-additivité de la fonction Λ :

$$\forall s, t \geq 0 \qquad \Lambda(t+s) \geq \Lambda(t) + \Lambda(s).$$

La terminologie est due au fait que, pour tout $t > 0$, la durée de survie τ_t à la date t (dont la définition est donnée par la formule (1.2)) est stochastiquement inférieure à la durée initiale T (cf paragraphe 1.4), au sens où :

$$\forall s > 0 \quad \mathbb{P}(\tau_t > s) \leq \mathbb{P}(T > s).$$

Proposition 1.9 *Toute loi IFR est NBU.*

♣ *Démonstration* : La sur-additivité de la fonction Λ s'écrit :

$$\forall s, t \qquad \int_t^{t+s} \lambda(u)\,du \geq \int_0^s \lambda(u)\,du.$$

Or, si λ est croissante, on a :

$$\int_t^{t+s} \lambda(u)\,du = \int_0^s \lambda(t+u)\,du \geq \int_0^s \lambda(u)\,du. \qquad ♣$$

Notons $\lambda(\infty)$ le **taux de défaillance asymptotique**, c'est-à-dire :

$$\lambda(\infty) = \lim_{t\to\infty} \lambda(t)$$

lorsque cette limite existe.

Proposition 1.10 (approximation exponentielle) *Si T est NBU, si λ est bornée (hors d'un voisinage de 0) et si $\lambda(\infty)$ existe, alors :*

$$\mathbb{P}(T > t) \geq e^{-\lambda(\infty)t}.$$

♣ *Démonstration* : Nous avons vu que, dans le cas NBU, pour tous s et t :

$$\int_0^t \lambda(u)\,du \leq \int_0^t \lambda(u+s)\,du.$$

En faisant tendre s vers l'infini, nous obtenons :

$$\int_0^t \lambda(u)\,du \leq \lambda(\infty)t,$$

d'où le résultat. ♣

Ce résultat fournit une approximation exponentielle de la fiabilité qui est pessimiste. Ce type de résultat est fort utile en pratique (du moins lorsqu'on sait calculer assez facilement le paramètre, ici $\lambda(\infty)$, de l'approximation exponentielle). Nous y reviendrons dans le chapitre 7 (paragraphe 7.3.4) et dans le chapitre 9 (paragraphes 9.3 et 9.4).

Des développements sur d'autres approximations exponentielles de la fiabilité et d'autres notions de vieillissement ont été réalisés par l'école probabiliste russe. Le lecteur intéressé est invité à se reporter au livre de J.L. Bon [17], chapitres VII et XIII.

1.2.4 Deux familles de lois classiques en fiabilité

La loi gamma

Soit α et β deux réels strictement positifs. La **loi gamma** de paramètres (α, β) est la loi de densité

$$f(x) = \frac{1}{\Gamma(\alpha)\beta^\alpha}\, x^{\alpha-1} e^{-\frac{x}{\beta}}$$

par rapport à la mesure de Lebesgue sur $\mathbb{R}_+$, la fonction Γ étant définie pour $\alpha > 0$ par :

$$\Gamma(\alpha) = \int_0^{+\infty} x^{\alpha-1} e^{-x}\, dx.$$

Le paramètre α est le paramètre de forme et β le paramètre d'échelle.

Nous résumons les principales propriétés de la loi gamma dans la proposition suivante.

Proposition 1.11 :

1. (a) *Pour $0 < \alpha < 1$, la loi gamma de paramètres (α, β) est DFR et son taux de hasard h vérifie :*

    $$\lim_{x \to 0} h(x) = +\infty\ , \qquad \lim_{x \to +\infty} h(x) = \frac{1}{\beta}\ .$$

    (b) *Pour $\alpha > 1$, la loi gamma de paramètres (α, β) est IFR et son taux de hasard h vérifie :*

    $$\lim_{x \to 0} h(x) = 0\ , \qquad \lim_{x \to +\infty} h(x) = \frac{1}{\beta}\ .$$

2. *Soit T une variable aléatoire de loi gamma de paramètres (α, β), alors :*

    $$\mathbb{E}(T) = \alpha\beta\ , \qquad var(T) = \alpha\beta^2$$

    $$\mathbb{E}(e^{-sT}) = \frac{1}{(1+\beta s)^\alpha}\ , \qquad \mathbb{E}(e^{iuT}) = \frac{1}{(1-i\beta u)^\alpha}\ .$$

3. *Soit T_1 et T_2 deux variables aléatoires indépendantes de loi gamma de paramètres respectifs (α_1, β) et (α_2, β). Alors $T_1 + T_2$ est de loi gamma de paramètres $(\alpha_1 + \alpha_2, \beta)$.*

La famille des lois gamma contient des lois connues. La loi gamma de paramètres

- $\alpha = 1$ et β est la **loi exponentielle** de paramètre $\frac{1}{\beta}$,

- $\alpha = n$ et $\beta = \frac{1}{\lambda}$ est la **loi d'Erlang** d'ordre n et de paramètre λ (loi de la somme de n variables aléatoires indépendantes de même loi exponentielle de paramètre λ),

- $\alpha = \frac{n}{2}$ et $\beta = 2$ est la **loi du χ^2** à n degrés de liberté (loi de la somme des carrés de n variables aléatoires indépendantes de même loi gaussienne centrée de variance 1).

Les deux derniers résultats sont des conséquences de la partie *3* de la proposition 1.11.

La loi de Weibull

Donnons-nous trois paramètres α, β et θ, les deux premiers étant strictement positifs, le troisième étant positif ou nul. La loi de densité :

$$f(t) = \frac{\beta}{\alpha} \left(\frac{t - \theta}{\alpha} \right)^{\beta - 1} \exp \left\{ - \left(\frac{t - \theta}{\alpha} \right)^{\beta} \right\}$$

par rapport à la mesure de Lebesgue sur $[\theta, +\infty[$ est la **loi de Weibull** de paramètres (α, β, θ).

Le paramètre α est le paramètre d'échelle, β est le paramètre de forme et θ le paramètre de translation.

Remarquons que le cas $\beta = 1$ et $\theta = 0$ correspond à la loi exponentielle de paramètre $1/\alpha$.

Nous ne considérerons ici que le cas $\theta = 0$ et nous parlerons alors de la loi de Weibull de paramètres (α, β).

Proposition 1.12 *Soit T une variable aléatoire de loi de Weibull de paramètres (α, β). Notons h son taux de hasard .*

1. *Alors :*

$$h(t) = \frac{\beta}{\alpha} \left(\frac{t}{\alpha} \right)^{\beta - 1}, \quad \mathbb{P}(T > t) = \exp \left\{ - \left(\frac{t}{\alpha} \right)^{\beta} \right\},$$

$$\mathbb{E}(T) = \alpha \, \Gamma(1 + \frac{1}{\beta}), \quad var(T) = \alpha^2 \left[\Gamma(1 + \frac{2}{\beta}) - \Gamma^2(1 + \frac{1}{\beta}) \right].$$

2. *La variable aléatoire $\left(\frac{T}{\alpha} \right)^{\beta}$ est de loi exponentielle de paramètre 1.*

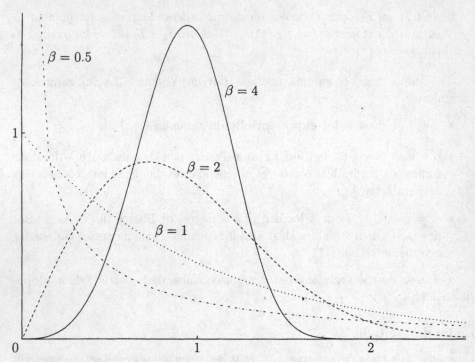

Densité de la loi de Weibull de paramètres $\theta = 0$, $\alpha = 1$ et β.

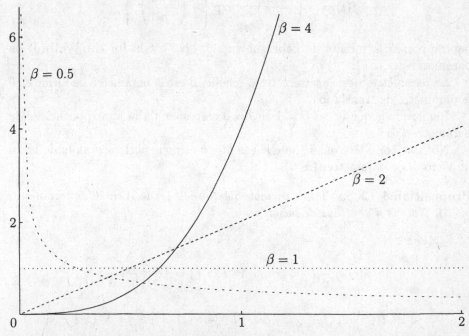

Taux de hasard de la loi de Weibull de paramètres $\theta = 0$, $\alpha = 1$ et β.

La loi de Weibull est très utilisée en fiabilité. La première raison est que cette loi est apparue "expérimentalement" lors d'études sur le taux de défaillance de matériels. Notons λ le taux de défaillance du matériel étudié et Λ son taux de défaillance cumulé : $\Lambda(t) = \int_0^t \lambda(s)\,ds$. J. Duane a constaté que $\log \Lambda(t)$ était approximativement une fonction linéaire de $\log t$ (voir à ce propos l'exercice 3.1).

On peut également considérer que le théorème des valeurs extrêmes fournit une explication mathématique au fait que cette loi se rencontre "dans la nature". Il peut s'énoncer par exemple sous la forme suivante ([11], chapitre 8, théorème 3.3) :

Théorème 1.13 (extrait du théorème des valeurs extrêmes) *Considérons des variables aléatoires $(X_k)_{k \geq 1}$ indépendantes de même loi de fonction de répartition F. Supposons qu'il existe :*

a. un réel x_0 pour lequel $F(x_0) = 0$ et $F(x) > 0$ pour tout $x > x_0$,

b. un réel $\beta > 0$ tel que, pour tout $x > 0$:

$$\lim_{t \downarrow 0} \frac{F(xt + x_0)}{F(t + x_0)} = x^\beta.$$

Alors il existe des suites de réels a_n et b_n ($a_n > 0$) telles que la suite de variables aléatoires :

$$Z_n = \min_{1 \leq k \leq n} (a_n X_k + b_n)$$

converge en loi, lorsque n tend vers l'infini, vers une variable aléatoire de loi de Weibull de paramètre de forme β.

La variable Z_n peut représenter la durée de vie d'un matériel décomposé en n éléments, le matériel étant défaillant dès que l'un des éléments le constituant est défaillant (imaginer par exemple un câble découpé "virtuellement" en n tronçons).

Exemple 1.14 : Si les X_k sont de loi gamma de paramètres de forme α, alors Z_n converge en loi vers une variable aléatoire de loi de Weibull de paramètre de forme α. En effet, $x_0 = 0$ et en appliquant la formule généralisée des accroissements finis (règle de l'hôpital), on obtient :

$$\lim_{t \downarrow 0} \frac{F(xt)}{F(t)} = \lim_{t \downarrow 0} \frac{F(xt) - F(0)}{F(t) - F(0)} = \lim_{t \downarrow 0} \frac{x f(xt)}{f(t)} = x^\alpha.$$

1.2.5 Généralisation de la notion de taux de hasard

Dans le cas d'une variable aléatoire T à valeurs dans $\mathbb{R}_+$ de loi dF, la notion de taux de hasard h se généralise en la notion de "mesure de hasard" dH, définie par :

$$dH(s) = \frac{1}{1 - F(s_-)}\, dF(s),$$

lorsque cette mesure est finie sur tout intervalle borné de $\mathbb{R}_+$.

La définition ci-dessus ne pose pas de problème car l'ensemble où $1 - F(s_-)$ est nul est de dF-mesure nulle.

Lorsque $dF(s) = f(s)\, ds$, nous voyons que $dH(s) = h(s)\, ds$ où h est le taux de hasard défini par la formule (1.1).

Proposition 1.15 *Soit T une variable aléatoire de loi diffuse, c'est-à-dire telle que $\mathbb{P}(T = x) = 0$ pour tout x, et de mesure de hasard dH. Alors, pour tout $t > 0$:*

$$\bar{F}(t) = \mathbb{P}(T > t) = e^{-\int_0^t dH(s)}.$$

Plus généralement si T est une variable aléatoire positive de mesure de hasard dH, alors :

$$\bar{F}(t) = \mathbb{P}(T > t) = (1 - \mathbb{P}(T = 0)) \prod_{s \leq t} (1 - \Delta H(s))\, e^{-\int_0^t dH^c(s)}.$$

♣ *Démonstration* : Nous avons :

$$\bar{F}(t) = \int_{]t, +\infty]} dF(s) = \int_{]t, +\infty]} (1 - F(s_-))\, dH(s) = \int_{]t, +\infty]} \bar{F}(s_-)\, dH(s),$$

et par suite :

$$\bar{F}(t) - \bar{F}(0) = - \int_{]0, t]} \bar{F}(s_-)\, dH(s).$$

Il suffit alors d'appliquer la proposition A.7. ♣

1.3 Simulation

1.3.1 Simulation d'une variable aléatoire de densité donnée

Nous nous contentons de rappeler des résultats classiques. Le lecteur peut se reporter au livre de N. Bouleau ([19] chapitre IV, paragraphe 4) pour plus d'information.

Méthode de la fonction de répartition inverse

On désire simuler une variable aléatoire de fonction de répartition F. Si F est inversible, il n'est pas difficile de voir que $U = F(X)$ est de loi uniforme sur $[0, 1]$. Cela suggère de simuler X par $F^{-1}(U)$. En fait, pour ce faire, il n'est pas utile de supposer F inversible.

La fonction F est croissante au sens large et continue à droite, on définit sa pseudo-inverse continue à gauche G par :

$$G(y) = \inf\{x : F(x) \geq y\}.$$

Si la fonction F est inversible, alors $G = F^{-1}$.

Proposition 1.16 *Soit F la fonction de répartition d'une loi de probabilité et G sa pseudo-inverse continue à gauche. Soit U une variable aléatoire de loi uniforme sur $[0, 1]$, alors :*

$$X = G(U)$$

est une variable aléatoire de fonction de répartition F.

La démonstration repose sur l'équivalence suivante (voir l'exercice 1.2) :

$$G(y) \leq t \Longleftrightarrow y \leq F(t).$$

Exemple 1.17 : Si U est de loi uniforme sur $[0, 1]$, et si $\lambda > 0$, alors la variable $X = -\frac{1}{\lambda} \log U$ est de loi exponentielle de paramètre λ.

Exemple 1.18 : si U est de loi uniforme sur $[0, 1]$ et si α et β sont deux paramètres positifs, la variable $\alpha[-\log U]^{1/\beta}$ est de loi de Weibull de paramètres (α, β).

La méthode de la fonction de répartition inverse nécessite, comme son nom l'indique, le calcul de G. Lorsque ce calcul est difficile (ou impossible), on peut utiliser la méthode du rejet.

Méthode du rejet

Supposons dans un premier temps que la densité f de la variable aléatoire qu'on désire simuler soit bornée (par un réel M) et à support dans l'intervalle $[a, b]$. Le principe consiste à tirer un point P du plan selon la loi uniforme sur $[a, b] \times [0, M]$ et si ce point P est situé au-dessous du graphe de f, on prend pour X l'abscisse de P, sinon on recommence.

Si la proportion du rectangle $[a, b] \times [0, M]$ située au-dessous du graphe de f est faible (par exemple si le graphe de f possède un "pic étroit"), on sera amené à avoir souvent plusieurs rejets avant d'obtenir X, ce qui coûte cher en temps de calcul. On peut accélérer la simulation en remplaçant le rectangle par la région située en dessous du graphe d'une fonction qui, à une normalisation près, est la densité d'une loi qu'on sait simuler (par exemple par la méthode de la fonction de répartition inverse).

Proposition 1.19 *Soit* f *et* g *deux densités de probabilité. On suppose qu'il existe* M *tel que* $f \leq Mg$ *et que l'on sache simuler une variable aléatoire de densité* g. *On considère l'algorithme suivant :*

1. *simuler une variable aléatoire* U *de densité* g,

2. *simuler une variable aléatoire* W *indépendante de* U, *de loi uniforme sur* $[0,1]$,

3. *si* $MWg(U) < f(U)$, *on pose* $X = U$, *sinon retourner en 1.*

Alors la variable aléatoire X *est de densité* f.

1.3.2 Simulation d'une variable aléatoire de taux de hasard donné

Là aussi nous donnons deux méthodes.

Méthode de la fonction de hasard cumulée inverse

Si la fontion de hasard cumulé H de la variable aléatoire X est inversible, on vérifie sans peine que $V = H(X)$ est de loi exponentielle de paramètre 1. Cela conduit à simuler X en prenant $X = H^{-1}(V) = H^{-1}(-\log U)$, où U est de loi uniforme sur $[0,1]$ (voir l'exemple 1.17).

En fait l'inversibilité de H n'est pas nécessaire.

Proposition 1.20 *Soit* h *une fonction positive définie sur* $\mathbb{R}_+^*$ *et telle que :*

$$H(t) = \int_0^t h(s)\, ds$$

soit finie pour tout $t > 0$. *Notons* φ *la pseudo-inverse continue à gauche de* H.
Soit U *une variable aléatoire de loi uniforme sur* $[0,1]$, *alors :*

$$T = \varphi(-\log U)$$

est une variable aléatoire de taux de hasard h.

♣ *Démonstration* : Puisque :

$$\varphi(x) \leq t \Longleftrightarrow x \leq H(t),$$

nous avons, pour tout $t \geq 0$:

$$
\begin{aligned}
\mathbb{P}(T > t) &= \mathbb{P}(\varphi(-\log U) > t) = \mathbb{P}(-\log U > H(t)) = \mathbb{P}(U \leq e^{-H(t)}) \\
&= e^{-H(t)} = \exp\left(-\int_0^t h(s)\, ds\right).
\end{aligned}
$$

Donc h est bien le taux de hasard de X d'après la proposition 1.3. ♣

Cette méthode peut également être vue comme une application, via la proposition 2.21, de la construction d'un processus de Poisson utilisant la proposition 2.17.

Sélection d'un point de $\mathbb{R}^2$

Lorsqu'il n'est pas possible d'obtenir (même numériquement) la fonction φ, pseudo-inverse continue à droite du taux de hasard cumulé, on peut utiliser la proposition suivante que nous ne démontrons pas ici car c'est une conséquence de la proposition 2.21 et du corollaire 2.50.

Proposition 1.21 *Soit h une fonction positive définie sur R_+ et bornée sur tout compact. L'algorithme suivant donne la construction d'une variable aléatoire T de taux de hasard h :*

1. poser $a = 0$,

2. choisir $A > 0$ et $M \geq \sup\limits_{a \leq x \leq a+A} h(x)$,

3. choisir un entier n suivant la loi de Poisson de paramètre MA,

4. si $n \neq 0$

   (a) indépendamment répéter n fois la démarche suivante :

   - *tirer un nombre aléatoire u suivant la loi uniforme sur $[a, a+A]$,*
   - *tirer un nombre aléatoire v suivant la loi uniforme sur $[0, M]$,*
   - *si $v \leq h(u)$, mémoriser la valeur de u,*

   (b) s'il y a des valeurs de u mémorisées, noter x le minimum de ces valeurs et poser $T = x$.

5. sinon poser $a = a + A$ et retourner en 2.

Pour effectuer l'étape *3* de l'algorithme ci-dessus, c'est-à-dire simuler une variable aléatoire de loi de Poisson de paramètre donné, se reporter à la proposition 2.6.

1.4   Ordre stochastique

Les variables aléatoires considérées sont à valeurs dans $\mathbb{R}$.

La variable aléatoire X_1 est **stochastiquement inférieure** à la variable aléatoire X_2 ($X_1 \prec_{st} X_2$) s'il existe un espace de probabilité $(\widetilde{\Omega}, \widetilde{\mathcal{A}}, \widetilde{P})$ et deux variables aléatoires $\widetilde{X}_1$ et $\widetilde{X}_2$ définies sur celui-ci qui vérifient :

- X_i et $\widetilde{X}_i$ ont même loi ($i = 1, 2$),
- $\widetilde{X}_1 \leq \widetilde{X}_2$.

Dans ce cas nous dirons (par abus de langage) que la loi de X_1 est stochastiquement inférieure à celle de X_2.

Les variables aléatoires $\widetilde{X}_1$ et $\widetilde{X}_2$ réalisent un certain type de couplage entre les variables aléatoires X_1 et X_2. Nous aurons l'occasion dans les chapitres ultérieurs de travailler sur cette notion de couplage (et sur d'autres).

Proposition 1.22 *Les assertions suivantes sont équivalentes :*

1. $X_1 \prec_{st} X_2$,

2. $\forall x, \ \mathbb{P}(X_1 > x) \leq \mathbb{P}(X_2 > x)$,

3. *pour toute fonction f croissante :* $\mathbb{E}(f(X_1)) \leq \mathbb{E}(f(X_2))$.

♣ *Démonstration :* Les implications $1 \Rightarrow 2$, $1 \Rightarrow 3$ et $3 \Rightarrow 2$ sont immédiates. Montrons donc $2 \Rightarrow 1$. Notons F_i la fonction de répartition de X_i, $(i = 1, 2)$ et G_i sa pseudo-inverse continue à gauche. Soit U une variable aléatoire de loi uniforme sur $[0, 1]$, et posons $\widetilde{X}_i = G_i(U)$. D'après la proposition 1.16, la variable aléatoire $\widetilde{X}_i$ a même loi que X_i. La condition *2* signifie que $F_1 \geq F_2$ donc $G_1 \leq G_2$. Par conséquent $\widetilde{X}_1 \leq \widetilde{X}_2$. ♣

Considérons deux matériels A et B dont les fiabilités respectives sont R_A et R_B. Le matériel B est **plus fiable** que le matériel A si $R_A(t) \leq R_B(t)$, pour tout t.

Soit λ_A (respectivement λ_B) le taux de défaillance du matériel A (respectivement B). Le matériel B est **moins vite défaillant** que le matériel A si, pour tout t, $\lambda_B(t) \leq \lambda_A(t)$.

La proposition suivante donne un résultat immédiat sur la comparaison de systèmes.

Proposition 1.23 *Notons T_A et T_B les durées de fonctionnement sans défaillance des matériels A et B. Le matériel B est plus fiable que le matériel A si et seulement si $T_A \prec_{st} T_B$.*

Si le matériel B est moins vite défaillant que le matériel A, le matériel B est alors plus fiable que le matériel A.

Des résultats beaucoup plus complets sur la comparaison de la fiabilité de matériels figurent dans le livre de J.L. Bon [17], chapitre V.

1.5 Exercices

Exercice 1.1 On considère un système formé de deux composants placés en parallèle, c'est-à-dire que le système fonctionne si et seulement si au moins un des deux composants fonctionne. On suppose que le taux de défaillance de chaque composant est constant, que ces composants ne sont pas réparables et qu'ils sont indépendants. Montrer que le taux de défaillance du système n'est pas constant.

Exercice 1.2 Etant donnée une fonction f croissante (au sens large) et continue à droite, on définit sa pseudo-inverse φ par :

$$\varphi(y) = \inf\{x : f(x) \geq y\}.$$

1) Montrer que pour tout x :

$$f(\varphi(x)_-) \leq x.$$

2) Montrer que la fonction φ est croissante et que pour tout x :

$$\varphi(f(x)) \leq x.$$

3) Pour y fixé, soit $B_y = \{x : f(x) \geq y\}$ et $x_0 = \inf B_y$. Montrer que $f(x_0) \geq y$.
4) Montrer que :
$$\varphi(y) \leq z \Longleftrightarrow y \leq f(z).$$

5) Soit y_0 donné et $a < \varphi(y_0)$. On pose $y_1 = f(a)$. Montrer que $y_1 < y_0$ et que :

$$y > y_1 \Longrightarrow \varphi(y) > a.$$

En déduire que φ est continue à gauche.
6) Montrer que si f est continue, alors $f(\varphi(y)) = y$.

Exercice 1.3 Soit X une variable aléatoire dont le taux de hasard est majoré par une constante M et Y une variable aléatoire de loi exponentielle de paramètre M. Montrer que $Y \prec_{st} X$.

Exercice 1.4 Soit $X_1, \ldots, X_n$ des variables aléatoires indépendantes de lois exponentielles de paramètres respectifs λ_i. Soit $\lambda \geq \max_{1 \leq i \leq n} \lambda_i$.
1) Montrer qu'on peut construire des variables aléatoires $Y_1, \ldots, Y_n$ et des variables aléatoires $Z_1, \ldots, Z_n$ telles que $(Y_1, \ldots, Y_n)$ ait même loi que $(X_1, \ldots, X_n)$, les $Z_1, \ldots Z_n$ étant indépendantes et de loi exponentielle de paramètre λ et pour tout $1 \leq i \leq n$, $Z_i \leq Y_i$.
2) Montrer que $T \prec_{st} X_1 + \cdots + X_n$, la variable aléatoire T étant de loi d'Erlang de paramètres n et λ (c'est-à-dire de loi gamma de paramètres $(n, \frac{1}{\lambda})$).

Exercice 1.5 Soit X une variable aléatoire à valeurs dans $[0,1]$, de densité f décroissante.
1) Soit $c = \sup\{x : f(x) \geq 1\}$. Montrer que la fonction h définie par :

$$h(x) = \int_0^x f(t)\,dt - x,$$

est croissante sur $[0, c]$ et décroissante sur $[c, 1]$ et en déduire le signe de h.
2) Montrer que $X \prec_{st} U$, la variable aléatoire U étant de loi uniforme sur $[0, 1]$.
3) Que dire si la fonction f est croissante (au lieu d'être décroissante) ?

Partie I

Analyse statistique

Chapitre 2

Processus de Poisson

Nous observons un phénomène dont les instants d'occurrence forment une suite croissante de variables aléatoires positives notées $(T_n)_{n\geq 1}$, les variables aléatoires T_n pouvant prendre la valeur $+\infty$.

Par définition, la trace sur $\mathbb{R}_+$ de la suite $(T_n)_{n\geq 1}$ est un **processus ponctuel** sur $\mathbb{R}_+$.

Nous notons N sa **fonction de comptage** définie pour tout $t \geq 0$ par :

$$N(t) = \sum_{n\geq 1} 1_{\{T_n \leq t\}}.$$

Il est clair que si on connait la loi du processus $(T_n)_{n\geq 1}$, on connait celle du processus $N = (N(t))_{t\geq 0}$. Inversement la connaissance de la loi du processus N entraine celle du processus $(T_n)_{n\geq 1}$ car :

$$\mathbb{P}(T_1 \leq t_1, T_2 \leq t_2, \ldots, T_n \leq t_n) =$$
$$\mathbb{P}(N(t_1) \geq 1, N(t_2) \geq 2, \ldots, N(t_n) \geq n).$$

Il est donc équivalent de se donner la loi du processus ponctuel par la loi des $(T_n)_{n\geq 1}$ ou par celle de N.

Le **processus ponctuel** est dit **simple** si les variables aléatoires T_n sont presque-sûrement deux à deux distinctes sur $\mathbb{R}_+$, c'est-à-dire si pour tout n et pour presque tout ω :

$$T_n(\omega) < +\infty \quad \Longrightarrow \quad T_{n-1}(\omega) < T_n(\omega),$$

autrement dit si, pour presque tout ω, la suite des $T_n(\omega)$ est strictement croissante tant que les $T_n(\omega)$ sont finis.

Nous verrons dans la proposition 2.23 une condition suffisante pour qu'un processus ponctuel soit simple et dans la proposition 2.24 une condition nécessaire et suffisante pour qu'un processus de Poisson soit simple.

Nous serons souvent amenés à parler de *mesure diffuse*. Nous rappelons qu'une mesure μ est diffuse si pour tout x, $\mu(\{x\}) = 0$.

Nous utiliserons plusieurs fois dans ce chapitre le résultat suivant :

Proposition 2.1 *Soit $X_1, \ldots, X_n$ n variables aléatoires réelles indépendantes de même loi μ que nous supposons diffuse.*

Notons $(X_{(1)}, \ldots, X_{(n)})$ la statistique d'ordre associée, c'est-à-dire les variables aléatoires $X_1, \ldots, X_n$ rangées par ordre croissant.

Alors la loi de $(X_{(1)}, \ldots, X_{(n)})$ est la probabilité :

$$n! \, 1_{\{x_1 < \cdots < x_n\}} \, \mu(dx_1) \cdots \mu(dx_n).$$

En particulier si les X_i sont de densité f par rapport à la mesure de Lebesgue sur $\mathbb{R}$, alors $(X_{(1)}, \ldots, X_{(n)})$ est de densité

$$n! \left(\prod_{i=1}^{n} f(x_i) \right) 1_{\{x_1 < x_2 < \cdots < x_n\}}$$

par rapport à la mesure de Lebesgue sur $\mathbb{R}^n$.

♣ *Démonstration* : Soit g une fonction borélienne positive définie sur $\mathbb{R}^n$ et Σ l'ensemble des permutations de $\{1, \ldots, n\}$. Les variables aléatoires X_i étant indépendantes et de loi diffuse, elles sont presque-sûrement deux à deux distinctes. Par suite, pour presque tout ω, il existe une permutation σ (qui dépend de ω) appartenant à Σ et telle que :

$$X_{(1)}(\omega) = X_{\sigma(1)}(\omega), \ldots, X_{(n)}(\omega) = X_{\sigma(n)}(\omega).$$

Il s'ensuit que :

$$
\begin{aligned}
\mathbb{E}(\, g(X_{(1)}, \ldots, X_{(n)})\,) &= \sum_{\sigma \in \Sigma} \mathbb{E}(\, g(X_{(1)}, \ldots, X_{(n)}) 1_{\{X_{\sigma(1)} < \cdots < X_{\sigma(n)}\}}\,) \\
&= \sum_{\sigma \in \Sigma} \mathbb{E}(\, g(X_{\sigma(1)}, \ldots, X_{\sigma(n)}) 1_{\{X_{\sigma(1)} < \cdots < X_{\sigma(n)}\}}\,) \\
&= \sum_{\sigma \in \Sigma} \int_{\mathbb{R}^n} g(y_1, \ldots, y_n) 1_{\{y_1 < \cdots < y_n\}} \, \mu(dy_1) \cdots \mu(dy_n) \\
&= n! \int_{\mathbb{R}^n} g(y_1, \ldots, y_n) 1_{\{y_1 < \cdots < y_n\}} \, \mu(dy_1) \cdots \mu(dy_n),
\end{aligned}
$$

ce qui donne bien la formule annoncée. ♣

2.1 Processus de Poisson homogène sur R_+

2.1.1 Définition et propriétés

Définition 2.2 *Posons, par convention, $T_0 = 0$. Soit λ un réel strictement positif. Le processus $(T_n)_{n \geq 1}$ est un processus de Poisson homogène de paramètre λ si les variables aléatoires $(T_n - T_{n-1})_{n \geq 1}$ sont indépendantes et de même loi exponentielle de paramètre λ.*

Proposition 2.3 *Soit $(T_n)_{n \geq 1}$, un processus de Poisson homogène de paramètre λ, et de fonction de comptage N. Alors :*

1. *pour tout* $n \geq 1$, *la loi du vecteur* $(T_1, \ldots T_n)$ *a pour densité*

$$\lambda^n e^{-\lambda t_n} 1_{\{0 < t_1 < \ldots < t_n\}}$$

par rapport à la mesure de Lebesgue sur $\mathbb{R}^n$,

2. *pour tout* $t > 0$, *la variable aléatoire* $N(t)$ *est de loi de Poisson de paramètre* λt,

3. *pour tout* $n > 0$, *la loi conditionnelle de* $(T_1, \ldots, T_n)$ *sachant l'événement* $\{N(t) = n\}$ *a pour densité*

$$\frac{n!}{t^n} 1_{\{0 < t_1 < \ldots < t_n \leq t\}}$$

par rapport à la mesure de Lebesgue.
C'est donc la loi de la statistique d'ordre de n *variables aléatoires indépendantes de loi uniforme sur* $[0, t]$.

♣ *Démonstration* : L'assertion 1 se montre facilement par changement de variables à partir de la loi de $(T_1, T_2 - T_1, \ldots, T_n - T_{n-1})$.

Par suite, étant donnée une fonction f borélienne positive définie sur $\mathbb{R}^n$, nous avons :

$$\mathbb{E}(f(T_1, \ldots, T_n) 1_{\{N(t)=n\}})$$
$$= \mathbb{E}(f(T_1, \ldots, T_n) 1_{\{T_n \leq t < T_{n+1}\}})$$
$$= \int_{\mathbb{R}^{n+1}} f(t_1, \ldots, t_n) \lambda^{n+1} e^{-\lambda t_{n+1}} 1_{\{0 < t_1 < \ldots < t_n \leq t < t_{n+1}\}} dt_1 \cdots dt_{n+1}$$
$$= \int_{\mathbb{R}^n} f(t_1, \ldots, t_n) \lambda^n 1_{\{0 < t_1 < \ldots < t_n \leq t\}} \left(\int_t^{+\infty} \lambda e^{-\lambda t_{n+1}} dt_{n+1} \right) dt_1 \cdots dt_n$$
$$= \int_{\mathbb{R}^n} f(t_1, \ldots, t_n) \lambda^n e^{-\lambda t} 1_{\{0 < t_1 < \ldots < t_n \leq t\}} dt_1 \cdots dt_n.$$

En prenant f identiquement égale à 1 et en utilisant le fait que :

$$\int_{\mathbb{R}^n} 1_{\{0 < t_1 < \ldots < t_n \leq t\}} dt_1 \cdots dt_n = \frac{t^n}{n!},$$

nous trouvons que :

$$\mathbb{P}(N(t) = n) = e^{-\lambda t} \frac{(\lambda t)^n}{n!}.$$

Nous avons donc :

$$\mathbb{E}(f(T_1, \ldots, T_n) / N(t) = n)$$
$$= \frac{1}{\mathbb{P}(N(t) = n)} \mathbb{E}(f(T_1, \ldots, T_n) 1_{\{T_n \leq t < T_{n+1}\}})$$
$$= \int_{\mathbb{R}^n} f(t_1, \ldots, t_n) \frac{n!}{t^n} 1_{\{0 < t_1 < \ldots < t_n \leq t\}} dt_1 \cdots dt_n,$$

ce qui est bien la formule annoncée. La proposition 2.1 donne le dernier résultat.
♣

Proposition 2.4 *Considérons un processus ponctuel sur $\mathbb{R}_+$, de fonction de comptage N. C'est un processus de Poisson de paramètre λ si et seulement si les conditions suivantes sont vérifiées :*

1. *$N(0) = 0$ presque-sûrement,*

2. *le processus N est à accroissements indépendants, c'est-à-dire que, pour tout n et $0 \leq t_1 < t_2 < \ldots < t_n$, les variables aléatoires*

$$N(t_1), N(t_2) - N(t_1), \ldots, N(t_n) - N(t_{n-1})$$

   sont indépendantes,

3. *pour $0 \leq s < t$, la variable aléatoire $N(t) - N(s)$ est de loi de Poisson de paramètre $\lambda(t - s)$.*

♣ *Démonstration* : Supposons que $(T_n)_{n \geq 1}$ soit un processus de Poisson homogène de paramètre λ. Donnons-nous une famille strictement croissante de n réels positifs $t_1 < t_2 < \ldots < t_n$, n entiers positifs $k_1, \ldots, k_n$ et posons $k = k_1 + \cdots + k_n$. Enfin soit $(X_{(1)}, \ldots, X_{(n)})$ la statistique d'ordre associée à n variables aléatoires indépendantes $X_1, \ldots X_n$ de même loi uniforme sur $[0, t_n]$. La proposition 2.3 entraine que :

$$\mathbb{P}\big(N(t_1) = k_1, N(t_2) - N(t_1) = k_2, \ldots, N(t_n) - N(t_{n-1}) = k_n \big)$$

$$= \mathbb{P}\big(\sum_{i=1}^{k} 1_{\{T_i \leq t_1\}} = k_1, \ldots, \sum_{i=1}^{k} 1_{\{t_{n-1} < T_i \leq t_n\}} = k_n \, / N(t_n) = k \big)$$
$$\times \, \mathbb{P}\big(N(t_n) = k \big)$$

$$= \mathbb{P}\big(\sum_{i=1}^{k} 1_{\{X_{(i)} \leq t_1\}} = k_1, \ldots, \sum_{i=1}^{k} 1_{\{t_{n-1} < X_{(i)} \leq t_n\}} = k_n \big) \mathbb{P}\big(N(t_n) = k \big)$$

$$= \mathbb{P}\big(\sum_{i=1}^{k} 1_{\{X_i \leq t_1\}} = k_1, \ldots, \sum_{i=1}^{k} 1_{\{t_{n-1} < X_i \leq t_n\}} = k_n \big) \mathbb{P}\big(N(t_n) = k \big)$$

$$= C_k^{k_1} C_{k-k_1}^{k_2} \ldots C_{k_n}^{k_n} \left(\frac{t_1}{t_n} \right)^{k_1} \left(\frac{t_2 - t_1}{t_n} \right)^{k_2} \ldots \left(\frac{t_n - t_{n-1}}{t_n} \right)^{k_n} e^{-\lambda t_n} \frac{(\lambda t_n)^k}{k!}$$

$$= e^{-\lambda t_1} \frac{t_1^{k_1}}{k_1!} e^{-\lambda(t_2 - t_1)} \frac{(t_2 - t_1)^{k_2}}{k_2!} \ldots e^{-\lambda(t_n - t_{n-1})} \frac{(t_n - t_{n-1})^{k_n}}{k_n!}.$$

Le calcul ci-dessus est écrit dans le cas où aucun des k_i n'est nul. Dans le cas contraire, il faut effectuer quelques modifications évidentes mais le résultat final reste valable. Nous avons donc démontré que les variables aléatoires $N(t_1)$, $N(t_2) - N(t_1), \ldots, N(t_n) - N(t_{n-1})$ sont indépendantes et de loi de Poisson de paramètres respectifs $\lambda t_1, \lambda(t_2 - t_1), \ldots, \lambda(t_n - t_{n-1})$.

Réciproquement, supposons que $(T_n)_{n \geq 1}$ soit un processus ponctuel sur $\mathbb{R}_+$ dont la fonction de comptage N vérifie les conditions *1*, *2* et *3*, alors la loi du processus N est parfaitement connue et c'est celle de la fonction de comptage d'un processus de Poisson homogène de paramètre λ. Comme la loi de la fonction de comptage caractérise la loi du processus, le processus $(T_n)_{n \geq 1}$ ne peut être qu'un processus de Poisson homogène de paramètre λ. ♣

2.1.2 Conséquences pour la loi de Poisson

La proposition 2.4 permet d'obtenir sans calcul supplémentaire le résultat suivant :

Proposition 2.5 *Si X_1 et X_2 sont deux variables aléatoires de loi de Poisson de paramètres respectifs λ_1 et λ_2 avec $\lambda_1 < \lambda_2$, alors X_1 est stochastiquement inférieure à X_2.*

♣ *Démonstration* : Considérons un processus de Poisson de paramètre 1, de fonction de comptage N et posons $\tilde{X}_1 = N(\lambda_1)$ et $\tilde{X}_2 = N(\lambda_2)$. Alors $\tilde{X}_i$ a même loi que X_i et $\tilde{X}_1 < \tilde{X}_2$. ♣

Dans le même esprit, la proposition 2.4 suggère une méthode efficace pour simuler une variable aléatoire de loi de Poisson de paramètre donné :

Proposition 2.6 *L'algorithme suivant permet de simuler une variable aléatoire X de loi de Poisson de paramètre λ :*

1. *$s = 0$, $n = 0$,*

2. *tant que $s \leq \lambda$, répéter indépendamment :*

   - *tirer u suivant la loi uniforme sur $[0, 1]$,*
   - *$s = s - \log u$,*
   - *$n = n + 1$,*

3. *$X = n - 1$.*

♣ *Démonstration* : Soit $(U_i)_{i \geq 1}$ des variables aléatoires indépendantes de loi uniforme sur $[0, 1]$, alors les variables aléatoires $X_i = -\log U_i$ sont indépendantes de loi exponentielle de paramètre 1. Posons $T_k = \sum_{i=1}^k X_i$, les $(T_k)_{k \geq 1}$ forment donc un processus de Poisson homogène de paramètre 1 et le nombre $X = N(\lambda)$ de variables T_k qui sont inférieures ou égales à λ est de loi de Poisson de paramètre λ. ♣

La proposition 2.4 permet également d'obtenir aisément la formule suivante :

Lemme 2.7 *Soit X une variable de loi de Poisson de paramètre λ, alors :*

$$\mathbb{P}(X \geq n) = \int_0^\lambda \frac{1}{(n-1)!} x^{n-1} e^{-x}\, dx,$$

et :

$$\mathbb{P}(X \geq n) = F_{2n}(2\lambda),$$

où F_{2n} est la fonction de répartition de la loi du χ^2 à $2n$ degrés de liberté.

♣ *Démonstration* : Soit $(T_n)_{n \geq 1}$ un processus de Poisson de paramètre 1 et de fonction de comptage N, alors :

$$\mathbb{P}(X \geq n) = \mathbb{P}(N(\lambda) \geq n) = \mathbb{P}(T_n \leq \lambda).$$

Or T_n est de loi d'Erlang d'ordre n et de paramètre 1, c'est-à-dire de loi gamma de paramètres $(n, 1)$ donc :

$$\mathbb{P}(X \geq n) = \mathbb{P}(T_n \leq \lambda) = \int_0^\lambda \frac{1}{(n-1)!} x^{n-1} e^{-x}\, dx.$$

Le changement de variable $y = 2x$ dans la formule précédente donne :

$$\mathbb{P}(X \geq n) = \int_0^{2\lambda} \frac{1}{(n-1)! 2^n} y^{n-1} e^{-y/2}\, dy,$$

et on reconnait dans $\dfrac{1}{(n-1)! 2^n} y^{n-1} e^{-y/2}$ la densité de la loi gamma de paramètres $(n, 2)$ c'est-à-dire de la loi du χ^2 à $2n$ degrés de liberté. ♣

Ce lemme permet de construire des intervalles de confiance pour le paramètre d'une loi de Poisson à l'aide des tables de la loi du χ^2. Notons $\chi^2_\gamma(n)$ le fractile d'ordre γ de la loi du χ^2 à n degrés de liberté, c'est-à-dire $F_n(\chi^2_\gamma(n)) = \gamma$, la fonction F_n étant la fonction de répartition de la loi du χ^2 à n degrés de liberté. En utilisant la proposition B.2 et le premier exemple du paragraphe B.3 (appendice B) nous obtenons :

Corollaire 2.8 *Lorsqu'on observe la réalisation d'une variable aléatoire X de loi de Poisson de paramètre θ, chacune des constructions ci-dessous fournit une famille d'intervalles de confiance de niveau γ pour θ :*

- $[0, \frac{1}{2}\chi^2_\gamma(2X + 2)]$,

- $[\frac{1}{2}\chi^2_{1-\gamma}(2X), +\infty[$,

- $[\frac{1}{2}\chi^2_{(1-\gamma)/2}(2X), \frac{1}{2}\chi^2_{(1+\gamma)/2}(2X + 2)]$.

Lemme 2.9 *Soit $(X_n)_{n \geq 1}$ une suite croissante de variables aléatoires de loi de Poisson de paramètres respectifs λ_n. Supposons que $\lim_n \uparrow \lambda_n = +\infty$. Alors :*

$$\lim_n \uparrow X_n = +\infty \quad p.s.$$

♣ *Démonstration* : Soit $X = \lim_n \uparrow X_n$. Les X_n étant à valeurs dans l'espace discret $\mathbb{N}$, nous avons pour tout k :

$$\{X \geq k\} = \{X > k - 1\} = \lim_n \uparrow \{X_n > k - 1\} = \lim_n \uparrow \{X_n \geq k\}.$$

En utilisant le lemme 2.7, nous obtenons :

$$\mathbb{P}(X \geq k) = \lim_n \uparrow \mathbb{P}(X_n \geq k) = \lim_n \int_0^{\lambda_n} \frac{1}{(k-1)!} x^{k-1} e^{-x} \, dx$$

$$= \int_0^{+\infty} \frac{1}{(k-1)!} x^{k-1} e^{-x} \, dx = 1. \quad \clubsuit$$

Remarque 2.10 et conventions : Soit λ et λ_n des réels strictement positifs, X_n des variables aléatoires de loi de Poisson de paramètres respectifs λ_n et X une variable aléatoire de loi de Poisson de paramètre λ. On vérifie immédiatement que si la suite λ_n converge vers λ lorsque n tend vers l'infini, alors la suite X_n converge en loi vers X et que si la suite λ_n converge vers 0, alors X_n converge en loi vers la variable nulle. C'est pourquoi, par convention, la variable aléatoire de loi de Poisson de paramètre 0 est la variable aléatoire nulle. De même le lemme 2.9 et la proposition 2.5 nous conduisent à adopter la convention suivante : une variable aléatoire de loi de Poisson de paramètre égal à $+\infty$ est égale à $+\infty$ presque-sûrement.

2.1.3 Résultats asymptotiques

Proposition 2.11 *Soit N la fonction de comptage d'un processus de Poisson homogène de paramètre λ, alors :*

1. *les variables aléatoires $\frac{N(t)}{t}$ convergent presque-sûrement vers λ lorsque t tend vers $+\infty$,*

2. *les variables aléatoires $\sqrt{t}\left(\frac{N(t)}{t} - \lambda\right)$ convergent en loi vers une variable aléatoire gaussienne centrée de variance λ.*

$\clubsuit$ *Démonstration* :
   1) Pour t et ω donnés, posons $n(\omega) = N(t)(\omega)$, alors :

$$T_{n(\omega)}(\omega) \leq t < T_{n(\omega)+1}(\omega),$$

ce qui entraine :

$$\frac{n(\omega)}{T_{n(\omega)+1}(\omega)} \leq \frac{N(t)(\omega)}{t} < \frac{n(\omega)}{T_{n(\omega)}(\omega)}.$$

Or, le lemme 2.9 montre que $n(\omega) = N(t)(\omega)$ tend presque-sûrement vers $+\infty$ quand t tend vers l'infini, et la loi des grands nombres entraine la convergence presque-sûre de T_k/k vers $\mathbb{E}(T_1) = 1/\lambda$ lorsque k tend vers l'infini, d'où le résultat.
   2) L'assertion 2 n'est autre que la convergence de la loi de Poisson vers la loi gaussienne. Nous en rappelons brièvement la démonstration. Notons ψ_t la fonction caractéristique de la variable aléatoire $\sqrt{t}(\frac{N(t)}{t} - \lambda)$, alors :

$$\psi_t(u) = \mathbb{E}\left(\exp(iu\sqrt{t}(\frac{N(t)}{t} - \lambda))\right) = \exp\left(-iu\lambda\sqrt{t} - \lambda t\,(1 - \exp(\frac{iu}{\sqrt{t}}))\right).$$

Or :

$$iu\lambda\sqrt{t} + \lambda t\,(1 - \exp(\frac{iu}{\sqrt{t}})) = \frac{\lambda u^2}{2} + \varepsilon(\frac{1}{t}) \quad \text{avec} \quad \lim_{s \to 0} \varepsilon(s) = 0,$$

donc :

$$\lim_{t \to +\infty} \psi_t(u) = \psi(u) = \exp(-\frac{\lambda u^2}{2}),$$

et la fonction ψ est la fonction caractéristique d'une loi gaussienne centrée de variance λ. ♣

Le paragraphe suivant généralise la notion de processus de Poisson homogène sur $\mathbb{R}_+$. Les différents résultats qui y figurent sont donc soit des généralisations de résultats vus dans ce paragraphe, soit des résultats que nous n'avons pas mentionnés ici pour éviter les répétitions mais qui sont évidemment valables dans le cas du processus de Poisson homogène. Nous renvoyons en particulier le lecteur aux propositions 2.18, 2.19, 2.22, 2.33, 2.34, 2.38.

Le chapitre 3 consacré à l'application des processus de Poisson à la fiabilité contient également des résultats, essentiellement de nature statistique, sur le processus de Poisson homogène.

2.2 Processus de Poisson non homogène sur R_+

2.2.1 Définitions

Processus sur $\mathbb{R}_+$

Etant donnée une mesure positive $d\Lambda$ sur $\mathbb{R}_+$, *finie sur les boréliens bornés*, posons :

$$\Lambda(t) = \int_{[0,t]} d\Lambda(s).$$

Définition 2.12 *Un processus ponctuel de fonction de comptage N est un processus de Poisson d'intensité $d\Lambda$ si :*

a) *le processus N est à accroissements indépendants,*

b) *pour tout t la variable aléatoire $N(t)$ est de loi de Poisson de paramètre $\Lambda(t)$.*

Si $d\Lambda(s) = \lambda(s)\,ds$ nous appelons indifféremment "intensité du processus" la mesure $d\Lambda$ ou la fonction λ.

Nous verrons dans la remarque 2.14 que cette définition caractérise bien la loi du processus N. Cela entrainera en particulier que si $d\Lambda(s) = \lambda\, ds$ (λ étant un réel strictement positif), alors le processus de Poisson d'intensité $d\Lambda$ est un processus de Poisson homogène de paramètre λ.

Notons $N(A) = \sum_{n\geq 1} 1_{\{T_n \in A\}}$ le nombre de points dans l'ensemble A. Alors, pour $s < t$, nous avons $N(t) - N(s) = N(]s,t])$.

Proposition 2.13 *Si N est la fonction de comptage d'un processus de Poisson d'intensité $d\Lambda$, alors :*

1. *pour tout borélien borné A de $\mathbb{R}_+$, la variable aléatoire $N(A)$ est finie presque-sûrement,*

2. *la variable aléatoire $N(\mathbb{R}_+) = \sum_{n\geq 1} 1_{\{T_n < +\infty\}}$ est finie presque-sûrement si et seulement si $\Lambda(\mathbb{R}_+) = \lim_{t\to+\infty}\Lambda(t)$ est fini,*

3. *pour tout intervalle I (borné ou non) de $\mathbb{R}_+$, la variable alátoire $N(I)$ est de loi de Poisson de paramètre $\int_I d\Lambda$.*

   En particulier pour $s < t$ la variable aléatoire $N(t) - N(s)$ est de loi de Poisson de paramètre $\Lambda(t) - \Lambda(s)$.

♣ *Démonstration :*

1) Soit A un borélien de $\mathbb{R}_+$ et t un réel positif tel que $A \subset [0,t]$. La variable aléatoire $N(t)$ est finie presque-sûrement puisqu'elle est d'espérance $\Lambda(t) < +\infty$, il en est par conséquent de même pour $N(A)$ car $N(A) \leq N(t)$.

2) La variable aléatoire $N(t)$ étant de loi de Poisson de paramètre $\Lambda(t)$, son espérance est $\Lambda(t)$, par suite :

$$\mathbb{E}[N(\mathbb{R}_+)] = \mathbb{E}(\lim_{t\uparrow+\infty} \uparrow N(t)) = \lim_{t\uparrow+\infty} \uparrow \Lambda(t) = \Lambda(\mathbb{R}_+).$$

Si $\Lambda(\mathbb{R}_+) < +\infty$, la variable aléatoire $N(\mathbb{R}_+)$ est d'espérance finie, elle est donc finie presque-sûrement.

Réciproquement, nous supposons que $\Lambda(\mathbb{R}_+) = +\infty$. Soit t_n une suite croissante de réels qui tend vers $+\infty$. Les variables aléatoires $N(t_n)$ sont de loi de Poisson de paramètres respectifs $\Lambda(t_n)$, et nous pouvons appliquer le lemme 2.9 puisque nous avons : $\lim_n \uparrow \Lambda(t_n) = \Lambda(\mathbb{R}_+) = +\infty$ et $N(\mathbb{R}_+) = \lim_n \uparrow N(t_n)$.

3) Si I est un intervalle (non borné) de $\mathbb{R}_+$ tel que $\int_I d\Lambda = +\infty$, la même démonstration que ci-dessus montre que $N(I) = +\infty$ presque-sûrement.

Soit $0 \leq s < t$, et $I =]s,t]$, alors $N(I) = N(t) - N(s)$. Le processus N étant à accroissements indépendants, les variables aléatoires $N(s)$ et $N(t) - N(s)$ sont indépendantes. Comme $N(t) = N(s) + N(t) - N(s)$, il s'ensuit que la fonction génératrice $g(u)$ de $N(t) - N(s)$ est égale au quotient de celle de $N(t)$ par celle de $N(s)$, donc :

$$g(u) = \frac{e^{(u-1)\Lambda(t)}}{e^{(u-1)\Lambda(s)}} = e^{(u-1)(\Lambda(t)-\Lambda(s))},$$

ce qui prouve que la variable aléatoire $N(I) = N(t) - N(s)$ est de loi de Poisson de paramètre $\Lambda(t) - \Lambda(s) = \int_{]s,t]} d\Lambda$.

Si $I = [s, t]$ $(0 < s \leq t)$, comme le nombre de points dans $[0, t]$ est fini presque-sûrement, ceux-ci sont tous isolés et nous avons :

$$N(I) = \lim_{n \to \infty} N(]s - \frac{1}{n}, t]),$$

et :

$$
\begin{aligned}
\mathbb{P}(N(I) = k) &= \lim_{n \to \infty} \mathbb{P}(N(]s - \frac{1}{n}, t]) = k) \\
&= \lim_{n \to \infty} \frac{\left(\int_{]s - \frac{1}{n}, t]} d\Lambda(u)\right)^k}{k!} \exp\left(- \int_{]s - \frac{1}{n}, t]} d\Lambda(u)\right) \\
&= \frac{(\int_{[s, t]} d\Lambda(u))^k}{k!} \exp\left(- \int_{[s, t]} d\Lambda(u)\right).
\end{aligned}
$$

La démonstration pour les autres types d'intervalles bornés de $\mathbb{R}_+$ se fait de la même manière.

Enfin soit $I = (a, +\infty[$ un intervalle non borné de $\mathbb{R}_+$ tel que $\int_I d\Lambda < +\infty$ (la parenthèse en a signifie que l'intervalle peut être indifféremment considéré comme ouvert ou fermé en a), alors pour tout $t > 0$, la variable aléatoire $N((a, t])$ est de loi de Poisson de paramètre $\int_{(a, t]} d\Lambda$. Nous faisons tendre t vers $+\infty$ et nous appliquons la remarque 2.10. ♣

Remarque 2.14 : La définition 2.12 caractérise la loi du processus N. En effet, étant donnés $0 \leq t_1 < \cdots < t_n$, la définition 2.12 et la proposition 2.13 (assertion *3*) montrent que la loi de $(N(t_1), N(t_2) - N(t_1), \cdots, N(t_n) - N(t_{n-1}))$ est parfaitement connue. Il en est donc de même de celle de $(N(t_1), \cdots, N(t_n))$, et ceci pour tout n.

Processus sur un intervalle de $\mathbb{R}_+$

Soit $E \subset \mathbb{R}_+$. Un processus ponctuel sur E est, par définition, la trace sur E d'un processus ponctuel sur $\mathbb{R}_+$.

Définition 2.15 *Considérons un intervalle E de $\mathbb{R}_+$ et un processus ponctuel sur E. Pour tout borélien A de E notons $N(A)$ le nombre de points du processus qui appartiennent à A. Soit $d\Lambda_E$ une mesure positive sur E, finie sur les boréliens bornés. Le processus ponctuel est un processus de Poisson sur E d'intensité $d\Lambda_E$ si :*

  a) *pour tout intervalle I de E, la variable aléatoire $N(I)$ est de loi de Poisson de paramètre $\int_I d\Lambda_E$,*

  b) *pour toute famille $I_1, \ldots I_n$ d'intervalles de E deux à deux disjoints, les variables aléatoires $N(I_1), \ldots, N(I_n)$ sont indépendantes.*

Le résultat suivant découle aisément de la proposition 2.13.

Proposition 2.16 *Soit E un intervalle de $\mathbb{R}_+$.*

1. *Un processus de Poisson sur E d'intensité $d\Lambda_E$ est un processus de Poisson sur $\mathbb{R}_+$ dont l'intensité $d\Lambda$ est le prolongement à $\mathbb{R}_+$ de la mesure $d\Lambda_E$ (le prolongement $d\Lambda$ est défini par $d\Lambda(A) = d\Lambda_E(A \cap E)$).*

2. *La restriction à E d'un processus de Poisson sur $\mathbb{R}_+$ d'intensité $d\Lambda$ est un processus de Poisson sur E d'intensité $d\Lambda_E = 1_E \, d\Lambda$.*

3. *Soit $(E_n)_{n \in \mathcal{N}}$ une partition finie ou dénombrable de E en intervalles deux à deux disjoints, et $d\Lambda_E$ une mesure sur E finie sur les boréliens bornés et dont les restrictions aux ensembles E_n sont notées respectivement $d\Lambda_{E_n}$. Alors un processus ponctuel sur E est un processus de Poisson sur E d'intensité $d\Lambda_E$ si et seulement si ses différentes restrictions aux ensembles E_n forment des processus de Poisson indépendants d'intensités respectives $d\Lambda_{E_n}$.*

2.2.2 Constructions

Dans le paragraphe 2.2.1 nous avons vu quelques propriétés des processus de Poisson d'intensité donnée, mais nous n'avons pas prouvé leur existence. Nous allons donner maintenant deux manières de les construire et de ce fait prouver qu'ils existent.

Les constructions que nous donnons ici peuvent être utilisées également pour effectuer des simulations. Nous donnerons une troisième méthode de simulation, dans le cas où $d\Lambda(s) = \lambda(s)\,ds$, dans le paragraphe 2.4 (corollaire 2.50), en utilisant un processus de Poisson sur $\mathbb{R}^2$.

Plaçons-nous dans le cas général d'une mesure $d\Lambda$ sur $\mathbb{R}_+$. La fonction Λ est croissante et continue à droite. Elle n'est pas nécessairement inversible. Dans le cas général, notons φ sa pseudo-inverse continue à gauche définie par :

$$\varphi(x) = \inf\{t : \Lambda(t) \geq x\}.$$

La propriété de base reliant φ et Λ est :

$$\varphi(x) \leq t \iff x \leq \Lambda(t)$$

(la démonstration de cette propriété est l'objet de l'exercice 1.2). Lorsque Λ est inversible, alors $\varphi = \Lambda^{-1}$.

Proposition 2.17 (changement de temps) *Etant donnée une mesure positive $d\Lambda$ sur $\mathbb{R}_+$, finie sur les boréliens bornés, posons $\Lambda(t) = \int_{[0,t]} d\Lambda$ et notons φ la pseudo-inverse continue à gauche de la fonction Λ. Soit $(U_n)_{n \geq 1}$ un processus de Poisson homogène de paramètre 1, posons :*

$$T_n = \varphi(U_n)$$

Alors le processus $(T_n)_{n \geq 1}$ est un processus de Poisson d'intensité $d\Lambda$.

♣ *Démonstration* : Notons N la fonction de comptage du processus $(T_n)_{n\geq 1}$ et $\tilde{N}$ celle du processus $(U_n)_{n\geq 1}$. Il vient :

$$N(t) = \sum_{n\geq 1} 1_{\{T_n \leq t\}} = \sum_{n\geq 1} 1_{\{\varphi(U_n)\leq t\}} = \sum_{n\geq 1} 1_{\{U_n \leq \Lambda(t)\}} = \tilde{N}(\Lambda(t)).$$

Par suite la variable aléatoire $N(t)$ est de loi de Poisson de paramètre $\Lambda(t)$.

De plus, pour $t_1 < t_2 < \ldots < t_n$,

$$(\ N(t_1), N(t_2) - N(t_1), \ldots, N(t_n) - N(t_{n-1}) \ ) =$$
$$(\ \tilde{N}(\Lambda(t_1)), \tilde{N}(\Lambda(t_2)) - \tilde{N}(\Lambda(t_1)), \ldots, \tilde{N}(\Lambda(t_n)) - \tilde{N}(\Lambda(t_{n-1})) \ ).$$

Le processus $(\tilde{N}(t))_{t\geq 0}$ étant à accroissements indépendants, il en est de même pour le processus $(N(t))_{t\geq 0}$. ♣

D'après la proposition 2.16, pour construire un processus de Poisson sur $E \subset \mathbb{R}_+$, il suffit de savoir construire des processus de Poisson indépendants sur des intervalles formant une partition de E. La proposition suivante donne une méthode simple pour construire un processus de Poisson sur un intervalle borné.

Proposition 2.18 *Soit I un intervalle borné de $\mathbb{R}_+$ et $d\Lambda$ une mesure finie sur I. L'algorithme suivant donne la construction d'un processus de Poisson sur I d'intensité $d\Lambda$:*

1. *choisir un entier n suivant la loi de Poisson de paramètre $\int_I d\Lambda$,*

2. *choisir indépendamment n éléments $x_1, \ldots, x_n$ de I suivant la loi de probabilité :*

$$\mu = \frac{1}{\int_I d\Lambda} 1_I \, d\Lambda \ ,$$

3. *ranger les valeurs x_i $(1 \leq i \leq n)$ par ordre croissant.*

♣ *Démonstration* : Soit Y une variable aléatoire de loi de Poisson de paramètre $\int_I d\Lambda$ et $(X_k)_{k\geq 1}$ une famille de variables aléatoires de loi μ, indépendantes entre elles et indépendantes de Y. Sur l'ensemble $\{Y = n\}$ $(n > 0)$ le processus considéré est formé des variables aléatoires $X_1, \ldots, X_n$ rangées par ordre croissant. Sur l'ensemble $\{Y = 0\}$ le processus n'a aucun point sur I. La fonction de comptage $N(A)$ du processus ainsi construit est donc :

$$N(A) = 0 \quad \text{sur} \quad \{Y = 0\},$$

$$N(A) = \sum_{i=1}^{n} 1_A(X_i) \quad \text{sur} \quad \{Y = n\}.$$

Pour démontrer que nous avons un processus de Poisson d'intensité $d\Lambda$ il suffit de montrer que, pour toute *partition* finie $I_1, \ldots I_m$ de I en m intervalles et toute famille $(k_1, \ldots, k_m)$ d'entiers, nous avons :

$$\mathbb{P}(N(I_1) = k_1, \ldots, N(I_m) = k_m) = \prod_{j=1}^{m} e^{-c_j} \frac{c_j^{k_j}}{k_j!},$$

où $c_j = \int_{I_j} d\Lambda$. Or :

$$\mathbb{P}(N(I_1) = k_1, \ldots, N(I_m) = k_m)$$

$$= \mathbb{P}(Y = k_1 + \cdots + k_m, \sum_{j=1}^{k_1 + \cdots + k_m} 1_{I_1}(X_j) = k_1, \ldots, \sum_{j=1}^{k_1 + \cdots + k_m} 1_{I_m}(X_j) = k_m).$$

D'une part la variable aléatoire Y est indépendante des X_i et de loi de Poisson de paramètre $\int_I d\Lambda = c_1 + \cdots + c_m$.

D'autre part, en utilisant le fait que les variables aléatoires X_i sont indépendantes et de même loi et que la probabilité qu'une variable X_i appartienne à I_j est égale à $c_j/(c_1 + \cdots + c_m)$, nous obtenons, lorsque tous les k_i sont strictement positifs :

$$\mathbb{P}(\sum_{j=1}^{k_1 + \cdots + k_m} 1_{I_1}(X_j) = k_1, \ldots, \sum_{j=1}^{k_1 + \cdots + k_m} 1_{I_m}(X_j) = k_m)$$

$$= C \frac{c_1^{k_1} \ldots c_m^{k_m}}{(c_1 + \cdots + c_m)^{k_1 + \cdots + k_m}},$$

où C est le nombre de façons de répartir $k_1 + \cdots + k_m$ objets dans m classes de telle sorte qu'il y ait k_1 objets dans la classe 1, ..., k_m objets dans la classe m, donc :

$$C = \frac{(k_1 + \cdots + k_m)!}{k_1! \cdots k_m!}.$$

Finalement, il vient :

$$\mathbb{P}(N(I_1) = k_1, \ldots, N(I_m) = k_m)$$

$$= e^{-(c_1 + \cdots + c_m)} \frac{(c_1 + \cdots + c_m)^{k_1 + \cdots + k_m}}{(k_1 + \cdots + k_m)!} \frac{(k_1 + \cdots + k_m)!}{k_1! \cdots k_m!} \frac{c_1^{k_1} \ldots c_m^{k_m}}{(c_1 + \cdots + c_m)^{k_1 + \cdots + k_m}}$$

$$= e^{-(c_1 + \cdots + c_m)} \frac{c_1^{k_1} \ldots c_m^{k_m}}{k_1! \cdots k_m!}.$$

Lorsque certains k_i sont nuls, les calculs s'adaptent sans problème. ♣

2.2.3 Propriétés générales

Propriétés de la fonction de comptage

La proposition 2.13 et le fait que le processus soit à accroissements indépendants nous renseignent sur les lois conjointes des variables aléatoires correspondant au nombre de points du processus de Poisson dans différents intervalles. Nous sommes maintenant en mesure de généraliser ceci aux nombres de points dans des boréliens quelconques de $\mathbb{R}_+$.

Proposition 2.19 *Considérons un processus de Poisson d'intensité $d\Lambda$ et une famille $A_1, \ldots, A_m$ de boréliens de $\mathbb{R}_+$ deux à deux disjoints, alors les variables aléatoires $N(A_1), \ldots, N(A_m)$ sont indépendantes et $N(A_i)$ est de loi de Poisson de paramètre $\int_{A_i} d\Lambda$.*

♣ *Démonstration* : Supposons que les ensembles $A_1, \ldots, A_m$ soient bornés et soit I un intervalle contenant leur réunion. D'après la proposition 2.16, la trace sur I du processus ponctuel considéré a même loi que le processus ponctuel construit sur I par l'algorithme de la proposition 2.18. Le calcul se fait alors comme dans la démonstration de cette proposition en remplaçant les intervalles $I_1, \ldots, I_m$ par les ensembles $A_1, \ldots, A_m, A_{m+1}$ où A_{m+1} est le complémentaire dans I de $A_1 \cup \ldots \cup A_m$.

Lorsqu'un des ensembles A_i n'est pas borné, il suffit de considérer une famille croissante d'intervalles bornés I_n dont la réunion contient $\cup_{i=1}^m A_i$, d'appliquer le résultat pour les ensembles bornés aux ensembles $A_i \cap I_n$ puis de faire tendre n vers $+\infty$, en appliquant le lemme 2.9 ou la remarque 2.10. ♣

La proposition 2.19 justifie le fait que la mesure $d\Lambda$ soit appelée l'intensité du processus ponctuel de Poisson. En effet, dans la terminologie des processus ponctuels, l'intensité d'un processus ponctuel de fonction de comptage N est la mesure μ qui vérifie $\mu(A) = \mathbb{E}(N(A))$ pour tout borélien A (cf le paragraphe 2.4).

Proposition 2.20 *Soit N la fonction de comptage d'un processus de Poisson d'intensité $d\Lambda$. Supposons que $\lim_{t \to +\infty} \Lambda(t) = +\infty$, alors :*

1. *les variables aléatoires $\frac{N(t)}{\Lambda(t)}$ convergent presque-sûrement vers 1 lorsque t tend vers $+\infty$,*

2. *les variables aléatoires*

$$\sqrt{\Lambda(t)} \left(\frac{N(t)}{\Lambda(t)} - 1 \right) = \frac{N(t) - \Lambda(t)}{\sqrt{\Lambda(t)}}$$

convergent en loi vers une variable aléatoire gaussienne centrée de variance 1.

♣ *Démonstration* : Soit $\tilde{N}(t)$ la fonction de comptage d'un processus de Poisson homogène de paramètre 1. D'après la proposition 2.17 nous pouvons supposer que $N(t) = \tilde{N}(\Lambda(t))$. Il s'ensuit que :

$$\frac{N(t)}{\Lambda(t)} = \frac{\tilde{N}(\Lambda(t))}{\Lambda(t)}$$

et la première assertion résulte de la première assertion de la proposition 2.11.

Le deuxième assertion est, tout comme dans la proposition 2.11, le résultat de convergence de la loi de Poisson vers la loi normale. ♣

Temps d'attente

Proposition 2.21 *Etant donné un processus de Poisson* $(T_n)_{n \geq 1}$ *d'intensité* $d\Lambda$, *nous avons :*

$$\mathbb{P}(T_1 > x) = \exp(- \int_{[0,x]} d\Lambda).$$

En particulier si $d\Lambda(s) = \lambda(s)\,ds$, *la fonction* λ *est le taux de hasard de la variable aléatoire* T_1.

♣ *Démonstration* : En utilisant la loi de $N(x)$, nous obtenons :

$$\mathbb{P}(T_1 > x) = \mathbb{P}(N(x) = 0) = \exp(- \int_{[0,x]} d\Lambda). \qquad ♣$$

Nous allons généraliser ce résultat.

Etant donné un instant $t \geq 0$, notons $W(t)$ le **temps d'attente** à l'instant t ou **temps résiduel courant**, c'est-à-dire la durée entre t et l'instant d'occurrence suivant :

$$W(t) = T_{N(t)+1} - t,$$

et désignons par $\mathcal{F}_t$ la tribu des événements antérieurs à t, c'est-à-dire la tribu engendrée par les variables aléatoires $(N(s), s \leq t)$.

Proposition 2.22 *Etant donné un processus de Poisson* $(T_n)_{n \geq 1}$ *d'intensité* $d\Lambda$, *la variable aléatoire* $W(t)$ *est indépendante de la tribu* $\mathcal{F}_t$ *et :*

$$\mathbb{P}(W(t) > x) = \exp(- \int_{]t,t+x]} d\Lambda).$$

En particulier si $d\Lambda(s) = \lambda(s)\,ds$, *le taux de hasard de* $W(t)$ *est la fonction* $s \rightarrow \lambda(t + s)$.

♣ *Démonstration* : La démonstration du deuxième point se fait comme dans la proposition précédente :

$$\mathbb{P}(W(t) > x) = \mathbb{P}(N(]t, t + x]) = 0) = \exp(- \int_{]t,t+x]} d\Lambda).$$

Si $d\Lambda(s) = \lambda(s)\,ds$, alors :

$$\mathbb{P}(W(t) > x) = \exp(- \int_t^{t+x} \lambda(s)\,ds) = \exp(- \int_0^x \lambda(t + u)\,du),$$

donc le taux de hasard de $W(t)$ est bien celui annoncé, d'après la proposition 1.3.

Comme le processus N est à accroissements indépendants, pour tout x, la variable aléatoire $N(]t, t + x])$, donc l'événement $\{W(t) > x\}$, est indépendant de la tribu $\mathcal{F}_t$. Par suite, la variable aléatoire $W(t)$ est indépendante de la tribu $\mathcal{F}_t$. ♣

Dans le paragraphe 2.3 (proposition 2.33), nous allons voir une réciproque de ce résultat dans le cas d'un processus ponctuel simple.

Caractérisation d'un processus simple

Nous souhaitons savoir sous quelle condition le processus de Poisson est un processus ponctuel simple, c'est-à-dire à quelle condition les points T_n sont presque-sûrement deux à deux distincts. Commençons par démontrer un lemme assez général qui nous sera utile par la suite.

Lemme 2.23 *Considérons un processus ponctuel sur $\mathbb{R}_+$ de fonction de comptage N. Supposons que $\mathbb{P}(N(0) \geq 2) = 0$ et qu'il existe une fonction Λ croissante, à valeurs dans $\mathbb{R}_+$, telle que pour tout $t \geq 0$ et tout $\Delta > 0$:*

$$\mathbb{P}(N(t + \Delta) - N(t) \geq 2) = [\Lambda(t + \Delta) - \Lambda(t)] r(t, \Delta),$$

la fonction $t \to r(t, \Delta)$ étant majorée sur tout compact par une fonction $\varepsilon(\Delta)$ qui tend vers 0 quand Δ tend vers 0 :

$$\forall t \leq T, \quad |r(t, \Delta)| \leq \varepsilon(\Delta), \qquad \lim_{\Delta \to 0} \varepsilon(\Delta) = 0.$$

Alors le processus ponctuel de fonction de comptage $N(t)$ est simple.

♣ *Démonstration* : Par hypothèse le processus ponctuel ne peut avoir au moins deux points en 0. Pour montrer qu'il est simple, il suffit de montrer que pour tout $t > 0$ l'événement G "il existe deux entiers n et m, $n \neq m$ pour lesquels $0 < T_n = T_m \leq t$" est de probabilité nulle. Or l'ensemble G est la limite décroissante des ensembles G_n où :

$$G_n = \bigcup_{0 \leq k \leq 2^n - 1} \{ N(] \frac{kt}{2^n}, \frac{(k+1)t}{2^n}] \geq 2 \},$$

donc :

$$\begin{aligned}
\mathbb{P}(G_n) &\leq \sum_{k=0}^{2^n - 1} \mathbb{P}\left(N(\frac{(k+1)t}{2^n}) - N(\frac{kt}{2^n}) \geq 2 \right) \\
&\leq \sum_{k=0}^{2^n - 1} \left(\Lambda(\frac{(k+1)t}{2^n}) - \Lambda(\frac{kt}{2^n}) \right) \varepsilon(\frac{t}{2^n}) \\
&\leq \Lambda(t)\, \varepsilon(\frac{t}{2^n}).
\end{aligned}$$

Par conséquent :

$$\mathbb{P}(G) = \lim_{n \to \infty} \downarrow \mathbb{P}(G_n) = 0. \qquad ♣$$

Proposition 2.24 *Un processus de Poisson d'intensité $d\Lambda$ est un processus ponctuel simple si et seulement si l'intensité $d\Lambda$ est diffuse, c'est-à-dire si, pour tout x, $d\Lambda(\{x\}) = 0$.*

♣ *Démonstration* : Supposons que la mesure $d\Lambda$ soit diffuse, et montrons que les hypothèses du lemme 2.23 sont vérifiées. Tout d'abord $N(0)$ est de loi de Poisson de paramètre $d\Lambda(\{0\}) = 0$ donc $N(0) = 0$ presque-sûrement.

D'autre part, posons $c(t, \Delta) = \Lambda(t + \Delta) - \Lambda(t)$, alors :

$$\mathbb{P}(N(t + \Delta) - N(t) \geq 2) = 1 - e^{-c(t,\Delta)} - e^{-c(t,\Delta)}c(t, \Delta).$$

Or :

$$1 - e^{-x} - xe^{-x} = x^2\varphi(x),$$

et il existe a tel que, pour $0 \leq x \leq 1$, on ait $|\varphi(x)| \leq a$.

La mesure $d\Lambda$ étant diffuse la fonction Λ est continue, elle est donc uniformément continue sur tout compact. Par suite, pour tout $T > 0$, il existe une fonction $\Delta \rightarrow \varepsilon(\Delta)$ (dépendant de T) qui tend vers 0 lorsque Δ tend vers 0 et telle que, pour tout $t \leq T$, nous ayons :

$$|\Lambda(t + \Delta) - \Lambda(t)| \leq \varepsilon(\Delta).$$

Par conséquent :

$$
\begin{aligned}
\mathbb{P}(N(t + \Delta) - N(t) \geq 2) &= [\Lambda(t + \Delta) - \Lambda(t)]^2\varphi[\Lambda(t + \Delta) - \Lambda(t)] \\
&= [\Lambda(t + \Delta) - \Lambda(t)]\,r(t, \Delta),
\end{aligned}
$$

et pour $t \leq T$ et Δ assez petit afin que $\varepsilon(\Delta)$ soit inférieur à 1, nous avons :

$$|r(t, \Delta)| \leq a\,[\Lambda(t + \Delta) - \Lambda(t)] \leq a\,\varepsilon(\Delta).$$

Nous pouvons donc appliquer le lemme 2.23.

Réciproquement, supposons la mesure $d\Lambda$ non diffuse, alors il existe x dans $\mathbb{R}_+$ tel que $d\Lambda(\{x\}) = \alpha > 0$. La variable aléatoire $N(\{x\})$ étant de loi de Poisson de paramètre $\alpha > 0$, la probabilité pour qu'elle soit supérieure ou égale à 2 est strictement positive, donc la probabilité pour qu'il y ait au moins deux points T_n confondus en x est strictement positive et le processus ponctuel n'est pas simple. ♣

2.3   Cas d'une intensité diffuse

Dans ce paragraphe, nous supposons que la mesure $d\Lambda$ est diffuse. Tout ce paragraphe s'applique donc en particulier au cas où $d\Lambda(s) = \lambda(s)\,ds$.

Puisque $d\Lambda$ est diffuse, la fonction Λ est continue et le processus ponctuel est simple d'après la proposition 2.24.

2.3.1   Lois des instants d'occurrence

Grâce au changement de temps nous allons obtenir des informations sur la loi des T_k.

La fonction Λ étant continue, l'image de $\mathbb{R}_+$ par Λ est un intervalle I de $\mathbb{R}_+$ et comme Λ est croissante et nulle en 0, cet intervalle I est de la forme $[0, A[$ ou $[0, A]$ $(A \in \bar{\mathbb{R}}_+)$. En outre si Λ est strictement croissante, alors I est de la forme $[0, A[$.

Nous notons toujours φ la pseudo-inverse continue à gauche de Λ. On peut alors vérifier (voir l'exercice 1.2) que :

$$\forall t \in I \quad \Lambda(\varphi(t)) = t.$$

Proposition 2.25 *Soit $(T_n)_{n \geq 1}$ un processus de Poisson d'intensité $d\Lambda$ diffuse, alors pour tout $n > 0$, la loi de $(T_1, \ldots, T_n)$ est la probabilité :*

$$e^{-\Lambda(t_n)} 1_{\{0 < t_1, \ldots < t_n\}} d\Lambda(t_1) \ldots d\Lambda(t_n).$$

En particulier si $d\Lambda(s) = \lambda(s)\, ds$, le vecteur aléatoire $(T_1, \ldots, T_n)$ a pour densité

$$(t_1, \ldots, t_n) \longrightarrow e^{-\int_0^{t_n} \lambda(u)\, du} \prod_{i=1}^{n} \lambda(t_i)\, 1_{\{0 < t_1 < \ldots < t_n\}}$$

par rapport à la mesure de Lebesgue.

♣ *Démonstration* : Soit $(U_n)_{n \geq 1}$ un processus de Poisson homogène de paramètre 1, et $(T_n)_{n \geq 1}$ un processus de Poisson d'intensité $d\Lambda$. D'après la proposition 2.17, pour tout n, le vecteur aléatoire $(T_1, \ldots, T_n)$ a même loi que $(\varphi(U_1), \ldots, \varphi(U_n))$.

Si $d\Lambda(s) = \lambda(s)\, ds$ et si la fonction λ est strictement positive et continue, le calcul de la loi de $(\varphi(U_1), \ldots, \varphi(U_n))$ à partir de celle de $(U_1, \ldots, U_n)$ se fait par changement de variables (les hypothèses sur λ permettent d'écrire que $\Lambda'(t) = \lambda(t)$, et d'avoir un C^1-difféomorphisme).

Dans le cas général où la mesure $d\Lambda$ est supposée diffuse, c'est-à-dire où la fonction Λ est simplement supposée continue, nous allons démontrer la proposition par récurrence sur n. En fait il suffit de montrer que la loi de $(T_1, \ldots, T_n)$ est :

$$e^{-\Lambda(t_n)} 1_{\{0 \leq t_1, \ldots \leq t_n\}} d\Lambda(t_1) \ldots d\Lambda(t_n),$$

car la mesure $d\Lambda$ étant diffuse, la mesure $d\Lambda \otimes \ldots \otimes d\Lambda$ ne charge pas les ensembles de la forme $\{(t_1, \ldots t_n); t_i = t_j\}$ $(1 \leq i < j \leq n)$.

Commençons par prouver la formule annoncée dans le cas $n = 1$. La proposition 2.21 donne, pour tout $t \geq 0$:

$$\mathbb{P}(T_1 \leq t) = 1 - \exp(-\Lambda(t)).$$

Le corollaire A.6 permet de l'écrire :

$$\mathbb{P}(T_1 \leq t) = \int_0^t \exp(-\Lambda(s))\, d\Lambda(s),$$

ce qui prouve que la mesure $\exp(-\Lambda(s))\, d\Lambda(s)$ est la loi de T_1.

Supposons maintenant que la loi de $(T_1, \ldots, T_{n-1})$ soit la mesure :

$$e^{-\Lambda(t_{n-1})} 1_{\{0 \leq t_1, \ldots \leq t_{n-1}\}} d\Lambda(t_1) \ldots d\Lambda(t_{n-1}).$$

Nous devons montrer que, pour tous $t_1, \ldots t_n$ positifs, nous avons :

$$\mathbb{P}(T_1 \leq t_1, \ldots, T_n \leq t_n)$$
$$= \int_{[0,t_1] \times \ldots \times [0,t_n]} e^{-\Lambda(s_n)} 1_{\{0 \leq s_1, \ldots \leq s_n\}} d\Lambda(s_1) \ldots d\Lambda(s_n).$$

En fait, puisque nous avons $T_1 \leq \ldots \leq T_n$ et que la mesure

$$e^{-\Lambda(s_n)} 1_{\{0 \leq s_1, \ldots s_n\}} d\Lambda(s_1) \ldots d\Lambda(s_n)$$

ne charge que l'ensemble $\{(s_1, \ldots, s_n) : s_1 \leq \ldots \leq s_n\}$, il suffit de vérifier la formule pour $t_1 \leq \ldots \leq t_n$. Dans ce cas $\Lambda(t_1) \leq \ldots \leq \Lambda(t_n)$ et nous avons :

$$\mathbb{P}(T_1 \leq t_1, \ldots, T_n \leq t_n)$$
$$= \mathbb{P}(\varphi(U_1) \leq t_1, \ldots, \varphi(U_n) \leq t_n)$$
$$= \mathbb{P}(U_1 \leq \Lambda(t_1), \ldots, U_n \leq \Lambda(t_n))$$
$$= \int_{[0,\Lambda(t_1)] \times \ldots \times [0,\Lambda(t_n)]} e^{-u_n} 1_{\{0 \leq u_1 \leq \ldots \leq u_n\}} du_1 \ldots du_n$$
$$= \int_{[0,\Lambda(t_1)] \times \ldots \times [0,\Lambda(t_{n-1})]} (e^{-u_{n-1}} - e^{-\Lambda(t_n)}) 1_{\{0 \leq u_1 \ldots \leq u_{n-1}\}} du_1 \ldots du_{n-1}.$$

Puisque $\Lambda(\varphi(u)) = u$, nous obtenons :

$$\int_{[0,\Lambda(t_1)] \times \ldots \times [0,\Lambda(t_{n-1})]} 1_{\{0 \leq u_1 \ldots \leq u_{n-1}\}} du_1 \ldots du_{n-1}$$
$$= \int_{[0,\Lambda(t_1)] \times \ldots \times [0,\Lambda(t_{n-1})]} e^{\Lambda(\varphi(u_{n-1}))} e^{-u_{n-1}} 1_{\{0 \leq u_1 \ldots \leq u_{n-1}\}} du_1 \ldots du_{n-1}$$
$$= \mathbb{E}(1_{\{\varphi(U_1) \leq t_1, \ldots, \varphi(U_{n-1}) \leq t_{n-1}\}} e^{\Lambda(\varphi(U_{n-1}))})$$
$$= \mathbb{E}(1_{\{T_1 \leq t_1, \ldots, T_{n-1} \leq t_{n-1}\}} e^{\Lambda(T_{n-1})}).$$

Posons $C_{n-1} = [0,t_1] \times \ldots \times [0,t_{n-1}]$. En utilisant l'hypothèse de récurrence, et à nouveau le corollaire A.6 il vient :

$$\mathbb{P}(T_1 \leq t_1, \ldots, T_n \leq t_n)$$
$$= \mathbb{P}(T_1 \leq t_1, \ldots, T_{n-1} \leq t_{n-1}) - e^{-\Lambda(t_n)} \mathbb{E}(1_{\{T_1 \leq t_1, \ldots, T_{n-1} \leq t_{n-1}\}} e^{\Lambda(T_{n-1})}))$$
$$= \int_{C_{n-1}} 1_{\{0 \leq x_1 \leq \cdots \leq x_{n-1}\}} (1 - e^{-\Lambda(t_n)} e^{\Lambda(x_{n-1})}) e^{-\Lambda(x_{n-1})} d\Lambda(x_1) \ldots d\Lambda(x_{n-1})$$
$$= \int_{C_{n-1}} 1_{\{0 \leq x_1 \leq \cdots \leq x_{n-1}\}} (\int_{x_{n-1}}^{t_n} e^{-\Lambda(x_n)} d\Lambda(x_n)) d\Lambda(x_1) \ldots d\Lambda(x_{n-1})$$
$$= \int_{[0,t_1] \times \ldots \times [0,t_n]} e^{-\Lambda(x_n)} 1_{\{0 \leq x_1, \ldots \leq x_n\}} d\Lambda(x_1) \ldots d\Lambda(x_n),$$

ce qui est bien la formule souhaitée. ♣

Remarque 2.26 : Lorsque la mesure $d\Lambda$ n'est pas diffuse, la proposition 2.25 est fausse, même en remplaçant $1_{\{0 < t_1 < \cdots < t_n\}}$ par $1_{\{0 \leq t_1 \leq \cdots \leq t_n\}}$ dans l'expression de la loi de $(T_1, \ldots, T_n)$. En effet, supposons que $d\Lambda$ soit la mesure de Dirac au point a, alors la variable aléatoire $N(\{a\})$ est de loi de Poisson de paramètre 1 et, d'après le lemme 2.7 :

$$\mathbb{P}(T_1 = a, \ldots, T_n = a) = \mathbb{P}(N(\{a\}) \geq n) = \int_0^1 \frac{1}{(n-1)!} x^{n-1} e^{-x} \, dx.$$

Par contre :

$$\int_{\{a\} \times \cdots \times \{a\}} e^{-\Lambda(t_n)} d\Lambda(t_1) \ldots d\Lambda(t_n) = e^{-1}.$$

Proposition 2.27 *Soit* $(T_n)_{n \geq 1}$ *un processus de Poisson d'intensité* $d\Lambda$ *diffuse, posons* $\Lambda(t) = \int_{[0,t]} d\Lambda$. *Alors, pour tout* $t > 0$, *la loi conditionnelle de* $(T_1, \ldots, T_n)$ *sachant* $\{N(t) = n\}$ *est la probabilité :*

$$\frac{n!}{\Lambda(t)^n} \mathbf{1}_{\{0 < t_1, \ldots < t_n < t\}} \, d\Lambda(t_1) \ldots d\Lambda(t_n).$$

En particulier, si $d\Lambda(s) = \lambda(s) \, ds$ *la loi conditionnelle de* $(T_1, \ldots, T_n)$ *sachant* $\{N(t) = n\}$ *a pour densité*

$$\frac{n!}{(\int_0^t d\Lambda)^n} \prod_{i=1}^n \lambda(t_i) \mathbf{1}_{\{0 < t_1, \ldots < t_n < t\}}$$

par rapport à la mesure de Lebesgue. C'est donc la loi de la statistique d'ordre de n *variables aléatoires indépendantes de même loi de densité* $\frac{1}{\Lambda(t)} \lambda(s) \mathbf{1}_{\{0 \leq s \leq t\}}$.

La vraisemblance de $(N(t), T_1, \ldots, T_{N(t)})$, *c'est-à-dire de l'observation sur* $[0, t]$, *est donc :*

$$(n, t_1, \ldots, t_n) \longrightarrow e^{-\int_0^t \lambda(u) \, du} \prod_{i=1}^n \lambda(t_i).$$

♣ *Démonstration* : Ce résultat se déduit immédiatement soit des propositions 2.18 et 2.1, soit de la proposition 2.25, du corollaire A.6 et de la proposition 2.1. ♣

2.3.2   Retour sur le changement de temps

Nous nous plaçons dans le cas où la fonction Λ établit une bijection de $\mathbb{R}_+$ sur I. La proposition 2.17 admet la réciproque suivante :

Proposition 2.28 *Soit* $(T_n)_{n \geq 1}$ *un processus de Poisson d'intensité* $d\Lambda$ *diffuse et d'intensité cumulée* $\Lambda(t) = \int_0^t d\Lambda$ *strictement croissante. Posons* $U_n = \Lambda(T_n)$ ($n \geq 1$) *(avec la convention* $U_n = +\infty$ *si* $T_n = +\infty$*). Notons* I *l'image de* $\mathbb{R}_+$ *par l'application* Λ.

Alors le processus $(U_n)_{n \geq 1}$ *est la trace sur* I *d'un processus de Poisson homogène de paramètre 1.*

Si $\int_0^{+\infty} d\Lambda = +\infty$, *le processus* $(U_n)_{n \geq 1}$ *est donc un processus de Poisson sur* $\mathbb{R}_+$ *homogène de paramètre 1.*

Remarque 2.29 : Si $\int_0^{+\infty} d\Lambda < +\infty$, il n'existe presque-sûrement qu'un nombre fini de T_n qui appartiennent à $\mathbb{R}_+$ (d'après la proposition 2.13) donc il n'existe presque-sûrement qu'un nombre fini de U_n appartenant à I, ce qui est cohérent avec le fait que ce nombre est de loi de Poisson de paramètre la mesure de Lebesgue de I et que I est un intervalle borné.

♣ *Démonstration de la proposition 2.28* : La fonction Λ est une application bijective de $\mathbb{R}_+$ sur I et nous posons $\varphi = \Lambda^{-1}$. Notons N la fonction de comptage du processus $(T_n)_{n\geq 1}$ et $\tilde{N}$ celle du processus $(U_n)_{n\geq 1}$. Remarquons que si U_n est fini, alors U_n appartient à I. Nous devons donc vérifier que pour tout intervalle $(a,b) \subset I$, la variable aléatoire $\tilde{N}((a,b))$ est de loi de Poisson de paramètre $b-a$ et que si les intervalles (a_k, b_k) $(1 \leq k \leq n)$ sont des intervalles de I deux à deux disjoints alors les variables aléatoires $N((a_k, b_k))$ sont indépendantes. Ces deux propriétés se vérifient facilement en utilisant le fait que :

$$\tilde{N}((a,b)) = \sum_{n\geq 1} 1_{\{U_n \in (a,b)\}} = \sum_{n\geq 1} 1_{\{T_n \in (\varphi(a), \varphi(b))\}},$$

et que :

$$\int_{(\varphi(a),\varphi(b))} d\Lambda = \Lambda(\varphi(b)) - \Lambda(\varphi(a)) = b - a. \qquad ♣$$

2.3.3 Nouvelles caractérisations du processus de Poisson

Commençons par donner des résultats qui sont des conséquences faciles de propositions des paragraphes précédents.

Proposition 2.30 *Nous supposons que la fonction Λ est continue, strictement croissante et que :*

$$\lim_{t\to +\infty} \Lambda(t) = +\infty.$$

Alors le processus $(T_n)_{n\geq 1}$ est un processus de Poisson d'intensité $d\Lambda$ si et seulement si le processus $(U_n = \Lambda(T_n))_{n\geq 1}$ est un processus de Poisson de paramètre 1.

Cette proposition est un corollaire immédiat des propositions 2.17 et 2.28.

Proposition 2.31 *Soit $d\Lambda$ une mesure diffuse sur $\mathbb{R}_+$ et $(T_n)_{n\geq 1}$ une suite croissante de variables aléatoires positives. Le processus $(T_n)_{n\geq 1}$ est un processus de Poisson d'intensité $d\Lambda$ si et seulement si, pour tout $n \geq 2$ et pour tous $t_1 < t_2 \cdots < t_{n-1}$, la loi conditionnelle de T_n sachant $\{T_1 = t_1, \cdots, T_{n-1} = t_{n-1}\}$ ne dépend que de t_{n-1} et est la loi conditionnelle de X sachant $\{X > t_{n-1}\}$, la variable aléatoire X étant de mesure de hasard $d\Lambda$.*

♣ *Démonstration* : Soit X une variable aléatoire de mesure de hasard $d\Lambda$ et $a > 0$ tel que $\mathbb{P}(X > a) \neq 0$. Alors pour tout $x > a$, la proposition 1.15 donne :

$$\mathbb{P}(X > x / X > a) = \frac{\mathbb{P}(X > x)}{\mathbb{P}(X > a)} = e^{-(\Lambda(x) - \Lambda(a))}.$$

En utilisant le corollaire A.6, nous obtenons :

$$\mathbb{P}(X \leq x / X > a) = 1 - e^{-(\Lambda(x) - \Lambda(a))} = \int_a^x e^{-(\Lambda(s) - \Lambda(a))} d\Lambda(s),$$

donc la loi conditionnelle de X sachant $\{X > a\}$ est la probabilité :

$$e^{-(\Lambda(s) - \Lambda(a))} 1_{\{s > a\}} d\Lambda(s).$$

D'autre part, d'après la proposition 2.25, pour $t_1 < \cdots < t_n$, la loi conditionnelle de T_n sachant $\{T_1 = t_1, \cdots, T_{n-1} = t_{n-1}\}$ est la probabilité :

$$e^{-(\Lambda(s) - \Lambda(t_{n-1}))} 1_{\{t_{n-1} < s\}} d\Lambda(s),$$

ce qui achève la démonstration de la condition nécessaire.

Etablissons maintenant la réciproque. Soit $\mu_{T_1, \dots, T_k}$ la loi de $(T_1, \dots, T_k)$. Sous les hypothèses faites, nous avons pour tout n :

$$\mu_{T_1, \dots, T_n}(dt_1, \dots, dt_n) \\ = e^{-(\Lambda(t_n) - \Lambda(t_{n-1}))} 1_{\{t_{n-1} < t_n\}} d\Lambda(t_n) \mu_{T_1, \dots, T_{n-1}}(dt_1, \dots, dt_{n-1})$$

et par récurrence sur n, nous obtenons :

$$\mu_{T_1, \dots, T_n}(dt_1, \dots, dt_n) = e^{-\Lambda(t_n)} 1_{\{0 < t_1 < \cdots < t_n\}} d\Lambda(t_1) \cdots d\Lambda(t_n).$$

C'est, d'après la proposition 2.25, la loi des n premiers points d'un processus de Poisson d'intensité $d\Lambda$ et ceci pour tout n, d'où le résultat. ♣

Corollaire 2.32 *Supposons que $d\Lambda(s) = \lambda(s) ds$. Le processus $(T_n)_{n \geq 1}$ est un processus de Poisson d'intensité $d\Lambda$ si et seulement si pour tout n et pour tous réels positifs $t_1 < t_2 < \cdots < t_{n-1}$, la loi conditionnelle de $T_n - t_{n-1}$ sachant $\{T_1 = t_1, \cdots, T_{n-1} = t_{n-1}\}$ ne dépend que de t_{n-1} et est la loi de taux de hasard $s \to \lambda(s + t_{n-1})$.*

La proposition suivante exprime la même idée que le corollaire 2.32 mais on se place à des instants déterministes au lieu de se placer aux instants d'occurrence.

Proposition 2.33 *Soit $d\Lambda$ une mesure positive diffuse sur $\mathbb{R}_+$ et $(T_n)_{n \geq 1}$ une suite strictement croissante de variables aléatoires à valeurs dans $]0, +\infty]$. Pour tout $t > 0$ posons $N(t) = \sum_{n \geq 1} 1_{\{T_n \leq t\}}$, notons $W(t) = T_{N(t)+1} - t$ le temps d'attente à l'instant t et soit $\mathcal{F}_t$ la tribu engendrée par les variables aléatoires $(N(s), s \leq t)$.*

Alors le processus $(T_n)_{n \geq 1}$ est un processus de Poisson d'intensité $d\Lambda$ si et seulement si, pour tout $t \geq 0$, la variable aléatoire $W(t)$ est indépendante de la tribu $\mathcal{F}_t$ et $\mathbb{P}(W(t) > x) = \exp(-\int_{]t, t+x]} d\Lambda)$ pour tout $x > 0$.

♣ *Démonstration* : La condition nécessaire n'est autre que la proposition 2.22. Montrons la condition suffisante. Soit t et s deux réels positifs et $k \in \mathbb{N}$. Commençons par calculer $\mathbb{P}(N(t + s) - N(t) = k / \mathcal{F}_t)$.

Pour $n > 0$, découpons l'intervalle $]t, t+s]$ en n intervalles de même longueur et posons :

$$I_{j,n} =]t + j\frac{s}{n}, t + (j+1)\frac{s}{n}] \quad 0 \le j \le n-1.$$

Puisque la suite $(T_n)_{n \ge 1}$ est strictement croissante, l'événement "k ensembles $I_{j,n}$ contiennent au moins un des points T_i et les autres ensembles $I_{j,n}$ ne contiennent aucun point" admet l'événement $\{N(t+s) - N(t) = k\}$ pour limite, lorsque n tend vers l'infini. Ce résultat s'écrit :

$$\{N(t+s) - N(t) = k\} = \lim_n \bigcup_{0 \le i_1 < i_2 < \ldots < i_k \le n-1} A_{i_1, i_2, \ldots, i_k, n},$$

où :

$$A_{i_1, i_2, \ldots, i_k, n} = \bigcap_{j=1}^{k} \{W(t + i_j\frac{s}{n}) \le \frac{s}{n}\} \bigcap_{\substack{0 \le j \le n-1 \\ j \notin \{i_1, \ldots, i_k\}}} \{W(t + j\frac{s}{n}) > \frac{s}{n}\}.$$

Les événements $A_{i_1, i_2, \ldots, i_k, n}$ étant deux à deux disjoints, nous sommes ramenés au calcul de $\mathbb{P}(A_{i_1, i_2, \ldots, i_k, n}/\mathcal{F}_t)$. Pour cela, nous conditionnons tout d'abord par $\mathcal{F}_{t+(n-1)\frac{s}{n}}$. L'événement $A_{i_1, i_2, \ldots, i_k, n}$ s'écrit :

$$A_{i_1, i_2, \ldots, i_k, n} = B_{i_1, i_2, \ldots, i_k, n} \cap C_{i_1, i_2, \ldots, i_k, n},$$

où $C_{i_1, i_2, \ldots, i_k, n}$ est égal à $\{W(t + (n-1)\frac{s}{n}) \le \frac{s}{n}\}$ ou à $\{W(t + (n-1)\frac{s}{n}) > \frac{s}{n}\}$ selon que $n-1$ appartient ou non à l'ensemble $\{i_1, \ldots, i_k\}$ et où $B_{i_1, i_2, \ldots, i_k, n}$ appartient à $\mathcal{F}_{t+(n-1)\frac{s}{n}}$. Par conséquent :

$$\mathbb{P}(A_{i_1, i_2, \ldots, i_k, n}/\mathcal{F}_t) = \mathbb{E}(1_{B_{i_1, i_2, \ldots, i_k, n}} \mathbb{P}(C_{i_1, i_2, \ldots, i_k, n}/\mathcal{F}_{t+(n-1)\frac{s}{n}})/\mathcal{F}_t).$$

Or, par hypothèse, la variable aléatoire $W(t + (n-1)\frac{s}{n})$ est indépendante de $\mathcal{F}_{t+(n-1)\frac{s}{n}}$, donc :

$$\mathbb{P}(C_{i_1, i_2, \ldots, i_k, n}/\mathcal{F}_{t+(n-1)\frac{s}{n}}) = \mathbb{P}(C_{i_1, i_2, \ldots, i_k, n}),$$

et par suite :

$$\mathbb{P}(A_{i_1, i_2, \ldots, i_k, n}/\mathcal{F}_t) = \mathbb{P}(C_{i_1, i_2, \ldots, i_k, n})\mathbb{P}(B_{i_1, i_2, \ldots, i_k, n}/\mathcal{F}_t).$$

En conditionnant de la même manière par rapport à $\mathcal{F}_{t+(n-2)\frac{s}{n}}$, puis par rapport à $\mathcal{F}_{t+(n-3)\frac{s}{n}}$, etc ..., nous obtenons :

$$\mathbb{P}(A_{i_1, i_2, \ldots, i_k, n}/\mathcal{F}_t) = \prod_{j=1}^{k} \mathbb{P}(W(t + i_j\frac{s}{n}) \le \frac{s}{n}) \prod_{\substack{0 \le j \le n-1 \\ j \notin \{i_1, \ldots, i_k\}}} \mathbb{P}(W(t + j\frac{s}{n}) > \frac{s}{n}).$$

En utilisant l'hypothèse sur la loi des $W(t + j\frac{s}{n})$, nous en déduisons :

$$\mathbb{P}(A_{i_1,i_2,\dots,i_k,n}/\mathcal{F}_t)$$

$$= \prod_{j=1}^{k} \left(1 - \exp(-\int_{I_{i_j,n}} d\Lambda)\right) \prod_{\substack{0 \le j \le n-1 \\ j \notin \{i_1,\dots,i_k\}}} \exp(-\int_{I_{j,n}} d\Lambda)$$

$$= \prod_{j=1}^{k} \left(\exp(\int_{I_{i_j,n}} d\Lambda) - 1\right) \prod_{0 \le j \le n-1} \exp(-\int_{I_{j,n}} d\Lambda)$$

$$= \exp(-\int_{t}^{t+s} d\Lambda) \prod_{j=1}^{k} \left(\exp(\int_{I_{i_j,n}} d\Lambda) - 1\right).$$

Nous avons déjà vu dans la démonstration de la proposition 2.24 que, la fonction Λ étant continue, il existe une fonction $\Delta \to \varepsilon_1(\Delta)$ qui tend vers 0 lorsque Δ tend vers 0 et telle que, pour tout u vérifiant $0 \le u \le t+s$, nous ayons :

$$|\Lambda(u+\Delta) - \Lambda(u)| \le \varepsilon_1(\Delta),$$

d'où :

$$\int_{I_{j,n}} d\Lambda \le \varepsilon_1(\frac{s}{n}).$$

D'autre part $|e^x - 1 - x| \le \frac{x^2}{2} e^x$, donc :

$$e^x = 1 + x(1 + R_1(x)),$$

et il existe $0 < a < 1$ tel que :

$$|x| \le a \Longrightarrow |R_1(x)| \le |x|.$$

Nous pouvons toujours supposer que n est assez grand pour que $\varepsilon_1(\frac{s}{n}) \le a$, par conséquent :

$$\exp\left(\int_{I_{i_j,n}} d\Lambda\right) - 1 = (1 + r_1(i_j,n)) \int_{I_{i_j,n}} d\Lambda,$$

avec :

$$|r_1(i_j,n)| \le \int_{I_{i_j,n}} d\Lambda \le \varepsilon_1(\frac{s}{n}).$$

Nous en déduisons que :

$$\mathbb{P}(N(t+s) - N(t) = k/\mathcal{F}_t) = \exp(-\int_{t}^{t+s} d\Lambda)$$

$$\times \lim_{n\to\infty} \left\{ \sum_{0 \le i_1 < i_2 < \dots < i_k \le n-1} \prod_{j=1}^{k} \int_{I_{i_j,n}} d\Lambda + \right.$$

$$\left. \sum_{0 \le i_1 < i_2 < \dots < i_k \le n-1} r_2(i_1,\dots,i_k,n) \prod_{j=1}^{k} \int_{I_{i_j,n}} d\Lambda \right\},$$

avec :

$$|r_2(i_1,\dots,i_k,n)| \le \varepsilon_2(\frac{s}{n}), \quad \lim_{\Delta\to 0} \varepsilon_2(\Delta) = 0.$$

Notons $E_{i_1,\ldots,i_k,n}$ le pavé de $\mathbb{R}^k$ défini par :

$$E_{i_1,\ldots,i_k,n} = I_{i_1,n} \times \ldots \times I_{i_k,n}.$$

Les ensembles $E_{i_1,\ldots,i_k,n}$ sont deux à deux disjoints et leur réunion, notée E_n, tend lorsque n tend vers l'infini vers :

$$E = \{(x_1, x_2, \ldots, x_k) : t < x_1 < x_2 < \ldots < x_k \leq t + s\}.$$

Posons $\mu(dx_1, \ldots, dx_k) = d\Lambda(x_1) \ldots d\Lambda(x_k)$, alors :

$$\sum_{0 \leq i_1 < i_2 < \ldots < i_k \leq n-1} \prod_{j=1}^{k} \int_{I_{i_j,n}} d\Lambda = \sum_{0 \leq i_1 < i_2 < \ldots < i_k \leq n-1} \mu(E_{i_1,\ldots,i_k,n})$$
$$= \mu(E_n),$$

donc :

$$\lim_{n \to \infty} \sum_{0 \leq i_1 < i_2 < \ldots < i_k \leq n-1} \prod_{j=1}^{k} \int_{I_{i_j,n}} d\Lambda = \mu(E),$$

et :

$$\left| \sum_{0 \leq i_1 < i_2 < \ldots < i_k \leq n-1} r_2(i_1, \ldots, i_k, n) \prod_{j=1}^{k} \int_{I_{i_j,n}} d\Lambda \right| \leq \varepsilon_2\left(\frac{s}{n}\right) \mu(E_n) \leq \varepsilon_2\left(\frac{s}{n}\right) \mu(E).$$

La mesure μ étant symétrique en $x_1, \ldots x_k$ et diffuse, nous avons :

$$\mu(E) = \frac{1}{k!} \mu(]t, t+s]^k) = \frac{1}{k!} [\Lambda(t+s) - \Lambda(t)]^k.$$

Finalement :

$$\mathbb{P}(N(t+s) - N(t) = k / \mathcal{F}_t) = \frac{1}{k!} \left(\int_t^{t+s} d\Lambda \right)^k \exp\left(- \int_t^{t+s} d\Lambda \right).$$

Nous avons ainsi démontré que la variable aléatoire $N(t+s) - N(t)$ est d'une part de loi de Poisson de paramètre $\int_t^{t+s} d\Lambda$, d'autre part indépendante de $\mathcal{F}_t$. Ce dernier résultat permet de voir aisément que le processus N est à accroissements indépendants.

En effet, soit $0 \leq t_0 < t_1 < \ldots < t_n$ des réels positifs et $k_1, \ldots, k_n$ des entiers. Pour calculer

$$\mathbb{P}(N(t_1) = k_1, N(t_2) - N(t_1) = k_2, \ldots, N(t_n) - N(t_{n-1}) = k_n)$$

il suffit de conditionner successivement par rapport à $\mathcal{F}_{t_{n-1}}$, puis par rapport à $\mathcal{F}_{t_{n-2}} \ldots$ et par rapport à $\mathcal{F}_{t_1}$. ♣

Le même type de démonstration conduit à une autre caractérisation du processus de Poisson.

Proposition 2.34 *Le processus N est la fonction de comptage d'un processus de Poisson d'intensité $d\Lambda$ supposée diffuse si et seulement si :*

1. *le processus N est à accroissements indépendants,*

2. *$N(0) = 0$ presque-sûrement,*

3. *pour tout $t \geq 0$, et pour tout $\Delta > 0$,*

$$\mathbb{P}(\, N(t+\Delta) - N(t) = 1\,) = (\, \Lambda(t+\Delta) - \Lambda(t)\,)(\, 1 + r_1(t, \Delta)\,),$$

la fonction $t \to r_1(t, \Delta)$ étant majorée sur tout compact par une fonction $\varepsilon_1(\Delta)$ qui tend vers 0 quand Δ tend vers 0 :

$$\forall t \leq T, \quad |r_1(t, \Delta)| \leq \varepsilon_1(\Delta), \qquad \lim_{\Delta \to 0} \varepsilon_1(\Delta) = 0.$$

4. *pour tout $t \geq 0$, et pour tout $\Delta > 0$,*

$$\mathbb{P}(\, N(t+\Delta) - N(t) \geq 2\,) = (\, \Lambda(t+\Delta) - \Lambda(t)\,)\, r_2(t, \Delta),$$

la fonction $t \to r_2(t, \Delta)$ étant majorée sur tout compact par une fonction $\varepsilon_2(\Delta)$ qui tend vers 0 quand Δ tend vers 0 :

$$\forall t \leq T, \quad |r_2(t, \Delta)| \leq \varepsilon_2(\Delta), \qquad \lim_{\Delta \to 0} \varepsilon_2(\Delta) = 0.$$

♣ *Démonstration* : La condition nécessaire se montre sans difficulté en utilisant un développement de Taylor de la fonction exponentielle et le fait suivant, dû à la continuité de la fonction Λ et déjà mentionné dans la démonstration de la proposition 2.24 : pour tout $T \geq 0$, il existe une fonction ε telle que, pour tout t vérifiant $0 \leq t \leq T$, nous ayons :

$$|\Lambda(t+\Delta) - \Lambda(t)| \leq \varepsilon(\Delta), \qquad \lim_{\Delta \to 0} \varepsilon(\Delta) = 0.$$

Intéressons-nous maintenant à la réciproque. Les conditions *2* et *4* ainsi que le lemme 2.23 entrainent que le processus ponctuel est simple. Compte tenu de l'hypothèse *1*, pour montrer qu'il s'agit d'un processus de Poisson d'intensité $d\Lambda$, il reste à montrer que, pour tout t, la variable aléatoire $N(t)$ est de loi de Poisson de paramètre $\Lambda(t)$.

Pour étudier la loi de $N(t) = N(t) - N(0)$, nous procédons comme dans la démonstration de la proposition 2.33.

Pour $n > 0$ et $0 \leq j \leq n-1$, posons $I_{j,n} =]j\frac{t}{n}, (j+1)\frac{t}{n}]$. Etant donnés un entier $k \leq n$ et des entiers $0 \leq i_1 < \ldots < i_k \leq n-1$, notons $A_{i_1,\ldots,i_k,n}$ l'événement suivant : "les k intervalles $I_{i_1,n}, \ldots I_{i_k,n}$ contiennent exactement un point du processus ponctuel, les autres intervalles ne contiennent aucun point". Le processus ponctuel étant simple, la réunion des ensembles $A_{i_1,\ldots,i_k,n}$ tend vers l'ensemble $\{N(t) - N(0) = k\}$ quand n tend vers $+\infty$, et ces ensembles $A_{i_1,\ldots,i_k,n}$ sont deux à deux disjoints quand les indices $i_1, \ldots, i_k$ varient (n étant fixé), donc :

$$\mathbb{P}(N(t) = k) = \lim_{n \to \infty} \sum_{0 \leq i_1 < \ldots < i_k \leq t} \mathbb{P}(A_{i_1,\ldots,i_k,n}).$$

En utilisant la condition *1*, nous obtenons :

$$\mathbb{P}(A_{i_1,\ldots,i_k,n}) = \prod_{j=1}^{k} \mathbb{P}(N(I_{i_j,n}) = 1) \prod_{\substack{0 \le j \le n-1 \\ j \notin \{i_1,\ldots,i_k\}}} \mathbb{P}(N(I_{j,n}) = 0).$$

Les conditions *3* et *4* donnent :

$$\mathbb{P}(N(I_{j,n}) = 0) = 1 - [1 + r_1(j\frac{t}{n}, \frac{t}{n}) + r_2(j\frac{t}{n}, \frac{t}{n})] \int_{I_{j,n}} d\Lambda$$

$$= \exp\left(\log\left[1 - [1 + r_1(j\frac{t}{n}, \frac{t}{n}) + r_2(j\frac{t}{n}, \frac{t}{n})] \int_{I_{j,n}} d\Lambda\right]\right).$$

Or $log(1 + x) = x(1 + r(x))$ et la formule de Taylor montre qu'il existe une constante a telle que :

$$|x| \le \frac{1}{2} \implies |r(x)| \le a|x|.$$

D'autre part nous avons rappelé au début de cette démonstration qu'il existe une fonction ε telle que pour tout u vérifiant $0 \le u \le t$, nous ayons :

$$|\Lambda(u + \Delta) - \Lambda(u)| \le \varepsilon(\Delta), \qquad \lim_{\Delta \to 0} \varepsilon(\Delta) = 0.$$

Nous en déduisons que si n est assez grand pour que

$$\varepsilon(\frac{t}{n})[1 + \varepsilon_1(\frac{t}{n}) + \varepsilon_2(\frac{t}{n})] \le \frac{1}{2},$$

alors :

$$\mathbb{P}(N(I_{j,n}) = 0) = \exp\left(-[1 + \rho(j,n)] \int_{I_{j,n}} d\Lambda\right),$$

avec :

$$|\rho(j,n)| \le R(n), \qquad \lim_{n \to +\infty} R(n) = 0.$$

Par suite :

$$\prod_{\substack{0 \le j \le n-1 \\ j \notin \{i_1,\ldots,i_k\}}} \mathbb{P}(N(I_{j,n}) = 0)$$

$$= \exp\left\{-\sum_{j=0}^{n-1} \int_{I_{j,n}} d\Lambda + \sum_{j=1}^{k} \int_{I_{i_j,n}} d\Lambda - \sum_{\substack{0 \le j \le n-1 \\ j \notin \{i_1,\ldots,i_k\}}} \rho(j,n) \int_{I_{j,n}} d\Lambda\right\}$$

$$= \exp\left\{-\int_0^t d\Lambda + \varphi_1(i_1,\ldots,i_k,n)\right\},$$

où :

$$|\varphi_1(i_1,\ldots,i_k,n)| \le R_1(n), \qquad \lim_{n \to +\infty} R_1(n) = 0.$$

D'autre part :

$$\prod_{j=1}^{k} \mathbb{P}(N(I_{i_j,n}) = 1) = \left(\prod_{j=1}^{k} \int_{I_{i_j,n}} d\Lambda\right)\left(\prod_{j=1}^{k}[1 + r_1(i_j\frac{t}{n}, \frac{t}{n})]\right)$$

$$= [1 + \varphi_2(i_1, \ldots, i_k, n)]\prod_{j=1}^{k} \int_{I_{i_j,n}} d\Lambda,$$

avec :

$$|\varphi_2(i_1, \ldots, i_k, n)| \leq R_2(n), \qquad \lim_{n \to +\infty} R_2(n) = 0.$$

Nous obtenons finalement :

$$\sum_{0 \leq i_1 < \ldots < i_k \leq n-1} \mathbb{P}(A_{i_1,\ldots,i_k,n})$$

$$= \sum_{0 \leq i_1 < \ldots < i_k \leq n-1} e^{-\Lambda(t)}[1 + e^{\varphi_1(i_1,\ldots,i_k,n)} - 1]\,[1 + \varphi_2(i_1, \ldots, i_k, n)]$$

$$\times \prod_{j=1}^{k} \int_{I_{i_j,n}} d\Lambda$$

$$= e^{-\Lambda(t)}\sum_{0 \leq i_1 < \ldots < i_k \leq n-1}[1 + \varphi_3(i_1, \ldots, i_k, n)]\prod_{j=1}^{k} \int_{I_{i_j,n}} d\Lambda,$$

avec :

$$|\varphi_3(i_1, \ldots, i_k, n)| \leq R_3(n), \qquad \lim_{n \to +\infty} R_3(n) = 0.$$

Nous posons :

$$E_{i_1,\ldots,i_k,n} = I_{i_1,n} \times \ldots \times I_{i_k,n}, \qquad \mu(dx_1, \ldots, dx_k) = d\Lambda(x_1)\ldots d\Lambda(x_k),$$

$$E = \{(x_1, x_2, \ldots, x_k) : 0 < x_1 < x_2 < \ldots < x_k \leq t\}.$$

Nous terminons comme dans la démonstration de la proposition 2.33 :

$$\prod_{j=1}^{k} \int_{I_{i_j,n}} d\Lambda = \mu(E_{i_1,\ldots,i_k,n}),$$

donc :

$$\lim_{n \to \infty} \sum_{0 \leq i_1 < \ldots < i_k \leq n-1} \mu(E_{i_1,\ldots,i_k,n}) = \mu(E) = \frac{\Lambda(t)^k}{k!},$$

et :

$$\sum_{0 \leq i_1 < \ldots < i_k \leq n-1} \mu(E_{i_1,\ldots,i_k,n}) \leq \mu(E).$$

Nous démontrons ainsi que :

$$\mathbb{P}(N(t) = k) = e^{-\Lambda(t)}\frac{\Lambda(t)^k}{k!}. \qquad \clubsuit$$

Lorsque $d\Lambda(s) = \lambda(s)\,ds$, la fonction λ étant continue sur $\mathbb{R}_+$, la proposition 2.34 prend une forme plus simple :

Corollaire 2.35 *Soit λ une fonction continue définie sur $\mathbb{R}_+$. Le processus N est la fonction de comptage d'un processus de Poisson d'intensité λ si et seulement si :*

1. *le processus N est à accroissements indépendants,*

2. *$N(0) = 0$ presque-sûrement,*

3. *pour tout $t \geq 0$,*

$$\mathbb{P}(\, N(t + \Delta) - N(t) = 1\,) = \lambda(t)\,\Delta + \Delta\, r_1(t, \Delta),$$

la fonction $t \to r_1(t, \Delta)$ étant majorée sur tout compact par une fonction $\varepsilon_1(\Delta)$ qui tend vers 0 quand Δ tend vers 0 :

$$\forall t \leq T, \quad |r_1(t, \Delta)| \leq \varepsilon_1(\Delta), \qquad \lim_{\Delta \to 0} \varepsilon_1(\Delta) = 0.$$

4. *pour tout $t \geq 0$,*

$$\mathbb{P}(\, N(t + \Delta) - N(t) \geq 2\,) = \lambda(t)\,\Delta \, r_2(t, \Delta),$$

la fonction $t \to r_2(t, \Delta)$ étant majorée sur tout compact par une fonction $\varepsilon_2(\Delta)$ qui tend vers 0 quand Δ tend vers 0 :

$$\forall t \leq T, \quad |r_2(t, \Delta)| \leq \varepsilon_2(\Delta), \qquad \lim_{\Delta \to 0} \varepsilon_2(\Delta) = 0.$$

Exemple 2.36 : Considérons un processus de Weibull, c'est-à-dire un processus de Poisson d'intensité :

$$\lambda(t) = \frac{\beta}{\alpha^\beta} t^{\beta - 1},$$

les paramètres α et β étant strictement positifs.

Lorsque $\beta \geq 1$, nous sommes dans le cadre de la proposition 2.35, mais ce n'est plus le cas pour $\beta < 1$. Dans ce dernier cas la fonction λ est continue sur $]0, +\infty[$ mais non sur $\mathbb{R}_+$ et la variable aléatoire $N(\Delta)$ est de loi de Poisson de paramètre :

$$\Lambda(\Delta) = \frac{1}{\alpha^\beta} \Delta^\beta.$$

Par suite :

$$\mathbb{P}(\, N(\Delta) = 1\,) = \Lambda(\Delta) e^{-\Lambda(\Delta)} \simeq \frac{1}{\alpha^\beta} \Delta^\beta$$

n'est pas d'ordre Δ.

Lorsque $\beta < 1$, c'est la proposition 2.34 qui s'applique.

Remarque 2.37 : Le fait que le processus N soit à accroissements indépendants équivaut au fait que pour tous t et Δ positifs, l'espérance conditionnelle $\mathbb{E}(\, N(t + \Delta) - N(t)/\mathcal{F}_t\,)$ est constante (c'est-à-dire non aléatoire).

Par suite, le corollaire 2.35 laisse penser que N est la fonction de comptage d'un processus de Poisson d'intensité $d\Lambda(s) = \lambda(s)\,ds$ si et seulement si, pour tous t et Δ positifs :

$$\mathbb{E}(\,N(t+\Delta) - N(t)/\mathcal{F}_t\,) = \lambda(t)\Delta + o(\Delta),$$

c'est-à-dire si et seulement si $dM(t) = dN(t) - \lambda(t)\,dt$ est un accroissement de martingale.

Nous allons voir ci-dessous que c'est bien le cas.

Proposition 2.38 (caractérisation de Watanabe) *Soit $d\Lambda$ une mesure diffuse sur $\mathbb{R}_+$ et $(T_n)_{n\geq1}$ un processus ponctuel simple de fonction de comptage N. Notons $(\mathcal{F}_t)_{t\geq0}$ la filtration associée.*

Le processus $(T_n)_{n\geq1}$ est un processus de Poisson d'intensité $d\Lambda$ si et seulement si :

$$M(t) = N(t) - \int_0^t d\Lambda = N(t) - \Lambda(t)$$

est une martingale relativement à la filtration $(\mathcal{F}_t)_{t\geq0}$.

Et alors le processus croissant de la martingale M est la fonction Λ, ce qui signifie que $M^2 - \Lambda$ est une martingale relativement à la filtration $(\mathcal{F}_t)_{t\geq0}$.

La démonstration ci-dessous est empruntée à [35] (paragraphe 6.3).

♣ *Démonstration* : Supposons que N soit la fonction de comptage d'un processus de Poisson d'intensité $d\Lambda$. Le fait que N soit à accroissements indépendants entraine que pour $s < t$ la variable aléatoire

$$M(t) - M(s) = N(t) - N(s) - \Lambda(t) + \Lambda(s)$$

est indépendante de $\mathcal{F}_s$ et par suite :

$$\mathbb{E}(M(t) - M(s)/\mathcal{F}_s) = \mathbb{E}(N(t) - N(s) - \int_s^t d\Lambda) = 0.$$

De même, de la relation :

$$M^2(t) = (\,M(t) - M(s)\,)^2 + 2M(s)(\,M(t) - M(s)\,) + M^2(s),$$

et du fait que la variable aléatoire

$$M(t) - M(s) = N(t) - N(s) - \Lambda(t) + \Lambda(s)$$

est indépendante de $\mathcal{F}_s$, nous déduisons :

$$\begin{aligned}
\mathbb{E}(\,M^2(t) - \Lambda(t)/\mathcal{F}_s\,) &= \mathbb{E}((M(t) - M(s))^2) + M^2(s) - \Lambda(t) \\
&= var(N(t) - N(s)) + M^2(s) - \Lambda(t) \\
&= \Lambda(t) - \Lambda(s) + M^2(s) - \Lambda(t) \\
&= M^2(s) - \Lambda(s),
\end{aligned}$$

ce qui prouve bien que $M^2 - \Lambda$ est une martingale.

Réciproquement, supposons que M soit une martingale. Alors, pour tous réels $a > 0$ et $0 \leq s < t$, nous avons :

$$e^{-aN(t)} - e^{-aN(s)} = \sum_{s < u \le t} (e^{-aN(u)} - e^{-aN(u_-)})$$

$$= \sum_{s < u \le t} e^{-aN(u_-)}(e^{-a} - 1)(N(u) - N(u_-))$$

$$= (e^{-a} - 1) \int_{]s,t]} e^{-aN(u_-)} \, dN(u)$$

$$= (e^{-a} - 1) \left(\int_{]s,t]} e^{-aN(u_-)} \, dM(u) + \int_s^t e^{-aN(u)} \, d\Lambda(u) \right).$$

Puisque $\int_0^t e^{-aN(u_-)} \, dM(u)$ est une martingale (voir l'appendice F), cela nous donne :

$$\mathbb{E}(e^{-aN(t)} - e^{-aN(s)} / \mathcal{F}_s) = (e^{-a} - 1) \, \mathbb{E}(\int_s^t e^{-aN(u)} \, d\Lambda(u) / \mathcal{F}_s).$$

Pour $s \le t$, posons $z(t) = \mathbb{E}(e^{-a(N(t) - N(s))} / \mathcal{F}_s)$. Nous obtenons :

$$z(t) = e^{aN(s)} \mathbb{E}(e^{-aN(t)} / \mathcal{F}_s)$$

$$= e^{aN(s)} \left(e^{-aN(s)} + \mathbb{E}(e^{-aN(t)} - e^{-aN(s)} / \mathcal{F}_s) \right)$$

$$= 1 + e^{aN(s)}(e^{-a} - 1) \mathbb{E}(\int_s^t e^{-aN(u)} \, d\Lambda(u) / \mathcal{F}_s)$$

$$= 1 - (1 - e^{-a}) \int_s^t z(u) \, d\Lambda(u).$$

La proposition A.7 donne alors :

$$z(t) = \exp\left(-(1 - e^{-a}) \int_s^t d\Lambda(u) \right),$$

c'est-à-dire :

$$\mathbb{E}(e^{-a(N(t) - N(s))} / \mathcal{F}_s) = \exp\left(-(1 - e^{-a}) \int_s^t d\Lambda(u) \right).$$

Ceci prouve d'une part que la variable aléatoire $N(t) - N(s)$ est indépendante de la tribu $\mathcal{F}_s$, donc que le processus N est à accroissements indépendants (voir la fin de la démonstration de la proposition 2.33), d'autre part que $N(t) - N(s)$ est de loi de Poisson de paramètre $\int_s^t d\Lambda(u)$. ♣

Remarque 2.39 : Reprenons les notations de la proposition 2.38. Le fait que le processus croissant de la martingale M soit Λ, c'est-à-dire le compensateur de N, est, d'après la proposition F.46, un résultat général dû au fait que N est la fonction de comptage d'un processus ponctuel simple.

Corollaire 2.40 *Un processus ponctuel simple de fonction de comptage N est un processus de Poisson si et seulement si :*

1. *le processus N est à accroissements indépendants,*

2. *pour tout $t \ge 0$, $\mathbb{E}(N(t)) < +\infty$,*

3. la fonction $t \to \mathbb{E}(N(t))$ est continue.

♣ *Démonstration* : La condition nécessaire est une conséquence immédiate de la définition d'un processus de Poisson et de la proposition 2.24.

Montrons maintenant que les conditions énoncées sont suffisantes. Puisque le processus N est à accroissements indépendants, pour $s < t$, la variable aléatoire $N(t) - N(s)$ est indépendante de la tribu $\mathcal{F}_s$ (engendrée par le processus jusqu'à l'instant s) et en utilisant la condition *2*, nous obtenons :

$$\mathbb{E}(N(t) - N(s)/\mathcal{F}_s) = \mathbb{E}(N(t)) - \mathbb{E}(N(s)).$$

L'égalité ci-dessus montre que le processus $(N(t) - \mathbb{E}(N(t)))_{t \geq 0}$ est une martingale relativement à la filtration $(\mathcal{F}_t)_{t \geq 0}$. Posons $\Lambda(t) = \mathbb{E}(N(t))$. La condition *3* entraine que la mesure $d\Lambda$ associée à la fonction croissante et continue Λ est diffuse. Nous concluons en appliquant la proposition 2.38. ♣

Remarque 2.41 : On peut remplacer la condition *1* du corollaire 2.40 par le fait que, pour tout t, la loi du temps d'attente $W(t)$ est indépendante de la tribu du passé $\mathcal{F}_t$ car le début de la démonstration de la proposition 2.33 montre que le processus est alors à accroissements indépendants.

2.4 Processus de Poisson sur R^k

Nous allons généraliser la notion de processus de Poisson sur $\mathbb{R}_+$. Nous ne présentons ici qu'une introduction au processus de Poisson sur $\mathbb{R}^k$. Pour une étude plus détaillée et des démonstrations complètes, le lecteur peut se reporter à [81].

Soit $(x_i)_{i \in \mathbb{N}}$ une famille dénombrable de points de $\mathbb{R}^k$, non nécessairement deux à deux distincts. La mesure $m = \sum_i \delta_{x_i}$ est une **mesure ponctuelle** sur $\mathbb{R}^k$ si, pour tout compact K de $\mathbb{R}^k$, on a $m(K) < +\infty$. L'ensemble des mesures ponctuelles sur $\mathbb{R}^k$ est muni de la tribu engendrée par les applications $m \to m(F)$ (définies sur l'ensemble des mesures ponctuelles de $\mathbb{R}^k$ et à valeurs dans $\mathbb{R}_+$), F parcourant les boréliens de $\mathbb{R}^k$. Un **processus ponctuel** sur $\mathbb{R}^k$ est alors une application mesurable N d'un espace de probabilité $(\Omega, \mathcal{A}, \mathbb{P})$ dans l'ensemble des mesures ponctuelles sur $\mathbb{R}^k$.

On peut se représenter un processus ponctuel comme une somme au plus dénombrable $\sum_i \delta_{X_i}$ de mesures de Dirac en des points aléatoires, mais comme il n'y pas d'ordre naturel pour numéroter les points, les variables X_i ne sont définies que "globalement" et non individuellement. Cette représentation n'est donc pas l'objet mathématique avec lequel on peut travailler, mais elle est un bon support intuitif.

Pour tout borélien A de $\mathbb{R}^k$, notons $N(A) = \int_A dN$ le nombre de points du processus ponctuel N qui appartiennent à A. Plus généralement, pour toute fonction f borélienne positive définie sur $\mathbb{R}^k$, nous posons :

$$N(f) = \int f \, dN.$$

La mesure μ sur $\mathbb{R}^k$ définie pour tout borélien A de $\mathbb{R}^k$ par :

$$\mu(A) = \mathbb{E}(N(A))$$

est appelée l'**intensité du processus ponctuel**.

Notons qu'un processus de Poisson sur $\mathbb{R}_+$ est un processus ponctuel sur $\mathbb{R}$ et que ce que nous avons appelé précédemment intensité du processus de Poisson est bien l'intensité au sens ci-dessus, puisque $N(A)$ est une variable aléatoire de loi de Poisson de paramètre $\int_A d\Lambda = \mathbb{E}(N(A))$ si $\int_A d\Lambda < +\infty$, et vaut $+\infty$ sinon.

Nous admettrons le résultat suivant (qui s'obtient, par exemple, à partir de [81] proposition 1.2, ou [20] chapitre III, paragraphe D, proposition 1).

Proposition 2.42 *La loi d'un processus ponctuel N est entièrement détermi-née par sa fonctionnelle de Laplace Ψ_N définie sur l'ensemble des fonctions boréliennes positives de $\mathbb{R}^k$ dans $\mathbb{R}$ par :*

$$\Psi_N(f) = \mathbb{E}(e^{-N(f)}).$$

Remarque 2.43 : En fait la fonctionnelle de Laplace est entièrement détermi-née par ses valeurs sur les fonctions étagées positives (la valeur pour f positive quelconque s'en déduit par passage à la limite croissante).

Voyons maintenant ce qu'est un processus de Poisson sur $\mathbb{R}^k$.

Définition 2.44 *Soit μ une mesure positive sur $\mathbb{R}^k$, finie sur les boréliens bornés. Un processus de Poisson sur $\mathbb{R}^k$ d'intensité μ est un processus ponctuel N qui vérifie les propriétés suivantes :*

a) *pour toute famille $A_1, \ldots, A_m$ de boréliens de $\mathbb{R}^k$ deux à deux disjoints, les variables aléatoires $N(A_1), \ldots N(A_m)$ sont indépendantes,*

b) *pour tout borélien A de $\mathbb{R}^k$, la variable aléatoire $N(A)$ est de loi de Poisson de paramètre $\mu(A)$ (avec la convention $N(A) = 0$ p.s. si $\mu(A) = 0$ et $N(A) = +\infty$ p.s. si $\mu(A) = +\infty$).*

La mesure μ est donc bien l'intensité au sens de l'intensité d'un processus ponctuel.

Si la mesure μ est portée par $E \subset \mathbb{R}^k$ (c'est-à-dire si $\mu(E^c) = 0$), alors le processus de Poisson d'intensité μ est également porté par E^c au sens où $N(E^c) = 0$ p.s.. On dit alors que le processus de Poisson N est un processus de Poisson sur E.

La proposition 2.19 montre la cohérence entre la définition ci-dessus et la notion de processus de Poisson sur $\mathbb{R}_+$. Les résultats sur les processus de Poisson sur $\mathbb{R}^k$ s'appliquent aux processus de Poisson sur $\mathbb{R}_+$ (noter à ce propos les propositions 2.47 et 2.48).

La proposition 2.42 et la remarque 2.43 montrent que la définition 2.44 caractérise entièrement la loi du processus ponctuel N car elle permet d'obtenir la valeur de la fonctionnelle de Laplace sur toutes les fonctions étagées positives.

La forme générale de la fonctionnelle de Laplace d'un processus de Poisson est donnée dans la proposition suivante.

Proposition 2.45 *Soit μ une mesure positive sur $\mathbb{R}^k$, finie sur les boréliens bornés. Un processus ponctuel N sur $\mathbb{R}^k$ est un processus de Poisson sur $\mathbb{R}^k$ d'intensité μ si et seulement si sa fonctionnelle de Laplace est donnée par :*

$$\Psi_N(f) = \exp\left(-\int (1 - e^{-f(x)})\,\mu(dx)\right).$$

Nous nous contentons de donner le principe de la démonstration de cette proposition : elle se vérifie aisément pour les fonctions f de la forme 1_A, puis par les techniques habituelles, on passe au cas de f étagée puis à celui de f mesurable positive.

Nous allons prouver maintenant l'existence d'un processus de Poisson sur un compact E de $\mathbb{R}^k$ en en donnant une construction qui est une généralisation de la proposition 2.18, la démonstration se recopiant sans difficulté.

Proposition 2.46 *Soit E un compact de $\mathbb{R}^k$ et μ une mesure positive finie sur E. L'algorithme suivant donne la construction d'un processus de Poisson N sur E d'intensité μ :*

1) *choisir un entier n suivant la loi de Poisson de paramètre $\mu(E)$,*

2) *choisir indépendamment n éléments $x_1, \ldots, x_n$ de E suivant la loi de probabilité*

$$\nu = \frac{1}{\mu(E)}\,\mu,$$

3) *prendre $N(\omega) = \sum_{i=1}^n \delta_{x_i}$.*

Pour construire un processus de Poisson sur $\mathbb{R}^k$, il suffit alors d'appliquer le résultat suivant :

Proposition 2.47 (superposition de processus de Poisson) *Soit $(N_p)_{p \geq 1}$ une famille finie ou dénombrable de processus de Poisson indépendants d'intensités respectives μ_p. Supposons que la mesure positive $m = \sum_p \mu_p$ soit une mesure positive sur $\mathbb{R}^k$ finie sur les boréliens bornés. Alors le processus $N = \sum_p N_p$ est un processus de Poisson sur $\mathbb{R}^k$ d'intensité μ.*

Lorsque les mesures μ_p ont des supports deux à deux disjoints, la démonstration de la proposition 2.47 est immédiate. Dans le cas géneral, on peut appliquer la caractérisation par la fonctionnelle de Laplace (proposition 2.45) (après avoir montré que le processus N est un processus ponctuel, ce qui est sans problème si la famille N_p est finie, mais qui demande une démonstration dans le cas général).

Le résultat suivant, dont la démonstration est laissée en exercice, est une réciproque à la proposition 2.47.

Proposition 2.48 (processus de Poisson effacé) *Soit* N *un processus de Poisson d'intensité* μ *dont nous effaçons les points indépendamment les uns des autres (et indépendamment du processus ponctuel* N*), avec probabilité* p $(0 < p < 1)$. *Alors le processus* N_1 *des points conservés et le processus* N_2 *des points effacés sont deux processus de Poisson indépendants d'intensités respectives* $(1 - p)\mu$ *et* $p\mu$.

Nous terminons notre aperçu rapide sur les processus de Poisson sur $\mathbb{R}^k$ en donnant une construction d'un processus de Poisson sur $\mathbb{R}_+$ d'intensité donnée à partir d'un processus de Poisson homogène sur $\mathbb{R}_+^2$.

Proposition 2.49 *Considérons un processus de Poisson* N *sur* $\mathbb{R}_+^2$ *d'intensité la mesure de Lebesgue. Soit* $t \rightarrow \lambda(t)$ *une fonction positive définie sur* $\mathbb{R}_+^*$ *et telle que* $\int_0^t \lambda(s)\,ds$ *soit finie pour tout* $t > 0$. *Le processus sur* $\mathbb{R}_+$ *dont les points sont les abscisses des points de* N *situés en dessous du graphe de la fonction* λ *est un processus de Poisson sur* $\mathbb{R}_+$ *d'intensité* λ. *En particulier la loi de l'abscisse du premier point ainsi construit est de taux de hasard* λ.

La démonstration (facile) est laissée en exercice.

Corollaire 2.50 *Soit* $s \rightarrow \lambda(s)$ *une fonction positive définie sur* $\mathbb{R}_+$ *et bornée par* M *sur* $[0, t]$. *L'algorithme suivant donne la construction d'un processus de Poisson sur* $[0, t]$ *d'intensité* λ :

  1) choisir un entier n *suivant la loi de Poisson de paramètre* Mt,

  2) indépendamment répéter n *fois la démarche suivante :*

  - *tirer un nombre aléatoire* u *suivant la loi uniforme sur* $[0, t]$,

  - *tirer indépendamment un nombre aléatoire* v *suivant la loi uniforme sur* $[0, M]$,

  - *si* $v \leq \lambda(u)$, *mémoriser la valeur de* u,

  3) ranger par ordre croissant les valeurs mémorisées.

Ce corollaire est à la base de la construction d'une variable aléatoire de taux de hasard donné que nous avons indiquée dans la proposition 1.21.

2.5   Exercices

Exercice 2.1 Soit $(T_n)_{n\geq 1}$ un processus de Poisson d'intensité $u \to \lambda(u)$. Montrer que le processus $(T_{N(t)+n} - t)_{n\geq 1}$, qui est le processus observé à partir d'un instant $t > 0$, est un processus de Poisson d'intensité $u \to \lambda(t + u)$.

Exercice 2.2 Soit $(T_n)_{n\geq 1}$ un processus de Poisson d'intensité $u \to \lambda(u)$ et soit $p > 1$. Montrer que la loi du processus observé à partir de l'instant T_p (c'est-à-dire la loi de $(T_{p+n} - T_p)_{n\geq 1}$) sachant que $(T_1 = t_1, \ldots, T_p = t_p)$ est celle d'un processus de Poisson d'intensité $u \to \lambda(t_p + u)$.

Exercice 2.3 Soit $(T_n)_{n\geq 1}$ un processus de Poisson d'intensité $d\Lambda$. On pose :

$$\Lambda(t) = \int_{[0,t]} d\Lambda,$$

et on note φ la pseudo-inverse continue à gauche de Λ.
1) Montrer que :

$$\mathbb{P}(T_n > t) = \int_{\Lambda(t)}^{+\infty} \frac{1}{(n-1)!}\, x^{n-1} e^{-x}\, dx.$$

2) On pose :

$$a = \lim_{t \to +\infty} \Lambda(t).$$

Montrer que :

$$P(T_n = +\infty) = \int_a^{+\infty} \frac{1}{(n-1)!}\, x^{n-1} e^{-x}\, dx.$$

3) Montrer que :

$$\mathbb{E}(T_n) = \int_0^{+\infty} \frac{1}{(n-1)!}\, x^{n-1} e^{-x} \varphi(x)\, dx,$$

et que si :

$$\Lambda(t) = \left(\frac{t}{\alpha}\right)^{\beta},$$

alors :

$$\mathbb{E}(T_n) = \frac{\alpha \Gamma(n + 1/\beta)}{(n-1)!}.$$

Exercice 2.4 La production d'un matériel est représentée par un processus de Poisson $(T_n)_{n\geq 1}$ d'intensité μ (à chaque instant T_n un matériel sort de l'usine de fabrication). La durée de vie de chaque matériel est de loi ν. Les durées de vie des différents matériels sont indépendantes et indépendantes du processus $(T_n)_{n\geq 1}$. Lorsqu'un matériel tombe en panne il est immédiatement envoyé dans un atelier de réparation.

Première partie :

Le but de la première partie de l'exercice est de montrer que les instants d'arrivée des matériels dans l'atelier pour leur première réparation forment un processus de Poisson d'intensité $\mu * \nu$.

Soit U_n la durée de fonctionnement du $n^{\text{ème}}$ matériel produit, son instant d'arrivée dans l'atelier pour sa première réparation est $T'_n = T_n + U_n$. Soit N' le processus ponctuel formé par les T'_n (remarquer qu'il n'y a aucune raison pour que $T'_n \leq T'_{n+1}$). Soit f une fonction borélienne positive, posons :

$$\psi(f) = \mathbb{E}(e^{-N'(f)}) = \mathbb{E}(e^{-\sum_n f(T'_n)}).$$

La fonctionnelle ψ est donc la fonctionnelle de Laplace du processus N'. Soit g la fonction définie par :

$$g(y) = -\log(\int e^{-f(x+y)} \, \nu(dx)).$$

1) Montrer que :

$$\psi(f) = \mathbb{E}(e^{-\sum_n g(T_n)}).$$

(Indication : conditionner par rapport au processus $(T_n)_{n\geq 1}$).
2) Montrer que :

$$\int (1 - e^{-g}) \, d\mu = \int (1 - e^{-f}) \, d(\mu * \nu).$$

3) Conclure.

Deuxième partie :

On suppose que $\mu(dx) = \alpha(x) \, dx$, que la fonction α est bornée et tend vers a à l'infini.
1) Montrer que l'intensité du processus N' est une fonction qui tend vers a lorsque t tend vers l'infini.
2) En déduire (en utilisant l'exercice 2.1) que si on observe le processus N' pendant l'intervalle de temps $[t_0, t]$ avec "t_0 grand", il n'y a aucun espoir de pouvoir estimer des paramètres concernant la loi ν.

Troisième partie :

Soit N'' le processus obtenu par superposition des processus $(T_n)_{n\geq 1}$ et N'.
1) Notons $(T''_n)_{n\geq 1}$ les points du processus N''. Montrer que pour toute fonction f borélienne positive :

$$\mathbb{E}(e^{-\sum_n f(T''_n)}) = \exp(-\int (1 - e^{-f(y)} \int e^{-f(x+y)} \, \nu(dx)) \, \mu(dy)).$$

2) On suppose que N'' est un processus de Poisson d'intensité m.
a) Montrer que pour toute fonction f borélienne positive :

$$\int (1 - e^{-f(y)}) \, m(dy) = \int (1 - e^{-f(y)} \int e^{-f(x+y)} \, \nu(dx)) \, \mu(dy).$$

b) Soit $\tilde{m}$, $\tilde{\mu}$ et $\tilde{\nu}$ les transformées de Laplace respectives des mesures m, μ et ν. Montrer que :

$$\tilde{m}(s) = \tilde{\mu}(s)\tilde{\nu}(s) + \tilde{\mu}(s) - \tilde{\mu}(2s)\tilde{\nu}(s),$$

et qu'en particulier si $\mu(dx) = \alpha\, dx$ (α constante), alors $m = \frac{1}{2}\mu * \nu + \mu$.

c) En considérant la fonction $f = A1_{[0,t]}$, montrer que :

$$m([0,t]) = \mu([0,t]) + e^{-A}(\mu * \nu)([0,t]).$$

En déduire que le processus N'' n'est pas un processus de Poisson et expliquer pourquoi ce résultat n'est pas en contradiction avec la proposition 2.47.

d) Expliquer pourquoi le résultat c) n'est pas en contradiction avec le b) et le fait qu'une mesure positive sur $\mathbb{R}_+$ est caractérisée par sa transformée de Laplace.

3) On suppose que les durées de réparation des matériels sont indépendantes entre elles et indépendantes des durées de fonctionnement et du processus $(T_n)_{n \geq 1}$. On considère le processus constitué par les instants où un matériel sort soit de l'usine de fabrication soit de l'atelier de réparation après une première réparation. Expliquer pourquoi la question ci-dessus montre que ce processus n'est pas un processus de Poisson.

Quatrième partie :

Soit $\tilde{N}(t)$ le nombre de matériels non encore réparés qui sont sur le marché à l'instant t.

1) Soit F la fonction de répartition de la loi ν. Montrer que pour tous $s \geq 0$ et $t \geq 0$:

$$\mathbb{E}(e^{-s\tilde{N}(t)}) = \mathbb{E}(e^{-\sum_n h(T_n)}),$$

la fonction h, à valeurs dans $\mathbb{R}_+$, étant donnée par :

$$h(x) = 1_{[0,t]}(x)\left(s - \log(1 + (e^s - 1)F(t - x))\right).$$

2) Montrer que $\tilde{N}(t)$ est de loi de Poisson de paramètre $(\mu - \mu * \nu)([0,t])$ et retrouver que $\mathbb{E}(\tilde{N}(t)) = \mathbb{E}(N(t)) - \mathbb{E}(N'(t))$.

3) Expliquer pourquoi le processus N' ne peut être un processus de Poisson.

Chapitre 3

Processus de Poisson et fiabilité

3.1 Pourquoi le processus de Poisson

Supposons que l'on observe les instants successifs de défaillance d'un matériel de taux de défaillance $t \to \lambda(t)$, ce matériel étant neuf à l'instant initial. Lorsqu'une défaillance survient le matériel est réparé instantanément (cela signifie que, soit le temps de réparation est décompté, soit ce temps est négligeable devant la durée de fonctionnement sans défaillance).

Nous supposons que la réparation effectuée est une "petite" réparation, appelée encore "réparation minimale" : cela signifie que le matériel est remis en état de marche, mais que son taux de défaillance n'a pas été modifié. La traduction mathématique de cette hypothèse est la suivante : pour tout n, la durée de la $n^{ème}$ période de fonctionnement sachant que les $n-1$ premières défaillances ont eu lieu aux instants $t_1, \ldots, t_{n-1}$ a pour taux de défaillance $s \to \lambda(t_{n-1} + s)$. Le corollaire 2.32 entraine alors que les instants successifs de défaillance du matériel se modélisent par un processus de Poisson d'intensité $t \to \lambda(t)$. Nous pouvons également traduire la phrase "après chaque défaillance, le matériel est remis en marche sans que son taux de défaillance soit modifié" par : si nous nous plaçons à l'instant t, en connaissant l'histoire du matériel jusqu'à cet instant, la durée $W(t)$ nous séparant de l'apparition de la prochaine défaillance est une variable aléatoire de taux de hasard $s \to \lambda(t+s)$ (elle est donc indépendante de ce qui s'est passé avant t). Cette fois c'est la proposition 2.33 qui entraine que les instants successifs de défaillance du matériel se modélisent par un processus de Poisson d'intensité $t \to \lambda(t)$.

Remarquer que, pour un matériel de taux de défaillance constant, cela revient au même d'effectuer de "petites réparations" ou d'effectuer des réparations complètes (ce qui est la même chose que de remplacer le matériel par du matériel neuf).

Notons que supposer que le matériel a un taux de défaillance non nécessairement constant est naturel pour plusieurs raisons. D'une part, un matériel "complexe", c'est-à-dire formé de plusieurs composants, possède un taux de défaillance non constant même si chacun de ses composants a un taux de défaillance constant, dès que les composants ne sont pas placés tout simplement en série, donc dès qu'il existe par exemple des redondances (voir par exemple l'exercice 1.1).

D'autre part un taux de défaillance non constant peut également être la conséquence d'une modification (en général une amélioration) du matériel au cours de sa phase de développement. Mais dans ce cas il faut bien noter que la modélisation par un processus de Poisson n'est pertinente que si le taux de défaillance du matériel à l'instant t est non aléatoire, c'est-à-dire ne dépend pas de l'histoire du matériel jusqu'à cet instant : il ne peut donc pas dépendre par exemple de l'observation des pannes précédant cet instant. En d'autres termes **pour que la modélisation par un processus de Poisson soit pertinente, l'amélioration du matériel en phase de développement ne doit pas être fonction des pannes observées**.

Nous verrons, dans le chapitre 4, quelle modélisation employer lorsque l'amélioration du matériel est fonction des pannes observées, en donnant un sens à la notion d'intensité aléatoire.

Un autre cas, tout à fait différent, dans lequel la modélisation par un processus de Poisson est justifiée découle du théorème de Grigelionis (théorème 6.31). Ce théorème affirme en effet que la superposition de n processus de renouvellement (à délai) indépendants converge vers un processus de Poisson lorsque n tend vers l'infini (lorsque les points de chaque processus de renouvellement deviennent suffisamment espacés afin que le processus limite n'ait qu'un nombre fini de points sur tout intervalle borné). Les processus de renouvellement seront étudiés dans le chapitre 6, ils modélisent la succession des instants de défaillance d'un matériel remis à neuf à chaque réparation.

3.2   Observation sur $[0, t]$

Nous nous intéressons aux **plans d'essais de type 1**, c'est-à-dire aux essais dont la durée t est fixée a priori. Comme nous l'avons mentionné dans le paragraphe précédent, les réparations effectuées sont de "petites réparations".

Nous observons donc un processus de Poisson sur $[0, t]$ et notons $N(t)$ le nombre de défaillances observées sur cet intervalle.

3.2.1   Cas d'un processus de Poisson homogène

En utilisant la proposition 2.3, nous voyons que la vraisemblance du paramètre, pour l'observation $N(t)$, est :

$$\lambda^{N(t)} e^{-\lambda t}.$$

Nous en déduisons sans difficulté le résultat suivant.

Proposition 3.1 *Lorsqu'on observe un processus de Poisson homogène de paramètre λ sur $[0, t]$, la variable aléatoire $\frac{N(t)}{t}$ est un estimateur de λ qui possède les propriétes suivantes :*

   1. c'est un estimateur exhaustif,

2. *c'est un estimateur sans biais, efficace donc de variance minimum,*

3. *c'est un estimateur consistant et asymptotiquement gaussien,*

4. *c'est l'estimateur du maximum de vraisemblance.*

Puisque $N(t)$ est un estimateur exhaustif de λ, nous ne perdons pas d'information si, pour chercher un intervalle de confiance de λ, nous ne regardons que $N(t)$. Or nous savons que $N(t)$ est de loi de Poisson de paramètre λt, nous allons en déduire un intervalle de confiance sur λt et par suite sur λ à l'aide de la proposition 2.8.

A cet effet, soit $\chi^2_\gamma(n)$ le quantile d'ordre γ de la loi du χ^2 à n degrés de liberté, c'est-à-dire que $\mathbb{P}(X \leq \chi^2_\gamma(n)) = \gamma$, où X est une variable aléatoire de loi du χ^2 à n degrés de liberté.

Proposition 3.2 *Lorsqu'on observe un processus de Poisson homogène de paramètre λ sur $[0, t]$ et que l'observation donne $N(t) = n$, les intervalles suivants :*

- $[0, \dfrac{1}{2t}\chi^2_\gamma(2n + 2)]$,

- $[\dfrac{1}{2t}\chi^2_{1-\gamma}(2n), +\infty[$,

- $[\dfrac{1}{2t}\chi^2_{(1-\gamma)/2}(2n), \dfrac{1}{2t}\chi^2_{(1+\gamma)/2}(2n + 2)]$,

sont des intervalles de confiance pour λ de niveau γ.

3.2.2 Une estimation de la fiabilité dans le cas général

Nous considérons un processus de Poisson non nécessairement homogène d'intensité λ et d'intensité cumulée :

$$\Lambda(x) = \int_0^x \lambda(s)\,ds.$$

Supposons que nous cherchions à estimer la fiabilité du matériel à un instant donné t à partir des observations sur $[0, t]$. La fiabilité du matériel à l'instant t est :

$$R(t) = \exp(-\Lambda(t)).$$

Nous sommes donc ramenés à l'estimation de $\Lambda(t)$. Or la variable aléatoire $N(t)$ est de loi de Poisson de paramètre $\Lambda(t)$, c'est donc un "bon" estimateur de $\Lambda(t)$. Nous pouvons en déduire des intervalles de confiance pour $\Lambda(t)$, et donc pour $R(t)$, comme nous l'avons fait dans la proposition 3.2. En particulier :

Proposition 3.3 *Si l'observation est un processus de Poisson sur $[0, t]$, d'intensité cumulée Λ, et si nous observons $N(t) = n$, alors :*

1. $[0, \frac{1}{2}\chi^2_\gamma(2n+2)]$ *est un intervalle de confiance pour* $\Lambda(t)$ *de niveau* γ,

2. $[\exp(-\frac{1}{2}\chi^2_\gamma(2n+2)), 1]$ *est un intervalle de confiance pour* $R(t)$ *de niveau* γ.

En généralisant au cas non paramétrique la notion d'exhaustivité, on peut voir que $N(t)$ est exhaustif dans le cadre d'une *estimation non paramétrique* de $\Lambda(t)$ à partir de l'observation du processus de Poisson sur $[0, t]$. En effet, nous pouvons "paramétrer" la fonction λ sur $[0, t]$ par son intégrale $\Lambda(t)$ et sa "renormalisée" $\tilde{\lambda}$:

$$\tilde{\lambda}(s) = \frac{\lambda(s)}{\Lambda(t)}.$$

Or la loi de l'observation sachant $\{N(t) = n\}$ a pour densité (proposition 2.27) la fonction :

$$\frac{n!}{\Lambda(t)^n}\lambda(t_1)\cdots\lambda(t_n) = n!\,\tilde{\lambda}(t_1)\cdots\tilde{\lambda}(t_n),$$

qui ne contient pas le paramètre $\Lambda(t)$.

3.2.3 Cas d'un processus de Weibull

Nous regardons maintenant un **processus de Weibull** (*power law process* dans la terminologie américaine) de paramètes α et β inconnus, c'est-à-dire un processus de Poisson d'intensité :

$$\lambda(s) = \frac{\beta}{\alpha}\left(\frac{s}{\alpha}\right)^{\beta-1}.$$

Il modélise les instants successifs de défaillance d'un matériel dont le taux de défaillance est de type Weibull et qui subit de "petites réparations".

La log-vraisemblance des paramètres α et β s'écrit, d'après la proposition 2.27 :

$$L(\alpha, \beta) = (\log\beta - \beta\log\alpha)N(t) + (\beta - 1)\sum_{i=1}^{N(t)}\log T_i - \left(\frac{t}{\alpha}\right)^\beta. \tag{3.1}$$

Les estimateurs du maximum de vraisemblance n'existent ici que si $N(t)$ est non nul. Dans ce cas, les estimateurs du maximum de vraisemblance de α et β sont respectivement $\hat{\alpha}$ et $\hat{\beta}$, avec :

$$\frac{1}{\hat{\beta}} = \log t - \frac{1}{N(t)}\sum_{i=1}^{N(t)}\log T_i,$$

$$\log\hat{\alpha} = \log t - \frac{1}{\hat{\beta}}\log N(t).$$

Cherchons des intervalles de confiance pour les paramètres α et β. Il faut essayer de mettre en évidence des variables aléatoires (fonctions des paramètres) dont la loi (ou la loi conditionnelle en une variable observable) ne dépend pas des paramètres à estimer. Nous allons le faire pour β à l'aide de la variable aléatoire $\dfrac{\beta}{\hat{\beta}}$. Par contre nous ne disposons pas de telle variable pour α et donc nous résoudrons seulement plus loin, dans un cadre asymptotique, le problème de la construction d'un intervalle de confiance pour α.

Nous utiliserons fréquemment le lemme suivant :

Lemme 3.4 *Soit X une variable aléatoire de loi gamma de paramètres (n, β), alors $\dfrac{2X}{\beta}$ est de loi gamma de paramètres n et 2, c'est-à-dire de loi du χ^2 à $2n$ degrés de liberté.*

Proposition 3.5 *Dans le cas de l'observation d'un processus de Weibull sur $[0,t]$, la loi de $\dfrac{\beta}{\hat{\beta}}$ sachant $\{N(t) = n\}$ $(n \neq 0)$ est la loi gamma de paramètres $(n, \frac{1}{n})$, par conséquent la loi de $\dfrac{2n\beta}{\hat{\beta}}$ sachant $\{N(t) = n\}$ est la loi du χ^2 à $2n$ degrés de liberté.*

♣ *Démonstration* : D'après la proposition 2.27, la loi de $\dfrac{\beta}{\hat{\beta}}$ sachant $\{N(t) = n\}$ est la loi de :

$$Z_n = \beta \log t - \frac{\beta}{n} \sum_{i=1}^{n} \log X_i,$$

les variables aléatoires X_i $(1 \leq i \leq n)$ étant indépendantes, de même loi de densité

$$\frac{1}{\Lambda(t)} \frac{\beta}{\alpha^{\beta}} x^{\beta-1} 1_{[0,t]}(x) = \frac{\beta}{t^{\beta}} x^{\beta-1} 1_{[0,t]}(x)$$

par rapport à la mesure de Lebesgue. Un calcul sans difficulté montre alors que la fonction caractéristique de Z_n est égale à :

$$\mathbb{E}(e^{iuZ_n}) = \frac{1}{(1 - \frac{iu}{n})^n},$$

d'où le résultat en utilisant la proposition 1.11. ♣

Corollaire 3.6 *Dans le cas de l'observation d'un processus de Weibull sur $[0,t]$, si nous observons $N(t) = n$ $(n \neq 0)$, alors chacun des intervalles $I(n)$ suivants :*

- $[\,0, \dfrac{\hat{\beta}}{2n} \chi^2_{\gamma}(2n)\,]$,

- $[\,\dfrac{\hat{\beta}}{2n} \chi^2_{1-\gamma}(2n), +\infty[$,

- $[\,\dfrac{\hat{\beta}}{2n} \chi^2_{(1-\gamma)/2}(2n), \dfrac{\hat{\beta}}{2n} \chi^2_{(1+\gamma)/2}(2n)\,]$, *est un intervalle de confiance de β de niveau γ, c'est-à-dire que :*

$$\mathbb{P}(\beta \in I(n)/N(t) = n) = \gamma.$$

Par suite $\mathbb{P}(\beta \in I(N(t))/ N(t) \geq 1) = \gamma$.

Si nous nous intéressons à une estimation de la fiabilité à l'instant t, (estimation ponctuelle ou par intervalle de confiance), nous cherchons à estimer $\Lambda(t) = \left(\dfrac{t}{\alpha}\right)^{\beta}$. Il est alors naturel de prendre comme estimateur $\left(\dfrac{t}{\hat{\alpha}}\right)^{\hat{\beta}}$. Lorsque $N(t) \neq 0$,

$$\left(\frac{t}{\hat{\alpha}}\right)^{\hat{\beta}} = N(t).$$

Nous sommes donc conduits à prendre $N(t)$ comme estimateur de $\Lambda(t)$ (que $N(t)$ soit nul ou non) : c'est l'estimateur que nous avons proposé dans le cas non paramétrique et la proposition 3.3 s'applique.

Si nous souhaitons une estimation de la fiabilité à un instant $t' \neq t$, ou de façon équivalente une estimation de :

$$\Lambda(t') = \left(\frac{t'}{t}\right)^{\beta} \Lambda(t),$$

nous pouvons prendre :

$$\hat{\Lambda}_1(t') = \left(\frac{t'}{t}\right)^{\hat{\beta}} N(t).$$

Si $t' < t$, nous pouvons également prendre $\hat{\Lambda}_2(t') = N(t')$. Pour des développements sur ce thème, le lecteur se reportera à l'exercice 3.2.

Intéressons-nous maintenant au comportement asymptotique, lorsque t tend vers l'infini, des estimateurs $\hat{\alpha}$ et $\hat{\beta}$. Pour ne pas alourdir les notations, nous ne faisons pas apparaitre la dépendance en t de ces estimateurs.

Puisque, d'après la proposition 2.20, $N(t)$ tend presque-sûrement vers l'infini lorsque t tend vers l'infini, le problème de la non-définition des estimateurs $\hat{\alpha}$ et $\hat{\beta}$ pour $N(t)$ nul ne pose plus de problème. Nous omettrons donc dans les démonstrations de faire état du cas $N(t) = 0$.

Commençons par la consistance. Notre démonstration s'appuie sur la proposition F.40 qui donne une condition suffisante de convergence vers 0 d'une martingale. Pour avoir des précisions sur la terminologie employée, se reporter à l'appendice F.

Posons :

$$\Lambda(t) = \int_0^t \lambda(s)\,ds = \left(\frac{t}{\alpha}\right)^{\beta},$$

et :

$$M(t) = N(t) - \Lambda(t).$$

Proposition 3.7 *Lorsque t tend vers l'infini, alors :*

- *$\hat{\alpha}$ converge presque-sûrement vers α,*

- *$\hat{\beta}$ converge presque-sûrement vers β.*

♣ *Démonstration* : Commençons par montrer la consistance de $\hat{\beta}$. Un petit calcul conduit à :

$$\frac{1}{\hat{\beta}} = \frac{\Lambda(t)}{N(t)} \left(\frac{\log t}{\Lambda(t)} M(t) - \frac{1}{\Lambda(t)} \int_0^t \log s \, dM(s) + \frac{1}{\beta} \right),$$

car :

$$\int_0^t \log s \, d\Lambda(s) = \Lambda(t) \left(\log t - \frac{1}{\beta} \right).$$

D'après la proposition 2.20, $\dfrac{N(t)}{\Lambda(t)}$ converge presque-sûrement vers 1 lorsque t tend vers l'infini.

D'autre part, les propositions 2.38 et F.47 entrainent que M est une martingale de processus croissant Λ et que $\int_0^t \log s \, dM(s)$ est une martingale de processus croissant A donné par :

$$
\begin{aligned}
A(t) &= \int_0^t (\log s)^2 \, d\Lambda(s) \\
&= \Lambda(t) \left[\log^2 t - \frac{2}{\beta} \log t + \frac{2}{\beta^2} \right] \\
&\simeq \Lambda(t) \log^2 t.
\end{aligned}
$$

Soit $0 < \varepsilon < \frac{1}{2}$, la proposition F.40 entraine que

$$\frac{\log t}{\Lambda(t)} M(t) = \frac{\log t}{\Lambda(t)^{1/2-\varepsilon}} \frac{M(t)}{\Lambda(t)^{1/2+\varepsilon}},$$

et que

$$\frac{1}{\Lambda(t)} \int_0^t \log s \, dM(s) = \frac{A(t)^{1/2+\varepsilon}}{\Lambda(t)} \frac{\int_0^t \log s \, dM(s)}{A(t)^{1/2+\varepsilon}}$$

convergent presque sûrement vers 0 lorsque t tend vers l'infini, ce qui achève de prouver que $1/\hat{\beta}$ converge presque-sûrement vers $1/\beta$.

Montrons maintenant la convergence de $\log \hat{\alpha}$ vers $\log \alpha$. Nous avons :

$$
\begin{aligned}
\log \hat{\alpha} &= \log t - \frac{1}{\hat{\beta}} \log N(t) \\
&= \log t - \frac{1}{\hat{\beta}} \log \frac{N(t)}{\Lambda(t)} - \frac{1}{\hat{\beta}} \log \Lambda(t) \\
&= \frac{\beta}{\hat{\beta}} \log \alpha - \frac{1}{\hat{\beta}} \log \frac{N(t)}{\Lambda(t)} - \left(\frac{1}{\hat{\beta}} - \frac{1}{\beta} \right) \beta \log t.
\end{aligned}
$$

Nous savons déjà que $\hat{\beta}$ et $\dfrac{N(t)}{\Lambda(t)}$ convergent presque-sûrement respectivement

vers β et 1, il reste donc à montrer la convergence vers 0 de $\left(\dfrac{1}{\hat{\beta}} - \dfrac{1}{\beta}\right)\beta\log t$.
Or :

$$\left(\frac{1}{\hat{\beta}} - \frac{1}{\beta}\right)\log t = \frac{\Lambda(t)}{N(t)}\left[\frac{(\log t - \frac{1}{\beta})\log t}{\Lambda(t)^{1/2-\varepsilon}}\frac{M(t)}{\Lambda(t)^{1/2+\varepsilon}}\right.$$
$$\left. - \frac{A(t)^{1/2+\varepsilon}\log t}{\Lambda(t)}\frac{\int_0^t \log s\, dM(s)}{A(t)^{1/2+\varepsilon}}\right],$$

et nous appliquons à nouveau la proposition F.40. ♣

Regardons maintenant la normalité asymptotique des estimateurs.

Nous utiliserons les résultats suivants dont les principes de démonstrations figurent dans [35] (chapitres 0 et 3).

Proposition 3.8 *L'ensemble T désigne soit $\mathbb{R}_+$ soit $\mathbb{N}$. Considérons deux familles $(X(t))_{t\in T}$ et $(Y(t))_{t\in T}$ de variables aléatoires à valeurs respectivement dans $\mathbb{R}^p$ et $\mathbb{R}^q$ et f une fonction continue définie sur $\mathbb{R}^{p+q}$ et à valeurs dans $\mathbb{R}^r$. Supposons que lorsque t tend vers l'infini, $X(t)$ converge en loi vers X, alors :*

1. *si $Y(t)$ converge en probabilité vers une constante a, alors $f(X(t), Y(t))$ converge en loi vers $f(X, a)$,*

2. *si $p = q = 1$ et si $Y(t)$ converge en probabilité vers 0, alors $X(t)Y(t)$ converge en probabilité vers 0.*

Proposition 3.9 *L'ensemble T désigne soit $\mathbb{R}_+$ soit $\mathbb{N}$. Soit $(X(t))_{t\in T}$ une famille de variables aléatoires à valeurs dans $\mathbb{R}^k$, $c(t)$ une famille de réels tendant vers l'infini et $m \in \mathbb{R}^k$. On suppose que :*

$$X(t) \xrightarrow[t\to+\infty]{P} m,$$

$$c(t)(X(t) - m) \xrightarrow[t\to+\infty]{\mathcal{L}} \mathcal{N}(0, \Gamma),$$

où $\mathcal{N}(0, \Gamma)$ désigne une variable aléatoire de loi gaussienne centrée de dispersion Γ.

Soit f une fonction définie sur un voisinage U de m, à valeurs dans $\mathbb{R}^p$, deux fois différentiable. On suppose que ses dérivées secondes sont bornées sur U et on note Jf la matrice jacobienne de f.

Alors :

$$c(t)\,(f(X(t)) - f(m)) \xrightarrow[t\to+\infty]{\mathcal{L}} \mathcal{N}(0, K),$$

où $\mathcal{N}(0, K)$ désigne une variable aléatoire de loi gaussienne centrée de dispersion :

$$K = Jf(m)\Gamma Jf(m)^T.$$

Lorsque les différentes composantes du vecteur X_t ne convergent pas à la même vitesse, on peut adapter la démonstration de la proposition 3.9 et on obtient :

Proposition 3.10 *L'ensemble T désigne soit $\mathbb{R}_+$ soit $\mathbb{N}$. Soit $(X(t))_{t \in T}$ une famille de variables aléatoires à valeurs dans $\mathbb{R}^k$, $c(t)$ une famille d'éléments de $\mathbb{R}^k$ tendant vers l'infini et $m \in \mathbb{R}^k$. Notons respectivement $X_i(t)$, $c_i(t)$ et m_i la $i^{\text{ème}}$ composante des vecteurs $X(t)$, $c(t)$ et m. On suppose que :*

$$X(t) \xrightarrow[t \to +\infty]{P} m,$$

$$(c_1(t)\,(X_1(t) - m_1)\,, \cdots, c_k(t)\,(X_k(t) - m_k)) \xrightarrow[t \to +\infty]{\mathcal{L}} \mathcal{N}(0, \Gamma),$$

où $\mathcal{N}(0, \Gamma)$ désigne une variable aléatoire de loi gaussienne centrée de dispersion Γ.

Soit $f_i\ (1 \le i \le k)$ des fonctions à valeurs réelles définies respectivement sur des voisinages de m_i, deux fois dérivables et avec des dérivées secondes bornées sur ces voisinages.

Alors :

$$(c_1(t)\,(f_1(X_1(t)) - f_1(m_1))\,, \cdots, c_k(t)\,(f_k(X_k(t)) - f_k(m_k))) \xrightarrow[t \to +\infty]{\mathcal{L}} \mathcal{N}(0, K),$$

avec $K(i, j) = f_i'(m_i) f_j'(m_j) K(i, j)$, c'est-à-dire $K = Jf(m) \Gamma Jf(m)^T$ où la matrice Jf est la matrice jacobienne de la fonction f, de $\mathbb{R}^k$ dans $\mathbb{R}^k$, définie par $f(m_1, \ldots, m_k) = (f_1(m_1), \cdots, f_k(m_k))$.

Proposition 3.11 *Lorsque t tend vers l'infini, alors :*

1.a $\dfrac{\sqrt{\Lambda(t)}}{\log t} (\log \hat{\alpha} - \log \alpha)$ *converge en loi vers une loi gaussienne centrée de variance 1,*

1.b $\dfrac{\sqrt{\Lambda(t)}}{\log t} (\hat{\alpha} - \alpha)$ *converge en loi vers une loi gaussienne centrée de variance α^2,*

2.a $\sqrt{\Lambda(t)}\,(\dfrac{\beta}{\hat{\beta}} - 1)$ *converge en loi vers une loi gaussienne centrée de variance 1,*

2.b $\sqrt{\Lambda(t)}\,(\hat{\beta} - \beta)$ *converge en loi vers une loi gaussienne centrée de variance β^2,*

3.a le vecteur bidimensionnel $\left(\dfrac{\sqrt{\Lambda(t)}}{\log t}(\log\hat\alpha-\log\alpha),\sqrt{\Lambda(t)}\,(\dfrac{\beta}{\hat\beta}-1)\right)$ converge en loi vers $(X,-X)$ où X est une variable aléatoire gaussienne centrée réduite, c'est-à-dire vers la loi gaussienne bidimensionnelle centrée de matrice de dispersion $\begin{pmatrix} 1 & -1 \\ -1 & 1 \end{pmatrix}$,

3.b le vecteur bidimensionnel $\left(\dfrac{\sqrt{\Lambda(t)}}{\log t}(\hat\alpha-\alpha),\sqrt{\Lambda(t)}\,(\hat\beta-\beta)\right)$ converge en loi vers la loi gaussienne bidimensionnelle centrée de matrice de dispersion $\begin{pmatrix} \alpha^2 & \alpha\beta \\ \alpha\beta & \beta^2 \end{pmatrix}$.

♣ *Démonstration* : Commençons par démontrer les résultats concernant $\hat\beta$. D'après les propositions 2.20 et 3.8, pour obtenir 2.a il suffit de démontrer la convergence en loi de

$$Z_t = \frac{N(t)}{\Lambda(t)}\sqrt{\Lambda(t)}\left[\frac{\beta}{\hat\beta}-1\right]$$

vers une gaussienne centrée de variance 1. Pour cela calculons la fonction caractéristique de Z_t. En utilisant la proposition 3.5 et la proposition 1.11 nous obtenons :

$$\mathbb{E}(e^{iuZ_t}/N(t)=n) = e^{-iun/\sqrt{\Lambda(t)}}\mathbb{E}(e^{iun\beta/(\hat\beta\sqrt{\Lambda(t)})}/N(t)=n)$$

$$= \frac{e^{-iun/\sqrt{\Lambda(t)}}}{(1-\frac{iu}{\sqrt{\Lambda(t)}})^n}\,.$$

Par suite :

$$\mathbb{E}(e^{iuZ_t}) = \sum_{n\geq 0}\frac{e^{-iun\sqrt{\Lambda(t)}}}{(1-\frac{iu}{\sqrt{\Lambda(t)}})^n}\,e^{-\Lambda(t)}\,\frac{\Lambda(t)^n}{n!}$$

$$= \exp\left\{-\Lambda(t)+\frac{\Lambda(t)}{1-\frac{iu}{\sqrt{\Lambda(t)}}}e^{-iu/\sqrt{\Lambda(t)}}\right\}$$

$$= \exp\{\Phi(t)\},$$

avec :

$$\Phi(t) = \frac{\Lambda(t)}{1-\frac{iu}{\sqrt{\Lambda(t)}}}\left[e^{-iu/\sqrt{\Lambda(t)}}-1+\frac{iu}{\sqrt{\Lambda(t)}}\right]$$

$$\simeq -\frac{u^2}{2},$$

ce qui achève la démonstration de *2.a*.

Le résultat *2.b* découle de *2.a* et de la proposition 3.9.

Pour *1.a*, nous écrivons :

$$\frac{\sqrt{\Lambda(t)}}{\log t} \left(\log \hat{\alpha} - \log \alpha\right)$$

$$= \frac{\log \alpha}{\log t} \sqrt{\Lambda(t)} \left(\frac{\beta}{\hat{\beta}} - 1\right) - \frac{1}{\hat{\beta} \log t} \sqrt{\Lambda(t)} \log \frac{N(t)}{\Lambda(t)} - \sqrt{\Lambda(t)} \left(\frac{\beta}{\hat{\beta}} - 1\right)$$

$$= H(t) - \sqrt{\Lambda(t)} \left(\frac{\beta}{\hat{\beta}} - 1\right).$$

D'après les propositions 2.20 et 3.9, $\sqrt{\Lambda(t)} \log \frac{N(t)}{\Lambda(t)}$ converge en loi. En appliquant les résultats sur la convergence de $\hat{\beta}$ et la proposition 3.8, nous voyons que $H(t)$ tend en probabilité vers 0 lorsque t tend vers l'infini, puis que $\frac{\sqrt{\Lambda(t)}}{\log t} \left(\log \hat{\alpha} - \log \alpha\right)$ converge en loi vers $-X$, la variable X étant gaussienne centrée de variance 1. La loi de $-X$ étant égale à la loi de X, l'asssertion *1.a* est établie.

L'assertion *1.b* résulte encore une fois de la proposition 3.9.

Pour démontrer *3.a*, posons :

$$X(t) = \left(\frac{\sqrt{\Lambda(t)}}{\log t} \left(\log \hat{\alpha} - \log \alpha\right), \sqrt{\Lambda(t)} \left(\frac{\beta}{\hat{\beta}} - 1\right)\right),$$

$$Y(t) = \left(-\sqrt{\Lambda(t)} \left(\frac{\beta}{\hat{\beta}} - 1\right), \sqrt{\Lambda(t)} \left(\frac{\beta}{\hat{\beta}} - 1\right)\right),$$

alors :

$$X(t) = (H(t), 0) + Y(t).$$

La proposition 3.8 montre qu'il suffit de prouver la convergence en loi de $Y(t)$, ce qui est immédiat en utilisant *2.a*.

Le résultat *3.b* se déduit de *3.a* par la proposition 3.10. ♣

Les vitesses de convergence des estimateurs dépendant des paramètres, les résultats ci-dessus ne permettent pas de construire des intervalles de confiance asymptotiques. Nous remédions à cette difficulté dans la proposition ci-dessous.

Proposition 3.12 *Soit X une variable aléatoire gaussienne centrée de variance 1. Lorsque t tend vers l'infini, les variables aléatoires suivantes :*

- $\dfrac{\sqrt{N(t)}}{\log t} \log \dfrac{\hat{\alpha}}{\alpha}$,

- $\dfrac{\sqrt{N(t)}}{\log t}\,(\dfrac{\hat\alpha}{\alpha}-1)$,

- $\sqrt{N(t)}\,(\dfrac{\beta}{\hat\beta}-1)$,

- $\sqrt{N(t)}\,(\dfrac{\hat\beta}{\beta}-1)$

convergent en loi vers X et $\left(\dfrac{\sqrt{N(t)}}{\log t}\,(\log\hat\alpha-\log\alpha),\sqrt{N(t)}\,(\dfrac{\beta}{\hat\beta}-1)\right)$ *converge*

en loi vers $(X,-X)$.

La démonstration de cette proposition résulte de la proposition précédente et des propositions 3.8 et 2.20.

Lorsque t est grand, la construction d'intervalles de confiance ne pose donc pas plus de problème pour α que pour β. Soit n_γ le quantile d'ordre γ de la loi normale centrée réduite ($\mathbb{P}(X\le n_\gamma)=\gamma$, X étant de loi gaussienne de moyenne 0 et de variance 1). Nous obtenons :

Corollaire 3.13 *Lorsqu'on observe un processus de Weibull sur $[0,t]$, les intervalles et pavés suivants sont des régions de confiance asymptotiques (lorsque t tend vers l'infini) de niveau γ :*

1. *pour α :*

    (a) $[\,0,\hat\alpha\exp(\dfrac{\log t}{\sqrt{N(t)}}\,n_\gamma)\,]$,

    (b) $[\hat\alpha\exp(\dfrac{-\log t}{\sqrt{N(t)}}\,n_\gamma),+\infty[$,

    (c) $[\,\hat\alpha\exp(\dfrac{-\log t}{\sqrt{N(t)}}\,n_{(1+\gamma)/2}),\hat\alpha\exp(\dfrac{\log t}{\sqrt{N(t)}}\,n_{(1+\gamma)/2}\,)\,]$,

    (d) $[\,0,\hat\alpha+\dfrac{\log t}{\sqrt{N(t)}}\,n_\gamma\,]$,

    (e) $[\hat\alpha-\dfrac{\log t}{\sqrt{N(t)}}\,n_\gamma,+\infty[$,

    (f) $[\,\hat\alpha-\dfrac{\log t}{\sqrt{N(t)}}\,n_{(1+\gamma)/2},\hat\alpha+\dfrac{\log t}{\sqrt{N(t)}}\,n_{(1+\gamma)/2}\,]$,

2. *pour β :*

    (a) $[\,0,\hat\beta(1+\dfrac{n_\gamma}{\sqrt{N(t)}})\,]$,

(b) $[\ \hat{\beta}(1 - \dfrac{n_\gamma}{\sqrt{N(t)}}), +\infty[,$

(c) $[\ \hat{\beta}(1 - \dfrac{n_{(1+\gamma)/2}}{\sqrt{N(t)}}),\ \hat{\beta}(1 + \dfrac{n_{(1+\gamma)/2}}{\sqrt{N(t)}})\ ],$

(d) $[\ 0,\ \hat{\beta} + \dfrac{n_\gamma}{\sqrt{N(t)}}\ \ ],$

(e) $[\ \hat{\beta} - \dfrac{n_\gamma}{\sqrt{N(t)}}, +\infty[,$

(f) $[\ \hat{\beta} - \dfrac{n_{(1+\gamma)/2}}{\sqrt{N(t)}}\ ,\hat{\beta} + \dfrac{n_{(1+\gamma)/2}}{\sqrt{N(t)}}\ ],$

3. pour (α, β) :

(a) $[\ 0,\ \hat{\alpha} \exp(\dfrac{\log t}{\sqrt{N(t)}}\ n_\gamma)\ ] \times [\ 0,\ \hat{\beta}(1 + \dfrac{n_\gamma}{\sqrt{N(t)}})\ ],$

(b) $[\ \hat{\alpha} \exp(\dfrac{-\log t}{\sqrt{N(t)}}\ n_\gamma), +\infty[\times [\ \hat{\beta}(1 - \dfrac{n_\gamma}{\sqrt{N(t)}}), +\infty[,$

(c) $[\ \hat{\alpha} \exp(\dfrac{-\log t}{\sqrt{N(t)}}\ n_{(1+\gamma)/2}), \hat{\alpha} \exp(\dfrac{\log t}{\sqrt{N(t)}}\ n_{(1+\gamma)/2})\ ]$

$\times [\ \hat{\beta}(1 - \dfrac{n_{(1+\gamma)/2}}{\sqrt{N(t)}}),\ \hat{\beta}(1 + \dfrac{n_{(1+\gamma)/2}}{\sqrt{N(t)}})\ ].$

Remarque 3.14 : Jusqu'à maintenant nous avons supposé que les paramètres α et β étaient inconnus. Lorsque α est connu, l'estimateur du maximum de vraisemblance de β, est solution de l'équation :

$$(\frac{1}{\beta} - \log \alpha)N(t) + \sum_{i=1}^{N(t)} \log T_i - \left(\frac{t}{\alpha}\right)^\beta \log \frac{t}{\alpha} = 0,$$

il n'a donc pas de forme explicite. Nous pouvons cependant travailler avec l'estimateur $\hat{\beta}$ donné ci-dessus, bien qu'il ne soit plus l'estimateur du maximum de vraisemblance. Ses propriétés, que nous avons données dans les propositions précédentes, et les résultats qui en découlent restent valables.

3.2.4 Cas de p processus de Weibull indépendants

Si nous observons non pas un processus de Weibull sur $[0,t]$, mais p processus de Weibull indépendants sur $[0,t]$, l'observation globale est celle de la superposition de p processus de Poisson indépendants de même intensité $\lambda(u) = \dfrac{\beta}{\alpha} \left(\dfrac{u}{\alpha}\right)^{\beta-1}$, c'est donc, d'après la proposition 2.47, un processus de Poisson d'intensité $p\lambda(t)$.

Notons $(\tilde{T}_n)_{n \geq 1}$ le processus global et $\tilde{N}$ sa fonction de comptage. Un calcul facile montre que les estimateurs du maximum de vraisemblance $\hat{\alpha}$ et $\hat{\beta}$ de α et β sont donnés par :

$$\log \hat{\alpha} = \frac{1}{\hat{\beta}}(\log p - \log \tilde{N}(t)) + \log t,$$

$$\frac{1}{\hat{\beta}} = \log t - \frac{1}{\tilde{N}(t)} \sum_{i=1}^{\tilde{N}(t)} \log \tilde{T}_i.$$

On vérifie immédiatement que la loi de $(\tilde{T}_1, \ldots, \tilde{T}_n)$ sachant $\{\tilde{N}(t) = n\}$ est la même que dans le cas $p = 1$. On peut donc construire des intervalles de confiance pour β en appliquant le corollaire 3.6.

Nous posons toujours $\Lambda(t) = (\frac{t}{\alpha})^{\beta}$.

L'asymptotique peut être prise soit en t soit en p. Nous avons :

- lorsque t ou lorsque p tend vers l'infini, $\hat{\alpha}$ converge presque-sûrement vers α et $\hat{\beta}$ converge presque-sûrement vers β,

- lorsque t ou p tend vers l'infini, $\sqrt{p\Lambda(t)}\left(\frac{\beta}{\hat{\beta}} - 1\right)$ et $\sqrt{\tilde{N}(t)}\left(\frac{\beta}{\hat{\beta}} - 1\right)$ convergent en loi vers une gaussienne centrée de variance 1,

- lorsque t tend vers l'infini, $\dfrac{\sqrt{p\Lambda(t)}}{\log t} \log \dfrac{\hat{\alpha}}{\alpha}$ et $\dfrac{\sqrt{\tilde{N}(t)}}{\log t} \log \dfrac{\hat{\alpha}}{\alpha}$ convergent en loi vers une gaussienne centrée de variance 1,

- lorsque p tend vers l'infini, $\beta \sqrt{\dfrac{p\Lambda(t)}{1 + \log^2 \frac{t}{\alpha}}} \log \dfrac{\hat{\alpha}}{\alpha}$ et $\hat{\beta} \sqrt{\dfrac{\tilde{N}(t)}{1 + \log^2 \frac{t}{\hat{\alpha}}}} \log \dfrac{\hat{\alpha}}{\alpha}$ convergent en loi vers une gaussienne centrée de variance 1.

La démonstration dans le cas où t tend vers l'infini est une simple adaptation des techniques utilisées dans le cas $p = 1$. Lorsque p tend vers l'infini, la démonstration de la normalité asymptotique de $\hat{\beta}$ peut se faire également en suivant ce qui se fait pour l'asymptotique en t; une autre démonstration est proposée dans l'exercice 3.5. Pour la normalité asymptotique de $\hat{\alpha}$ quand p tend vers l'infini, se reporter également à l'exercice 3.5.

3.3 Observation des n premiers points

Nous nous intéressons aux **plans d'essais de type 2**, c'est-à-dire aux essais pour lesquels le nombre de défaillances observées est fixé a-priori. Nous sommes évidemment toujours dans le cas des petites réparations.

Nous observons donc les n premiers points $T_1, \ldots, T_n$ d'un processus de Poisson.

3.3.1 Cas d'un processus de Poisson homogène

Dans ce cas, l'estimateur qui possède des propriétés intéressantes est l'estimateur de $1/\lambda$. Notons que $1/\lambda$ représente le MTTF du matériel (ou indifféremment le MTBF puisque les réparations sont supposées instantanées).

Proposition 3.15 *Lorsqu'on observe les n premiers points $T_1, \ldots, T_n$ d'un processus de Poisson homogène de paramètre λ, alors T_n/n est un estimateur de $1/\lambda$ qui possède les propriétés suivantes :*

1. *c'est un estimateur exhaustif,*

2. *c'est un estimateur sans biais, efficace donc de variance minimum,*

3. *c'est un estimateur consistant et asymptotiquement gaussien,*

4. *c'est l'estimateur du maximum de vraisemblance.*

La vérification de cette proposition ne présente pas de difficulté. Elle repose sur la proposition 2.25 et le fait que la variable aléatoire T_n est de loi gamma de paramètres n et $1/\lambda$.

La construction des intervalles de confiance se fait à partir de la statistique T_n, en remarquant que, d'après le lemme 3.4, $2\lambda T_n$ est de loi du χ^2 à $2n$ degrés de liberté.

Proposition 3.16 *Lorsqu'on observe les n premiers points d'un processus de Poisson homogène de paramètre λ les intervalles suivants :*

- $[0, \dfrac{1}{2T_n}\chi_\gamma^2(2n)]$,

- $[\dfrac{1}{2T_n}\chi_{1-\gamma}^2(2n), +\infty[$,

- $[\dfrac{1}{2T_n}\chi_{(1-\gamma)/2}^2(2n), \dfrac{1}{2T_n}\chi_{(1+\gamma)/2}^2(2n)]$,

sont des intervalles de confiance pour λ de niveau γ.

Remarque 3.17 : L'estimateur du maximum de vraisemblance du paramètre λ est $\hat{\lambda} = n/T_n$. Il n'est pas sans biais car :

$$\mathbb{E}(\hat{\lambda}) = \frac{n}{n-1}\lambda,$$

il n'est qu'asymptotiquement sans biais.

On peut vérifier que sa variance est $\dfrac{n^2}{(n-1)^2(n-2)}\lambda^2$ et qu'il est consistant et asymptotiquement gaussien (ce qui n'est pas surprenant pour l'estimateur du maximum de vraisemblance d'un échantillon, voir par exemple le paragraphe 5.3.3).

L'estimateur $\dfrac{n-1}{n}\hat{\lambda} = \dfrac{n-1}{T_n}$ est un estimateur sans biais de λ mais il n'est pas efficace (vérification facile).

Remarque 3.18 : Dans le cas de l'observation de p processus de Poisson indépendants, homogènes, de même paramètre λ, si nous notons $(T_n)_{n\geq 1}$ le processus "global" obtenu par superposition des observations, alors les intervalles de confiance donnés dans la proposition 3.16 sont des intervalles de confiance pour λp (d'après la proposition 2.47), il faut donc diviser leurs bornes par p pour obtenir des intervalles de confiance pour λ.

3.3.2   Cas d'un processus de Weibull

Nous observons les n premiers points $T_1, \ldots, T_n$ d'un processus de Weibull de paramètres α et β.

D'après la proposition 2.25, la log-vraisemblance est :

$$L(\alpha, \beta) = n(\log \beta - \beta \log \alpha) + (\beta - 1) \sum_{i=1}^{n} \log T_i - \left(\frac{T_n}{\alpha}\right)^{\beta} . \qquad (3.2)$$

Les estimateurs du maximum de vraisemblance $\hat{\alpha}$ et $\hat{\beta}$ de α et β sont donnés par :

$$\frac{1}{\hat{\beta}} = \log T_n - \frac{1}{n} \sum_{i=1}^{n} \log T_i,$$

$$\log \hat{\alpha} = \log T_n - \frac{1}{\hat{\beta}} \log n.$$

Cherchons des intervalles de confiance pour α et β. Posons :

$$U_i = \Lambda(T_i) = \left(\frac{T_i}{\alpha}\right)^{\beta},$$

ce qui équivaut à :

$$\log T_i = \log \alpha + \frac{1}{\beta} \log U_i.$$

La proposition 2.28 montre que $U_1, \ldots, U_n$ sont les n premiers points d'un processus de Poisson homogène de paramètre 1. La relation :

$$\frac{\beta}{\hat{\beta}} = \log U_n - \frac{1}{n} \sum_{i=1}^{n} \log U_i$$

entraine donc que la loi de $\beta/\hat{\beta}$ ne dépend pas des paramètres α et β. Plus précisément :

Proposition 3.19 *Les variables aléatoires U_n et $\dfrac{\beta}{\hat{\beta}} = \log U_n - \dfrac{1}{n} \sum_{i=1}^{n} \log U_i$ sont indépendantes, de lois gamma, de paramètres respectifs $(n, 1)$ et $(n - 1, \frac{1}{n})$.*

♣ *Démonstration* : On vérifie facilement que la loi conditionnelle de $(U_1, \ldots U_{n-1})$ sachant $\{U_n = t\}$ est la loi de la statistique d'ordre de $n - 1$ variables aléatoires de loi uniforme sur $[0, t]$. Par suite :

$$\mathbb{E}(e^{iu\beta/\hat{\beta}} / U_n = t) = \mathbb{E}(\exp\{iu(1 - \frac{1}{n}) \log t - \frac{iu}{n} \sum_{i=1}^{n-1} \log X_i \}),$$

les variables aléatoires X_i étant indépendantes et de loi uniforme sur $[0, t]$. Notons φ la fonction caractéristique de $\log X_i$. Un petit calcul donne :

$$\varphi(u) = \frac{e^{iu \log t}}{1 + iu},$$

et :

$$\mathbb{E}(e^{iu\beta/\hat{\beta}} / U_n = t) = \frac{1}{(1 - \frac{iu}{n})^{n-1}}.$$

La loi conditionnelle de $\beta/\hat{\beta}$ sachant $\{U_n = t\}$ est indépendante de t, donc les variables aléatoires $\beta/\hat{\beta}$ et U_n sont indépendantes et la loi $\beta/\hat{\beta}$ est la loi gamma de paramètres $(n-1, \frac{1}{n})$. ♣

En utilisant le lemme 3.4, nous obtenons :

Corollaire 3.20 *Dans le cas de l'observation des n premiers points d'un processus de Weibull, la loi de $2n\beta/\hat{\beta}$ est la loi du χ^2 à $2n - 2$ degrés de liberté, et les intervalles suivants :*

- $] 0, \dfrac{\hat{\beta}}{2n} \chi^2_\gamma(2n - 2)]$,

- $[\dfrac{\hat{\beta}}{2n} \chi^2_{1-\gamma}(2n - 2), +\infty[$

- $[\dfrac{\hat{\beta}}{2n} \chi^2_{(1-\gamma)/2}(2n - 2), \dfrac{\hat{\beta}}{2n} \chi^2_{(1+\gamma)/2}(2n - 2)]$,

sont des intervalles de confiance de β de niveau γ.

La construction d'intervalles de confiance pour α est plus difficile. Nous n'en obtenons pas à partir des tables existantes, car la loi de

$$\hat{\beta} \log \frac{\hat{\alpha}}{\alpha} = \frac{\log U_n}{\log U_n - \frac{1}{n} \sum_{i=1}^n \log U_i} - \log n$$

est bien indépendante de α mais ce n'est pas une loi tabulée. Une formule de calcul de sa fonction de répartition fait l'objet de la proposition 3.21 ci-dessous. Si on en déduit numériquement ses fractiles d'ordre γ, soit $s_\gamma(n)$, alors chacun des intervalles :

- $[\hat{\alpha} \exp \left(-\dfrac{s_\gamma(n)}{\hat{\beta}} \right), +\infty [$,

- $[0, \hat{\alpha} \exp \left(-\dfrac{s_{1-\gamma}(n)}{\hat{\beta}} \right)]$,

- $[\hat{\alpha} \exp \left(-\dfrac{s_{(1+\gamma)/2}(n)}{\hat{\beta}} \right), \hat{\alpha} \exp \left(-\dfrac{s_{(1-\gamma)/2}(n)}{\hat{\beta}} \right)]$

est un intervalle de confiance pour α de niveau γ.

Proposition 3.21 *Dans le cas de l'observation des n premiers points d'un processus de Weibull, nous avons :*

$$\mathbb{P}(\hat{\beta}\log\frac{\hat{\alpha}}{\alpha}\leq x) = \int_0^{+\infty} F_{2n}(2e^{(x+\log n)t})\frac{n^{n-1}}{(n-2)!}t^{n-2}e^{-tn}dt,$$

où F_{2n} est la fonction de répartition de loi du χ^2 à $2n$ degrés de liberté.

♣ *Démonstration* : Posons :

$$Y = \hat{\beta}\log\frac{\hat{\alpha}}{\alpha} + \log n = \frac{\hat{\beta}}{\beta}\log U_n.$$

La loi de U_n est la loi gamma de paramètres $(n,1)$, par conséquent (d'après le lemme 3.4) la loi de $X = 2U_n$ est la loi du χ^2 à $2n$ degrés de liberté et la proposition 3.19 donne :

$$
\begin{aligned}
\mathbb{P}(Y \leq y) &= \mathbb{P}\left(2U_n \leq 2e^{\beta y/\hat{\beta}}\right)\\
&= \int_0^{+\infty} \mathbb{P}(X \leq 2e^{ty})\, g(t)\, dt
\end{aligned}
$$

où g est la densité de la loi gamma de paramètres $(n-1,\frac{1}{n})$. ♣

Si n est grand, il est plus simple d'utiliser le comportement asymptotique des estimateurs pour obtenir les intervalles de confiance.

Proposition 3.22 *Lorsque n tend vers l'infini, alors :*

1.a $\hat{\alpha}$ *converge presque-sûrement vers α,*

1.b $\dfrac{\beta\sqrt{n}}{\log n}(\log\hat{\alpha} - \log\alpha)$ *converge en loi vers une loi gaussienne centrée de variance 1,*

2.a $\hat{\beta}$ *converge presque-sûrement vers β,*

2.b $\sqrt{n}\left(\dfrac{\beta}{\hat{\beta}} - 1\right)$ *converge en loi vers une loi gaussienne centrée de variance 1,*

3. *le vecteur* $\left(\dfrac{\beta\sqrt{n}}{\log n}(\log\hat{\alpha} - \log\alpha), \sqrt{n}(\dfrac{\beta}{\hat{\beta}} - 1)\right)$ *converge en loi vers la loi gaussienne bidimensionnelle centrée de dispersion* $\begin{pmatrix} 1 & -1 \\ -1 & 1 \end{pmatrix}$, *et le vecteur* $\left(\dfrac{\beta\sqrt{n}}{\log n}(\hat{\alpha} - \alpha), \sqrt{n}(\hat{\beta} - \beta)\right)$ *converge en loi vers la loi gaussienne bidimensionnelle centrée de dispersion* $\begin{pmatrix} \alpha^2 & \alpha\beta \\ \alpha\beta & 1\beta^2 \end{pmatrix}$.

♣ *Démonstration* : Posons :

$$M(t) = \sum_{i=1}^{n} 1_{\{U_i \le t\}} - t, \quad \tilde{M}(t) = \int_0^t \log s \, dM(s).$$

D'après les propositions 2.38 et F.47, les processus M et $\tilde{M}$ sont des martingales de processus croissants respectifs t et $A(t) = \int_0^t \log^2 s \, ds \simeq t \log^2 t$. Nous en déduisons (proposition F.40) que pour tout $\varepsilon > 0$, $\dfrac{M(t)}{t^{1/2+\varepsilon}}$ et $\dfrac{\tilde{M}(t)}{(t \log^2 t)^{1/2+\varepsilon}}$ convergent presque-sûrement vers 0 lorsque t tend vers l'infini. Posons :

$$X_n = M(U_n) = n - U_n,$$

$$Y_n = \tilde{M}(U_n) = \sum_{i=1}^{n} \log U_i - \int_0^{U_n} \log s \, ds = \sum_{i=1}^{n} \log U_i - U_n(\log U_n - 1).$$

Puisque U_n tend presque-sûrement vers l'infini lorsque n tend vers l'infini, il s'ensuit que $\dfrac{X_n}{U_n^{1/2+\varepsilon}}$ et $\dfrac{Y_n}{(U_n \log^2 U_n)^{1/2+\varepsilon}}$ tendent presque sûrement vers 0 lorsque n tend vers l'infini.

En prenant $0 < \varepsilon < \frac{1}{4}$, nous en déduisons que :

$$\left(\frac{1}{\hat{\beta}} - \frac{1}{\beta} \right) \beta \log n =$$

$$\frac{X_n}{U_n^{1/2+\varepsilon}} \left(\frac{U_n}{n} \right)^{1/2+2\varepsilon} \frac{\log n}{n^{1/2-2\varepsilon}} \frac{\log U_n - 1}{U_n^{\varepsilon}} - \frac{Y_n}{U_n^{1/2+\varepsilon}} \left(\frac{U_n}{n} \right)^{1/2+\varepsilon} \frac{\log n}{n^{1/2-\varepsilon}}$$

converge presque-sûrement vers 0 lorsque n tend vers l'infini car U_n/n tend presque-sûrement vers 1.

Ceci montre d'une part que $\dfrac{1}{\hat{\beta}}$ converge presque sûrement vers $\dfrac{1}{\beta}$ et d'autre part que :

$$\log \hat{\alpha} = \log \alpha + \frac{1}{\beta} \log \frac{U_n}{n} - \left(\frac{1}{\hat{\beta}} - \frac{1}{\beta} \right) \log n$$

converge presque-sûrement vers $\log \alpha$.

Le schéma de la démonstration de la normalité asymptotique est donné dans l'exercice 3.6. ♣

Pour le calcul d'intervalles de confiance asymptotiques pour α il est préférable d'utiliser la proposition 3.8 pour obtenir une formulation ne faisant pas apparaitre le paramètre β, qu'on remplace par son estimation $\hat{\beta}$, ce qui donne par exemple :

Proposition 3.23 *Lorsque n tend vers l'infini, les variables aléatoires suivantes :*

• $\dfrac{\hat{\beta}\sqrt{n}}{\log n} \log \dfrac{\hat{\alpha}}{\alpha}$,

- $\dfrac{\hat{\beta}\sqrt{n}}{\log n}(\dfrac{\hat{\alpha}}{\alpha} - 1),$

convergent en loi vers une loi gaussienne centrée de variance 1.

La remarque 3.14 est également valable ici.

Remarque 3.24 : Les formules (3.1) et (3.2) sont similaires. On passe de la première à la deuxième en remplaçant t par T_n et $N(t)$ par $n = N(T_n)$. Il est donc normal que les estimateurs $\hat{\alpha}$ et $\hat{\beta}$ dans le cas de l'observation des n premiers points s'obtiennent à partir de ceux correspondant à une observation sur $[0, t]$ par les mêmes transformations. Cependant ces deux familles d'estimateurs n'ont pas les mêmes propriétés car, dans les transformations effectuées, le t qui était constant devient un T_n aléatoire et le $N(t)$ qui était aléatoire devient un n qui est constant. Cela se voit dans la différence entre les corollaires 3.6 et 3.20. Par contre pour les vitesses de convergence les transformations fonctionnent. En effet, si dans la proposition 3.12, on remplace t par T_n (et donc $N(t)$ par n), on obtient bien les vitesses de convergence de la proposition 3.22 car $\log t$ devient $\log T_n$ et comme $N(t)/(t/\alpha)^\beta$ tend presque-sûrement vers 1 lorsque t tend vers l'infini (proposition 2.20) il en est de même pour $N(T_n)/(T_n/\alpha)^\beta = n/(T_n/\alpha)^\beta$ ce qui entraine que $\log T_n$ est équivalent à $(\log n)/\beta$.

3.4　Tests

3.4.1　Un test d'homogénéité non paramétrique

Nous supposons observer le processus de Poisson sur $[0, t]$ et nous souhaitons tester l'hypothèse H_0 : "le processus de Poisson observé est homogène".

Divisons l'intervalle $[0, t]$ en d intervalles de même longueur notés $I_1, \dots I_d$. Soit N_k ($1 \le k \le d$), le nombre d'observations appartenant au $k^{ème}$ intervalle :

$$N_k = \sum_{i=1}^{N(t)} 1_{\{T_i \in I_k\}}.$$

D'après la proposition 2.3, sous H_0 la loi de $(N_1, \dots, N_d)$ sachant $\{N(t) = n\}$ est la loi de $(\sum_{i=1}^n 1_{\{X_i \in I_1\}}, \dots, \sum_{i=1}^n 1_{\{X_i \in I_d\}})$, les variables aléatoires X_i étant indépendantes et de loi uniforme sur $[0, t]$. Par conséquent, d'après le théorème classique de convergence vers la loi du χ^2, sous H_0 quand n tend vers l'infini la loi, conditionnellement à $\{N(t) = n\}$, de la variable aléatoire

$$Z_n = \frac{d}{n} \sum_{k=1}^d (N_k - \frac{n}{d})^2$$

tend vers la loi du χ^2 à $d - 1$ degrés de liberté.

Donc, en pratique, pour construire un test de niveau approximativement égal à γ, si l'on observe $\{N(t) = n\}$ avec n grand, on prend comme région critique :

$$D = \{Z_n > \chi^2_{1-\gamma}(d-1)\}$$

(rappelons que $\chi^2_{1-\gamma}(d-1)$ est le quantile d'ordre $1-\gamma$ de la loi du χ^2 à $d-1$ degrés de liberté).

3.4.2 Un test paramétrique

Nous supposons maintenant que le processus observé est un processus de Weibull de paramètres α et β. Nous voulons tester H_0 "$\beta \leq \beta_0$" contre H_1 "$\beta > \beta_0$".

Nous allons nous limiter à la recherche de tests semblables (*similar* en anglais, terminologie de [71] chapitre 4, paragraphe 3) de niveau γ, c'est-à-dire tels que, pour toutes valeurs des paramètres (α, β) situées sur la frontière entre H_0 et H_1 (c'est-à-dire telles que $\beta = \beta_0$) la probabilité de rejet soit égale à γ.

D'après la proposition 2.27, la loi conditionnelle de l'observation $(T_1, \ldots, T_n)$ sachant $\{N(t) = n\}$ a pour densité

$$f_\beta(t_1, \ldots, t_n) = \frac{n! \beta^n}{t^{\beta n}} \prod_{i=1}^n t_i^{\beta - 1}$$

par rapport à la mesure de Lebesgue sur $[0, t]^n$. Par suite, pour $\beta < \beta'$, la fonction

$$\frac{f_{\beta'}(T_1, \ldots, T_n)}{f_\beta(T_1, \ldots, T_n)} = \left(\frac{\beta'}{\beta}\right)^n t^{(\beta - \beta')n} \exp\left(\sum_{i=1}^n (\beta' - \beta) \log T_i\right) \qquad (3.3)$$

est une fonction croissante de $\sum_{i=1}^n \log T_i$. Nous en déduisons le test suivant :

Proposition 3.25 *Nous observons un processus de Weibull sur $[0, t]$.*

1. *Pour tester tester H_0 "$\beta \leq \beta_0$" contre H_1 "$\beta > \beta_0$", le test de région critique :*

$$D = \left\{ \sum_{i=1}^{N(t)} \log T_i \geq N(t) \log t - \frac{1}{2\beta_0} \chi^2_\gamma(2N(t)) \right\}$$

est de niveau γ et est uniformément le plus puissant à son niveau.

2. *Pour tester tester H_0 "$\beta \geq \beta_0$" contre H_1 "$\beta < \beta_0$", le test de région critique :*

$$D = \left\{ \sum_{i=1}^{N(t)} \log T_i \leq N(t) \log t - \frac{1}{2\beta_0} \chi^2_{1-\gamma}(2N(t)) \right\}$$

est de niveau γ et est uniformément le plus puissant à son niveau.

♣ *Démonstration* : On considère le test de "$\beta \leq \beta_0$" contre "$\beta > \beta_0$", l'autre cas envisagé s'en déduisant immédiatement. La région critique proposée D est l'union des D_n ($n \in \mathbb{N}^*$) où :

$$D_n = \{ \sum_{i=1}^{n} \log T_i \geq n \log t - \frac{1}{2\beta_0}\chi^2_\gamma(2n), N(t) = n \}.$$

a) Vérifions que D_n est, conditionnellement à $\{N(t) = n\}$, la région critique d'un test de plus forte puissance au niveau γ de "$\beta \leq \beta_0$" contre "$\beta > \beta_0$" dont la puissance prend exactement la valeur γ à la frontière β_0 entre H_0 et H_1, quel que soit α.

On sait d'après la proposition 2.27 que la loi de $(T_1, \ldots T_n)$ conditionnellement à $\{N(t) = n\}$, pour le couple (α, β_0) de paramètres, est identique à la loi de la statistique d'ordre de n variables aléatoires indépendantes, $X_1, \ldots, X_n$, de même loi admettant sur $[0, t]$ la densité $u \to \dfrac{\lambda(u)}{\Lambda(t)} = \dfrac{\beta_0}{t^{\beta_0}}u^{\beta_0 - 1}$ (où α n'intervient plus). Il en résulte que les variables aléatoires $\log \dfrac{t}{X_i}$ sont de loi exponentielle de paramètre β_0, et donc, en utilisant le lemme 3.4, que $2\beta_0 \sum_{i=1}^{n} \log \dfrac{t}{X_i}$ suit une loi du χ^2 à $2n$ degrés de liberté. On a donc bien pour la valeur β_0 du paramètre :

$$
\begin{aligned}
\mathbb{P}(D/N(t) = n) &= \mathbb{P}(\sum_{i=1}^{n} \log T_i \geq n \log t - \frac{1}{2\beta_0}\chi^2_\gamma(2n)/\, N(t) = n) \\
&= \mathbb{P}(\sum_{i=1}^{n} \log X_i \geq n \log t - \frac{1}{2\beta_0}\chi^2_\gamma(2n)) \\
&= \mathbb{P}(2\beta_0 \sum_{i=1}^{n} \log \frac{t}{X_i} \leq \chi^2_\gamma(2n)) \\
&= \gamma.
\end{aligned}
$$

Le fait que conditionnellement à $\{N(t) = n\}$ ce test soit de plus forte puissance à son niveau relève de la théorie des familles à rapport de vraisemblance monotone (voir [35], définition 8.3.11 et théorème 8.3.12), qui s'applique ici en vertu de la formule (3.3).

b) Le test de région critique D est semblable de niveau γ puisque chacun des tests conditionnels D_n l'est.

La variable aléatoire $N(t)$ relativement à laquelle s'est effectuée le conditionnement est, pour β fixé à β_0, exhaustive et complète relativement au paramètre α. Il en résulte ([71], chapitre 4, paragraphe 3, théorème 1) que le test de région critique D est de plus forte puissance parmi les tests semblables de niveau γ (c'est ce qu'on appelle un test de structure de Neymann). ♣

3.4.3 Test de Laplace

On observe un processus de Poisson sur $[0, t]$ et on veut tester son homogénéité, la contre-hypothèse étant que son intensité λ est décroissante (respectivement croissante). Si le processus de Poisson est homogène, les points observés seront répartis de façon relativement homogène sur $[0, t]$, alors que si λ est décroissante (respectivement croissante) les points seront plus concentrés vers 0 (respectivement vers t). Cela suggère de considérer le test suivant :

Proposition 3.26 *On observe un processus de Poisson sur $[0, t]$ d'intensité λ. Supposons que :*

$$\int_0^{+\infty} \lambda(s)\, ds = +\infty,$$

et posons :

$$X = \frac{\sum_{i=1}^n T_i - nt/2}{t\sqrt{n/12}} \quad \text{sur } \{N(t) = n\}.$$

Pour tester l'hypothèse H_0 "l'intensité est constante" contre l'hypothèse H_1 "l'intensité est décroissante" (respectivement "l'intensité est croissante"), on prend comme région critique :

$$D = \{X < n_\gamma\},$$

(respectivement $D = \{X > n_{1-\gamma}\}$), où n_γ est le quantile d'ordre γ de la loi gaussienne centrée de variance 1. Le niveau de ce test est asymptotiquement γ lorsque t tend vers l'infini, et sa puissance tend vers 1 lorsque t tend vers l'infini.

♣ *Démonstration* : Pour justifier le niveau du test, nous devons montrer que la variable aléatoire $X = X_t$ tend en loi vers une gaussienne centrée de variance 1, lorsque t tend vers l'infini. Posons :

$$\Lambda(t) = \int_0^t \lambda(s)\, ds.$$

Soit X_i des variables aléatoires indépendantes de loi uniforme sur $[0, t]$ et posons $Y_i = X_i/t$. D'après la proposition 2.27, la loi de X sachant $\{N(t) = n\}$ est la loi de :

$$\frac{\sum_{i=1}^n X_i - nt/2}{t\sqrt{n/12}} = \frac{\sum_{i=1}^n Y_i - n/2}{\sqrt{n/12}},$$

dont nous notons φ_n la fonction caractéristique. Le théorème de limite centrale entraine que :

$$\varphi_n(u) \xrightarrow[n \to \infty]{} \varphi(u) = e^{-u^2/2}.$$

Or :

$$\mathbb{E}(e^{iuX_t}) = \mathbb{E}(\mathbb{E}(e^{iuX_t}/N(t))) = \mathbb{E}(\varphi_{N(t)}).$$

Puisque $\Lambda(t)$ tend vers l'infini lorsque t tend vers l'infini, la proposition 2.20 entraine que $N(t)$ converge presque-sûrement vers l'infini. Le théorème de convergence dominée montre alors que $\mathbb{E}(e^{iuX_t})$ converge vers $\varphi(u)$, ce qu'on souhaitait établir.

Regardons la puissance du test, c'est-à-dire $\mathbb{P}(D)$ sous H_1. Nous nous plaçons dans le cas où la fonction λ est décroissante (le cas croissant se traitant de même). Considérons maintenant des variables aléatoires X_i indépendantes, de même loi de densité :

$$s \rightarrow \frac{1}{\Lambda(t)} \lambda(s) 1_{[0,t]}(s).$$

Leur densité est donc décroissante et il en est de même de celle des $Y_i = X_i/t$. Notons σ leur variance. D'après l'exercice 1.5, ces variables aléatoires Y_i sont stochastiquement inférieures à une variable aléatoire de loi uniforme sur $[0, 1]$, leur espérance m est donc inférieure à $1/2$, et même strictement inférieure car, sous H_1, les Y_i ne sont pas de loi uniforme. Nous en déduisons, en utilisant la proposition 2.27, que sous H_1 :

$$
\begin{aligned}
\mathbb{P}(D/\ N(t) = n) &= \mathbb{P}\left(\frac{\sum_{i=1}^n Y_i - \frac{n}{2}}{\sqrt{n/12}} \leq n_\gamma\right) \\
&= \mathbb{P}\left(\frac{\sum_{i=1}^n Y_i - mn}{\sigma\sqrt{n}} \leq \frac{n_\gamma}{\sigma\sqrt{12}} + \frac{(\frac{1}{2} - m)\sqrt{n}}{\sigma}\right) \\
&= a_n.
\end{aligned}
$$

Lorsque n tend vers l'infini, la quantité

$$\frac{n_\gamma}{\sigma\sqrt{12}} + \frac{(\frac{1}{2} - m)\sqrt{n}}{\sigma}$$

tend vers $+\infty$ et la variable aléatoire

$$\frac{\sum_{i=1}^n Y_i - mn}{\sigma\sqrt{n}}$$

converge en loi vers une gaussienne. Il n'est alors pas difficile d'en déduire que a_n tend vers 1, et par suite :

$$\mathbb{P}(D) = \mathbb{E}(a_{N(t)})$$

tend vers 1 lorsque t tend vers l'infini (par convergence dominée). ♣

Le lecteur qui souhaite des précisions sur l'optimalité du test de Laplace peut se reporter à [46].

Des tests d'homogénéité du processus de Poisson sont également présentés dans [32] (paragraphe 6.3) , ainsi que des tests de comparaison entre processus de Poisson homogènes (paragraphes 9.2 et 9.3).

3.5 Exercices

Exercice 3.1 J. Duane étudiait la fiabilité de matériels qui subissaient de "petites réparations". Il a reporté sur du papier log-log le nombre de défaillances apparues (entre 0 et t) en fonction du temps t et a constaté que les points étaient à peu près alignés. Cela l'a conduit à modéliser le taux de défaillance du matériel par une loi de Weibull . Expliquer pourquoi.

Exercice 3.2 On observe un processus de Weibull sur $[0, t]$ et on cherche un intervalle de confiance pour $\Lambda(t')$ ($t' \neq t$).
1) On suppose $t' > t$, montrer que :

$$\mathbb{P}\left(\Lambda(t') \leq \frac{1}{2}\left(\frac{t'}{t}\right)^{2\hat{\beta}\chi^2_{\gamma_1}(2N(t))/N(t)} \chi^2_{\gamma_2}(2N(t)+2)\right) \geq \gamma_1\gamma_2.$$

2) On suppose $t' < t$, montrer que :

$$\mathbb{P}\left(\Lambda(t') \leq \frac{1}{2}\left(\frac{t'}{t}\right)^{2\hat{\beta}\chi^2_{1-\gamma_1}(2N(t))/N(t)} \chi^2_{\gamma_2}(2N(t)+2)\right) \geq \gamma_1\gamma_2.$$

Comparer, à partir de simulations, les précisions de cet intervalle de confiance et de celui donné par la proposition 3.3.
Indication : utiliser la proposition 3.3 et le corollaire 3.6.

Exercice 3.3 Etant données deux variables aléatoires X et Y, nous notons $f(x) = var(Y/X = x)$ la variance de Y relativement à la loi conditionnelle de Y sachant $\{X = x\}$ et nous posons $var(Y/X) = f(X)$.
1) Montrer que :
$$var(Y/X) = \mathbb{E}([Y - \mathbb{E}(Y/X)]^2/X).$$

2) Montrer que :

$$var(Y) = \mathbb{E}(var(Y/X)) + var(\mathbb{E}(Y/X)).$$

Exercice 3.4 On observe un processus de Weibull sur $[0, t]$, on reprend les notations du cours et on pose :

$$Z(t) = \frac{N(t)}{\Lambda(t)}\left(\frac{1}{\hat{\beta}} - \frac{1}{\beta}\right).$$

Le but de l'exercice est de calculer la variance de $Z(t)$ par deux méthodes.
1) En utilisant l'exercice 3.3, calculer $var(Z(t)/N(t) = n)$ et en déduire la variance de $Z(t)$.
2) Soit $M(t) = N(t) - \Lambda(t)$. Montrer que :

$$var\left(\int_0^t \log s\, dN(s)\right) = var\left(\int_0^t \log s\, dM(s)\right) = \Lambda(t)\left(\log t - \frac{1}{\beta}\log t + \frac{2}{\beta^2}\right),$$

et que :

$$cov(N(t), \int_0^t \log s \, dN(s)) = \Lambda(t) \, (\log t - \frac{1}{\beta}).$$

En déduire la variance de $Z(t)$.

Remarque : un tel calcul permet de deviner le coefficient de renormalisation à appliquer à $Z(t)$ pour avoir un théorème de convergence en loi.

Exercice 3.5 On observe p processus de Weibull indépendants sur $[0,t]$. Le but de l'exercice est de démontrer la convergence en loi de :

$$X_p = \left(\sqrt{p} \, (\log \hat{\alpha} - \log \alpha), \sqrt{p} \left(\frac{1}{\hat{\beta}} - \frac{1}{\beta} \right) \right)$$

lorsque p tend vers l'infini.

Posons :

$$\hat{\gamma} = \left(\frac{t}{\hat{\alpha}} \right)^{\hat{\beta}} , \quad Y_p = p \, (\hat{\gamma} - \Lambda(t)) , \quad Z_p = \tilde{N}(t) \left(\frac{1}{\hat{\beta}} - \frac{1}{\beta} \right).$$

1) Ecrire (Y_p, Z_p) sous la forme de la somme de p variables aléatoires (U_k, V_k) indépendantes et de même loi.

2) En utilisant l'exercice 3.4, calculer la matrice de dispersion de (U_k, V_k).

3) Montrer que $\frac{1}{\sqrt{p}}(Y_p, Z_p)$ converge en loi vers une gaussienne de matrice de dispersion :

$$D = \begin{pmatrix} \Lambda(t) & 0 \\ 0 & \dfrac{\Lambda(t)}{\beta^2} \end{pmatrix}.$$

4) En déduire que X_p converge en loi vers une gaussienne de matrice de dispersion :

$$K = \begin{pmatrix} \dfrac{1}{\beta^2 \Lambda(t)} \left(1 + \log^2 \dfrac{t}{\alpha} \right) & -\dfrac{1}{\beta \Lambda(t)} \log \dfrac{t}{\alpha} \\ -\dfrac{1}{\beta \Lambda(t)} \log \dfrac{t}{\alpha} & \dfrac{1}{\beta^2 \Lambda(t)} \end{pmatrix}.$$

Exercice 3.6 On observe les n premiers points d'un processus de Weibull.

1) Montrer que :

$$\mathbb{E}(\exp[iu\sqrt{n} \, (\frac{\beta}{\hat{\beta}} - 1)]) = \frac{e^{-iu\sqrt{n}}}{\left(1 - \frac{iu}{\sqrt{n}} \right)^{n-1}} .$$

2) Montrer que :

$$\frac{\sqrt{n}}{\log n} \, (\log \hat{\alpha} - \log \alpha) = H_n - \frac{1}{\beta} \sqrt{n} \left(\frac{\beta}{\hat{\beta}} - 1 \right),$$

la variable aléatoire H_n tendant vers 0 en probabilité lorsque n tend vers l'infini.

3) Montrer que les couples aléatoires

$$\left(\frac{\beta \sqrt{n}}{\log n} (\log \hat{\alpha} - \log \alpha), \sqrt{n} \left(\frac{\beta}{\hat{\beta}} - 1 \right) \right),$$

et

$$\left(\frac{\beta \sqrt{n}}{\log n} \left(\frac{\hat{\alpha}}{\alpha} - 1 \right), \sqrt{n} \left(\frac{\beta}{\hat{\beta}} - 1 \right) \right),$$

convergent en loi vers une gaussienne centrée bidimensionnelle de matrice de dispersion :

$$K = \begin{pmatrix} 1 & -1 \\ -1 & 1 \end{pmatrix}.$$

Exercice 3.7 Le but de cet exercice est de donner des éléments de réponse à la question suivante : pour estimer les paramètres, vaut-il mieux observer un processus de Weibull sur $[0, t_1]$ ou p processus de Weibull indépendants sur $[0, t_2]$, t_1, t_2 et p étant choisis de telle sorte que les nombres moyens de points observés dans les deux cas soient identiques (ce qui en pratique est difficilement réalisable puisque la relation entre t_1, t_2 et p est fonction des paramètres à estimer !).

On note N la fonction de comptage du processus de Weibull sur $[0, t_1]$, $\tilde{N}$ celle du processus qui est la superposition des p processus de Weibull observés sur $[0, t_2]$. Les estimateurs correspondant au processus de Weibull sur $[0, t_1]$ sont indexés par 1, les autres par 2.

1) Montrer que la loi conditionnelle de $\beta/\hat{\beta}_1$ sachant $\{N(t_1) = n\}$ est la même que la loi conditionnelle de $\beta/\hat{\beta}_2$ sachant $\{\tilde{N}(t_2) = n\}$ $(n \neq 0)$.
Qu'en concluez-vous pour l'estimation de β ?

2) Montrer que pour $n \neq 0$:

$$\mathbb{E}(\log \hat{\alpha}_1 / N(t_1) = n) = -\frac{\log n}{\beta} + \log t_1 = \mathbb{E}(\log \hat{\alpha}_2 / \tilde{N}(t_2) = n).$$

Qu'en concluez-vous pour le biais des deux méthodes d'estimation ?

3) Montrer que :

$$\beta^2 var(\log \hat{\alpha}_1 / N(t_1) \neq 0) = \mathbb{E} \left(\frac{\log^2 N(t_1)}{N(t_1)} / N(t_1) \neq 0 \right)$$
$$+ var(\log N(t_1) / N(t_1) \neq 0),$$

$$\beta^2 var(\log \hat{\alpha}_2 / \tilde{N}(t_2) \neq 0) = \mathbb{E} \left(\frac{(\log p - \log \tilde{N}(t_2))^2}{\tilde{N}(t_2)} / \tilde{N}(t_2) \neq 0 \right)$$
$$+ var(\log \tilde{N}(t_2) / \tilde{N}(t_2) \neq 0).$$

4) Quel conseil donneriez-vous à un ingénieur pour l'estimation de α ?

Exercice 3.8 On reprend la situation de l'exercice 2.4 et on observe le processus N' des retours dans l'atelier pour première réparation. On suppose que le processus de production est un processus de Poisson homogène de paramètre

α et que le taux de défaillance du matériel est constant et égal à λ. On observe le processus N' sur l'intervalle de temps $[t_0, t]$. On note N le nombre de retours observés et T_i' les instants de ces retours. Montrer que l'estimation des paramètres α et λ par maximum de vraisemblance conduit aux estimateurs $\hat{\alpha}$ et $\hat{\lambda}$ solutions de :

$$\hat{\alpha} = \frac{\hat{\lambda} N}{\hat{\lambda} t - e^{-\hat{\lambda} t_0}(1 - e^{-\hat{\lambda} t})},$$

$$0 = \sum_{i=1}^{N} \frac{\hat{\lambda} T_i'}{e^{-\hat{\lambda} T_i'} - 1} + \frac{e^{-\hat{\lambda} t_0} N(e^{-\hat{\lambda} t} + \hat{\lambda}(t + t_0)e^{-\hat{\lambda}(t + t_0)} - 1 - \hat{\lambda} t_0)}{\hat{\lambda} t - e^{-\hat{\lambda} t_0}(1 - e^{-\hat{\lambda} t})}.$$

Exercice 3.9 On considère un processus de Weibull de paramètres (α, β), c'est-à-dire un processus de Poisson d'intensité cumulée $\Lambda(t) = \left(\frac{t}{\alpha}\right)^{\beta}$. Notons N sa fonction de comptage et posons $M = N - \Lambda$.

1) En utilisant la proposition F.48, montrer que pour tous réels u et v :

$$\mathbb{E}\left(e^{iuM(t) + iv\int_0^t \log s \, dM(s)}\right) = \exp\left(\int_0^t \left(e^{i(u + v\log s)} - 1 - i(u + v\log s)\right) d\Lambda(s)\right).$$

2) En déduire que la variable aléatoire :

$$Z_t = \frac{1}{\sqrt{\Lambda(t)}}\left(\log t - \frac{1}{\beta}\right) M(t) - \frac{1}{\sqrt{\Lambda(t)}} \int_0^t \log s \, dM(s)$$

converge en loi vers une variable gaussienne centrée de variance $1/\beta^2$.

3) Retrouver les résultats de la proposition 3.11.

Chapitre 4

Processus ponctuels et martingales

4.1   Introduction

Nous considérons un processus ponctuel sur $\mathbb{R}_+$ de fonction de comptage N. Soit $\mathcal{F} = (\mathcal{F}_t)_{t \geq 0}$ une filtration par rapport à laquelle le processus est adapté (c'est-à-dire que pour tout t, la variable aléatoire $N(t)$ est $\mathcal{F}_t$-mesurable).

Soit a un processus positif, adapté et tel que l'application $(s, \omega) \to a(s, \omega)$ soit mesurable lorsqu'on munit $\mathbb{R}_+ \times \Omega$ de la tribu $\mathcal{B}(\mathbb{R}_+) \times \mathcal{F}_\infty$ ($\mathcal{B}(\mathbb{R}_+)$ désignant la tribu borélienne de $\mathbb{R}_+$ et $\mathcal{F}_\infty$ la tribu engendrée par $\cup_t \mathcal{F}_t$). Par exemple a est un processus adapté et continu à droite ou adapté et continu à gauche, ou bien le produit de deux tels processus. Nous supposons de plus que, pour tout t :

$$\int_0^t a(s)\, ds < +\infty.$$

Nous dirons que le processus N ou que le processus ponctuel de fonction de comptage N est un processus ponctuel d'**intensité aléatoire** a si :

- c'est un processus ponctuel simple,

- le processus

$$M(t) = N(t) - \int_0^t a(s)\, ds$$

  est une $\mathcal{F}$-martingale,

- $\mathbb{E}(N(t)) < +\infty$ pour tout t, ou (de manière équivalente) pour tout t :

$$\mathbb{E}\left(\int_0^t a(s)\, ds\right) < +\infty.$$

Il faut noter qu'ici, $a(s)$ pouvant être aléatoire, le terme intensité n'a pas le même sens que dans le paragraphe sur les processus ponctuels sur $\mathbb{R}^k$ (chapitre 2). Néanmoins cette nouvelle notion d'intensité est une généralisation de la précédente et un processus de Poisson d'intensité λ au sens du chapitre 2 est un processus de Poisson d'intensité λ au sens de ce chapitre (d'après la proposition 2.38).

La notion d'intensité donnée ici s'interprète de la manière suivante :

$$\forall t, \quad \mathbb{E}(N(t + \Delta) - N(t)/\mathcal{F}_t) = a(t_+)\Delta + o(\Delta) \quad \text{p.s.}$$

et sous des conditions raisonnables cela peut également s'écrire :

$$\forall t, \quad \mathbb{P}(N(t + \Delta) - N(t) = 1/\mathcal{F}_t) = a(t_+)\Delta + o(\Delta) \quad \text{p.s.}$$

([4] p.75, [9]).

Voyons des exemples d'intensité aléatoire.

Supposons qu'un matériel soit réparé instantanément après défaillance mais que les réparations soient de "petites réparations" au sens où les réparations ne modifient pas le taux de défaillance, et que nous observions ce matériel jusqu'à un instant C fixe ou aléatoire que nous appelons instant de censure. Si C est une variable aléatoire, nous imposons que celle-ci soit un temps d'arrêt relativement à la filtration propre du processus des défaillances. Les cas les plus naturels correspondent à C déterministe (plan d'essais de type 1), à $C = T_n$ instant de la $n^{ème}$ panne (n fixé) (plan d'essais de type 2) ou $C = min(T_n, t_0)$ avec t_0 instant déterministe fixé (plan mixte). Remarquons que si $n = 1$ cela revient à ne pas réparer le matériel : si $C = T_1$ il s'agit d'un essai "classique" sans réparation, si $C = min(T_1, t_0)$ il s'agit d'un essai sans réparation censuré à l'instant t_0. Notons toujours $s \rightarrow \lambda(s)$ le taux de défaillance du matériel considéré et soit N la fonction de comptage des *pannes observées*. La proposition 2.38 et le théorème d'arrêt des martingales (corollaire F.12) entrainent que

$$N(t) - \int_0^t 1_{\{s \leq C\}} \lambda(s) \, ds$$

est une martingale relativement à la filtration engendrée par le processus de comptage N.

Supposons que nous observions maintenant n matériels identiques fonctionnant simultanément et indépendamment selon les modalités décrites ci-dessus. Pour le $k^{ème}$ matériel, nous notons C_k l'instant de censure, N_k la fonction de comptage des pannes observées et $\mathcal{F}^{(k)}$ sa filtration propre. Du fait de l'indépendance des fonctionnements des différents matériels et de la proposition 2.25, les processus N_k n'ont pas de saut commun. Le processus d'observation de l'ensemble des pannes est donc un processus ponctuel simple de fonction de comptage N :

$$N(t) = \sum_{k=1}^{n} N_k(t).$$

Soit $\mathcal{F} = (\mathcal{F}_t)_{t \geq 0}$ la filtration engendrée par les $\mathcal{F}^{(k)}$ ($1 \leq k \leq n$), c'est-à-dire que pour tout t, $\mathcal{F}_t$ est la tribu engendrée par $\bigcup_k \mathcal{F}_t^{(k)}$. Du fait de l'indépendance des filtrations $\mathcal{F}^{(k)}$ lorsque k varie, chacun des processus

$$M_k(t) = N_k(t) - \int_0^t 1_{\{s \le C_k\}} \lambda(s)\, ds$$

est une $\mathcal{F}$-martingale, il s'ensuit que :

$$M(t) = N(t) - \sum_{k=1}^n \int_0^t 1_{\{s \le C_k\}} \lambda(s)\, ds$$

est une $\mathcal{F}$-martingale. L'observation de l'ensemble des défaillances est un processus ponctuel d'intensité aléatoire $s \to \sum_{k=1}^n 1_{\{s \le C_k\}} \lambda(s)$.

Notons $Y(s) = \sum_{k=1}^n 1_{\{s \le C_k\}}$, le nombre de matériels sous observation à l'instant s. L'intensité du processus N a une forme multiplicative : c'est le produit d'une quantité observable Y ne contenant pas les paramètres du modèle et d'une quantité déterministe fonction de ces paramètres. Il faut prendre ici le terme "paramètres" dans un sens large : ce sont soit des paramètres appartenant à un ensemble de la forme $\mathbb{R}^p$ (comme dans le cas par exemple d'un taux de défaillance de Weibull), soit la fonction "taux de défaillance" dans le cas qualifié habituellement de non-paramétrique. Nous sommes dans le cas de ce qu'on appelle un **modèle multiplicatif** ou **modèle à intensité multiplicative**.

La modélisation des instants de défaillance d'un matériel par un processus ponctuel d'intensité aléatoire est également pertinente dans le cas d'un matériel en cours de conception et qui est amélioré en fontion des pannes observées.

La présentation que nous faisons ici suppose que toutes les pannes sont de même nature. Si ce n'est pas le cas et si la modification du taux de défaillance après une panne dépend de la nature de la panne observée, il faut alors employer une modélisation par des processus ponctuels marqués. La plupart des références que nous donnons dans le paragraphe suivant sont relatives à ceux-ci, bien que nous présentions les résultats dans le cadre plus simple qui est le nôtre.

L'approche "processus ponctuel d'intensité aléatoire" se justifie aussi lorsque des essais effectués sur le matériel peuvent modifier son comportement : c'est le cas par exemple pour certains matériels de l'aérospatiale (on peut penser à des moteurs de fusées) qui ne sont pas conçus pour subir des mises en fonctionnement répétées ou pour des logiciels dont les fautes détectées sont corrigées (la correction pouvant d'ailleurs introduire de nouvelles erreurs). Le taux de défaillance à un instant donné est alors fonction du nombre de redémarrages (et donc de pannes) qui ont eu lieu avant l'instant considéré. La modélisation permet soit de tester la réalité de la dépendance, soit de la quantifier.

4.2   Compensateur d'un processus de comptage

Rappelons que les processus que nous étudions sont définis sur un même espace probabilisable $(\Omega, \mathcal{A})$. Cet espace est muni d'une ou plusieurs probabilités. Lorsque nous ne préciserons pas, il sera muni d'une probabilité donnée $\mathbb{P}$. Dans certains cas les probabilités considérées ne seront définies que sur une sous-tribu $\mathcal{A}'$ de $\mathcal{A}$, dans ce cas nous préciserons en parlant de probabilité sur $\mathcal{A}'$.

Pour avoir plus de précisions sur la terminologie que nous employons, se reporter à l'appendice F.

La fonction de comptage N d'un processus ponctuel est un processus croissant. Nous appelons **compensateur du processus ponctuel** celui de la fonction de comptage, c'est-à-dire l'unique processus croissant prévisible A tel que $N - A$ soit une martingale locale relativement à la filtration naturelle engendrée par la fonction de comptage.

Dans ce paragraphe, notre propos est de présenter quelques résultats reliant les propriétés de ce compensateur et celles du processus ponctuel.

4.2.1   Cas d'un processus ponctuel réduit à un point

Dans un premier temps, nous considérons le processus ponctuel le plus élémentaire : celui constitué par un seul point. Sa fonction de comptage est donc $N(t) = 1_{\{T \leq t\}}$ où T est une variable aléatoire (à valeurs dans $\bar{\mathbb{R}}_+$).

Notons $u \wedge v$ le minimum de u et v.

Le résultat ci-dessous est un exemple classique qui figure entre-autre dans [35] paragraphe 6.2.3, [58] chapitre II théorème 3.26, [44] théorème 1.3.2 et proposition 1.4.2.

Proposition 4.1 *Soit T une variable aléatoire positive de loi dF (non nécessairement diffuse) et de fonction de répartition F. Notons $\mathcal{F} = (\mathcal{F}_t)_{t \geq 0}$ la filtration naturelle associée : $\mathcal{F}_t$ est la tribu engendrée par les variables aléatoires $1_{\{T \leq u\}}$ pour $u \leq t$. Alors le processus*

$$M(t) = 1_{\{0 < T \leq t\}} - \int_{]0, t \wedge T]} \frac{1}{1 - F(s_-)} \, dF(s)$$

est une martingale relativement à la filtration $\mathcal{F}$.

En outre le processus $t \rightarrow \displaystyle\int_{]0, t \wedge T]} \frac{1}{1 - F(s_-)} \, dF(s)$ est prévisible.

♣ *Démonstration* : Posons :

$$\alpha(t) = \int_{]0, t]} \frac{1}{1 - F(s_-)} \, dF(s),$$

alors :

$$A(t) = \alpha(t \wedge T) = \alpha(t) 1_{\{t \leq T\}} + \alpha(T) 1_{\{T < t\}}.$$

Le processus A est croissant, càd-làg et prévisible car d'une part α est déterministe donc prévisible et d'autre part les processus $1_{[0,T]}$ et $\alpha(T)1_{]T,+\infty[}$ sont continus à gauche donc prévisibles.

Pour montrer que M est une $\mathcal{F}$-martingale, nous devons montrer que pour tous s et t positifs, nous avons :

$$\mathbb{E}(\,1_{\{t<T\leq t+s\}}/\mathcal{F}_t\,) = \mathbb{E}(\int_{]t\wedge T,(t+s)\wedge T]}\frac{dF(u)}{1-F(u_-)}\,/\mathcal{F}_t\,),$$

ou encore :

$$1_{\{T>t\}}\,\mathbb{E}(\,1_{\{T\leq t+s\}}\,/\mathcal{F}_t\,) = 1_{\{T>t\}}\,\mathbb{E}(\int_{]t\wedge T,(t+s)\wedge T]}\frac{dF(u)}{1-F(u_-)}\,/\mathcal{F}_t\,). \qquad (4.1)$$

Remarquons tout d'abord qu'une variable aléatoire $\mathcal{F}_t$-mesurable est constante sur $\{T>t\}$ car si $A\in\mathcal{F}_t$, alors :

$$A\cap\{T>t\} = \begin{cases} \{T>t\} \\ ou \\ \emptyset \end{cases} \qquad (4.2)$$

En effet l'ensemble $\{A\in\mathcal{A}:A$ vérifie $(4.2)\}$ est une tribu qui contient les ensembles $\{T\leq u\}$ pour tout $u\leq t$, donc qui contient $\mathcal{F}_t$.

Par suite, pour toute variable aléatoire Z positive, nous avons :

$$\mathbb{E}(Z/\mathcal{F}_t)1_{\{T>t\}} = k1_{\{T>t\}},$$

et en prenant l'espérance des deux membres, nous trouvons que :

$$k = \frac{\mathbb{E}(Z1_{\{T>t\}})}{\mathbb{P}(T>t)} = \mathbb{E}(Z/T>t).$$

Montrer (4.1) revient donc à montrer que :

$$\mathbb{P}(t<T\leq t+s) = \mathbb{E}(1_{\{T>t\}}\int_{]t\wedge T,(t+s)\wedge T]}\frac{dF(u)}{1-F(u_-)})\,.$$

Or :

$$\mathbb{E}\left(1_{\{T>t\}}\int_{]t\wedge T,(t+s)\wedge T]}\frac{dF(u)}{1-F(u_-)}\right)$$

$$= \mathbb{E}\left(\int_{]t,t+s]}1_{\{u\leq T\}}\frac{dF(u)}{1-F(u_-)}\right)$$

$$= \int_{]t,t+s]}\mathbb{P}(T\geq u)\frac{dF(u)}{1-F(u_-)}$$

$$= \int_{]t,t+s]}dF(u)$$

$$= \mathbb{P}(t<T\leq t+s),$$

ce qui achève la démonstration. ♣

Remarque 4.2 : Dans la démonstration de la proposition 4.1, nous avons utilisé le fait que $\{T > t\}$ est un atome de la tribu $\mathcal{F}_t$. Notons $\mathcal{B}(\mathbb{R}_+)$ la tribu borélienne de $\mathbb{R}_+$. En fait, il n'est pas plus difficile de voir que :

$$A \in \mathcal{F}_t \iff A \cap \{T > t\} = \{T > t\} \text{ ou } \emptyset,$$
$$\text{et } \exists B \in \mathcal{B}(\mathbb{R}_+), B \subset [0, t] \text{ tel que } A \cap \{T \le t\} = \{T \in B\}$$
$$\iff A = \{T \in B\} \text{ avec } B \in \mathcal{B}(\mathbb{R}_+),$$
$$\text{et soit } B \subset [0, t] \text{ soit } B \supset]t, +\infty[.$$

Cette caractérisation permet de vérifier que la filtration $\mathcal{F}$ est continue à droite ([58] lemme 3.24 chapitre 11).

4.2.2   Cas d'un processus ponctuel simple

Plaçons nous maintenant dans le cas général d'un processus ponctuel simple. Notons N sa fonction de comptage et, pour tout t, soit $\mathcal{F}_t$ la tribu engendrée par les variables aléatoires $N(s)$ pour $s \le t$. Nous dirons que $\mathcal{F} = (\mathcal{F}_t)_{t \ge 0}$ est la filtration naturelle associée au (ou la filtration engendrée par le) processus. Posons $\mathcal{F}_\infty = \vee_s \mathcal{F}_s$ la tribu engendrée par $\bigcup_s \mathcal{F}_s$.

Dans la théorie des processus, les filtrations considérées sont toujours supposées continues à droite. C'est bien le cas ici, d'après la proposition ci-dessous. Cette proposition est un cas particulier d'un théorème plus général de Ph. Courrège et P. Priouret ([31]).

Proposition 4.3 *La filtration naturelle $\mathcal{F}$ associée à un processus ponctuel simple sur $\mathbb{R}_+$ est continue à droite, c'est-à-dire vérifie :*

$$\mathcal{F}_t = \mathcal{F}_{t+} = \bigcap_{s > t} \mathcal{F}_s.$$

En outre si $\bar{\mathcal{F}}_t$ est la tribu complétée de $\mathcal{F}_t$, c'est-à-dire la tribu engendrée par $\mathcal{F}_t$ et les ensembles négligeables de $\mathcal{F}_\infty$, la nouvelle filtration obtenue est également continue à droite :

$$\bar{\mathcal{F}}_t = \bigcap_{s > t} \bar{\mathcal{F}}_s.$$

La démonstration de la première partie de cette proposition figure par exemple dans [21] théorème T25 de l'appendice A2 ou dans [55] proposition 3.39, et la deuxième partie dans [21] théorème T35 de l'appendice A2.

Certains résultats de la théorie générale des processus nécessitent la quasi-continuité à gauche du processus étudié. Dans le cas d'un processus ponctuel, si le compensateur est une fonction continue, alors le processus est quasi-continu à gauche (voir l'exercice 4.4).

La proposition ci-dessous qui décrit le compensateur de N est une généralisation de la proposition 4.1.

Proposition 4.4 *Considérons un processus ponctuel simple $(T_n)_{n\geq 1}$ sur $\mathbb{R}_+$ et notons $\mathcal{G}(n)$ la tribu engendrée par les variables aléatoires $T_1, \ldots, T_n$. Soit N la fonction de comptage de ce processus ponctuel et $\mathcal{F}$ la filtration naturelle associée.*

Posons $T_0 = 0$ et notons dF_n (une version de) la loi conditionnelle de $T_{n+1} - T_n$ sachant $\mathcal{G}(n)$. Définissons le processus A par :

$$A(0) = 0,$$
$$A(t) = A(T_n) + \int_{]0,t-T_n]} \frac{dF_n(u)}{1 - F_n(u-)} \quad \text{pour } T_n < t \leq T_{n+1}.$$

Alors le processus croissant A est prévisible et, pour tout n, le processus

$$t \to N(t \wedge T_n) - A(t \wedge T_n)$$

est une martingale relativement à la filtration $\mathcal{F}$. Si de plus, pour tout t, la variable aléatoire $N(t)$ est intégrable, alors le processus $N - A$ est une martingale relativement à la filtration $\mathcal{F}$. En d'autres termes, A est le compensateur de N.

La démonstration de ce résultat est donnée, dans un cadre plus général (celui des processus ponctuels marqués), dans [35] théorème 6.2.7, [21] chapitre III théorème T7 (lorsque les lois conditionelles ont des densités par rapport à la mesure de Lebesgue), [55] proposition 3.41, [58] chapitre 3 théorème 1.33. Elle est analogue à celle de la proposition 4.1.

Exemple 4.5 : Nous supposons que pour tout $n \geq 1$, les variables aléatoires $T_1, T_2 - T_1, \ldots, T_{n+1} - T_n$ sont indépendantes, que la loi de T_1 a pour taux de hasard λ_0 et que, pour $k \geq 1$, les variables aléatoires $T_{k+1} - T_k$ ont toutes même taux de hasard λ (nous sommes dans le cas d'un processus de renouvellement à délai, nous étudierons de tels processus dans le chapitre 6). Posons :

$$\Lambda_0(t) = \int_0^t \lambda_0(s)\,ds, \quad \Lambda(t) = \int_0^t \lambda(s)\,ds.$$

Alors le compensateur A de N est :

$$A(t) = \begin{cases} \Lambda_0(t) & \text{si } t \leq T_1 \\ \Lambda_0(T_1) + \sum_{p=1}^{k-1} \Lambda(T_{p+1} - T_p) + \Lambda(t - T_k) & \text{si } T_1 < T_k < t \leq T_{k+1}. \end{cases}$$

Corollaire 4.6 *Considérons un processus ponctuel de fonction de comptage N et soit $\mathcal{F}$ la filtration naturelle associée. La connaissance du compensateur du processus croissant N caractérise entièrement la loi du processus ponctuel.*

Plus précisément, si $\mathbb{P}_1$ et $\mathbb{P}_2$ sont deux probabilités pour lesquelles N admette le même compensateur relativement à la filtration $\mathcal{F}$ alors $\mathbb{P}_1$ et $\mathbb{P}_2$ coïncident sur $\mathcal{F}_\infty$.

Le principe de la démonstration de ce corollaire est le suivant : gardons les notations de la proposition 4.4 et notons $\bar{A}$ le compensateur de N, le résultat d'unicité du compensateur d'un processus croissant et la proposition 4.4 entrainent que :

$$\bar{A}(t) - \bar{A}(T_n) = \int_{]0,t-T_n]} \frac{dF_n(u)}{1 - F_n(u-)} \quad \text{pour } T_n < t \leq T_{n+1}.$$

Cela détermine évidemment $\int_{]0,s]} \frac{dF_n(u)}{1 - F_n(u-)}$ pour $s \leq T_{n+1} - T_n$. Il s'agit de se dégager de la contrainte $s \leq T_{n+1} - T_n$. Les lecteurs intéressés trouveront une démonstration dans [21] chapitre III théorème 8, [55] théorème 3.42, [58] chapitre 3 théorème 1.26.

4.2.3   Changement de temps

Il est intéressant de remarquer que la proposition 2.28 sur le changement de temps d'un processus de Poisson inhomogène se généralise au cas d'un processus ponctuel avec intensité aléatoire.

Proposition 4.7 ([30] théorème 2, [21] théorème T16 chapitre II)
Considérons un processus ponctuel simple de fonction de comptage N, d'intensité a et de compensateur A. Supposons que $A(\infty) = \int_0^{+\infty} a(s)\,ds = +\infty$, que A est inversible et notons φ sa fonction inverse définie par :

$$\forall t, \quad \int_0^{\varphi(t)} a(s)\,ds = t.$$

Alors le processus $t \to N(\varphi(t))$ est la fonction de comptage d'un processus de Poisson homogène de paramètre 1.

♣ *Principe de la démonstration* : Posons $M = N - A$ et $\tilde{N}(t) = N(\varphi(t))$. Etant donnés $0 < t_1 < \cdots < t_k$, nous cherchons la loi du vecteur :

$$(\tilde{N}(t_1), \tilde{N}(t_2) - \tilde{N}(t_1), \cdots, \tilde{N}(t_k) - \tilde{N}(t_{k-1})),$$

et pour cela sa fonction génératrice. Soit donc k réels positifs $u_1, u_2, \ldots, u_k$ et posons :

$$X = u_1\tilde{N}(t_1) + u_2(\tilde{N}(t_2) - \tilde{N}(t_1)) + \cdots + u_k(\tilde{N}(t_k) - \tilde{N}(t_{k-1})) = \int Z\,dN,$$

avec :

$$Z = u_1\,1_{[0,\varphi(t_1)]} + u_2\,1_{]\varphi(t_1),\varphi(t_2)]} + \cdots + u_k\,1_{]\varphi(t_{k-1}),\varphi(t_k)]}.$$

Remarquons que pour tout t, $\varphi(t)$ est un temps d'arrêt. Il s'ensuit que Z est prévisible car adapté et continu à gauche. Le processus Z étant de plus borné, $\int Z\,dM$ est une martingale locale à laquelle nous pouvons appliquer la formule exponentielle de la proposition F.48. Nous en déduisons que le processus $\tilde{M}$ donné par :

$$\widetilde{M}(t) = \exp\left(-\int_0^t Z(s)\,dN(s) - \int_0^t (e^{-Z(s)} - 1)\,a(s)\,ds\right)$$

est une martingale locale. C'est en fait une martingale d'après la proposition F.41 car :

$$\sup_t |\widetilde{M}(t)| \le \exp\left(\int_0^{+\infty} (1 - e^{-Z(s)})\,a(s)\,ds\right)$$

$$= \exp\left((1 - e^{-u_1})\int_0^{\varphi(t_1)} a(s)\,ds + \cdots + (1 - e^{-u_k})\int_{\varphi(t_{k-1})}^{\varphi(t_k)} a(s)\,ds\right)$$

$$= \exp\left((1 - e^{-u_1})t_1 + \cdots + (1 - e^{-u_k})(t_k - t_{k-1})\right).$$

Nous avons donc pour tout t, $\mathbb{E}(\widetilde{M}(t)) = 1$ et, en faisant tendre t vers l'infini, nous obtenons par convergence dominée :

$$\mathbb{E}\exp\left(-\int_0^{+\infty} Z(s)\,dN(s) + (1 - e^{-u_1})t_1 + \cdots + (1 - e^{-u_k})(t_k - t_{k-1})\right) = 1,$$

c'est-à-dire :

$$\mathbb{E}\left(\exp\left(-u_1\,\tilde{N}(t_1) - \cdots - u_k(\tilde{N}(t_k) - \tilde{N}(t_{k-1}))\right)\right)$$

$$= \exp\left(-(1 - e^{-u_1})t_1 - \cdots - (1 - e^{-u_k})(t_k - t_{k-1})\right).$$

Ceci prouve que les variables aléatoires $\tilde{N}(t_1)$, $\tilde{N}(t_2) - \tilde{N}(t_1)$, $\tilde{N}(t_k) - \tilde{N}(t_{k-1})$ sont indépendantes et de loi exponentielle de paramètres respectifs t_1, $t_2 - t_1$, $\ldots, t_k - t_{k-1}$. ♣

4.3 Vraisemblance

Le processus N est toujours la fonction de comptage d'un processus ponctuel simple et $\mathcal{F}$ une filtration continue à droite par rapport à laquelle ce processus est adapté (par exemple la filtration naturelle).

Nous supposons observer le processus de comptage sur l'intervalle de temps $[0, \tau]$, l'instant τ étant soit un temps fixé a priori, soit un temps d'arrêt. En statistique on souhaite connaitre la vraisemblance. Celle-ci est relative à une probabilité de référence. Pour nous, cette probabilité de référence sera la loi d'un processus de Poisson sur $[0, \tau]$, homogène de paramètre 1, ou de manière équivalente la probabilité $\mathbb{P}_0$ pour laquelle le compensateur de N est t.

Nous ne considèrerons que les processus admettant une intensité a, c'est-à-dire dont le compensateur A est de la forme :

$$A(t) = \int_0^t a(s)\,ds,$$

le processus a étant positif et adapté.

Remarque 4.8 : D'après [21] chapitre II théorèmes T12 et T13, on peut toujours choisir l'intensité a prévisible et dans ce cas elle est unique.

Etant donné un tel processus a, notons $\mathbb{P}$ la probabilité sur $\mathcal{F}_\tau$ pour laquelle le compensateur de N est A. Alors la probabilité $\mathbb{P}$ est absolument continue par rapport à $\mathbb{P}_0$ ([4] p.99) et :

Théorème 4.9 *Avec les notations précédentes :*

$$\frac{d\mathbb{P}}{d\mathbb{P}_0} = \exp\left(\int_0^\tau \log a(s)\, dN(s) - \int_0^\tau a(s)\, ds + e^\tau\right).$$

Par suite, nous pouvons prendre comme log-vraisemblance pour une observation sur $[0, \tau]$:

$$\int_0^\tau \log a(s)\, dN(s) - \int_0^\tau a(s)\, ds.$$

Ce résultat, établi par Jacod dans un cadre très général ([56]), est présenté dans le cadre qui nous intéresse dans [4] corollaire II.7.3.

Remarque 4.10 : Dans le cas d'un processus de Poisson d'intensité λ, nous retrouvons (heureusement !) le résultat de la proposition 2.27.

On peut s'interroger sur le sens de :

$$\int_0^\tau \log a(s)\, dN(s) = \sum_{i=1}^{N(\tau)} \log a(T_i),$$

lorsque la fonction a n'est pas strictement positive. En fait il n'y a pas de problème car la proposition suivante montre que cette fonction ne s'annule pas aux points T_i (résultat qui parait intuitivement très raisonnable).

Proposition 4.11 ([21] chapitre 2 théorème T12)
Considérons un processus ponctuel simple $(T_n)_{n \geq 1}$ d'intensité a prévisible. Alors, pour tout $n \geq 1$:

$$a(T_n) > 0 \quad \text{sur} \quad \{T_n < +\infty\}.$$

♣ *Démonstration* : Il suffit d'appliquer le théorème F.42 avec :

$$Z(s) = 1_{\{a(s)=0\}}\, 1_{\{T_{n-1} < s \leq T_n\}},$$

pour obtenir :

$$\mathbb{E}\left(1_{\{a(T_n)=0\}}\, 1_{\{T_n < +\infty\}}\right) = \mathbb{E}\left(\int_{T_{n-1}}^{T_n} 1_{\{a(s)=0\}}\, a(s)\, ds\right) = 0. \quad ♣$$

Nous aurons à considérer dans le prochain chapitre des processus ponctuels multivariés, c'est-à-dire un vecteur $N = (N^{(1)}, \ldots, N^{(k)})$ de processus ponctuels. Nous supposons que chaque $N^{(i)}$ a pour intensité $a^{(i)}$. Si les processus $N^{(i)}$ sont indépendants, la log-vraisemblance correspondant à l'observation globale est la somme des log-vraisemblances correspondant à chaque $N^{(i)}$. En fait ce résultat reste vrai si les $N^{(i)}$ n'ont pas de saut commun ([4] corollaire II.7.3 en notant que les processus de comptage multivariés considérés par les auteurs sont supposés être sans saut commun, d'après la définition donnée au début du paragraphe II.4.1).

Théorème 4.12 *Considérons k processus ponctuels $N^{(1)}, \ldots, N^{(k)}$ sans saut commun et d'intensités respectives $a^{(i)}$ prévisibles. Alors on peut prendre comme log-vraisemblance pour l'observation sur $[0, \tau]$:*

$$\int_0^\tau \sum_{i=1}^k \log a^{(i)}(s) \, dN(s) - \int_0^\tau \sum_{i=1}^k a^{(i)}(s) \, ds.$$

4.4 Convergence vers un processus de Poisson

Nous voulons étudier la convergence d'une suite de processus ponctuels simples de fonctions de comptage respectives N_n vers un processus ponctuel à partir de la convergence des compensateurs A_n de N_n. Les filtrations sous-jacentes sont supposées continues à droite.

La convergence en loi d'une suite de processus ponctuels vers un processus ponctuel est définie comme la convergence étroite des lois de ces processus. Mais pour pouvoir parler de convergence étroite de lois définies sur l'ensemble $\mathcal{M}_p$ des mesures ponctuelles sur $\mathbb{R}_+$, il faut munir cet ensemble $\mathcal{M}_p$ d'une topologie, ce sera celle de la convergence vague.

Notons C_K l'ensemble des fonctions de $\mathbb{R}_+$ dans $\mathbb{R}$ continues et à support compact et C_K^+ l'ensemble des fonctions positives appartenant à C_K. Toutes les mesures dont nous parlerons seront supposées portées par $\mathbb{R}_+$. Une **suite de mesures m_n converge vaguement vers une mesure m** si :

$$\forall f \in C_K, \quad \int f \, dm_n \xrightarrow[n \to +\infty]{} \int f \, dm.$$

En outre si les mesures m_n sont des mesures ponctuelles et si m_n converge vaguement vers m, alors m est également une mesure ponctuelle.

La proposition suivante explicite la notion de convergence en loi d'une suite de processus ponctuels vers un processus ponctuel. Comme d'habitude, nous identifions le processus ponctuel et sa fonction de comptage.

Proposition 4.13 ([81] proposition I.16 et commentaires qui la suivent)

Soit N_n une suite de processus ponctuels et N un processus ponctuel (tous sur $\mathbb{R}_+$). Il y a équivalence entre les propriétés suivantes :

1. *la suite de processus ponctuels N_n converge en loi vers le processus ponctuel N,*

2. *pour toute fonction $f \in C_K^+$:*

$$\mathbb{E}\left(e^{-\int f \, dN_n}\right) \xrightarrow[n \to +\infty]{} \mathbb{E}\left(e^{-\int f \, dN}\right),$$

3. *pour toute famille finie $f_1, \ldots, f_k$ de fonctions appartenant à C_K^+ :*

$$\left(\int f_1 \, dN_n, \cdots, \int f_k \, dN_n\right) \xrightarrow[n \to +\infty]{\mathcal{L}} \left(\int f_1 \, dN, \cdots, \int f_k \, dN\right),$$

4. pour toute fonction $f \in C_K^+$:

$$\int f \, dN_n \xrightarrow[n \to +\infty]{\mathcal{L}} \int f \, dN.$$

Nous nous intéressons maintenant à la convergence vers un processus de Poisson N d'intensité dA, dont la fonctionnelle de Laplace est donnée par (proposition 2.45) :

$$\forall f \in C_K^+, \quad \mathbb{E}(e^{-\int f \, dN}) = \exp\left(-\int(1 - e^{-f}) \, dA\right).$$

Nous utiliserons le lemme suivant :

Lemme 4.14 *Soit N un processus de Poisson d'intensité dA et N_n une suite de processus ponctuels de compensateurs respectifs A_n. Nous supposons que pour tout t, il existe une constante c_t telle que pour n, $A_n(t) \leq c_t$.*

Si pour toute fonction f positive à support compact et étagée, c'est-à-dire de la forme :

$$f = u_1 1_{[0,t_1]} + u_2 1_{]t_1,t_2]} + \cdots + u_p 1_{]t_{p-1},t_p]},$$

$(0 \leq t_1 < \cdots < t_p)$, nous avons :

$$\mathbb{E}\left(e^{-\int f \, dN_n}\right) \xrightarrow[n \to +\infty]{} \exp\left(-\int(1 - e^{-f}) \, dA\right),$$

alors la suite de processus ponctuels N_n converge en loi vers le processus de Poisson N.

♣ *Démonstration* : Nous allons vérifier la propriété *2* de la proposition 4.13. Soit $g \in C_K^+$ et t tel que $g = 0$ sur $]t, +\infty[$. Donnons-nous $\varepsilon > 0$, comme g est uniformément continue sur le compact $[0, t]$, nous pouvons construire une partition finie $I_1 = [0, t_1], I_2 =]t_1, t_2], \ldots, I_p =]t_{p-1}, t_p]$ de $[0, t]$ et une fonction f positive constante sur chaque I_j, nulle sur $]t, +\infty[$ et telle que :

$$\forall s, \quad |g(s) - f(s)| \leq \varepsilon.$$

Il vient :

$$\left|\mathbb{E}\left(e^{-\int g \, dN_n}\right) - \exp\left(-\int(1 - e^{-g}) \, dA\right)\right|$$
$$\leq \left|\mathbb{E}\left(e^{-\int g \, dN_n}\right) - \mathbb{E}\left(e^{-\int f \, dN_n}\right)\right|$$
$$+ \left|\mathbb{E}\left(e^{-\int f \, dN_n}\right) - \exp\left(-\int(1 - e^{-f}) \, dA\right)\right|$$
$$+ \left|\exp\left(-\int(1 - e^{-f}) \, dA\right) - \exp\left(-\int(1 - e^{-g}) \, dA\right)\right|.$$

La formule des accroissements finis donne, pour tous x et y positifs :

$$|e^{-x} - e^{-y}| \leq |x - y|.$$

Il s'ensuit que :

$$\left| \mathbb{E}\left(e^{-\int g\,dN_n}\right) - \exp\left(-\int (1-e^{-g})\,dA\right) \right|$$

$$\leq \ \mathbb{E}\left(\int_0^t |g-f|\,dN_n\right)$$

$$+ \left| \mathbb{E}\left(e^{-\int f\,dN_n}\right) - \exp\left(-\int (1-e^{-f})\,dA\right) \right| + \int_0^t |f-g|\,dA$$

$$\leq \ \varepsilon\, c_t + \left| \mathbb{E}\left(e^{-\int f\,dN_n}\right) - \exp\left(-\int (1-e^{-f})\,dA\right) \right| + \varepsilon\, A(t).$$

En faisant tendre n vers l'infini puis ε vers 0, nous obtenons :

$$\limsup_{n\to\infty} \left| \mathbb{E}\left(e^{-\int g\,dN_n}\right) - \exp\left(-\int (1-e^{-g})\,dA\right) \right| = 0. \quad \clubsuit$$

Théorème 4.15 *Considérons une suite N_n de processus ponctuels simples de compensateurs respectifs A_n continus. Soit dA une mesure positive sur $\mathbb{R}_+$ finie sur les boréliens bornés et diffuse, et posons $A(t) = \int_{[0,t]} dA$. Notons N le processus de Poisson d'intensité dA. Supposons que :*

$$\forall t \geq 0, \quad A_n(t) \xrightarrow[n\to\infty]{P} A(t).$$

Alors la suite de processus ponctuels N_n converge en loi vers N. De plus, pour tous réels positifs $t_1, \ldots t_p$:

$$(N_n(t_1), \ldots N_n(t_p)) \xrightarrow[n\to+\infty]{\mathcal{L}} (N(t_1), \ldots, N(t_p)).$$

$\clubsuit$ *Démonstration* : Dans un premier temps nous supposons que, pour tout t, il existe une constante c_t telle que $A_n(t) \leq c_t$ pour tout n. Soit f une fonction positive de la forme :

$$f = u_1 1_{[0,t_1]} + u_2 1_{]t_1, t_2]} + \cdots + u_p 1_{]t_{p-1}, t_p]},$$

montrons que :

$$\mathbb{E}\left(e^{-\int f\,dN_n}\right) \xrightarrow[n\to+\infty]{} \exp\left(-\int (1-e^{-f})\,dA\right).$$

Cela nous donnera d'une part la convergence en loi du vecteur aléatoire

$$(N_n(t_1), N_n(t_2) - N_n(t_1), \ldots, N_n(t_p) - N_n(t_{p-1}))$$

vers

$$(N(t_1), N(t_2) - N(t_1), \ldots, N(t_p) - N(t_{p-1})),$$

et d'autre part la convergence en loi des processus ponctuels N_n vers le processus de Poisson N, d'après le lemme 4.14.

D'après la proposition F.48, le processus

$$X(t) = \exp\left(-\int_0^t f \, dN_n + \int_0^t (1 - e^{-f}) \, dA_n\right)$$

est une martingale locale. En utilisant la proposition F.41, nous voyons qu'en fait X est une martingale car :

$$\sup_{s \leq t} |X(s)| \leq \exp(\int_0^t (1 - e^{-f}) \, dA_n) \leq \exp(\|f\|_\infty A_n(t)) \leq \exp(\|f\|_\infty c_t).$$

Par suite $\mathbb{E}(X(t_p)) = 1$ et nous pouvons écrire :

$$\left| \exp(\int (1 - e^{-f}) \, dA) \, \mathbb{E}\left(e^{-\int f \, dN_n}\right) - 1 \right|$$

$$= \left| \mathbb{E}\left(\exp(-\int f \, dN_n + \int (1 - e^{-f}) \, dA)\right) \right.$$

$$\left. - \mathbb{E}\left(\exp(-\int f \, dN_n + \int (1 - e^{-f}) \, dA_n)\right) \right|$$

$$\leq \mathbb{E}\left| \exp(\int_0^{t_p} (1 - e^{-f}) \, dA) - \exp(\int_0^{t_p} (1 - e^{-f}) \, dA_n) \right|.$$

Nous voulons montrer que la suite de variables aléatoires $\exp(\int_0^{t_p}(1 - e^{-f}) \, dA_n)$ converge dans L^1 vers $\exp(\int_0^{t_p}(1 - e^{-f}) \, dA)$ lorsque n tend vers l'infini. Comme ces variables aléatoires sont bornées par la constante $\exp(c_{t_p})$, il suffit de montrer, d'après le théorème F.9 et la remarque F.10, que la suite converge en probabilité vers $\exp(\int_0^{t_p}(1 - e^{-f}) \, dA)$, ce qui revient à montrer, puisque la fonction exponentielle est continue, que $\int_0^{t_p}(1 - e^{-f}) \, dA_n$ converge en probabilité vers $\int_0^{t_p}(1 - e^{-f}) \, dA$. Or ceci est une conséquence immédiate de l'hypothèse que pour tout t, $A_n(t)$ converge vers $A(t)$ en probabilité car, pour la fonction f considérée :

$$\int_0^{t_p} (1 - e^{-f}) \, dA_n = (1 - e^{-u_1}) A_n(t_1) + (1 - e^{-u_2})(A_n(t_2) - A_n(t_1))$$

$$+ \cdots + (1 - e^{-u_p})(A_n(t_{p-1}) - A_n(t_p)).$$

Plaçons-nous maintenant dans le cas général où les $A_n(t)$ ne sont plus supposés uniformément bornés. Pour montrer la convergence en loi de N_n vers N, nous allons utiliser la quatrième caractérisation de la proposition 4.13 : soit $f \in C_K^+$, montrons que $\int f \, dN_n$ converge en loi vers $\int f \, dN$. Donnons-nous t_0 tel que f soit nulle sur $]t_0, +\infty[$, posons $S_n = \inf\{s : A_n(s) \geq A(t_0) + 1\}$ et :

$$\bar{N}_n(t) = N_n(t \wedge t_0 \wedge S_n), \quad \bar{A}_n(t) = A_n(t \wedge t_0 \wedge S_n),$$

$$\bar{N}(t) = N(t \wedge t_0), \quad \bar{A}(t) = A(t \wedge t_0).$$

Puisque A_n est continu, $A_n(S_n) = A(t_0) + 1$ sur $\{S_n < +\infty\}$ et :

$$\mathbb{P}(S_n \leq t_0) \leq \mathbb{P}(A_n(S_n) \leq A_n(t_0), S_n < +\infty) \leq \mathbb{P}(A(t_0) + 1 \leq A_n(t_0)).$$

La convergence en loi de $A_n(t_0)$ vers $A(t_0)$ entraine alors que :

$$\mathbb{P}(S_n < t_0) \xrightarrow[n \to +\infty]{} 0.$$

Le processus $\bar{N}$ est un processus de Poisson d'intensité $\bar{A}$. D'autre part pour tout t, $\bar{A}_n(t)$ converge en probabilité vers $\bar{A}(t)$ car pour $t \le t_0$:

$$
\begin{aligned}
\mathbb{P}(|\bar{A}_n(t) - \bar{A}(t)| > \varepsilon) &= \mathbb{P}(|\bar{A}_n(t) - \bar{A}(t)| > \varepsilon, t \wedge t_0 \le S_n) + \mathbb{P}(S_n < t_0) \\
&\le \mathbb{P}(|A_n(t \wedge t_0) - A(t \wedge t_0)| > \varepsilon) + \mathbb{P}(S_n \le t_0).
\end{aligned}
$$

Enfin pour tous n et t, $\bar{A}_n(t) \le A(t_0) + 1$. Nous pouvons donc appliquer la première partie de la démonstration et conclure que :

$$\int f \, d\bar{N}_n \xrightarrow[n \to +\infty]{\mathcal{L}} \int f \, d\bar{N} = \int f \, dN.$$

Nous en déduisons que :

$$\int f \, dN_n \xrightarrow[n \to +\infty]{\mathcal{L}} \int f \, dN,$$

car $\mathbb{P}(\int f \, d\bar{N}_n \ne \int f \, dN_n) \le \mathbb{P}(S_n \le t_0)$ tend vers 0 lorsque n tend vers l'infini.

Si maintenant, nous nous intéressons à la convergence en loi d'un vecteur aléatoire de la forme $(N_n(t_1), \ldots N_n(t_k))$, en prenant $t_0 \ge t_k$ la même démonstration que celle que nous venons de faire permet de conclure que le vecteur $(\bar{N}_n(t_1), \ldots \bar{N}_n(t_k))$ converge en loi vers le vecteur $(N(t_1), \ldots N(t_k))$, puis qu'il en est de même pour le vecteur $(N_n(t_1), \ldots N_n(t_k))$. ♣

Nous utiliserons le théorème 4.15 dans la démonstration du théorème de Grigelionis (proposition 6.31).

Le schéma de notre démonstration du théorème 4.15 s'inspire de l'article [59] de Yu. Kabanov, L.S. Liptser et A.N. Shiryayev, mais nous n'utilisons pas la même martingale exponentielle, les hypothèses sont de ce fait un peu différentes.

Il est possible de généraliser le théorème 4.15 en remplaçant le processus de Poisson par un processus à accroissements indépendants.

Théorème 4.16 ([58] chapitre VIII théorème 4.10)
Considérons une suite N_n de processus ponctuels simples de compensateurs respectifs A_n. Soit N la fonction de comptage d'un processus ponctuel simple. Nous supposons que N est un processus à accroissements indépendants et que, pour tout t, $A(t) = \mathbb{E}(N(t)) < +\infty$. Si :

1. $\forall t \ge 0$, $A_n(t) \xrightarrow[n \to \infty]{P} A(t)$,

2. $\forall t \ge 0$, $\sum_{s \le t}(\Delta A_n(s))^2 \xrightarrow[n \to \infty]{P} \sum_{s \le t}(\Delta A(s))^2$,

alors la suite de processus ponctuels N_n converge en loi vers N. De plus, pour tous réels positifs $t_1, \ldots t_p$:

$$(N_n(t_1), \ldots N_n(t_p)) \xrightarrow[n \to +\infty]{\mathcal{L}} (N(t_1), \ldots, N(t_p)).$$

Si la fonction A est continue, la condition 2 est inutile.

4.5   Convergence vers un processus gaussien

4.5.1   Convergence vers une variable gaussienne

La méthode que nous donnons ici est une adaptation au cas de processus à variation bornée d'une méthode que nous a indiquée Valentine Genon-Catalot pour des martingales continues.

Nous considérons une famille de processus de comptage simples N_ρ indexés par un paramètre ρ que nous ferons tendre vers l'infini. Le processus N_ρ est défini sur un espace de probabilité pouvant dépendre de ρ et muni d'une filtration $\mathcal{F}^\rho$ continue à droite. Nous supposons que le processus de comptage N_ρ a une intensité a_ρ (relativement à la filtration $\mathcal{F}^\rho$), et nous posons :

$$M_\rho(t) = N_\rho(t) - \int_0^t a_\rho(s)\, ds.$$

Soit Z_ρ un processus prévisible relativement à la filtration $\mathcal{F}^\rho$ et localement borné et T_ρ un temps d'arrêt relativement à cette même filtration. Nous supposons en outre que $T_\rho < +\infty$ presque-sûrement. Nous nous intéressons au comportement de la variable aléatoire

$$X_\rho = \int_0^{T_\rho} Z_\rho(s)\, dM_\rho(s)$$

lorsque ρ tend vers l'infini. Nous allons établir le résultat suivant :

Proposition 4.17 *Avec les notations précédentes, si :*

* $\displaystyle \int_0^{T_\rho} Z_\rho^2(s)\, a_\rho(s)\, ds \xrightarrow[\rho \to +\infty]{P} \sigma^2,$

* $\displaystyle \forall \delta > 0 \ \int_0^{T_\rho} Z_\rho^2(s)\, 1_{\{|Z_\rho(s)| > \delta\}}\, a_\rho(s)\, ds \xrightarrow[\rho \to +\infty]{P} 0,$

alors :

$$X_\rho = \int_0^{T_\rho} Z_\rho(s)\, dM_\rho(s)$$

converge en loi lorsque ρ tend vers l'infini vers une variable aléatoire gaussienne centrée de variance σ^2.

♣ *Démonstration* : La variable aléatoire X_ρ ne fait intervenir le processus N_ρ que jusqu'à l'instant T_ρ. Pour des raisons techniques de démonstration, nous allons modifier le processus N_ρ après l'instant T_ρ, cela ne changera en rien la variable X_ρ.

Le processus $\bar{N}_\rho$ est égal au processus N_ρ jusqu'à l'instant T_ρ et c'est un processus de Poisson homogène de paramètre 1 après l'instant T_ρ, il est donc défini par :

$$\bar{N}_\rho(t) = N_\rho(t \wedge T_\rho) + \widetilde{N}(t) - \widetilde{N}(t \wedge T_\rho),$$

où $\widetilde{N}$ est la fonction de comptage d'un processus de Poisson homogène de paramètre 1, indépendant de N_ρ. Il est facile de voir que le processus de comptage $\bar{N}_\rho$ a pour intensité :

$$\bar{a}_\rho(s) = a_\rho(s) \, 1_{\{s \leq T_\rho\}} + 1_{\{s > T_\rho\}}$$

relativement à la filtration $\bar{\mathcal{F}}^\rho$ engendrée par $\mathcal{F}^\rho$ et $\widetilde{\mathcal{F}}$ la filtration naturelle associée à $\widetilde{N}$. Posons :

$$\bar{M}_\rho(t) = \bar{N}_\rho(t) - \int_0^t \bar{a}_\rho(s) \, ds,$$

$$\bar{Z}_\rho(s) = \begin{cases} Z_\rho(s) & \text{pour} \quad s \leq T_\rho, \\ \sigma^2 & \text{pour} \quad s > T_\rho, \end{cases}$$

$$\tau_\rho = \inf\{t \geq 0 : \int_0^t \bar{Z}_\rho^2(s) \bar{a}_\rho(s) \, ds \geq \sigma^2\}.$$

Nous avons d'une part $\tau_\rho \leq T_\rho + 1$ car $\int_{T_\rho}^{T_\rho+1} \bar{Z}_\rho^2(s) \, \bar{a}_\rho(s) \, ds = \sigma^2$, et d'autre part :

$$\int_0^{\tau_\rho} \bar{Z}_\rho^2(s) \, \bar{a}_\rho(s) \, ds = \sigma^2, \tag{4.3}$$

puisque l'application $t \to \int_0^t \bar{Z}_\rho^2(s) \, \bar{a}_\rho(s) \, ds$ est continue.

Première étape : nous allons montrer que, lorsque ρ tend vers l'infini, la variable aléatoire $Y_\rho = \int_0^{\tau_\rho} \bar{Z}_\rho(s) \, d\bar{M}_\rho(s)$ converge en loi vers une variable aléatoire gaussienne centrée de variance σ^2. Soit $u \in \mathbb{R}$ et posons :

$$\widetilde{M}(t) = \exp\left(iu \int_0^t \bar{Z}_\rho(s) \, d\bar{M}_\rho(s) - \int_0^t \left(e^{iu\bar{Z}_\rho(s)} - 1 - iu\bar{Z}_\rho(s) \right) \bar{a}_\rho(s) \, ds \right).$$

Le processus $\widetilde{M}$ est une martingale locale d'après la proposition F.48, égale à 1 en 0. Il en est donc de même pour le processus $\widetilde{M}^{\tau_\rho} : t \to \widetilde{M}(t \wedge \tau_\rho)$. Or l'inégalité

$$|e^{ix} - 1 - ix| \leq \frac{x^2}{2} \tag{4.4}$$

(issue de la formule de Taylor) donne :

$$\sup_s |\widetilde{M}(s \wedge \tau_\rho)| \leq \exp\left(\int_0^{\tau_\rho} |e^{iu\bar{Z}_\rho(s)} - 1 - iu\bar{Z}_\rho(s)| \, \bar{a}_\rho(s) \, ds \right)$$

$$\leq \exp\left(\int_0^{\tau_\rho} \frac{u^2}{2} \bar{Z}_\rho^2(s) \, \bar{a}_\rho(s) \, ds \right) = e^{\frac{u^2\sigma^2}{2}}.$$

Donc $\widetilde{M}^{\tau_\rho}$ est une martingale, d'après la proposition F.41. Nous obtenons donc $\mathbb{E}(\widetilde{M}(t \wedge \tau_\rho)) = 1$ pour tout t et, en appliquant le théorème de convergence dominée :

$$\mathbb{E}\left(\exp\left(iuY_\rho - \int_0^{T_\rho}\left(e^{iu\bar{Z}_\rho(s)} - 1 - iu\bar{Z}_\rho(s)\right)\bar{a}_\rho(s)\,ds\right)\right) = 1. \qquad (4.5)$$

Nous voulons montrer que $e^{u^2\sigma^2/2}\mathbb{E}\left(e^{iuY_\rho}\right)$ tend vers 1. Or, d'après les égalités (4.3) et (4.5) :

$$
\begin{aligned}
v_\rho &= e^{u^2\sigma^2/2}\,\mathbb{E}\left(e^{iuY_\rho}\right) - 1\\
&= e^{u^2\sigma^2/2}\,\mathbb{E}\left(e^{iuY_\rho}\right) - \mathbb{E}\left(\exp\left(iuY_\rho - \int_0^{T_\rho}\left(e^{iu\bar{Z}_\rho(s)} - 1 - iu\bar{Z}_\rho(s)\right)\bar{a}_\rho(s)\,ds\right)\right)\\
&= e^{u^2\sigma^2/2}\,\mathbb{E}\left(e^{iuY_\rho}\right)\\
&\quad - e^{u^2\sigma^2/2}\mathbb{E}\left(\exp\left(iuY_\rho - \int_0^{T_\rho}(e^{iu\bar{Z}_\rho(s)} - 1 - iu\bar{Z}_\rho(s) + \frac{u^2}{2}\bar{Z}_\rho^2(s))\,\bar{a}_\rho(s)\,ds\right)\right)\\
&= e^{u^2\sigma^2/2}\times\\
&\quad \mathbb{E}\left(e^{iuY_\rho}\left(1 - \exp\left(-\int_0^{T_\rho}(e^{iu\bar{Z}_\rho(s)} - 1 - iu\bar{Z}_\rho(s) + \frac{u^2}{2}\bar{Z}_\rho^2(s))\,\bar{a}_\rho(s)\,ds\right)\right)\right)
\end{aligned}
$$

Soit $z_\rho = -\int_0^{T_\rho}\left(e^{iu\bar{Z}_\rho(s)} - 1 - iu\bar{Z}_\rho(s) + \frac{u^2}{2}\bar{Z}_\rho^2(s)\right)\bar{a}_\rho(s)\,ds$. En utilisant l'inégalité (4.4) et l'égalité (4.3) nous obtenons :

$$|z_\rho| \le 2\int_0^{T_\rho}\frac{u^2}{2}\bar{Z}_\rho^2(s)\,\bar{a}_\rho(s)\,ds = u^2\sigma^2.$$

L'inégalité $|e^z - 1| \le |z|e^{|z|}$ pour $z \in \mathbb{C}$ entraine alors que :

$$|v_\rho| \le e^{3u^2\sigma^2/2}\,\mathbb{E}(|z_\rho|).$$

Nous voulons montrer que la variable aléatoire z_ρ converge dans L^1 vers 0. Comme $|z_\rho| \le u^2\sigma^2$, d'après le théorème F.9 et la remarque F.10 il suffit de montrer que z_ρ converge vers 0 en probabilité. Pour cela nous allons utiliser à la fois l'inégalité (4.4), l'inégalité $|e^{ix} - 1 - ix + \frac{x^2}{2}| \le \frac{x^3}{6}$ (qui s'obtient de la même façon) et l'égalité (4.3). Pour tout $\delta > 0$, nous avons :

$$
\begin{aligned}
|z_\rho| &\le \int_0^{T_\rho}|e^{iu\bar{Z}_\rho(s)} - 1 - iu\bar{Z}_\rho(s) + \frac{u^2}{2}\bar{Z}_\rho^2(s)|\,1_{\{|\bar{Z}_\rho(s)|\le\delta\}}\,\bar{a}_\rho(s)\,ds\\
&\quad + \int_0^{T_\rho}|e^{iu\bar{Z}_\rho(s)} - 1 - iu\bar{Z}_\rho(s) + \frac{u^2}{2}\bar{Z}_\rho^2(s)|\,1_{\{|\bar{Z}_\rho(s)|>\delta\}}\,\bar{a}_\rho(s)\,ds\\
&\le \frac{|u|^3}{6}\int_0^{T_\rho}|\bar{Z}_\rho(s)|^3 1_{\{|\bar{Z}_\rho(s)|\le\delta\}}\bar{a}_\rho(s)\,ds + u^2\int_0^{T_\rho}\bar{Z}_\rho^2(s)1_{\{|\bar{Z}_\rho(s)|>\delta\}}\bar{a}_\rho(s)\,ds\\
&\le \frac{|u|^3}{6}\delta\int_0^{T_\rho}\bar{Z}_\rho^2(s)\,\bar{a}_\rho(s)\,ds + u^2\int_0^{T_\rho}\bar{Z}_\rho^2(s)1_{\{|\bar{Z}_\rho(s)|>\delta\}}\,\bar{a}_\rho(s)\,ds\\
&= \frac{|u|^3}{6}\delta\,\sigma^2 + u^2\int_0^{T_\rho}\bar{Z}_\rho^2(s)1_{\{|\bar{Z}_\rho(s)|>\delta\}}\bar{a}_\rho(s)\,ds.
\end{aligned}
$$

Les inégalités précédentes étant vraies pour tout $\delta > 0$, nous sommes ramenés à montrer que la variable aléatoire $\int_0^{T_\rho}\bar{Z}_\rho^2(s)1_{\{\bar{Z}_\rho(s)>\delta\}}\,\bar{a}_\rho(s)\,ds$ converge vers 0 en probabilité. Or, toujours d'après l'égalité (4.3) :

$$\int_0^{\tau_\rho} \bar{Z}_\rho^2(s) 1_{\{|\bar{Z}_\rho(s)|>\delta\}} \bar{a}_\rho(s)\, ds$$

$$\leq \int_0^{T_\rho} Z_\rho^2(s) 1_{\{|Z_\rho(s)|>\delta\}} a_\rho(s)\, ds + 1_{\{\tau_\rho>T_\rho\}} \int_{T_\rho}^{\tau_\rho} \bar{Z}_\rho^2(s)\, \bar{a}_\rho(s)\, ds$$

$$\leq \int_0^{T_\rho} Z_\rho^2(s) 1_{\{|Z_\rho(s)|>\delta\}} a_\rho(s)\, ds + |\, \sigma^2 - \int_0^{T_\rho} Z_\rho^2(s) a_\rho(s)\, ds\, |,$$

et les deux derniers termes convergent en probabilité vers 0 par hypothèse.

Deuxième étape : montrons que $X_\rho - Y_\rho$ converge en probabilité vers 0. Nous commençons par remarquer que

$$X_\rho - Y_\rho = \int_0^{T_\rho+1} \bar{Z}_\rho(s)(1_{\{s\leq T_\rho\}} - 1_{\{s\leq \tau_\rho\}})\, d\bar{M}_\rho(s)$$

car $\tau_\rho \leq T_\rho + 1$, et nous appliquons le corollaire F.39. Il suffit donc que nous montrions que :

$$\int_0^{T_\rho+1} \bar{Z}_\rho^2(s)(1_{\{s\leq T_\rho\}} - 1_{\{s\leq \tau_\rho\}})^2\, \bar{a}_\rho(s)\, ds \xrightarrow[\rho\to+\infty]{P} 0.$$

Or d'après l'égalité (4.3) :

$$\int_0^{T_\rho+1} \bar{Z}_\rho^2(s)(1_{\{s\leq T_\rho\}} - 1_{\{s\leq \tau_\rho\}})^2\, \bar{a}_\rho(s)\, ds = |\, \sigma^2 - \int_0^{T_\rho} Z_\rho^2(s)\, a_\rho(s)\, ds\, |.$$

Le résultat se déduit alors du fait que $\int_0^{T_\rho} Z_\rho^2(s)\, a_\rho(s)\, ds$ converge en probabilité vers σ^2.

Les deux étapes de la démonstration et la proposition 3.8 entrainent la convergence en loi de X_ρ vers une variable gaussienne centrée de variance σ^2. ♣

Proposition 4.18 *Soit N_ρ un processus ponctuel simple d'intensité a_ρ, T_ρ un temps d'arrêt fini et $Z_{\rho,1}, \ldots Z_{\rho,k}$ des processus prévisibles localement bornés. Posons :*

$$M_\rho(t) = N_\rho(t) - \int_0^t a_\rho(s)\, ds.$$

Supposons que :

- *pour tous $1 \leq i, j \leq k$, il existe une constante $\sigma_{i,j}$ telle que :*

$$\int_0^{T_\rho} Z_{\rho,i}(s)\, Z_{\rho,j}(s)\, a_\rho(s)\, ds \xrightarrow[\rho\to+\infty]{P} \sigma_{i,j},$$

- *pour tout $1 \leq i \leq k$ et tout $\delta > 0$:*

$$\int_0^{T_\rho} Z_{\rho,i}^2(s)\, 1_{\{\sum_{1\leq j\leq k} |Z_{\rho,j}(s)|>\delta\}}\, a_\rho(s)\, ds \xrightarrow[\rho\to+\infty]{P} 0.$$

Alors le vecteur aléatoire :

$$\left(\int_0^{T_\rho} Z_{\rho,1}(s)\, dM_\rho(s), \cdots, \int_0^{T_\rho} Z_{\rho,k}(s)\, dM_\rho(s) \right)$$

converge en loi, lorsque ρ tend vers l'infini, vers un vecteur gaussien centré de matrice de dispersion :

$$\sigma = \left(\sigma_{i,j} \right)_{i,j}.$$

♣ *Démonstration :* Nous devons montrer que pour tous $u_1, \ldots, u_k$, la variable aléatoire :

$$\left(u_1 \int_0^{T_\rho} Z_{\rho,1}(s)\, dM_\rho(s) + \cdots + u_k \int_0^{T_\rho} Z_{\rho,k}(s)\, dM_\rho(s) \right)$$

converge en loi, lorsque ρ tend vers l'infini, vers une variable gaussienne centrée de variance $\sum_{i=1}^k \sum_{j=1}^k u_i u_j \sigma_{i,j}$, ce qui se fait sans difficulté en appliquant la proposition 4.17 à la variable $Z_\rho = u_1 Z_{\rho,1} + \cdots + u_k Z_{\rho,k}$. ♣

Pour vérifier les conditions de la proposition 4.18 lorsque $T_\rho = t$, on peut s'appuyer sur les deux résultats suivants :

Proposition 4.19 ([50], [4] proposition II.5.2)
   Soit f une fonction déterministe vérifiant $\int_0^t |f(s)|\, ds < +\infty$ et X_n une suite de processus qui satisfait aux conditions suivantes :

- *pour presque tout $s \leq t$:*

$$X_n(s) \xrightarrow[n \to +\infty]{P} f(s),$$

- *la famille X_n est uniformément intégrable,*

- *il existe une fonction positive déterministe k telle que $\int_0^t k(s)\, ds < +\infty$ et :*

$$\forall s, \ \forall n, \quad \mathbb{E}(|X_n(s)|) \leq k(s).$$

Alors :

$$\int_0^t X_n(s)\, ds \xrightarrow[n \to +\infty]{P} \int_0^t f(s)\, ds,$$

et :

$$\mathbb{E}\left(\sup_{u \leq t} \left| \int_0^u X_n(s)\, ds - \int_0^u f(s)\, ds \right| \right) \xrightarrow[n \to +\infty]{} 0.$$

Proposition 4.20 ([49], [4] proposition II.5.3)
   Soit f une fonction déterministe vérifiant $\int_0^t |f(s)|\, ds < +\infty$ et X_n une suite de processus qui satisfait aux conditions suivantes :

- *pour presque tout $s \leq t$:*

$$X_n(s) \xrightarrow[n \to +\infty]{P} f(s),$$

- *pour tout $\delta > 0$, il existe une fonction positive k_δ telle que $\int_0^t k_\delta(s)\,ds < +\infty$ et :*

$$\liminf_{n \to \infty} \mathbb{P}(\,|X_n(s)| \leq k_\delta(s),\ \forall s \leq t\,) \geq 1 - \delta.$$

Alors :

$$\sup_{u \leq t} \left| \int_0^u X_n(s)\,ds - \int_0^u f(s)\,ds \right| \xrightarrow[n \to +\infty]{P} 0.$$

De la proposition 4.18 on déduit immédiatement le résultat suivant :

Corollaire 4.21 *Etant donné un processus de comptage simple N d'intensité a posons :*

$$M(t) = N(t) - \int_0^t a(s)\,ds.$$

Considérons k processus prévisibles localement bornés $Z_1, \ldots, Z_k$. Supposons que :

- *il existe $c_t > 0$ et des constantes $\sigma_{i,j}$ $(1 \leq i, j \leq k)$ tels que :*

$$\frac{1}{c_t^2} \int_0^t Z_i(s)\,Z_j(s)\,a(s)\,ds \xrightarrow[t \to +\infty]{} \sigma_{i,j}, \qquad (4.6)$$

- *pour tout $\delta > 0$ et pour tout $1 \leq i \leq k$:*

$$\frac{1}{c_t^2} \int_0^t Z_i^2(s) \mathbf{1}_{\{\sum_{j=1}^k |Z_j(s)| > \delta c_t\}} a(s)\,ds \xrightarrow[t \to +\infty]{P} 0, \qquad (4.7)$$

Alors le vecteur aléatoire :

$$\frac{1}{c_t} \left(\int_0^t Z_1(s)\,dM(s), \cdots, \int_0^t Z_k(s)\,dM(s) \right)$$

converge en loi, lorsque t tend vers l'infini, vers un vecteur gaussien centré de matrice de dispersion $\Sigma = (\sigma_{i,j})_{i,j}$.

Remarque 4.22 : Supposons que c_t tende vers l'infini, que la condition (4.6) soit satisfaite et que les Z_i soient bornées, alors la condition (4.7) est vérifiée. Par contre ce n'est plus vrai si on enlève l'hypothèse de bornitude de Z_i (pour s'en convaincre, on peut prendre $k = 1$, $Z(s) = s + 1$, $a(s) = \frac{1}{s+1}$, $c_t = t$).

Exemple 4.23 : Supposons que N soit un processus de Poisson d'intensité λ et d'intensité cumulée $\Lambda(t) = \int_0^t \lambda(s)\,ds$. En prenant $Z(s) = 1$ nous voyons que si $\lim_{t \to \infty} \Lambda(t) = +\infty$, alors :

$$\frac{N(t) - \Lambda(t)}{\sqrt{\Lambda(t)}}$$

converge en loi vers une variable gaussienne centrée de variance 1 : c'est le résultat de convergence de la loi de Poisson vers la loi de Gauss (proposition 2.20).

Remarque 4.24 : En utilisant la remarque F.49, on voit que dans les propositions 4.17 et 4.18 les hypothèses "$Z_{\rho,i}$ localement bornés" peuvent être remplacées par "$\int_0^{T_\rho} |Z_{\rho,i}(s)| a_\rho(s)\,ds < +\infty$", et par "$\int_0^t |Z_i(s)| a(s)\,ds < +\infty$" dans le corollaire 4.21.

4.5.2 Convergence d'une suite de processus

Un cas particulier

La proposition 4.17 nous permet de donner une démonstration très simple du résultat suivant :

Corollaire 4.25 *Considérons une suite de processus ponctuels simples N_n. Notons a_n l'intensité du processus N_n relativement à une filtration $\mathcal{F}_n$ et soit Z_n un processus prévisible localement borné. Posons :*

$$M_n(t) = N_n(t) - \int_0^t a_n(s)\,ds.$$

S'il existe une fonction déterministe positive c telle que, pour tout t :

$$\int_0^t Z_n^2(s)\, a_n(s)\,ds \xrightarrow[n \to +\infty]{P} c(t),$$

$$\forall \varepsilon > 0 \quad \int_0^t Z_n^2(s) \mathbf{1}_{\{|Z_n(s)| > \varepsilon\}} a_n(s)\,ds \xrightarrow[n \to +\infty]{P} 0,$$

alors, pour tout $k \geq 1$ et $s_1 < \cdots < s_k$, le vecteur aléatoire

$$\left(\int_0^{s_1} Z_n(u)\,dM_n(u), \cdots, \int_0^{s_k} Z_n(u)\,dM_n(u) \right)$$

converge en loi, lorsque n tend vers l'infini, vers un vecteur gaussien centré de matrice de dispersion :

$$C = (\, c(s_i \wedge s_j)\,)_{(i,j)}.$$

♣ *Démonstration* : Soit $t \geq s_k$. Pour établir la convergence en loi du vecteur $(\int_0^{s_1} Z_n(u)\,dM_n(u), \cdots, \int_0^{s_k} Z_n(u)\,dM_n(u))$, nous étudions sa fonction caractéristique :

$$
\begin{aligned}
\varphi_n(v_1, \ldots, v_k) &= \mathbb{E}(\exp(iv_1 \int_0^{s_1} Z_n(u)\,dM_n(u) + \cdots \\
&\quad + iv_k \int_0^{s_k} Z_n(u)\,dM_n(u))) \\
&= \mathbb{E}(\exp(i \int_0^t \psi(u) Z_n(u)\,dM_n(u))),
\end{aligned}
$$

avec :

$$
\begin{aligned}
\psi &= v_1 1_{[0,s_1]} + v_2 1_{[0,s_2]} + \cdots + v_k 1_{[0,s_k]} \\
&= (v_1 + \cdots v_k) 1_{[0,s_1]} + (v_2 + \cdots + v_k) 1_{]s_1,s_2]} + \cdots + v_k 1_{]s_{k-1},s_k]}.
\end{aligned}
$$

Nous sommes donc ramenés à étudier la convergence en loi de la variable aléatoire $\int_0^t \psi(s) Z_n(s)\,dM_n(s)$. Pour cela, nous appliquons la proposition 4.17 avec $\rho = n$, $a_\rho = a_n$, $T_\rho = t$, $Z_\rho = \psi Z_n$. La première hypothèse du corollaire 4.25 permet de montrer que

$$
\begin{aligned}
&\int_0^t \psi^2(u) Z_n^2(u)\, a_n(u)\,du \\
&= (v_1 + \cdots v_k)^2 \int_0^{s_1} Z_n^2(u)\, a_n(u)\,du + (v_2 + \cdots + v_k)^2 \int_{s_1}^{s_2} Z_n^2(u)\, a_n(u)\,du \\
&\quad + \cdots + v_k^2 \int_{s_{k-1}}^{s_k} Z_n^2(u)\, a_n(u)\,du
\end{aligned}
$$

converge en probabilité lorsque n tend vers l'infini vers :

$$
\sigma^2 = (v_1 + \cdots + v_k)^2 c(s_1) + (v_2 + \cdots + v_k)^2 (c(s_2) - c(s_1)) + \cdots + v_k^2 (c(s_k) - c(s_{k-1})).
$$

On vérifie sans difficulté que :

$$
\sigma^2 = (v_1, \cdots, v_k)\, C\, (v_1, \cdots, v_k)^T,
$$

la notation x^T désignant la transposée du vecteur x. La première hypothèse de la proposition 4.17 est donc satisfaite.

Pour vérifier la deuxième hypothèse de la proposition 4.17, nous écrivons :

$$
\begin{aligned}
&\int_0^t \psi^2(u)\, Z_n^2(u) 1_{\{|\psi(u)Z_n(u)|>\delta\}}\, a_n(u)\,du \\
&= \sum_{p=1}^k (v_p + \cdots + v_k)^2 \Big(\int_0^{s_p} Z_n^2(u) 1_{\{|v_p+\cdots+v_k||Z_n(u)|>\delta\}} a_n(u)\,du \\
&\quad - \int_0^{s_{p-1}} Z_n^2(u) 1_{\{|v_p+\cdots+v_k||Z_n(u)|>\delta\}} a_n(u)\,du \Big).
\end{aligned}
$$

La deuxième hypothèse du corollaire 4.25 permet de conclure que cette expression tend en probabilité vers 0 (avec la convention $s_0 = 0$).

La proposition 4.17 permet donc de conclure que $\int_0^t \psi(s)\, Z_n(s)\, dM_n(s)$ converge en loi, lorsque n tend vers l'infini, vers une variable gaussienne centrée de variance $\sigma^2 = (v_1, \cdots, v_k) C (v_1, \cdots, v_k)^T$. Par conséquent :

$$\varphi_n(v_1, \ldots, v_k) \xrightarrow[n \to +\infty]{} e^{-\frac{1}{2}(v_1, \cdots, v_k)\ C\ (v_1, \cdots, v_k)^T},$$

ce qui prouve que le vecteur aléatoire

$$\left(\int_0^{s_1} Z_n(u)\, dM_n(u), \cdots, \int_0^{s_k} Z_n(u)\, dM_n(u) \right)$$

converge en loi, lorsque n tend vers l'infini, vers un vecteur gaussien centré de matrice de dispersion C. ♣

Pour vérifier les hypothèses du corollaire 4.25, on peut utiliser les propositions 4.19 et 4.20.

En fait le résultat est plus riche que celui que nous avons énoncé et démontré : la suite de processus $\int Z_n\, dM_n$ converge en loi vers un processus gaussien centré de fonction de covariance $f(t, s) = c(s \wedge t)$ ([44] théorème 5.1.1, [4] commentaires suivant le théorème II.5.1). Mais pour définir la notion de convergence en loi d'une suite de processus càd-làg (on ne peut se limiter ici à l'ensemble des processus ponctuels puisque la limite qui nous intéresse est un processus gaussien ... qui n'est pas processus ponctuel !), il faut avoir muni l'ensemble $\mathbb{D}(\mathbb{R})$ des fonctions càd-làg de $\mathbb{R}_+$ dans $\mathbb{R}$ d'une topologie : la topologie choisie est la topologie de Skorohod. Mais nous ne souhaitons pas entrer dans ce domaine, cela nous emmènerait trop loin. Le lecteur intéressé se reportera à [15] ou [58] chapitre VI.

Et tous ces résultats ne sont qu'un cas particulier d'un résultat de R. Rebolledo que nous présentons ci-dessous.

Un théorème de Rebolledo

Soit M_n une suite de martingales locales de carrés intégrables définies éventuellement sur des espaces de probabilités différents et avec des filtrations différentes.

Notons $M_{n,\varepsilon}$ la martingale locale contenant tous les sauts de M_n d'amplitude supérieure à ε : la martingale $M_{n,\varepsilon}$ est obtenue en compensant le processus croissant $\sum_{s \leq t} \Delta M_n(s) 1_{\{|\Delta M_n(s)| > \varepsilon\}}$. Enfin soit $< M_n >$ et $< M_{n,\varepsilon} >$ les processus croissants respectifs de M_n et $M_{n,\varepsilon}$. Le théorème suivant est un extrait d'un théorème dû à R. Rebolledo.

Théorème 4.26 (théorème de Rebolledo) ([86], [87], [4] théorème II.5.1)
Supposons qu'il existe une fonction déterministe positive c telle que, pour tout t :

$$< M_n >(t) \xrightarrow[n \to +\infty]{P} c(t),$$

$$\forall \varepsilon > 0, \quad < M_{n,\varepsilon} >(t) \xrightarrow[n \to +\infty]{P} 0.$$

Alors, la suite de processus M_n converge en loi, lorsque n tend vers l'infini, vers un processus gaussien centré de fonction de covariance $f(t, s) = c(s \wedge t)$.

Ce théorème signifie que pour avoir convergence d'une suite de martingales locales vers un processus gaussien, il suffit d'avoir convergence en probabilité des processus croissants et que les sauts tendent vers 0 "en un certain sens".

4.6 Exercices

Exercice 4.1 Comparer la proposition 4.4 avec la proposition 2.38.

Exercice 4.2 On considère un processus ponctuel de fonction de comptage N. On suppose que le compensateur de cette fonction de comptage est continu.
1) Montrer que, pour tout $t > 0$, $\mathbb{P}(N(\{t\}) > 0) = 0$.
2) En déduire que $\mathbb{P}(\exists t > 0, N(\{t\}) > 0) = 0$.

Exercice 4.3 Soit T une variable aléatoire positive et $\mathcal{F}_t$ la tribu engendrée par les variables aléatoires $1_{\{T \leq s\}}$ pour $s \leq t$ *et* les ensembles négligeables (c'est-à-dire les ensembles B pour lesquels il existe $A \supset B$ vérifiant $\mathbb{P}(A) = 0$). On suppose que :
$$\forall t, \quad \mathbb{P}(T = t) = 0.$$
Montrer que :
$$\mathcal{F}_t = \mathcal{F}(t_-) = \vee_{s<t}\mathcal{F}_s.$$
Indication : si A appartient à la tribu engendrée par les variables aléatoires $1_{\{T \leq s\}}$ pour $s \leq t$, considérer les ensembles $A_n = A \cap \{T \notin [t - \frac{1}{n}, t]\}$.

Exercice 4.4 On considère un processus ponctuel de fonction de comptage N et soit $(\mathcal{F}_t)_{t \geq 0}$ une filtration par rapport à laquelle la fonction de comptage est adaptée. On suppose qu'il existe un processus croissant A *continu* tel que $N - A$ soit une martingale par rapport à la filtration considérée. Posons $\Delta N(u) = N(u) - N(u_-)$.
1) Soit S_n une suite croissante de temps d'arrêt relativement la filtration considérée qui converge vers un temps d'arrêt $S < +\infty$. On suppose que $S_n < S$ pour tout n. Montrer que $\mathbb{E}(\Delta N(S) = 0) = 0$ et donc que $\Delta N(S) = 0$ presque-sûrement.
Indication : étudier $\lim_{n \to +\infty} \mathbb{E}(N(t \wedge S) - N(t \wedge S_n))$.
2) Soit T un temps d'arrêt à valeurs dans $\mathbb{R}_+$. On suppose que T est un temps d'arrêt prévisible, c'est-à-dire que le processus $t \to 1_{[0,T[}$ est prévisible. Montrer que $\mathbb{E}(\Delta N(T) = 0) = 0$ et donc que $\Delta N(T) = 0$ presque-sûrement.
Ce résultat signifie que la fonction de comptage est quasi-continue à gauche pour la filtration considérée.

Chapitre 5

Processus ponctuels et fiabilité

Le but de ce chapitre est de montrer comment le fait d'aborder un problème de statistique sur des durées de vie avec une vision "processus ponctuel" permet d'obtenir des résultats dans un cadre fort général.

Dans le cadre non paramétrique (paragraphes 5.1 et 5.2) ou dans le cadre semi-paramétrique (paragraphe 5.4), cette approche a permis d'établir des résultats jusqu'alors inconnus sur le comportement asymptotique des estimateurs.

Dans le cas paramétrique, les statisticiens n'ont pas attendu les outils des processus ponctuels pour écrire la vraisemblance d'un échantillon de données censurées et en déduire l'estimateur du maximum de vraisemblance des paramètres. Nous avons résumé dans l'appendice C des résultats classiques en fiabilité. De nombreux exemples se trouvent également dans [32]. L'intérêt de la présentation à l'aide des processus ponctuels est de donner une vision unifiée qui nous parait assez esthétique.

Enfin, dans certains cas les données ne se présentent pas sous la forme d'un échantillon censuré classique (voir par exemple le paragraphe 4.1), elles peuvent aussi être hétérogènes (voir [94]). Les processus ponctuels fournissent alors une modélisation bien commode.

5.1 Estimateur de Nelson-Aalen

5.1.1 Heuristique de sa construction

On observe un matériel de taux de défaillance $s \to \lambda(s)$ qui subit de petites réparations (voir le chapitre 3).

On veut estimer la fonction $\Lambda(t) = \int_0^t \lambda(s)\,ds$ et en déduire un estimateur de la fiabilité $R(t) = \exp(-\Lambda(t))$. Notons $(T_i)_{i \geq 1}$ les instants successifs de défaillance observés.

Notons $N(t)$ le nombre de défaillances observées jusqu'à l'instant t. Nous avons vu dans le paragraphe 3.2.2 qu'un bon estimateur de $\Lambda(t)$ est $\hat{\Lambda}(t) = N(t)$.

Dans le cas d'observations simultanées de n matériels fonctionnant indépendamment et réparés selon les modalités ci-dessus, le nombre *total* $N(t)$ de défaillances observées avant l'instant t est une variable aléatoire de loi de Poisson de paramètre $n\Lambda(t)$, donc $N(t)$ est un bon estimateur de $n\Lambda(t)$, et par suite un bon estimateur de $\Lambda(t)$ est :

$$\hat{\Lambda}(t) = \frac{N(t)}{n} = \sum_{\{i:T_i \leq t\}} \frac{1}{n},$$

où les T_i sont les instants successifs de défaillance de *l'ensemble des matériels*.

Si maintenant nous observons n_1 matériels avant le temps t_1 et n_2 matériels entre les temps t_1 et t $(t_1 < t)$, le résultat ci-dessus nous conduit à proposer

$$\frac{N(t_1)}{n_1} = \sum_{i:T_i \leq t_1} \frac{1}{n_1}$$

comme estimateur de $\Lambda(t_1)$, et

$$\frac{N(t) - N(t_1)}{n_2} = \sum_{i:t_1 < T_i \leq t} \frac{1}{n_2}$$

comme estimateur de $\int_{t_1}^{t} \lambda(s)\,ds$. Nous obtenons alors comme estimateur de $\Lambda(t)$:

$$\hat{\Lambda}(t) = \sum_{\{i:T_i \leq t_1\}} \frac{1}{n_1} + \sum_{\{i:t_1 < T_i \leq t\}} \frac{1}{n_2} .$$

D'une manière générale, si nous notons $Y(s)$ le nombre de matériels observés à l'instant s, les considérations précédentes nous conduisent à prendre pour estimateur de $\Lambda(t)$:

$$\hat{\Lambda}(t) = \sum_{\{i:T_i \leq t\}} \frac{1}{Y(T_i)} .$$

Dans les cas étudiés ci-dessus, le nombre de matériels sous observation à l'instant s est déterministe mais Nelson a proposé le même estimateur dans un cadre plus général. Le nombre $Y(s)$ de matériels sous observation peut être aléatoire, mais dans ce cas il ne doit dépendre que de "l'histoire des matériels" jusqu'à l'instant s. C'est le cas des plans d'essais de type 2 ou des plans mixtes (voir le paragraphe 4.1). Cela inclut le cas où le matériel n'est pas réparé (voir page 90). Par contre dans le cas où le matériel est remis à neuf après chaque défaillance (réparation complète), on doit considérer qu'on a un nouveau matériel et que la date du début de l'essai est l'instant $t = 0$.

Dans le cas où $Y(s)$ est aléatoire, il convient de prendre la fonction $s \to Y(s)$ continue à gauche. Cette dernière condition enlève d'ailleurs les ambiguïtés de détermination de $Y(s)$ aux instants de saut. Si $Y(s)$ varie à un instant T_i (ce qui est le cas lorsqu'il y a des censures de type 2), la valeur à prendre pour $Y(T_i)$ est le nombre de matériels observés *juste avant la défaillance* à l'instant T_i (ce qui est bien naturel !).

5.1.2　Quelques propriétés

Nous nous plaçons dans le cadre d'un modèle à intensité multiplicative. Nous observons un processus ponctuel simple $(T_i)_{i \geq 1}$ de fonction de comptage N et nous supposons que l'intensité a du processus N est sous forme multiplicative, c'est-à-dire s'écrit $a(s) = Y(s)\lambda(s)$, les fonctions Y et λ étant positives. La fonction λ est déterministe et c'est elle que nous cherchons à estimer. La fonction Y est déterministe ou aléatoire mais dans ce dernier cas nous supposons qu'elle est adaptée à la filtration $\mathcal{F}$ et *continue à gauche*.

Nous supposons λ intégrable sur tout compact et nous posons :

$$\Lambda(t) = \int_0^t \lambda(s)\, ds.$$

Nous supposons que le processus $s \to \dfrac{1}{Y(s)} 1_{\{Y(s) \neq 0\}}$ est borné sur tout compact, c'est en particulier le cas si Y est à valeurs dans $\mathbb{N}$. Par suite, pour tout t, $\int_0^t \frac{1}{Y(s)} 1_{\{Y(s) \neq 0\}} \lambda(s)\, ds$ est intégrable.

L'estimateur de Nelson-Aalen $\hat\Lambda(t)$ de $\Lambda(t)$ est défini par :

$$\hat\Lambda(t) = \sum_{i \geq 1} \frac{1}{Y(T_i)} 1_{\{T_i \leq t\}}.$$

Cette définition ne pose pas de problème car nous avons vu (proposition 4.11) que presque-sûrement $Y(T_i) > 0$ pour tout i.

Proposition 5.1 *Considérons un modèle à intensité multiplicative et posons :*

$$M(t) = N(t) - \int_0^t Y(s)\lambda(s)\, ds.$$

Alors le processus $\widetilde{M}$ défini par

$$\widetilde{M}(t) = \int_0^t \frac{1}{Y(s)} 1_{\{Y(s) \neq 0\}}\, dM(s) = \hat\Lambda(t) - \int_0^t \lambda(s) 1_{\{Y(s) \neq 0\}}\, ds$$

est une martingale de processus croissant $\tilde{A}$ donné par :

$$\tilde{A}(t) = \int_0^t \frac{1}{Y(s)} 1_{\{Y(s) \neq 0\}} \lambda(s)\, ds,$$

et $\widetilde{M}^2 - \tilde{A}$ est une martingale.

Ce résultat est une conséquence immédiate du corollaire F.47. Il entraine en particulier que $\widetilde{M}$ est de carré intégrable.

Corollaire 5.2 *L'estimateur de Nelson-Aalen $\hat\Lambda$ possède les propriétés suivantes :*

$$\mathbb{E}(\hat\Lambda(t)) - \Lambda(t) = -\int_0^t \lambda(s)\mathbb{P}(Y(s) = 0)\, ds,$$

$$var(\hat{\Lambda}(t) - \int_0^t \lambda(s)1_{\{Y(s)\neq 0\}}\,ds) = \mathbb{E}(\int_0^t \frac{1}{Y(s)}1_{\{Y(s)\neq 0\}}\lambda(s)\,ds),$$

et

$$\hat{\sigma}^2(t) = \int_0^t \frac{1}{Y^2(s)}\,dN(s) = \sum_{i\,:\,T_i\leq t} \frac{1}{Y^2(T_i)}$$

est un estimateur sans biais de $var(\hat{\Lambda}(t) - \int_0^t \lambda(s)\,1_{\{Y(s)\neq 0\}}\,ds)$.

♣ *Démonstration* : Nous reprenons les notations de la proposition 5.1. Puisque le processus $\widetilde{M}$ est une martingale nulle en 0, nous obtenons :

$$\mathbb{E}(\hat{\Lambda}(t)) = \mathbb{E}(\int_0^t \lambda(s)1_{\{Y(s)\neq 0\}}\,ds),$$

d'où le premier résultat.

Puisque $\widetilde{M}$ et $\widetilde{M}^2 - \tilde{A}$ sont des martingales nulles en 0, nous avons :

$$var(\hat{\Lambda}(t) - \int_0^t \lambda(s)1_{\{Y(s)\neq 0\}}\,ds) = \mathbb{E}(\widetilde{M}^2(t)) = \mathbb{E}(\tilde{A}(t)),$$

d'où le deuxième résultat.

Pour la troisième assertion, il suffit d'écrire :

$$
\begin{aligned}
\mathbb{E}(\hat{\sigma}^2(t)) &= \mathbb{E}(\int_0^t \frac{1}{Y^2(s)}1_{\{Y(s)\neq 0\}}\,dN(s)) \\
&= \mathbb{E}(\int_0^t \frac{1}{Y^2(s)}1_{\{Y(s)\neq 0\}}Y(s)\lambda(s)\,ds) \\
&= \mathbb{E}(\int_0^t \frac{1}{Y(s)}1_{\{Y(s)\neq 0\}}\lambda(s)\,ds). \quad ♣
\end{aligned}
$$

Si Y est non nul sur $[0,t]$, l'estimateur de Nelson-Aalen $\hat{\Lambda}(t)$ est un estimateur sans biais de $\Lambda(t)$ de variance $\mathbb{E}(\int_0^t \frac{\lambda(s)}{Y(s)}\,ds)$. Dans le cas général le biais est d'autant plus faible que $\mathbb{P}(Y(s) = 0)$ est faible (pour tout $s \leq t$).

Vu les formules précédentes, intuitivement la qualité de l'estimateur de Nelson-Aalen du taux de hasard cumulé est d'autant meilleure que le nombre de matériel observé est grand, ce qui est bien naturel ! L'objet du paragraphe suivant est de préciser ceci en étudiant le comportement asymptotique de Λ lorsque Y tend vers l'infini en un certain sens.

Mais avant cela, nous allons donner une proposition qui permet d'obtenir des intervalles de confiance (non asymptotiques) pour $\Lambda(t)$, tout au moins lorsque Y ne s'annule pas ou lorsqu'on est capable de contrôler le biais (qui est égal à $\int_0^t \lambda(s)\mathbb{P}(Y(s) = 0)\,ds)$.

Proposition 5.3 *Soit a un réel strictement positif tel que $\frac{1}{Y(s)}1_{\{Y(s)\neq 0\}} \leq \frac{1}{a}$ pour tout s. Alors pour tout $c > 0$:*

$$\mathbb{P}\left(\int_0^t \lambda(s)1_{\{Y(s)\neq 0\}}\,ds \geq \frac{c}{a} - \frac{1}{a}\sum_{i\,:\,T_i\leq t}\log(1 - \frac{a}{Y(T_i)})\right) \leq e^{-c}.$$

En particulier si $Y > 0$:

$$\mathbb{P}\left(\Lambda(t) \geq \frac{c}{a} - \frac{1}{a} \sum_{i\,:\,T_i \leq t} \log(1 - \frac{a}{Y(T_i)})\right) \leq e^{-c}.$$

♣ *Démonstration* : Nous utilisons la formule exponentielle de C. Doléans-Dade (proposition F.44) pour la martingale $-a\widetilde{M}$ de la proposition 5.1 et nous voyons que le processus X défini par

$$
\begin{aligned}
X(t) &= \exp\left(a \int_0^t \lambda(s) 1_{\{Y(s) \neq 0\}}\, ds - a\hat{\Lambda}(t)\right) \prod_{i\,:\,T_i \leq t} \left(1 - \frac{a}{Y(T_i)}\right) e^{a/Y(T_i)} \\
&= \exp\left(a \int_0^t \lambda(s) 1_{\{Y(s) \neq 0\}}\, ds + \sum_{i\,:\,T_i \leq t} \log\left(1 - \frac{a}{Y(T_i)}\right)\right)
\end{aligned}
$$

est une martingale locale positive et égale à 1 en 0. Par suite $\mathbb{E}(X(t)) \leq 1$ et :

$$\mathbb{P}(X(t) \geq e^c) \leq e^{-c}\, \mathbb{E}(X(t)) \leq e^{-c},$$

d'où le résultat. ♣

5.1.3   Comportement asymptotique

Les résultats présentés dans ce paragraphe sont dûs à O. Aalen ([1]) et sont repris dans [4] avec quelques compléments.

Nous supposons que notre modèle dépend d'un paramètre n. Le processus ponctuel simple observé a pour fonction de comptage N_n :

$$N_n(t) = \sum_{i \geq 1} 1_{\{T_i^{(n)} \leq t\}},$$

et son intensité est $a_n(s) = Y_n(s)\lambda(s)$. Les conditions sur a_n et Y_n étant les mêmes que précédemment :

- $\int_0^t Y_n(s)\lambda(s)\, ds < +\infty$,

- il existe une constant $K_{n,t}$ telle que :

$$\forall s \leq t, \quad \frac{1}{Y_n(s)} 1_{\{Y_n(s) \neq 0\}} \leq K_{n,t},$$

- le processus Y_n est adapté et continu à gauche.

L'estimateur de Nelson-Aalen de Λ dépend donc du paramètre n, nous le notons $\hat{\Lambda}_n$. Nous allons étudier son comportement lorsque n tend vers l'infini.

Ce paramètre n est par exemple le nombre de matériels testés et $Y_n(s)$ est, comme précédemment, le nombre de matériels sous observation à l'instant s.

Consistance

Nous présentons d'abord le résultat dont l'énoncé est le plus simple et qui correspond aux applications usuelles en fiabilité.

Théorème 5.4 ([4] remarque suivant (4.1.10) et théorème IV.1.1)
Supposons Y à valeurs dans $\mathbb{N}$. Si :

$$\forall s \leq t \quad Y_n(s) \xrightarrow[n \to +\infty]{P} +\infty,$$

alors :

$$\sup_{s \leq t} |\hat{\Lambda}_n(s) - \Lambda(s)| \xrightarrow[n \to +\infty]{P} 0.$$

Donnons maintenant le théorème plus général.

Théorème 5.5 ([4] théorème IV.1.1)
Si :

$$\inf_{s \leq t} Y_n(s) \xrightarrow[n \to +\infty]{P} +\infty,$$

ou plus généralement si :

$$\int_0^t \frac{1}{Y_n(s)} 1_{\{Y_n(s) \neq 0\}} \lambda(s) \, ds \xrightarrow[n \to +\infty]{P} 0, \tag{5.1}$$

$$\int_0^t 1_{\{Y_n(s) = 0\}} \lambda(s) \, ds \xrightarrow[n \to +\infty]{P} 0, \tag{5.2}$$

alors :

$$\sup_{s \leq t} |\hat{\Lambda}_n(s) - \Lambda(s)| \xrightarrow[n \to +\infty]{P} 0.$$

♣ *Démonstration* : Posons $\Lambda_n^*(t) = \int_0^t \lambda(s) 1_{\{Y_n(s) \neq 0\}} \, ds$ et $\widetilde{M}_n = \hat{\Lambda}_n - \Lambda_n^*$. La proposition 5.1 et l'inégalité de Lenglart (proposition F.38) appliquée à la martingale $\widetilde{M}_n$ donnent :

$$\mathbb{P}\left(\sup_{s \leq t} |\hat{\Lambda}_n(s) - \Lambda_n^*(s)| > \eta \right) \leq \frac{\delta}{\eta^2} + \mathbb{P}\left(\int_0^t \frac{1}{Y_n(s)} 1_{\{Y_n(s) \neq 0\}} \lambda(s) \, ds > \delta \right).$$

La condition (5.1) entraine alors que :

$$\sup_{s \leq t} |\hat{\Lambda}_n(s) - \Lambda_n^*(s)| \xrightarrow[n \to +\infty]{P} 0.$$

On achève la démonstration en écrivant que :

$$|\Lambda_n^*(s) - \Lambda(s)| = \int_0^s 1_{\{Y_n(u) = 0\}} \lambda(u) \, du \leq \int_0^t 1_{\{Y_n(u) = 0\}} \lambda(u) \, du,$$

et en utilisant la condition (5.2). ♣

Normalité asymptotique

Comme précédemment, nous commençons par donner l'énoncé le plus simple.

Théorème 5.6 ([4] (4.1.16) et théorème IV.1.2)

Supposons qu'il existe une fonction φ définie sur $[0, t]$ et telle que :

- $\displaystyle \inf_{s \leq t} \varphi(s) > 0,$

- $\displaystyle \sup_{s \leq t} \left| \frac{1}{n} Y_n(s) - \varphi(s) \right| \xrightarrow[n \to +\infty]{P} 0,$

- $\displaystyle \int_0^t \frac{\lambda(s)}{\varphi(s)}\, ds < +\infty.$

Posons, pour $s \leq t$:

$$c(s) = \int_0^s \frac{\lambda(u)}{\varphi(u)}\, du.$$

Alors, pour tout $k \geq 1$ et $0 \leq s_1 < \cdots < s_k \leq t$, le vecteur aléatoire

$$\sqrt{n}\left(\hat{\Lambda}_n(s_1) - \Lambda(s_1), \cdots, \hat{\Lambda}_n(s_k) - \Lambda(s_k) \right)$$

converge en loi, lorsque n tend vers l'infini, vers un vecteur gaussien centré de matrice de dispersion :

$$C = \left(c(s_i \wedge s_j) \right)_{(i,j)}.$$

De plus, si nous posons :

$$\hat{c}_n(s) = n \int_0^s \frac{1}{Y_n^2(u)}\, dN_n(u) = n \sum_{i \,:\, T_i^{(n)} \leq s} \frac{1}{Y_n^2(T_i^{(n)})}$$

alors :

$$\sup_{s \leq t} |\hat{c}_n(s) - c(s)| \xrightarrow[n \to +\infty]{P} 0.$$

Remarque 5.7 : Les hypothèses signifient, grossièrement, que $Y_n(s)$ est de l'ordre de n, avec une certaine uniformité en s sous la notion d'ordre.

Remarque 5.8 : L'estimateur $\dfrac{1}{n}\hat{c}_n(s)$ est l'estimateur $\hat{\sigma}^2(s)$ que nous avons pris pour l'estimation de la variance de $\hat{\Lambda}(s) - \int_0^s \lambda(u) 1_{\{Y_n(u) \neq 0\}}\, du$ dans le corollaire 5.2.

Lorsque nous considérons un vecteur x de $\mathbb{R}^k$ et que nous écrivons des formules matricielles, le vecteur x est considéré comme un vecteur colonne. D'autre part, si x est un vecteur ou une matrice, rappelons que x^T désigne le transposé de x.

Corollaire 5.9 *Nous nous plaçons sous les hypothèses du théorème 5.6 et nous en conservons les notations.*

1. Soit $s \leq t$, si $c(s) \neq 0$, lorsque n tend vers l'infini, la variable aléatoire

$$\frac{\sqrt{n}}{c(s)} \left(\hat{\Lambda}_n(s) - \Lambda(s) \right)$$

converge en loi vers une variable aléatoire gaussienne centrée de variance 1.

2. Plus généralement, soit $k \geq 1$ et $0 \leq s_1 \leq \cdots \leq s_k \leq t$. Posons :

$$X_n = \left(\hat{\Lambda}_n(s_1) - \Lambda(s_1), \cdots, \hat{\Lambda}_n(s_k) - \Lambda(s_k) \right),$$

et supposons que la matrice C soit inversible alors la variable aléatoire

$$n \, X_n^T \, C^{-1} X_n = n \sum_{1 \leq i,j \leq k} C^{-1}(i,j) \left(\hat{\Lambda}_n(s_i) - \Lambda(s_i) \right) \left(\hat{\Lambda}_n(s_j) - \Lambda(s_j) \right).$$

converge en loi vers la loi du χ^2 à k degrés de liberté.

La première partie de ce corollaire est immédiate, la deuxième provient du lemme classique suivant :

Lemme 5.10 *Soit X un vecteur aléatoire de dimension k, de loi gaussienne centrée de matrice de dispersion C inversible, alors la variable aléatoire $X^T C^{-1} X$ est de loi du χ^2 à k degrés de liberté.*

Le corollaire 5.9 ne permet pas en pratique d'obtenir des intervalles de confiance asymptotiques puisque la matrice C est inconnue. Comme nous l'avons fait dans le chapitre 3 dans un cas analogue, nous pouvons remplacer la matrice C par son estimée si nous avons une convergence en probabilité de l'estimée vers C. Or le théorème 5.6 fournit une estimation consistante de C.

Nous définissons donc la matrice $\hat{C}_n$ par :.

$$\hat{C}_n(i,j) = \hat{c}_n(s_i \wedge s_j),$$

et nous posons :

$$\Gamma_n = \begin{cases} (\hat{C}_n)^{-1} & \text{si } \hat{C}_n \text{ est inversible,} \\ ? & \text{sinon,} \end{cases}$$

le ? signifiant une matrice quelconque (on peut prendre la matrice nulle ou la matrice identité, ou n'importe quelle autre matrice).

Etant donnés une suite $(U_n)_{n \geq 1}$ de vecteurs aléatoires et un vecteur non aléatoire x , il est facile de vérifier que si $U_n \xrightarrow[n \to +\infty]{P} x$ et si f est une fonction continue au voisinage de x, alors $f(U_n) \xrightarrow[n \to +\infty]{P} f(x)$. Par suite si la matrice C est inversible, d'après le théorème 5.6, $\Gamma_n \xrightarrow[n \to +\infty]{P} C^{-1}$. Le corollaire 5.9 et la proposition 3.8 permettent d'en déduire le résultat suivant, utile en pratique :

Corollaire 5.11 *Avec les hypothèses et les notations du théorème 5.6, la variable aléatoire*

$$n \sum_{1 \leq i,j \leq k} (\Gamma_n)^{-1}(i,j) \left(\hat{\Lambda}_n(s_i) - \Lambda(s_i) \right) \left(\hat{\Lambda}_n(s_j) - \Lambda(s_j) \right)$$

converge en loi vers la loi du χ^2 à k degrés de liberté.

Le théorème 5.6 a en fait la forme plus générale suivante :

Théorème 5.12 ([4] théorème IV.1.2)

Supposons qu'il existe une fonction φ positive définie sur $[0,t]$ et telle que $\frac{\lambda}{\varphi}$ soit intégrable sur $[0,t]$. Posons, pour $s \leq t$:

$$c(s) = \int_0^s \frac{\lambda(u)}{\varphi(u)} \, du,$$

$$Z_n(s) = \frac{1}{Y_n(s)} 1_{\{Y_n(s) \neq 0\}}.$$

Supposons également qu'il existe une suite $(\alpha_n)_{n \geq 1}$ strictement croissante de $\mathbb{R}_+$ telle que :

- $\lim_n \alpha_n = +\infty$,

- $\forall s \leq t, \quad \alpha_n^2 \int_0^s Z_n(u) \lambda(u) \, du \xrightarrow[n \to +\infty]{P} c(s),$

- $\forall \varepsilon > 0, \quad \alpha_n^2 \int_0^t Z_n(u) 1_{\{|\alpha_n Z_n(u)| > \varepsilon\}} \lambda(u) \, du \xrightarrow[n \to +\infty]{P} 0,$

- $\alpha_n \int_0^t 1_{\{Y_n(u)=0\}} \lambda(u) \, du \xrightarrow[n \to +\infty]{P} 0.$

Alors, pour tout $k \geq 1$ et $0 \leq s_1 < \cdots < s_k \leq t$, le vecteur aléatoire

$$\alpha_n \left(\hat{\Lambda}_n(s_1) - \Lambda(s_1), \cdots, \hat{\Lambda}_n(s_k) - \Lambda(s_k) \right)$$

converge en loi, lorsque n tend vers l'infini, vers un vecteur gaussien centré de matrice de dispersion :

$$C = (\, c(s_i \wedge s_j) \,)_{(i,j)}.$$

De plus, si nous posons :

$$\hat{c}_n(s) = a_n^2 \int_0^s \frac{1}{Y_n^2(u)} \, dN_n(u) = a_n^2 \sum_{i \,:\, T_i^{(n)} \leq t} \frac{1}{Y_n^2(T_i^{(n)})} \,,$$

alors :

$$\sup_{s \leq t} |\hat{c}_n(s) - c(s)| \xrightarrow[n \to +\infty]{P} 0.$$

La démonstration de ce théorème se fait aisément en appliquant le corollaire 4.25 à la martingale $\alpha_n \widetilde{M}_n = \alpha_n(\hat{\Lambda}_n - \Lambda_n^*)$. Elle est laissée comme exercice.

5.1.4 Bibliographie succinte sur le lissage

L'estimateur de Nelson-Aalen du taux de défaillance cumulé Λ est une fonction constante par morceaux dont les points de discontinuité sont les instants de défaillance T_i. La fonction Λ étant, elle, continue, il est naturel de chercher à lisser l'estimateur. Un tel lissage peut en outre permettre d'estimer le taux de défaillance (instantané) λ.

Ce problème est du même type que celui qu'on rencontre dans l'estimation empirique de la fonction de répartition et de la densité d'une variable aléatoire. La technique du noyau ayant rencontré un vif succès dans ce cas, il était naturel de l'appliquer également au cas de l'estimation du taux de défaillance. Sur ce sujet, on pourra consulter par exemple [85], [95], [99].

Une autre approche consiste à effectuer un lissage à l'aide de fonctions splines. Pour plus d'information, on peut se reporter à [5], [6], [83], [67]. La méthode préconisée dans ce dernier article est une option du logiciel MacSurvie mis au point au point par des statisticiens des universités de Grenoble.

Plus récemment, N.L. Hjort et al. ([51], [52], [53]) ont proposé des méthodes qui combinent l'approche non-paramétrique avec une approche paramétrique

5.2 Estimateur de Kaplan-Meier

5.2.1 Etude de quelques cas particuliers

Nous supposons toujours observer des matériels dont nous cherchons à estimer la fiabilité. Mais contrairement au paragraphe 5.1, nous cherchons directement l'estimateur de la fiabilité $R(t)$ à l'instant t, sans passer par l'intermédiaire du taux de défaillance cumulé.

Cas de n matériels non réparés

Si nous observons n matériels non réparables, nous observons un échantillon de taille n, $T_1, \ldots, T_n$ de la loi de fonction de répartition $1 - R$. L'estimateur le plus simple de $1 - R$ est la fonction de répartition empirique, c'est-à-dire que $1 - R(t)$ est estimé par $\frac{1}{n} \sum_{i=1}^{n} 1_{\{T_i \leq t\}}$, ce qui donne pour estimateur de $R(t)$:

$$\hat{R}(t) = \frac{1}{n} \sum_{i=1}^{n} 1_{\{T_i > t\}} = \frac{n - \sum_{i=1}^{n} 1_{\{T_i \leq t\}}}{n} .$$

Remarque 5.13 : La variable aléatoire $S = \sum_{i=1}^{n} 1_{\{T_i > t\}}$ est de loi binomiale de paramètres n et $p = R(t)$, or si S est de loi binomiale de paramètres n et p, $\frac{S}{n}$ est l'estimateur "classique" du paramètre p (c'est l'estimateur du maximum de vraisemblance, il est sans biais et efficace). En outre, nous pouvons construire des intervalles de confiance par la méthode donnée dans l'appendice B (proposition B.2 et deuxième exemple du paragraphe B.3).

Cas de n matériels non réparés avec censure de type 1

Nous observons toujours n matériels non réparables, mais le matériel i n'est observé que pendant la durée τ_i, la durée d'observation τ_i étant fixée a-priori et non aléatoire.

Afin de faire comprendre la démarche, nous supposons que $\tau_i = t_1$ pour $1 \leq i \leq n_1$ et que $\tau_i = t_2$ pour $n_1 + 1 \leq i \leq n$, avec $t_1 < t_2$.

Nous notons T_i les instants de pannes *observés* rangés par ordre croissant et N la fonction de comptage de ce processus : $N(s) = \sum_{i \geq 1} 1_{\{T_i \leq s\}}$ est le nombre de pannes *observées* pendant l'intervalle de temps $[0, s]$. Enfin notons $Y(s)$ le nombre de matériels sous observation à l'instant s, la fonction Y étant prise continue à gauche, ce qui la détermine parfaitement, y compris en ses instants de saut.

L'étude précédente nous conduit à prendre comme estimateur de $R(t)$:

$$\hat{R}(t) = \frac{n - N(t)}{n} \quad \text{pour} \quad t \leq t_1.$$

Or $\hat{R}(t)$ est de la forme :

$$\frac{n - r}{n} = \left(1 - \frac{1}{n}\right)\left(1 - \frac{1}{n-1}\right) \cdots \left(1 - \frac{1}{n-r+1}\right).$$

En remarquant que

$$n = Y(T_1), n - 1 = Y(T_2), \ldots, n - r + 1 = Y(T_r)$$

nous pouvons ré-écrire $\hat{R}$ sous la forme :

$$\hat{R}(t) = \prod_{i:T_i \leq t} \left(1 - \frac{1}{Y(T_i)}\right) \quad \text{pour} \quad t \leq t_1,$$

avec la convention habituelle : $\prod_{\emptyset} = 1$.

Notons λ le taux de défaillance du matériel considéré. A l'instant t_1+ (c'est-à-dire "juste après l'instant t_1"), il reste $m = Y(t_1+)$ matériels sous observation. Si nous prenons l'instant t_1 comme origine des temps, chacun de ces m matériels sous observation a pour taux de défaillance $s \to \lambda(t_1 + s)$. Si nous reprenons la démarche ci-dessus, nous sommes conduits à estimer $\exp\left(-\int_0^u \lambda(s + t_1)\,ds\right)$ par :

$$\frac{m - (N(u) - N(t_1))}{m} = \prod_{i:t_1 < T_i \leq u} \left(1 - \frac{1}{Y(T_i)}\right) \quad \text{pour} \quad t_1 \leq u \leq t_2.$$

Par conséquent, nous estimons :

$$\exp\left(-\int_0^t \lambda(s)\,ds\right) = \exp\left(-\int_0^{t_1} \lambda(s)\,ds\right)\exp\left(-\int_0^{t-t_1} \lambda(s + t_1)\,ds\right),$$

par :

$$\hat{R}(t) = \left(\prod_{i:T_i \leq t_1} \left(1 - \frac{1}{Y(T_i)} \right) \right) \left(\prod_{i:t_1 < T_i \leq t} \left(1 - \frac{1}{Y(T_i)} \right) \right) \quad \text{pour} \quad t_1 < t \leq t_2.$$

Pour tout $t \leq t_2$, nous avons donc la même forme pour l'estimateur de $R(t)$:

$$\hat{R}(t) = \prod_{i:T_i \leq t} \left(1 - \frac{1}{Y(T_i)} \right).$$

On conçoit aisément que l'heuristique donnée ci-dessus dans le cas où les instants de censures τ_i ne prennent que deux valeurs distinctes fonctionne de la même façon dans le cas général.

Si maintenant les τ_i sont des instants aléatoires indépendants des instants de défaillance des matériels, l'argument que nous avons utilisé et qui consiste à dire que, si nous prenons comme nouvelle origine des temps l'instant τ_i les matériels qui restent sous observation ont pour taux de défaillance $s \rightarrow \lambda(s + \tau_i)$, garde sa pertinence. Nous obtenons encore la même forme pour l'estimateur de $\hat{R}(t)$. L'estimateur obtenu est l'estimateur dit de Kaplan-Meier car ces derniers l'ont remis à l'honneur et étudié à partir de 1958 (il semblerait que cet estimateur ait été proposé la première fois en 1912 par Böhmer).

Le cadre classique de l'estimateur de Kaplan-Meier est l'étude de la durée de survie d'individus lorsque les observations sont censurées à droite. Nous traduisons ci-dessous cette situation classique en utilisant le vocabulaire de la fiabilité et en introduisant les notations utilisées habituellement dans ce cadre (qui ne sont pas celles que nous avons utilisées jusqu'à présent). Nous reviendrons au cas général dans le paragraphe 5.2.2.

Considérons n matériels identiques qui fonctionnent indépendamment et dont nous voulons estimer la fiabilité $R(t)$ à l'instant t. Un matériel n'est pas réparé après défaillance. Notons X_k l'instant de défaillance du matériel numéro k. L'observation du matériel numéro k n'a lieu que jusqu'à un instant de censure C_k. L'observation n'est donc pas la variable aléatoire X_k, mais le couple (Z_k, δ_k) où :

$$Z_k = X_k \wedge C_k \quad \text{et} \quad \delta_k = 1_{\{X_k \leq C_k\}}.$$

Les variables aléatoires C_k sont supposées indépendantes et de même loi et indépendantes de la famille $(X_j)_{1 \leq j \leq n}$.

Notons $(X'_k)_{1 \leq k \leq n}$ les variables X_k $(1 \leq k \leq n)$ rangées par ordre croissant (c'est-à-dire la statistique d'ordre associée aux X_k) et δ'_k les indices "de non-censure" correspondants : $\delta'_k = 1$ si X'_k est un instant de défaillance et $\delta'_k = 0$ sinon.

L'estimateur de Kaplan-Meier de $R(t)$ s'écrit dans ce cas :

$$\hat{R}(t) = \prod_{k:Z'_k \leq t} \left(\frac{n-k}{n-k+1} \right)^{\delta'_k}.$$

5.2.2   Cas général

Reprenons la première forme que nous avons donnée de l'estimateur de Kaplan-Meier :

$$\hat{R}(t) = \prod_{i:T_i \leq t} \left(1 - \frac{1}{Y(T_i)} \right)$$

$$= \exp \left(\sum_{i:T_i \leq t} \log \left(1 - \frac{1}{Y(T_i)} \right) \right).$$

Si les $Y(T_i)$ sont grands, $\log \left(1 - \frac{1}{Y(T_i)} \right) \approx - \frac{1}{Y(T_i)}$ et :

$$\hat{R}(t) \approx \exp \left(- \sum_{i:T_i \leq t} \frac{1}{Y(T_i)} \right) = \exp \left(-\hat{\Lambda}(t) \right),$$

où $\hat{\Lambda}$ est l'estimateur de Nelson-Aalen. Cela suggère d'une part que l'estimateur de Kaplan-Meier peut être utilisé dans le même contexte que celui de Nelson-Aalen, d'autre part que les deux estimateurs ont les mêmes propriétés asymptotiques.

Hypothèses 5.14 *Considérons un processus ponctuel simple $(T_i)_{i \geq 1}$ de fonction de comptage N et supposons que l'intensité a du processus, relativement à une filtration $\mathcal{F}$ continue à droite, soit sous forme multiplicative : $a(s) = Y(s)\lambda(s)$ où Y et λ sont positifs, la fonction λ est déterministe et inconnue, et Y est un processus aléatoire observable, continu à gauche et adapté à la filtration $\mathcal{F}$. Nous supposons λ intégrable sur tout compact et nous posons $\Lambda(t) = \int_0^t \lambda(s)\,ds$. Nous supposons également que :*

$$Y(s) \geq 1 \quad \text{sur } \{Y(s) \neq 0\}.$$

En suivant [4], nous dirons que l'**estimateur de Kaplan-Meier**, appelé encore **estimateur produit-limite**, de $R(t) = \exp \left(- \int_0^t \lambda(s)\,ds \right)$ est :

$$\hat{R}(t) = \prod_{i:T_i \leq t} \left(1 - \frac{1}{Y(T_i)} \right) = \prod_{s \leq t} \left(1 - \frac{\Delta N(s)}{Y(s)} \right).$$

En fait dans [4], le début du paragraphe IV.3 laisse penser que les propriétés établies pour cet estimateur et que nous allons donner ci-dessous, ne sont valables que dans le cas classique étudié dans le paragraphe précédent (matériels non réparés avec censures à droite indépendantes). Mais p.256 lignes 6-9, il est précisé que l'étude faite est valable pour tout processus ponctuel simple avec intensité multiplicative. En effet, les démonsrations se font à partir de la proposition 5.15 ci-dessous et sont tout à fait analogues à celles faites pour l'estimateur de Nelson-Aalen.

Notons

$$\hat{\Lambda}(t) = \sum_{i:T_i \le t} \frac{1}{Y(T_i)}$$

l'estimateur de Nelson-Aalen de $\Lambda(t)$. Nous avons :

$$\hat{R}(t) \le e^{-\hat{\Lambda}(t)},$$

car $1 - x \le e^{-x}$.

Posons :

$$M(t) = N(t) - \int_0^t Y(s)\lambda(s)\,ds,$$

$$\widetilde{M}(t) = \int_0^t \frac{1}{Y(s)} 1_{\{Y(s) \ne 0\}}\,dM(s) = \hat{\Lambda}(t) - \int_0^t 1_{\{Y(s) \ne 0\}}\lambda(s)\,ds,$$

$$R^*(t) = \exp\left(-\int_0^t 1_{\{Y(s) \ne 0\}}\lambda(s)\,ds\right).$$

Proposition 5.15 *Sous les hypothèses 5.14 nous avons :*

$$\frac{\hat{R}(t)}{R^*(t)} - 1 = -\int_0^t \frac{\hat{R}(s_-)}{R^*(s)}\,d\widetilde{M}(s) = -\int_0^t \frac{\hat{R}(s_-)1_{\{Y(s) \ne 0\}}}{R^*(s)Y(s)}\,dM(s). \qquad (5.3)$$

Le processus $\dfrac{\hat{R}}{R^*} - 1$ est donc une martingale et par suite :

$$\mathbb{E}\left(\frac{\hat{R}(t)}{R^*(t)}\right) = 1,$$

$$\mathbb{E}\left(\hat{R}(t)\right) \ge R(t).$$

♣ *Démonstration* : En appliquant la proposition A.7 et la remarque A.11 (appendice A) à $U = -\widetilde{M}$, nous voyons que

$$X(t) = \left(\prod_{s \le t}\left(1 - \frac{\Delta N(s)}{Y(s)}\right)\right)\exp\left(\int_0^t 1_{\{Y(s) \ne 0\}}\lambda(s)\,ds\right) = \frac{\hat{R}(t)}{R^*(t)}$$

est solution de l'équation :

$$X(t) = 1 - \int_0^t X(s_-)\,d\widetilde{M}(s),$$

ce qui nous donne la première formule annoncée. D'autre part, $R^* \ge R$ et $0 \le \hat{R} \le 1$, donc :

$$0 \le X(s_-) \le \frac{1}{R(s)} \le \frac{1}{R(t)} \quad \text{pour } s \le t.$$

Par suite, la proposition F.16 montre que $\int X_-\,d\widetilde{M}$ est une martingale, nulle en 0. Les deux dernières égalités en découlent immédiatement. ♣

R.D. Gill ([48], [4] paragraphe IV.3.1) propose comme estimateur de la variance de $\dfrac{\hat{R}(t)}{R(t)}$:

$$\hat{\sigma}_1^2(t) = \int_0^t \frac{1}{Y^2(s)}\, dN(s) = \sum_{i:T_i \le t} \frac{1}{Y^2(T_i)},$$

ou :

$$\hat{\sigma}_2^2(t) = \int_0^t \frac{1}{Y(s)\,(Y(s)-1)}\, dN(s) = \sum_{i:T_i \le t} \frac{1}{Y(T_i)(Y(T_i)-1)}.$$

Le deuxième estimateur de la variance est celui que Greenwood a proposé en 1926. Il semble être meilleur que le premier dans le cas classique ([4] paragraphe IV.3.1).

5.2.3 Comportement asymptotique

Comme nous l'avons dit, le comportement asymptotique de l'estimateur de Kaplan-Meier s'étudie comme celui de l'estimateur de Nelson-Aalen. Nous ne donnons que les versions simplifiées qui correspondent aux théorèmes 5.4 et 5.6, nous laissons au lecteur le soin de traduire lui-même celles qui correspondent aux théorèmes 5.5 et 5.12.

Théorème 5.16 ([4] remarque suivant (4.1.10) et théorème IV.3.1)
Supposons Y à valeurs dans $\mathbb{N}$. Si :

$$\forall s \le t \quad Y_n(s) \xrightarrow[n \to +\infty]{P} +\infty,$$

alors :

$$\sup_{s \le t} |\hat{R}_n(s) - R(s)| \xrightarrow[n \to +\infty]{P} 0.$$

Théorème 5.17 ([4] théorème IV.3.2 et remarque qui suit)
En plus des hypothèses 5.14, supposons qu'il existe une fonction φ définie sur $[0,t]$ et telle que :

- $\inf_{s \le t} \varphi(s) > 0,$

- $\sup_{s \le t} |\frac{1}{n} Y_n(s) - \varphi(s)| \xrightarrow[n \to +\infty]{P} 0,$

- $\int_0^t \dfrac{\lambda(s)}{\varphi(s)}\, ds < +\infty.$

Posons, pour $s \le t$:

$$c(s) = \int_0^s \frac{\lambda(u)}{\varphi(u)}\, du.$$

Alors, pour tout $k \geq 1$ et $0 \leq s_1 < \cdots < s_k \leq t$, le vecteur aléatoire

$$\sqrt{n}\left(\hat{R}_n(s_1) - R(s_1), \cdots, \hat{R}_n(s_k) - R(s_k)\right)$$

converge en loi, lorsque n tend vers l'infini, vers un vecteur gaussien centré de matrice de dispersion :

$$C = \left(c(s_i \wedge s_j)\right)_{(i,j)}.$$

De plus, si nous posons :

$$\hat{c}_{1,n}(s) = n \sum_{i:T_i^{(n)} \leq s} \frac{1}{Y_n^2(T_i^{(n)})},$$

$$\hat{c}_{2,n}(s) = n \sum_{i:T_i^{(n)} \leq s} \frac{1}{Y_n(T_i^{(n)})\left(Y_n(T_i^{(n)}) - 1\right)},$$

alors, pour $p = 1, 2$:

$$\sup_{s \leq t} |\hat{c}_{p,n}(s) - c(s)| \xrightarrow[n \to +\infty]{P} 0.$$

Pour obtenir des intervalles de confiance asymptotiques, nous avons l'analogue du corollaire 5.11.

Nous définissons donc la matrice $\hat{C}_{p,n}$ $(p = 1, 2)$ par :

$$\hat{C}_{p,n}(i, j) = \hat{c}_{p,n}(s_i \wedge s_j),$$

et nous posons :

$$\Gamma_{p,n} = \begin{cases} (\hat{C}_{p,n})^{-1} & \text{si } \hat{C}_{p,n} \text{ est inversible,} \\ ? & \text{sinon,} \end{cases}$$

le ? signifiant une matrice quelconque.

Corollaire 5.18 *Avec les hypothèses et les notations du théorème 5.17, pour $p = 1, 2$, la variable aléatoire*

$$n \sum_{1 \leq i,j \leq k} (\Gamma_{p,n})^{-1}(i, j)\left(\hat{\Lambda}_n(s_i) - \Lambda(s_i)\right)\left(\hat{\Lambda}_n(s_j) - \Lambda(s_j)\right)$$

converge en loi vers la loi du χ^2 à k degrés de liberté.

5.3 Estimation paramétrique

Nous supposons que l'intensité du processus ponctuel simple observé dépend d'un paramètre $\theta \in \Theta$ (Θ étant un sous-ensemble de $\mathbb{R}^d$). Nous estimons le paramètre θ par maximum de vraisemblance et nous allons étudier les propriétés asymptotiques de l'estimation. Le paramètre figurant l'asymptotique est noté ρ, il tendra vers l'infini. Dans les applications que nous étudierons, le paramètre ρ sera soit un nombre de matériels (comme pour les estimateurs de Nelson-Aalen ou de Kaplan-Meier), soit la durée de l'observation (ou un indice la paramètrant).

5.3.1   Consistance

Nous observons un processus ponctuel N_ρ d'intensité $t \to a_\rho(t, \theta^0)$ pendant une durée t_ρ, l'instant t_ρ étant un temps d'arrêt. Le paramètre θ^0 est inconnu et nous voulons l'estimer. D'après la proposition 4.9, la log-vraisemblance associée à l'observation est :

$$L_\rho(\theta) = \int_0^{t_\rho} \log a_\rho(u, \theta) \, dN_\rho(u) - \int_0^{t_\rho} a_\rho(u, \theta) \, du. \qquad (5.4)$$

Nous dirons que $\hat{\theta}_\rho$ est un estimateur du maximum de vraisemblance de θ si :

$$L_\rho(\hat{\theta}_\rho) = \sup_{\theta \in \Theta} L_\rho(\theta).$$

Pour montrer la consistance d'un estimateur du maximum de vraisemblance, nous nous appuyons sur les résultats de [35] (paragraphe 3.2) sur les estimateurs du minimum de contraste. Donnons tout d'abord ces résultats dans le cadre qui nous intéresse. On peut également consulter [47] paragraphe 2.6.

Nous nous plaçons sous les hypothèses suivantes (hypothèses de contraste) :

Hypothèses 5.19 *Nous supposons qu'il existe une suite de réels positifs c_ρ tendant vers l'infini lorsque ρ tend vers l'infini et une fonction $\theta \to K(\theta^0, \theta)$ (à valeurs dans $\bar{\mathbb{R}}_+$) telles que :*

1. $\dfrac{1}{c_\rho} \left(L_\rho(\theta^0) - L_\rho(\theta) \right) \xrightarrow[\rho \to +\infty]{P} K(\theta^0, \theta),$

2. $K(\theta^0, \theta) > 0$ pour $\theta \neq \theta^0$ et $K(\theta^0, \theta^0) = 0$.

Le théorème 3.2.8 de [35] devient :

Théorème 5.20 *Pour $\eta > 0$ posons :*

$$w(\rho, \eta) = \sup \{ \frac{1}{c_\rho} |L_\rho(\theta) - L_\rho(\theta')| : |\theta - \theta'| \leq \eta \}.$$

Nous nous plaçons sous les hypothèses 5.19 et nous supposons de plus que :

- *Θ est un compact de $\mathbb{R}^d$ et les fonctions $\theta \to L_\rho(\theta)$ et $\theta \to K(\theta^0, \theta)$ sont continues,*

- *il existe deux suites η_k et ε_k réelles et décroissantes vers 0, telles que pour tout k :*

$$\mathbb{P}(w(\rho, \eta_k) > \varepsilon_k) \xrightarrow[\rho \to +\infty]{} 0.$$

Alors toute suite $\hat{\theta}_\rho$ d'estimateurs du maximum de vraisemblance est consistante, c'est-à-dire :

$$\hat{\theta}_\rho \xrightarrow[\rho \to +\infty]{P} \theta^0.$$

Pour $\theta \in \Theta \subset \mathbb{R}^d$, $|\theta|$ désigne une norme de θ (nous pouvons prendre $|\theta| = \sup_{1 \leq i \leq d} |\theta_i|$ ou toute autre norme puisqu'elles sont toutes équivalentes).

En appliquant la formule de Taylor à l'ordre 1, on en déduit le corollaire suivant.

Corollaire 5.21 *Nous nous plaçons sous les hypothèses 5.19 et nous supposons de plus que :*

- Θ *est un compact de $\mathbb{R}^d$, la fonction $\theta \to L_\rho(\theta)$ est continûment différentiable et la fonction $\theta \to K(\theta^0, \theta)$ est continue,*

- *il existe une constante $A > 0$ telle que pour tout $1 \leq i \leq d$:*

$$\mathbb{P}\left(\frac{1}{c_\rho} \sup_{\theta \in \Theta} \left| \frac{\partial L_\rho}{\partial \theta_i}(\theta) \right| > A \right) \xrightarrow[\rho \to +\infty]{} 0.$$

Alors :

$$\hat{\theta}_\rho \xrightarrow[\rho \to +\infty]{P} \theta^0.$$

Nous allons démontrer que sous les hypothèses ci-dessous nous pouvons appliquer le corollaire 5.21.

Hypothèses 5.22 *Nous supposons que Θ est compact et que :*

a. $a_\rho(t, \theta) > 0$ *pour $t \leq t_\rho$ et $\theta \in \Theta$,*

b. *la fonction $\theta \to a_\rho(t, \theta)$ est continûment différentiable et on peut intervertir dérivation et intégrale dans l'expression de $L_\rho(\theta)$, c'est-à-dire :*

$$\frac{\partial L_\rho}{\partial \theta_i}(\theta) = \int_0^{t_\rho} \frac{\partial \log a_\rho}{\partial \theta_i}(u, \theta) \, dN_\rho(u) - \int_0^{t_\rho} \frac{\partial a_\rho}{\partial \theta_i}(u, \theta) \, du,$$

et la fonction $\frac{\partial L_\rho}{\partial \theta_i}$ est continue.

Nous supposons en outre qu'il existe un réel $A > 0$, une suite de réels positifs c_ρ (pouvant dépendre de θ^0 mais non de θ) tendant vers l'infini lorsque ρ tend vers l'infini et une fonction continue $\theta \to K(\theta^0, \theta)$ (à valeurs dans $\bar{\mathbb{R}}_+$) tels que :

1. $K(\theta^0, \theta) > 0$ *pour $\theta \neq \theta^0$, $K(\theta^0, \theta^0) = 0$,*

2. $\dfrac{1}{c_\rho} \displaystyle\int_0^{t_\rho} \left(\dfrac{a_\rho(u, \theta)}{a_\rho(u, \theta^0)} - 1 - \log \dfrac{a_\rho(u, \theta)}{a_\rho(u, \theta^0)} \right) a_\rho(u, \theta^0) \, du \xrightarrow[\rho \to +\infty]{P} K(\theta^0, \theta),$

3. $\dfrac{1}{c_\rho^2} \displaystyle\int_0^{t_\rho} a_\rho(u, \theta^0) \, \log^2 \dfrac{a_\rho(u, \theta)}{a_\rho(u, \theta^0)} \, du \xrightarrow[\rho \to +\infty]{P} 0,$

4. $\dfrac{1}{c_\rho^2} \displaystyle\int_0^{t_\rho} \sup_{\theta \in \Theta} \left(\dfrac{\partial \log a_\rho}{\partial \theta_i}(u, \theta) \right)^2 a_\rho(u, \theta^0) \, du \xrightarrow[\rho \to +\infty]{P} 0 \quad (1 \leq i \leq d),$

5. $\mathbb{P}\left(\dfrac{1}{c_\rho}\displaystyle\int_0^{t_\rho}\sup_{\theta\in\Theta}\left|\dfrac{\partial\log a_\rho}{\partial\theta_i}(u,\theta)\right|a_\rho(u,\theta^0)\,du\ >A\right)\xrightarrow[\rho\to+\infty]{}0\qquad(1\le i\le d)$,

6. $\mathbb{P}\left(\dfrac{1}{c_\rho}\displaystyle\int_0^{t_\rho}\sup_{\theta\in\Theta}\left|\dfrac{\partial a_\rho}{\partial\theta_i}(u,\theta)\right|du\ >A\right)\xrightarrow[\rho\to+\infty]{}0\qquad(1\le i\le d)$.

L'hypothèse de compacité de Θ n'est pas trop contraignante en pratique car on a souvent une idée d'un domaine compact dans lequel le paramètre doit se trouver.

Remarque 5.23 : Si

$$\frac{1}{c_\rho}\int_0^{t_\rho}\left(\frac{a_\rho(u,\theta)}{a_\rho(u,\theta^0)}-1-\log\frac{a_\rho(u,\theta)}{a_\rho(u,\theta^0)}\right)a_\rho(u,\theta^0)\,du\xrightarrow[\rho\to+\infty]{}K(\theta^0,\theta),$$

alors $K(\theta^0,\theta)\ge 0$ car, pour $x>0$, $x-1-\log x\ge 0$.

Théorème 5.24 *Sous les hypothèses 5.22, toute suite $\hat\theta_\rho$ d'estimateurs du maximum de vraisemblance est consistante, c'est-à-dire :*

$$\hat\theta_\rho\xrightarrow[\rho\to+\infty]{P}\theta^0.$$

♣ *Démonstration* : Posons :

$$M_\rho(t)=N_\rho(t)-\int_0^t a_\rho(u,\theta^0)\,du.$$

Nous allons vérifier les hypothèses du corollaire 5.21. Commençons par la première condition des hypothèses 5.19. Nous avons :

$$\begin{aligned}
\frac{1}{c_\rho}\left(L_\rho(\theta^0)-L_\rho(\theta)\right)&=-\int_0^{t_\rho}\frac{1}{c_\rho}\log\frac{a_\rho(u,\theta)}{a_\rho(u,\theta^0)}\,dM_\rho(u)\\
&\quad+\frac{1}{c_\rho}\int_0^{t_\rho}\left(\frac{a_\rho(u,\theta)}{a_\rho(u,\theta^0)}-1-\log\frac{a_\rho(u,\theta)}{a_\rho(u,\theta^0)}\right)a_\rho(u,\theta^0)\,du.
\end{aligned}$$

Le corollaire F.39 à l'inégalité de Lenglart montre que la condition *3* des hypothèses 5.22 entraine la convergence en probabilité vers 0 de la martingale

$$\int_0^t\frac{1}{c_\rho}\log\frac{a_\rho(u,\theta)}{a_\rho(u,\theta^0)}\,dM_\rho(u)$$

dont le processus croissant est :

$$\frac{1}{c_\rho^2}\int_0^t\log^2\frac{a_\rho(u,\theta)}{a_\rho(u,\theta^0)}\,a_\rho(u,\theta^0)\,du.$$

Il suffit ensuite d'appliquer la condition *2* des hypothèses 5.22.

Il nous reste à prouver la convergence vers 0 de $\mathbb{P}(\frac{1}{c_\rho}\sup_{\theta\in\Theta}|\frac{\partial L_\rho}{\partial\theta_i}(\theta)| > A_1)$ pour un certain réel positif A_1. D'après la condition b des hypothèses 5.22, nous pouvons écrire :

$$
\sup_{\theta\in\Theta}\left|\frac{\partial L_\rho}{\partial\theta_i}(\theta)\right| \leq \int_0^{t_\rho}\sup_{\theta\in\Theta}\left|\frac{\partial\log a_\rho}{\partial\theta_i}(u,\theta)\right|dN_\rho(u) + \int_0^{t_\rho}\sup_{\theta\in\Theta}\left|\frac{\partial a_\rho}{\partial\theta_i}(u,\theta)\right|du
$$

$$
= \int_0^{t_\rho}\sup_{\theta\in\Theta}\left|\frac{\partial\log a_\rho}{\partial\theta_i}(u,\theta)\right|dM_\rho(u) + \int_0^{t_\rho}\sup_{\theta\in\Theta}\left|\frac{\partial\log a_\rho}{\partial\theta_i}(u,\theta)\right|a_\rho(u,\theta^0)du
$$

$$
+ \int_0^{t_\rho}\sup_{\theta\in\Theta}\left|\frac{\partial a_\rho}{\partial\theta_i}(u,\theta)\right|du.
$$

La condition *4* des hypothèses 5.22 et le corollaire F.39 entrainent que :

$$
\frac{1}{c_\rho}\int_0^{t_\rho}\sup_{\theta\in\Theta}\left|\frac{\partial\log a_\rho}{\partial\theta_i}(u,\theta)\right|dM_\rho(u)
$$

converge en probabilité vers 0. Il suffit donc de montrer qu'il existe A_2 tel que

$$
\mathbb{P}\left(\frac{1}{c_\rho}\int_0^{t_\rho}\sup_{\theta\in\Theta}\left|\frac{\partial\log a_\rho}{\partial\theta_i}(u,\theta)\right|a_\rho(u,\theta^0)du + \frac{1}{c_\rho}\int_0^{t_\rho}\sup_{\theta\in\Theta}\left|\frac{\partial a_\rho}{\partial\theta_i}(u,\theta)du\right| > A_2\right)
$$

tende vers 0. Or :

$$
\mathbb{P}\left(\frac{1}{c_\rho}\int_0^{t_\rho}\sup_{\theta\in\Theta}\left|\frac{\partial\log a_\rho}{\partial\theta_i}(u,\theta)\right|a_\rho(u,\theta^0)du + \frac{1}{c_\rho}\int_0^{t_\rho}\sup_{\theta\in\Theta}\left|\frac{\partial a_\rho}{\partial\theta_i}(u,\theta)\right|du > 2A\right)
$$

$$
\leq \mathbb{P}\left(\frac{1}{c_\rho}\int_0^{t_\rho}\sup_{\theta\in\Theta}\left|\frac{\partial\log a_\rho}{\partial\theta_i}(u,\theta)\right|a_\rho(u,\theta^0)du > A\right)
$$

$$
+ \mathbb{P}\left(\frac{1}{c_\rho}\int_0^{t_\rho}\sup_{\theta\in\Theta}\left|\frac{\partial a_\rho}{\partial\theta_i}(u,\theta)du\right| > A\right),
$$

et le résultat cherché découle des conditons *5* et *6* des hypothèses 5.22. ♣

5.3.2 Normalité asymptotique

Pour établir la normalité asymptotique des estimateurs du maximum de vraisemblance, nous allons suivre la méthode préconisée dans [4] paragraphe 3.3 et dans [47] paragraphe 2.6.5, c'est-à-dire utiliser la proposition suivante.

Proposition 5.25 *Nous supposons que θ^0 est un point intérieur de Θ, que la fonction $\theta \to L_\rho(\theta)$ est deux fois continûment différentiable dans un voisinage de θ^0 et qu'il existe une suite de réels d_ρ, et deux matrices symétriques Γ et J, J étant de plus inversible, telles que :*

1. $\dfrac{d_\rho}{c_\rho}\mathrm{grad}L_\rho(\theta^0) \xrightarrow[\rho\to+\infty]{\mathcal{L}} \mathcal{N}(0,\Gamma),$

2. *pour tous i et j,* $\dfrac{1}{c_\rho} \dfrac{\partial^2 L_\rho}{\partial \theta_i \partial \theta_j}(\theta^0) \xrightarrow[\rho \to +\infty]{P} -J_{i,j}$,

3. *pour toute variable aléatoire positive R_ρ qui tend vers 0 en probabilité et pour tous i, j :*

$$\frac{1}{c_\rho} \sup_{|\theta| \le R_\rho} \left| \frac{\partial^2 L_\rho}{\partial \theta_i \partial \theta_j}(\theta^0 + \theta) - \frac{\partial^2 L_\rho}{\partial \theta_i \partial \theta_j}(\theta^0) \right| \xrightarrow[\rho \to +\infty]{P} 0.$$

Alors si $\hat{\theta}_\rho$ est une suite d'estimateurs du maximum de vraisemblance consistant, nous avons :

$$d_\rho \left(\hat{\theta}_\rho - \theta^0 \right) \xrightarrow[\rho \to +\infty]{\mathcal{L}} \mathcal{N}(0, J^{-1} \Gamma J^{-1}).$$

Nous ferons les hypothèses suivantes :

Hypothèses 5.26 :

1. *pour tout θ et pour $t \le t_\rho$, la fonction $\theta \to a_\rho(t, \theta)$ est strictement positive, 3 fois continûment différentiable et on peut intervertir (3 fois) dérivation et intégrale dans l'expression de $L_\rho(\theta)$,*

2. *il existe une suite c_ρ (pouvant dépendre de θ^0 mais indépendante de θ) qui tend vers l'infini lorsque ρ tend vers l'infini et des constantes $\sigma_{i,j}$ telles que :*

$$\frac{1}{c_\rho} \int_0^{t_\rho} \frac{\partial \log a_\rho}{\partial \theta_i}(u, \theta^0) \frac{\partial \log a_\rho}{\partial \theta_j}(u, \theta^0)\, a_\rho(u, \theta^0)\, du \xrightarrow[\rho \to +\infty]{P} \sigma_{i,j},$$

$$\frac{1}{c_\rho^2} \int_0^{t_\rho} \left(\frac{\partial^2 \log a_\rho}{\partial \theta_i \partial \theta_j}(u, \theta^0) \right)^2 a_\rho(u, \theta^0)\, du \xrightarrow[\rho \to +\infty]{P} 0,$$

3. *la matrice $\Sigma = (\sigma_{i,j})_{i,j}$ est inversible,*

4. *il existe $\beta > 0$, $A > 0$, un processus prévisible G_ρ et un processus H_ρ tels que pour tous $1 \le i, j, k \le d$:*

$$\sup_{|\theta - \theta^0| \le \beta} \left| \frac{\partial^3 \log a_\rho}{\partial \theta_i \partial \theta_j \partial \theta_k}(u, \theta) \right| \le G_\rho(u),$$

$$\sup_{|\theta - \theta^0| \le \beta} \left| \frac{\partial^3 a_\rho}{\partial \theta_i \partial \theta_j \partial \theta_k}(u, \theta) \right| \le H_\rho(u),$$

$$\frac{1}{c_\rho^2} \int_0^{t_\rho} G_\rho^2(u)\, a_\rho(u, \theta^0)\, du \xrightarrow[\rho \to +\infty]{P} 0,$$

$$\mathbb{P}\left(\frac{1}{c_\rho} \int_0^{t_\rho} \left(G_\rho(u)\, a_\rho(u, \theta^0) + H_\rho(u) \right) du > A \right) \xrightarrow[\rho \to +\infty]{} 0.$$

Théorème 5.27 *Nous supposons que* Θ *est compact, que* θ^0 *est un point intérieur à* Θ *et que les hypothèses 5.26 sont vérifiées. Supposons en outre que, pour tout* $1 \le i \le d$ *et tout* $\delta > 0$:

$$\frac{1}{c_\rho} \int_0^{t_\rho} \left(\frac{\partial \log a_\rho}{\partial \theta_i}(u, \theta^0) \right)^2 1_{\{\frac{1}{\sqrt{c_\rho}} \sum_{j=1}^d |\frac{\partial \log a_\rho}{\partial \theta_j}(u,\theta^0)| > \delta\}} \, a_\rho(u, \theta^0) \, du \xrightarrow[\rho \to +\infty]{P} 0. \quad (5.5)$$

Alors pour toute suite $\hat{\theta}_\rho$ *d'estimateurs du maximum de vraisemblance consistante :*

$$\sqrt{c_\rho} \left(\hat{\theta}_\rho - \theta^0 \right) \xrightarrow[\rho \to +\infty]{\mathcal{L}} \mathcal{N}(0, \Sigma^{-1}).$$

En outre, la matrice Σ *peut être estimée par* $\hat{\Sigma}$:

$$\hat{\Sigma}_\rho(i,j) = -\frac{1}{c_\rho} \frac{\partial^2 L_\rho}{\partial \theta_i \partial \theta_j}(\hat{\theta}_\rho),$$

plus précisément :

$$\left(\hat{\Sigma}_\rho \right)^{1/2} \sqrt{c_\rho} \left(\hat{\theta}_\rho - \theta^0 \right) \xrightarrow[\rho \to +\infty]{\mathcal{L}} \mathcal{N}(0, I),$$

où $\mathcal{N}(0, I)$ *est un vecteur gaussien formé de variables aléatoires indépendantes centrées de variance 1.*

♣ *Démonstration* : Nous allons vérifier que les hypothèses de la proposition 5.25 sont satisfaites avec $d_\rho = \sqrt{c_\rho}$ et $\Gamma = J = \Sigma$. Nous posons toujours :

$$M_\rho(t) = N_\rho(t) - \int_0^t a_\rho(u, \theta^0) \, du.$$

Pour vérifier la première condition, il suffit d'appliquer la proposition 4.18 car :

$$\frac{\partial L_\rho}{\partial \theta_i}(\theta^0) = \int_0^{t_\rho} \frac{\partial \log a_\rho}{\partial \theta_i}(u, \theta^0) \, dM_\rho(u).$$

Pour vérifier la deuxième condition, nous écrivons :

$$
\begin{aligned}
\frac{\partial^2 L_\rho}{\partial \theta_i \partial \theta_j}(\theta^0) &= \int_0^{t_\rho} \frac{\partial^2 \log a_\rho}{\partial \theta_i \partial \theta_j}(u, \theta^0) \, dN_\rho(u) - \int_0^{t_\rho} \frac{\partial^2 a_\rho}{\partial \theta_i \partial \theta_j}(u, \theta^0) \, du \\
&= \int_0^{t_\rho} \frac{\partial^2 \log a_\rho}{\partial \theta_i \partial \theta_j}(u, \theta^0) \, dM_\rho(u) + \int_0^{t_\rho} \frac{\partial^2 \log a_\rho}{\partial \theta_i \partial \theta_j}(u, \theta^0) \, a_\rho(u, \theta^0) \, du \\
&\quad - \int_0^{t_\rho} \frac{\partial^2 a_\rho}{\partial \theta_i \partial \theta_j}(u, \theta^0) \, du \\
&= \int_0^{t_\rho} \frac{\partial^2 \log a_\rho}{\partial \theta_i \partial \theta_j}(u, \theta^0) \, dM_\rho(u) - \int_0^{t_\rho} \frac{\frac{\partial a_\rho}{\partial \theta_i}(u, \theta^0) \frac{\partial a_\rho}{\partial \theta_j}(u, \theta^0)}{a_\rho(u, \theta^0)} \, du \\
&= \int_0^{t_\rho} \frac{\partial^2 \log a_\rho}{\partial \theta_i \partial \theta_j}(u, \theta^0) \, dM_\rho(u) \\
&\quad - \int_0^{t_\rho} \frac{\partial \log a_\rho}{\partial \theta_i}(u, \theta^0) \frac{\partial \log a_\rho}{\partial \theta_j}(u, \theta^0) \, a_\rho(u, \theta^0) \, du.
\end{aligned}
$$

Il suffit alors d'utiliser la condition 2 des hypothèses 5.26 et le corollaire F.39 de l'inégalité de Lenglart.

Pour la troisième condition nous effectuons un développement de Taylor à l'ordre 1 de $\frac{\partial^2 L_\rho}{\partial \theta_i \partial \theta_j}$ au voisinage de θ^0. Il existe $0 \leq \alpha \leq 1$ tel que :

$$\frac{\partial^2 L_\rho}{\partial \theta_i \partial \theta_j}(\theta^0 + \theta) - \frac{\partial^2 L_\rho}{\partial \theta_i \partial \theta_j}(\theta^0) = \sum_{k=1}^d \theta_k^0 \frac{\partial^3 L_\rho}{\partial \theta_i \partial \theta_j \partial \theta_k}(\theta^0 + \alpha \theta).$$

Il nous suffit donc de montrer que pour toute variable aléatoire positive R_ρ qui tend vers 0 en probabilité, la variable aléatoire

$$U_\rho = R_\rho \frac{1}{c_\rho} \sup_{|\theta| \leq R_\rho} \left| \frac{\partial^3 L_\rho}{\partial \theta_i \partial \theta_j \partial \theta_k}(\theta^0 + \theta) \right|$$

converge vers 0 en probabilité. Soit $\varepsilon > 0$, il vient :

$$\begin{aligned}
\mathbb{P}(U_\rho > \varepsilon) &= \mathbb{P}(U_\rho > \varepsilon, R_\rho \leq \beta) + \mathbb{P}(U_\rho > \varepsilon, R_\rho > \beta) \\
&\leq \mathbb{P}\left(R_\rho \frac{1}{c_\rho} \sup_{|\theta - \theta^0| \leq \beta} \left| \frac{\partial^3 L_\rho}{\partial \theta_i \partial \theta_j \partial \theta_k}(\theta) \right| > \varepsilon \right) + \mathbb{P}(R_\rho > \beta).
\end{aligned}$$

Le dernier terme tend vers 0 lorsque ρ tend vers l'infini. Etudions le premier terme. Posons :

$$V_\rho = \frac{1}{c_\rho} \sup_{|\theta - \theta^0| \leq \beta} \left| \frac{\partial^3 L_\rho}{\partial \theta_i \partial \theta_j \partial \theta_k}(\theta) \right|.$$

Nous avons :

$$\frac{\partial^3 L_\rho}{\partial \theta_i \partial \theta_j \partial \theta_k}(\theta) = \int_0^{t_\rho} \frac{\partial^3 \log a_\rho}{\partial \theta_i \partial \theta_j \partial \theta_k}(u, \theta) \, dN_\rho(u) - \int_0^{t_\rho} \frac{\partial^3 a_\rho}{\partial \theta_i \partial \theta_j \partial \theta_k}(u, \theta) \, du,$$

donc :

$$\begin{aligned}
V_\rho &\leq \frac{1}{c_\rho} \int_0^{t_\rho} G_\rho(u) \, dN_\rho(u) + \frac{1}{c_\rho} \int_0^{t_\rho} H_\rho(u) \, du \\
&= \frac{1}{c_\rho} \int_0^{t_\rho} G_\rho(u) \, dM_\rho(u) + \frac{1}{c_\rho} \int_0^{t_\rho} \left(G_\rho(u) \, a_\rho(u, \theta^0) + H_\rho(u) \right) \, du,
\end{aligned}$$

et en utilisant l'inégalité de Lenglart (proposition F.38), nous obtenons pour tout $\delta > 0$:

$$\begin{aligned}
\mathbb{P}\left(R_\rho \frac{1}{c_\rho} \sup_{|\theta - \theta^0| \leq \beta} \left| \frac{\partial^3 L_\rho}{\partial \theta_i \partial \theta_j \partial \theta_k}(\theta) \right| > \varepsilon \right) &= \mathbb{P}(R_\rho V_\rho > \varepsilon) \\
&= \mathbb{P}(R_\rho V_\rho > \varepsilon, V_\rho \leq 2A) + \mathbb{P}(R_\rho V_\rho > \varepsilon, V_\rho > 2A) \\
&\leq \mathbb{P}(2A R_\rho > \varepsilon) + \mathbb{P}(V_\rho > 2A) \\
&\leq \mathbb{P}\left(R_\rho > \frac{\varepsilon}{2A} \right) + P\left(\frac{1}{c_\rho} \int_0^{t_\rho} G_\rho(u) \, dM_\rho(u) > A \right) \\
&\quad + \mathbb{P}\left(\frac{1}{c_\rho} \int_0^{t_\rho} \left(G_\rho(u) \, a_\rho(u, \theta^0) + H_\rho(u) \right) \, du > A \right)
\end{aligned}$$

$$\leq \quad \mathbb{P}(R_\rho > \frac{\varepsilon}{2A}) + \frac{\delta}{A^2} + \mathbb{P}\left(\frac{1}{c_\rho^2}\int_0^{t_\rho} G_\rho^2(u)\, a_\rho(u,\theta^0)\, du > \delta\right)$$

$$+\mathbb{P}\left(\frac{1}{c_\rho}\int_0^{t_\rho}\left(G_\rho(u)\, a_\rho(u,\theta^0) + H_\rho(u)\right) du > A\right).$$

La proposition 5.25 permet donc de conclure que :

$$\sqrt{c_\rho}\left(\hat{\theta}_\rho - \theta^0\right) \xrightarrow[\rho\to+\infty]{\mathcal{L}} \mathcal{N}(0,\Sigma^{-1}).$$

Enfin pour tous i,j :

$$-\hat{\Sigma}_\rho(i,j) = \frac{1}{c_\rho}\frac{\partial^2 L_\rho}{\partial\theta_i\partial\theta_j}(\hat{\theta}_\rho)$$

$$= \frac{1}{c_\rho}\frac{\partial^2 L_\rho}{\partial\theta_i\partial\theta_j}(\theta^0) + \frac{1}{c_\rho}\left(\frac{\partial^2 L_\rho}{\partial\theta_i\partial\theta_j}(\hat{\theta}_\rho) - \frac{\partial^2 L_\rho}{\partial\theta_i\partial\theta_j}(\theta^0)\right).$$

Or d'une part nous avons montré que $\dfrac{1}{c_\rho}\dfrac{\partial^2 L_\rho}{\partial\theta_i\partial\theta_j}(\theta^0)$ converge en probabilité vers $-\sigma_{i,j}$. D'autre part :

$$\frac{1}{c_\rho}\left|\frac{\partial^2 L_\rho}{\partial\theta_i\partial\theta_j}(\hat{\theta}_\rho) - \frac{\partial^2 L_\rho}{\partial\theta_i\partial\theta_j}(\theta^0)\right| \leq \frac{1}{c_\rho}\sup_{|\theta|\leq|\hat{\theta}_\rho-\theta^0|}\left|\frac{\partial^2 L_\rho}{\partial\theta_i\partial\theta_j}(\theta^0+\theta) - \frac{\partial^2 L_\rho}{\partial\theta_i\partial\theta_j}(\theta^0)\right|,$$

et nous venons de montrer que cette quantité tend vers 0 en probabilité (prendre $R_\rho = |\hat{\theta}_\rho - \theta^0|$) puisque nous faisons l'hypothèse que la suite $\hat{\theta}_\rho$ est consistante. Nous avons donc établi la convergence en probabilité de $\hat{\Sigma}_\rho$ vers Σ.

Pour obtenir la convergence en loi de

$$\left(\hat{\Sigma}_\rho\right)^{1/2}\sqrt{c_\rho}\left(\hat{\theta}_\rho - \theta^0\right),$$

il suffit alors d'appliquer la proposition 3.8. ♣

5.3.3 Exemples

Cas d'un échantillon

Notons $T_1,\ldots,T_k,\ldots$ les points du processus ponctuel N_ρ. Nous supposons que ces points représentent les instants successifs de panne d'un matériel de taux de défaillance $t \to \lambda(t,\theta^0)$. Le paramètre θ^0 inconnu est à estimer. Lorsque le matériel tombe en panne il est remplacé immédiatement par du matériel neuf. Les variables aléatoires $T_1, T_2 - T_1, \cdots, T_k - T_{k-1}, \cdots$ sont donc indépendantes de même loi et observer le processus ponctuel jusqu'à l'instant $t_\rho = T_n$ revient à observer un échantillon de taille n. Voyons ce que donnent les théorèmes asymptotiques dans ce cas.

Le processus ponctuel observé est alors un processus de renouvellement (voir chapitre 6) et son intensité, d'après l'exemple 4.5, est donnée par :

$$a(u, \theta^0) = \lambda(u - T_{k-1}, \theta^0) \quad \text{si } T_{k-1} < u \leq T_k.$$

Nous prenons $c_\rho = n$. Regardons comment s'écrit la condition *1* des hypothèses 5.22. Avec la convention $T_0 = 0$ il vient :

$$
\begin{aligned}
K_\rho(\theta^0, \theta) &= \frac{1}{c_\rho} \int_0^{t_\rho} \left(\frac{a_\rho(u, \theta)}{a_\rho(u, \theta^0)} - 1 - \log \frac{a_\rho(u, \theta)}{a_\rho(u, \theta^0)} \right) a_\rho(u, \theta^0) \, du \\
&= \frac{1}{n} \sum_{k=1}^n \int_{T_{k-1}}^{T_k} \left(\frac{\lambda(u - T_{k-1}, \theta)}{\lambda(u - T_{k-1}, \theta^0)} - 1 - \log \frac{\lambda(u - T_{k-1}, \theta)}{\lambda(u - T_{k-1}, \theta^0)} \right) \lambda(u - T_{k-1}, \theta^0) \, du \\
&= \frac{1}{n} \sum_{k=1}^n \int_0^{T_k - T_{k-1}} \left(\frac{\lambda(u, \theta)}{\lambda(u, \theta^0)} - 1 - \log \frac{\lambda(u, \theta)}{\lambda(u, \theta^0)} \right) \lambda(u, \theta^0) \, du.
\end{aligned}
$$

Les variables aléatoires $X_k = \int_0^{T_k - T_{k-1}} \left(\frac{\lambda(u, \theta)}{\lambda(u, \theta^0)} - 1 - \log \frac{\lambda(u, \theta)}{\lambda(u, \theta^0)} \right) \lambda(u, \theta^0) \, du$ sont positives, indépendantes et de même loi. La loi des grands nombres montre que la quantité $K_\rho(\theta^0, \theta)$ converge presque-sûrement, donc en probabilité, vers :

$$
\begin{aligned}
K(\theta^0, \theta) &= \mathbb{E}(X_1) \\
&= \mathbb{E}\left(\int_0^{T_1} \left(\frac{\lambda(u, \theta)}{\lambda(u, \theta^0)} - 1 - \log \frac{\lambda(u, \theta)}{\lambda(u, \theta^0)} \right) \lambda(u, \theta^0) \, du \right) \\
&= \int_0^{+\infty} \left(\frac{\lambda(u, \theta)}{\lambda(u, \theta^0)} - 1 - \log \frac{\lambda(u, \theta)}{\lambda(u, \theta^0)} \right) \lambda(u, \theta^0) \bar{F}(u, \theta^0) \, du,
\end{aligned}
$$

où $\bar{F}(u, \theta^0) = \mathbb{P}(T_1 > u)$. Mais $f(u, \theta^0) = \lambda(u, \theta^0) \bar{F}(u, \theta^0)$ est la densité de la variable aléatoire T_1, donc :

$$K(\theta^0, \theta) = \mathbb{E}\left(\frac{\lambda(T_1, \theta)}{\lambda(T_1, \theta^0)} - 1 - \log \frac{\lambda(T_1, \theta)}{\lambda(T_1, \theta^0)} \right).$$

Pour obtenir la consistance nous sommes amenés à faire les hypothèses suivantes :

Hypothèses 5.28 *Nous supposons Θ compact et :*

1. *$\lambda(u, \theta) > 0$ pour tout $\theta \in \Theta$, la fonction $\theta \to \lambda(u, \theta)$ est continûment différentiable et, pour tous i et s, $\frac{\partial}{\partial \theta_i} \int_0^s \lambda(u, \theta) \, du = \int_0^s \frac{\partial \lambda}{\partial \theta_i}(u, \theta) \, du$,*

2. *le modèle est identifiable, c'est-à-dire :*

$$\lambda(u, \theta) = \lambda(u, \theta^0) \quad du - \text{presque partout} \implies \theta = \theta^0,$$

3. *pour tout i, $\sup_{\theta \in \Theta} \left| \frac{\partial \log \lambda}{\partial \theta_i}(T_1, \theta) \right| \in L^2$,*

4. *pour tout i, $\int_0^{T_1} \sup_{\theta \in \Theta} \left| \frac{\partial \lambda}{\partial \theta_i}(u, \theta) \right| \, du \in L^1$.*

Les espaces L^1 et L^2 sont relatifs à la probabilité qui régit le processus c'est-à-dire correspondant à la valeur θ^0 du paramètre.

Sous ces hypothèses, les conditions a et b des hypothèses 5.22 sont satisfaites. De plus, la condition 3 des hypothèses 5.28 et la formule des accroissements finis montrent que $\log \frac{\lambda(T_1,\theta)}{\lambda(T_1,\theta^0)}$ est dans L^2 donc intégrable. De même la condition 4 et la formule des accroissements finis prouvent que $\int_0^{T_1}(\lambda(u,\theta) - \lambda(u,\theta^0))\,du$ est intégrable. Ces deux résultats entrainent que X_1 est intégrable et donc que $K(\theta^0,\theta) < +\infty$. Avec l'hypothèse d'identifiabilité du modèle nous voyons que les conditions 1 et 2 des hypothèses 5.22 sont vérifiées.

En outre $K(\theta^0,\theta)$ est une information de Kullback comme le montre le lemme suivant :

Lemme 5.29 *Sous les hypothèses 5.28 :*

$$\mathbb{E}\left(\frac{\lambda(T_1,\theta)}{\lambda(T_1,\theta^0)} - 1 - \log\frac{\lambda(T_1,\theta)}{\lambda(T_1,\theta^0)}\right) = \mathbb{E}\left(\log\frac{f(T_1,\theta^0)}{f(T_1,\theta)}\right).$$

♣ *Démonstration* : Nous avons :

$$\log f(u,\theta) = \log\lambda(u,\theta) + \log\bar{F}(u,\theta) = \log\lambda(u,\theta) - \int_0^u \lambda(s,\theta)\,ds,$$

donc :

$$\log\frac{f(T_1,\theta^0)}{f(T_1,\theta)} = \log\frac{\lambda(T_1,\theta^0)}{\lambda(T_1,\theta)} + \int_0^{T_1}(\lambda(u,\theta) - \lambda(u,\theta^0))\,du.$$

Les hypothèses 5.28 entrainent que les différents termes du membre de droite sont intégrables et en outre :

$$\begin{aligned}
\mathbb{E}\left(\int_0^{T_1}(\lambda(u,\theta) - \lambda(u,\theta^0))\,du\right) &= \int_0^{+\infty}(\lambda(u,\theta) - \lambda(u,\theta^0))\bar{F}(u,\theta^0)\,du \\
&= \int_0^{+\infty}\left(\frac{\lambda(u,\theta)}{\lambda(u,\theta^0)} - 1\right)f(u,\theta^0)\,du \\
&= \mathbb{E}\left(\frac{\lambda(T_1,\theta)}{\lambda(T_1,\theta^0)} - 1\right),
\end{aligned}$$

d'où le résultat. ♣

De la même manière, toujours en appliquant la loi des grands nombres, nous voyons que, puisque $\log^2\frac{\lambda(T_1,\theta)}{\lambda(T_1,\theta^0)}$ est intégrable, la condition 3 des hypothèses 5.22 est satisfaite. Pour les conditions 4, 5 et 6 il suffit que $\sup_{\theta\in\Theta}\left(\frac{\partial\log\lambda}{\partial\theta_i}(T_1,\theta)\right)^2$ et $\sup_{\theta\in\Theta}\left|\frac{\partial\log\lambda}{\partial\theta_i}(T_1,\theta)\right|$ soient intégrables ce qui est entrainé par la condition 3 des hypothèses 5.28, et que $\int_0^{T_1}\sup_{\theta\in\Theta}\left|\frac{\partial\lambda}{\partial\theta_i}(u,\theta)\right|\,du$ soit intégrable, ce qui est l'hypothèse 4 de 5.28. Nous avons donc prouvé le résultat suivant :

Proposition 5.30 *Sous les hypothèses 5.28, toute suite d'estimateurs du maximum de vraisemblance d'un échantillon est consistante.*

Etudions maintenant la normalité asymptotique. Nous la prouverons en ajoutant les hypothèses ci-dessous :

Hypothèses 5.31 :

1. *la fonction $\theta \to \lambda(u, \theta)$ est trois fois continûment différentiable et pour tous i et j, $\dfrac{\partial^2 \log \lambda}{\partial \theta_i \partial \theta_j}(T_1, \theta^0)$ est de carré intégrable,*

2. *la matrice $\Sigma = (\sigma_{i,j})_{i,j}$ définie par*

$$\sigma_{i,j} = \mathbb{E}\left(\frac{\partial \log \lambda}{\partial \theta_i}(T_1, \theta^0) \, \frac{\partial \log \lambda}{\partial \theta_j}(T_1, \theta^0) \right)$$

est inversible,

3. *il existe $\beta > 0$ tel que pour tous i, j, k,* $\displaystyle\sup_{|\theta - \theta^0| \leq \beta} \left| \frac{\partial^3 \log \lambda}{\partial \theta_i \partial \theta_j \partial \theta_k}(T_1, \theta) \right|$ *soit de carré intégrable et* $\displaystyle\int_0^{T_1} \sup_{|\theta - \theta^0| \leq \beta} \left| \frac{\partial^3 \lambda}{\partial \theta_i \partial \theta_j \partial \theta_k}(u, \theta) \right| du$ *soit intégrable.*

En général la matrice Σ est la matrice d'information de Fisher en vertu du lemme suivant :

Lemme 5.32 *Supposons que, pour tous i et j, les variables aléatoires :*

$$\frac{1}{\lambda(T_1, \theta^0)} \frac{\partial^2 \lambda}{\partial \theta_i \partial \theta_j}(T_1, \theta^0) \quad \text{et} \quad \frac{\partial \log \lambda}{\partial \theta_i}(T_1, \theta^0) \, \frac{\partial \log \lambda}{\partial \theta_j}(T_1, \theta^0)$$

soient intégrables, et que pour tous i, j et u :

$$\frac{\partial^2}{\partial \theta_i \theta_j} \int_0^u \lambda(s, \theta^0) \, ds = \int_0^u \frac{\partial^2 \lambda}{\partial \theta_i \theta_j}(s, \theta^0) \, ds.$$

Alors :

$$\mathbb{E}\left(\frac{\partial \log \lambda}{\partial \theta_i}(T_1, \theta^0) \, \frac{\partial \log \lambda}{\partial \theta_j}(T_1, \theta^0) \right) = -\mathbb{E}\left(\frac{\partial^2 \log f}{\partial \theta_i \partial \theta_j}(T_1, \theta^0) \right),$$

donc la matrice Σ est la matrice d'information de Fisher.

♣ *Démonstration* : Nous avons pour tout $u > 0$:

$$\begin{aligned}
\frac{\partial^2 \log f}{\partial \theta_i \partial \theta_j}(u, \theta^0) &= \frac{\partial^2 \log \lambda}{\partial \theta_i \partial \theta_j}(u, \theta^0) - \int_0^u \frac{\partial^2 \lambda}{\partial \theta_i \partial \theta_j}(s, \theta^0) \, ds \\
&= \frac{1}{\lambda(u, \theta^0)} \frac{\partial^2 \lambda}{\partial \theta_i \partial \theta_j}(u, \theta^0) - \frac{\partial \log \lambda}{\partial \theta_i}(u, \theta^0) \, \frac{\partial \log \lambda}{\partial \theta_j}(u, \theta^0) \\
&\quad - \int_0^u \frac{\partial^2 \lambda}{\partial \theta_i \partial \theta_j}(s, \theta^0) \, ds.
\end{aligned}$$

En remplaçant u par T_1 et en prenant l'espérance on obtient le résultat désiré car :

$$\mathbb{E}\left(\int_0^{T_1} \frac{\partial^2 \lambda}{\partial \theta_i \partial \theta_j}(s, \theta^0)\, ds\right) = \int_0^{+\infty} \frac{\partial^2 \lambda}{\partial \theta_i \partial \theta_j}(s, \theta^0) \frac{1}{\lambda(s, \theta^0)} \lambda(s, \theta^0) \bar{F}(s, \theta^0)\, ds$$

$$= \mathbb{E}\left(\frac{1}{\lambda(T_1, \theta^0)} \frac{\partial^2 \lambda}{\partial \theta_i \partial \theta_j}(T_1, \theta^0)\right). \quad \clubsuit$$

Pour vérifier les hypothèses 5.26 nous procèdons comme pour la consistance, les hypothèses 5.31 garantissant que les variables aléatoires considérées sont intégrables et qu'on peut par conséquent appliquer la loi des grands nombres. Pour pouvoir appliquer le théorème 5.27, il reste à vérifier que :

$$\frac{1}{c_\rho} \int_0^{t_\rho} \left(\frac{\partial \log a_\rho}{\partial \theta_i}(u, \theta^0)\right)^2 \mathbf{1}_{\{\frac{1}{\sqrt{c_\rho}} \sum_{j=1}^d |\frac{\partial \log a_\rho}{\partial \theta_j}(u,\theta^0)| > \delta\}}\, a_\rho(u, \theta^0)\, du$$

$$= \frac{1}{n} \sum_{k=1}^n \int_0^{T_k - T_{k-1}} \left(\frac{\partial \log \lambda}{\partial \theta_i}(u, \theta^0)\right)^2 \mathbf{1}_{\{\frac{1}{\sqrt{n}} \sum_{j=1}^d |\frac{\partial \log \lambda}{\partial \theta_j}(u,\theta^0)| > \delta\}}\, \lambda(u, \theta^0)\, du$$

converge en probabilité vers 0. Pour cela nous allons utiliser le lemme suivant ([43] chapitre VII paragraphe 7 formule (7.5) et théorème 1).

Lemme 5.33 *Soit $(X_{k,n})_{1 \le k \le n}$ des variables aléatoires indépendantes de même loi (leur loi pouvant dépendre de n), alors :*

$$\mathbb{P}\left(\left|\frac{X_{1,n} + \cdots + X_{n,n}}{n} - \mathbb{E}\left(X_{1,n} \mathbf{1}_{\{|X_{1,n}| \le n\}}\right)\right| > \varepsilon\right)$$

$$\le \frac{1}{2\varepsilon^2 n} \int_0^n x\, \mathbb{P}(|X_{1,n}| > x)\, dx + n\, \mathbb{P}(|X_{1,n}| > n),$$

et par suite, si $|X_{1,n}| \le Y$ où Y est une variable aléatoire positive intégrable, alors :

$$\frac{X_{1,n} + \cdots + X_{n,n}}{n} - \mathbb{E}(X_{1,n}) \xrightarrow[n \to \infty]{P} 0.$$

♣ *Démonstration* : Posons :

$$S_n = X_{1,n} + \cdots + X_{n,n}, \quad X'_{i,n} = X_{i,n} \mathbf{1}_{\{|X_{i,n}| \le n\}},$$

$$S'_n = X'_{1,n} + \cdots + X'_{n,n}, \quad m'_n = \mathbb{E}(S'_n).$$

Par l'inégalité de Bienaymé-Tchebichev, nous obtenons pour tout $t > 0$:

$$\mathbb{P}(|S_n - m'_n| > t) \le \mathbb{P}(|S'_n - m'_n| > t) + \mathbb{P}(S_n \ne S'_n)$$

$$\le \frac{n}{t^2} \mathbb{E}(X'^2_{1,n}) + n\, \mathbb{P}(X_{1,n} \ne X'_{1,n})$$

$$= \frac{n}{t^2} \mathbb{E}(X'^2_{1,n}) + n\, \mathbb{P}(|X_{1,n}| > n).$$

Or :

$$\frac{1}{2}\int_0^n x\,\mathbb{P}(|X_{1,n}| > x)\,dx \;=\; \frac{1}{2}\mathbb{E}\left(\int_0^{|X_{1,n}|\wedge n} x\,dx\right) = \mathbb{E}\left((|X_{1,n}|\wedge n)^2\right)$$

$$\geq\; \mathbb{E}\left(X_{1,n}^2\,1_{\{|X_{1,n}|\leq n\}}\right) = \mathbb{E}(X_{1,n}'^2),$$

donc :

$$\mathbb{P}\left(\left|S_n - n\,\mathbb{E}\left(X_{1,n}\,1_{\{|X_{1,n}|\leq n\}}\right)\right| > t\right) \leq \frac{n}{2t^2}\int_0^n x\,\mathbb{P}(|X_{1,n}| > x)\,dx + n\,\mathbb{P}(|X_{1,n}| > n)$$

et l'inégalité annoncée s'obtient en prenant $t = n\varepsilon$.

La dernière assertion s'obtient en utilisant l'inégalité :

$$\mathbb{P}(|X_{1,n}| > x) \leq \mathbb{P}(Y > x),$$

le fait que $f(x) = x\mathbb{P}(Y > x)$ tend vers 0 lorsque x tend vers l'infini (car Y est intégrable) et que :

$$\lim_{x\to+\infty} f(x) = 0 \;\Rightarrow\; \lim_{n\to+\infty}\frac{1}{n}\int_0^n f(x)\,dx = 0. \quad \clubsuit$$

Appliquons ce lemme aux variables aléatoires

$$X_{k,n} = \int_0^{T_k - T_{k-1}} \left(\frac{\partial\log\lambda}{\partial\theta_i}(u,\theta^0)\right)^2 1_{\{\frac{1}{\sqrt{n}}\sum_{j=1}^d |\frac{\partial\log\lambda}{\partial\theta_j}(u,\theta^0)>\delta\}}\lambda(u,\theta^0)\,du$$

qui sont de même loi et intégrables car positives et :

$$\mathbb{E}(X_{1,n}) \;\leq\; \mathbb{E}\left(\int_0^{T_1}\left(\frac{\partial\log\lambda}{\partial\theta_i}(u,\theta^0)\right)^2\lambda(u,\theta^0)\,du\right)$$

$$=\; \int_0^{+\infty}\left(\frac{\partial\log\lambda}{\partial\theta_i}(u,\theta^0)\right)^2 f(u,\theta^0)\,du$$

$$=\; \mathbb{E}\left(\frac{\partial\log\lambda}{\partial\theta_i}(T_1,\theta^0)\right)^2,$$

cette dernière quantité étant finie d'après la condition 3 des hypothèses 5.28.

Posons $a_n = \mathbb{E}(X_{1,n})$. Pour montrer que $\frac{1}{n}\sum_{k=1}^n X_{k,n} - a_n$ tend vers 0 en probabilité, il suffit donc de vérifier que $|X_{1,n}| \leq Y$ pour une variable aléatoire Y intégrable. Or :

$$0 \leq X_{1,n} \leq Y = \int_0^{T_1}\left(\frac{\partial\log\lambda}{\partial\theta_i}(u,\theta^0)\right)^2\lambda(u,\theta^0)\,du$$

et nous venons de voir que Y est intégrable.

Pour terminer, montrons que a_n tend vers 0 lorsque n tend vers l'infini. En effet a_n est de la forme :

$$a_n \;=\; \mathbb{E}\left(\int_0^{T_1}\varphi_i^2(u)\,1_{\{\frac{1}{\sqrt{n}}\sum_{j=1}^d |\varphi_j(u)|>\delta\}}\lambda(u,\theta^0)\,du\right)$$

$$=\; \int_0^{+\infty}\varphi_i^2(u)\,1_{\{\frac{1}{\sqrt{n}}\sum_{j=1}^d |\varphi_j(u)|>\delta\}}f(u,\theta^0)\,du$$

$$=\; \mathbb{E}\left(\varphi_i^2(T_1)1_{\{\frac{1}{\sqrt{n}}\sum_{j=1}^d |\varphi_j(T_1)|>\delta\}}\right),$$

et nous pouvons appliquer le théorème de convergence dominée car les $\varphi_j(T_1)$ sont de carrés intégrables d'après la condition *3* des hypothèses 5.28.

Nous avons donc prouvé la proposition ci-dessous :

Proposition 5.34 *Sous les hypothèses 5.28 et 5.31, toute suite $\hat{\theta}_n$ d'estimateurs du maximum de vraisemblance d'un échantillon de taille n vérifie :*

$$\sqrt{n}\left(\hat{\theta}_n - \theta^0\right) \xrightarrow[n\to+\infty]{\mathcal{L}} \mathcal{N}(0, \Sigma^{-1}).$$

En outre la matrice Σ peut être estimée par $\hat{\Sigma}$:

$$\hat{\Sigma}_n(i,j) = -\frac{1}{n}\frac{\partial^2 L_n}{\partial\theta_i\partial\theta_j}(\hat{\theta}_n),$$

plus précisément :

$$\left(\hat{\Sigma}_n\right)^{1/2}\sqrt{n}\left(\hat{\theta}_n - \theta^0\right) \xrightarrow[n\to+\infty]{\mathcal{L}} \mathcal{N}(0, I),$$

où $\mathcal{N}(0, I)$ est un vecteur gaussien formé de variables aléatoires indépendantes centrées de variance 1.

Remarque 5.35 : Pour traiter le cas d'un échantillon nous nous sommes ramenés à un seul processus ponctuel, en considérant que nous disposions d'un matériel qui est réparé complètement (et instantanément) jusqu'à l'observation de n défaillances, ou de manière équivalente que nous disposons de n matériels identiques non réparés et testés successivement. Nous aurions pu effectuer une modélisation représentant le cas où ces n matériels étaient testés simultanément (et non réparés), il aurait alors fallu faire intervenir n processus ponctuels indépendants.

Plus précisément, notons U_k la durée de fonctionnement du $k^{ème}$ matériel (U_k correspond au $T_k - T_{k-1}$ de notre première modélisation) et nous observons les variables aléatoires indépendantes $U_1, \ldots, U_n$ ou de manière équivalente, les n processus ponctuels indépendants $N_k(t) = 1_{\{U_k \leq t\}}$, le processus N_k étant observé jusqu'à l'instant U_k. La log-vraisemblance correspondant à l'observation du $k^{ème}$ processus est donc :

$$\int_0^{U_k} \log\lambda(u,\theta)\,dN_k(u) - \int_0^{U_k} \lambda(u,\theta)\,du = \log\lambda(U_k,\theta) - \int_0^{U_k} \lambda(u,\theta)\,du,$$

(on peut remarquer que $\log\lambda(s,\theta) - \int_0^s \lambda(u,\theta)\,du = \log f(s,\theta)$, ce qui est rassurant !). La log-vraisemblance correspondant à l'observation des n processus indépendants est donc :

$$\sum_{k=1}^n \int_0^{U_k} \log\lambda(u,\theta)\,dN_k(u) - \int_0^{U_k} \lambda(u,\theta)\,du = \sum_{k=1}^n \left(\log\lambda(U_k,\theta) - \int_0^{U_k} \lambda(u,\theta)\,du\right).$$

On vérifie facilement que cette log-vraisemblance correspond à celle du processus ponctuel de notre modélisation initiale.

Remarque 5.36 : En utilisant la formule de Taylor, il est facile de vérifier que les hypothèses 5.28 et 5.31 sont impliquées par les suivantes :

1. $\lambda(u, \theta) > 0$ pour tout $\theta \in \Theta$ et la fonction $\theta \rightarrow \lambda(u, \theta)$ est trois fois continûment différentiable,

2. le modèle est identifiable, c'est-à-dire :

$$\lambda(u, \theta) = \lambda(u, \theta^0) \; du - presque \; partout \implies \theta = \theta^0,$$

3. pour tout i, $\dfrac{\partial \log \lambda}{\partial \theta_i}(T_1, \theta^0) \in L^2$,

4. la matrice $\Sigma = (\sigma_{i,j})_{i,j}$ définie par

$$\sigma_{i,j} = \mathbb{E}\left(\frac{\partial \log \lambda}{\partial \theta_i}(T_1, \theta^0) \, \frac{\partial \log \lambda}{\partial \theta_j}(T_1, \theta^0)\right)$$

est inversible,

5. pour tous i et j, $\dfrac{\partial^2 \log \lambda}{\partial \theta_i \partial \theta_j}(T_1, \theta^0) \in L^2$,

6. $\sup\limits_{\theta \in \Theta} \left| \dfrac{\partial^3 \log \lambda}{\partial \theta_i \partial \theta_j \partial \theta_k}(T_1, \theta) \right| \in L^2$,

7. $\displaystyle\int_0^{T_1} \sup\limits_{\theta \in \Theta} \left| \frac{\partial^3 \lambda}{\partial \theta_i \partial \theta_j \partial \theta_k}(u, \theta) \right| du \in L^2$.

Cas d'un échantillon censuré

Dans le cas d'un échantillon non censuré, nous avons pu nous ramener à étudier la log-vraisemblance correspondant à l'observation d'*un seul* processus ponctuel. Ce n'est plus le cas pour un échantillon censuré.

Nous considérons n matériels identiques de taux de défaillance $s \rightarrow \lambda(s, \theta^0)$ qui ne sont pas réparés après défaillance et qui fonctionnent indépendamment. La durée de fonctionnement du $k^{\text{ème}}$ matériel est U_k, mais cette durée n'est pas nécessairement observée car l'observation cesse à un instant τ_k supposé ici déterministe mais pouvant dépendre de k (cela correspond aux plans d'essais (n, M, τ_i) de [84]). Nous observons donc k processus ponctuels indépendants $N_k(t) = 1_{\{U_k \leq t\}}$, le processus N_k étant observé jusqu'à l'instant $U_k \wedge \tau_k$. Par suite la log-vraisemblance de l'observation complète est :

$$L_n(\theta) = \sum_{k=1}^n \left(\int_0^{U_k \wedge \tau_k} \log \lambda(u, \theta) \, dN_k(u) - \int_0^{U_k \wedge \tau_k} \lambda(u, \theta) \, du \right).$$

Cette expression n'est pas de la forme (5.4), elle est en fait somme d'expressions du type (5.4) c'est-à-dire peut s'écrire :

$$L_\rho(\theta) = \sum_{k=1}^{n_\rho} \left(\int_0^{t_{k,\rho}} \log a_{k,\rho}(u,\theta)\, dN_{k,\rho}(u) - \int_0^{t_{k,\rho}} a_{k,\rho}(u,\theta)\, du \right),$$

les processus ponctuels $N_{k,\rho}$ étant sans saut commun.

On peut sans grande difficulté adapter ce qui a été fait dans le cas $n_\rho = 1$ au cas qui nous préoccupe maintenant en utilisant le fait que les martingales construites par intégrales stochastiques à partir des martingales $M_{k,\rho}$ associées aux processus ponctuels $N_{k,\rho}$ sont sans saut commun donc orthogonales, ce qui entraine que le processus croissant de la somme est la somme des processus croissants.

Pour obtenir la consistance de l'estimateur du maximum de vraisemblance, il faut remplacer les hypothèses 5.22 par :

Hypothèses 5.37 *Nous supposons que Θ est compact et que :*

a. *pour tout k et tout $t \le t_{k,\rho}$, $a_{k,\rho}(t,\theta) > 0$,*

b. *les fonctions $\theta \to a_{k,\rho}(t,\theta)$ sont continûment différentiables et on peut intervertir dérivation et intégrale dans l'expression de $L_\rho(\theta)$.*

Nous supposons en outre qu'il existe un réel $A > 0$, une suite de réels positifs c_ρ (pouvant dépendre de θ^0 mais non de θ) tendant vers l'infini lorsque ρ tend vers l'infini et une fonction continue $\theta \to K(\theta^0,\theta)$ (à valeurs dans $\bar{\mathbb{R}}_+$) tels que :

1. $K(\theta^0,\theta) > 0$ pour $\theta \neq \theta^0$, $K(\theta^0,\theta^0) = 0$,

2. $\displaystyle \frac{1}{c_\rho} \sum_{k=1}^{n_\rho} \int_0^{t_{k,\rho}} \left(\frac{a_{k,\rho}(u,\theta)}{a_{k,\rho}(u,\theta^0)} - 1 - \log \frac{a_{k,\rho}(u,\theta)}{a_{k,\rho}(u,\theta^0)} \right) a_{k,\rho}(u,\theta^0)\, du \xrightarrow[\rho \to +\infty]{P} K(\theta^0,\theta),$

3. $\displaystyle \frac{1}{c_\rho^2} \sum_{k=1}^{n_\rho} \int_0^{t_{k,\rho}} a_{k,\rho}(u,\theta^0) \, \log^2 \frac{a_{k,\rho}(u,\theta)}{a_{k,\rho}(u,\theta^0)}\, du \xrightarrow[\rho \to +\infty]{P} 0,$

4. $\displaystyle \frac{1}{c_\rho^2} \sum_{k=1}^{n_\rho} \int_0^{t_{k,\rho}} \sup_{\theta \in \Theta} \left(\frac{\partial \log a_{k,\rho}}{\partial \theta_i}(u,\theta) \right)^2 a_{k,\rho}(u,\theta^0)\, du \xrightarrow[\rho \to +\infty]{P} 0 \quad (1 \le i \le d),$

5. $\displaystyle \mathbb{P}\left(\frac{1}{c_\rho} \sum_{k=1}^{n_\rho} \int_0^{t_{k,\rho}} \sup_{\theta \in \Theta} \left| \frac{\partial \log a_{k,\rho}}{\partial \theta_i}(u,\theta) \right| a_{k,\rho}(u,\theta^0)\, du > A \right) \xrightarrow[\rho \to +\infty]{} 0 \; (1 \le i \le d),$

6. $\displaystyle \mathbb{P}\left(\frac{1}{c_\rho} \sum_{k=1}^{n_\rho} \int_0^{t_{k,\rho}} \sup_{\theta \in \Theta} \left| \frac{\partial a_{k,\rho}}{\partial \theta_i}(u,\theta) \right| du > A \right) \xrightarrow[\rho \to +\infty]{} 0 \quad (1 \le i \le d).$

De même les hypothèses 5.26 deviennent :

Hypothèses 5.38 :

1. *pour tout k et tout $t \leq t_{k,\rho}$, les fonctions $\theta \to a_{k,\rho}(t, \theta)$ sont strictement positives, 3 fois continûment différentiables et on peut intervertir (3 fois) dérivation et intégrale dans l'expression de $L_\rho(\theta)$,*

2. *il existe une suite c_ρ (pouvant dépendre de θ^0 mais indépendante de θ) qui tend vers l'infini lorsque ρ tend vers l'infini et des constantes $\sigma_{i,j}$ telles que :*

$$\frac{1}{c_\rho} \sum_{k=1}^{n_\rho} \int_0^{t_{k,\rho}} \frac{\partial \log a_{k,\rho}}{\partial \theta_i}(u, \theta^0) \frac{\partial \log a_{k,\rho}}{\partial \theta_j}(u, \theta^0) \, a_{k,\rho}(u, \theta^0) \, du \xrightarrow[\rho \to +\infty]{P} \sigma_{i,j},$$

$$\frac{1}{c_\rho^2} \sum_{k=1}^{n_\rho} \int_0^{t_{k,\rho}} \left(\frac{\partial^2 \log a_{k,\rho}}{\partial \theta_i \partial \theta_j}(u, \theta^0) \right)^2 a_{k,\rho}(u, \theta^0) \, du \xrightarrow[\rho \to +\infty]{P} 0,$$

3. *la matrice $\Sigma = (\sigma_{i,j})_{i,j}$ est inversible,*

4. *pour tout k, il existe $\beta > 0$, $A > 0$, des processus prévisibles $G_{k,\rho}$ et des processus $H_{k,\rho}$ tels que pour tous $1 \leq i, j, m \leq d$:*

$$\sup_{|\theta - \theta^0| \leq \beta} \left| \frac{\partial^3 \log a_{k,\rho}}{\partial \theta_i \partial \theta_j \partial \theta_m}(u, \theta) \right| \leq G_{k,\rho}(u),$$

$$\sup_{|\theta - \theta^0| \leq \beta} \left| \frac{\partial^3 a_{k,\rho}}{\partial \theta_i \partial \theta_j \partial \theta_m}(u, \theta) \right| \leq H_{k,\rho}(u),$$

$$\frac{1}{c_\rho^2} \sum_{k=1}^{n_\rho} \int_0^{t_{k,\rho}} G_{k,\rho}^2(u) \, a_{k,\rho}(u, \theta^0) \, du \xrightarrow[\rho \to +\infty]{P} 0,$$

$$\mathbb{P}\left(\frac{1}{c_\rho} \sum_{k=1}^{n_\rho} \int_0^{t_{k,\rho}} \left(G_{k,\rho}(u) \, a_{k,\rho}(u, \theta^0) + H_{k,\rho}(u) \right) du > A \right) \xrightarrow[\rho \to +\infty]{} 0.$$

Enfin la condition (5.5) du théorème 5.27 devient :

$$\frac{1}{c_\rho} \sum_{k=1}^{n_\rho} \int_0^{t_{k,\rho}} \left(\frac{\partial \log a_{k,\rho}}{\partial \theta_i}(u, \theta^0) \right)^2 1_{\{\frac{1}{\sqrt{c_\rho}} \sum_{j=1}^d |\frac{\partial \log a_{k,\rho}}{\partial \theta_j}(u, \theta^0)| > \delta\}} \, a_{k,\rho}(u, \theta^0) \, du \xrightarrow[\rho \to +\infty]{P} 0, \tag{5.6}$$

Il faut noter que la vérification de la condition *1* de la proposition 5.25 ne peut se faire en appliquant la proposition 4.18. Il faut soit généraliser cette proposition dans le contexte qui nous intéresse (ce qui est tout à fait faisable), soit appliquer le théorème général de Rebolledo (théorème 4.26) que nous avons admis.

Revenons au cas de l'échantillon censuré. Nous prenons toujours $c_\rho = n$. Pour montrer la consistance, nous avons à établir un certain nombre de convergence en probabilité. Dans le cas d'un échantillon non censuré, nous avons appliqué la loi des grands nombres. Dans le cas censuré, les quantités qui interviennent sont de la forme :

$$\frac{1}{n}\sum_{k=1}^{n}\int_{0}^{U_k\wedge\tau_k}\varphi(u)\,du,$$

nous ne pouvons donc pas appliquer la loi des grands nombres sous sa forme classique car les variables aléatoires $X_k = \int_0^{U_k\wedge\tau_k}\varphi(u)\,du$ sont indépendantes mais pas de même loi. On peut alors utiliser la proposition suivante dont la démonstration se fait comme celle du lemme 5.33.

Proposition 5.39 *Soit* $(X_{k,n})_{1\le k\le n}$ *des variables aléatoires indépendantes (la loi de* $X_{k,n}$ *pouvant dépendre de* k *et* n*), et posons :*

$$f(a) = \sup_{n}\ \sup_{1\le k\le n}\ \mathbb{E}\left(|X_{k,n}|1_{\{|X_{k,n}|>a\}}\right),$$

alors :

$$\mathbb{P}\left(\left|\frac{1}{n}\sum_{k=1}^{n}X_{k,n} - \frac{1}{n}\sum_{k=1}^{n}\mathbb{E}\left(X_{k,n}1_{\{|X_{k,n}|\le n\}}\right)\right| > \varepsilon\right) \le \frac{1}{2n\varepsilon^2}\int_0^n f(x)\,dx + f(n).$$

Par suite si $f(a)\xrightarrow[a\to+\infty]{}0$*, alors :*

$$\frac{1}{n}\sum_{k=1}^{n}X_{k,n} - \frac{1}{n}\sum_{k=1}^{n}\mathbb{E}(X_{k,n}) \xrightarrow[n\to+\infty]{P} 0.$$

Remarque 5.40 : Si $X_{k,n} = X_k$, c'est-à-dire si les variables aléatoires $X_{k,n}$ ne dépendent pas de n, alors la condition $f(a)\xrightarrow[a\to+\infty]{}0$ revient à dire que la famille $(X_k)_{k\ge 1}$ est uniformément intégrable.

Sous les hypothèses d'intégrabilité faites dans le cas non censuré, il n'est pas difficile d'établir l'uniforme intégrabilité des $X_k = \int_0^{U_k\wedge\tau_k}\varphi(u)\,du$ car nous avons $|X_k| \le \int_0^{U_k}|\varphi(u)|\,du$ et ces dernières variables aléatoires sont de même loi et sont supposées intégrables. Nous avons donc prouvé la proposition suivante :

Proposition 5.41 *Nous nous plaçons sous les hypothèses 5.28. De plus nous notons* $y_n(u) = \sum_{k=1}^{n}1_{\{u\le\tau_k\}}$ *le nombre de matériels sous observation à l'instant* u*, et nous supposons que :*

$$\frac{y_n(u)}{n}\xrightarrow[n\to+\infty]{}y(u),$$

et que la fonction

$$\theta \to K(\theta^0,\theta) = \mathbb{E}\left(y(T_1)\left(\frac{\lambda(T_1,\theta)}{\lambda(T_1,\theta^0)} - 1 - \log\frac{\lambda(T_1,\theta)}{\lambda(T_1,\theta^0)}\right)\right)$$

admet un unique minimum en $\theta = \theta^0$ *(hypothèses d'identifiabilité).*

Alors toute suite d'estimateurs du maximum de vraisemblance de l'échantillon censuré est consistante.

Pour la normalité asymptotique nous procédons de même. La condition (5.6) se vérifie comme dans le cas non censuré en utilisant la proposition 5.39 au lieu du lemme 5.33, et nous obtenons :

Proposition 5.42 *Sous les hypothèses 5.28 et 5.31, toute suite $\hat{\theta}_n$ d'estimateurs du maximum de vraisemblance d'un échantillon censuré de taille n vérifie :*

$$\sqrt{n}\left(\hat{\theta}_n - \theta^0\right) \xrightarrow[n\to+\infty]{\mathcal{L}} \mathcal{N}(0, \Sigma^{-1}).$$

En outre la matrice Σ peut être estimée par $\hat{\Sigma}$:

$$\hat{\Sigma}_n(i,j) = -\frac{1}{n}\frac{\partial^2 L_n}{\partial\theta_i\partial\theta_j}(\hat{\theta}_n),$$

plus précisément :

$$\left(\hat{\Sigma}_n\right)^{1/2}\sqrt{n}\left(\hat{\theta}_n - \theta^0\right)\xrightarrow[n\to+\infty]{\mathcal{L}}\mathcal{N}(0, I),$$

où $\mathcal{N}(0, I)$ est un vecteur gaussien formé de variables aléatoires indépendantes centrées de variance 1.

Des résultats de consistance et de normalité asymptotique de l'estimateur du maximum de vraisemblance pour d'autres plans d'expériences ont été obtenus par I. Siffre ([92]).

Cas d'un processus de Poisson

Nous supposons que nous observons un processus de Poisson sur $[0, t]$ d'intensité $s \to \lambda(s, \theta^0)$. Les hypothèses 5.22 s'écrivent :

Hypothèses 5.43 :

a. Θ *est compact,*

a. $\lambda(s, \theta) > 0$ *pour $s > 0$ et $\theta \in \Theta$,*

b. *pour tout $s > 0$, la fonction $\theta \to \lambda(s, \theta)$ est continûment différentiable et pour tout i et tout t, $\frac{\partial}{\partial\theta_i}\int_0^t \lambda(s,\theta)\,ds = \int_0^t \frac{\partial}{\partial\theta_i}\lambda(s,\theta)\,ds$.*

Nous supposons en outre qu'il existe un réel $A > 0$, une suite de réels positifs c_t (pouvant dépendre de θ^0 mais non de θ) tendant vers l'infini lorsque t tend vers l'infini et une fonction continue $\theta \to K(\theta^0, \theta)$ (à valeurs dans $\bar{\mathbb{R}}_+$) tels que :

1. $K(\theta^0, \theta) > 0$ *pour $\theta \neq \theta^0$, $K(\theta^0, \theta^0) = 0$,*

2. $\dfrac{1}{c_t}\displaystyle\int_0^t\left(\dfrac{\lambda(u,\theta)}{\lambda(u,\theta^0)} - 1 - \log\dfrac{\lambda(u,\theta)}{\lambda(u,\theta^0)}\right)\lambda(u,\theta^0)\,du \xrightarrow[t\to+\infty]{} K(\theta^0, \theta),$

3. $\dfrac{1}{c_t^2} \displaystyle\int_0^t \lambda(u, \theta^0) \, \log^2 \dfrac{\lambda(u, \theta)}{\lambda(u, \theta^0)} \, du \xrightarrow[t \to +\infty]{} 0,$

4. $\dfrac{1}{c_t^2} \displaystyle\int_0^t \sup_{\theta \in \Theta} \left(\dfrac{\partial \log \lambda}{\partial \theta_i}(u, \theta) \right)^2 \lambda(u, \theta^0) \, du \xrightarrow[t \to +\infty]{} 0 \qquad (1 \le i \le d),$

5. Pour tout $1 \le i \le d$, les quantités

$$\frac{1}{c_t} \int_0^t \sup_{\theta \in \Theta} \left| \frac{\partial \log \lambda}{\partial \theta_i}(u, \theta) \right| \lambda(u, \theta^0) \, du$$

et

$$\frac{1}{c_t} \int_0^t \sup_{\theta \in \Theta} \left| \frac{\partial \lambda}{\partial \theta_i}(u, \theta) \right| \, du$$

sont bornées en t.

Proposition 5.44 *Soit $\hat{\theta}_t$ un estimateur du maximum de vraisemblance correspondant à l'observation d'un processus de Poisson sur $[0, t]$ dont l'intensité est $s \to \lambda(s, \theta^0)$. Alors sous les hypothèses 5.43 :*

$$\hat{\theta}_t \xrightarrow[t \to +\infty]{P} \theta^0.$$

Les hypothèses 5.26 et la condition (5.5) pour la normalité asymptotique deviennent :

Hypothèses 5.45 :

1. *pour tout θ et pour $s > 0$, la fonction $\theta \to \lambda(s, \theta)$ est strictement positive et 3 fois continûment différentiable et on peut intervertir dérivation et intégrale dans $\int_0^t \lambda(u, \theta) \, du$,*

2. *il existe une suite c_t (pouvant dépendre de θ^0 mais indépendante de θ) qui tend vers l'infini lorsque t tend vers l'infini et des constantes $\sigma_{i,j}$ telles que :*

$$\frac{1}{c_t} \int_0^t \frac{\partial \log \lambda}{\partial \theta_i}(u, \theta^0) \frac{\partial \log \lambda}{\partial \theta_j}(u, \theta^0) \lambda(u, \theta^0) \, du \xrightarrow[t \to +\infty]{} \sigma_{i,j},$$

$$\frac{1}{c_t^2} \int_0^t \left(\frac{\partial^2 \log \lambda}{\partial \theta_i \partial \theta_j}(u, \theta^0) \right)^2 \lambda(u, \theta^0) \, du \xrightarrow[t \to +\infty]{} 0,$$

3. *la matrice $\Sigma = (\sigma_{i,j})_{i,j}$ est inversible,*

4. *il existe $\beta > 0$, et des fonctions G et H telles que, pour tous i, j, k, nous ayons :*

$$\sup_{|\theta - \theta^0| \le \beta} \left| \frac{\partial^3 \log \lambda}{\partial \theta_i \partial \theta_j \partial \theta_k}(u, \theta) \right| \le G(u), \qquad \sup_{|\theta - \theta^0| \le \beta} \left| \frac{\partial^3 \lambda}{\partial \theta_i \partial \theta_j \partial \theta_k}(u, \theta) \right| \le H(u),$$

$$\frac{1}{c_t^2} \int_0^t G^2(u)\, \lambda(u,\theta^0)\, du \xrightarrow[t\to+\infty]{} 0,$$

et

$$\frac{1}{c_t} \int_0^t \Big(G(u)\, \lambda(u,\theta^0) + H(u) \Big)\, du$$

est borné en t,

5. *pour tout i :*

$$\frac{1}{c_t} \int_0^t \left(\frac{\partial \log \lambda}{\partial \theta_i}(u,\theta^0) \right)^2 \mathbb{1}_{\{\frac{1}{\sqrt{c_t}} \sum_{j=1}^d |\frac{\partial \log \lambda}{\partial \theta_j}(u,\theta^0)| > \delta\}} \lambda(u,\theta^0)\, du \xrightarrow[t\to+\infty]{} 0.$$

Proposition 5.46 *Soit $\hat{\theta}_t$ un estimateur du maximum de vraisemblance correspondant à l'observation d'un processus de Poisson sur $[0,t]$ dont l'intensité est $s \to \lambda(s,\theta^0)$. Nous supposons que Θ est compact, que θ^0 est un point intérieur à Θ et que les hypothèses 5.45 sont vérifiées. Alors pour toute suite $\hat{\theta}_t$ d'estimateurs du maximum de vraisemblance consistante :*

$$\sqrt{c_t}\left(\hat{\theta}_t - \theta^0 \right) \xrightarrow[t\to+\infty]{\mathcal{L}} \mathcal{N}(0,\Sigma^{-1}).$$

En outre la matrice Σ peut être estimée par $\hat{\Sigma}_t$:

$$\hat{\Sigma}_t(i,j) = -\frac{1}{c_t} \frac{\partial^2 L_t}{\partial \theta_i \partial \theta_j}(\hat{\theta}_t) = -\frac{1}{c_t} \int_0^t \frac{\partial^2 \log \lambda}{\partial \theta_i \partial \theta_j}(u,\hat{\theta}_t)\, dN(u) - \int_0^t \frac{\partial^2 \lambda}{\partial \theta_i \partial \theta_j}(u,\hat{\theta}_t)\, du,$$

plus précisément :

$$\left(\hat{\Sigma}_t \right)^{1/2} \sqrt{c_t} \left(\hat{\theta}_t - \theta^0 \right) \xrightarrow[t\to+\infty]{\mathcal{L}} \mathcal{N}(0,I),$$

où $\mathcal{N}(0,I)$ est un vecteur gaussien formé de variables aléatoires indépendantes centrées de variance 1.

Remarque 5.47 : Si on cherche à appliquer les propositions 5.44 et 5.46 à un processus de Weibull (dont la définition est donnée dans le chapitre 3) observé sur $[0,t]$, on s'aperçoit rapidement que les hypothèses ne sont pas satisfaites. Elles ne sont pas adaptées à des intensités pour lesquelles la fonction $t \to \frac{\lambda(t,\theta)}{\lambda(t,\theta')}$ n'est pas borné.

Dans [68] chapitre 4, Y.A. Kutoyants prouve la consistance et la normalité asymptotique des estimateurs du maximum de vraisemblance d'un processus de Poisson (dans les paragraphes 4.3 et 4.4) et plus généralement d'un processus ponctuel simple (dans le paragraphe 4.5) lorsque la durée d'observation tend vers l'infini. La méthode utilisée est différente, elle s'articule autour de la propriété *LAN* et utilise les résultats de I.A. Ibragimov. Les hypothèses de différentiabilité sur l'intensité sont moins fortes que dans notre cadre, mais les autres hypothèses sont du même ordre et la difficulté rencontrée pour appliquer les résultats au processus de Weibull est la même.

5.4 Modèle de Cox

Considérons un matériel dont le taux de défaillance est λ_0 lorsque ce matériel est utilisé dans les conditions habituelles. Lorsqu'on utilise ce matériel dans des conditions différentes, le taux de défaillance est modifié. Nous supposons que ce nouveau taux de défaillance λ s'exprime à l'aide de λ_0 de la façon suivante (modèle multiplicatif de Cox) :

$$\lambda(s) = \lambda_0(s)e^{\beta.Z(s)},$$

$Z(s)$ et β étant deux vecteurs de $\mathbb{R}^k$ et $\beta.Z(s)$ désignant leur produit scalaire. Le vecteur $Z(s)$ contient les paramètres des conditions d'utilisation à l'instant s (par exemple température, pression, ...). Nous faisons apparaitre séparément les vecteurs β et $Z(s)$ car nous supposons que les vecteurs $Z(s)$ (qui peuvent être déterministes ou aléatoires) sont connus ou observables, alors que le paramètre β (déterministe) est inconnu. La fonction λ_0 est également inconnue. Nous cherchons à estimer λ_0 et β. Nous sommes dans le cas d'un modèle semi-paramétrique.

Ce modèle peut par exemple être utilisé dans la représentation d'essais sous stress, appelés aussi essais durcis, c'est-à-dire effectués dans des conditions plus contraignantes que la normale, de manière à faire apparaitre plus rapidement les défaillances.

Supposons qu'après chaque défaillance le matériel subisse de "petites réparations" et que nous observions en fait n matériels de même type (qui fonctionnent indépendamment) sous des conditions éventuellement différentes, les conditions de fonctionement du matériel numéro i étant résumées dans les $Z_i(s)$. Notons τ la durée maximale d'observation : chaque matériel est observé pendant une durée au plus τ, mais il n'est pas nécessairement observé pendant tout l'intervalle de temps $[0, \tau]$. Posons $Y_i(s) = 1$ si le matériel numéro i est observé à l'instant s et $Y_i(s) = 0$ sinon. Nous supposons que les fonctions Y_i sont continues à gauche. Enfin soit $N_i(s)$ le nombre de pannes survenues avant l'instant s pour le matériel numéro i.

Nous observons donc n processus ponctuels indépendants sur $[0, \tau]$ de fonctions de comptage respectives N_i. L'intensité du $i^{ème}$ processus est :

$$\lambda_i(s) = \lambda_0(s)e^{\beta^0.Z_i(s)}Y_i(s).$$

Notons

$$\tilde{N}(s) = \sum_{i=1}^{n} N_i(s)$$

le nombre total de défaillances observées sur l'intervalle de temps $[0, s]$.

D.R. Cox a proposé d'estimer β en maximisant l'expression suivante appelée la log-vraisemblance (partielle) de Cox :

$$\sum_{i=1}^{n} \int_0^\tau \beta.Z_i(s)\, dN_i(s) - \int_0^\tau \log\left(\sum_{i=1}^{n} Y_i(s)e^{\beta.Z_i(s)}\right) d\tilde{N}(s)$$

$$= \sum_{i=1}^{n}\sum_p \beta.Z_i(T_p^i)1_{\{T_p^i \leq t\}} - \sum_{j=1}^{n}\sum_p \log\left(\sum_{i=1}^{n} Y_i(T_p^j)e^{\beta.Z_i(T_p^j)}\right)1_{\{T_p^j \leq t\}},$$

où les $(T_p^i)_{p \geq 1}$ sont les instants de panne observés du matériel i. Cette expression n'est pas vraiment intuitive ! Des pistes pour comprendre peuvent être trouvées dans [61] (le raisonnement se base sur les modèles statistiques invariants) et dans [4] paragraphe II.7.3 (où ce sont les martingales qui servent d'alibi).

Ensuite nous estimons λ_0 en procèdant comme nous l'avons fait pour choisir l'estimateur de Nelson-Aalen mais en remplaçant le paramètre inconnu β par son estimé $\hat{\beta}$. Par conséquent $\Lambda_0(t) = \int_0^t \lambda_0(s)\,ds$ est estimé en utilisant le fait que

$$\tilde{N}(t) - \int_0^t \lambda_0(s) \sum_{i=1}^n Y_i(s) e^{\beta.Z_i(s)}\,ds$$

est une martingale puis en remplaçant β par $\hat{\beta}$, ce qui donne :

$$\begin{aligned}
\hat{\Lambda}_0(t) &= \int_0^t \frac{1}{\sum_{i=1}^n Y_i(s) e^{\hat{\beta}.Z_i(s)}}\,d\tilde{N}(s) \\
&= \sum_{j=1}^n \sum_p \frac{1}{\sum_{i=1}^n Y_i(T_p^j) e^{\hat{\beta}.Z_i(T_p^j)}} 1_{\{T_p^j \leq t\}}.
\end{aligned}$$

L'étude asymptotique, lorsque n tend vers l'infini, de ces estimateurs a été faite par P.K. Andersen et R.D. Gill ([3]) puis généralisée (voir [4] paragraphe VII.2 et notes bibliographiques paragraphe VII.7).

Nous donnons les résultats sans démonstration. Les outils utilisés sont les mêmes que dans les paragraphes précédents.

Nous considérons que les vecteurs $Z_i(s)$ sont des vecteurs colonnes. Pour β et s donnés, notons $S^{(0)}(\beta, s)$ le réel :

$$S^{(0)}(\beta, s) = \sum_{i=1}^n e^{\beta.Z_i(s)} Y_i(s),$$

$S^{(1)}(\beta, s)$ le vecteur colonne de dimension k :

$$S^{(1)}(\beta, s) = \sum_{i=1}^n e^{\beta.Z_i(s)} Y_i(s) Z_i(s),$$

$S^{(2)}(\beta, s)$, $V(\beta, s)$ et $J(\beta)$ les matrices de dimension $k \times k$ données par :

$$S^{(2)}(\beta, s) = \sum_{i=1}^n e^{\beta.Z_i(s)} Y_i(s) Z_i(s) Z_i(s)^T,$$

$$V(\beta, s) = \frac{1}{S^{(0)}(\beta, s)} S^{(2)}(\beta, s) - \frac{1}{(S^{(0)}(\beta, s))^2} S^{(1)}(\beta, s) S^{(1)}(\beta, s)^T,$$

$$J(\beta) = \int_0^\tau V(\beta, s)\,d\tilde{N}(s).$$

Hypothèses 5.48 *Nous supposons qu'il existe un voisinage $\mathcal{V}$ de β^0, un réel $s^{(0)}$, un vecteur colonne $s^{(1)}$ et une matrice $s^{(2)}$ définis sur $\mathcal{V} \times [0, \tau]$ tels que pour tout $m = 0, 1, 2$:*

1. $\displaystyle\sup_{\beta\in\mathcal{V},\,t\leq\tau}\left\|\frac{1}{n}S^{(m)}(\beta,t)-s^{(m)}(\beta,t)\right\|\xrightarrow[n\to+\infty]{P}0$,

2. $s^{(m)}$ est une fonction continue de $\beta\in\mathcal{V}$ uniformément en $t\leq\tau$, bornée sur $\mathcal{V}\times[0,\tau]$,

3. il existe $a>0$ tel que la fonction $t\to s^{(0)}(\beta^0,t)$ soit bornée sur $[a,\tau]$,

4. pour $\beta\in\mathcal{V}$ et $t\leq\tau$:

$$s^{(1)}(\beta,t)=\frac{\partial}{\partial\beta}s^{(0)}(\beta,t),\quad s^{(2)}(\beta,t)=\frac{\partial^2}{\partial\beta^2}s^{(0)}(\beta,t),$$

5. soit $v=\dfrac{1}{s^{(0)}}\,s^{(2)}-\dfrac{1}{(s^{(0)})^2}\,s^{(1)}\,(s^{(1)})^T$, la matrice :

$$\Sigma=\int_0^\tau s^{(0)}(\beta^0,t)\,\lambda_0(t)\,v(\beta^0,t)\,dt$$

est définie positive,

6. il existe $\delta>0$ tel que

$$\frac{1}{\sqrt{n}}\sup_{\substack{0\leq s\leq t\\ 1\leq i\leq n}}|Z_i(t)\,Y_i(t)\mathbf{1}_{\{\beta^0\cdot Z_i(t)>-\delta|Z_i(t)|\}}|\xrightarrow[n\to+\infty]{P}0.$$

Les estimateurs $\hat{\beta}$ et $\Lambda^0(t)$ dépendent de n, mais pour ne pas alourdir les notations nous ne faisons pas apparaitre la dépendance en n. Les limites du théorème ci-dessous sont prises lorsque n tend vers l'infini.

Théorème 5.49 *Plaçons-nous sous les hypothèses 5.48, alors :*

$$\hat{\beta}\xrightarrow{P}\beta,$$

$$\sqrt{n}(\hat{\beta}-\beta^0)\xrightarrow{\mathcal{L}}\mathcal{N}(0,\Sigma^{-1}),$$

$$\frac{1}{n}J(\hat{\beta})\xrightarrow{P}\Sigma.$$

Pour tous $s_1,\ldots,s_m$ dans $[0,\tau]$ posons :

$$A(i,.)=\int_0^{s_i}\frac{\lambda_0(u)}{s^{(0)}(\beta^0,u)}\,s^{(1)}(\beta^0,u)\,du,\quad \Gamma(i,j)=\int_0^{s_i\wedge s_j}\frac{\lambda_0(u)}{s^{(0)}(\beta^0,u)}\,du,$$

$$K=\Gamma+A\Sigma^{-1}A^T,$$

alors :

$$\sqrt{n}\left(\hat{\Lambda}_0(s_1)-\Lambda_0(s_1),\ldots,\hat{\Lambda}_0(s_m)-\Lambda(s_m)\right)\xrightarrow{\mathcal{L}}\mathcal{N}(0,K),$$

et :

$$\hat{K}(i,j) \quad = \quad n \left(\int_0^{s_i \wedge s_j} \frac{1}{(S^{(0)}(\hat{\beta}, u))^2} \, d\tilde{N}(u) \right.$$

$$\left. + \int_0^{s_i} \frac{(S^{(1)}(\hat{\beta}, u))^T}{(S^{(0)}(\hat{\beta}, u))^2} \, d\tilde{N}(u) \, J(\hat{\beta})^{-1} \int_0^{s_j} \frac{S^{(1)}(\hat{\beta}, u)}{(S^{(0)}(\hat{\beta}, u))^2} \, d\tilde{N}(u) \right)$$

$$\xrightarrow{P} \quad K(i,j).$$

Plus généralement :

$$\sqrt{n} \left(\hat{\beta} - \beta^0, \hat{\Lambda}_0(s_1) - \Lambda_0(s_1), \ldots, \hat{\Lambda}_0(s_m) - \Lambda(s_m) \right) \xrightarrow{\mathcal{L}} \mathcal{N}(0, K_1),$$

avec :

$$K_1 = \begin{pmatrix} \Sigma^{-1} & -\Sigma^{-1} A^T \\ -A\Sigma^{-1} & K \end{pmatrix},$$

et pour tout j :

$$-nJ(\hat{\beta})^{-1} \int_0^{s_j} \frac{S^{(1)}(\hat{\beta}, u)}{(S^{(0)}(\hat{\beta}, u))^2} \, d\tilde{N}(u) \xrightarrow{P} -\Sigma A^T(., j).$$

Des modèles semi-paramétriques destinés à modéliser les défaillances de matériels "sous stress", et généralisant le modèle de Cox, ont été récemment proposés et étudiés par V. Bagdonavičius et M. Nikulin ([10]).

Partie II

Analyse prévisionnelle

Chapitre 6

Processus de renouvellement

Le processus de renouvellement permet, comme son nom l'indique, de modéliser les instants successifs de renouvellement d'un matériel : un matériel (neuf ou non) est mis en service à l'instant initial et, à chaque panne, ce matériel est remplacé par du matériel neuf identique.

Si les durées de réparation ne sont pas prises en compte, par exemple parce qu'elles sont négligeables devant les durées de bon fonctionnement, la succession des instants de mise en marche du matériel neuf forme un processus de renouvellement (simple si le matériel est neuf à l'instant initial, à délai sinon).

Si les durées de réparation ne sont pas négligeables, mais sont toutes indépendantes et de même loi, on observe un processus de renouvellement alterné. Son étude se ramène au cas précédent, car les instants successifs de panne (respectivement de remise en marche) du matériel forment un processus de renouvellement "classique".

L'intérêt des processus de renouvellement ne réside cependant pas dans cette simple modélisation. Ils permettent d'étudier toute une classe de phénomènes dans lesquels apparaissent des instants de régénération (qui sont des instants où un processus oublie son passé). Les équations de renouvellement et le théorème de renouvellement, qui donne le comportement asymptotique de la solution de ces équations, sont d'un très grand intérêt pratique.

6.1 Renouvellement simple

Soit $(\xi_n)_{n \geq 1}$ une suite de variables aléatoires réelles positives, indépendantes, de même loi. Nous notons F leur fonction de répartition commune et dF leur loi.

Dans tout ce chapitre, nous supposons que $F(0) < 1$, ou de façon équivalente que $dF \neq \delta_0$, ce qui signifie que nous avons écarté le cas trivial où les variables aléatoires ξ_n sont nulles presque-sûrement.

Nous notons $\mu = \int x \, dF(x)$ l'espérance commune des ξ_n.

Posons :

$$T_0 = 0, \qquad T_n = T_{n-1} + \xi_n \quad pour \ n \geq 1.$$

Le processus $(T_n)_{n \geq 0}$ est un **processus de renouvellement simple**.

Nous appelons dF la **loi inter-arrivées**.

Notons N la fonction de comptage définie pour tout $t \geq 0$ par :

$$N_t = \sum_{n \geq 0} 1_{\{T_n \leq t\}}.$$

Pour tout $t \geq 0$, N_t est finie presque sûrement, car d'après la loi des grands nombres T_n/n converge presque sûrement vers $\mu > 0$ lorsque n tend vers l'infini, donc T_n tend presque-sûrement vers l'infini.

Il faut remarquer qu'ici le point $T_0 = 0$ est considéré comme un point du processus donc $N_t \geq 1$ pour tout $t \geq 0$ et :

$$\sum_{n \geq 1} 1_{\{T_n \leq t\}} = N_t - 1.$$

D'autre part les points sont indexés à partir de 0 et non de 1 comme dans les chapitres précédents. Les inégalités $T_{N(t)} \leq t < T_{N(t)+1}$ (que nous avons utilisées entre-autre dans le chapitre 2 sur les processus de Poisson) deviennent ici :

$$T_{N_t-1} \leq t < T_{N_t}.$$

C'est la raison pour laquelle nous écrivons N_t et non $N(t)$, en espérant que cela permettra d'éviter les confusions.

Proposition 6.1 *Soit N la fonction de comptage d'un processus de renouvellement simple. Lorsque t tend vers l'infini, $\dfrac{N_t}{t}$ converge presque-sûrement vers $\dfrac{1}{\mu}$ (avec la convention $\frac{1}{\infty} = 0$).*

♣ *Démonstration* : Nous avons déjà remarqué que N_t est fini presque-sûrement pour tout t.

D'autre part les variables aléatoires T_n étant à valeurs réelles :

$$\lim_{t \to \infty} N_t = +\infty. \tag{6.1}$$

Nous en déduisons, en utilisant la loi des grands nombres, que presque-sûrement :

$$\lim_{t \to \infty} \frac{T_{N_t}}{N_t} = \mu. \tag{6.2}$$

Par définition de N_t, nous avons :

$$T_{N_t-1} \leq t < T_{N_t},$$

et par suite :

$$\frac{N_t - 1}{N_t} \frac{T_{N_t-1}}{N_t - 1} \leq \frac{t}{N_t} < \frac{T_{N_t}}{N_t},$$

d'où le résultat en utilisant (6.1) et (6.2). ♣

Proposition 6.2 *Soit N la fonction de comptage d'un processus de renouvellement simple. Nous supposons que la loi inter-arrivées est d'espérance μ et de variance σ^2 finies. Alors, lorsque t tend vers l'infini, la variable aléatoire*

$$\sqrt{t}\left(\frac{N_t}{t} - \frac{1}{\mu}\right)$$ *converge en loi vers une variable aléatoire gaussienne centrée de variance $\dfrac{\sigma^2}{\mu^3}$.*

De plus :

$$\frac{1}{t}\, var(N_t) \xrightarrow[t\to+\infty]{} \frac{\sigma^2}{\mu^3}\,.$$

La démonstration de cette proposition, qui figure dans [7] chapitre VI proposition 4.3, est l'objet des exercices 6.1 et 6.6.

La **fonction de renouvellement** d'un processus de renouvellement est la fonction U donnée par :

$$U(t) = \mathbb{E}(N_t) = \sum_{n\geq 0} \mathbb{P}(T_n \leq t).$$

Proposition 6.3

$$\forall t, \quad U(t) < +\infty.$$

♣ *Démonstration* : L'inégalité de Markov donne :

$$U(t) = \sum_{n\geq 0} \mathbb{P}(T_n \leq t) = \sum_{n\geq 0} \mathbb{P}(e^{-T_n} \geq e^{-t}) \leq e^t \sum_{n\geq 0} \mathbb{E}(e^{-T_n}).$$

Or $T_n = \xi_1 + \cdots + \xi_n$, les variables aléatoires ξ_i étant indépendantes et de même loi. Nous obtenons :

$$\mathbb{E}(e^{-T_n}) = \left(\mathbb{E}(e^{-\xi_1})\right)^n,$$

en outre $a = \mathbb{E}(e^{-\xi_1}) < 1$ car $dF \neq \delta_0$, d'où :

$$U(t) \leq e^t \sum_{n\geq 0} a^n < +\infty. \quad ♣$$

La **mesure de renouvellement** dU est la mesure associée à la fonction croissante et continue à droite U (voir l'appendice A). Lorsque nous voudrons préciser à quelle loi inter-arrivées elle correspond, nous parlerons de mesure de renouvellement associée à dF.

La mesure de renouvellement dU est l'intensité du processus de renouvellement au sens de la définition de l'intensité d'un processus ponctuel donnée au chapitre 2 (paragraphe 2.4) car elle vérifie :

$$\mathbb{E}(\sum_{n\geq 0} 1_{\{T_n\in A\}}) = \mathbb{E}(N(A)) = \int_A dU.$$

Notons dF^{*n} la convoluée $n^{ième}$ de la mesure dF, c'est-à-dire la loi de T_n. On fera toujours la convention $dF^{*0} = \delta_0$ (masse de Dirac en 0). Nous avons :

Proposition 6.4

$$dU = \sum_{n \geq 0} dF^{*n} = \delta_0 + dU * dF,$$

$$U(t) = 1 + \int_{[0,t]} U(t - s)\, dF(s).$$

Dans la proposition 6.1, nous avons étudié la convergence de $\frac{N(t)}{t}$, nous allons étudier maintenant la convergence de $\mathbb{E}(\frac{N(t)}{t})$. Pour cela nous avons besoin d'un résultat préliminaire intéressant en lui-même.

Proposition 6.5 (identité de Wald) *Soit $(\xi_n)_{n \geq 1}$ une suite de variables aléatoires positives indépendantes, de même loi, d'espérance μ ($\mu \in \bar{\mathbb{R}}_+$). Soit ν une variable aléatoire à valeurs dans N^*, qui est un temps d'arrêt relativement à la filtration $(\mathcal{G}_n)_{n \geq 1}$ engendrée par les $(\xi_n)_{n \geq 1}$, c'est-à-dire :*

- *$\mathcal{G}_n$ est la tribu engendrée par les variables aléatoires ξ_i, $1 \leq i \leq n$,*

- *$\forall n \geq 1$, $\{\nu = n\} \in \mathcal{G}_n$,*

alors :

$$\mathbb{E}\left(\sum_{i=1}^{\nu} \xi_i\right) = \mathbb{E}(\xi_1)\mathbb{E}(\nu) = \mu\, \mathbb{E}(\nu).$$

♣ *Démonstration :*

$$
\begin{aligned}
\mathbb{E}\left(\sum_{i=1}^{\nu} \xi_i\right) &= \sum_{n \geq 1} \mathbb{E}\left(\sum_{i=1}^{n} \xi_i\, 1_{\{\nu = n\}}\right) \\
&= \sum_{i \geq 1} \mathbb{E}\left(\xi_i \sum_{n \geq i} 1_{\{\nu = n\}}\right) \\
&= \sum_{i \geq 1} \mathbb{E}\left(\xi_i\, 1_{\{\nu \geq i\}}\right).
\end{aligned}
$$

Or $\{\nu \geq i\} = \{\nu \leq i - 1\}^c \in \mathcal{G}_{i-1}$ ($\mathcal{G}_0$ étant la tribu triviale), cet événement est donc indépendant de ξ_i, d'où :

$$
\begin{aligned}
\mathbb{E}\left(\sum_{i=1}^{\nu} \xi_i\right) &= \sum_{i \geq 1} \mathbb{E}(\xi_i)\, \mathbb{P}(\nu \geq i) \\
&= \mu \sum_{i \geq 1} \mathbb{P}(\nu \geq i) = \mu\, \mathbb{E}(\nu). \qquad ♣
\end{aligned}
$$

Remarque 6.6 : L'identité de Wald est en fait un cas particulier du théorème d'arrêt des martingales à temps discret. Pour de telles martingales, le théorème F.11 (appendice F) s'écrit : si $M = (M_n)_{n \geq 0}$ est une martingale nulle en 0 et si ν est un temps d'arrêt borné, alors $\mathbb{E}(M_\nu) = 0$ (voir [80] paragraphe IV.3). Reprenons les notations de la proposition 6.5. Supposons que les variables aléatoires ξ_k soient intégrables, alors les

$$M_n = \sum_{k=1}^{n} (\xi_k - \mathbb{E}(\xi_k)) = \sum_{k=1}^{n} \xi_k - n\,\mathbb{E}(\xi_1)$$

forment une martingale. Si ν est borné nous obtenons donc :

$$0 = \mathbb{E}(M_\nu) = \mathbb{E}(\sum_{k=1}^{\nu} \xi_k - \nu\mathbb{E}(\xi_1)) = \mathbb{E}(\sum_{k=1}^{\nu} \xi_k) - \mathbb{E}(\nu)\mathbb{E}(\xi_1),$$

d'où :

$$\mathbb{E}(\sum_{k=1}^{\nu} \xi_k) = \mathbb{E}(\nu)\mathbb{E}(\xi_1). \tag{6.3}$$

Si le temps d'arrêt ν n'est pas borné on commence par écrire l'équation (6.3) en remplaçant ν par $\min(A, \nu)$ ($A \in \mathbb{R}_+$), puis on fait tendre A vers l'infini. De même si les variables aléatoires ξ_k ne sont pas intégrables mais sont positives, on écrit l'équation (6.3) en remplaçant les ξ_k par $\min(A, \xi_k)$ puis on fait tendre A vers l'infini.

Remarque 6.7 : Lorsque ν est une variable aléatoire indépendante des ξ_i, l'égalité $\mathbb{E}(\sum_{i=1}^{\nu} \xi_i) = \mathbb{E}(\nu)\mathbb{E}(\xi_1)$ est également vraie. Par contre l'égalité :

$$var(\sum_{i=1}^{\nu} \xi_i) = \mathbb{E}(\nu)var(\xi_1) + \mathbb{E}^2(\xi_1)var(\nu),$$

vraie lorsque ν est indépendante des ξ_i et que toutes les variables aléatoires sont de carrés intégrables, est fausse en général si ν est un temps d'arrêt relativement à la filtration engendrée par les ξ_i (voir l'exercice 6.2).

Proposition 6.8 (théorème de renouvellement élémentaire) *Etant donné un processus de renouvellement simple dont l'espérance de la loi inter-arrivées est notée μ et la fonction de renouvellement U, nous avons, pour tout $t > 0$:*

$$\frac{t}{\mu} \le U(t),$$

et :

$$\lim_{t \to \infty} \frac{U(t)}{t} = \frac{1}{\mu} = \frac{1}{\mathbb{E}(\xi_i)} \ .$$

♣ *Démonstration* : Nous allons appliquer l'identité de Wald (proposition 6.5) aux variables aléatoires ξ_i et $\nu = N_t$. Cela est possible car N_t est un temps d'arrêt pour la filtration engendrée par les ξ_i, en effet :

$$\{N_t = n\} = \{T_{n-1} \le t < T_n\} = \{\xi_1 + \cdots + \xi_{n-1} \le t < \xi_1 + \cdots + \xi_n\}.$$

Nous obtenons :

$$\mu U(t) = \mu\,\mathbb{E}(N_t) = \mathbb{E}(\sum_{i=1}^{N_t} \xi_i) = \mathbb{E}(T_{N_t}), \tag{6.4}$$

or $T_{N_t} \geq t$, donc :

$$\mu U(t) \geq t,$$

ce qui donne la première inégalité.

Pour la suite, nous commençons par supposer qu'il existe une constante $c > 0$ telle que $\mathbb{P}(\xi_1 \leq c) = 1$, alors :

$$
\begin{aligned}
\mathbb{E}(T_{N_t}) &= \sum_{n \geq 1} \mathbb{E}(T_n \, 1_{\{T_{n-1} \leq t < T_n\}}) \\
&= \sum_{n \geq 1} \mathbb{E}((t + T_n - t) \, 1_{\{T_{n-1} \leq t < T_n\}}) \\
&\leq \sum_{n \geq 1} \mathbb{E}((t + \xi_n) \, 1_{\{T_{n-1} \leq t < T_n\}}) \\
&\leq \sum_{n \geq 1} \mathbb{E}((t + c) \, 1_{\{T_{n-1} \leq t < T_n\}}) \\
&\leq t + c,
\end{aligned}
$$

et l'équation (6.4) donne :

$$\mu U(t) \leq t + c,$$

donc :

$$\frac{U(t)}{t} \leq \frac{1}{\mu} + \frac{c}{\mu t} \ .$$

Nous obtenons finalement :

$$\frac{1}{\mu} \leq \frac{U(t)}{t} \leq \frac{1}{\mu} + \frac{c}{\mu t},$$

d'où le résultat en faisant tendre t vers l'infini.

Dans le cas général, posons $\bar{\xi}_i = \xi_i \wedge c \ (= \min(\xi_i, c))$ et notons $\bar{N}_t$ la fonction de comptage du processus associé aux $\bar{\xi}_i$. Puisque $\bar{\xi}_i \leq \xi_i$ pour tout i, nous avons $N_t \leq \bar{N}_t$ et donc $U(t) \leq \mathbb{E}(\bar{N}_t)$. En appliquant le résultat ci-dessus au processus $\bar{N}$, nous obtenons :

$$\frac{1}{\mu} \leq \liminf_{t \to \infty} \frac{U(t)}{t} \leq \limsup_{t \to \infty} \frac{U(t)}{t} \leq \limsup_{t \to \infty} \frac{\mathbb{E}(\bar{N}_t)}{t} = \frac{1}{\mathbb{E}(\xi_1 \wedge c)},$$

et on termine en faisant tendre c vers l'infini. ♣

6.2   Renouvellement à délai

Nous gardons les notations du premier paragraphe.

Dans un **processus de renouvellement à délai** la variable T_0 n'est plus nulle, c'est une variable aléatoire à valeurs dans R_+, indépendante des $(\xi_n)_{n \geq 1}$, dont nous notons la loi dG. Nous appellerons un tel processus : processus de renouvellement de délai dG et de loi inter-arrivées dF. Le processus de renouvellement simple associé sera le processus de renouvellement simple de loi inter-arrivées dF.

$$
\begin{array}{cccccccc}
dG & dF & dF & dF & dF & dF & dF & dF
\end{array}
$$

$$
\xi_0 \quad \xi_1 \quad \xi_2 \qquad\qquad\qquad \xi_n
$$

$$
0 \quad T_0 \quad T_1 \quad T_2 \qquad\qquad T_{n-1} \quad T_n
$$

Nous notons toujours N_t la fonction de comptage du processus considéré :

$$
N_t = \sum_{n \geq 0} 1_{\{T_n \leq t\}}.
$$

6.2.1 Propriétés

Les propositions 6.1 et 6.2 restent valables pour un processus de renouvellement à délai et se démontrent de la même manière.

Soit ρ la fonction de renouvellement du processus considéré :

$$
\rho(t) = \mathbb{E}(N_t) = \sum_{n \geq 0} \mathbb{P}(T_n \leq t).
$$

La mesure de renouvellement est notée $d\rho$:

$$
\int_A d\rho = \mathbb{E}(N(A)) = \mathbb{E}\Big(\sum_{n \geq 0} 1_{\{T_n \in A\}}\Big).
$$

Nous adoptons donc une notation différente pour la fonction (respectivement la mesure) de renouvellement d'un processus de renouvellement à délai et pour celle du processus de renouvellement simple associé.

Etant données une mesure ν portée par $\mathbb{R}_+$ et une fonction f définie sur $\mathbb{R}_+$, nous notons $f * \nu$ le produit de convolution de f avec ν c'est-à-dire la fonction définie sur $\mathbb{R}_+$ par :

$$
(f * \nu)(t) = \int_{[0,t]} f(t - s)\,\nu(ds).
$$

Nous notons dorénavant dans tout ce chapitre $\int_0^t$ au lieu de $\int_{[0,t]}$. Dans les applications considérées la mesure ν aura une densité par rapport à la mesure de Lebesgue et cette notation ne risquera donc pas d'engendrer des erreurs.

Proposition 6.9

$$
d\rho = dG * dU = dG + d\rho * dF, \tag{6.5}
$$

$$
\rho = U * dG = G * dU = G + \rho * dF, \tag{6.6}
$$

$$
\rho(t) \leq U(t). \tag{6.7}
$$

♣ *Démonstration* : La première égalité de (6.5) s'obtient en remarquant que la loi de T_n est $dG * dF^{*n}$. La deuxième égalité de (6.5) s'obtient à partir de la première et de la proposition 6.4.

En intégrant (6.5), nous obtenons (6.6).

Pour (6.7), nous effectuons un couplage entre le processus de renouvellement à délai et le processus de renouvellement simple associé : $(T_n)_{n \geq 0}$ étant le processus de renouvellement à délai, de fonction de comptage N, nous posons :

$$T'_0 = 0, \qquad T'_n - T'_{n-1} = T_n - T_{n-1} = \xi_n \; pour \; n \geq 1.$$

Le processus $(T'_n)_{n \geq 0}$ est le processus de renouvellement simple associé à $(T_n)_{n \geq 0}$, notons N' sa fonction de comptage. Nous avons $T'_n \leq T_n$ pour tout n et par conséquent $N_t \leq N'_t$ pour tout t. Nous en déduisons :

$$\rho(t) = \mathbb{E}(N_t) \leq \mathbb{E}(N'_t) = U(t). \quad ♣$$

Remarque 6.10 : Lorsque ξ_0 ou les ξ_n ($n \geq 1$) peuvent prendre la valeur $+\infty$ avec probabilité strictement positive, nous dirons que le processus $(T_n)_{n \geq 0}$, à valeurs dans $\bar{\mathbb{R}}_+$, est un **processus de renouvellement défectif** et nous pouvons définir sa fonction de renouvellement ρ comme dans le cas où les ξ_i sont finies presque-sûrement. Les démonstrations de la proposition 6.3 et de la formule (6.7) restent valables pour un processus de renouvellement défectif. Donc pour un processus de renouvellement ou un processus de renouvellement défectif, nous avons $\rho(t) < +\infty$ pour tout t.

La proposition 6.8 est également vraie pour la fonction de renouvellement d'un processus de renouvellement à délai. Elle s'écrit :

Proposition 6.11

$$\lim_{t \to \infty} \frac{\rho(t)}{t} = \frac{1}{\mu} = \frac{1}{\mathbb{E}(\xi_1)}$$

♣ *Démonstration* : Il suffit d'utiliser la relation (6.6), la proposition 6.8 et le théorème de convergence dominée. ♣

Dans certaines applications on ne peut se contenter de résultats asymptotiques. C'est par exemple le cas lorsqu'on veut avoir des renseignements sur le nombre de matériels utilisés sur un intervalle de temps $[0, t]$, t n'étant "pas très grand". On peut alors chercher à calculer l'espérance (et la variance) de ce nombre de matériels en calculant la transformée de Laplace de $\mathbb{E}(N_t)$ et de $\mathbb{E}(N_t^2)$ puis en inversant celles-ci (algébriquement quand cela est possible, sinon numériquement). Des notions sur la transformée de Laplace sont données dans l'appendice E.

Proposition 6.12 (transformées de Laplace) *Notons φ, ψ, $\tilde{r}$ et $\tilde{\rho}$ les transformées de Laplace des mesures dF, dG, $d\rho$ et de la fonction ρ :*

$$\varphi(s) = \int_{[0,+\infty[} e^{-st}\, dF(t), \qquad \psi(s) = \int_{[0,+\infty[} e^{-st}\, dG(t),$$

$$\tilde{r}(s) = \int_{[0,+\infty[} e^{-st}\, d\rho(t), \quad \tilde{\rho}(s) = \int_{[0,+\infty[} e^{-st}\rho(t)\, dt.$$

Nous avons, pour $s > 0$:

$$\tilde{r}(s) = \frac{\psi(s)}{1-\varphi(s)},$$

$$\tilde{\rho}(s) = \frac{\psi(s)}{s[1-\varphi(s)]}.$$

Posons :

$$v(t) = \sum_{n \geq 0} n\,\mathbb{P}(T_n \leq t),$$

alors :

$$\mathbb{E}(N_t^2) = \rho(t) + 2v(t),$$

et la transformée de Laplace $\tilde{v}$ de v est donnée par :

$$\tilde{v}(s) = \frac{\varphi(s)\psi(s)}{s[1-\varphi(s)]^2} \quad pour \ \ s > 0.$$

♣ *Démonstration* : La transformée de Laplace de la loi $dG * dF^{*n}$ de T_n est $\psi\varphi^n$, donc la transformée de Laplace la mesure $d\rho = \sum_{n\geq0} dG * dF^{*n}$ est :

$$\tilde{r}(s) = \sum_{n \geq 0} \psi(s)\varphi(s)^n = \frac{\psi(s)}{1-\varphi(s)},$$

et celle de la fonction $\rho(t) = \int_{[0,t]} d\rho(u)$ vaut :

$$\tilde{\rho}(s) = \frac{\tilde{r}(s)}{s} = \frac{\psi(s)}{s[1-\varphi(s)]}$$

(remarquer que $\varphi(s) < 1$ pour $s > 0$ car $dF \neq \delta_0$).

D'autre part :

$$
\begin{aligned}
\mathbb{E}(N_t^2) &= \mathbb{E}\left(\sum_{n \geq 0} 1_{\{T_n \leq t\}} \sum_{m \geq 0} 1_{\{T_m \leq t\}} \right) \\
&= \mathbb{E}\left(\sum_{n \geq 0} 1_{\{T_n \leq t\}} + 2 \sum_{0 \leq m < n \leq t} 1_{\{T_n \leq t\}}\, 1_{\{T_m \leq t\}} \right) \\
&= \rho(t) + 2 \sum_{n \geq 0} \mathbb{E}\left(n 1_{\{T_n \leq t\}} \right) \\
&= \rho(t) + 2v(t),
\end{aligned}
$$

avec :

$$v(t) = \sum_{n \geq 0} n\,\mathbb{P}(T_n \leq t).$$

La transformée de Laplace de v est donc, pour $s > 0$:

$$\tilde{v}(s) = \sum_{n \geq 0} n \frac{\psi(s)\varphi^n(s)}{s} = \frac{\varphi(s)\psi(s)}{s[1-\varphi(s)]^2}. \qquad ♣$$

Remarque 6.13 : Dans le cas d'un processus de renouvellement simple nous avons $dG = \delta_0$ et donc $\psi = 1$, en particulier, la transformée de Laplace $\tilde{U}$ de U s'écrit :

$$\tilde{U}(s) = \frac{1}{s[1 - \varphi(s)]} .$$

Remarque 6.14 : Posons $U_1 = U - 1$. La fonction U_1 est la fonction de renouvellement d'un processus de renouvellement dont le délai est égal à la loi inter-arrivées. Dans ce cas $\varphi = \psi$ et par suite les transformées de Laplace des mesures dU_1 et dv sont respectivement $\frac{\psi}{1-\varphi}$, et $\frac{\psi^2}{(1-\varphi)^2}$, donc :

$$dv = dU_1 * dU_1.$$

Voyons maintenant ce qu'on peut dire du processus observé à partir de l'instant t.

Etant donné t, nous notons $W(t)$ la **durée de vie résiduelle** à l'instant t (appelée aussi délai à l'instant t), c'est-à-dire la durée entre l'instant t et l'instant de renouvellement suivant :

$$W(t) = T_{N_t} - t.$$

Pour $T_0 \leq t$, nous définissons $A(t)$, l'âge à l'instant t, par :

$$A(t) = t - T_{N_t - 1}.$$

Pour des commodités de notations (et de terminologie), nous identifions le processus de renouvellement et sa fonction de comptage; nous parlerons donc du processus de renouvellement N.

Nous définissons la translation θ_t de la manière suivante : le processus $\theta_t N$ est le processus observé en prenant l'instant t comme origine des temps, c'est donc le processus $(T'_n)_{n \geq 0}$ avec :

$$T'_n = T_{N_t + n} - t \qquad n \geq 0.$$

Proposition 6.15 (changement de l'instant d'observation) *Considérons un processus de renouvellement (simple ou à délai) N de loi inter-arrivées dF. Alors le processus $\theta_t N$ est un processus de renouvellement à délai dont la loi du délai est la loi de $W(t)$ et dont la loi inter-arrivées est dF.*

De plus pour un processus de renouvellement simple, la loi de $W(t)$ sachant $\{A(t) = a\}$ est la loi de la durée de survie τ_a (définie par (1.2), chapitre 1), elle est donnée par :

$$\mathbb{P}(W(t) > u / A(t) = a) = \mathbb{P}(\xi_1 > a + u / \xi_1 > a).$$

♣ *Démonstration* : Posons $\xi_n = T_n - T_{n-1}$, $\xi'_0 = T'_0$, $\xi'_n = T'_n - T'_{n-1}$, et regardons la loi de $(\xi'_0, \ldots, \xi'_k)$. Soit $B_0, \ldots, B_k$ des boréliens de $\mathbb{R}_+$, nous avons :

$$\mathbb{P}(\xi_0' \in B_0, \xi_1' \in B_1, \ldots, \xi_k' \in B_k)$$

$$= \mathbb{P}(t < T_0, T_0 - t \in B_0, \xi_1 \in B_1, \ldots, \xi_k \in B_k) +$$

$$\sum_{n \geq 1} \mathbb{P}(T_{n-1} \leq t < T_n, T_n - t \in B_0, T_{n+1} - T_n \in B_1, \ldots, T_{n+k} - T_{n+k-1} \in B_k)$$

$$= \mathbb{P}(t < T_0, T_0 - t \in B_0)\mathbb{P}(\xi_1 \in B_1, \ldots, \xi_k \in B_k) +$$

$$\sum_{n \geq 1} \mathbb{P}(T_{n-1} \leq t < T_n, T_n - t \in B_0)\mathbb{P}(\xi_{n+1} \in B_1, \ldots, \xi_{n+k} \in B_k)$$

$$= \left(\mathbb{P}(t < T_0, W(t) \in B_0) + \sum_{n \geq 1} \mathbb{P}(T_{n-1} \leq t < T_n, W(t) \in B_0) \right)$$

$$\times \; \mathbb{P}(\xi_1 \in B_1, \ldots, \xi_k \in B_k)$$

$$= \mathbb{P}(W(t) \in B_0)\mathbb{P}(\xi_1 \in B_1) \ldots \mathbb{P}(\xi_k \in B_k),$$

ce qui prouve la première partie de la proposition.

Pour la deuxième partie, nous supposons que le processus de renouvellement est simple, c'est-à-dire que $T_0 = 0$. Commençons par donner une expression de la loi de $A(t)$. Soit f une fonction borélienne positive, nous pouvons écrire :

$$\mathbb{E}(f(A(t))) = \sum_{n \geq 1} \mathbb{E}\left(f(t - T_{n-1}) \, 1_{\{T_{n-1} \leq t < T_n\}} \right)$$

$$= \sum_{n \geq 1} \int f(t - x) 1_{\{x \leq t < x + y\}} dF^{*(n-1)}(x) \, dF(y).$$

Pour u fixé, posons $g(a) = \mathbb{P}(\xi_1 > a + u / \xi_1 > a)$. Nous devons vérifier que pour toute fonction f borélienne positive et tout u :

$$\mathbb{E}\left(f(A(t)) 1_{\{W(t) > u\}} \right) = \mathbb{E}(f(A(t)) g(A(t))).$$

Or :

$$\mathbb{E}\left(f(A(t)) 1_{\{W(t) > u\}} \right) = \sum_{n \geq 1} \mathbb{E}\left(f(t - T_{n-1}) 1_{\{T_{n-1} \leq t < T_n\}} 1_{\{T_n - t > u\}} \right)$$

$$= \sum_{n \geq 1} \int_0^t f(t - x) \mathbb{P}(t < x + \xi_n, x + \xi_n - t > u) \, dF^{*(n-1)}(x)$$

$$= \sum_{n \geq 1} \int_0^t f(t - x) \mathbb{P}(\xi_n > t - x) \mathbb{P}(\xi_n > u + t - x / \xi_n > t - x) \, dF^{*(n-1)}(x)$$

$$= \sum_{n \geq 1} \int f(t - x) g(t - x) 1_{\{x \leq t < x + y\}} \, dF^{*(n-1)}(x) \, dF(y)$$

$$= \mathbb{E}(f(A(t)) g(A(t))). \quad \clubsuit$$

La proposition suivante précise le lien entre le processus observé à partir de l'instant t et le passé (par rapport à t).

Proposition 6.16 *Soit N un processus de renouvellement (simple ou à délai) de loi inter-arrivées dF, et $\mathcal{F}_t$ la tribu engendrée par les variables aléatoires N_u pour $u \leq t$. Alors, conditionnellement à $\mathcal{F}_t$, le processus $\theta_t N$ est un processus de renouvellement de loi inter-arrivées dF, dont la loi du délai est la loi conditionnelle de $W(t)$ sachant $\mathcal{F}_t$.*

La démonstration est laissée à titre d'exercice (la correction peut être trouvée dans [36]).

6.2.2   Processus de renouvellement stationnaire

Un **processus de renouvellement** N est **stationnaire** si, pour tout t, la loi de $\theta_t N$ est égale à la loi de N.

Nous allons chercher s'il existe des processus de renouvellement stationnaires.

Supposons que le processus de renouvellement N soit stationnaire alors, pour tout t, les processus N et $\theta_t N$ ont même fonction de renouvellement, ce qui s'écrit, en notant ρ la fonction de renouvellement de N, pour tous s et t :

$$
\begin{aligned}
\int_{[0,s]} d\rho &= \rho(s) \\
&= \mathbb{E}(\,N([0,s])\,) \\
&= \mathbb{E}(\,\theta_t N([0,s])\,) \\
&= \mathbb{E}(\,N([t,t+s])\,) \\
&= \int_{[t,t+s]} d\rho.
\end{aligned}
$$

La mesure $d\rho$ est donc invariante par translation, elle est donc proportionnelle à la mesure de Lebesgue. Notons α (>0) la constante de proportionnalité. La fonction de renouvellement s'écrit donc $\rho(t) = \alpha t$.

On remarque que, d'après la proposition 6.11, on a nécessairement $\alpha = 1/\mu$ (nous retrouverons d'ailleurs ceci dans la proposition 6.18). Nous avons donc démontré :

Proposition 6.17 *Si l'espérance de la loi dF est infinie, il n'existe pas de processus de renouvellement stationnaire de loi inter-arrivées dF.*

D'autre part nous devons chercher les processus de renouvellement stationnaires parmi ceux dont la fonction de renouvellement est linéaire.

Proposition 6.18 *La fonction de renouvellement ρ d'un processus de renouvellement de délai dG et de loi inter-arrivées dF est linéaire si et seulement si :*

$$
dG(t) = \frac{1}{\mu}\bar{F}(t)\,dt, \qquad (\;\mu = \int x\,dF(x),\;\; \bar{F}(t) = 1 - F(t)\;)
$$

et alors :

$$
\rho(t) = \frac{t}{\mu}\;.
$$

♣ *Démonstration* : La fonction ρ s'écrit $\rho(t) = \alpha t$ si et seulement si sa transformée de Laplace $\tilde{\rho}$ s'écrit :

$$
\tilde{\rho}(s) = \frac{\alpha}{s^2},
$$

ce qui équivaut, d'après la proposition 6.12, à :

$$\psi(s) = \frac{\alpha[1 - \varphi(s)]}{s}.$$

Puisque $1/s$ et $\varphi(s)/s$ sont les transformées de Laplace respectives de 1 et F, fonction ψ est la transformée de Laplace de la fonction $f = \alpha(1 - F) = \alpha \bar{F}$ donc de la mesure $dG(t) = \alpha \bar{F}(t)\, dt$. D'où l'équivalence annoncée.

Pour montrer que $\alpha = 1/\mu$, nous écrivons que dG est une loi de probabilité, donc :

$$\int dG = 1 = \alpha \int_0^{+\infty} \bar{F}(t)\, dt = \alpha\mu. \quad \clubsuit$$

Corollaire 6.19 *Supposons $\mu = \int x\, dF(x) < +\infty$. Posons $\bar{F} = 1 - F$. Alors le processus de renouvellement de délai*

$$dG(t) = \frac{1}{\mu} \bar{F}(t)\, dt,$$

et de loi inter-arrivées dF est stationnaire et c'est le seul processus de renouvellement stationnaire de loi inter-arrivées dF.

Sa fonction de renouvellement est :

$$\rho(t) = \frac{t}{\mu}.$$

♣ *Démonstration* : L'analyse faite précédemment montre qu'un processus de renouvellement stationnaire de loi inter-arrivées dF ne peut être que celui décrit dans le corollaire 6.19.

Montrons que ce processus est effectivement stationnaire. Notons-le N.

D'après la proposition 6.18, ce processus de renouvellement a pour fonction de renouvellement $\rho(t) = t/\mu$. Par conséquent le processus de renouvellement $\theta_t N$ $(t > 0)$ a pour fonction de renouvellement :

$$s \to \mathbb{E}(\theta_t N[0, s]) = \mathbb{E}(N([t, t + s])) = \rho(t + s) - \rho(t_-) = \frac{s}{\mu}.$$

Puisque la fonction de renouvellement du processus de renouvellement $\theta_t N$ de loi inter-arrivées dF est linéaire, la proposition 6.18 entraine que son délai est dG, ce qui prouve, en utilisant la proposition 6.15, que N et $\theta_t N$ ont même loi. ♣

Remarque 6.20 : Un processus de Poisson homogène de paramètre λ est un processus de renouvellement stationnaire (d'après sa définition et l'exercice 2.1). C'est un processus de renouvellement à délai dont la loi du délai dG et la loi inter-arrivées dF sont la loi exponentielle de paramètre λ. Nous retrouvons évidemment toutes les caractéristiques du processus de renouvellement stationnaire que nous venons de voir : $\rho(t)$ qui est l'espérance du nombre de points dans l'intervalle $[0, t]$ est λt donc linéaire et :

$$\frac{1}{\mu} \bar{F}(t)\, dt = \lambda e^{-\lambda t}\, dt = dG(t).$$

Remarque 6.21 : Lorsque μ est finie, l'inégalité $\rho(t) \leq U(t)$ (formule (6.7)) appliquée en prenant pour ρ la fonction de renouvellement du processus stationnaire permet de retrouver l'inégalité $t/\mu \leq U(t)$ vue dans la proposition 6.8. Cette inégalité est triviale lorsque $\mu = +\infty$.

6.3   Quelques inégalités

6.3.1   Résultats généraux

L'utilisation du processus de renouvellement stationnaire permet d'obtenir une borne supérieure pour $U(t)$. Nous avons besoin au préalable d'un lemme.

Lemme 6.22 *Soit T_0 une variable aléatoire de loi dG, U la fonction de renouvellement d'un processus de renouvellement simple et ρ celle du processus de renouvellement de même loi inter-arrivées que le précédent et de délai dG. Alors :*

$$\mathbb{E}(U(s - T_0)) = \rho(s).$$

♣ *Démonstration* : Notons dF la loi inter-arrivées et soit $(\xi_n)_{n \geq 1}$ des variables aléatoires indépendantes de même loi dF et indépendantes de T_0. En utilisant les égalités (6.6) il vient :

$$\mathbb{E}(U(s - T_0)) = \int U(s - t_0) \, dG(t_0) = U * dG(s) = \rho(s). ♣$$

Proposition 6.23 *La fonction de renouvellement U est sous-additive :*

$$\forall s, t, \quad U(t + s) \leq U(t) + U(s).$$

De plus si la loi inter-arrivées est de variance finie alors :

$$\frac{t}{\mu} \leq U(t) \leq \frac{t}{\mu} + \frac{\sigma^2 + \mu^2}{\mu^2} \ . \quad \text{(inégalité de Lorden)}$$

♣ *Démonstration* : Nous avons :

$$U(s + t) = U([0, s]) + U(]s, s + t]) \leq U([0, s]) + U([s, s + t]).$$

Or $U([s, s + t])$ est la fonction de renouvellement au point t du processus de renouvellement observé à partir de la date s, donc d'après la formule (6.7), $U([s, s + t]) \leq U(t)$, ce qui démontre la première assertion.

Pour la deuxième, nous avons déjà vu que $t/\mu \leq U(t)$.

La démonstration que nous donnons de la dernière inégalité provient de [75] chapitre III paragraphe 1.4.

Donnons-nous deux variables aléatoires T_0 et T_0' indépendantes, de même loi $dG(s) = \frac{1}{\mu} \bar{F}(s) \, ds$. La sous-additivité de U donne :

$$U(t) = \mathbb{E}(U(t + T_0 - T_0' + T_0' - T_0)) \leq \mathbb{E}(U(t + T_0 - T_0')) + \mathbb{E}(U(T_0' - T_0)).$$

Le lemme 6.22 et la proposition 6.18 montrent que :

$$\mathbb{E}(U(s - T_0)) = \mathbb{E}(U(s - T_0')) = \frac{s}{\mu} \, .$$

Par suite T_0 et T_0' étant indépendantes, il vient :

$$\mathbb{E}(U(T_0' - T_0)) = \mathbb{E}(\mathbb{E}(U(T_0' - T_0)/T_0')) = \mathbb{E}\left(\frac{T_0'}{\mu}\right) = \frac{1}{\mu}\mathbb{E}(T_0'),$$

et de même :

$$\mathbb{E}(U(t + T_0 - T_0')) = \mathbb{E}\left(\frac{t + T_0}{\mu}\right) = \frac{1}{\mu}(t + \mathbb{E}(T_0)).$$

Enfin :

$$\begin{aligned} E(T_0) &= \mathbb{E}(T_0') = \frac{1}{\mu} \int_0^{+\infty} s\bar{F}(s) \, ds = \frac{1}{\mu} \int\int s 1_{\{t>s\}} \, ds \, dF(t) \\ &= \frac{1}{\mu} \int_0^{+\infty} \frac{t^2}{2} \, dF(t) = \frac{\sigma^2 + \mu^2}{2\mu} \, . \end{aligned}$$

Le résultat cherché découle des relations précédentes. ♣

Une autre démonstration de la proposition 6.23 se trouve dans [7] chapitre VI proposition 4.2.

6.3.2 Résultats complémentaires pour des lois particulières

Les résultats suivants sont extraits de [11] chapitre 6.

Etant donnée une loi de probabilité de fonction de répartition F, posons :

$$\bar{F} = 1 - F.$$

Rappelons (voir paragraphe 1.2.3) qu'une loi dF sur $\mathbb{R}_+$ est NBU si pour tous s et t positifs :

$$\bar{F}(t + s) \leq \bar{F}(t)\bar{F}(s). \tag{6.8}$$

Une loi sur $\mathbb{R}_+$ est dite **NWU** (New Worse than Used) si pour tous s et t positifs :

$$\bar{F}(t + s) \geq \bar{F}(t)\bar{F}(s).$$

Nous savons (proposition 1.9) qu'une loi IFR est NBU. On peut montrer de la même manière qu'une loi DFR est NWU.

Les notions de loi NBU et NWU se généralisent encore et conduisent à la notion de loi $NBUE$ et $NWUE$. Pour ces lois on obtient des inégalités sur la fonction de renouvellement plus précises que les inégalités de la proposition 6.23.

Une loi d'espérance $\mu < +\infty$ et de fonction de répartition F est **NBUE** (New Better than Used in Expectation) si pour tout t :

$$F(t) \leq \frac{1}{\mu} \int_0^t \bar{F}(x)\, dx.$$

Elle est **NWUE** (New Worse than Used in Expectation) si pour tout t :

$$F(t) \geq \frac{1}{\mu} \int_0^t \bar{F}(x)\, dx.$$

Remarque 6.24 : Dire que la loi dF est *NBUE* (respectivement *NWUE*) équivaut à dire que la loi du délai du processus de renouvellement stationnaire associé est stochastiquement inférieure (respectivement supérieure) à la loi inter-arrivées.

Proposition 6.25 *Toute loi NBU (respectivement NWU) est NBUE (respectivement NWUE).*

♣ *Démonstration* : Supposons la loi *NBU* et intégrons l'inégalité (6.8). Nous obtenons :

$$\int_0^{+\infty} \bar{F}(s+t)\, dt \leq \bar{F}(s) \int_0^{+\infty} \bar{F}(t)\, dt = \mu \bar{F}(s),$$

ou encore :

$$\int_s^{+\infty} \bar{F}(u)\, du = \mu - \int_0^s \bar{F}(u)\, du \leq \mu(1 - F(s)),$$

d'où le résultat. Le cas *NWU* se traite de même. ♣

Proposition 6.26 *Si la loi inter-arrivées dF est NBUE, alors :*

$$\frac{t}{\mu} \leq U(t) \leq \frac{t}{\mu} + 1.$$

Si la loi inter-arrivées dF est NWUE, alors :

$$\frac{t}{\mu} + 1 \leq U(t).$$

♣ *Démonstration* : L'inégalité $t/\mu \leq U(t)$ a déjà été prouvée (proposition 6.8). Démontrons la deuxième inégalité. Soit ρ la fonction de renouvellement du processus de renouvellement stationnaire de loi inter-arrivées dF et notons dG son délai. La formule (6.6) donne :

$$\rho(t) = \int_0^t G(t-s)\, dU(s).$$

Supposons que la loi dF soit *NBUE*, nous avons alors $G \geq F$ et donc, en utilisant le corollaire 6.19 et la proposition 6.4, nous obtenons :

$$\frac{t}{\mu} = \rho(t) \geq \int_0^t F(t-s)\, dU(s) = \int_0^t U(t-s)\, dF(s) = U(t) - 1.$$

La preuve dans le cas $NWUE$ est similaire. ♣

Nous verrons (remarque 6.53 jointe à la remarque 6.24) que dans le cas $NBUE$ (respectivement $NWUE$) la loi asymptotique de la durée de vie résiduelle $W(t)$ est stochastiquement inférieure (respectivement supérieure) à la loi inter-arrivées. Nous allons voir que dans le cas NBU (respectivement NWU) cette propriété est vraie pour tout t (et pas uniquement asymptotiquement).

Proposition 6.27 *Si la loi inter-arrivées dF d'un processus de renouvellement simple est NBU, alors pour tout u :*

$$\mathbb{P}(W(t) > u) \leq \bar{F}(u).$$

Si la loi inter-arrivées dF est NWU, alors pour tout u :

$$\mathbb{P}(W(t) > u) \geq \bar{F}(u).$$

♣ *Démonstration* : Nous reprenons les notations du paragraphe 6.1. Nous avons :

$$
\begin{aligned}
\mathbb{P}(W(t) > u) &= \mathbb{P}(W(t) > u, t < T_1) + \sum_{n \geq 1} \mathbb{P}(W(t) > u, T_n \leq t < T_{n+1}) \\
&= \mathbb{P}(T_1 > t + u) + \sum_{n \geq 1} \mathbb{P}(T_n \leq t, \xi_{n+1} > t + u - T_n) \\
&= \bar{F}(t + u) + \sum_{n \geq 1} \int_0^t \bar{F}(t + u - s) \, dF^{*n}(s).
\end{aligned}
$$

Supposons que dF soit NBU, il vient :

$$
\begin{aligned}
\mathbb{P}(W(t) > u) &\leq \bar{F}(t)\bar{F}(u) + \sum_{n \geq 1} \int_0^t \bar{F}(u)\bar{F}(t - s) \, dF^{*n}(s) \\
&= \bar{F}(u) \left(\bar{F}(t) + \sum_{n \geq 1} \int_0^t \bar{F}(t - s) \, dF^{*n}(s) \right) \\
&= \bar{F}(u)\mathbb{P}(W(t) > 0) \\
&= \bar{F}(u).
\end{aligned}
$$

Le cas NWU est identique. ♣

Remarque 6.28 : Supposons que la loi inter-arrivées d'un processus de renouvellement simple soit NBU. La proposition 6.27 signifie que $W(t) \prec_{st} T_1$ et une construction du même type que celle utilisée dans la démonstration de la formule (6.7) montre que, pour tous s et t :

$$N_s - 1 \prec_{st} N_{t+s} - N_t.$$

Le cas NWU conduirait au résultat inverse.

Nous avons vu (proposition 6.23) que la fonction U est sous-additive. La proposition suivante, qui est une conséquence immédiate de la remarque 6.28, exprime le fait que la fonction $U_1 = U - 1$ est sur-additive dans le cas NBU et qu'elle est sous-additive dans le cas NWU.

Proposition 6.29 *Si la loi inter-arrivées dF est NBU, alors :*

$$U(t) + U(s) - 1 \leq U(t+s) \leq U(t) + U(s).$$

Si la loi inter-arrivées dF est NWU, alors :

$$U(t+s) \leq U(t) + U(s) - 1.$$

Proposition 6.30 *Soit N_t la fonction de comptage d'un processus de renouvellement simple et supposons que $U(t) = \mathbb{E}(N_t)$ soit une fonction continue de t . Si la loi inter-arrivées dF est NBU, alors la variance de N_t vérifie :*

$$var(N_t) \leq U(t) - 1 \leq \frac{t}{\mu} .$$

Si la loi inter-arrivées dF est NWU, alors la variance de N_t vérifie :

$$var(N_t) \geq U(t) - 1 \geq \frac{t}{\mu} .$$

Pour la démonstration de cette proposition, se reporter à l'exercice 6.23.

6.4   Superposition

Contrairement à ce qui se passe pour des processus de Poisson, la superposition de processus de renouvellement n'est pas, en général, un processus de renouvellement. Ce n'est même pas un processus de "type" connu. Par contre nous allons prouver un résultat asymptotique.

Nous considérons n processus de renouvellement à délai *indépendants* que nous notons $T^{n,i} = (T_k^{n,i})_{k \geq 0}$ $(1 \leq i \leq n)$. Nous supposons que les délais et les lois inter-arrivées ont des densités par rapport à la mesure de Lebesgue. Notons :

- $F_0^{n,i}$ et $\lambda_0^{n,i}$ la fonction de répartition et le taux de hasard du délai $T_0^{n,i}$,

- $F^{n,i}$ et $\lambda^{n,i}$ la fonction de répartition et le taux de hasard de la loi inter-arrivées,

et posons :

$$\Lambda_0^{n,i}(t) = \int_0^t \lambda_0^{n,i}(s)\,ds,$$

$$\Lambda^{n,i}(t) = \int_0^t \lambda^{n,i}(s)\,ds.$$

Nous nous intéressons à la superposition de ces n processus. C'est un processus ponctuel simple (à cause des propriétés d'indépendance - entre variables aléatoires et entre processus - et du fait que les variables aléatoires considérées ont des densités par rapport à la mesure de Lebesgue). Notons N^n sa fonction de comptage :

$$N^n(t) = \sum_{i=1}^{n} \sum_{k \geq 1} 1_{\{T_k^{n,i} \leq t\}}.$$

Théorème 6.31 (théorème de Grigelionis) *Nous nous plaçons dans le cadre défini ci-dessus, et nous supposons qu'il existe une fonction Λ continue telle que, pour tout $t > 0$:*

1.a $\quad \max_{1 \leq i \leq n} F_0^{n,i}(t) \xrightarrow[n \to \infty]{} 0, \qquad \max_{1 \leq i \leq n} F^{n,i}(t) \xrightarrow[n \to \infty]{} 0,$

2.a $\quad \sum_{i=1}^{n} F_0^{n,i}(t) \xrightarrow[n \to \infty]{} \Lambda(t),$

ou de façon équivalente que :

1.b $\quad \max_{1 \leq i \leq n} \Lambda_0^{n,i}(t) \xrightarrow[n \to \infty]{} 0, \qquad \max_{1 \leq i \leq n} \Lambda^{n,i}(t) \xrightarrow[n \to \infty]{} 0,$

2.b $\quad \sum_{i=1}^{n} \Lambda_0^{n,i}(t) \xrightarrow[n \to \infty]{} \Lambda(t).$

Alors la superposition des n processus de renouvellement indépendants converge en loi vers un processus de Poisson d'intensité $d\Lambda$.

En outre, pour tous réels positifs $t_1, \ldots t_k$, la loi de $(N^n(t_1), \ldots N^n(t_k))$ converge vers la loi de $(N(t_1), \ldots N(t_k))$, la fonction N étant la fonction de comptage d'un processus de Poisson d'intensité $d\Lambda$.

La notion de convergence en loi entre processus ponctuels a été précisée dans la proposition 4.13.

Une démonstration utilisant uniquement des techniques élémentaires de calcul des probabilités se trouve dans [11] chapitre 8 théorème 4.2. Nous allons donner une démonstration qui ne reprend que le début de la démonstration de [11] et qui conclut en utilisant le théorème 4.15.

♣ *Démonstration* : L'équivalence entre les conditions *1.a* et *1.b* est évidente compte tenu des relations :

$$\begin{aligned} F_0^{n,i}(t) &= 1 - e^{-\Lambda_0^{n,i}(t)}, \\ F^{n,i}(t) &= 1 - e^{-\Lambda^{n,i}(t)}. \end{aligned}$$

D'autre part, sous *1.b*, le fait que *2.b* entraine *2.a* provient de l'inégalité :

$$|1 - e^{-x} - x| \leq \frac{x^2}{2},$$

alors que l'implication 2.a ⇒ 2.b est due à 1.a et aux inégalités :

$$0 \le -\log(1-x) - x \le x^2 \quad \text{pour } 0 \le x \le \frac{1}{2}.$$

Commençons par montrer, en suivant [11], que $\mathbb{E}(N^n(t))$ converge vers $\Lambda(t)$. Soit $\rho^{n,i}(t)$ la fonction de renouvellement du processus $T^{n,i}$. Il est clair que $F_0^{n,i} \le \rho^{n,i}$, et par suite pour tout t :

$$\Lambda(t) = \lim_{n\to\infty} \sum_{i=1}^{n} F_0^{n,i}(t) \le \liminf_{n\to\infty} \sum_{i=1}^{n} \rho^{n,i}(t) = \liminf_{n\to\infty} \mathbb{E}(N^n(t)).$$

Nous allons montrer maintenant l'inégalité inverse. D'après l'égalité (6.6) (proposition 6.9), la fonction $\rho^{n,i}$ vérifie l'équation :

$$\rho^{n,i} = F_0^{n,i} + \rho^{n,i} * dF^{n,i} = F_0^{n,i} + F^{n,i} * d\rho^{n,i}.$$

Par suite, en utilisant la croissance de la fonction $F^{n,i}$, nous avons pour tout t :

$$\rho^{n,i}(t) \le F_0^{n,i}(t) + F^{n,i}(t)\rho^{n,i}(t).$$

Posons $\varphi(n,t) = \max_{1 \le i \le n} F^{n,i}(t)$, nous obtenons :

$$\mathbb{E}(N^n(t)) = \sum_{i=1}^{n} \rho^{n,i}(t) \le \sum_{i=1}^{n} F_0^{n,i}(t) + \varphi(n,t)\mathbb{E}(N^n(t))$$

ou encore :

$$(1 - \varphi(n,t))\mathbb{E}(N^n(t)) \le \sum_{i=1}^{n} F_0^{n,i}(t).$$

En utilisant les hypothèses 1.a et 2.a nous trouvons :

$$\limsup_{n\to\infty} \mathbb{E}(N^n(t)) \le \Lambda(t).$$

Nous avons donc obtenu, pour tout t :

$$\lim_{n\to\infty} \mathbb{E}(N^n(t)) = \Lambda(t).$$

Nous allons appliquer le théorème 4.15. Pour cela, nous devons étudier le compensateur de N^n. Soit $N^{n,i}$ la fonction de comptage du processus $T^{n,i}$. D'après l'exemple 4.5, le compensateur $A^{n,i}$ de $N^{n,i}$ s'écrit :

$$A^{n,i}(t) = \Lambda_0^{n,i}(t)1_{\{t \le T_0^{n,i}\}} + B^{n,i}(t),$$

avec :

$$B^{n,i}(t) \le \Lambda_0^{n,i}(t)1_{\{T_0^{n,i} < t\}} + \Lambda^{n,i}(t)N^{n,i}(t).$$

Par suite, en posant $\psi_0(n,t) = \max_{1 \le i \le n} \Lambda_0^{n,i}(t)$ et $\psi(n,t) = \max_{1 \le i \le n} \Lambda^{n,i}(t)$, nous obtenons :

$$\begin{aligned}
|A^{n,i}(t) - \Lambda_0^{n,i}(t)| &\leq 2\Lambda_0^{n,i}(t)1_{\{T_0^{n,i} \leq t\}} + \Lambda^{n,i}(t)N^{n,i}(t) \\
&\leq 2\psi_0(n,t)1_{\{T_0^{n,i} \leq t\}} + \psi(n,t)N^{n,i}(t).
\end{aligned}$$

Nous en déduisons que le compensateur $A^n = \sum_{i=1}^{n} A^{n,i}$ de N^n vérifie :

$$\mathbb{E}(\,|A^n(t) - \sum_{i=1}^{n}\Lambda_0^{n,i}(t)|\,) \leq 2\psi_0(n,t)\sum_{i=1}^{n}F_0^{n,i}(t) + \psi(n,t)\,\mathbb{E}(\,N^n(t)\,).$$

Puisque, lorsque n tend vers l'infini, $\sum_{i=1}^{n}F_0^{n,i}(t)$ et $\mathbb{E}(\,N^n(t)\,)$ convergent vers la quantité finie $\Lambda(t)$ et que $\psi_0(n,t)$ et $\psi(n,t)$ tendent vers 0, nous avons prouvé que pour tout t, $A^n(t)$ converge vers $\Lambda(t)$ dans L^1 et par suite en probabilité. D'où le résultat en appliquant le théorème 4.15. ♣

Le théorème de Grigelionis peut être considéré comme une justification de la modélisation des instants de défaillance d'un matériel par un processus de Poisson (tout comme le théorème des valeurs extrêmes - théorème 1.13 - peut être considéré comme une justification de l'utilisation de la loi de Weibull).

Considérons un matériel formé d'un grand nombre de pièces placées en série, chacune de ces pièces ayant un taux de défaillance faible pour que le matériel ait un taux de défaillance "raisonnable". Le théorème de Grigelionis permet de considérer que, si on change les pièces lors de leurs défaillances (ou si on effectue des "grosses réparations" sur celles-ci) sans que cela influe sur les autres pièces, tout se passe comme si on effectuait de "petites réparations" (au sens du chapitre 3) sur le matériel.

Exemple 6.32 ([11] chapitre 8 exemple 4.3) :

Considérons n processus de renouvellement stationnaires qui vérifient la condition *1.a* (ou *1.b*) du théorème 6.31. Notons $\mu_{n,i}$ l'espérance de la loi inter-arrivées du processus numéro i. Si

$$\sum_{i=1}^{n}\frac{1}{\mu_{n,i}} \xrightarrow[n \to +\infty]{} \lambda,$$

alors la superposition des n processus converge, lorsque n tend vers l'infini, vers un processus de Poisson homogène de paramètre λ.

En effet, la condition *2.a* est vérifiée avec $\Lambda(t) = \lambda t$ car, d'après le corollaire 6.19 :

$$\sum_{i=1}^{n}F_0^{n,i}(t) = \sum_{i=1}^{n}\frac{t}{\mu_{n,i}} - \sum_{i=1}^{n}\frac{1}{\mu_{n,i}}\int_0^t F^{n,i}(s)\,ds,$$

et le dernier terme du deuxième membre de l'équation tend vers 0 quand n tend vers l'infini car :

$$0 \leq \sum_{i=1}^{n}\frac{1}{\mu_{n,i}}\int_0^t F^{n,i}(s)\,ds \leq t\max_{1 \leq i \leq n}F^{n,i}(t)\sum_{i=1}^{n}\frac{1}{\mu_{n,i}}.$$

Exemple 6.33 : Considérons n processus de renouvellement de même loi obtenus par changement d'échelle à partir d'un processus de renouvellement donné. Plus précisément, soit λ_0 et λ_1 deux fonctions de hasard et Λ_0 et Λ_1 les fonctions de hasard cumulé correspondantes. Nous supposons que, pour $1 \leq i \leq n$ et pour tout t :

$$\Lambda_0^{n,i}(t) = \Lambda_0\left(\frac{t}{n}\right), \quad \Lambda^{n,i}(t) = \Lambda_1\left(\frac{t}{n}\right).$$

Supposons la fonction λ_0 continue au voisinage de 0. Alors la superposition de ces n processus converge, lorsque n tend vers l'infini, vers un processus de Poisson homogène de paramètre $\lambda_0(0)$.

Exemple 6.34 : Nous allons construire des processus par changement d'échelle à partir du processus de Weibull. Posons $\Lambda_0(t) = \left(\frac{t}{\alpha}\right)^\beta$. Considérons n processus de renouvellement de même loi tels que pour $1 \leq i \leq n$ et pour tout t :

$$\Lambda_0^{n,i}(t) = \Lambda^{n,i}(t) = \Lambda_0\left(\frac{t}{n^{1/\beta}}\right).$$

La superposition des n processus converge, lorsque n tend vers l'infini, vers un processus de Weibull de paramètres (α, β).

6.5   Processus de renouvellement alterné

Un processus de renouvellement alterné permet de modéliser la suite des instants de défaillance et de remise en fonctionnement d'un matériel, lorsque le matériel est renouvelé à chaque défaillance. Son avantage par rapport au processus de renouvellement est qu'il permet de prendre en compte la durée des réparations.

Soit $(\xi_n)_{n\geq 1}$ une suite de variables aléatoires positives, *indépendantes*. Nous posons :

$$T_n = \sum_{i=1}^{n} \xi_i.$$

Nous supposons que :

- ξ_1 a pour loi ν_0,

- pour $n \geq 1$, les ξ_{2n+1} ont même loi ν_1,

- pour $n \geq 1$, les ξ_{2n} ont même loi ν_2.

Le processus $(T_n)_{n\geq 1}$ est un **processus de renouvellement alterné modifié**. Lorsque $\nu_0 = \nu_1$, on parle simplement de **processus de renouvellement alterné simple**.

$$\begin{array}{c}
\xi_1 \quad \xi_2 \quad \xi_3 \quad \xi_4 \qquad\qquad\qquad \xi_{2n+1} \quad \xi_{2n+2} \\
\vdash\!-\!\!\!\!\!-\!\!\!\!+\!-\!-\!+\!\!\!\!\!-\!\!\!+\!-\!-\!+\!\!-\!-\!+\!\!\!-\!-\!-\!+\!\!\!\!\!-\!\!\!+\!-\!-\!-\!-\!+ \\
0 \qquad T_1 \quad T_2 \quad T_3 \quad T_4 \qquad\qquad T_{2n} \quad T_{2n+1} \quad T_{2n+2}
\end{array}$$

—— de loi ν_0,   —— de loi ν_1,   ·---· de loi ν_2.

Le cas $\nu_0 \neq \nu_1$ permet de pendre en compte par exemple le cas où le matériel a déjà fonctionné avant l'instant initial.

Exemple 6.35 : Considérons un matériel formé de différents composants, les taux de défaillance et de réparation de ces composants étant constants (mais pouvant varier d'un composant à l'autre et dépendre de l'état des autres composants). Nous verrons dans le paragraphe 9.1.6 que la succession des instants de panne et de réparation du matériel forme :

- un processus de renouvellement alterné simple lorsque les composants sont placés en série,

- un processus de renouvellement alterné modifié lorsque les composants sont placés en parallèle.

En fait un processus de renouvellement alterné est la superposition de deux processus de renouvellement à délai (non indépendants) :

- le processus $(T_{2n+1})_{n\geq 0}$ est un processus de renouvellement à délai, de délai ν_0 et de loi inter-arrivées $\nu_1 * \nu_2$,

- le processus $(T_{2n})_{n\geq 1}$ est un processus de renouvellement à délai, de délai $\nu_0 * \nu_2$ et de loi inter-arrivées $\nu_1 * \nu_2$.

Supposons que le processus de renouvellement alterné représente les instants successifs de marche et de panne d'un matériel en fonctionnement à l'instant initial. La loi ν_0 est donc la loi de la première durée de fonctionnement, la loi ν_1 celle des autres durées de fonctionnement. Les réparations sont de loi ν_2. Notons $m_P(t)$ le nombre moyen de pannes survenues pendant l'intervalle de temps $[0, t]$:

$$m_P(t) = \mathbb{E}\left(\sum_{n\geq 0} 1_{\{T_{2n+1}\leq t\}}\right),$$

et $m_R(t)$ le nombre moyen de réparations terminées pendant ce même intervalle de temps (c'est également le nombre moyen de *redémarrages* du matériel survenus avant l'instant t) :

$$m_R(t) = \mathbb{E}\left(\sum_{n\geq 1} 1_{\{T_{2n}\leq t\}}\right).$$

Soit $D(t)$ la disponibilité du matériel à l'instant t, nous avons :

$$D(t) = \mathbb{E}\left(1_{\{t<T_1\}} + \sum_{n\geq 1} 1_{\{T_{2n}\leq t<T_{2n+1}\}}\right) = m_R(t) - m_P(t) + 1. \qquad (6.9)$$

Nous notons $\tilde{m}_P$, $\tilde{m}_R$, $\tilde{D}$, $\tilde{\nu}_i$ $(i=0,1,2)$ les transformées de Laplace respectives de m_P, m_R, D, ν_i. La proposition 6.12 et l'équation (6.9) donnent :

$$\tilde{m}_P(s) = \frac{\tilde{\nu}_0(s)}{s[1 - \tilde{\nu}_1(s)\tilde{\nu}_2(s)]}, \qquad (6.10)$$

$$\tilde{m}_R(s) = \frac{\tilde{\nu}_0(s)\tilde{\nu}_2(s)}{s[1 - \tilde{\nu}_1(s)\tilde{\nu}_2(s)]}, \qquad (6.11)$$

$$\tilde{D}(s) = \frac{1 - \tilde{\nu}_0(s) + \tilde{\nu}_2(s)[\tilde{\nu}_0(s) - \tilde{\nu}_1(s)]}{s[1 - \tilde{\nu}_1(s)\tilde{\nu}_2(s)]}. \qquad (6.12)$$

Notons μ_i l'espérance de la loi ν_i que l'on suppose finie. Un développement limité à l'ordre 1 de $\tilde{\nu}_i$ au voisinage de 0 donne $1 - \tilde{\nu}_i(s) \sim \mu_i s$ et donc :

$$\tilde{D}(s) \sim \frac{1}{s}\frac{\mu_1}{\mu_1 + \mu_2}.$$

Si nous pouvions appliquer le théorème taubérien (théorème E.21), en particulier si nous savions que $D(\infty) = \lim_{t\to\infty} D(t)$ existe, nous en déduirions que :

$$D(\infty) = \frac{\mu_1}{\mu_1 + \mu_2} = \frac{MUT}{MUT + MDT}. \qquad (6.13)$$

Nous allons voir (proposition 6.51) qu'en utilisant le théorème de renouvellement, nous n'avons pas besoin de supposer a-priori que $\lim_{t\to\infty} D(t)$ existe.

Etudions maintenant un cas particulier très classique en fiabilité.

Corollaire 6.36 *Considérons un processus de renouvellement alterné représentant les instants successifs de marche et de panne d'un matériel de taux de défaillance constant égal à λ et de taux de réparation constant égal à μ. La disponibilité $D(t)$ à l'instant t, le nombre moyen de pannes $m_P(t)$ et le nombre moyen de redémarrages $m_R(t)$ ayant lieu avant l'instant t sont :*

$$D(t) = \frac{\mu}{\lambda + \mu} + \frac{\lambda}{\lambda + \mu} e^{-(\lambda+\mu)t},$$

$$m_P(t) = \frac{\lambda\mu}{\lambda + \mu} t + \frac{\lambda^2}{(\lambda + \mu)^2} - \frac{\lambda^2}{(\lambda + \mu)^2} e^{-(\lambda+\mu)t},$$

$$m_R(t) = \frac{\lambda\mu}{\lambda + \mu} t - \frac{\lambda\mu}{(\lambda + \mu)^2} + \frac{\lambda\mu}{(\lambda + \mu)^2} e^{-(\lambda+\mu)t}.$$

♣ *Démonstration* : Des relations :

$$\tilde{\nu}_0(s) = \tilde{\nu}_1(s) = \frac{\lambda}{\lambda + s}, \quad \tilde{\nu}_2(s) = \frac{\mu}{\mu + s},$$

nous déduisons :

$$\tilde{D}(s) = \frac{\mu + s}{s(s + \lambda + \mu)} = \frac{\mu}{\lambda + \mu} \frac{1}{s} + \frac{\lambda}{\lambda + \mu} \frac{1}{s + \lambda + \mu},$$

d'où :

$$D(t) = \frac{\mu}{\lambda + \mu} + \frac{\lambda}{\lambda + \mu} e^{-(\lambda + \mu)t}.$$

Puis :

$$\tilde{m}_P(s) = \frac{\lambda(\mu + s)}{s^2(s + \lambda + \mu)} = \frac{\lambda}{s} \tilde{D}(s),$$

d'où :

$$m_P(t) = \lambda \int_0^t D(u) \, du = \frac{\lambda\mu}{\lambda + \mu} t + \frac{\lambda^2}{(\lambda + \mu)^2} (1 - e^{-(\lambda + \mu)t}).$$

Enfin :

$$\tilde{m}_R(s) = \frac{\lambda\mu}{s^2(s + \lambda + \mu)} = \frac{\lambda\mu}{\lambda + \mu} \frac{1}{s^2} - \frac{\lambda\mu}{(\lambda + \mu)^2} \frac{1}{s} + \frac{\lambda\mu}{(\lambda + \mu)^2} \frac{1}{s + \lambda + \mu},$$

donc :

$$m_R(t) = \frac{\lambda\mu}{\lambda + \mu} t - \frac{\lambda\mu}{(\lambda + \mu)^2} + \frac{\lambda\mu}{(\lambda + \mu)^2} e^{-(\lambda + \mu)t}. \quad ♣$$

6.6   Théorème de renouvellement

6.6.1   Théorème de Blackwell

Une **loi** sur $\mathbb{R}$ est **non-arithmétique** si elle n'est pas portée par un ensemble de la forme $d\mathbb{Z}$ $(d \in \mathbb{R})$.

Théorème 6.37 (théorème de Blackwell) *Soit U la fonction de renouvellement d'un processus de renouvellement simple dont la loi inter-arrivées dF est non-arithmétique. Notons μ l'espérance de la loi dF. Alors pour tout $h \geq 0$:*

$$U(t + h) - U(t) \xrightarrow[t \to \infty]{} \frac{h}{\mu}.$$

Le résultat ci-dessus reste valable, sous les mêmes hypothèses, pour la fonction de renouvellement ρ d'un processus de renouvellement à délai.

Ce célèbre théorème possède des démonstrations variées, toutes non triviales. Les démonstrations initiales reposaient sur des résultats d'analyse (voir par exemple [43] chapitre XI paragraphe 1.2 ou [7] chapitre 4 paragraphe 5). Nous préférons donner ici une démonstration plus probabiliste, par couplage comme l'a proposée Lindvall ([74] ou [75] chapitre III paragraphe 1.3) lorsque $\mu < +\infty$. Une démonstration par couplage sans hypothèse sur μ se trouve dans [96]. Le lecteur qui souhaite avoir rapidement une idée de la démonstration peut se reporter à [41] chapitre 3 paragraphe 4 (dont nous nous sommes inspiré) : la démonstration fait appel au couplage lorsque $\mu < +\infty$ et au résultat analytique lorsque $\mu = +\infty$. Il peut également se reporter à [35] paragraphe 6.1.5.

Notre démonstration utilise un résultat sur les marches aléatoires que nous admettons. Rappelons qu'une marche aléatoire est un processus $(S_k)_{k \geq 0}$ à temps discret pour lequel les variables aléatoires $S_{k+1} - S_k$ $(k \geq 0)$ sont indépendantes et de même loi. La marche aléatoire est dite centrée si les variables aléatoires $S_{k+1} - S_k$ sont centrées. Le théorème suivant est un résultat classique, démontré par exemple dans [35] théorème 6.1.4.

Théorème 6.38 *Soit $(S_k)_{k \geq 0}$ une marche aléatoire sur $\mathbb{R}$, centrée et telle que la loi des $S_{k+1} - S_k$ soit non-arithmétique. Alors, pour tout ouvert $\mathcal{O}$ de $\mathbb{R}$, presque-sûrement les S_k appartiennent à $\mathcal{O}$ pour une infinité de k (la marche aléatoire est dite récurrente).*

♣ *Démonstration du théorème 6.37* : Comme nous l'avons indiqué, nous supposons $\mu < +\infty$. De plus nous supposons que la mesure dF n'est pas portée par un ensemble dénombrable, ce qui est le cas dans les applications qui nous intéressent. Nous verrons pourquoi cette hypothèse ci-dessous. Notons que cela entraine en particulier que la loi dF est non-arithmétique.

Soit $(T_n)_{n \geq 0}$ un processus de renouvellement (simple ou à délai) de loi inter-arrivées dF, de fonction de comptage N et posons $\xi_n = T_n - T_{n-1}$. Considérons un processus de renouvellement stationnaire $(T'_n)_{n \geq 0}$ de loi inter-arrivées dF également, et indépendant de $(T_n)_{n \geq 0}$. Notons N' sa fonction de comptage et posons $\xi'_n = T'_n - T'_{n-1}$. Alors $S_k = T_k - T'_k$ $(k \geq 0)$ est une marche aléatoire centrée. La loi de $S_{k+1} - S_k$ est celle de $\xi_1 - \xi'_1$. Comme dF n'est pas portée par un ensemble dénombrable, il en est de même de la loi de $\xi_1 - \xi'_1$. Cela se voit facilement en raisonnant par l'absurde et en utilisant le fait que, pour tout borélien A de $\mathbb{R}$:

$$\mathbb{P}(\xi_1 - \xi'_1 \in A) = \iint 1_{\{x-y \in A\}} \, dF(x) \, dF(y) = \int \left(\int_{A+y} dF(x) \right) dF(y).$$

Par suite la loi de $\xi_1 - \xi'_1$ est non-arithmétique et nous pouvons appliquer le théorème 6.38. Soit donc $\varepsilon > 0$ et $\mathcal{O} =]-\varepsilon, +\varepsilon[$.

Nous obtenons que la variable aléatoire τ définie par

$$\tau = \inf\{k : |S_k| < \varepsilon\}$$

est finie presque-sûrement. Posons :

$$\xi''_n = \begin{cases} \xi_n & \text{pour } n \leq \tau, \\ \xi'_n & \text{pour } n > \tau. \end{cases} \tag{6.14}$$

et :

$$T_n'' = \sum_{i=1}^n \xi_i''.$$

Soit N'' la fonction de comptage du processus $(T_n'')_{n \geq 0}$.

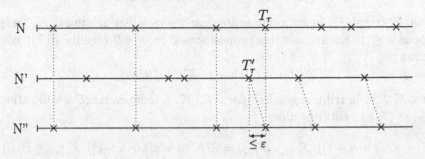

figure 1

On vérifie immédiatement que la variable aléatoire τ est un temps d'arrêt relativement à la filtration $(\mathcal{G}_n)$, la tribu $\mathcal{G}_n$ étant engendrée par les variables aléatoires $\xi_0, \ldots, \xi_n, \xi_0', \ldots, \xi_n'$. Cela permet de montrer que les processus $(T_n)_{n \geq 0}$ et $(T_n'')_{n \geq 0}$ ont même loi. En effet, pour tout k et tous boréliens $A_1, \ldots, A_k$, nous avons :

$$\mathbb{P}(\xi_0'' \in A_0, \ldots, \xi_k'' \in A_k)$$
$$= \sum_{n < k} \mathbb{P}(\xi_0'' \in A_0, \ldots, \xi_k'' \in A_k, \tau = n) + \mathbb{P}(\xi_0'' \in A_0, \ldots, \xi_k'' \in A_k, \tau \geq k)$$
$$= \sum_{n < k} \mathbb{P}(\xi_0 \in A_0, \ldots, \xi_n \in A_n, \xi_{n+1}' \in A_{n+1}, \ldots, \xi_k' \in A_k, \tau = n)$$
$$+ \mathbb{P}(\xi_0 \in A_0, \ldots, \xi_k \in A_k, \tau \geq k).$$

En utilisant le fait que la tribu $\mathcal{G}_n$ est indépendante de $\xi_{n+1}, \xi_{n+1}', \cdots$ puis que les ξ_i' ($i \geq 1$) ont même loi que les ξ_i ($i \geq 1$), nous obtenons :

$$\mathbb{P}(\xi_0'' \in A_0, \ldots, \xi_k'' \in A_k)$$
$$= \sum_{n < k} \mathbb{P}(\xi_0 \in A_0, \ldots, \xi_n \in A_n, \tau = n)\, \mathbb{P}(\xi_{n+1}' \in A_{n+1}, \ldots, \xi_k' \in A_k)$$
$$+ \mathbb{P}(\xi_0 \in A_0, \ldots, \xi_k \in A_k, \tau \geq k)$$
$$= \sum_{n < k} \mathbb{P}(\xi_0 \in A_0, \ldots, \xi_n \in A_n, \tau = n)\, \mathbb{P}(\xi_{n+1} \in A_{n+1}, \ldots, \xi_k \in A_k)$$
$$+ \mathbb{P}(\xi_0 \in A_0, \ldots, \xi_k \in A_k, \tau \geq k)$$
$$= \sum_{n < k} \mathbb{P}(\xi_0 \in A_0, \ldots, \xi_n \in A_n, \tau = n, \xi_{n+1} \in A_{n+1}, \ldots, \xi_k \in A_k)$$
$$+ \mathbb{P}(\xi_0 \in A_0, \ldots, \xi_k \in A_k, \tau \geq k)$$
$$= \mathbb{P}(\xi_0 \in A_0, \ldots, \xi_k \in A_k).$$

Supposons ε assez petit pour que $2\varepsilon \leq h$, alors pour $t \geq T_\tau$ nous avons (voir figure 1) :

$$N''(]t, t+h]) = N'(]t + T'_\tau - T_\tau, t + h + T'_\tau - T_\tau])$$
$$\geq N'(]t + \varepsilon, t + h - \varepsilon]),$$

et de même :

$$N''(]t, t+h]) \leq N'(]t - \varepsilon, t + h + \varepsilon]).$$

Soit $\mathcal{F}_t$ (resp. $\mathcal{F}'_t$) la tribu engendrée par les variables aléatoires N_u (resp. N'_u) pour $u \leq t$. En utilisant les propositions 6.16 et 6.9 (égalité (6.7)) nous obtenons :

$$\mathbb{E}(N'(]t + \varepsilon, t + h - \varepsilon]/\mathcal{F}'_{t+\varepsilon}) \leq U(h),$$

Notons $\mathcal{F}_t \vee \mathcal{F}'_t$ la tribu engendrée par $\mathcal{F}_t \cup \mathcal{F}'_t$. L'indépendance des filtrations $(\mathcal{F}_t)_{t\geq 0}$ et $(\mathcal{F}'_t)_{t\geq 0}$ entraine alors :

$$\mathbb{E}(N'(]t + \varepsilon, t + h - \varepsilon])/\mathcal{F}_{t+\varepsilon} \vee \mathcal{F}'_{t+\varepsilon}) = \mathbb{E}(N'(]t + \varepsilon, t + h - \varepsilon])/\mathcal{F}'_{t+\varepsilon}) \leq U(h).$$

La variable aléatoire T_τ est un temps d'arrêt pour la filtration $(\mathcal{F}_t \vee \mathcal{F}'_t)_{t\geq 0}$, donc $\{T_\tau > t\} \in \mathcal{F}_t \vee \mathcal{F}'_t \subset \mathcal{F}_{t+\varepsilon} \vee \mathcal{F}'_{t+\varepsilon}$ et nous obtenons :

$$\mathbb{E}\left(N'(]t + \varepsilon, t + h - \varepsilon])1_{\{T_\tau > t\}}\right)$$
$$= \mathbb{E}\left(1_{\{T_\tau > t\}}\mathbb{E}(N'(]t + \varepsilon, t + h - \varepsilon])/\mathcal{F}_{t+\varepsilon} \vee \mathcal{F}'_{t+\varepsilon}\right)$$
$$\leq \mathbb{E}\left(1_{\{T_\tau > t\}}U(h)\right) = \mathbb{P}(T_\tau > t)\,U(h).$$

En utilisant les différentes relations obtenues ci-dessus et le fait que la fonction de renouvellement de N' est $s \to s/\mu$ puisque N' est stationnaire, il vient :

$$\mathbb{E}(N(t + h) - N(t)) = \mathbb{E}(N(]t, t+h])) = \mathbb{E}(N''(]t, t+h]))$$
$$\geq \mathbb{E}\left(N''(]t, t+h])1_{\{T_\tau \leq t\}}\right)$$
$$\geq \mathbb{E}\left(N'(]t + \varepsilon, t + h - \varepsilon])1_{\{T_\tau \leq t\}}\right)$$
$$= \mathbb{E}(N'(]t + \varepsilon, t + h - \varepsilon])) - \mathbb{E}\left(N'(]t + \varepsilon, t + h - \varepsilon])1_{\{T_\tau > t\}}\right)$$
$$\geq \frac{h - 2\varepsilon}{\mu} - \mathbb{P}(T_t > t)\,U(h). \tag{6.15}$$

Un raisonnement analogue donne :

$$\mathbb{E}(N(t + h) - N(t)) = \mathbb{E}\left(N''(]t, t+h])1_{\{T_\tau \leq t\}}\right) + \mathbb{E}\left(N''(]t, t+h])1_{\{T_\tau > t\}}\right)$$
$$\leq E\left(N'(]t - \varepsilon, t + h + \varepsilon])1_{\{T_\tau \leq t\}}\right) + \mathbb{E}\left(N''(]t, t+h])1_{\{T_\tau > t\}}\right)$$
$$\leq \mathbb{E}(N'(]t - \varepsilon, t + h + \varepsilon])) + \mathbb{E}\left(N(]t, t+h])1_{\{T_\tau > t\}}\right)$$
$$+ \mathbb{E}\left(N'(]t, t+h])1_{\{T_\tau > t\}}\right)$$
$$\leq \frac{h + 2\varepsilon}{\mu} + 2U(h)\,\mathbb{P}(T_\tau > t). \tag{6.16}$$

En faisant tendre t vers l'infini dans (6.15) et (6.16) nous en déduisons :

$$\frac{h}{\mu} - \frac{2\varepsilon}{\mu} \leq \liminf_{t \to +\infty} \left(U(t+h) - U(t)\right) \leq \limsup_{t \to +\infty} \left(U(t+h) - U(t)\right) \leq \frac{h}{\mu} + \frac{2\varepsilon}{\mu} \; .$$

Ceci étant vrai pour tout $\varepsilon > 0$, le théorème est démontré dans le cas d'un processus de renouvellement simple.

Enfin on remarque que la démonstration ci-dessus reste valable dans le cas d'un processus de renouvellement à délai. ♣

Remarque 6.39 : Dans la démonstration que nous venons de donner, le fait que la loi dF ne soit pas portée par un ensemble dénombrable nous a permis d'affirmer que τ est fini presque-sûrement. Une démonstration d'un résultat plus faible mais suffisant, utilisant seulement le fait que dF est non-arithmétique se trouve par exemple dans [7] chapitre VI lemme 2.2.

Remarque 6.40 : Remarquons que $\rho(t+h) - \rho(t) = \int_{]t,t+h]} d\rho$. En fait, dans le théorème de Blackwell on peut remplacer l'intervalle $]t, t+h]$ par tout intervalle de la forme $(t, t+h)$, les parenthèses désignant indifféremment $]$ ou $[$, ce qui s'écrit :

$$\int_{(t,t+h)} d\rho \xrightarrow[t \to \infty]{} \frac{h}{\mu} \; .$$

6.6.2 Extension aux fonctions directement Riemann intégrables

Etant donnée une fonction f positive définie sur $\mathbb{R}_+$, pour tout $\delta > 0$ posons :

$$s_\delta = \delta \sum_{k \geq 0} \inf_{[k\delta,(k+1)\delta[} f, \quad S_\delta = \delta \sum_{k \geq 0} \sup_{[k\delta,(k+1)\delta[} f.$$

Définition 6.41 *Soit f une fonction positive définie sur $\mathbb{R}_+$. Elle est dite **directement Riemann intégrable** si, pour tout $\delta > 0$, les séries s_δ et S_δ sont convergentes et si :*

$$S_\delta - s_\delta \xrightarrow[\delta \to 0]{} 0.$$

Dans ce cas on pose :

$$\lim_{\delta \to 0} s_\delta = \lim_{\delta \to 0} S_\delta = \int_0^{+\infty} f(s) \, ds.$$

Cette notation ne risque pas de créer de confusion car si f est directement Riemann intégrable et borélienne, alors la limite commune de s_δ et de S_δ est l'intégrale de f par rapport à la mesure de Lebesgue (appliquer le théorème de Beppo-Lévi).

La proposition ci-dessous donne des conditions suffisantes pour qu'une fonction soit directement Riemann intégrable.

Proposition 6.42 ([23] chapitre 9 proposition 2.16, [7] chapitre IV proposition 4.1)

Toutes les fonctions considérées sont des fonctions positives définies sur $\mathbb{R}_+$.

1. Si f est continue et à support compact alors elle est directement Riemann intégrable.

2. Si f est décroissante alors f est directement Riemann intégrable si et seulement si elle est intégrable.

3. Si f est continue et bornée alors f est directement Riemann intégrable si et seulement s'il existe $\delta > 0$ tel que $S_\delta < +\infty$.

4. Soit g une fonction directement Riemann intégrable et ν une mesure sur $\mathbb{R}_+$ alors $f = g * \nu$ est directement Riemann intégrable.

5. Si f est continue presque-partout relativement à la mesure de Lebesgue (en particulier si f est continue à droite), bornée et si ou bien f est à support compact ou bien il existe une fonction g directement Riemann intégrable telle que $f \le g$, alors f est directement Riemann intégrable.

Le théorème de Blackwell se généralise de la façon suivante :

Théorème 6.43 *Soit f une fonction positive définie sur $\mathbb{R}_+$ directement Riemann intégrable et U la fonction de renouvellement d'un processus de renouvellement simple de loi inter-arrivées non-arithmétique dont l'espérance est $\mu \in \bar{\mathbb{R}}_+$. Alors :*

$$(f * dU)(t) = \int_0^t f(t-s)\, dU(s) \xrightarrow[t \to +\infty]{} \frac{1}{\mu} \int_0^{+\infty} f(x)\, dx.$$

Remarque 6.44 : Dans beaucoup d'ouvrages, l'expression $\int_0^t f(t-s)\, dU(s)$ est notée $U * f(t)$. Dans ce cas "$*$" désigne la convolution *au sens de Stieltjes*. Nous préférons garder les notations habituelles des cours d'intégration de second cycle donc, dans ce livre, nous considérons que $(U * f)(t) = \int_0^t f(t-s)\, U(s)\, ds$, alors que $\int_0^t f(t-s)\, dU(s) = (f * dU)(t)$.

♣ *Démonstration du théorème 6.43* : Soit $\delta > 0$ donné. Commençons par remarquer que $\sup_s (U(s+\delta) - U(s)) = \alpha < +\infty$. Pour s'en convaincre on peut par exemple utiliser la proposition 6.15 et l'inégalité (6.7) ou bien utiliser le théorème de Blackwell et le fait que pour $s \le s_0$, $U(s+\delta) - U(s) \le U(s_0 + \delta)$.

Commençons par démontrer le théorème lorsque $f = \sum_{k \ge 0} a_k 1_{[k\delta, (k+1)\delta[}$ avec $a_k \ge 0$ et $\sum_k a_k < +\infty$. Nous avons alors, en posant $x^+ = \max(x, 0)$:

$$\begin{aligned}
(f * dU)(t) &= \int_0^t \sum_{k \ge 0} a_k 1_{[k\delta,(k+1)\delta[}(t-s)\, dU(s) \\
&= \sum_{k \ge 0} \int_0^t a_k 1_{]t-(k+1)\delta,\, t-k\delta]}(s)\, dU(s) \\
&= \sum_{k \ge 0} a_k \left[U((t-k\delta)^+) - U((t-(k+1)\delta)^+) \right].
\end{aligned}$$

Le théorème de Blackwell entraine que :

$$U((t - k\delta)^+) - U((t - (k+1)\delta)^+) \xrightarrow[t \to +\infty]{} \frac{\delta}{\mu},$$

et comme $0 \le a_k \left[U((t - k\delta)^+) - U((t - (k+1)\delta)^+) \right] \le \alpha a_k$, le théorème de convergence dominée de Lebesgue permet de comclure que :

$$(f * dU)(t) \xrightarrow[t \to +\infty]{} \frac{\delta}{\mu} \sum_{k \ge 0} a_k. \tag{6.17}$$

Soit maintenant f une fonction positive et Riemann intégrable. Pour $\delta > 0$, posons :

$$m_{k,\delta} = \inf_{[k\delta, (k+1)\delta[} f, \quad M_{k,\delta} = \sup_{[k\delta, (k+1)\delta[} f,$$

$$f_{1,\delta} = \sum_{k \ge 0} m_{k,\delta} \, 1_{[k\delta, (k+1)\delta[}, \quad f_{2,\delta} = \sum_{k \ge 0} M_{k,\delta} \, 1_{[k\delta, (k+1)\delta[}.$$

Nous avons $f_{1,\delta} \le f \le f_{2,\delta}$ et par suite :

$$(f_{1,\delta} * dU)(t) \le (f * dU)(t) \le (f_{2,\delta} * dU)(t).$$

En appliquant le résultat (6.17) aux fonctions $f_{1,\delta}$ et $f_{2,\delta}$ nous obtenons :

$$\frac{1}{\mu} s_\delta \le \liminf_{t \to +\infty} (f * dU)(t) \le \limsup_{t \to +\infty} (f * dU)(t) \le \frac{1}{\mu} S_\delta.$$

Il ne reste plus qu'à faire tendre δ vers 0. ♣

6.7 Equations de renouvellement

Une **équation de renouvellement** est une équation, en la fonction f, de la forme :

$$f = g + f * \nu,$$

les fonctions f et g sont définies sur $\mathbb{R}_+$ et ν est une probabilité portée par $\mathbb{R}_+$ et différente de δ_0.

6.7.1 Exemples

Nous avons déjà rencontré de telles équations : la fonction de renouvellement U d'un processus de renouvellement simple de loi inter-arrivées dF et la fonction de renouvellement ρ d'un processus de renouvellement de délai dG et de loi inter-arrivées dF vérifient une équation de renouvellement dans laquelle $\nu = dF$ et $g = 1$ pour U, $g = G$ pour ρ (propositions 6.4 et 6.9).

Voyons d'autres exemples.

Exemple 6.45 : Considérons un processus de renouvellement alterné simple $(T_n)_{n \ge 1}$, la loi des ξ_{2n+1} $(n \ge 0)$ étant notée ν_1, celle des ξ_{2n} $(n \ge 1)$ étant notée ν_2. Soit $\nu = \nu_1 * \nu_2$ la loi de T_2. Nous supposons que ce processus représente les

instants successifs de marche et de panne d'un matériel et que ce matériel est
en marche à l'instant initial. Notons $D(t)$ la disponibilité du matériel à l'instant
t. Alors :

$$
\begin{aligned}
D(t) &= \mathbb{P}(T_1 > t) + \sum_{n \geq 1} \mathbb{P}(T_{2n} \leq t < T_{2n+1}) \\
&= \mathbb{P}(T_1 > t) + \sum_{n \geq 1} \mathbb{E}\left(1_{\{T_2 \leq t\}} \mathbb{E}\left(1_{\{T_{2n}-T_2 \leq t-T_2 < T_{2n+1}-T_2\}}/T_2 \right) \right) \\
&= \mathbb{P}(T_1 > t) + \int_0^t f(s,t)\, \nu(ds),
\end{aligned}
$$

avec :

$$
\begin{aligned}
f(s,t) &= \sum_{n \geq 1} \mathbb{E}\left(1_{\{T_{2n}-T_2 \leq t-T_2 < T_{2n+1}-T_2\}}/T_2 = s \right) \\
&= \sum_{n \geq 1} \mathbb{E}\left(1_{\{T_{2n}-T_2 \leq t-s < T_{2n+1}-T_2\}}/T_2 = s \right).
\end{aligned}
$$

Or le processus $(T'_k = T_{k+2} - T_2)_{k \geq 1}$ est un processus de renouvellement alterné
de même loi que le processus $(T_n)_{n \geq 1}$ et de plus il est indépendant de T_2. En
posant par convention $T_0 = 0$, nous obtenons :

$$
\begin{aligned}
f(s,t) &= \sum_{n \geq 1} \mathbb{P}(T'_{2(n-1)} \leq t - s < T'_{2(n-1)+1}) \\
&= \sum_{n \geq 1} \mathbb{P}(T_{2n-2} \leq t - s < T_{2n-1}) \\
&= D(t - s).
\end{aligned}
$$

Nous avons ainsi montré que D vérifie l'équation :

$$
D(t) = \mathbb{P}(T_1 > t) + \int_0^t D(t - s)\, \nu(ds).
$$

En utilisant le même type d'arguments que dans l'exemple 6.45, on démontre
facilement le lemme ci-dessous qui permet d'obtenir des équations de renouvellement.

Lemme 6.46 *Soit $(T_n)_{n \geq 0}$ un processus de renouvellement simple et φ une
fonction positive définie sur $\mathbb{R}_+^{m+1}$ qui vérifie*

$$
\varphi(t, t_1, \ldots, t_m) = \varphi(t - s, t_1 - s, \ldots, t_m - s)
$$

pour $s \leq t$ et $s \leq t_i$ $(1 \leq i \leq m)$. Alors pour $k \geq 1$ et $n \geq 1$:

$$
\mathbb{E}\left(1_{\{T_k \leq t\}} \varphi(t, T_{n+k}, \ldots, T_{n+m-1+k}) \right) = \int_0^t \mathbb{E}\left(\varphi(t - s, T_n, \ldots, T_{n+m-1}) \right) \nu_k(ds)
$$

où ν_k est la loi de T_k.

En particulier, soit ψ une fonction positive définie sur $\mathbb{R}_+^3$ qui vérifie :

$$\forall s \leq \min(t, t_1, t_2), \quad \psi(t, t_1, t_2) = \psi(t - s, t_1 - s, t_2 - s),$$

alors la fonction :

$$f(t) = \mathbb{E}\left(\sum_{n \geq 0} 1_{\{T_n \leq t < T_{n+1}\}} \psi(t, T_n, T_{n+1})\right)$$

est solution de l'équation de renouvellement :

$$f(t) = \mathbb{E}\left(1_{\{t < T_1\}} \psi(t, 0, T_1)\right) + \int_0^t f(t - s)\, \nu_1(ds).$$

Plus généralement, soit $(T_n)_{n \geq 0}$ *un processus de renouvellement à délai,* $(T_n^0)_{n \geq 0}$ *le processus de renouvellement simple associé et* ψ *une fonction positive définie sur* $\mathbb{R}_+^3$ *qui vérifie :*

$$\forall s \leq \min(t, t_1, t_2), \quad \psi(t, t_1, t_2) = \psi(t - s, t_1 - s, t_2 - s).$$

Posons :

$$f(t) = \mathbb{E}\left(\sum_{n \geq 0} 1_{\{T_n \leq t < T_{n+1}\}} \psi(t, T_n, T_{n+1})\right),$$

$$f_0(t) = \mathbb{E}\left(\sum_{n \geq 0} 1_{\{T_n^0 \leq t < T_{n+1}^0\}} \psi(t, T_n^0, T_{n+1}^0)\right),$$

alors :

$$f(t) = \mathbb{E}\left(1_{\{t < T_1\}} \psi(t, 0, T_1)\right) + \int_0^t f_0(t - s)\, \nu_1(ds),$$

où ν_1 *désigne la loi de* T_1.

La première partie du lemme est en fait la propriété de Markov à l'instant T_k jointe à l'invariance par translation de T_k du processus de renouvellement simple.

Etant donné un processus ponctuel $(T_n)_{n \geq 0}$, rappelons que les fonctions W, A et L sont définies par :

$$\begin{aligned}
W(t) &= T_{n+1} - t, \\
A(t) &= t - T_n, \\
L(t) &= T_{n+1} - T_n = A(t) + W(t),
\end{aligned}$$

sur $\{T_n \leq t < T_{n+1}\}$.

Si le processus de renouvellement représente les instants successifs de renouvellement d'un matériel, et si on est à l'instant t, $W(t)$ est le temps qui nous sépare du prochain renouvellement, $A(t)$ la durée écoulée depuis le renouvellement précédent, et $L(t)$ la durée de fonctionnement du matériel actuellement en marche.

La deuxième partie du lemme 6.46 montre immédiatement que pour tout $x \geq 0$:

$$\mathbb{P}(W(t) \leq x) = \mathbb{P}(t < T_1 \leq t + x) + \int_0^t \mathbb{P}(W(t-s) \leq x) \, \nu_1(ds), \quad (6.18)$$

$$\mathbb{P}(A(t) \leq x) = \mathbb{P}(t < T_1) 1_{[0,x]}(t) + \int_0^t \mathbb{P}(A(t-s) \leq x) \, \nu_1(ds), \quad (6.19)$$

$$\mathbb{P}(L(t) \leq x) = \mathbb{P}(t < T_1 \leq x) + \int_0^t \mathbb{P}(L(t-s) \leq x) \, \nu_1(ds). \quad (6.20)$$

6.7.2   Propriétés

Nous voulons résoudre l'équation de renouvellement $f = g + f * \nu$. Si les fonctions f et g admettent des transformées de Laplace sur $]0, +\infty[$ notées $\tilde{f}$ et $\tilde{g}$ et si $\tilde{\nu}$ est la transformée de Laplace de ν, nous obtenons $\tilde{f} = \tilde{g} + \tilde{f}\tilde{\nu}$ et donc :

$$\tilde{f} = \tilde{g} \, \frac{1}{1 - \tilde{\nu}} \, . \quad (6.21)$$

Or $\frac{1}{1-\tilde{\nu}} = \sum_{n \geq 0} \tilde{\nu}^n$ est la transformée de Laplace de la mesure $\sum_{n \geq 0} \nu^{*n}$, donc de la mesure de renouvellement dU associée à ν. Nous en déduisons que $f = g * dU$.

Nous allons voir que ce résultat reste vrai sans supposer que les fonctions considérées ont des transformées de Laplace.

Proposition 6.47 *Soit g une fonction définie sur $\mathbb{R}_+$ et bornée sur tout compact, ν une probabilité sur $\mathbb{R}_+$ et $dU = \sum_{n \geq 0} \nu^{*n}$ la mesure de renouvellement associée à ν.*

L'équation de renouvellement

$$f = g + f * \nu \quad (6.22)$$

possède une et une seule solution bornée sur tout compact. Cette solution est :

$$f = g * dU.$$

♣ *Démonstration* : Supposons que l'équation de renouvellement possède deux solutions f_1 et f_2 bornées sur tout compact, alors $f = f_1 - f_2$ vérifie $f = f * \nu$ et donc $f = f * \nu^{*n}$. Nous en déduisons que :

$$|f(t)| = |\int_0^t f(t-s) \, \nu^{*n}(ds)| \leq \sup_{[0,t]} |f| \int_0^t \nu^{*n}(ds).$$

Or, d'après la proposition 6.3, pour tout t :

$$U(t) = \sum_{n \geq 0} \int_0^t \nu^{*n}(ds) < +\infty,$$

donc $\lim_{n \to \infty} \int_0^t \nu^{*n}(ds) = 0$ et $f(t) = 0$.

D'autre part, la fonction $f = g * dU$ est bornée sur tout compact car :

$$|f(t)| \leq U(t) \sup_{[0,t]} g,$$

et elle vérifie l'équation de renouvellement annoncée puisque la proposition 6.4 permet d'écrire :

$$f = g * dU = g * (\delta_0 + dU * \nu) = g + f * \nu. \quad \clubsuit$$

La proposition 6.47 ne donne pas une forme explicite pour la solution de l'équation de renouvellement. Cependant si g admet une transformée de Laplace, il en est de même pour $f = g * dU$ et on obtient une forme explicite (égalité (6.21)) pour la transformée de Laplace de f en fonction de celles de g et ν. Dans certains cas, il est possible d'inverser cette transformée de Laplace (soit explicitement soit numériquement).

En tout état de cause, la proposition 6.47 et le théorème de renouvellement 6.43 permettent d'obtenir le comportement asymptotique de la solution de l'équation de renouvellement.

Théorème 6.48 *Soit g une fonction définie sur $\mathbb{R}_+$ et bornée sur tout compact, et ν une probabilité portée par $\mathbb{R}_+$ de moyenne $\mu \in \bar{\mathbb{R}}_+$. Nous supposons que g est directement Riemann intégrable et que la mesure ν est non-arithmétique. Si f est bornée sur tout compact et solution de l'équation de renouvellement*

$$f = g + f * \nu \tag{6.23}$$

alors f admet une limite à l'infini et :

$$\lim_{t \to +\infty} f(t) = \frac{1}{\mu} \int_0^{+\infty} g(s)\, ds.$$

Il arrive qu'une fonction f vérifie une équation de la forme $f = g + f * \nu$ et que ν soit une mesure positive sur $\mathbb{R}_+$ sans être une probabilité. Voyons ce que devient le théorème précédent.

Corollaire 6.49 *Soit f et g deux fonctions définies sur $\mathbb{R}_+$ et bornées sur tout compact et ν une mesure positive pour laquelle il existe $\beta \in \mathbb{R}$ tel que :*

$$\int_0^{+\infty} e^{\beta x}\, \nu(dx) = 1.$$

Supposons que la fonction $t \to e^{\beta t} g(t)$ soit directement Riemann-intégrable et que f soit solution de l'équation :

$$f = g + f * \nu.$$

Alors :

$$e^{\beta t} f(t) \xrightarrow[t \to +\infty]{} \frac{\int_0^{+\infty} e^{\beta s} g(s)\, ds}{\int_0^{+\infty} s\, e^{\beta s}\, \nu(ds)}.$$

♣ *Démonstration* : Posons :

$$f_1(s) = e^{\beta s} f(s), \quad g_1(s) = e^{\beta s} g(s), \quad \nu_1(ds) = e^{\beta s} \nu(ds),$$

alors ν_1 est une probabilité et :

$$f_1(t) = g_1(t) + \int_0^t e^{\beta(t-s)} f(t-s) e^{\beta s} \nu(ds) = g_1(t) + \int_0^t f_1(t-s) \nu_1(ds).$$

Le théorème 6.48 donne le résultat. ♣

Remarque 6.50 : L'existence de β n'est pas si difficile à établir qu'il n'y parait au premier abord. En effet, supposons que $\nu(\mathbb{R}_+) > 1$, et qu'il existe s_0 tel que $\int_0^{+\infty} e^{-s_0 x} \nu(dx) \in [1, +\infty[$ (on peut prendre $s_0 = 0$ si $\nu(\mathbb{R}_+) < +\infty$). Alors la fonction $\varphi(s) = \int_0^{+\infty} e^{-sx} \nu(dx)$ (transformée de Laplace de la mesure ν, dont l'abscisse de convergence est inférieure ou égale à s_0) est continue. Puisque $\varphi(s_0) \geq 1$ et que φ tend vers 0 à l'infini, il existe $\beta' \geq s_0$ tel que $\varphi(\beta') = 1$ et on prend $\beta = -\beta'$. Si $\nu(\mathbb{R}_+) < 1$, posons $\psi(s) = \int_0^{+\infty} e^{sx} \nu(dx)$ et supposons qu'il existe s_0 tel que $\psi(s_0) \in [1, +\infty[$. La fonction ψ est continue sur $[0, s_0]$, $\psi(0) < 1$ et $\psi(s_0) > 1$ donc il existe $\beta \leq s_0$ tel que $\psi(\beta) = 1$.

6.7.3 Applications

Nous allons reprendre les équations de renouvellement du paragraphe 6.7.1 et voir quelle information nous pouvons tirer du théorème 6.48.

En utilisant l'exemple 6.45 nous obtenons le résultat annoncé dans l'égalité (6.13).

Proposition 6.51 *Considérons un processus de renouvellement alterné (simple ou modifié) qui représente les instants successifs de panne et de réparation d'un matériel et notons $D(t)$ la disponibilité du matériel à l'instant t. Si les lois des durées de fonctionnement et de réparation ont une densité par rapport à la mesure de Lebesgue et si MUT et MDT sont finis, alors :*

$$D(t) \xrightarrow[t \to +\infty]{} D(\infty) = \frac{MUT}{MUT + MDT}.$$

♣ *Démonstration* : Supposons d'abord que le processus de renouvellement $(T_n)_{n \geq 0}$ soit simple et que le matériel soit en marche à l'instant initial. Dans ce cas nous avons $MUT = \mathbb{E}(T_{2n+1} - T_{2n}) = \mathbb{E}(T_1)$. Nous avons montré dans l'exemple 6.45 que $f = D$ vérifie l'équation de renouvellement (6.23) avec $g(t) = \mathbb{P}(T_1 > t)$. La fonction g est bornée, de plus elle est décroissante et intégrable car $\int_0^\infty g(t)\,dt = \mathbb{E}(T_1) < +\infty$, donc elle est directement Riemann intégrable (proposition 6.42). Enfin ν est la loi de T_2, donc si les lois des $T_{2n+1} - T_{2n}$ et des $T_{2n+2} - T_{2n+1}$ $(n \geq 0)$ ont une densité par rapport à la mesure de Lebesgue, il en est de même pour la loi ν de T_2, elle est donc non-arithmétique et son espérance est $\mu = \mathbb{E}(T_1) + \mathbb{E}(T_2 - T_1) = MUT + MDT$. Nous obtenons le résultat annoncé en appliquant le théorème 6.48.

Si maintenant le processus de renouvellement alterné est modifié, notons ν_1 la loi des $T_{2n+1}-T_{2n}$ $(n \geq 1)$, ν_2 celle des $T_{2n}-T_{2n-1}$ $(n \geq 1)$ et ν désigne toujours la loi de T_2. Soit D_0 la disponibilité d'un deuxième matériel dont les instants de panne et de réparation sont modélisés par un processus de renouvellement alterné simple, la loi des durées de fonctionnement étant ν_1, celle des durées de réparation ν_2. Les deux matériels étudiés ont même MUT et MDT et, en procédant comme dans l'exemple 6.45, on peut vérifier facilement que :

$$D(t) = \mathbb{P}(T_1 > t) + \int_0^t D_0(t-s)\nu(ds).$$

Lorsque t tend vers l'infini, d'une part $\mathbb{P}(T_1 > t)$ tend vers 0. D'autre part, d'après le résultat que nous venons de voir, $D_0(t-s)$ tend vers $\frac{MUT}{MUT+MDT}$ et, par convergence dominée, nous voyons qu'il en est de même pour $D(t)$.

Enfin si le matériel est en panne à l'instant initial, ce que nous venons de faire prouve que l'indisponibilité $\bar{D}(t)$ tend vers $\frac{MDT}{MUT+MDT}$ et par suite la disponiblité $D(t) = 1 - \bar{D}(t)$ tend vers $\frac{MUT}{MUT+MDT}$. ♣

Les équations de renouvellement (6.18), (6.19) et (6.20) permettent d'obtenir les lois asymptotiques de $W(t)$, $A(t)$ et $L(t)$.

Proposition 6.52 *Considérons un processus de renouvellement (simple ou à délai) dont la loi inter-arrivées dF est non-arithmétique et a pour espérance $\mu < +\infty$, alors lorsque t tend vers l'infini :*

- *la loi de la durée $W(t)$ séparant l'instant t du prochain instant de renouvellement converge vers :*

$$\frac{1}{\mu}\,\bar{F}(s)\,ds,$$

- *la loi de la durée $A(t)$ séparant l'instant t de l'instant de renouvellement précédent converge vers :*

$$\frac{1}{\mu}\,\bar{F}(s)\,ds,$$

- *la loi de la longueur $L(t) = W(t)+A(t)$ de l'intervalle contenant t converge vers :*

$$\frac{1}{\mu}\,s\,dF(s).$$

♣ *Démonstration* : Supposons tout d'abord que le processus soit un processus de renouvellement simple. Pour tout x donné, la fonction f, définie par $f(t) = \mathbb{P}(A(t) \leq x)$, est bornée et d'après l'égalité (6.19), vérifie l'équation de renouvellement (6.23) avec $\nu = dF$ et $g(t) = \mathbb{P}(T_1 > t)1_{[0,x]}(t)$. Cette fonction g est positive, décroissante et :

$$\int_0^{+\infty} g(t)\,dt = \int_0^x \mathbb{P}(T_1 > t)\,dt < +\infty,$$

elle est donc directement Riemann intégrable (proposition 6.42). Le théorème 6.48 entraine que :

$$\mathbb{P}(\,A(t) \leq x\,) \xrightarrow[t \to +\infty]{} \frac{1}{\mu} \int_0^x \mathbb{P}(T_1 > s)\,ds = \frac{1}{\mu} \int_0^x \bar{F}(s)\,ds.$$

C'est bien le résultat annoncé (voir proposition D.5 de l'annexe D).

Pour passer au cas d'un processus de renouvellement à délai dont la loi du délai est dG il suffit d'utiliser la fin du lemme 6.46 qui entraine :

$$\mathbb{P}(\,A(t) \leq x\,) = \mathbb{P}(t < T_0, A(t) \leq x) + \int_0^t \mathbb{P}(\,A_0(t - s) \leq x\,)\,dG(s),$$

où A_0 correspond à la fonction A du processus de renouvellement simple de loi inter-arrivées dF.

Le cas de $L(t)$ se traite exactement de la même façon à partir de l'équation (6.20).

Pour $W(t)$ la fonction g est donnée par $g(t) = \mathbb{P}(t < T_1 \leq t + x)$. D'après la proposition 6.42 cette fonction g est directement Riemann intégrable car elle est continue à droite et majorée par la fonction $g_1(t) = \mathbb{P}(T_1 > t)$ qui est directement Riemann intégrable car décroissante et d'intégrale égale à $\mu < +\infty$.
♣

Remarque 6.53 : La loi limite de $W(t)$ est la loi du délai du processus de renouvellement stationnaire, ce qui est tout à fait naturel. Par contre le fait que ce soit également la loi limite de $A(t)$ est plus inattendu.

Remarque 6.54 : On peut également montrer que la limite lorsque t tend vers l'infini de la loi conditionnelle de $W(t)$ sachant $\{L(t) = s\}$ est la loi uniforme sur $[0, s]$ (voir l'exercice 6.14).

Remarque 6.55 : Les variables aléatoires $A(t)$ et $L(t)$ ne sont définies que sur l'ensemble $\{T_0 \leq t\}$ mais cela ne pose pas de problème pour l'étude des lois limites puisque lorsque t tend vers l'infini $\mathbb{P}(T_0 \leq t)$ tend vers 1. Nous définirons $A(t)$ (et donc $L(t)$) pour tout t, lorsque la loi de T_0 est particulière, dans le paragraphe 6.8.

Remarque 6.56 : L'espérance de la loi limite de $L(t)$ est :

$$\int_0^{+\infty} \frac{1}{\mu}\, s^2\, dF(s) = \mu + \frac{\sigma^2}{\mu}\,.$$

Nous ne pouvons en déduire que $\mathbb{E}(\,L(t)\,)$ converge vers $\mu + \frac{\sigma^2}{\mu}$ car nous avons seulement montré une convergence en loi de $L(t)$ (et non une convergence dans L^1). Il est cependant possible de faire une démonstration directe moyennant quelques hypothèses raisonnables (voir l'exercice 6.13). Ce résultat est déconcertant au premier abord puisque toutes les durées $T_{n+1} - T_n$ ont même espérance μ. En fait $L(t)$ n'est pas égal à *un* des $T_{n+1} - T_n$ avec n fixé car l'indice n pour lequel $L(t) = T_{n+1} - T_n$ est aléatoire. C'est pourquoi la loi de $L(t)$ n'est pas dF et son espérance, même en asymptotique, n'est pas μ.

Nous avons vu (proposition 6.8) que dans le cas d'un processus de renouvellement simple, la fonction $U(t)$ est équivalente à t/μ lorsque t tend vers l'infini. Nous allons préciser le terme suivant (le terme constant) du développement asymptotique de $U(t)$.

Proposition 6.57 *Considérons un processus de renouvellement simple dont la loi inter-arrivées est non-arithmétique, d'espérance μ et de variance σ^2 finie. Alors la fonction de renouvellement U admet le développement asymptotique suivant :*

$$U(t) = \frac{t}{\mu} + \frac{\mu^2 + \sigma^2}{2\mu^2} + \varepsilon(t) \quad \text{avec } \varepsilon(t) \xrightarrow[t\to\infty]{} 0.$$

♣ *Démonstration* : Nous notons comme d'habitude dF la loi inter-arrivées et nous posons $f(t) = U(t) - t/\mu$. Nous allons montrer que la fonction f vérifie une équation de renouvellement. Nous avons déjà vu dans la proposition 6.4 que :

$$U(t) = 1 + \int_0^t U(t-s)\, dF(s).$$

Il est facile de vérifier que :

$$t = \int_0^t \bar{F}(s)\, ds + \int_0^t (t-s)\, dF(s).$$

En utilisant le fait que $\mu = \int_0^{+\infty} \bar{F}(s)\, ds$, nous en déduisons :

$$
\begin{aligned}
f(t) &= \frac{1}{\mu} \int_t^{+\infty} \bar{F}(s)\, ds + \int_0^t f(t-s)\, dF(s) \\
&= g(t) + \int_0^t f(t-s)\, dF(s).
\end{aligned}
$$

En appliquant le théorème de Fubini, nous obtenons :

$$
\begin{aligned}
\int_0^{+\infty} g(t)\, dt &= \frac{1}{\mu} \int\int\int 1_{\{(s,t,u):0<t<s<u\}}\, ds\, dt\, dF(u) \\
&= \frac{1}{\mu} \int \frac{u^2}{2}\, dF(u) = \frac{1}{2\mu}(\sigma^2 + \mu^2).
\end{aligned}
$$

La fonction f étant bornée sur tout compact, nous pouvons appliquer le théorème 6.48 et nous obtenons le résultat annoncé. ♣

Proposition 6.58 *Considérons un processus de renouvellement à délai dont la loi inter-arrivées est non-arithmétique, d'espérance μ et de variance σ^2 finies. Nous supposons également que le délai est d'espérance μ_0 finie. Alors la fonction de renouvellement ρ admet le développement asymptotique suivant :*

$$\rho(t) = \frac{t}{\mu} + \frac{\mu^2 + \sigma^2 - 2\mu_0\mu}{2\mu^2} + \varepsilon(t) \quad \text{avec } \varepsilon(t) \xrightarrow[t\to\infty]{} 0.$$

La démonstration de cette proposition est l'objet de l'exercice 6.12.

6.7.4   Cas où la loi est étalée

Cas d'une densité

Commençons par regarder le cas où la loi inter-arrivées dF est de la forme $dF(s) = f(s) ds$. Alors :

$$U(t) = 1 + \sum_{n \geq 1} \int_0^t f^{*n}(s) ds = 1 + \int_0^t u(s) ds,$$

avec :

$$u(s) = \sum_{n \geq 1} f^{*n}(s),$$

la fonction u étant finie presque-partout, d'après la proposition 6.3.

Supposons que la fonction f soit bornée et que l'espérance μ de la loi correspondante soit finie. Alors, d'après l'exercice 6.10 :

$$u(t) - f(t) \xrightarrow[t \to +\infty]{} \frac{1}{\mu} .$$

Si nous supposons que la fonction f est continue, bornée et que son support n'est pas compact, alors pour tout t, $\int_0^t f(s) ds < 1$ et on vérifie sans peine que la série $\sum_{n \geq 1} f^{*n}$ converge uniformément sur tout compact. Par suite puisque f est continue, il en est de même de u. Si f est continue à support compact, on vérifie directement que $u = f * dU$ est continue et que $U(t) - 1 = \int_0^t u(s) ds$.

Nous en déduisons :

Proposition 6.59 *Si la loi inter-arrivées est d'espérance finie et si elle admet une densité f par rapport à la mesure de Lebesgue qui est continue, bornée et qui tend vers 0 à l'infini, alors on peut écrire :*

$$U(t) = 1 + \int_0^t u(s) ds,$$

la fonction u étant continue et :

$$u(t) \xrightarrow[t \to +\infty]{} \frac{1}{\mu} .$$

Cas général

Les résultats que nous donnons ici sans démonstration sont extraits de [7] chapitre VI paragraphes 1 et 2, où le lecteur pourra trouver une démonstration complète. Ils figurent également dans [75] chapitre III paragraphe 1.6.

Définition 6.60 *La probabilité ν est **étalée** ("spread out" en anglais) s'il existe un entier n et une fonction f à valeurs dans $\mathbb{R}_+$ tels que $\nu^{*n}(dx) \geq f(x) dx$ (la mesure $f(x) dx$ n'étant pas la mesure nulle).*

Si, dans les théorèmes 6.43 et 6.48, au lieu de supposer que la loi est non-arithmétique, on la suppose étalée alors on peut remplacer l'hypothèse de Riemann intégrabilité par une hypothèse plus agréable à contrôler et obtenir une nouvelle version du théorème de renouvellement :

Théorème 6.61 *Soit g une fonction bornée, Lebesgue intégrable et qui tend vers 0 à l'infini et U la fonction de renouvellement d'un processus de renouvellement simple dont la loi inter-arrivées ν est étalée et d'espérance $\mu \in \bar{\mathbb{R}}_+$, alors :*

$$\int_0^t g(t-s)\, dU(s) \xrightarrow[t \to +\infty]{} \frac{1}{\mu} \int_0^{+\infty} g(s)\, ds.$$

Par suite si f est une fonction bornée sur tout compact solution de l'équation de renouvellement :

$$f = g + f * \nu,$$

alors :

$$f(t) \xrightarrow[t \to +\infty]{} \frac{1}{\mu} \int_0^{+\infty} g(s)\, ds.$$

Définition 6.62 *Etant données deux mesures positives m_1 et m_2 sur $\mathbb{R}$ la* **variation totale** $\|m_1 - m_2\|$ *de $m_1 - m_2$ est définie par :*

$$\|m_1 - m_2\| = \sup\{|m_1(A) - m_2(A)| : A \text{ borélien de } \mathbb{R}\}.$$

La suite de mesures m_n converge en variation totale vers la mesure m si $\|m_n - m\|$ tend vers 0 lorsque n tend vers l'infini, c'est-à-dire si $m_n(A)$ converge vers $m(A)$ uniformément en les boréliens A de $\mathbb{R}$.

On vérifie que si m_1 et m_2 sont deux mesures positives et si f est une fonction borélienne positive, alors :

$$\left| \int f\, dm_1 - \int f\, dm_2 \right| \leq \|f\|_\infty \|m_1 - m_2\|.$$

Considérons deux processus de renouvellement $(T_n)_{n \geq 0}$ et $(T'_n)_{n \geq 0}$ de même loi inter-arrivées dF et de délais différents. Si la loi dF est étalée alors on peut affiner le couplage effectué dans la démonstration que nous avons donnée du théorème 6.37 de manière à avoir un couplage exact (et non un couplage "à ε près"). Plus précisément on peut construire $(T_n)_{n \geq 0}$ et $(T'_n)_{n \geq 0}$ telle sorte que $\sigma = \inf\{n : T_n = T'_n\}$ soit fini presque-sûrement et $T_m = T'_m$ pour $m \geq \sigma$. L'instant $T = T_\sigma(= T'_\sigma)$ s'appelle l'instant de couplage. En outre s'il existe $\eta > 0$ tel que $\int_0^{+\infty} e^{\eta x}\, dF(x) < +\infty$, alors il existe $\beta > 0$ ($\leq \eta$) tel que $\mathbb{E}(e^{\beta T}) < +\infty$.

On peut alors montrer le théorème suivant qui précise la vitesse de convergence dans le théorème de renouvellement.

Théorème 6.63 *Considérons un processus de renouvellement dont la loi inter-arrivées dF est étalée et supposons qu'il existe un réel $\eta > 0$ tel que :*

$$\int_0^{+\infty} e^{\eta x}\, dF(x) < +\infty.$$

Notons μ l'espérance de dF. Alors il existe $\beta > 0$ tel que :

1. *si ν_t est la loi de la durée de vie résiduelle $W(t)$ et $\nu_\infty(ds) = \frac{1}{\mu}\bar{F}(s)\,ds$ la loi limite de $W(t)$, alors $e^{\beta t}\|\nu_t - \nu_\infty\|$ est borné,*

2. *si g est une fonction borélienne pour laquelle il existe $\delta > \beta$ tel que la fonction $t \to e^{\delta t} g(t)$ soit bornée, alors :*

$$(g * dU)(t) = \int_0^{+\infty} g(t-s)\,dU(s) = \frac{1}{\mu}\int_0^{+\infty} g(s)\,ds + \varepsilon(t),$$

la fonction $t \to e^{\beta t}\varepsilon(t)$ étant bornée.

Par conséquent si f est une fonction bornée sur tout compact solution de l'équation de renouvellement $f = g + f * dF$, alors :

$$f(t) = \frac{1}{\mu}\int_0^{+\infty} g(s)\,ds + \varepsilon(t),$$

la fonction $t \to e^{\beta t}\varepsilon(t)$ étant bornée.

6.8 Nouvelle construction et applications

Les résultats que nous donnons ici sont extraits de [75] chapitre V paragraphe 5.

6.8.1 Construction

Nous allons construire un processus de renouvellement dont la loi inter-arrivées est donnée par son taux de hasard. Comme les applications auxquelles nous pensons sont les pannes successives d'un matériel, nous utiliserons le vocabulaire correspondant, en particulier nous parlerons non pas de taux de hasard mais de taux de défaillance et nous le noterons λ.

Quand nous introduirons une variable aléatoire notée ξ (sans indice), il s'agira d'une variable aléatoire de taux de défaillance λ et nous noterons dF sa loi.

Nous nous intéressons à un processus de renouvellement à délai qui représente les instants successifs de défaillance d'un élément réparé instantanément et complètement. Nous supposons qu'à l'instant initial l'élément observé n'est pas neuf : il est d'âge a.

Par définition la loi de T_0 est celle de la **durée de survie d'un élément d'âge** a si c'est la loi de la durée de survie à la date a de la variable aléatoire ξ (voir la formule (1.2), chapitre 1) :

$$\mathbb{P}(T_0 > x) = \mathbb{P}(\xi > a + x / \xi > a).$$

Nous en déduisons :

$$\mathbb{P}(T_0 > x) = \frac{\mathbb{P}(\xi > a+x)}{\mathbb{P}(\xi > a)} = \exp\left(-\int_a^{a+x} \lambda(s)\,ds\right) = \exp\left(-\int_0^x \lambda(s+a)\,ds\right).$$

Le taux de défaillance d'un élément d'âge a est donc la fonction $s \to \lambda(a+s)$.

Remarque 6.64 : La proposition 6.15 montre que la loi de la durée de survie d'un élément d'âge a est la loi de $W(t)$ sachant $\{A(t) = a\}$.

Remarque 6.65 : Si la loi de T_0 est la loi de la durée de survie d'un élément d'âge a, il est naturel de définir $A(t)$ pour $t < T_0$ par $A(t) = t + a$. C'est ce que nous ferons désormais.

Considérons un processus de Poisson sur $\mathbb{R}_+^2$ d'intensité la mesure de Lebesgue. Lorsque nous projetons sur l'axe des x les points du processus de Poisson situés en dessous du graphe d'une fonction h localement intégrable, l'abscisse du point le plus proche de l'origine est de taux de hasard h, d'après la proposition 2.49.

Construisons le processus $(T_n)_{n \geq 0}$, à partir du processus de Poisson sur $\mathbb{R}_+^2$, de la manière suivante (voir figure 2) :

- soit T_0 la projection sur l'axe des x du point du processus de Poisson d'abscisse minimale situé au-dessous du graphe de la fonction $s \to \lambda(s+a)$,

- supposons que le point T_n soit construit et traçons le graphe de la fonction $s \to \lambda(s - T_n)$ définie sur $[T_n, +\infty[$, alors T_{n+1} est la projection sur l'axe des x du point du processus de Poisson d'abscisse minimal situé au-dessous de ce graphe.

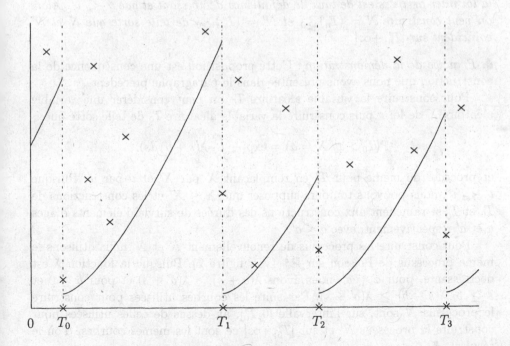

figure 2

La construction rappelée ci-dessus d'une variable aléatoire de taux de hasard donné montre que la loi de la variable aléatoire T_0 est celle de la durée de survie d'un élément d'âge a et laisse penser que les variables alátoires $T_{n+1} - T_n$, pour $n \geq 0$, ont pour loi dF. L'indépendance des "groupes de points du processus de Poisson situés dans des régions disjointes" fait que c'est bien le cas et que les variables aléatoires $T_0, T_2 - T_1, \ldots, T_{n+1} - T_n, \ldots$ sont indépendantes. Par conséquent le processus ainsi construit est un processus de renouvellement de loi inter-arrivées dF, la loi du délai étant la loi de la durée de survie d'un élément d'âge a.

Nous dirons qu'un processus de renouvellement est **d'âge initial de loi** ν si la loi de T_0 vérifie :

$$\mathbb{P}(T_0 > x) = \int \mathbb{P}(\xi > a + x / \xi > a)\, \nu(da).$$

6.8.2 Cas d'un taux de défaillance décroissant

Soit ν et ν' deux probabilités sur $\mathbb{R}_+$, rappelons (voir paragraphe 1.4) que ν **est stochastiquement inférieure à** ν' si pour tout x, $\nu(]x, +\infty]) \leq \nu'(]x, +\infty])$ et nous notons alors $\nu \prec_{st} \nu'$.

Théorème 6.66 *Soit N et N' deux processus de renouvellement de même loi inter-arrivées et d'âge initial de loi respectivement ν et ν'. Nous supposons que la loi inter-arrivées est de taux de défaillance décroissant et que $\nu \prec_{st} \nu'$. Alors on peut construire $N = (T_n)_{n \geq 0}$ et $N' = (T'_n)_{n \geq 0}$ de telle sorte que N et N' coïncident sur $[T'_0, +\infty[$.*

♣ *Principe de la démonstration* : Cette proposition est une conséquence de la construction que nous avons présentée dans le paragraphe précédent.

Pour construire la variable aléatoire T_0 on peut considérer une variable aléatoire X de loi ν puis construire la variable aléatoire T_0 de telle sorte que :

$$\mathbb{P}(T_0 > x / X = a) = \exp(-\int_0^x \lambda(s + a)\, ds),$$

et procéder de même pour T'_0 en remplaçant X par X' et ν par ν'. Puisque $\nu \prec_{st} \nu'$, nous pouvons toujours supposer que $X \leq X'$ et les constructions de T_0 et T'_0 se ramènent aux constructions des durées de survie d'éléments d'âges a et a' respectivement, avec $a \leq a'$.

Pour construire les processus de renouvellement N et N' nous utilisons le même processus de Poisson sur $\mathbb{R}_+^2$ (voir figure 2). Puisque la fonction λ est décroissante, pour $a \leq a'$, nous avons $\lambda(a + s) \geq \lambda(a' + s)$ et pour $b \geq 0$ et $s \geq b$, $\lambda(s - b) \geq \lambda(a' + s)$. Par suite les courbes utilisées pour construire le processus N sont, sur l'intervalle $[0, T'_0]$, au-dessus de celles utilisées pour construire le processus N' et sur $[T'_0, +\infty[$ ce sont les mêmes courbes, d'où le résultat. ♣

Soit $\mathcal{M}_p$ l'ensemble des mesures ponctuelles sur $\mathbb{R}_+$. Si m_1 et m_2 sont deux éléments de $\mathcal{M}_p$, nous dirons que m_1 **est inférieure à** m_2 et nous écrirons

$m_1 \leq m_2$ si m_2 s'obtient en "ajoutant des points" à m_1. Cela s'exprime mathématiquement par le fait que pour toute fonction f de $\mathbb{R}_+$ dans $\mathbb{R}_+$:
$\int f \, dm_1 \leq \int f \, dm_2$.

Une fonction ψ de $\mathcal{M}_p$ dans $\mathbb{R}$ est croissante (respectivement décroissante) si :

$$m_1 \leq m_2 \Longrightarrow \psi(m_1) \leq \psi(m_2)$$

(respectivement : $m_1 \leq m_2 \Longrightarrow \psi(m_1) \geq \psi(m_2)$).

Les processus N et N' construits dans le théorème 6.66 sont tels que $N' \leq N$. La fonction $\psi \circ \theta_t$ étant croissante (respectivement décroissante) dès que ψ l'est, nous obtenons le théorème suivant.

Proposition 6.67 *Soit N et N' deux processus de renouvellement de même loi inter-arrivées et d'âge initial de loi respectivement ν et ν'. Nous supposons que la loi inter-arrivées est de taux de défaillance décroissant et que $\nu \prec_{st} \nu'$. Soit ψ une fonction croissante (respectivement décroissante) de $\mathcal{M}_p$ dans $\mathbb{R}$, alors :*

$$\forall t, \quad \psi(\theta_t N') \prec_{st} \psi(\theta_t N)$$

(respectivement $\psi(\theta_t N) \prec_{st} \psi(\theta_t N')$).

Corollaire 6.68 *Soit N un processus de renouvellement simple tel que le taux de défaillance de la loi inter-arrivées soit décroissant et ψ une fonction croissante (respectivement décroissante) définie sur $\mathcal{M}_p$. Alors l'application $t \rightarrow \psi(\theta_t N)$ est stochastiquement décroissante (respectivement croissante).*

♣ *Démonstration* : Soit $u > 0$. D'après la proposition 6.15, le processus $N' = \theta_u N$ est un processus de renouvellement de même loi inter-arrivées que le processus N et d'âge initial de loi ν', la loi de $A(u)$. Nous appliquons la proposition 6.67 aux processus N et N' ($\nu = \delta_0 \prec_{st} \nu'$). Supposons ψ croissante, il vient :
$$\psi(\theta_{t+u} N) = \psi(\theta_t N') \prec_{st} \psi(\theta_t N). \qquad ♣$$

Corollaire 6.69 *Soit N un processus de renouvellement simple tel que le taux de défaillance de la loi inter-arrivées soit décroissant. Alors :*

1. *pour tout borélien B de $\mathbb{R}_+$, l'application $t \rightarrow N(t + B)$ est stochastiquement décroissante,*

2. *la fonction de renouvellement U est concave,*

3. *l'application $t \rightarrow W(t)$ est stochastiquement croissante,*

4. *l'application $t \rightarrow A(t)$ est stochastiquement croissante.*

♣ *Démonstration* : Ce corollaire est une conséquence du corollaire 6.68.

Pour prouver la partie *1* il suffit de remarquer que l'application de $\mathcal{M}_p$ dans $\mathbb{R}_+$, $m \rightarrow m(B)$, est croissante.

En utilisant 1 avec $B =]0, h]$ nous voyons que l'application $t \to N(]t, t+h])$ est stochastiquement décroissante et donc que l'application

$$t \to \mathbb{E}(N(]t, t+h])) = U(t+h) - U(t)$$

est décroissante. Nous en déduisons que $U(t+h) - U(t) \geq U(t+2h) - U(t+h)$, ou encore :

$$U(t+h) \geq \frac{1}{2}\left(U(t+2h) + U(t)\right).$$

Cela prouve que pour tous t_1 et t_2 dans $\mathbb{R}_+$:

$$U(\tfrac{1}{2}t_1 + \tfrac{1}{2}t_2) \geq \tfrac{1}{2}U(t_1) + \tfrac{1}{2}U(t_2).$$

La fonction U étant continue à droite car la fonction $t \to N([0, t])$ l'est, nous en déduisons que U est concave (exercice classique dans le cas d'une fonction continue - voir par exemple [76] exercice 1.31 - dont la démonstration s'adapte sans difficulté au cas continu à droite).

Soit ψ l'application de $\mathcal{M}_p$ dans $\mathbb{R}_+$ définie par

$$\psi(m) = \inf\{s \geq 0 : m([0, s]) \geq 1\}.$$

Cette application est décroissante et $\psi(\theta_t N) = W(t)$. L'assertion 3 en résulte.

En prenant $\psi(m) = \inf\{s \geq 0 : m([-s, 0]) \geq 1\}$, on obtient l'assertion 4. ♣

La proposition suivante affine le résultat de la proposition 6.57.

Proposition 6.70 *Soit N un processus de renouvellement simple tel que le taux de défaillance de la loi inter-arrivées dF soit décroissant. Notons μ et σ^2 l'espérance et la variance de la loi inter-arrivées que nous supposons finies. Alors la fonction de renouvellement U vérifie :*

$$\frac{t}{\mu} + 1 \leq U(t),$$

$$\frac{t}{\mu} + \frac{\sigma^2 + \mu^2}{2\mu^2} - \frac{1}{2\mu^2} \int_t^{+\infty} (x-t)^2 \, dF(x) \leq U(t) \leq \frac{t}{\mu} + \frac{\sigma^2 + \mu^2}{2\mu^2}.$$

♣ *Démonstration* : Nous connaissons déjà le premier résultat d'après la proposition 6.26 puique toute loi DFR est NWU donc $NWUE$ (proposition 6.25). Retrouvons-le à l'aide du théorème 6.66. Soit N' le processus de renouvellement stationnaire de loi inter-arrivées dF. Le délai T_0' vérifie (corollaire 6.19) :

$$
\begin{aligned}
\mathbb{P}(T_0' > x) &= \int_x^{+\infty} \frac{1}{\mu} \bar{F}(s) \, ds \\
&= \int_x^{+\infty} \frac{1}{\mu} \exp\left(-\int_0^s \lambda(v) \, dv\right) ds \\
&= \int_0^{+\infty} \exp\left(-\int_0^x \lambda(s+v) \, dv\right) \frac{1}{\mu} \exp\left(-\int_0^s \lambda(v) \, dv\right) ds.
\end{aligned}
$$

Le processus N' est donc d'âge initial de loi $\nu'(ds) = \frac{1}{\mu} \exp(-\int_0^s \lambda(v)\,dv)\,ds$, tandis que le processus N est d'âge initial de loi $\nu = \delta_0 \prec_{st} \nu'$. Nous appliquons le théorème 6.66 et nous voyons que nous pouvons construire N et N' de telle sorte que $N' \leq N$.

Par conséquent $N'(]0,t]) \leq N(]0,t]) = N([0,t]) - 1$ et en prenant les espérances il vient :

$$\frac{t}{\mu} \leq U(t) - 1.$$

En outre, puisque les processus N et N' coïncident sur $[T_0', +\infty[$, nous avons :

$$0 \leq W'(t) - W(t) \leq (T_0' - t)^+. \tag{6.24}$$

Le processus N' étant stationnaire nous obtenons :

$$\mathbb{E}(W'(t)) = \mathbb{E}(T_0') = \int_0^{+\infty} s\frac{1}{\mu}\,\bar{F}(s)\,ds = \frac{1}{2\mu}\int_0^{+\infty} x^2\,dF(x) = \frac{\sigma^2 + \mu^2}{2\mu}\,.$$

D'autre part, l'identité de Wald (proposition 6.5) donne :

$$\mathbb{E}(t + W(t)) = \mathbb{E}(T_{N_t}) = \mu U(t).$$

Nous en déduisons :

$$\mathbb{E}(W'(t) - W(t)) = \frac{\sigma^2 + \mu^2}{2\mu} - \mu U(t) + t. \tag{6.25}$$

Enfin :

$$
\begin{aligned}
\mathbb{E}((T_0' - t)^+) &= \int_0^{+\infty} (s-t)^+\frac{1}{\mu}\,\bar{F}(s)\,ds \\
&= \int_t^{+\infty} (s-t)\frac{1}{\mu}\int_s^{+\infty} dF(x)\,ds \\
&= \frac{1}{2\mu}\int_t^{+\infty} (x-t)^2\,dF(x).
\end{aligned}
\tag{6.26}
$$

En regroupant les expressions (6.24), (6.25) et (6.26) nous obtenons le deuxième résultat annoncé. ♣

6.8.3 Cas d'un taux de défaillance croissant

Dans le cas d'un taux de défaillance croissant les résultats sont moins riches que dans le cas décroissant. Cela tient au fait suivant : lorsque le taux de défaillance de la loi inter-arrivées est croissant, la construction à l'aide d'un même processus de Poisson sur $\mathbb{R}_+^2$ d'un processus de renouvellement simple N et d'un processus de renouvellement N' de même loi inter-arrivées que N et d'âge initial a donne :

$$0 = T_0 \leq T_0' \leq T_1 \leq T_1' \leq T_2 \leq \ldots, \tag{6.27}$$

ce qui n'est pas très exploitable. Nous avons néanmoins le résultat suivant :

Proposition 6.71 *Si le taux de défaillance de la loi inter-arrivées est croissant, alors :*

$$\frac{t}{\mu} + \frac{1}{\mu} \int_t^{+\infty} (x - t)\, dF(x) \leq U(t) \leq \frac{t}{\mu} + 1.$$

♣ *Démonstration* : L'inégalité $U(t) \leq \frac{t}{\mu} + 1$ est une conséquence de la proposition 6.26 puisque toute loi IFR est NBU donc $NBUE$. Retrouvons-la à l'aide des inégalités (6.27). Celles-ci entrainent :

$$N_t - N_t' = 0 \text{ ou } 1, \tag{6.28}$$

et :

$$N_t' - N_t + 1 \leq 1_{\{T_0' \leq t\}},$$

ce qui donne :

$$1_{\{T_0' > t\}} \leq N_t - N_t'. \tag{6.29}$$

En prenant pour N' le processus de renouvellement stationnaire, la relation (6.28) entraine :

$$U(t) - \frac{t}{\mu} \leq 1,$$

tandis que la relation (6.29) conduit à :

$$U(t) - \frac{t}{\mu} \geq \int_t^{+\infty} \frac{1}{\mu} \bar{F}(s)\, ds$$

$$= \frac{1}{\mu} \int_t^{+\infty} (x - t)\, dF(x). \quad ♣$$

Remarque 6.72 : Puisque le taux de défaillance de la loi inter-arrivées est croissant, le corollaire 1.8 montre que $\sigma^2 \leq \mu^2$ et la proposition 6.23 entraine que :

$$U(t) \leq \frac{t}{\mu} + \frac{\sigma^2}{\mu^2} + 1 \leq \frac{t}{\mu} + 2.$$

Le résultat $U(t) \leq \frac{t}{\mu} + 1$ est plus précis.

6.9 Processus régénératif

Un processus $(X_t)_{t \geq 0}$ est **régénératif** s'il existe un processus de renouvellement $(S_n)_{n \geq 0}$ tel que, pour tout $n \geq 0$, le processus

$$((X_{S_n + t})_{t \geq 0}, (S_{n+p} - S_n)_{p \geq 1})$$

- soit indépendant de $S_0, S_1, \ldots, S_n$,

- ait une loi qui ne dépend pas de n.

Les instants S_n ($n \geq 0$) sont appelés **instants de régénération** et le processus $(S_n)_{n \geq 0}$ est le **processus de renouvellement immergé**. Pour $n \geq 1$, la variable aléatoire $S_n - S_{n-1}$ est la longueur du $n^{\text{ème}}$ cycle et le processus $(X_t)_{S_{n-1} \leq t < S_n}$ constitue le $n^{\text{ème}}$ cycle.

Dans la définition ci-dessus le processus de renouvellement immergé peut être simple ou à délai, dans le premier cas nous dirons que le processus régénératif $(X_t)_{t \geq 0}$ est simple, dans le second cas qu'il est à délai.

Remarque 6.73 : La définition (empruntée à [7]) que nous avons donnée d'un processus régénératif correspond à la notion de processus régénératif au sens large. Un processus $(X_t)_{t \geq 0}$ est **régénératif au sens classique** s'il existe un processus de renouvellement $(S_n)_{n \geq 0}$ tel que, pour tout $n \geq 0$:

- S_n soit un temps d'arrêt relativement à la filtration naturelle $\mathcal{F} = (\mathcal{F}_t)_{t \geq 0}$ engendrée par le processus $(X_t)_{t \geq 0}$,

- la loi du processus $(X_{t+S_n})_{t \geq 0}$ conditionnellement à la tribu $\mathcal{F}_{S_n}$ du passé de S_n soit la même que celle du processus $(X_t)_{t \geq 0}$.

Exemple 6.74 : Considérons un processus de renouvellement alterné $(T_n)_{n \geq 1}$, posons $T_0 = 0$ et :

$$X_t = \begin{cases} 1 & \text{si} \quad \exists n \geq 0, \ T_{2n} \leq t < T_{2n+1}, \\ 0 & \text{si} \quad \exists n \geq 0, \ T_{2n+1} \leq t < T_{2n+2}. \end{cases}$$

Alors le processus $(X_t)_{t \geq 0}$ est régénératif : on peut prendre $(T_{2n+1})_{n \geq 0}$ comme processus de renouvellement immergé, ou bien $(T_{2n})_{n \geq 0}$ et dans ce dernier cas le processus régénératif $(X_t)_{t \geq 0}$ est simple si et seulement si le processus de renouvellement alterné $(T_n)_{n \geq 1}$ est simple. Dans les deux cas les différents cycles sont indépendants (et indépendants de $(X_t)_{t < S_0}$).

Le théorème de renouvellement permet de donner, sous des hypothèses assez faibles, la loi limite d'un processus régénératif.

Théorème 6.75 ([7] chapitre V théorème 1.2)

Soit $(X_t)_{t \geq 0}$ un processus régénératif (à valeurs dans un espace métrique), continu à droite et tel que la loi de la longueur des cycles soit non-arithmétique et ait une espérance μ finie. Alors pour toute fonction f continue et bornée :

$$\mathbb{E}(f(X_t)) \xrightarrow[t \to +\infty]{} \frac{1}{\mu} \mathbb{E}\left(\int_{S_0}^{S_1} f(X_s)\, ds \right).$$

♣ *Démonstration* : Définissons le processus X' par $X'_t = X_{t+S_0}$: c'est le processus régénératif simple associé au processus régénératif X, ses instants de régénération sont les $S_n - S_0$. Notons μ_{S_0} la loi de la variable aléatoire S_0. Le processus X' étant, par définition, indépendant de S_0 nous avons :

$$\mathbb{E}(f(X_t)) = \mathbb{E}\left(f(X_t)\,1_{\{t<S_0\}}\right) + \mathbb{E}\left(f(X_t)\,1_{\{S_0\leq t\}}\right)$$

$$= \mathbb{E}\left(f(X_t)\,1_{\{t<S_0\}}\right) + \mathbb{E}\left(1_{\{S_0\leq t\}}\,\mathbb{E}(f(X_{S_0+t-S_0})/S_0)\right)$$

$$= \mathbb{E}\left(f(X_t)\,1_{\{t<S_0\}}\right) + \int_0^t \mathbb{E}(f(X'_{t-s}))\,d\mu_{S_0}(s).$$

Posons $h(t) = \mathbb{E}(f(X'_t))$. Pour montrer que, lorsque t tend vers l'infini, $\mathbb{E}(f(X_t))$ tend vers a il suffit de montrer que $h(t)$ tend vers a (théorème de convergence dominée). Soit dF la loi de $\xi_1 = S_1 - S_0$. En appliquant le même raisonnement que ci-dessus au processus régénératif X' nous obtenons l'équation de renouvellement :

$$h(t) = \mathbb{E}\left(f(X'_t)\,1_{\{t<\xi_1\}}\right) + \int_0^t h(t-s)\,dF(s).$$

Posons $g(t) = \mathbb{E}\left(f(X'_t)\,1_{\{t<\xi_1\}}\right)$. Les fonctions g et h sont bornées puisque f l'est, et nous avons supposé que la loi de ξ_1 est non-arithmétique. Pour pouvoir appliquer le théorème de renouvellement 6.48, il ne reste plus qu'à prouver que g est directement Riemann intégrable. Or g est continue à droite et :

$$0 \leq g(t) \leq k(t) = \|f\|_\infty \mathbb{P}(\xi_1 > t),$$

la fonction k étant directement Riemann intégrable d'après la proposition 6.42 car décroissante et d'intégrale $\|f\|_\infty \mu < +\infty$. Il s'en suit, en appliquant la proposition 6.42, que g est, elle aussi, directement Riemann intégrable. Le théorème 6.48 donne donc :

$$\lim_{t\to+\infty} h(t) = \frac{1}{\mu}\int_0^{+\infty} g(t)\,dt = \frac{1}{\mu}\,\mathbb{E}\left(\int_0^{S_1-S_0} f(X_{S_0+t})\,dt\right)$$

$$= \frac{1}{\mu}\,\mathbb{E}\left(\int_{S_0}^{S_1} f(X_s)\,ds\right). \quad \clubsuit$$

Comme application, on retrouve évidemment la proposition 6.51. Nous verrons d'autres applications dans les chapitres 8 et 10.

Lorsque la loi de la longueur des cycles est étalée, nous pouvons appliquer les théorèmes 6.61 et 6.63 et il vient (voir [7] chapitre VI corollaires 1.4 et 2.7) :

Théorème 6.76 *Soit $(X_t)_{t\geq 0}$ un processus régénératif tel que la loi dF de la longueur des cycles soit étalée et ait une espérance μ finie. Définissons la loi π par :*

$$\int f\,d\pi = \frac{1}{\mu}\,\mathbb{E}\left(\int_{S_0}^{S_1} f(X_s)\,ds\right).$$

Alors la loi de X_t converge en variation totale vers π et donc pour tout $a > 0$:

$$\sup_{f:\|f\|\leq a}\left|\mathbb{E}(f(X_t)) - \int f\,d\pi\right| \xrightarrow[t\to+\infty]{} 0.$$

Si de plus il existe $\eta > 0$ tel que $\int_0^{+\infty} e^{\eta x}\,dF(x) < +\infty$, alors la loi de X_t converge exponentiellement vite vers π. Plus précisément si ν_t désigne la loi de X_t, alors il existe $\beta > 0$ tel que $e^{\beta t}\|\nu_t - \pi\|$ soit borné.

Bien que les démonstrations ne s'appuient pas sur le théorème de renouvellement, nous terminons ce bref aperçu sur les processus régénératifs en donnant le théorème ergodique ponctuel et le théorème de limite centrale.

Théorème 6.77 ([7] chapitre V théorème 3.1)
Soit $(X_t)_{t\geq 0}$ un processus régénératif dont les cycles sont indépendants et de longueur moyenne $\mu < +\infty$. Alors pour toute fonction f positive :

$$\frac{1}{t}\int_0^t f(X_s)\,ds \xrightarrow[t\to+\infty]{p.s.} \frac{1}{\mu}\mathbb{E}\left(\int_{S_0}^{S_1} f(X_s)\,ds\right).$$

Théorème 6.78 ([7] chapitre V théorème 3.2)
Soit $(X_t)_{t\geq 0}$ un processus régénératif dont les cycles sont indépendants et de longueur moyenne $\mu < +\infty$ et f une fonction positive. Posons $U = \int_{S_0}^{S_1} f(X_s)\,ds$ et supposons que les variances $var(U)$ et $var(S_1 - S_0)$ de U et $S_1 - S_0$ soient finies. Alors :

$$\frac{1}{\sqrt{t}}\left(\int_0^t f(X_s)\,ds - \frac{t}{\mu}\mathbb{E}\left(\int_{S_0}^{S_1} f(X_s)\,ds\right)\right) \xrightarrow[t\to+\infty]{\mathcal{L}} \mathcal{N}(0, \frac{\sigma^2}{\mu}),$$

où $\mathcal{N}(0, \frac{\sigma^2}{\mu})$ est une variable aléatoire gaussienne centrée de variance $\frac{\sigma^2}{\mu}$ avec :

$$\sigma^2 = var\left(U - \frac{\mathbb{E}(U)}{\mu}(S_1 - S_0)\right).$$

6.10 Exercices

Exercice 6.1 On considère un processus de renouvellement simple dont la loi inter-arrivées est d'espérance μ et de variance σ^2 finies. Le but de cet exercice est de prouver la première partie de la proposition 6.2. Posons :

$$X_t = \sqrt{t}\left(\frac{N_t}{t} - \frac{1}{\mu}\right).$$

Etant donné $a \in \mathbb{R}$, notons n_t la partie entière de $t/\mu + a\sqrt{t}$.
1) Montrer que :

$$\mathbb{P}(X_t \leq a) = \mathbb{P}(\frac{T_{n_t} - n_t\mu}{\sqrt{n_t}} > \frac{t - n_t\mu}{\sqrt{n_t}}).$$

2) Montrer que :

$$\lim_{t\to+\infty} \frac{t - n_t\mu}{\sqrt{n_t}} = -a\mu^{3/2}.$$

3) Soit X une variable aléatoire réelle gaussienne centrée de variance σ^2. Montrer que

$$\lim_{t\to+\infty} \mathbb{P}(X_t \leq a) = \mathbb{P}(X > -a\mu^{3/2})$$

et conclure.
4) Montrer que le résultat est également vrai pour un processus de renouvellement à délai.

Exercice 6.2 Soit $(\xi_n)_{n\geq 1}$ des variables aléatoires indépendantes de même loi de carré intégrable et ν une variable aléatoire à valeurs dans $\mathbb{N}^*$ de carré intégrable.

1) En utilisant l'exercice 3.3, montrer que si ν est indépendante de $(\xi_n)_{n\geq 1}$ alors :

$$var(\sum_{i=1}^{\nu}\xi_i) = \mathbb{E}(\nu)var(\xi_1) + \mathbb{E}^2(\xi_1)var(\nu). \qquad (6.30)$$

2) Montrer que (contrairement à l'identité de Wald) la formule (6.30) est fausse en général si l'hypothèse d'indépendance de ν et de $(\xi_n)_{n\geq 1}$ est remplacée par le fait que ν est temps d'arrêt relativement à la filtration engendrée par les $(\xi_n)_{n\geq 1}$. Pour cela considérer un processus de renouvellement simple de loi inter-arrivées exponentielle, et prendre $\nu = N_t$.

Exercice 6.3 On suppose que $\tilde{\mu} = \mathbb{E}(\xi_i) < +\infty$. Démontrer la proposition 6.11 en utilisant le théorème taubérien (théorème E.21).

Exercice 6.4 On considère un système dont les durées successives de marche et de panne sont modélisées par un processus de renouvellement alterné modifié. La loi de la première durée de fonctionnement est exponentielle de paramètre λ_0, la loi des autres durées de fonctionnement est exponentielle de paramètre λ_1, la loi des durées de réparation est exponentielle de paramètre μ. On suppose que $\lambda_0 \neq \lambda_1 + \mu$.

Montrer que la disponibilité de ce système à l'instant t est :

$$D(t) = \frac{\mu}{\lambda_1 + \mu} + \frac{\lambda_1 - \lambda_0}{\lambda_1 + \mu - \lambda_0}e^{-\lambda_0 t} + \frac{\lambda_0\mu}{(\lambda_1 + \mu)(\lambda_1 + \mu - \lambda_0)}e^{-(\lambda_1+\mu)t}.$$

Exercice 6.5 On considère un processus de renouvellement alterné (modifié ou non) représentant les instants successifs de panne et de réparation d'un matériel en fonctionnement à l'instant initial. On reprend les notations du paragraphe 6.5. On pose :

$$S_n^1 = \sum_{k=1}^{n}\xi_{2k}, \quad S_n^2 = \sum_{k=0}^{n-1}\xi_{2k+1},$$

$X_s = 1$ s'il existe n tel que $T_{2n} \leq s < T_{2n+1}$ (avec le convention $T_0 = 0$) et $X_s = 0$ sinon. Enfin soit $N_R(t)$ le nombre de redémarrages (c'est-à-dire de réparations terminées) avant l'instant t.

1) Montrer que sur $\{N_R(t) = n\}$, on a :

$$\frac{S_n^2}{S_{n+1}^1 + S_{n+1}^2} \leq \frac{1}{t}\int_0^t 1_{\{X_s=1\}}\,ds \leq \frac{S_{n+1}^2}{S_n^1 + S_n^2} :$$

2) Montrer que :

$$lim_{t\to+\infty}\frac{1}{t}\int_0^t 1_{\{X_s=1\}}\,ds = \frac{\mathbb{E}(\xi_1)}{\mathbb{E}(\xi_1) + \mathbb{E}(\xi_2)} \quad \text{p.s. .}$$

3) Montrer que si $\nu_1 * \nu_2$ est non-arithmétique :

$$lim_{t\to+\infty}\frac{1}{t}\int_0^t 1_{\{X_s=1\}}\,ds = D(\infty) \quad \text{p.s. .}$$

Exercice 6.6 Le but de cet exercice est de montrer la deuxième partie de la proposition 6.2. On considère un processus de renouvellement simple $(T_n)_{n\geq 0}$ dont la loi inter-arrivées dF est d'espérance μ et de variance σ^2 finies. On pose :

$$X_t = \frac{T_{N_t} - \mu N_t}{\sqrt{t}}, \quad Y_t = \frac{\mu\,\mathbb{E}(N_t) - \mu\,N_t}{\sqrt{t}}, \quad Z_t = X_t - Y_t.$$

1) Montrer qu'il existe une fonction g qui tend vers 0 à l'infini telle que :

$$\mathbb{E}(W^2(t)) = \int_0^t g(t-s)\,dU(s).$$

En déduire (sans hypothèse sur le fait que dF soit arithmétique ou non) que :

$$\frac{\mathbb{E}(W(t))^2}{t} \xrightarrow[t\to+\infty]{} 0, \quad \text{et} \quad \mathbb{E}(Z_t^2) \xrightarrow[t\to+\infty]{} 0.$$

2) En utilisant la remarque 6.6, montrer que :

$$\mathbb{E}(X_t^2) \xrightarrow[t\to+\infty]{} \frac{\sigma^2}{\mu}.$$

3) Montrer que :

$$\mathbb{E}(Y_t^2) \xrightarrow[t\to+\infty]{} \frac{\sigma^2}{\mu},$$

et en déduire que :

$$\frac{var(N_t)}{t} \xrightarrow[t\to+\infty]{} \frac{\sigma^2}{\mu^3}.$$

4) Adapter la démonstration ci-dessus au cas d'un processus de renouvellement à délai.

Exercice 6.7 Retrouver, en utilisant le théorème 6.43, que la fonction de renouvellement ρ d'un processus de renouvellement à délai vérifie :

$$\rho(t+h) - \rho(t) \xrightarrow[t\to+\infty]{} \frac{h}{\mu},$$

μ étant l'espérance de la loi inter-arrivées.

Exercice 6.8 Dans certaines études de sûreté, si la durée de réparation d'un élément est supérieure à une valeur donnée t_0, les conséquences peuvent être graves, c'est pourquoi il est important de connaitre la probabilité que cela se produise. La probabilité pour que ce phénomène soit réalisé (à l'instant t) sera appelée l'indisponibilité spécifique (à l'instant t) due à la sûreté et nous cherchons sa valeur asymptotique (lorsque t tend vers l'infini) que nous noterons IS.

Considérons un composant dont les instants successifs de marche et de panne forment un processus de renouvellement alterné (modifié ou non). Notons ν_1 la loi des durées de fonctionnement sans défaillance, autres que la première si le processus de renouvellement alterné est modifié, et ν_2 la loi des durées de réparation. Les espérances m_1 et m_2 des lois ν_1 et ν_2 sont respectivement le MUT et le MDT du composant et son indisponibilité asymptotique est :

$$\bar{D}(\infty) = \frac{MDT}{MUT + MDT} .$$

Partie 1 : Première modélisation

Notons E_t l'événement "le composant est en panne à l'instant t depuis un temps supérieur à t_0", $h(t)$ l'indisponibilité spécifique à l'instant t due à la sûreté lorsque l'état initial du composant est la marche et $h_0(t)$ l'indisponibilité spécifique à l'instant t due à la sûreté lorsque l'état initial du composant est la panne :

$$h(t) = \mathbb{P}(E_t/\text{marche à l'instant initial}),$$
$$h_0(t) = \mathbb{P}(E_t/\text{panne à l'instant initial}).$$

1) Montrer que :

$$h(t) = \int_0^t h_0(t - s)\, \nu_1(ds).$$

2) Montrer que :

$$h_0(t) = g(t) + \int_0^t h_0(t - s)\, (\nu_1 * \nu_2)(ds),$$

avec $g(t) = \mathbb{P}(t_0 < t < S)$, S étant une durée de réparation.

3) Notons $\bar{M}(t)$ la démaintenabilité à l'instant t :

$$\bar{M}(t) = \mathbb{P}(S > t) = \int_t^{+\infty} \nu_2(ds).$$

Montrer que :

$$IS = \frac{1}{m_1 + m_2} \int_{t_0}^{+\infty} \mathbb{P}(S > t)\, dt$$
$$= \bar{D}(\infty) \frac{\int_{t_0}^{+\infty} \bar{M}(t)\, dt}{\int_0^{+\infty} \bar{M}(t)\, dt} .$$

4) On suppose que le composant est de taux de défaillance et de taux de réparation constants égaux respectivement à λ et μ. Montrer que :

$$IS = \frac{\lambda}{\lambda + \mu}\, e^{-\mu t_0}.$$

Partie 2 : Deuxième modélisation

Cette fois-ci, soit E_t l'événement "le composant est en panne à l'instant t et la durée de cette panne est supérieure à t_0". Montrer que les résultats des deux premières questions de la partie 1 restent valables en appelant g la fonction :

$$g(t) = \mathbb{E}(S1_{\{S < t_0\}}),$$

et qu'avec cette modélisation :

$$IS = \frac{1}{m_1 + m_2} \int_{t_0}^{+\infty} s\, \nu_2(ds) = \bar{D}(\infty) \frac{\int_{t_0}^{+\infty} s\, \nu_2(ds)}{\int_0^{+\infty} s\, \nu_2(ds)}.$$

Montrer que dans le cas de taux de défaillance et de réparation constants égaux respectivement à λ et μ :

$$IS = \frac{\lambda}{\lambda + \mu} (1 + \mu t_0)\, e^{-\mu t_0}.$$

Exercice 6.9 On considère un composant dont la durée de fonctionnement est une variable aléatoire T de fonction de répartition F et on pose $R = 1 - F$. Lorsque le composant tombe en panne, il est remplacé instantanément par un composant neuf identique et le coût de ce remplacement est C_1. On effectue de plus de la maintenance préventive, c'est-à-dire qu'un composant est remplacé instantanément par un composant neuf lorsque sa durée de fonctionnement atteind la valeur $a > 0$, et le coût de ce remplacement est C_2.

Le coût $C(t)$ sur la durée t est la somme des coûts des remplacements effectués avant l'instant t. On appelle coût instantané

$$CI = \lim_{t \to \infty} \frac{C(t)}{t},$$

lorsque cette limite existe presque-sûrement.

Soit $N_1(t)$ le nombre de remplacements effectués suite à une défaillance sur l'intervalle de temps $[0, t]$ et $N_2(t)$ le nombre de remplacements effectués au titre de la maintenance préventive sur ce même intervalle de temps.
1) Expliquer pourquoi N_1 et N_2 sont des processus de renouvellement simples.
2) a) Montrer que :

$$\frac{N_1(t)}{t} \xrightarrow[t \to +\infty]{} \frac{1}{\mathbb{E}(\sum_{i=1}^{\nu}(T_i \wedge a))},$$

où les T_i sont des variables aléatoires indépendantes de même loi que T et ν est un temps d'arrêt relativement à la filtration naturelle engendrée par les T_i.
   b) Montrer que :

$$\mathbb{E}(\sum_{i=1}^{\nu}(T_i \wedge a)) = \frac{1}{F(a)}\mathbb{E}(T \wedge a) = \frac{1}{F(a)} \int_0^a R(t)\, dt.$$

3) Montrer, de même, que :

$$\frac{N_2(t)}{t} \xrightarrow[t \to +\infty]{} \frac{R(a)}{\int_0^a R(t)\, dt}.$$

4) En déduire que :

$$CI = \frac{C_1 F(a) + C_2 R(a)}{\int_0^a R(t)\, dt}.$$

5) Montrer que :

$$CI = \lim_{t \to +\infty} \frac{\mathbb{E}(C(t))}{t}.$$

Exercice 6.10 Soit U la fonction de renouvellement d'un processus de renouvellement simple de loi inter-arrivées $dF(s) = f(s)\,ds$. Nous supposons que la fonction f est bornée et que la loi dF est d'espérance μ finie. Posons :

$$u = f * dU, \quad g = f * f.$$

1) Montrer que :

$$U(t) = 1 + \int_0^t u(s)\,ds.$$

2) Montrer que la fonction $u - f = g * dU$ vérifie une équation de renouvellement.

3) Montrer que la fonction g est continue.

(indication : soit f_n une suite de fonctions continues bornées qui tendent vers f dans L^1, montrer que $f_n * f$ est continue et converge uniformément vers $f * f$.)

4) Montrer que la fonction g est directement Riemann-intégrable

(indication : montrer que $g(t) \leq 2\|f\|_\infty (1 - F(t/2))$.)

5) Montrer que :

$$u(t) - f(t) \xrightarrow[t \to +\infty]{} \frac{1}{\mu}.$$

Exercice 6.11 Considérons une équation de renouvellement de la forme :

$$f(t) = g_1(t) - g_2(t) + \int_0^t f(t-s)d\nu(s),$$

où ν est une mesure positive portée par $\mathbb{R}_+$ et g_1 et g_2 sont deux fonctions positives définies sur $\mathbb{R}_+$. Montrer que $f = f_1 - f_2$ où f_1 et f_2 sont deux fonctions solutions d'équations de renouvellement "classiques", c'est-à-dire de la forme (6.23) avec g positive.

Exercice 6.12 Nous reprenons les notations et les hypothèses de la proposition 6.58. Posons :

$$f_1(t) = \rho(t) - \frac{t}{\mu}.$$

1) Montrer que f_1 est solution d'une équation de renouvellement.

2) En déduire que :

$$f_1(t) = U(t) - \frac{t}{\mu} - f_2(t),$$

la fonction f_2 étant solution d'une équation de renouvellement.

3) Démontrer la proposition 6.58.

Exercice 6.13 On considère un processus de renouvellement simple, de fonction de renouvellement U, qui représente les instants successifs de panne d'un matériel. On note μ l'espérance et σ^2 la variance de la loi inter-arrivées et $L(t)$ la durée de fonctionnement du matériel en marche à l'instant t. On pose :

$$f(t) = \mathbb{E}(L(t)).$$

1) Montrer que :

$$f(t) \leq \mu U(t).$$

2) Montrer que f vérifie une équation de renouvellement.

3) On suppose que $\sigma^2 < +\infty$. Montrer que :

$$\mathbb{E}(L(t)) \xrightarrow[t \to +\infty]{} \mu + \frac{\sigma^2}{\mu}.$$

4) Montrer que le résultat de la question 3) reste valable pour un processus de renouvellement à délai dont le délai est d'espérance finie.

5) On considère maintenant un processus de renouvellement alterné, on reprend les notations du paragraphe 6.5 et on suppose que $\nu_1 * \nu_2$ est non-arithmétique. On note μ_i l'espérance de la loi ν_i ($i = 1, 2$) et σ_i^2 sa variance qu'on suppose finie. On pose :

$$Y(t) = 1 \quad \text{si} \quad \exists n : T_{2n} \leq t < T_{2n+1}$$

(avec la convention $T_0 = 0$). Montrer que :

$$\mathbb{E}(L(t)/Y(t) = 1) \xrightarrow[t \to +\infty]{} \mu_1 + \frac{\sigma_1^2}{\mu_1},$$

et un résultat analogue pour $\mathbb{E}(L(t)/Y(t) \neq 1)$.

Exercice 6.14 On reprend les notations du cours. On pose :

$$f(t) = \mathbb{P}(W(t) > x, L(t) \leq y).$$

1) Dans le cas d'un processus de renouvellement simple de loi inter-arrivées dF non-arithmétique, montrer que f vérifie une équation de renouvellement et en déduire que :

$$\mathbb{P}(W(t) > x, L(t) \leq y) \xrightarrow[t \to +\infty]{} \frac{1}{\mu} \int_0^y (s - x)^+ \, dF(s).$$

2) En déduire que, lorsque t tend vers l'infini, la loi conditionnelle de $W(t)$ sachant $\{L(t) = s\}$ converge vers la loi uniforme sur $[0, s]$.

3) Que peut-on dire dans le cas d'un processus de renouvellement à délai ?

4) On considère maintenant un processus de renouvellement alterné et on suppose que $\nu_1 * \nu_2$ est non-arithmétique. On note μ_i l'espérance de la loi ν_i ($i = 1, 2$). On pose :

$$Y(t) = 1 \quad \text{si} \quad \exists n : T_{2n} \leq t < T_{2n+1}$$

(avec la convention $T_0 = 0$). Montrer que :

$$\mathbb{P}(W(t) > x, L(t) \leq y, Y(t) = 1) \xrightarrow[t \to +\infty]{} \frac{1}{\mu_1 + \mu_2} \int_0^y (s - x)^+ \, d\nu_1(s).$$

Retrouver ainsi que :

$$\mathbb{P}(Y(t) = 1) \xrightarrow[t \to +\infty]{} \frac{\mu_1}{\mu_1 + \mu_2},$$

et en déduire que :

$$\mathbb{P}(W(t) > x, L(t) \leq y / Y(t) = 1) \xrightarrow[t \to +\infty]{} \frac{1}{\mu_1} \int_0^y (s - x)^+ \, d\nu_1(s).$$

Démontrer le résultat analogue lorsqu'on conditionne par $\{Y(t) \neq 1\}$.

Exercice 6.15 On considère deux processus de renouvellement simples N et N', indépendants, de même loi inter-arrivées $dF(s) = f(s) \, ds$, supposée d'espérance finie.

On suppose que le processus $N_1 = N + N'$, obtenu en superposant les deux processus de renouvellement, est un processus de renouvellement simple de loi inter-arrivées dF_1.

On pose :

$$\bar{F}(t) = \int_{]a,+\infty]} dF(s), \quad \bar{F}_1(t) = \int_{]a,+\infty]} dF_1(s),$$

et on suppose que la fonction $\bar{F}$ est continue.
1) Montrer que $\bar{F}_1 = \bar{F}^2$.
2) Soit $W_1(t)$ la durée de vie résiduelle à l'instant t pour le processus N_1. En étudiant la limite, lorsque t vers l'infini, de $\mathbb{P}(W_1(t) > a)$, montrer qu'il existe $c > 0$ tel que :

$$\int_a^{+\infty} \bar{F}_1(t) \, dt = c \left(\int_a^{+\infty} \bar{F}(t) \, dt \right)^2.$$

3) En déduire que dF est une loi exponentielle, c'est-à-dire que les processus de renouvellement N et N' sont des processus de Poisson homogènes.

Exercice 6.16 On considère un processus de renouvellement simple de loi inter-arrivées dF et T une variable aléatoire de loi dF.
1) Montrer que pour tous t et u :

$$\inf_{a \geq 0} \mathbb{P}(T > u + a / T > a) \leq \mathbb{P}(W(t) > u) \leq \sup_{a \geq 0} \mathbb{P}(T > u + a / T > a).$$

2) On suppose que la loi inter-arrivées a pour taux de hasard h et on pose :

$$\psi(u) = \sup_a \int_a^{a+u} h(s) \, ds.$$

Montrer que :

$$\mathbb{P}(W(t) > u) \geq e^{-\psi(u)}.$$

3) On suppose que la loi inter-arrivées a un taux de hasard majoré par M. Montrer que la variable aléatoire $W(t)$ est stochastiquement supérieure à une variable aléatoire de loi exponentielle de paramètre M.
4) Montrer que si la loi inter-arrivées a un taux de hasard croissant, alors $W(t)$ est stochastiquement inférieure à T.
5) On considère un processus de renouvellement alterné simple et on pose :

$$Y(t) = 1 \quad \text{si} \quad \exists n : T_{2n} \le t < T_{2n+1}$$

(avec la convention $T_0 = 0$). On définit, comme d'habitude, $W(t)$ par :

$$W(t) = T_{p+1} - t \quad \text{si} \quad T_p \le t < T_{p+1}.$$

Montrer que :

$$\mathbb{P}(W(t) > u / Y(t) = 1) \ge \inf_{a>0} \mathbb{P}(T_1 > u + a / T_1 > a).$$

Exercice 6.17 On considère un processus de renouvellement simple représentant les instants successifs de pannes d'un matériel (réparé instantanément et parfaitement). On suppose que le taux de hasard de la loi inter-arrivées est majoré par une constante M. Notons $N(t)$ le nombre de pannes apparues dans l'intervalle de temps $[0, t]$ et $m(t) = \mathbb{E}(N(t))$.

1) En utilisant l'exercice 6.16 (et l'exercice 1.3), montrer que, pour tous t et Δ positifs, la variable aléatoire $N(t + \Delta) - N(t)$ est stochastiquement inférieure à une variable aléatoire de loi de Poisson de paramètre $M\Delta$.
En déduire que :

$$\mathbb{P}(N(t + \Delta) - N(t) \ge 1) \le 1 - e^{-M\Delta}.$$

2) Montrer que :

$$\mathbb{E}\left((N(t + \Delta) - N(t)) 1_{\{N(t+\Delta)-N(t)\ge 2\}} \right) = o(\Delta),$$

et en déduire que :

$$\mathbb{E}(N(t + \Delta) - N(t)) = \mathbb{P}(N(t + \Delta) - N(t) = 1) + o(\Delta),$$

et que :

$$\mathbb{P}(N(t + \Delta) - N(t) \ge 1) = \mathbb{P}(N(t + \Delta) - N(t) = 1) + o(\Delta).$$

Exercice 6.18 On considère un système formé de n composants indépendants. Pour chaque composant les instants successifs de panne et de réparation forment un processus de renouvellement alterné simple et on suppose que les taux de défaillance sont bornés. On note $N(t)$ le nombre de pannes du système sur l'intervalle de temps $[0, t]$. Montrer que :

$$E(N(t + \Delta) - N(t)) = \mathbb{P}(N(t + \Delta) - N(t) = 1) + o(\Delta),$$

et que :

$$\mathbb{P}(N(t + \Delta) - N(t) \ge 1) = \mathbb{P}(N(t + \Delta) - N(t) = 1) + o(\Delta).$$

Indication : la première question revient à montrer que

$$\mathbb{E}\left((N(t + \Delta) - N(t)) 1_{\{N(t+\Delta)-N(t)\ge 2\}} \right) = o(\Delta).$$

Pour cela noter $N_i(t)$ le nombre de pannes du composant numéro i sur l'intervalle de temps $[0, t]$, remarquer que :

$$N(t + \Delta) - N(t) \leq \sum_{i=1}^{n} (N_i(t + \Delta) - N_i(t)),$$

et que :

$$\{N(t + \Delta) - N(t) \geq 2\} =$$

$$\bigcup_{j} \{N_j(t + \Delta) - N_j(t) \geq 2\} \bigcup_{j \neq k} \{N_j(t + \Delta) - N_j(t) \geq 1, N_k(t + \Delta) - N_k(t) \geq 1\},$$

et utiliser l'exercice 6.17.

Exercice 6.19 On considère un processus de renouvellement alterné simple qui représente les instants successifs de panne et de réparation d'un matériel et on reprend les notations du cours. On suppose que le matériel a un taux de défaillance borné et que la loi de la durée de réparation est celle d'une variable aléatoire T telle que :

$$\sup_a \mathbb{P}(T \leq a + \Delta / T > a) \xrightarrow[\Delta \to 0]{} 0.$$

On pose $Y(t) = 0$ si le matériel est en panne à l'instant t et on note $N(t)$ le nombre de pannes sur $[0, t]$.

1) Soit μ_n la loi de T_{2n-1} et ν celle des ξ_{2n}. Montrer que :

$$\mathbb{P}(Y(t) = 0, N(t + \Delta) - N(t) \geq 1)$$
$$\leq \sum_{n \geq 1} \int 1_{\{x \leq t\}} 1_{\{t < x+y \leq t+\Delta\}} \mathbb{P}(\xi_{2n+1} \leq \Delta) \, d\mu_n(x) \, d\nu(y).$$

2) Montrer que :

$$\mathbb{P}(Y(t) = 0, N(t + \Delta) - N(t) \geq 1) = o(\Delta).$$

3) On suppose de plus que $\mathbb{P}(T = 0) = 0$. Montrer que la probabilité pour qu'il y ait une panne et une réparation (l'ordre étant indifférent) entre les instants t et $t + \Delta$ est en $o(\Delta)$.

Exercice 6.20 On considère un processus de renouvellement alterné et on reprend les notations du cours. On pose $Y(t) = 1$ s'il existe n tel que $T_{2n} \leq t < T_{2n+1}$ (avec la convention $T_0 = 0$) et $Y(t) = 0$ sinon. Notons $\theta_t N$ le processus observé à partir de l'instant t.

1) Montrer que, conditionnellement à $\{Y(t) = 1\}$, le processus $\theta_t N = (T_n')_{n \geq 1}$ est un processus de renouvellement alterné modifié, la loi de T_1' étant celle de $W(t)$ sachant $\{Y(t) = 1\}$, et pour $n \geq 1$ la loi des $T_{2n}' - T_{2n-1}'$ celle des $T_{2n} - T_{2n-1}$, la loi des $T_{2n+1}' - T_{2n}'$ celle des $T_{2n+1} - T_{2n}$.

2) Montrer que conditionnellement à $\{Y(t) = 0\}$ le processus $\theta_t N = (T_n')_{n \geq 1}$ est un processus de renouvellement alterné modifié, la loi de T_1' étant celle de $W(t)$ sachant $\{Y(t) = 0\}$, et pour $n \geq 1$ la loi des $T_{2n}' - T_{2n-1}'$ celle des $T_{2n+1} - T_{2n}$, la loi des $T_{2n+1}' - T_{2n}'$ celle des $T_{2n} - T_{2n-1}$.

Exercice 6.21 On considère un système formé de n composants indépendants. Pour chaque composant les instants successifs de panne et de réparation forment un processus de renouvellement alterné simple. On suppose que les taux de défaillance sont bornés et que, pour tout $1 \leq i \leq n$, la loi de la durée de réparation du composant numéro i est celle d'une variable aléatoire T_i telle que $\mathbb{P}(T_i = 0) = 0$ et :

$$\sup_{a \geq 0} \mathbb{P}(T_i \leq a + \Delta / T_i > a) \xrightarrow[\Delta \to 0]{} 0.$$

En utilisant l'exercice 6.19, montrer que la probabilité pour qu'il y ait une panne et une réparation (l'ordre étant indifférent) du système entre les instants t et $t + \Delta$ est en $o(\Delta)$.

Exercice 6.22 On considère un processus de renouvellement simple dont la loi inter-arrivées est IFR (respectivement DFR). En utilisant la construction à l'aide du processus de Poisson sur $\mathbb{R}^2$, montrer que la loi de $W(t)$ est stochastiquement inférieure (respectivement supérieure) à la loi inter-arrivées.

Comparer ce résultat avec la proposition 6.27 (voir aussi la question 4) de l'exercice 6.16).

Exercice 6.23 On considère un processus de renouvellement simple (ou à délai).
1) Montrer que :

$$\mathbb{E}(N_t^2) = 2(\rho * dU)(t) - \rho(t).$$

2) On pose $U_1 = U - 1$. On suppose que la loi inter-arrivées est NBU et que la fonction U est continue. En utilisant la proposition 6.29 et le corollaire A.6, montrer que :

$$\int_0^t U_1(t - u) \, dU_1(u) \leq \frac{1}{2} U_1^2(t).$$

3) En plus des hypothèses de la question précédente, on suppose que le processus de renouvellement est simple. Montrer que :

$$var(N_t) \leq U(t) - 1.$$

Exercice 6.24 On considère un composant dont la durée de fonctionnement sans défaillance est notée T. Lorsque ce composant tombe en panne, on le remplace par un composant identique neuf et la durée de ce remplacement est d_1. On effectue également de la maintenance préventive : lorsqu'un composant atteint l'âge a, on effectue un entretien de durée d_2 qui remet le composant à neuf. On pose $X(t) = 1$ si un composant est en fonctionnement à l'instant t et $X(t) = 0$ s'il est en cours de remplacement ou d'entretien.
1) Expliquer pourquoi le processus $(X(t))$ est régénératif.
2) En utilisant le théorème 6.75, montrer que la disponibilité asymptotique du système est :

$$D(\infty) = \frac{MUT}{MTBF} \, .$$

Comparer ce résultat avec le théorème 10.36.

3) Montrer que :

$$MTTF = MUT = \int_0^a \mathbb{P}(T > a)\, dt.$$

4) Montrer que :

$$MTBF = MUT + d_1\mathbb{P}(T \le a) + d_2\mathbb{P}(T > a).$$

Chapitre 7

Quelques modélisations de la structure d'un système

Considérons un système S formé de n composants (ou sous-systèmes) $S_1, \ldots, S_n$. Chaque composant est supposé n'avoir qu'un nombre fini d'états. Le plus souvent un composant possède deux états : un état de marche et un état de panne, mais il peut y avoir plusieurs états de panne correspondant à divers types de panne. Un composant de secours possède en plus un état correspondant à l'attente d'être mis en fonctionnement.

Nous allons étudier différentes représentations de la structure du système, c'est-à-dire différentes manières d'exprimer si le système est en marche ou en panne, à partir des états de ses composants.

La représentation la plus ancienne et la plus suggestive est le diagramme de fiabilité, c'est pourquoi nous le présentons en premier bien qu'il ne soit pas commode, en général, d'en tirer directement des informations qualitatives et quantitatives sur le système.

Nous supposons ensuite que nous ne distinguons que deux états pour chaque composant : un état de marche et un état de panne. Formellement, exprimer si le système est en marche ou en panne en fonction de l'état de ses composants consiste à définir une fonction booléenne appelée **fonction de structure** du système. Le paragraphe 7.2 est consacré à différentes représentations de cette fonction et le paragraphe 7.3 aux renseignements quantitatifs que nous pouvons obtenir lorsque les composants sont stochastiquement indépendants.

On dit que **le système est cohérent** s'il vérifie les conditions suivantes :

- si le système est en panne et si un composant supplémentaire tombe en panne alors le système reste en panne,

- si le système est en marche et si un composant supplémentaire est réparé alors le système reste en marche,

- lorsque tous les composants sont en marche le système est en marche,

- lorsque tous les composants sont en panne le système est en panne.

Cette définition concerne évidemment les systèmes dont chaque composant ne possède que deux états : un état de marche et un état de panne. Nous verrons une généralisation de cette définition dans le chapitre 9, paragraphe 9.3.

7.1 Diagramme de fiabilité

Le diagramme de fiabilité est une représentation graphique du système. C'est une modélisation naturelle car proche du schéma fonctionnel de celui-ci. Pour comprendre la terminologie et la représentation, on peut voir le système comme un circuit électrique ou hydraulique.

Un diagramme de fiabilité est un graphe orienté sans boucle, comprenant une entrée et une sortie. Dans les cas les plus simples les noeuds du graphe (repérés par des rectangles appelés blocs) représentent des composants et un noeud est "passant" si le composant correspondant est en marche. Le système fonctionne si et seulement s'il existe un chemin dans le graphe entre l'entrée et la sortie. Dans les cas plus complexes certains noeuds (représentés par des cercles) peuvent avoir des étiquettes (système k sur n, redondance passive) et le diagramme peut comporter en plus des signes ayant une signification particulière (redondance passive).

Commençons par donner les "briques élémentaires" qui entrent dans la composition d'un diagramme de fiabilité.

Diagramme série

Le système S fonctionne si et seulement si tous ses composants fonctionnent (on dit que les composants sont en série). Le système S est représenté par le diagramme de la figure 1.

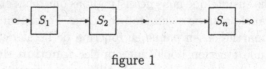

figure 1

Redondances

Les diagrammes correspondant aux trois types de redondance que nous allons présenter sont donnés dans la figure 2.

Lorsque le système fonctionne si et seulement si au moins un de ses composants fonctionne on dit que les composants sont **en parallèle ou en redondance active**.

Dans la **redondance k sur n** le système fonctionne si et seulement si au moins k composants parmi les n fonctionnent. La redondance 1 sur n correspond donc à la redondance active.

Lorsque les composants sont **en redondance passive** le composant S_1 est normalement en fonctionnement et les autres composants sont en attente.

Lorsque le composant S_1 tombe en panne, on utilise le composant S_2 s'il n'est pas en panne (il quitte donc son état d'attente). Si les composants S_1 et S_2 sont en panne, on utilise le composant S_3 s'il n'est pas en panne, etc .... Lorsqu'un composant qui était en panne fonctionne à nouveau, le composant de numéro supérieur qui était en fonctionnement est mis en attente. La redondance passive est appelée *stand-by* en anglais.

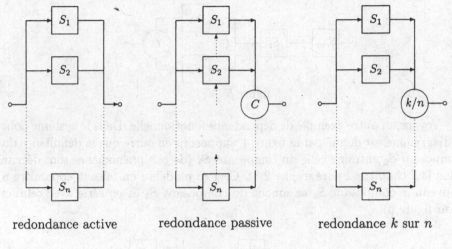

redondance active   redondance passive   redondance k sur n

figure 2

Voici deux exemples simples de diagrammes de fiabilité composés entre autre de certains des diagrammes élémentaires décrits ci-dessus.

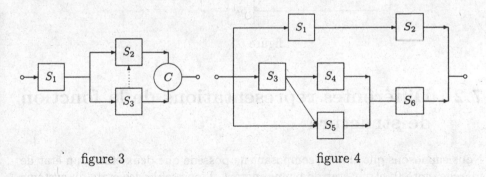

figure 3   figure 4

Pour représenter des dépendances fonctionnelles sur un diagramme de fiabilité, il faut utiliser des astuces.

Supposons par exemple que le système décrit dans la figure 3 soit susceptible de tomber en panne suite à un mode commun, c'est-à-dire qu'un phénomène (en général extérieur au système, par exemple une inondation) entraine la défaillance simultanée de tous les composants (en fonctionnement) du système.

Cela peut se représenter en introduisant un bloc supplémentaire en série avec les autres composants. Ce bloc supplémentaire (noté S_{sup} dans la figure 5) modélise non pas un composant mais l'événement qui entraine les défaillances simultanées (l'inondation par exemple). Une telle modélisation est en fait trompeuse car la réparation de ce faux composant n'a pas de sens : ce sont les composants que le mode commun a affecté (c'est-à-dire ceux qui sont en série avec ce bloc supplémentaire) qu'on répare.

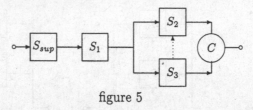

figure 5

Voyons un autre exemple de dépendance fonctionnelle. Dans le système dont le diagramme est donné par la figure 4, supposons en outre que la défaillance du composant S_6 entraine celle du composant S_3 (de tels phénomènes sont décrits dans [84] chapitre 2 paragraphe 2.3). Ceci se modélise en faisant apparaitre à nouveau le composant S_6 en amont du composant S_3 et en série avec celui-ci (voir figure 6).

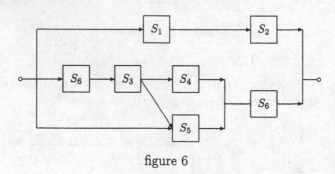

figure 6

7.2   Différentes représentations de la fonction de structure

Nous supposons que chaque composant ne possède que deux états : un état de marche, noté 0, et un état de panne, noté 1. L'ensemble des états du système est donc $\{0,1\}^n$: dire que le système est dans l'état $x = (x_1, \ldots, x_n) \in \{0,1\}^n$ signifie que, le composant S_1 est dans l'état $x_1 \in \{0,1\}$, ..., le composant S_n est dans l'état $x_n \in \{0,1\}$. Notons φ l'application de $\{0,1\}^n$ dans $\{0,1\}$ définie par $\varphi(x) = 1$ si l'état x est un état de panne du système et $\varphi(x) = 0$ sinon. La fonction φ s'appelle la **fonction de structure** du système. L'objet de ce paragraphe est de fournir une liste, non exhaustive, de manières (graphiques ou algébriques) de représenter cette fonction.

7.2.1 Arbre de défaillance

L'arbre de défaillance s'appelle également arbre des causes, arbre des défauts ou encore arbre des fautes (et *fault tree* en anglais). La multiplicité de la terminologie reflète la variété d'utilisation de cette méthode qui est employée dans d'autres domaines que la fiabilité.

On s'intéresse à un événement indésirable bien défini qui, dans notre cas est la panne du système. L'arbre de défaillance représente graphiquement les combinaisons d'événements qui conduisent à la réalisation de cet événement indésirable. Pour cela on effectue une analyse descendante et on construit un arbre dont la racine (appelée aussi sommet, et placée en haut et au centre de la feuille de papier !) représente l'événement indésirable étudié que nous noterons F et les feuilles (situées au bas de la feuille de papier !) sont les événements de base dont la combinaison peut conduire à la réalisation de l'événement F. Entre la racine et les feuilles se trouvent des embranchements ou "portes". Les principales portes utilisées sont les portes "et", les portes "ou" et les portes "k sur n". Elles indiquent les relations de causalité entre les objets qu'elles relient. Elles sont représentées comme indiqué dans la figure 7.

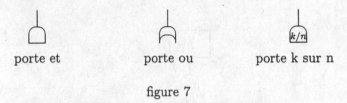

porte et   porte ou   porte k sur n

figure 7

Une porte "et" signifie que tous les événements en aval sont réalisés, une porte "ou" qu'au moins un des événements en aval est réalisé et une porte "k sur n" qu'au moins k des n événements en aval sont réalisés.

Voyons ce que cela donne sur des exemples. Notons A_i l'événement "le composant S_i est en panne".

Reprenons tout d'abord le système modélisé par le diagramme de fiabilité de la figure 3. L'arbre de défaillance correspondant est donné dans la figure 8.

Nous pouvons associer au système modélisé par le diagramme de fiabilité de la figure 4 l'arbre de défaillance de la figure 9 ou celui de la figure 10 (on peut en imaginer d'autres). Des arbres de défaillance différents peuvent donc modéliser un même système.

Il existe d'autres portes plus sophistiquées qui permettent de représenter des interactions plus compliquées (portes "et avec condition", "ou avec condition", "si", "délai", "comparaison", etc ...). Nous n'approfondirons pas leur utilisation car elles ne permettent pas d'effectuer ensuite une quantification (comme indiqué dans le paragraphe 7.2.2). Le lecteur intéressé pourra se reporter au livre [84] chapitre 2 paragraphe 3 pour plus d'informations.

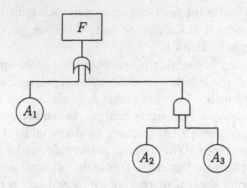

figure 8

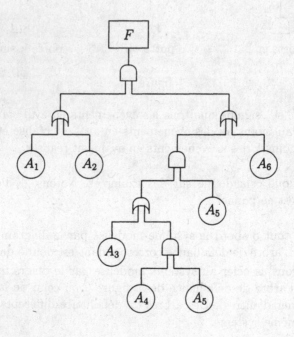

figure 9

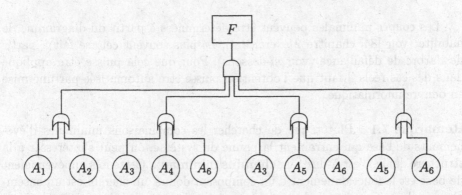

figure 10

En général les arbres de défaillance des systèmes étudiés ne tiennent pas sur une seule page. On procède alors par décompositions successives et renvois. Différentes notations permettent également d'alléger le dessin en ne représentant qu'une fois des parties identiques de l'arbre (voir [84] chapitre 2 paragraphe 3 et chapitre 9 paragraphe 4).

Il est aussi possible de représenter un arbre sous forme énumérative (au lieu de graphique). Par exemple l'arbre de la figure 9 peut être remplacé par l'énumeration suivante :

F	ET	Porte 4, Porte 5
Porte 5	OU	A_1, A_2
Porte 4	OU	Porte 3, A_6
Porte 3	ET	Porte 2, A_5
Porte 2	OU	Porte 1, A_3
Porte 1	ET	A_4, A_5 .

La plupart des logiciels de fiabilité permettent de construire un arbre de défaillance à partir d'un diagramme de fiabilité.

7.2.2   Coupes minimales

Définitions

Nous nous intéressons toujours à la réalisation de l'événement "panne du système" et nous appelons "événement de base" la panne d'un composant donné.

Une **coupe** (*cut-set* en anglais) est un ensemble d'événements de base dont la réalisation simultanée entraine la panne du système.

Une **coupe minimale** est une coupe ne contenant pas d'autres coupes.

L'ordre d'une coupe est le nombre d'événements constituant la coupe.

Les coupes minimales peuvent être déterminées à partir du diagramme de fiabilité (voir [84] chapitre 2 exercice 4). Le plus souvent cela se fait à partir de l'arbre de défaillance (voir ci-dessous). Pour que cela puisse être appliqué dans des cas réels il faut que l'obtention puisse être automatisée par une mise en oeuvre informatique.

Remarque 7.1 : Plutôt que de chercher les combinaisons minimales d'événements de base qui entrainent la panne du système, on peut s'intéresser à la structure duale, c'est-à-dire aux **chemins minimaux**. Cette fois, un événement de base est le fonctionnement d'un composant donné, un chemin est un ensemble de tels événements de base dont la réalisation simultanée entraine le fonctionnement du système et un chemin minimal est un chemin ne contenant pas d'autre chemin. Nous n'insistons pas plus sur cette notion car elle ne nous sera pas utile ultérieurement.

Obtention à partir de l'arbre de défaillance

Il s'agit d'écrire l'événement étudié, noté F, à l'aide des événements de base, notés A_i qui apparaissent dans les feuilles de l'arbre de défaillance, c'est-à-dire d'écrire :

$$F = \bigcup_{i=1}^{k} C_i, \quad \text{avec } C_i = \bigcap_{j=1}^{m_i} A_{n_{i,j}}.$$

Pour cela, on suit la description logique donnée par l'arbre de défaillance en partant des feuilles. Traditionnellement la notation *réunion* est remplacée par la notation *addition*, la notation de l'intersection restant inchangée (notation multiplicative dans laquelle on ne fait pas apparaitre en fait le point). Grâce aux propriétés d'associativité et de commutativité de l'intersection et de la réunion et à la distributivité de l'intersection par rapport à la réunion, les calculs (développements des expressions) se font comme avec l'addition et la multiplication ordinaires. En outre on peut utiliser les règles de simplification suivantes :

$$A + A = A, \quad AA = A,$$

$$B \subset A \implies A + B = A, \quad AB = B.$$

En "remontant" l'arbre de défaillance des feuilles jusqu'à la racine, lorsqu'on rencontre une porte *ou* on additionne les expressions situées en dessous de cette porte, lorsqu'on rencontre une porte *et* on les multiplie. Enfin on développe et simplifie l'expression obtenue en utilisant les règles données ci-dessus. Les monômes qui en résultent correspondent aux coupes minimales.

Les résultats obtenus à partir des arbres de défaillance des figures 9 et 10 sont donnés respectivement dans les figures 11 et 12 ci-contre.

En développant l'expression donnée par l'arbre de la figure 11, nous obtenons :

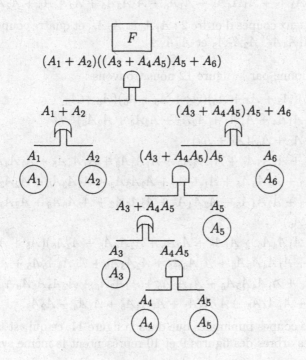

$$(A_1 + A_2)((A_3 + A_4A_5)A_5 + A_6)$$

figure 11

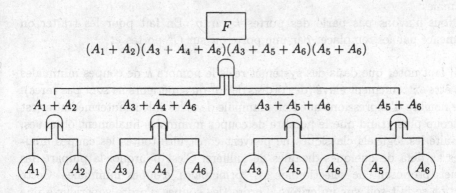

$$(A_1 + A_2)(A_3 + A_4 + A_6)(A_3 + A_5 + A_6)(A_5 + A_6)$$

figure 12

$$
\begin{aligned}
F &= (A_1 + A_2)((A_3 + A_4 A_5)A_5 + A_6) \\
&= (A_1 + A_2)(A_3 A_5 + A_4 A_5 A_5 + A_6) \\
&= (A_1 + A_2)(A_3 A_5 + A_4 A_5 + A_6) \\
&= A_1 A_3 A_5 + A_1 A_4 A_5 + A_1 A_6 + A_2 A_3 A_5 + A_2 A_4 A_5 + A_2 A_6.
\end{aligned}
$$

Nous avons donc deux coupes d'ordre 2 : $A_1 A_6$ et $A_2 A_6$, et quatre coupes d'ordre trois : $A_1 A_3 A_5$, $A_1 A_4 A_5$, $A_2 A_3 A_5$ et $A_2 A_4 A_5$.

Pour l'arbre donné par la figure 12 nous trouvons :

$$
\begin{aligned}
F &= (A_1 + A_2)(A_3 + A_4 + A_6)(A_3 + A_5 + A_6)(A_5 + A_6) \\
&= (A_1 A_3 + A_1 A_4 + A_1 A_6 + A_2 A_3 + A_2 A_4 + A_2 A_6) \\
&\quad \times (A_3 + A_5 + A_6)(A_5 + A_6) \\
&= (A_1 A_3 A_3 + A_1 A_3 A_5 + A_1 A_3 A_6 + A_1 A_4 A_3 + A_1 A_4 A_5 + A_1 A_4 A_6 \\
&\quad + A_1 A_6 A_3 + A_1 A_6 A_5 + A_1 A_6 A_6 + A_2 A_3 A_3 + A_2 A_3 A_5 + A_2 A_3 A_6 \\
&\quad + A_2 A_4 A_3 + A_2 A_4 A_5 + A_2 A_4 A_6 + A_2 A_6 A_3 + A_2 A_6 A_5 + A_2 A_6 A_6) \\
&\quad \times (A_5 + A_6) \\
&= (A_1 A_3 + A_1 A_4 A_5 + A_1 A_6 + A_2 A_3 + A_2 A_4 A_5 + A_2 A_6)(A_5 + A_6) \\
&= A_1 A_3 A_5 + A_1 A_4 A_5 A_5 + A_1 A_6 A_5 + A_2 A_3 A_5 + A_2 A_4 A_5 A_5 + A_2 A_6 A_5 \\
&\quad + A_1 A_3 A_6 + A_1 A_4 A_5 A_6 + A_1 A_6 A_6 + A_2 A_3 A_6 + A_2 A_4 A_5 A_6 + A_2 A_6 A_6 \\
&= A_1 A_3 A_5 + A_1 A_4 A_5 + A_2 A_3 A_5 + A_2 A_4 A_5 + A_1 A_6 + A_2 A_6.
\end{aligned}
$$

Ce sont les mêmes coupes minimales que dans la figure 11, ce qui est tout à fait normal puisque les arbres des figures 9 et 10 représentent le même système.

Il n'y a pas unicité de la représentation par arbre de défaillance mais en réfléchissant un peu on voit qu'il y a unicité de la représentation par coupes minimales.

Nous n'avons pas parlé des portes k *sur* n. En fait pour les traiter on commence par les remplacer par une porte *ou* sur C_n^k portes *et*.

Il faut noter que dans des systèmes réels le nombre k de coupes minimales peut être extrêmement élevé (des ordres de 10^6 ou supérieurs ne sont pas rares). Or le nombre d'expressions que l'on manipule dans les calculs intermédiaires est beaucoup plus grand que le nombre de coupes minimales finalement obtenues, par suite les logiciels classiques ne peuvent construire toutes les coupes minimales au delà de quelques dizaines de milliers. C'est pourquoi la plupart des logiciels proposent de sélectionner les "principales" coupes minimales. Cette sélection se fait soit sur un critère d'ordre (les coupes d'ordre supérieur à une valeur - pouvant être fixée par l'utilisateur - ne sont pas considérées) ou bien sur un critère de probabilité (les coupes de probabilité inférieure à un seuil - pouvant être fixé par l'utilisateur - ne sont pas considérées). Les erreurs que cela entraine lors de la quantification (voir le paragraphe 7.3.1) sont difficiles à contrôler. Les articles suivants proposent cependant des pistes : [65] partie B, [66], [54], [77].

Information qualitative

L'information qualitative est essentiellement donnée par l'ordre des coupes minimales. Un système pour lequel toutes les coupes minimales sont d'ordre élevé est un système comportant beaucoup de redondances. Inversement dans un système comportant des coupes minimales d'ordre 1, les composants correspondant à ces coupes ne sont pas "doublés" : la défaillance de l'un d'eux suffit à entrainer la défaillance de tout le système.

7.2.3 Quelques mots sur les BDD

Ces dernières années, sont apparus en fiabilité, les diagrammes de décision binaires (*Binary Decision Diagram* ou BDD en anglais). Ce sont des représentations arborescentes de fonctions booléennes, qui peuvent donc être utilisés pour représenter la fonction de structure.

Il n'y pas unicité de la représentation : à une même fonction booléenne correspondent plusieurs représentations. En effet une représentation est construite à partir de l'arbre de Shannon représentant la fonction booléenne (qui est une fonction de n variables) et celui-ci dépend de l'ordre dans lequel sont considérées ces variables. La taille du BDD obtenu dépend donc de cet ordre, elle varie entre n et 2^n. Il s'agit de trouver, pour une fonction booléenne donnée, les BDD de plus petites tailles. Ce problème n'est pas encore résolu et les logiciels actuels qui utilisent ces représentations se basent sur des heuristiques.

En tout état de cause, une fois le BDD construit, l'obtention des coupes minimales se fait sans difficulté, sans qu'il soit nécessaire d'introduire de critère de troncature (critère d'ordre ou critère de probabilité).

L'intérêt de construire les coupes minimales à partir de BDD est que, si le logiciel donne une réponse, celle-ci est exacte (aucune approximation n'est effectuée). Si l'heuristique employée pour construire le BDD n'est pas adpatée au problème considéré, c'est-à-dire si la taille de celui-ci explose, le logiciel ne donne simplement pas de réponse et l'utilisateur peut toujours relancer le programme avec une autre heuristique.

7.3 Calculs associés

Désormais nous supposons que *les composants sont stochastiquement indépendants*

7.3.1 Indisponibilité

Nous repartons de la représentation à l'aide des coupes minimales et nous reprenons les notations du paragraphe 7.2.2.

Nous cherchons l'indisponibilité du système, donc la probabilité de l'événement "panne du système à l'instant t". Pour ne pas alourdir les notations nous ne faisons apparaitre l'indice t ni dans cet événement que nous notons toujours

F, ni dans les coupes, ni dans les événements de base A_i. Il suffit de se souvenir que l'événement A_i est la panne du composant S_i à l'instant t.

Encadrement

Une majoration de l'indisponibilité du système est donnée par :

$$\bar{D}(t) = \mathbb{P}(F) = \mathbb{P}(\bigcup_{i=1}^{k} C_i) \leq \sum_{i=1}^{k} \mathbb{P}(C_i), \tag{7.1}$$

avec :

$$\mathbb{P}(C_i) = \prod_{j=1}^{m_i} \mathbb{P}(A_{n_{i,j}}). \tag{7.2}$$

Il peut paraitre à première vue surprenant qu'une majoration aussi grossière puisse être intéressante d'un point de vue pratique. C'est pourtant le cas. La première raison est, qu'en tout état de cause, elle donne une vision pessimiste des choses (elle conduit à une minoration de la disponibilité) et donc si les objectifs imposés de disponibilité minimale sont prouvés atteints en utilisant l'approximation ci-dessus, il le sont réellement.

D'autre part, la formule de Poincaré donne :

$$\begin{aligned} \mathbb{P}(\bigcup_{i=1}^{k} C_i) = &\sum_{i=1}^{k} \mathbb{P}(C_i) - \sum_{1 \leq i < j \leq k} \mathbb{P}(C_i \cap C_j) + \cdots \\ &+ (-1)^{p-1} \sum_{1 \leq i_1 < i_2 < \cdots < i_p \leq k} \mathbb{P}(C_{i_1} \cap C_{i_2} \cap \cdots \cap C_{i_p}) \\ &+ \cdots + (-1)^{k-1} \mathbb{P}(C_1 \cap \cdots \cap C_k). \end{aligned} \tag{7.3}$$

Pour des systèmes fiables les coupes C_i ont des probabilités faibles, on peut donc penser que les termes négligés dans la formule (7.1) sont d'un ordre inférieur à celui des termes conservés. Un tel raisonnement n'est valable que si les coupes minimales C_i sont approximativement toutes de même ordre et si le nombre k de coupes minimales n'est pas trop grand (le "pas trop grand" étant relatif à l'ordre des $\mathbb{P}(A_i)$).

Le même type de raisonnement (qu'il faut assortir du même type de réserves) conduit à considérer que, pour des systèmes fiables :

$$\sum_{i=1}^{k} \mathbb{P}(C_i) - \sum_{1 \leq i < j \leq k} \mathbb{P}(C_i \cap C_j) \leq \bar{D}(t),$$

puisque le groupe de termes suivants (les $\mathbb{P}(C_i \cap C_j \cap C_\ell)$) dans la formule de Poincaré sont assortis du signe plus et que les autres termes négligés sont d'un ordre encore inférieur.

Cependant si le nombre de coupes minimales est élevé, le calcul du terme $\sum_{1 \leq i < j \leq k} \mathbb{P}(C_i \cap C_j)$ peut devenir très long, c'est pourquoi nous préférons donner une autre minoration qui a de plus le mérite d'être exacte ! Posons $J_i = \{n_{i,1}, \ldots, n_{i,m_i}\}$. Alors :

$$C_i = \bigcap_{j \in J_i} A_j \supset \bigcap_{j \in J_i} A_j \bigcap_{j \notin J_i} A_j^c = D_i,$$

les événements D_i étant deux à deux disjoints. Par suite :

$$\mathbb{P}(F) = \mathbb{P}(\bigcup_{i=1}^{k} C_i) \geq \mathbb{P}(\bigcup_{i=1}^{k} D_i) = \sum_{i=1}^{k} \mathbb{P}(D_i) = \sum_{i=1}^{k} \prod_{j \in J_i} \mathbb{P}(A_j) \prod_{j \notin J_i} \mathbb{P}(A_j^c).$$

Notons $d_i(t)$ (respectivement $\bar{d}_i(t)$) la disponibilité (respectivement l'indisponibilité) du composant S_i à l'instant t. Nous avons prouvé que :

$$\sum_{i=1}^{k} \prod_{j \in J_i} \bar{d}_j(t) \prod_{j \notin J_i} d_j(t) \leq \bar{D}(t) \leq \sum_{i=1}^{k} \prod_{j \in J_i} \bar{d}_j(t),$$

cet encadrement n'étant précis que pour des systèmes fiables.

Calcul exact de l'indisponibilité

Lorsque le nombre k de coupes minimales n'est pas trop élevé, le calcul de l'indisponibilité se fait en utilisant la formule de Poincaré (7.3) et la formule (7.2). En fait dans la littérature fiabiliste spécialisée, le calcul est présenté en utilisant la fonction de structure. Voyons pourquoi.

En reprenant les notations précédentes (et le début d'une démonstration classique de la formule de Poincaré) nous obtenons :

$$1_F = 1_{\bigcup_{i=1}^{k} C_i} = 1 - 1_{\bigcap_{i=1}^{k} C_i^c} = 1 - \prod_{i=1}^{k}(1 - 1_{C_i}) = 1 - \prod_{i=1}^{k}(1 - \prod_{j=1}^{m_i} 1_{A_{n_{i,j}}}).$$

L'expression $1 - \prod_{i=1}^{k}(1 - \prod_{j=1}^{m_i} 1_{A_{n_{i,j}}})$ est de la forme $\varphi(1_{A_1}, \ldots, 1_{A_n})$ et la fonction φ est, par définition, la fonction de structure du système. Nous avons donc obtenu une expression algébrique de celle-ci.

Développons cette expression et effectuons toutes les simplifications possibles de la forme $1_{A_i} 1_{A_i} = 1_{A_i}$. La nouvelle expression obtenue est une fonction affine de chaque variable. Cette fonction affine, qui jusqu'à maintenant était considérée comme définie sur $\{0,1\}^n$, peut être regardée comme une fonction définie sur $\mathbb{R}_+^n$. Nous notons encore cette fonction φ et nous l'appelons encore, abusivement, fonction de structure.

En résumé, *lorsque nous appliquons la fonction de structure φ à x appartenant à $\mathbb{R}^n$ (et pas seulement à $x \in \{0,1\}^n$), la fonction φ est la fonction affine en chaque variable que nous avons définie ci-dessus.*

Réintroduisons l'indice t. Posons $X_i(t) = 1$ si le composant S_i est en panne à l'instant t et $X_i(t) = 0$ sinon, $X(t) = (X_1(t), \ldots, X_n(t))$. Nous avons donc $\bar{D}(t) = \mathbb{E}[\varphi(X(t))]$. Puisque les variables aléatoires $X_1(t), \ldots, X_n(t)$ sont indépendantes et que la fonction φ est affine par rapport à chaque variable, nous obtenons :

$$\bar{D}(t) = \varphi(\mathbb{E}(X_1(t)), \ldots, \mathbb{E}(X_n(t))) = \varphi(\bar{d}_1(t), \ldots, \bar{d}_n(t)),$$

rappelons que $\bar{d}_i(t) = \mathbb{E}(X_i(t))$ désigne l'indisponibilité du composant S_i à l'instant t.

Nous venons de voir comment, grâce à la fonction de structure, nous pouvons calculer l'indisponibilité d'un système à partir de l'indisponibilité de ses composants. Dans les paragraphes suivants, nous supposons que nous sommes capables de calculer l'indisponibilité du système à partir des indisponibilités des composants *par une méthode quelconque.* Nous allons voir quelles autres informations nous pouvons obtenir à partir de tels calculs. La fonction de structure va nous permettre de présenter les résultats, mais il faut bien remarquer que ce n'est qu'un outil de présentation : il n'est pas nécessaire de l'expliciter pour utiliser ce que nous allons présenter, seule sa valeur prise (c'est-à-dire l'indisponibilité du système dans différentes circonstances) est utile.

7.3.2 Facteurs d'importance

Il peut être intéressant d'évaluer l'importance que possède un composant relativement à la disponibilité d'un système. Pour la mesurer, différents facteurs, appelés **facteurs d'importance** ont été proposés. Nous indiquons les quatre plus connus et leurs interprétations.

Nous conservons les notations du paragraphe précédent (en particulier φ désigne la fonction de structure du système) et nous en introduisons de nouvelles. Pour $x(t) = (x_1(t), \ldots, x_n(t)) \in \mathbb{R}^n$ et $1 \leq i \leq n$, posons :

$$
\begin{aligned}
(1_i, x(t)) &= (x_1(t), \ldots, x_{i-1}(t), 1, x_{i+1}(t), \ldots, x_n(t)), \\
(0_i, x(t)) &= (x_1(t), \ldots, x_{i-1}(t), 0, x_{i+1}(t), \ldots, x_n(t)),
\end{aligned}
$$

(avec les corrections évidentes si $i = 1$ ou $i = n$).

Supposons le système cohérent, nous avons pour $x(t) \in \{0, 1\}$:

$$\varphi(1_i, x(t)) \geq \varphi(0_i, x(t)),$$

et par suite pour $x(t) \in \{0, 1\}^n$:

$$\varphi(1_i, x(t)) - \varphi(0_i, x(t)) \in \{0, 1\},$$

$$\varphi(1_i, x(t)) - \varphi(0_i, x(t)) = 1 \iff \varphi(1_i, x(t)) = 1, \ \varphi(0_i, x(t)) = 0. \quad (7.4)$$

Facteur d'importance de Birnbaum

Le facteur d'importance de Birnbaum ([16]) relatif au composant S_i est défini par :

$$B_i(t) = \frac{\partial \varphi}{\partial x_i}(\bar{d}_1(t), \ldots, \bar{d}_n(t)).$$

L'interprétation de cette formule est claire : si l'indisponibilité du composant S_i à l'instant t subit une petite variation δ, l'indisponibilité du système au même instant varie de $\delta B_i(t)$.

Nous allons donner une autre interprétation de B_i.

La fonction φ étant une fonction affine de x_i, elle s'écrit :

$$\varphi(x_1,\ldots,x_n) = a_i(x_1,\ldots,x_{i-1},x_{i+1},\ldots,x_n)\, x_i + b_i(x_1,\ldots,x_{i-1},x_{i+1},\ldots,x_n),$$

d'où :

$$\frac{\partial \varphi}{\partial x_i}(x_1,\ldots,x_n) = a_i(x_1,\ldots,x_{i-1},x_{i+1},\ldots,x_n) = \varphi(1_i,x(t)) - \varphi(0_i,x(t)).$$

Posons $\bar{d}(t) = (\bar{d}_1(t),\ldots,\bar{d}_n(t))$, nous obtenons :

$$
\begin{aligned}
B_i(t) &= \varphi(1_i,\bar{d}(t)) - \varphi(0_i,\bar{d}(t)) = \mathbb{E}[\varphi(1_i,X(t)) - \varphi(0_i,X(t))] \\
&= \mathbb{P}(\varphi(1_i,X(t)) - \varphi(0_i,X(t)) = 1) \\
&= \mathbb{P}(\varphi(1_i,X(t)) = 1, \varphi(0_i,X(t)) = 0).
\end{aligned}
$$

Le facteur d'importance de Birnbaum représente donc la probabilité que le système soit en marche à l'instant t lorsque le composant S_i est en marche à cet instant et que le système soit en panne toujours au même instant lorsque le composant S_i est défecteux.

Facteur d'importance de Lambert

Le facteur d'importance de Lambert ([69]) relatif au composant S_i est :

$$L_i(t) = \frac{\bar{d}_i(t)}{\bar{D}(t)} \frac{\partial \varphi}{\partial x_i}(\bar{d}_1(t),\ldots,\bar{d}_n(t)) = \frac{\bar{d}_i(t)}{\bar{D}(t)}\left(\varphi(1_i,\bar{d}(t)) - \varphi(0_i,\bar{d}(t))\right).$$

En utilisant les calculs effectués pour l'interprétation du facteur d'importance de Birnbaum et l'indépendance des variables aléatoires $X_j(t)$ qui entraine l'indépendance de $X_i(t)$ et de $(\varphi(1_i,X(t)),\varphi(0_i,X(t)))$, nous obtenons :

$$
\begin{aligned}
L_i(t) &= \frac{1}{\mathbb{P}(\varphi(X(t)) = 1)}\, \mathbb{P}(X_i(t) = 1)\, \mathbb{P}(\varphi(1_i,X(t)) = 1, \varphi(0_i,X(t)) = 0) \\
&= \frac{1}{\mathbb{P}(\varphi(X(t)) = 1)}\, \mathbb{P}(X_i(t) = 1, \varphi(1_i,X(t)) = 1, \varphi(0_i,X(t)) = 0) \\
&= \frac{1}{\mathbb{P}(\varphi(X(t)) = 1)}\, \mathbb{P}(X_i(t) = 1, \varphi(X(t)) = 1, \varphi(0_i,X(t)) = 0) \\
&= \mathbb{P}(X_i(t) = 1, \varphi(0_i,X(t)) = 0/\varphi(X(t)) = 1).
\end{aligned}
$$

Le facteur d'importance de Lambert est la probabilité que le composant S_i soit en panne à l'instant t et que le système ait été en marche à cet instant si le composant S_i n'avait pas été défaillant, sachant que le système est en panne à l'instant t. Cela peut s'interpréter comme la probabilité pour que le composant S_i soit la cause de la défaillance du système sachant que le système est défaillant.

Facteur d'importance de Vesely-Fussel

Le facteur d'importance de Vesely-Fussel ([45]) relatif au composant S_i est donné par :

$$VF_i(t) = \frac{\bar{d}_i(t)}{\bar{D}(t)}\, \varphi(1_i, \bar{d}(t)).$$

En utilisant les mêmes arguments que ci-dessus, nous pouvons écrire :

$$
\begin{aligned}
VF_i(t) &= \frac{\bar{d}_i(t)}{\bar{D}(t)}\, \mathbb{P}(\varphi(1_i, X(t)) = 1)\\[2mm]
&= \frac{\mathbb{P}(X_i(t) = 1, \varphi(1_i, X(t)) = 1)}{\mathbb{P}(\varphi(X(t)) = 1)}\\[2mm]
&= \frac{\mathbb{P}(X_i(t) = 1, \varphi(X(t)) = 1)}{\mathbb{P}(\varphi(X(t)) = 1)}\\[2mm]
&= \mathbb{P}(X_i(t) = 1/\varphi(X(t)) = 1).
\end{aligned}
$$

Le facteur d'importance de Vesely-Fussel est la probabilité pour que le composant S_i soit en panne à l'instant t sachant que le système est en panne à cet instant.

Facteur d'importance de Barlow-Proschan

Notons $m_{P,i}(t)$ le nombre moyen de pannes du composant S_i sur l'intervalle de temps $[0, t]$. Le facteur d'importance de Barlow-Proschan ([13]) relatif au composant S_i est :

$$BP_i(t) = \frac{(\varphi(1_i, \bar{d}(t)) - \varphi(0_i, \bar{d}(t)))\, m'_{P,i}(t)}{\sum_{j=1}^{n}(\varphi(1_j, \bar{d}(t)) - \varphi(0_j, \bar{d}(t)))\, m'_{P,j}(t)}.$$

Les auteurs suggèrent en fait d'utiliser $BP_i = \lim_{t \to +\infty} BP_i(t)$. Dans ce cas, si le comportement de chaque composant peut être modélisé par un processus de renouvellement alterné et si la loi de la durée séparant deux défaillances successives possède une densité dont la moyenne pour le composant S_i est notée $MTBF_i$, alors, d'après la proposition 6.59, nous avons $m'_{P,i}(\infty) = 1/MTBF_i$, et donc :

$$BP_i = \frac{(\varphi(1_i, \bar{d}(\infty)) - \varphi(0_i, \bar{d}(\infty)))/MTBF_i}{\sum_{j=1}^{n}(\varphi(1_j, \bar{d}(\infty)) - \varphi(0_j, \bar{d}(\infty)))/MTBF_j}.$$

Soit $m_P(t)$ le nombre moyen de pannes du système sur l'intervalle de temps $[0, t]$. Nous verrons dans le paragraphe 7.3.3 que :

$$\sum_{j=1}^{n}(\varphi(1_j, \bar{d}(t)) - \varphi(0_j, \bar{d}(t)))\, m'_{P,j}(t) = m'_P(t),$$

et que :

$$(\varphi(1_i, \bar{d}(t)) - \varphi(0_i, \bar{d}(t)))\, m'_{P,i}(t) = \lim_{\Delta \to 0} \frac{1}{\Delta} \mathbb{P}(E_i(t, \Delta)),$$

en notant $E_i(t, \Delta)$ l'événement : "le composant S_i a une panne pendant l'intervalle de temps $[t, t + \Delta]$ qui entraine la panne du système". Par suite le facteur d'importance $BP_i(t)$ s'interprète comme la limite, lorsque Δ tend vers 0, de la probabilité pour que le composant S_i ait une défaillance entre les instants t et $t + \Delta$ qui entraine la défaillance du système, sachant que le système a une défaillance pendant la même période. Il mesure donc la probabilité pour que composant S_i soit en quelque sorte la cause de la défaillance du système.

Remarquons que $0 \leq BP_i(t) \leq 1$ et que $\sum_i BP_i(t) = 1$.

7.3.3 Nombre moyen de défaillances et MTBF

Notons $N_{P,i}(t)$ le nombre de défaillances du composant S_i qui se sont produites pendant l'intervalle de temps $[0, t]$ et posons $m_{P,i}(t) = \mathbb{E}(N_{P,i}(t))$. De même, soit $N_P(t)$ le nombre de pannes du système antérieures à t et $m_P(t) = \mathbb{E}(N_P(t))$.

Nous faisons les hypothèses suivantes :

H1 : les composants sont indépendants,

H2 : le système est cohérent,

H3 : la succession des instants de panne et de réparation de chaque composant forme un processus de renouvellement alterné simple (voir la définition dans le paragraphe 6.5),

H4 : chaque composant possède un taux de défaillance qui est une fonction bornée,

H5 : pour chaque composant S_i, la réparation est soit instantanée, soit la loi de la durée de réparation est celle d'une variable aléatoire T_i telle que :

$$\sup_a \mathbb{P}(T_i \leq a + \Delta / T_i > a) \xrightarrow[\Delta \to 0]{} 0,$$

H6 : pour tout i, la fonction $m_{P,i}$ est dérivable.

L'hypotèse H5 est vérifiée pour le composant S_i s'il possède un taux de réparation μ_i tel que :

$$\sup_a \int_a^{a+\Delta} \mu_i(s) \, ds \xrightarrow[\Delta \to 0]{} 0,$$

c'est donc en particulier le cas si le taux de réparation est borné.

Ces hypothèses entrainent (voir l'exercice 6.18) que :

$$m_P(t + \Delta) - m_P(t) = \mathbb{P}(N_P(t + \Delta) - N_P(t) = 1) + o(\Delta).$$

Le composant S_i est **critique** à l'instant t si à l'instant t le système et le composant S_i sont en marche et si la défaillance du composant S_i à cet instant entrainerait la défaillance du système. Par conséquent S_i est critique à l'instant t si et seulement si :

$$X_i(t) = 0, \quad \varphi(X(t)) = 0, \quad \varphi(1_i, X(t)) = 1,$$

ou encore, d'après (7.4) :

$$X_i(t) = 0, \quad \varphi(1_i, X(t)) - \varphi(0_i, X(t)) = 1.$$

Soit M un majorant des taux de défaillance des composants. Il n'est pas difficile de voir (cf exercice 6.17) que :

$$\mathbb{P}(N_{P,i}(t + \Delta) - N_{P,i}(t) \geq 1) \leq 1 - e^{-M\Delta},$$

$$
\begin{aligned}
\mathbb{E}(N_{P,i}(t + \Delta) - N_{P,i}(t)) &= \mathbb{P}(N_{P,i}(t + \Delta) - N_{P,i}(t) \geq 1) + o(\Delta) \\
&= \mathbb{P}(N_{P,i}(t + \Delta) - N_{P,i}(t) = 1) + o(\Delta),
\end{aligned}
$$

et en particulier pour $i \neq j$:

$$\mathbb{P}(N_{P,i}(t + \Delta) - N_{P,i}(t) \geq 1, N_{P,j}(t + \Delta) - N_{P,j}(t) \geq 1) = o(\Delta).$$

Soit $E_i(\Delta)$ l'événement "le composant S_i est critique à l'instant t et a exactement une défaillance entre les instants t et $t + \Delta$", il vient :

$$\mathbb{P}(N_P(t + \Delta) - N_P(t) = 1) = \mathbb{P}(\bigcup_{i=1}^{n} E_i(\Delta)) + o(\Delta).$$

En utilisant la formule de Poincaré puis les arguments du paragraphe 7.3.2, nous obtenons :

$$
\begin{aligned}
&m_P(t + \Delta) - m_P(t) \\
&= \mathbb{P}(N_P(t + \Delta) - N_P(t) = 1) + o(\Delta) = \sum_{i=1}^{n} \mathbb{P}(E_i(\Delta)) + o(\Delta) \\
&= \sum_{i=1}^{n} \mathbb{P}(\varphi(1_i, X(t)) - \varphi(0_i, X(t)) = 1, X_i(t) = 0, N_{P,i}(t + \Delta) - N_{P,i}(t) = 1) \\
&\quad + o(\Delta) \\
&= \sum_{i=1}^{n} \mathbb{P}(\varphi(1_i, X(t)) - \varphi(0_i, X(t)) = 1) \\
&\quad \times \mathbb{P}(X_i(t) = 0, N_{P,i}(t + \Delta) - N_{P,i}(t) = 1) + o(\Delta).
\end{aligned}
$$

D'après les exercices 6.19 et 6.17, les hypothèses H4 et H5 entrainent que :

$$
\begin{aligned}
&\mathbb{P}(X_i(t) = 0, N_{P,i}(t + \Delta) - N_{P,i}(t) = 1) \\
&= \mathbb{P}(N_{P,i}(t + \Delta) - N_{P,i}(t) = 1) + o(\Delta) \\
&= \mathbb{E}(N_{P,i}(t + \Delta) - N_{P,i}(t)) + o(\Delta).
\end{aligned}
$$

D'autre part nous avons vu que :

$$\mathbb{P}(\varphi(1_i, X(t)) - \varphi(0_i, X(t)) = 1) = \varphi(1_i, \bar{d}(t)) - \varphi(0_i, \bar{d}(t)) = \frac{\partial \varphi}{\partial x_i}(\bar{d}(t)).$$

Finalement nous obtenons :

Proposition 7.2 *Sous les hypothèses H1 à H6, la dérivée $m'_P(t)$ du nombre moyen de pannes du système sur $[0, t]$ est donnée par :*

$$m'_P(t) = \sum_{i=1}^n \left(\varphi(1_i, \bar{d}(t)) - \varphi(0_i, \bar{d}(t)) \right) m'_{P,i}(t) = \sum_{i=1}^n \frac{\partial \varphi}{\partial x_i}(\bar{d}(t)) \, m'_{P,i}(t). \quad (7.5)$$

Implicitement dans la démonstration que nous venons de faire nous avons supposé Δ positif. Le cas Δ négatif se traiterait de la même manière.

Nous avons vu dans le corollaire 6.36 que si le composant S_i a un taux de défaillance λ_i constant et un taux de réparation μ_i constant et s'il est en marche à l'instant initial, alors :

$$m_{P,i}(t) = \frac{\lambda_i \mu_i}{\lambda_i + \mu_i} t + \frac{\lambda_i^2}{(\lambda_i + \mu_i)^2} - \frac{\lambda_i^2}{(\lambda_i + \mu_i)^2} e^{-(\lambda_i + \mu_i)t},$$

ce qui entraine :

$$m'_{P,i}(t) = \frac{\lambda_i \mu_i}{\lambda_i + \mu_i} + \frac{\lambda_i^2}{\lambda_i + \mu_i} e^{-(\lambda_i + \mu_i)t}.$$

Dans le cas où les taux de défaillance et de réparation ne sont pas constants, il faut utiliser la formule (6.10) du chapitre 6 qui montre que, pour une composant en marche à l'instant initial, la transformée de Laplace de m'_P est :

$$\frac{\tilde{\nu}_{1,i}(s)}{1 - \tilde{\nu}_{1,i}(s)\tilde{\nu}_{2,i}(s)},$$

$\tilde{\nu}_{1,i}$ et $\tilde{\nu}_{2,i}$ étant les transformées de Laplace des durées respectivement de fonctionnement et de réparation du composant S_i. Il reste à inverser cette formule pour en déduire $m'_{P,i}$.

Si nous cherchons $m'_P(\infty)$, nous devons calculer $m'_{P,i}(\infty)$, et nous avons déjà remarqué que, d'après la proposition 6.59, $m'_{P,i}(\infty) = 1/MTBF_i$, en notant $MTBF_i$ le $MTBF$ du composant S_i.

On peut montrer ([29]) qu'en général, $m'_P(\infty)$ est le $MTBF$ du système et on obtient par exemple :

Proposition 7.3 *Nous supposons que les composants sont indépendants, que les taux de défaillance de tous les composants et les taux de réparation des composants réparables sont bornés, et que des conditions raisonnables d'irréductiblité sont satisfaites (ces conditions sont vérifiées en particulier s'il existe une constante $a > 0$ telle que les taux de défaillance de tous les composants et les taux de réparation des composants réparables sont minorés par a). Alors :*

$$\frac{1}{MTBF} = \sum_{i=1}^n \left(\varphi(1_i, \bar{d}(\infty)) - \varphi(0_i, \bar{d}(\infty)) \right) \frac{1}{MTBF_i}.$$

En particulier le MTBF ne dépend que de la structure du système et des durées moyennes de fonctionnement et de réparation de chaque composant.

7.3.4 Fiabilité

Il n'existe pas de formule exacte permettant de calculer la fiabilité dans le cas de composants réparables (sauf lorsqu'on peut se ramener à des taux constants, voir à ce propos le paragraphe 9.1.5). Il faut donc recourir à des approximations.

Lorsque les composants ne sont par réparables, la fiabilité $R(t)$ est égale à la disponibilité $D(t)$, et dans tous les cas (composants réparables ou non) on a :

$$R(t) \leq D(t).$$

Minoration de Murchland (1976)

Une estimation pessimiste de la fiabilité, c'est-à-dire une minoration est préférable en pratique. Notons $N_P(t)$ le nombre de pannes du système avant l'instant t et posons $m_P(t) = \mathbb{E}(N_P(t))$. L'inégalité de Markov donne :

$$1 - R(t) = 1 - \mathbb{P}(N_P(t) = 0) = \mathbb{P}(N_P(t) \geq 1) \leq \mathbb{E}(N_P(t)) = m_P(t),$$

donc :

$$R(t) \geq 1 - m_P(t).$$

Il s'agit d'une minoration grossière mais elle est en général satisfaisante lorsque le temps t est petit devant le temps moyen de fonctionnement.

La valeur de $m_P(t)$ s'obtient par intégration numérique à partir de la formule (7.5).

Minoration de Barlow-Proschan (1976)

Dans [12], R.E. Barlow et F. Proschan supposent, en plus de l'indépendance des composants, que tous les composants sont neufs à l'instant $t = 0$ et que chaque composant S_i est de l'un des deux types suivants : ou bien réparable avec un taux de défaillance constant et un taux de réparation décroissant, ou bien non réparable avec un taux de défaillance croissant.

Ils montrent alors que la durée de fonctionnement sans défaillance du système est NBU et que $MTTF \geq MUT$.

Notons $U(t)$ la fonction de renouvellement du processus de renouvellement simple dont la loi inter-arrivées est la loi de la première durée de fonctionnement sans défaillance du système ($U(t) - 1$ est le nombre moyen de pannes sur $[0, t]$ lorsque la réparation du système est instantanée et consiste en une remise à neuf complète de tous les composants). L'inégalité de Markov et les propositions 6.26 et 6.25 entrainent que la défiabilité $\bar{R}(t) = 1 - R(t)$ du système vérifie :

$$\bar{R}(t) \leq U(t) - 1 \leq \frac{t}{MTTF} \cdot$$

Puisque $MTTF \geq MUT$, il s'ensuit que :

$$R(t) \geq 1 - \frac{t}{MUT},$$

et les auteurs proposent d'approcher la fiabilité $R(t)$ par :

$$R_{BP}(t) = 1 - \frac{t}{MUT}.$$

En outre ils indiquent que :

$$MUT = \frac{D(\infty)}{m'_P(\infty)} \qquad (7.6)$$

(une démonstration de ce résultat, dans un cadre plus général, se trouve dans [29]).

La quantité $m'_P(\infty)$ s'obtient à partir de la formule (7.5). Notons encore une fois que $m'_{P,i}(\infty) = 1/MTBF_i$ (d'après la proposition 6.59), en notant $MTBF_i$ le $MTBF$ du composant S_i. Nous en déduisons :

$$MUT = \frac{1 - \varphi(\bar{d}(\infty))}{\sum_{i=1}^{k} (\varphi(1_i, \bar{d}(\infty)) - \varphi(0_i, \bar{d}(\infty)))/MTBF_i}.$$

Tout comme le $MTBF$, le MUT ne dépend donc que de la structure du système et des durées moyennes de fonctionnement et de réparation de chaque composant.

Approximation de Vesely (1970)

Notons $B_{0 \to t}$ l'événement "le système est en fonctionnement pendant tout l'intervalle de temps $[0, t]$" et B_t l'événement "le système est en fonctionnement à l'instant t". Notons toujours $N_P(t)$ le nombre de pannes du système sur l'intervalle de temps $[0, t]$. Par définition, le taux de défaillance du système est :

$$\lambda(t) = \lim_{\Delta \to 0} \frac{1}{\Delta} \mathbb{P}(N_P(t + \Delta) - N_P(t) \geq 1/B_{0 \to t}).$$

Vesely propose de remplacer le taux λ par le taux λ_V, que nous appelerons **taux de Vesely**, défini par :

$$\lambda_V(t) = \lim_{\Delta \to 0} \frac{1}{\Delta} \mathbb{P}(N_P(t + \Delta) - N_P(t) \geq 1/B_t). \qquad (7.7)$$

La fiabilité du système qui est d'après le corollaire 1.4

$$R(t) = \exp\left(-\int_0^t \lambda(s)\, ds\right)$$

est alors remplacée par :

$$R_V(t) = \exp\left(-\int_0^t \lambda_V(s)\, ds\right).$$

Cette méthode de calcul approché de la fiabilité s'appelle également la **méthode des états de marche critique** ([84] chapitre 6).

On constate expérimentalement que le taux de défaillance de Vesely est une bonne approximation du taux de défaillance réel dans de nombreux cas et en particulier pour des systèmes fiables. Cela se comprend lorsque t est petit, c'est beaucoup plus surprenant lorsque t est grand. Des éléments d'explication sont donnés dans [84] chapitre 6 paragraphe 1.6. Nous reviendrons sur cette question dans le paragraphe 9.4. La comparaison du taux de défaillance asymptotique $\lambda(\infty) = \lim_{t \to +\infty} \lambda(t)$ et du taux de défaillance de Vesely asymptotique $\lambda_V(\infty) = \lim_{t \to +\infty} \lambda_V(t)$ (inégalité, estimation de l'erreur relative) est longuement étudiée dans [24] (voir également [27]).

L'intérêt du taux de défaillance de Vesely est qu'il se calcule facilement à partir d'une modélisation par coupes minimales lorsque le système est formé de composants indépendants.

Supposons que le système satisfasse aux conditions H1 à H6 et supposons de plus que $\mathbb{P}(T_i = 0) = 0$ (les réparations ne sont pas instantanées), alors :

$$\lambda_V(t) = \frac{m'_P(t)}{D(t)} . \tag{7.8}$$

En effet, en reprenant les notations des paragraphes précédents, nous avons :

$$\mathbb{P}(N_P(t + \Delta) - N_P(t) \geq 1/B_t) = \frac{1}{D(t)} \, \mathbb{P}(X(t) = 0, N_P(t + \Delta) - N_P(t) \geq 1),$$

et les exercices 6.21 et 6.18 entrainent que :

$$\begin{aligned}
\mathbb{P}(X(t) = 0, N_P(t + \Delta) - N_P(t) \geq 1) &= \mathbb{P}(N_P(t + \Delta) - N_P(t) \geq 1) + o(\Delta) \\
&= \mathbb{E}(N_P(t + \Delta) - N_P(t)) + o(\Delta).
\end{aligned}$$

Nous obtenons donc :

Proposition 7.4 *Sous les hypothèses H1 à H6, le taux de Vesely du système est donné par :*

$$\lambda_V(t) = \frac{1}{1 - \varphi(\bar{d}(t))} \sum_{i=1}^{n} \left(\varphi(1_i, \bar{d}(t)) - \varphi(0_i, \bar{d}(t)) \right) m'_{P,i}(t).$$

En particulier :

$$\lambda_V(\infty) = \frac{1}{MUT} . \tag{7.9}$$

La formule (7.9) reste valable dans le cas de composants non indépendants (voir [29]).

Approximation de Vesely modifiée

La modification que nous proposons de l'approximation de Vesely a essentiellement deux motivations. La première est que le calcul de $R_V(t)$ nécessite une intégration numérique, ce qui n'est pas très agréable, or on constate que le taux de défaillance de Vesely (tout comme le taux de défaillance réel) se stabilise vite.

Il est alors tentant de remplacer $\int_0^t \lambda_V(s)\,ds$ par $\lambda_V(\infty)t$. La deuxième raison est que dans le cas d'un système NBU la proposition 1.10 donne :

$$R(t) \geq e^{-\lambda(\infty)t}.$$

C'est pourquoi nous proposons de remplacer $R_V(t)$ par :

$$R_{V\infty}(t) = e^{-\lambda_V(\infty)t}.$$

Nous allons voir que cette modification ne présente pas qu'un intérêt numérique. En effet, le plus gros défaut de la méthode de Vesely est qu'elle fournit une approximation de la fiabilité mais qu'on ignore si cette approximation est pessimiste (à défaut de connaitre la qualité de l'approximation). Le remplacement de $R_V(t)$ par $R_{V\infty}(t)$ permet de répondre à cette question dans certains cas.

Il est en effet possible de montrer ([24] proposition 3.15) que dans le cas d'un système cohérent formé de composants indépendants ayant des taux de défaillance constants et des taux de réparation "raisonnables", nous avons :

$$\lambda(\infty) \leq \lambda_V(\infty).$$

L'expression "taux de réparation raisonnables" signifie que les durées de réparation des composants appartiennent à la classe $\mathcal{SM}$ définie dans le paragraphe 9.1.5. Nous pensons que c'est une hypothèse technique que nous ne désespérons pas de supprimer.

Par contre, l'inégalité $\lambda(\infty) \leq \lambda_V(\infty)$ n'est plus nécessairement vraie dans le cas de composants indépendants ayant des taux de défaillance non constants ([24] remarque 3.16).

Nous avons donc :

Proposition 7.5 *Dans le cas d'un système NBU formé de composants indépendants ayant des taux de défaillance constants et des taux de réparation "raisonnables", l'approximation de Vesely modifiée fournit une estimation pessimiste de la fiabilité :*

$$R(t) \geq R_{V\infty}(t) = e^{-t/MUT}.$$

Remarque 7.6 : Rappelons que dans le modèle de R.E. Barlow et F. Proschan décrit page 238, le système est NBU. D'autres exemples de systèmes NBU sont donnés dans le corollaire 9.37 et dans [26].

Comparaison des approximations

Une première remarque évidente est, qu'en tout état de cause, les minorations de Murchland et de Barlow-Proschan n'ont d'intérêt que lorsque t n'est "pas trop grand", puisque ces deux minorations tendent vers $-\infty$ lorsque t tend vers l'infini.

Commençons par comparer les méthodes de Murchland et de Vesely. La formule (7.8) entraine que :

$$m_P(t) \leq \int_0^t \lambda_V(s)\, ds.$$

Par suite, pour t petit :

$$R_V(t) \simeq 1 - \int_0^t \lambda_V(s)\, ds \leq 1 - m_P(t) \leq R(t),$$

donc l'approximation de Vesely donne une minoration de la fiabilité mais la minoration proposée par Murchland est meilleure.

Passons à la comparaison de la méthode de Barlow-Proschan et de la méthode de Vesely modifiée. La méthode de Barlow-Proschan n'est justifiée que sous certaines hypothèses qui entrainent en particulier que le système est NBU. Si nous faisons en plus des hypothèses de Barlow-Proschan l'hypothèse technique de durées de réparation raisonnables, comme expliqué ci-dessus, nous avons :

$$R(t) \geq e^{-\lambda(\infty)t} \geq e^{-\lambda_V(\infty)t} \geq 1 - \lambda_V(\infty)t.$$

D'autre part, en comparant les expressions (7.6) et (7.8), nous voyons que :

$$\frac{1}{MUT} = \lambda_V(\infty),$$

si bien que :

$$R(t) \geq R_{V\infty}(t) = e^{-\frac{t}{MUT}} \geq 1 - \frac{t}{MUT} = R_{BP}(t).$$

L'approximation de Vesely modifiée est donc meilleure que celle de Barlow-Proschan.

Remarquons enfin que l'approximation de Vesely modifiée consiste à calculer la fiabilité à l'instant t par la formule $e^{-t/MUT}$ qui est une formule couramment utilisée par les ingénieurs.

7.3.5 Factorisation

Les calculs décrits dans les paragraphes précédents peuvent être très longs, et même devenir impossibles, pour des systèmes de grandes tailles (cf ce qui a été dit dans la première partie du paragraphe 7.3.1). Nous allons voir que, dans certains cas, le problème initial peut être décomposé en problèmes de plus petites tailles.

Nous supposons que l'ensemble des coupes minimales du système S étudié se décompose en deux sous-ensembles $\mathcal{C}_1$ et $\mathcal{C}_2$ faisant intervenir des composants différents : l'ensemble $\mathcal{C}_i$ ne fait intervenir que les composants de ce que nous appelons la classe i.

Nous supposons que tous les composants fonctionnement indépendamment ou plus généralement que le fonctionnement de l'ensemble des éléments de la classe 1 est indépendant du fonctionnement de l'ensemble des éléments de la classe 2.

Notons S_i le sous-système formé par les composants de la classe i, E_i l'ensemble des états de ce sous-système, $\mathcal{P}_i$ ses états de panne déterminés à partir de l'ensemble $\mathcal{C}_i$ des coupes minimales et $\mathcal{M}_i$ ses états de marche. Notons enfin $\mathcal{P}$ (respectivement $\mathcal{M}$) l'ensemble des états de panne (respectivement de marche) du système S. Nous avons :

$$\mathcal{P} = (\mathcal{P}_1 \times E_2) \cup (E_1 \times \mathcal{P}_2),$$

$$\mathcal{M} = \mathcal{M}_1 \times \mathcal{M}_2.$$

Soit X_t^i l'état du système S_i à l'instant t, $D(t)$ (respectivement $D_i(t)$) la disponibilité du système S (respectivement S_i) à l'instant t, $R(t)$ (respectivement $R_i(t)$) sa fiabilité et T (respectivement T_i) sa première durée de fonctionnement sans défaillance.

Par hypothèse les deux processus $(X_t^1)_{t \geq 0}$ et $(X_t^2)_{t \geq 0}$ sont indépendants et nous en déduisons :

$$D(t) = \mathbb{P}((X_t^1, X_t^2) \in \mathcal{M}_1 \times \mathcal{M}_2) = \mathbb{P}(X_t^1 \in \mathcal{M}_1)\,\mathbb{P}(X_t^2 \in \mathcal{M}_2) = D_1(t)D_2(t),$$

$$\begin{aligned} R(t) &= \mathbb{P}((X_s^1, X_s^2) \in \mathcal{M}_1 \times \mathcal{M}_2 \ \ \forall s \leq t) \\ &= \mathbb{P}(X_s^1 \in \mathcal{M}_1 \ \ \forall s \leq t)\,\mathbb{P}(X_s^2 \in \mathcal{M}_2 \ \ \forall s \leq t) \\ &= R_1(t)R_2(t), \end{aligned}$$

$$MTTF = \mathbb{E}(T) = \mathbb{E}(T_1 \wedge T_2) = \int_0^{+\infty} R(t)\,dt = \int_0^{+\infty} R_1(t)R_2(t)\,dt.$$

Remarquer que $MTTF \neq \mathbb{E}(T_1)\mathbb{E}(T_2)$.

Il suffit donc d'effectuer les calculs sur chacun des sous-systèmes S_i qui ont été identifiés par l'étude des coupes minimales, puis d'appliquer les formules ci-dessus pour obtenir les grandeurs classiques de fiabilité. Cette façon de procéder permet de diminuer considérablement la taille des calculs.

Chapitre 8

Processus markovien de sauts

Nous rappelons ici les principales propriétés des processus markoviens de sauts à valeurs dans un ensemble fini ou dénombrable. La plupart des démonstrations sont omises (nous donnons alors des références), nous ne prouvons que les résultats qui font appel à la théorie du renouvellement ou ceux ne figurant pas dans un cours classique de second cycle.

8.1 Les propriétés de base

8.1.1 Définitions

Soit E un ensemble fini ou dénombrable et $(X_t)_{t \geq 0}$ un processus *à trajectoires continues à droite*, à valeurs dans E. Pour alléger les notations, nous écrirons souvent (X_t) au lieu de $(X_t)_{t \geq 0}$.

Définition 8.1 *Le processus (X_t) est un processus markovien de sauts (homogène) si pour tout n, tous $0 \leq t_0 < t_1 < \cdots < t_n < t_{n+1}$, et tous $i_0, i_1, \cdots, i_{n+1}$ dans E tels que $\mathbb{P}(X_{t_0} = i_0, X_{t_1} = i_1, \cdots, X_{t_n} = i_n) \neq 0$, nous avons :*

$$
\begin{aligned}
\mathbb{P}(X_{t_{n+1}} = i_{n+1}/X_{t_0} = i_0, X_{t_1} = i_1, \cdots, X_{t_n} = i_n) &= \mathbb{P}(X_{t_{n+1}} = i_{n+1}/X_{t_n} = i_n) \\
&= P_{t_{n+1}-t_n}(i_n, i_{n+1}).
\end{aligned}
$$

Si E est fini, $(P_t(i,j))_{i,j \in E}$ est, pour tout t, une matrice carrée de dimension $card(E)$ ($card(E)$ désignant le nombre d'éléments de E). Si E est dénombrable mais non fini, nous parlerons méanmoins des matrices P_t bien que dans ce cas ce ne soit pas des matrices au sens classique puisqu'elles sont de dimensions infinies. Ces matrices sont markoviennes, c'est-à-dire vérifient pour tous i, j :

$$
P_t(i,j) \geq 0, \quad \sum_k P_t(i,k) = 1.
$$

Les matrices P_t sont appelées **matrices de transition** du processus de Markov (X_t).

On vérifie immédiatement que :

Proposition 8.2 *Le processus* (X_t) *est un processus markovien de sauts (homogène) de matrices de transition* P_t *si et seulement si pour tout* n, *tous* $i_1, \cdots, i_n$ *dans* E *et tous* $0 < t_1 < \cdots < t_n$:

$$\mathbb{P}(X_{t_1} = i_1, \cdots, X_{t_n} = i_n)$$
$$= \sum_{i \in E} \mathbb{P}(X_0 = i) P_{t_1}(i, i_1) P_{t_2 - t_1}(i_1, i_2) \cdots P_{t_n - t_{n-1}}(i_{n-1}, i_n).$$

La loi du processus markovien de sauts (X_t) est donc entièrement caractérisée par la famille $(P_t)_{t \geq 0}$ et par la loi initiale $(\mathbb{P}(X_0 = i))_{i \in E}$.

Tout comme dans le cas des chaines de Markov, nous serons amenés à considérer des processus de Markov de mêmes matrices de transition $(P_t)_{t \geq 0}$ et de lois initiales différentes. Nous continuerons à noter ces processus (X_t) et pour i dans E, nous noterons $\mathbb{P}_i$ une probabilité pour laquelle le processus (X_t) a pour état initial i : $\mathbb{P}_i(X_0 = i) = 1$. L'espérance relativement à $\mathbb{P}_i$ sera notée $\mathbb{E}_i$. Plus généralement, étant donnée une probabilité μ sur E, $\mathbb{P}_\mu$ sera une probabilité pour laquelle le processus (X_t) a pour loi initiale μ et $\mathbb{E}_\mu$ sera l'espérance relativement à cette probabilité.

Nous généralisons la définition classique du produit de deux matrices A_1 et A_2 au cas de matrices de dimensions infinies en posant :

$$A_1 A_2(i, j) = \sum_k A_1(i, k) A_2(k, j),$$

lorsque cette expression a un sens.

La famille de matrices $(P_t)_{t \geq 0}$ forme un semi-groupe au sens où :

$$\forall s, t, \quad P_{t+s} = P_t P_s = P_s P_t,$$

avec la convention $P_0 = I$ (I désignant la matrice identité : $I(i, j) = 0$ pour $i \neq j$ et $I(i, i) = 1$). C'est pourquoi la famille (P_t) est également appelée **semi-groupe de transition**.

En outre, comme nous avons supposé le processus (X_t) continu à droite, pour tout $i \in E$ (et tout $s \geq 0$) :

$$\lim_{t \to 0_+} P_t(i, j) = \lim_{t \to 0_+} \mathbb{P}(X_{s+t} = j / X_s = i) = I(i, j).$$

Il s'ensuit que le semi-groupe P_t est continu en 0 donc continu en tout point.

8.1.2 Matrice génératrice

Posons $T_0 = 0$ et soit $T_1 < T_2 < \cdots < T_n < \cdots$ les instants successifs de sauts du processus (X_t) :

$$T_{n+1} = \inf\{t : t > T_n, X_t \neq X_{T_n}\}$$

(avec la convention $\inf \emptyset = +\infty$). Notons

$$Z_n = X_{T_n}$$

la suite des états visités par le processus (X_t). Remarquons que cette formule ne définit $Z_n(\omega)$ que si $T_n(\omega) < +\infty$, c'est pourquoi si $T_k(\omega) < +\infty$ et $T_n(\omega) = +\infty$ pour tout $n > k$, nous posons $Z_n(\omega) = Z_k(\omega)$ (ceci correspond au cas où l'état $Z_k(\omega)$ est absorbant).

Un état i de E est **absorbant** si, pour tout t, $\mathbb{P}(X_t = i/X_0 = i) = 1$ ou de manière équivalente $P_t(i,i) = 1$.

Le théorème ci-dessous donne la description trajectorielle d'un processus markovien de sauts (jusqu'à l'instant $\bar{T} = sup_n T_n$).

Théorème 8.3 ([7] chapitre II théorème 1.2, [82] chapitre 5, [23] chapitre 8 corollaires 3.10 et 3.11)

Soit (X_t) un processus markovien de sauts à valeurs dans E. Il existe une matrice markovienne Q sur $E \times E$ et une fonction q définie sur E et à valeurs dans $\mathbb{R}_+$ telles que :

1. *la chaine $Z = (Z_n)_{n \geq 0}$ est une chaine de Markov de matrice de transition Q,*

2. *conditionnellement en la chaine Z, les variables aléatoires $T_{n+1} - T_n$ $(n \geq 0)$ sont indépendantes et de loi exponentielle de paramètres respectifs $q(Z_n)$.*

En outre la fonction q est donnée par :

$$q(i) = \lim_{h \to 0_+} \frac{1}{h}(1 - P_h(i,i)),$$

et la matrice Q par :

- *si $q(i) \neq 0$,*

$$Q(i,j) = \begin{cases} \dfrac{1}{q(i)} \lim_{h \to 0_+} \dfrac{1}{h} P_h(i,j) & \text{si } i \neq j \\ 0 & \text{si } i = j, \end{cases}$$

- *si $q(i) = 0$, $Q(i,i) = 1$ et $Q(i,j) = 0$ pour $i \neq j$.*

En outre $q(i) > 0$ si et seulement si i n'est pas absorbant.

La chaine de Markov Z est appelée **chaine immergée**.

Pour $t \geq 0$, notons W_t la durée séparant l'instant t de l'instant de saut suivant :

$$W_t = \inf\{s > 0 : X_{t+s} \neq X_t\}.$$

Proposition 8.4 ([23] chapitre 8 théorème 2.9)

Pour tous $t \geq 0$ et $i \in E$, la loi de W_t sachant $\{X_t = i\}$ est la loi exponentielle de paramètre $q(i)$ (avec la convention qu'une variable aléatoire de loi exponentielle de paramètre 0 est égale à l'infini presque-sûrement).

Remarque 8.5 : Il se peut que les instants de saut du processus (X_t) possèdent des points d'accumulation. Dans ce cas la famille T_n ne décrit les sauts que jusqu'au premier point d'accumulation $\bar{T} = \sup_n T_n$. On dit qu'il y a explosion à l'instant $\bar{T}$. L'explosion ne correspond pas à une situation naturelle dans le contexte de ce cours (et pose des problèmes techniques sérieux), il est donc important de pouvoir s'assurer qu'on ne se trouve pas dans ce cas. C'est l'objet de la proposition ci-dessous.

Proposition 8.6 ([7] chapitre II propositions 2.3 et 2.4, [82] chapitre 5, [20] chapitre III partie A paragraphe 4)

Les ensembles $\{\bar{T} = +\infty\}$ et $\{\sum_{n \geq 0} \frac{1}{q(Z_n)} = +\infty\}$ coïncident presque-sûrement (quelle que soit la loi initiale du processus (X_t)).

Par suite chacune des conditions suivantes est une condition suffisante pour que $\sup_n T_n = +\infty$:

1. *$\sup\limits_{i \in E} q(i) < +\infty$,*

2. *l'ensemble E est fini,*

3. *la chaine de Markov $(Z_n)_{n \geq 0}$ est récurrente.*

Dans toute la suite de ce chapitre, nous supposerons que tous les processus markoviens de sauts considérés vérifient $\sup_n T_n = +\infty$. Nous dirons qu'ils sont **réguliers** suivant la terminologie de [23] chapitre 8 définition 3.22 (rappelons que nous avons supposé que tous nos processus étaient continus à droite). Si l'ensemble E est fini (ce qui sera le cas dans les applications en fiabilité), cette condition ne constitue évidemment pas une hypothèse supplémentaire.

Le théorème 8.3 montre que le semi-groupe P_t est dérivable en 0. La **matrice génératrice** A du processus markovien de sauts de semi-groupe de transition P_t est la dérivée de P_t en 0, donnée pour tous i et j dans E par :

$$A(i,j) = \lim_{h \to 0_+} \frac{P_h(i,j) - P_0(i,j)}{h} = \lim_{h \to 0_+} \frac{P_h(i,j) - I(i,j)}{h}$$
$$= \begin{cases} q(i)Q(i,j) & \text{si } i \neq j, \\ -q(i) & \text{si } i = j. \end{cases} \tag{8.1}$$

Inversement la fonction q et la matrice Q s'obtiennent à partir de la matrice génératrice A par :

$$q(i) = |A(i,i)| = \sum_{j : j \neq i} A(i,j), \tag{8.2}$$

si $q(i) \neq 0$:

$$Q(i,j) = \begin{cases} \dfrac{A(i,j)}{q(i)} & \text{si } i \neq j, \\ 0 & \text{si } i = j, \end{cases} \tag{8.3}$$

si $q(i) = 0$:

$$Q(i,j) = \begin{cases} 0 & \text{si} \quad i \neq j, \\ 1 & \text{si} \quad i = j. \end{cases} \qquad (8.4)$$

Interprétation

Les définitions du semi-groupe de transition et de la matrice génératrice conduisent à l'interprétation suivante :

$$\mathbb{P}(X_{t+\Delta t} = j / X_t = i) = A(i,j)\Delta t + o(\Delta t) \quad \text{si } i \neq j,$$
$$\mathbb{P}(X_{t+\Delta t} = i / X_t = i) = 1 + A(i,i)\Delta t + o(\Delta t).$$

La signification de $A(i,j)$ est donc claire pour $i \neq j$ et va nous permettre dans les cas pratiques de donner sa valeur. Par contre l'interprétation de $A(i,i)$ est moins agréable mais ce n'est pas gênant car $A(i,i)$ se déduit des $A(i,j)$ pour $i \neq j$. En effet :

$$A(i,i) = - \sum_{j:j\neq i} A(i,j),$$

ou de manière équivalente :

$$\sum_{j\in E} A(i,j) = 0.$$

8.1.3 Equations de Chapman-Kolmogorov

La matrice A est l'équivalent, pour un processus markovien de sauts, de la matrice $P - I$ pour une chaine de Markov de matrice de transition P. Elle caractérise le semi-groupe (P_t) dans le cas évidemment d'un processus régulier.

Théorème 8.7 ([82] chapitre 5, [7] chapitre II paragraphe 3d, [20] chapitre III corollaire 9)

Soit (P_t) le semi-groupe de transition et A la matrice génératrice d'un processus markovien de sauts régulier. Alors les applications $t \to P_t$ sont continûment dérivables et vérifient les équations suivantes :

1. **Première équation de Kolmogorov (équation arrière)** :

$$P'_t = AP_t$$

c'est-à-dire pour tous i et j dans E :

$$\frac{d}{dt}P_t(i,j) = \sum_{k\in E} A(i,k)\,P_t(k,j).$$

2. **Deuxième équation de Kolmogorov (équation avant)** :

$$P'_t = P_tA$$

c'est-à-dire pour tous i et j dans E :

$$\frac{d}{dt}P_t(i,j) = \sum_{k\in E} P_t(i,k)\,A(k,j).$$

Cas où A est un opérateur borné

Nous supposons que $\sup_{i \in E} |A(i,i)| = K < +\infty$ (c'est en particulier le cas si E est fini). Notons bE l'ensemble des fonctions bornées définies sur E que nous munissons de la norme uniforme : $\|f\|_\infty = \sup_{i \in E} |f(i)|$. Pour tout t, l'application $f \to P_t f$ est un opérateur linéaire continu de bE dans bE car $\|P_t f\|_\infty \le \|f\|_\infty$.

De même A est un opérateur continu sur bE et $\|Af\|_\infty \le 2K\|f\|_\infty$. Il est alors naturel de se demander si pour f dans bE, Af est la dérivée en 0 de $t \to P_t f$ au sens de la topologie de bE.

Proposition 8.8 ([20] chapitre III corollaire 9)

Supposons que $\sup_{i \in E} |A(i,i)| < +\infty$, alors pour toute fonction f bornée :

$$\left\| \frac{P_t f - f}{t} - Af \right\|_\infty \xrightarrow[t \to 0_+]{} 0,$$

plus généralement :

$$\frac{d}{dt} P_t f = P_t A f = A P_t f,$$

la dérivation pouvant être prise au sens de la topologie de bE :

$$\left\| \frac{P_{t+s} f - P_t f}{s} - A P_t f \right\|_\infty \xrightarrow[s \to 0]{} 0,$$

et :

$$P_t f = f + \int_0^t P_s A f \, ds = f + \int_0^t A P_s f \, ds. \tag{8.5}$$

En outre le semi-groupe P_t s'obtient à partir de la matrice génératrice A par :

$$P_t = e^{tA} = \sum_{n \ge 0} \frac{t^n}{n!} A^n.$$

Proposition 8.9 *Nous supposons que la matrice génératrice A vérifie la condition $\sup_{i \in E} |A(i,i)| < +\infty$. Alors, pour toute fonction f bornée, l'application*

$$\varphi : t \to P_t f = \sum_{k \ge 0} \frac{t^k}{k!} A^k f$$

de $\mathbb{R}_+$ dans bE est l'unique solution du problème de Cauchy :

$$\begin{cases} \dfrac{d\varphi}{dt} = A\varphi \\ \varphi(0) = f, \end{cases}$$

qui vérifie $\sup_t \|\varphi(t)\|_\infty < +\infty$.

♣ *Démonstration* : Le fait que $t \to P_t f$ soit solution du problème de Cauchy résulte immédiatement de la proposition 8.8, il suffit donc de montrer l'unicité. Etant donnée une application bornée φ de $\mathbb{R}_+$ dans bE, notons $\tilde{\varphi}$ sa transformée de Laplace. Pour tout t, $\varphi(t)$ étant une fonction, $\tilde{\varphi}(s)$ est, pour tout $s > 0$, une fonction. Elle est donnée par :

$$\forall i \in E \quad (\tilde{\varphi}(s))(i) = \int_0^{+\infty} e^{-st}(\varphi(t))(i)\, dt.$$

Si φ vérifie $\frac{d\varphi}{dt} = A\varphi$, en prenant la transformée de Laplace des deux membres, nous obtenons pour tout $s > 0$ (proposition E.11) :

$$-\varphi(0) + s\tilde{\varphi}(s) = A\tilde{\varphi}(s).$$

Supposons que φ_1 et φ_2 soient deux solutions du problème de Cauchy qui vérifient $\sup_t \|\varphi_i(t)\|_\infty < +\infty$ $(i = 1, 2)$, alors $\varphi = \varphi_1 - \varphi_2$ vérifie la même condition et $\dfrac{d\varphi}{dt} = A\varphi$ avec $\varphi(0) = 0$. Sa transformée de Laplace $\tilde{\varphi}$ est donc solution de l'équation $s\,\tilde{\varphi}(s) = A\,\tilde{\varphi}(s)$. Par suite $s\,\|\tilde{\varphi}(s)\|_\infty \leq 2K\|\tilde{\varphi}(s)\|_\infty$ et donc $\|\tilde{\varphi}(s)\|_\infty = 0$ pour $s > 2K$. Nous en déduisons que $\varphi(t) = 0$ pour tout t en utilisant l'injectivité de la transformée de Laplace (théorème E.8). ♣

L'exercice 8.4 propose une autre démonstration du résultat d'unicité de la proposition 8.9 qui utilise la proposition suivante.

Proposition 8.10 *Nous supposons que la matrice génératrice A vérifie la condition $\sup_{i \in E} |A(i, i)| < +\infty$. Alors, pour toute fonction f bornée et tout $s > 0$, l'équation*

$$sg - Ag = f$$

admet une et une seule solution g bornée. Cette solution est donnée par :

$$g = \int_0^{+\infty} e^{-st} P_t f\, dt.$$

♣ *Démonstration* : Soit $g = \int_0^{+\infty} e^{-st} P_t f\, dt$. Cette fonction est clairement bornée pour $s > 0$. On vérifie, en utilisant par exemple le théorème de Fubini, que $Ag = \int_0^{+\infty} e^{-st} AP_t f\, dt$. Par suite la première équation de Kolmogorov et une intégration par parties donnent :

$$\begin{aligned}
sg - Ag &= s\int_0^{+\infty} e^{-st} P_t f\, dt - \int_0^{+\infty} e^{-st} AP_t f\, dt \\
&= s\int_0^{+\infty} e^{-st} P_t f\, dt - \int_0^{+\infty} e^{-st} \frac{d}{dt} P_t f\, dt \\
&= P_0 f = f.
\end{aligned}$$

Montrons maintenant que g est la seule solution. S'il existe deux solutions g_1 et g_2, posons $\psi = g_1 - g_2$. Alors $s\psi - A\psi = 0$ et par suite :

$$\begin{aligned}
\frac{d}{dt}(e^{-st} P_t \psi) &= -se^{-st} P_t \psi + e^{-st} \frac{d}{dt} P_t \psi \\
&= -e^{-st} P_t (s\psi - A\psi) = 0.
\end{aligned}$$

L'expression $e^{-st}P_t\psi$ ne dépend donc pas de t, d'où $e^{-st}P_t\psi = \psi$, ce qui entraine :

$$\|\psi\|_\infty = \|e^{-st}P_t\psi\|_\infty \leq e^{-st}\|\psi\|_\infty.$$

En faisant tendre t vers l'infini nous en déduisons $\psi = 0$. ♣

Remarque 8.11 : Si E est fini l'équation $sg - Ag = f$ s'écrit sous forme matricielle $(sI - A)x = a$ (le vecteur x correspond à la fonction g et le vecteur a à la fonction f). Dire que cette équation a une et une seule solution revient à dire que s n'est pas valeur propre de A. La proposition 8.10 dit donc que A ne possède pas de valeur propre réelle strictement positive. Nous reverrons ce résultat plus précisément avec le théorème de Perron-Frobenius (corollaire 9.11).

Calcul pratique des probabilités de transition lorsque E est fini

Pour calculer $\mathbb{P}(X_t = i)$ on peut utiliser la formule :

$$\mathbb{P}(X_t = j/X_0 = i) = P_t(i,j) = e^{tA}(i,j),$$

le calcul de l'exponentielle de matrice e^{tA} étant effectué soit analytiquement (pour des matrices de très petites tailles !) soit numériquement (voir à ce propos la fin du paragraphe 8.5.2).

On peut également poser $z_i(t) = \mathbb{P}(X_t = i)$, et l'équation $P_t' = P_t A$ entraine que $z(t)$ est solution du système différentiel linéaire :

$$z'(t) = A^T z(t), \quad z_i(0) = \mathbb{P}(X_0 = i), \tag{8.6}$$

la matrice A^T désignant la transposée de la matrice A.

On peut aussi utiliser la transformée de Laplace. Posons :

$$\tilde{P}(s)(i,j) = \int_0^{+\infty} e^{-st}P_t(i,j)\,dt,$$

et notons $\tilde{P}(s)$ la matrice correspondante. La proposition 8.10 et la remarque 8.11 donnent :

$$\tilde{P}(s) = (sI - A)^{-1}.$$

Exemple 8.12 : Supposons que $E = \{0, 1\}$ et que $A(1,0) = \lambda$, $A(0,1) = \mu$. En calculant A^n (par récurrence sur n ou en diagonalisant la matrice A) nous obtenons :

$$e^{tA} = \begin{pmatrix} \dfrac{\lambda}{\lambda+\mu} + \dfrac{\mu}{\lambda+\mu}e^{-(\lambda+\mu)t} & \dfrac{\mu}{\lambda+\mu} - \dfrac{\mu}{\lambda+\mu}e^{-(\lambda+\mu)t} \\ \dfrac{\lambda}{\lambda+\mu} - \dfrac{\lambda}{\lambda+\mu}e^{-(\lambda+\mu)t} & \dfrac{\mu}{\lambda+\mu} + \dfrac{\lambda}{\lambda+\mu}e^{-(\lambda+\mu)t} \end{pmatrix}$$

Si nous voulons utiliser la transformée de Laplace, nous trouvons :

$$(sI - A)^{-1} = \frac{1}{s(s + \lambda + \mu)} \begin{pmatrix} s + \lambda & \mu \\ \lambda & s + \mu \end{pmatrix}$$

La matrice P_t s'obtient alors en prenant la transformée de Laplace inverse de chaque terme. Par exemple :

$$\tilde{P}(s)(0,1) = \frac{\mu}{s(s + \lambda + \mu)} = \frac{\mu}{\lambda + \mu} \left(\frac{1}{s} - \frac{1}{s + \lambda + \mu} \right),$$

par suite :

$$P_t(0,1) = \frac{\mu}{\lambda + \mu} \left(1 - e^{-(\lambda + \mu)t} \right).$$

8.2   Propriété de Markov

8.2.1   Propriété de Markov faible

Soit $\mathcal{G}_t$ la tribu engendrée par les variables aléatoires X_s pour $s < t$ (tribu du passé strict), $\mathcal{H}_t$ la tribu engendrée par la variable aléatoire X_t (tribu du présent), $\mathcal{K}_t$ celle engendrée par les X_s pour $s > t$ (tribu du futur) et $\mathcal{F}_t$ la tribu engendrée par les variables aléatoires X_s pour $s \leq t$ (tribu engendrée par $\mathcal{G}_t$ et $\mathcal{H}_t$).

Proposition 8.13 *Soit $t > 0$ et $0 \leq t_1 < t_2 < \ldots\ldots < t_m$. Pour toute fonction borélienne positive ou bornée f :*

$$\mathbb{E}(f(X_{t+t_1}, X_{t+t_2}, \cdots, X_{t+t_m})/\mathcal{F}_t) = \varphi(X_t),$$

avec :

$$\varphi(i) = \mathbb{E}_i(f(X_{t_1}, X_{t_2}, \cdots, X_{t_m})).$$

Il suffit de faire la démonstration pour $f = 1_{\{i_1, \ldots, i_m\}}$, et pour cela d'utiliser la proposition 8.2.

Corollaire 8.14 *Soit $t > 0$ et $0 \leq t_1 < t_2 < \ldots\ldots < t_m$. Pour toute fonction borélienne positive ou bornée f, nous avons :*

$$\mathbb{E}(f(X_{t+t_1}, X_{t+t_2}, \ldots, X_{t+t_m})/\mathcal{F}_t) = \mathbb{E}(f(X_{t+t_1}, X_{t+t_2}, \ldots, X_{t+t_m})/\mathcal{H}_t).$$

Plus généralement, pour toute variable aléatoire $\mathcal{K}_t$-mesurable Z, positive ou bornée :

$$\mathbb{E}(Z/\mathcal{F}_t) = \mathbb{E}(Z/\mathcal{H}_t).$$

Cette dernière propriété a pour conséquence la proposition suivante :

Proposition 8.15 *Les tribus $\mathcal{G}_t$ et $\mathcal{K}_t$ sont indépendantes conditionnellement à $\mathcal{H}_t$, c'est-à-dire que si Z_1 est une variable aléatoire $\mathcal{G}_t$-mesurable, Z_2 une variable aléatoire $\mathcal{K}_t$-mesurable et si Z_1 et Z_2 sont toutes deux positives ou bornées :*

$$\mathbb{E}(Z_1 Z_2/\mathcal{H}_t) = \mathbb{E}(Z_1/\mathcal{H}_t)\mathbb{E}(Z_2/\mathcal{H}_t).$$

Cela signifie que le passé et le futur sont indépendants conditionnellement au présent.

Revenons à la proposition 8.13. La fonction $f(X_{t+t_1}, X_{t+t_2}, \cdots, , X_{t+t_m})$ dépend du "futur au sens large" relativement à l'instant t (c'est-à-dire est mesurable relativement à la tribu $\mathcal{K}_t \vee \mathcal{H}_t$) mais toute fonction dépendant du futur au sens large relativement à l'instant t n'est pas de cette forme (pour s'en convaincre penser par exemple à $Z = \inf\{s : s > t, X_s = i\}$). Pour pouvoir écrire la propriété de Markov faible dans toute sa généralité, nous allons introduire l'opérateur de translation θ_t.

Soit Y une variable aléatoire "fonction du processus (X_t)", c'est-à-dire mesurable relativement à la tribu $\mathcal{F}_\infty = \vee_t \mathcal{F}_t$, on note $Y \circ \theta_t$ la variable aléatoire Y "calculée sur le processus $(\tilde{X}_s)_{s \geq 0} = (X_{s+t})_{s \geq 0}$".

Exemple 8.16 :

- $X_s \circ \theta_t = X_{s+t}$,

- $f(X_{t+t_1}, X_{t+t_2}, \cdots, X_{t+t_m}) = f(X_{t_1}, X_{t_2}, \cdots, X_{t_m}) \circ \theta_t$,

- si $Y = \inf\{s : s > 0, X_s = i\}$ alors $Y \circ \theta_t = \inf\{s : s > t, X_s = i\}$.

Avec ces notations, la proposition 8.13 se généralise en :

Proposition 8.17 (Propriété de Markov faible) *Pour tout $t \geq 0$ et toute variable aléatoire Y, $\mathcal{F}_\infty$-mesurable et positive ou bornée, nous avons :*

$$\mathbb{E}(Y \circ \theta_t / \mathcal{F}_t) = \varphi(X_t) \quad \text{avec } \varphi(i) = \mathbb{E}_i(Y).$$

8.2.2 Propriété de Markov forte

Notons $\mathcal{F}$ la filtration $(\mathcal{F}_t)_{t \geq 0}$. Rappelons qu'une variable aléatoire T est un **temps d'arrêt** relativement à la filtration $\mathcal{F}$ si pour tout $t \geq 0$, $\{T \leq t\} \in \mathcal{F}_t$.

Remarque 8.18 : Le processus (X_t) étant constant par morceaux, le temps d'entrée T dans tout sous-ensemble A de E est un temps d'arrêt relativement à la filtration $\mathcal{F}$ car :

$$\{T > t\} = \bigcap_{s \in \mathbb{Q}, \, s < t} \{X_s \notin A\} \bigcap \{X_t \notin A\} \in \mathcal{F}_t.$$

Si T est un temps d'arrêt, on note $\mathcal{F}_T$ la tribu des événements antérieurs à T :

$$A \in \mathcal{F}_T \Longleftrightarrow \forall t, \, A \cap \{T \leq t\} \in \mathcal{F}_t.$$

On voit immédiatement que T est $\mathcal{F}_T$-mesurable.

Pour énoncer la propriété de Markov forte dans toute sa généralité, nous définissons l'opérateur de translation θ_T lorsque T est une variable aléatoire par :

$$(Y \circ \theta_T)(\omega) = (Y \circ \theta_{T(\omega)})(\omega).$$

Théorème 8.19 (Propriété de Markov forte) *Soit T un temps d'arrêt relativement à la filtration $\mathcal{F}$ et soit $0 \leq t_1 < t_2 < \ldots\ldots < t_m$. Pour toute fonction borélienne positive ou bornée f, nous avons :*

$$\mathbb{E}(f(X_{T+t_1}, X_{T+t_2}, \cdots, X_{T+t_m})/\mathcal{F}_T) = \varphi(X_T) \quad \text{sur } \{T < +\infty\},$$

avec :

$$\varphi(i) = \mathbb{E}_i(f(X_{t_1}, X_{t_2}, \cdots, X_{t_m})).$$

Plus généralement pour toute variable aléatoire Y, $\mathcal{F}_\infty$-mesurable et positive ou bornée, nous avons sur $\{T < +\infty\}$:

$$\mathbb{E}(Y \circ \theta_T/\mathcal{F}_T) = \varphi(X_T), \quad \text{avec } \varphi(i) = \mathbb{E}_i(Y).$$

Encore plus généralement pour toute fonction g borélienne positive ou bornée et toute variable aléatoire Y, $\mathcal{F}_\infty$-mesurable :

$$\mathbb{E}(g(T, Y \circ \theta_T)/\mathcal{F}_T) = \psi(T, X_T) \quad \text{sur } \{T < +\infty\},$$

avec :

$$\psi(s, i) = \mathbb{E}_i(g(s, Y)).$$

Corollaire 8.20 *Soit $0 \leq t_1 < t_2 < \ldots\ldots < t_m$ et T un temps d'arrêt relativement à la filtration $\mathcal{F}$. Pour toutes fonctions boréliennes g et h, positives ou bornées, nous avons :*

$$\mathbb{E}\left(h(T)1_{\{X_T=i\}}1_{\{T<+\infty\}}g(T, X_{T+t_1}, X_{T+t_2}, \ldots, X_{T+t_m})\right)$$
$$= \mathbb{E}\left(h(T)1_{\{X_T=i\}}1_{\{T<+\infty\}}\psi(T, i)\right),$$

où :

$$\psi(s, i) = \mathbb{E}_i(g(s, X_{t_1}, X_{t_2}, \ldots, X_{t_m})).$$

En particulier si T est le temps d'entrée dans l'ensemble $\{j\}$:

$$\mathbb{E}\left(h(T)1_{\{T<+\infty\}}g(T, X_{T+t_1}, X_{T+t_2}, \ldots, X_{T+t_m})\right) =$$
$$\int_0^{+\infty} h(t)\mathbb{E}_j(g(t, X_{t_1}, X_{t_2}, \ldots, X_{t_m}))\,\mu_T(dt),$$

où μ_T est la loi de T.

♣ *Démonstration* : Nous reprenons les notations du théorème 8.19 .Nous avons :

$$\mathbb{E}\left(h(T)1_{\{X_T=i\}}1_{\{T<+\infty\}}g(T, X_{T+t_1}, X_{T+t_2}, \ldots, X_{T+t_m})\right)$$
$$= \mathbb{E}\left(\mathbb{E}\left(h(T)1_{\{X_T=i\}}1_{\{T<+\infty\}}g(T, X_{T+t_1}, X_{T+t_2}, \ldots, X_{T+t_m})/\mathcal{F}_T\right)\right)$$
$$= \mathbb{E}\left(h(T)1_{\{X_T=i\}}1_{\{T<+\infty\}}\mathbb{E}\left(g(T, X_{T+t_1}, X_{T+t_2}, \ldots, X_{T+t_m})/\mathcal{F}_T\right)\right)$$
$$= \mathbb{E}\left(h(T)1_{\{X_T=i\}}1_{\{T<+\infty\}}\psi(T, X_T)\right)$$
$$= \mathbb{E}\left(h(T)1_{\{X_T=i\}}1_{\{T<+\infty\}}\psi(T, i)\right). \quad ♣$$

Nous allons appliquer ceci au temps d'entrée dans un sous-ensemble de E.

Proposition 8.21 *Soit* (E_1, E_2) *une partition de l'ensemble d'états E. Posons :*

$$S = \inf\{t : X_t \in E_2\}.$$

Nous supposons que pour tout $i \in E_1$, $\mathbb{P}_i(S < +\infty) = 1$ *(ce qui est en particulier le cas si le processus est récurrent irréductible, voir le paragraphe 8.3). Nous notons toujours A la matrice génératrice. Alors, pour tous* $i \in E_1$ *et* $j \in E_2$:

$$\sum_{k \in E_1} A(i, k)\mathbb{P}_k(X_S = j) = -A(i, j).$$

Si de plus $\mathbb{E}_i(S) < +\infty$ *pour tout* $i \in E_1$, *alors :*

$$\forall i \in E_1, \quad \sum_{k \in E_1} A(i, k)\mathbb{E}_k(S) = -1.$$

♣ *Démonstration* : Notons toujours T_1 le premier instant de saut du processus (X_t), $Z_1 = X_{T_1}$ et $q(i) = |A(i, i)|$. Nous avons :

$$
\begin{aligned}
\mathbb{P}_i(X_S = j) &= \sum_{k \in E} \mathbb{P}_i(X_S = j, X_{T_1} = k) \\
&= \sum_{k \in E_1} \mathbb{P}_i(X_S = j, X_{T_1} = k) + \sum_{k \in E_2} \mathbb{P}_i(X_S = j, X_{T_1} = k) \\
&= \sum_{k \in E_1, k \neq i} \mathbb{P}_i(X_S = j, X_{T_1} = k) + \mathbb{P}_i(X_{T_1} = j).
\end{aligned}
$$

Or nous avons $S \geq T_1$ et $X_S = X_S \circ \theta_{T_1}$. La propriété de Markov forte appliquée à l'instant $T = T_1$ donne pour $k \in E_1$:

$$
\begin{aligned}
\mathbb{P}_i(X_S = j, X_{T_1} = k) &= \mathbb{P}_i(X_S \circ \theta_{T_1} = j, X_{T_1} = k) \\
&= \mathbb{E}_i\left(1_{\{X_{T_1} = k\}} \mathbb{E}_i\left(1_{\{X_S \circ \theta_{T_1} = j\}}/\mathcal{F}_{T_1}\right)\right) \\
&= \mathbb{E}_i\left(1_{\{X_{T_1} = k\}} \mathbb{P}_k(X_S = j)\right) \\
&= \mathbb{P}_k(X_S = j)\, \mathbb{P}_i(X_{T_1} = k).
\end{aligned}
$$

Le théorème 8.3 et la définition de la matrice génératrice entrainent que, pour $i \neq k$, $\mathbb{P}_i(X_{T_1} = k) = \mathbb{P}_i(Z_1 = k) = A(i, k)/q(i)$. Par suite :

$$\mathbb{P}_i(X_S = j) = \sum_{k \in E_1, k \neq i} \frac{A(i, k)}{q(i)}\mathbb{P}_k(X_S = j) + \frac{A(i, j)}{q(i)},$$

ou encore :

$$-q(i)\mathbb{P}_i(X_S = j) + \sum_{k \in E_1, k \neq i} A(i, k)\mathbb{P}_k(X_S = j) = -A(i, j),$$

ce qui est la première formule annoncée.

Pour la deuxième formule, nous procédons de manière analogue en remarquant que $S = T_1 + S - T_1 = T_1 + S \circ \theta_{T_1}$. Il vient :

$$
\begin{aligned}
\mathbb{E}_i(S) &= \mathbb{E}_i(T_1) + \sum_{k \in E} \mathbb{E}_i\left((S - T_1)1_{\{X_{T_1} = k\}}\right) \\
&= \frac{1}{q(i)} + \sum_{k \in E_1, k \neq i} \mathbb{E}_i\left(1_{\{X_{T_1} = k\}}\mathbb{E}_i\left(S \circ \theta_{T_1}/\mathcal{F}_{T_1}\right)\right) \\
&= \frac{1}{q(i)} + \sum_{k \in E_1, k \neq i} \mathbb{E}_k(S)\mathbb{P}_i(X_{T_1} = k) \\
&= \frac{1}{q(i)} + \sum_{k \in E_1, k \neq i} \mathbb{E}_k(S)\frac{A(i,k)}{q(i)},
\end{aligned}
$$

d'où la deuxième formule. ♣

8.3   Récurrence et transience

Considérons une matrice M dont tous les termes non diagonaux sont positifs ou nuls (par exemple une matrice markovienne ou une matrice génératrice). Une telle matrice est **irréductible** si, pour tous i et j, il existe n et des points $i_0 = i, i_1, \cdots, i_{n-1}, i_n = j$ de E tels que, pour tout $1 \leq k \leq n$, $M(i_{k-1}, i_k) > 0$.

Proposition 8.22 ([7] chapitre II proposition 4.1)
   Les propriétés suivantes sont équivalentes :

   1. pour tous i et j, il existe $t > 0$ tel que $P_t(i,j) > 0$,

   2. pour tous i et j et pour tout $t > 0$, $P_t(i,j) > 0$,

   3. la chaine immergée $(Z_n)_{n \geq 0}$ est irréductible,

   4. la matrice Q est irréductible,

   5. la matrice A est irréductible.

*Lorsque ces propriétés sont vérifiées, le **processus** (X_t) est dit **irréductible**.*

Remarque 8.23 : La condition *3* de la proposition 8.22 peut sembler curieuse à première vue car elle est fausse dans le cas d'une chaine de Markov irréductible. Cependant ici, étant donné un chemin allant de i à j ("lu" sur la chaine immergée $(Z_n)_{n \geq 0}$), conditionnellement à ce chemin la loi du temps d'atteinte de j partant de i est de densité strictement positive sur $\mathbb{R}_+$ (car c'est la loi de la somme de variables aléatoires indépendantes de lois exponentielles). Ensuite la durée du temps de séjour dans j étant indépendante du temps d'atteinte et, elle aussi, de densité strictement positive, il s'en suit que la condition *3* entraine la condition *2*.

Notons S_0^i le premier instant d'entrée du processus (X_t) dans l'état i :

$$
S_0^i = \inf\{t > 0 : X_t = i\},
$$

et S_n^i $(n \geq 1)$ les temps de retours successifs en i :

$$
S_n^i = \inf\{t > 0 : t > S_{n-1}^i, \ X_t = i, \ X_{t-} \neq i\}.
$$

Proposition 8.24 *Pour tout i dans E, les propriétés suivantes sont équivalentes :*

1. *ou bien i est absorbant ou bien le processus (X_t) partant de i revient presque-sûrement en i (c'est-à-dire $\mathbb{P}_i(S_1^i < +\infty) = 1$),*

2. *ou bien i est absorbant ou bien le processus (X_t) partant de i revient presque-sûrement en i une infinité de fois (c'est-à-dire $\mathbb{P}_i(S_n^i < +\infty) = 1$ pour tout n),*

3. *l'ensemble $\{t : X_t = i\}$ n'est pas borné,*

4. *l'état i est récurrent pour la chaine immergée $(Z_n)_{n \geq 0}$.*

Lorsque ces propriétés sont satisfaites, l'état i est dit **récurrent** *pour le processus (X_t), dans le cas contraire il est dit* **transient**.

La démonstration de cette proposition repose sur l'étude de la chaine de Markov immergée.

Puisque l'irréductibilité et la récurrence se lisent sur la chaine de Markov immergée, les résultats classiques sur les chaines de Markov entrainent que :

Corollaire 8.25 *Soit (X_t) un processus markovien de sauts récurrent et irréductible à valeurs dans E, alors pour tous i et j dans E et tout $n \geq 0$:*

$$\mathbb{P}_i(S_n^j < +\infty) = 1.$$

La proposition suivante, dont la démonstration est une application de la propriété de Markov forte aux instants S_n^i, montre qu'un processus markovien de sauts récurrent irréductible peut être vu comme un processus régénératif de multiples façons.

Proposition 8.26 *Soit (X_t) un processus markovien de sauts récurrent et irréductible à valeurs dans E et i un point de E. Alors le processus $(S_n^i)_{n \geq 0}$ est un processus de renouvellement et le processus (X_t) est un processus régénératif pour lequel on peut prendre $(S_n^i)_{n \geq 0}$ comme processus de renouvellement immergé.*

8.4 Loi stationnaire

8.4.1 Caractérisation

Une probabilité π est une **probabilité invariante** ou **stationnaire** pour le processus markovien (X_t) si :

$$\forall i \;\; \mathbb{P}(X_s = i) = \pi(i) \implies \forall t > s, \;\; \forall i \;\; \mathbb{P}(X_t = i) = \pi(i).$$

Il n'est pas difficile de voir que cela équivaut à :

$$\forall t, \; \forall j \; : \; \sum_{i \in E} \pi(i) P_t(i, j) = \pi(j).$$

Remarque 8.27 : Notons X le processus $(X_s)_{s\geq 0}$ et $\theta_t X = (X_{t+s})_{s\geq 0}$ le processus observé à partir de l'instant t. Il est clair que le processus $\theta_t X$ est un processus markovien de sauts de même semi-groupe de transition que X. Le **processus X est dit stationnaire** si, pour tout t, les processus X et $\theta_t X$ ont même loi. La loi d'un processsus markovien étant entièrement caractérisée par la loi initiale et le semi-groupe de transition (d'après la proposition 8.2), le processus X est stationnaire si et seulement si, pour tout t, la loi de X_t est égale à la loi de X_0 c'est-à-dire si et seulement si sa loi initiale est stationnaire.

Notation : Etant donnée une fonction f sur E et une matrice M sur $E \times E$, on note fM la fonction donnée par :

$$fM(j) = \sum_{i \in E} f(i)M(i,j),$$

lorsque cette expression a un sens (c'est-à-dire lorsque E est fini, ou lorsque f et M sont à valeurs dans $\mathbb{R}_+$, ou lorsque les séries définissant fM sont convergentes).

Avec cette notation, la probabilité π est invariante si et seulement si $\pi P_t = \pi$ pour tout t.

Plus généralement, une **mesure invariante** ou **stationnaire** ν est une mesure positive qui vérifie $\nu P_t = \nu$ pour tout t.

Etant donné un processus markovien de sauts régulier (X_t) de matrice génératrice A, nous nous posons le problème de l'existence et de l'unicité, évidemment à un coefficient multiplicatif près, des mesures stationnaires. Pour cela, nous allons procéder comme pour les chaines de Markov en nous plaçant sur une classe irréductible.

Nous reprenons les notations du paragraphe 8.1. En particulier les relations entre A, q et Q sont données par les formules (8.1), (8.2), (8.3) et (8.4).

Proposition 8.28 ([7] chapitre II théorème 4.2, [20] chapitre III proposition 11, [23] chapitre 8 corollaire 5.13)

Supposons que le processus markovien de sauts (X_t) soit récurrent et irréductible. Alors il existe une mesure invariante ν, unique à un coefficient multiplicatif près, et "cette" mesure ν est caractérisée par l'une des conditions suivantes :

1. *la mesure m définie par $m(j) = \nu(j)\,q(j)$ est invariante pour la chaine immergée $(Z_n)_{n\geq 0}$ (c'est-à-dire $mQ = m$),*

2. *$\nu A = 0$,*

3. *soit i fixé, alors il existe une constante C_i telle que pour tout j :*

$$\nu(j) = C_i\, \mathbb{E}_i \int_0^{S_1^i} 1_{\{X_t = j\}}\, dt.$$

En outre, pour tout j, $0 < \nu(j) < +\infty$.

Nous dirons qu'un processus markovien de sauts est **ergodique** s'il est récurrent irréductible et possède une probabilité invariante π. Cette probabilité invariante sera alors unique d'après la proposition ci-dessus. De plus, de cette proposition découle immédiatement le résultat suivant :

Proposition 8.29 *Un processus markovien de sauts à valeurs dans un espace d'états fini qui est irréductible est nécessairement ergodique.*

Proposition 8.30 *Un processus markovien de sauts récurrent et irréductible est ergodique si et seulement s'il existe i tel que $\mathbb{E}_i(S_1^i) < +\infty$ et dans ce cas cette dernière propriété est vraie pour tout i. En outre la probabilité stationnaire π vérifie, pour tous i et j :*

$$\pi(j) = \frac{1}{\mathbb{E}_i(S_1^i)} \mathbb{E}_i \left(\int_0^{S_1^i} 1_{\{X_t=j\}} \, dt \right), \tag{8.7}$$

ou encore, pour toute mesure p vérifiant $pQ = p$:

$$\pi(i) = \frac{p(i)/q(i)}{\sum_{k \in E} p(k)/q(k)} . \tag{8.8}$$

En outre :

$$\mathbb{E}_i(S_1^i) = \frac{1}{p(i)} \sum_{k \in E} \frac{p(k)}{q(k)} . \tag{8.9}$$

♣ *Démonstration* : Toutes les mesures invariantes étant proportionnelles entre elles, le processus est ergodique si et seulement si une de ces mesures est de masse totale finie et dans ce cas toutes ces mesures ont une masse totale finie. Or la mesure ν de la proposition 8.28, partie *3*, est de masse totale $C_i \mathbb{E}_i(S_1^i)$, ce qui démontre la première partie de la proposition.

La probabilité invariante π s'obient alors en renormalisant l'une de ces mesures invariantes ν et en prenant encore une fois pour ν la mesure donnée dans la proposition 8.28, partie *3*, nous obtenons la formule (8.7). En prenant maintenant pour ν la mesure donnée dans 8.28 partie *1* : $\nu(i) = p(i)/q(i)$, nous obtenons la formule (8.8).

Enfin en prenant $i = j$ dans la formule (8.7), il vient :

$$\pi(i) = \frac{1}{\mathbb{E}_i(S_1^i)} \mathbb{E}_i \left(\int_0^{S_1^i} 1_{\{X_t=i\}} \, dt \right) = \frac{1}{\mathbb{E}_i(S_1^i)} \mathbb{E}_i(T_1) = \frac{1}{q(i)\,\mathbb{E}_i(S_1^i)},$$

d'où $\mathbb{E}_i(S_1^i) = 1/q(i)\pi(i)$. En remplaçant π par l'expression donnée par (8.8), nous en déduisons (8.9). ♣

Corollaire 8.31 *Pour un processus markovien de sauts ergodique on a, pour tous i et j dans E :*

$$\mathbb{E}_i(S_0^j) < +\infty,$$

et plus généralement pour tout $n \geq 0$:

$$\mathbb{E}_i(S_n^j) < +\infty.$$

♣ *Démonstration* : Commençons par effectuer le même type de calcul que dans la proposition 8.21. En appliquant la propriété de Markov forte au premier instant de saut T_1 du processus nous obtenons :

$$\mathbb{E}_\ell(S_1^\ell) = \mathbb{E}_\ell(T_1) + \sum_{k:k\neq\ell} \mathbb{P}_\ell(X_{T_1} = k)\,\mathbb{E}_k(S_0^\ell)$$

$$= \frac{1}{q(\ell)} + \sum_{k:k\neq\ell} \frac{A(\ell,k)}{q(\ell)}\,\mathbb{E}_k(S_0^\ell).$$

Remarquons que tous les termes du membre de droite de l'équation ci-dessus sont positifs et leur somme est finie car l'ergodicité du processus entraine $\mathbb{E}_\ell(S_1^\ell) < +\infty$. Par suite chaque terme de la somme est fini ce qui donne :

$$A(\ell,k) > 0 \implies \mathbb{E}_k(S_0^\ell) < +\infty. \tag{8.10}$$

Le processus étant irréductible, étant donnés i et j ($i \neq j$) il existe des points de E, notés $i_0 = j, i_1, \ldots, i_n, i_{n+1} = i$, deux à deux distincts tels que $A(i_k, i_{k+1}) > 0$ pour $0 \leq k \leq n$. Il est clair que :

$$S_0^j = \inf\{t : X_t = j\}$$
$$\leq S_0^{i_1,\cdots,i_n,j} = \inf\{t : \exists\, t_1 < t_2 < \cdots < t_n < t, X_{t_1} = i_n, \ldots, X_{t_n} = i_1, X_t = j\}.$$

En appliquant encore la propriété de Markov forte, on se persuade que :

$$\mathbb{E}_i(S_0^{i_1,\cdots,i_n,j}) = \mathbb{E}_i(S_0^{i_n}) + \mathbb{E}_{i_n}(S_0^{i_{n-1}}) + \cdots + \mathbb{E}_{i_1}(S_0^j).$$

Or tous les $\mathbb{E}_{i_{k+1}}(S_0^{i_k})$ sont finis d'après (8.10) car tous les $A(i_k, i_{k+1})$ sont strictement positifs. Par suite $\mathbb{E}_i(S_0^j) \leq \mathbb{E}_i(S_0^{i_1,\cdots,i_n,j}) < +\infty$.

Pour montrer que $\mathbb{E}_i(S_n^j) < +\infty$ pour $n \geq 1$, on applique à nouveau la propriété de Markov forte (n fois) et on obtient :

$$\mathbb{E}_i(S_n^j) = \mathbb{E}_i(S_0^j) + n\,\mathbb{E}_j(S_1^j),$$

le résultat s'en déduit immédiatement. ♣

On peut également montrer que :

Théorème 8.32 ([7] chapitre II théorème 4.3)

Un processus markovien de sauts régulier et irréductible est ergodique si et seulement s'il existe une probabilité π solution de $\pi A = 0$.

Dans ce cas π est évidemment l'unique probabilité stationnaire.

8.4.2 Autres propriétés

Conservation du flux

La relation

$$\sum_{j:j\neq i} \nu(i)A(i,j) = \sum_{j:j\neq i} \nu(j)A(j,i),$$

qui est en fait $\nu A(i) = 0$, se généralise de la façon suivante :

Proposition 8.33 *Soit ν une mesure vérifiant $\nu A = 0$, et soit F un sous-ensemble de E. On suppose soit que $\sup_i |A(i,i)| < +\infty$, soit que l'ensemble F est fini. Alors :*

$$\sum_{i \in F} \sum_{j \notin F} \nu(i) A(i,j) = \sum_{i \in F} \sum_{j \notin F} \nu(j) A(j,i). \tag{8.11}$$

La formule (8.11) est appelée **formule de conservation du flux** car une quantité de la forme $\nu(i)A(i,j)$ représente le "flux" qui transite de i vers j (en un temps infinitésimal) lorsque le processus est en régime stationnaire, si bien que le membre de droite de (8.11) est le flux qui transite de l'ensemble F vers l'ensemble F^c en régime stationnaire, alors que le membre de gauche est le flux qui transite de l'ensemble F^c vers l'ensemble F en régime stationnaire.

♣ *Démonstration* : La relation $\nu A = 0$ entraine que, si la fonction f est à support fini ou si $\sup_i |A(i,i)| < +\infty$, alors $\nu A f = 0$, ou encore :

$$
\begin{aligned}
\sum_i \sum_{j \neq i} \nu(i) A(i,j) f(j) &= -\sum_i \nu(i) A(i,i) f(i) \\
&= \sum_i \nu(i) \sum_{j \neq i} A(i,j) f(i).
\end{aligned}
$$

En prenant $f = 1_F$, nous obtenons :

$$\sum_i \sum_{\substack{j \neq i \\ j \in F}} \nu(i) A(i,j) = \sum_{i \in F} \nu(i) \sum_{j \neq i} A(i,j),$$

c'est-à-dire :

$$
\begin{aligned}
&\sum_{i \in F} \sum_{\substack{j \neq i \\ j \in F}} \nu(i) A(i,j) + \sum_{i \notin F} \sum_{j \in F} \nu(i) A(i,j) \\
&= \sum_{i \in F} \sum_{\substack{j \neq i \\ j \in F}} \nu(i) A(i,j) + \sum_{i \in F} \sum_{j \notin F} \nu(i) A(i,j),
\end{aligned}
$$

d'où le résultat. ♣

Réversibilité

Revenons à la relation $\nu A = 0$ qui caractérise une mesure stationnaire ν. Compte tenu du fait que $A(j,j) = -\sum_{i : i \neq j} A(j,i)$, elle peut se ré-écrire :

$$\forall j \in E, \quad \sum_{i : i \neq j} (\nu(i) A(i,j) - \nu(j) A(j,i)) = 0.$$

La relation $\nu A = 0$ est donc vérifiée en particulier si :

$$\forall i,j, \quad \nu(i) A(i,j) = \nu(j) A(j,i). \tag{8.12}$$

Lorsque l'équation (8.12) est vérifiée, la mesure ν est dite **réversible**

Nous venons de voir que :

Proposition 8.34 *Toute mesure réversible est stationnaire.*

Les mesures réversibles ont tout d'abord un intérêt calculatoire : les solutions du système (8.12) sont plus faciles à calculer que celles de $\nu A = 0$. Pour s'en convaincre, il suffit de regarder l'exemple d'un processus de naissance et mort (exemple 8.35).

Mais on "ne gagne pas à tous les coups" : il peut ne pas exister de mesures réversibles alors que des mesures stationnaires existent.

Le second intérêt des mesures réversibles (d'où elles tirent leur nom) est que si la probabilité invariante d'un processus ergodique est réversible, alors le processus observé en "remontant le temps" a même loi que le processus initial. Pour plus de précision se reporter à [7] chapitre II paragraphe 5.

Exemple 8.35 Considérons un processus de **naissance et mort**, à valeurs dans $\{0, 1, \ldots, N\}$, c'est-à-dire un processus markovien de sauts dont les termes non diagonaux et non nuls de la matrice génératrice sont :

$$A(i, i+1) = \alpha_i, \quad 0 \le i < N,$$

$$A(i, i-1) = \beta_i \quad 1 \le i \le N.$$

Nous supposons les α_i et les β_i strictement positifs. La mesure ν est réversible si et seulement si pour tout i, $0 \le i < N$:

$$\nu(i)\alpha_i = \nu(i+1)\beta_{i+1},$$

d'où :

$$\nu(i) = \frac{\prod_{j=0}^{i-1} \alpha_j}{\prod_{j=1}^{i} \beta_j} \, \nu(0) \quad 1 \le i \le N.$$

La probabilité stationnaire est donc :

$$\pi(0) = C, \quad \pi(i) = C \, \frac{\prod_{j=0}^{i-1} \alpha_j}{\prod_{j=1}^{i} \beta_j} \quad 1 \le i \le N,$$

$$\frac{1}{C} = 1 + \sum_{i=1}^{N} \frac{\prod_{j=0}^{i-1} \alpha_j}{\prod_{j=1}^{i} \beta_j} \, .$$

Le cas où le processus est à valeurs dans $\mathbb{N}$ se traite de la même façon mais il n'existe de probabilité stationnaire que si :

$$\sum_{i \ge 1} \frac{\prod_{j=0}^{i-1} \alpha_j}{\prod_{j=1}^{i} \beta_j} < +\infty.$$

8.4.3 Théorèmes limites

Comme on peut s'y attendre, lorsque t tend vers l'infini, la loi de X_t perd la mémoire de la loi initiale.

Proposition 8.36 ([23] chapitre 8 corollaire 5.4 et proposition 5.5)

Considérons un processus markovien de sauts régulier. Si i est transient, alors pour toute loi initiale, l'espérance du temps passé dans i est finie presque-sûrement et :

$$\mathbb{P}(X_t = i) \xrightarrow[t \to +\infty]{} 0.$$

Théorème 8.37 ([7] chapitre II théorème 4.6 et corollaire 4.7, [23] chapitre 8 théorème 5.11)

Soit (X_t) un processus markovien de sauts récurrent et irréductible, alors :

1. *si le processus est ergodique de loi stationnaire π, alors pour toute fonction f bornée :*

$$\mathbb{E}(f(X_t)) \xrightarrow[t \to +\infty]{} \sum_i f(i)\pi(i) = \frac{1}{\mathbb{E}_i(S_1^i)} \mathbb{E}_i \left(\int_0^{S_1^i} f(X_t) \, dt \right),$$

en particulier :

$$\forall i, \quad \mathbb{P}(X_t - i) \xrightarrow[t \to +\infty]{} \pi(i).$$

2. *si le processus n'est pas ergodique :*

$$\forall i, \quad \mathbb{P}(X_t = i) \xrightarrow[t \to +\infty]{} 0.$$

En préliminaire à la démonstration de ce théorème, nous avons besoin d'un lemme.

Lemme 8.38 *Soit (X_t) un processus markovien de sauts récurrent et irréductible, alors pour tout i (et toute loi initiale), la loi de $S_1^i - S_0^i$ est étalée et donc en particulier non-arithmétique.*

♣ *Démonstration* : La propriété de Markov forte à l'instant S_0^i montre que, pour toute loi initiale, la loi de $S_1^i - S_0^i$ est la loi de S_1^i sous $\mathbb{P}_i$.

D'après l'irréductibilité du processus (X_t) et donc de la chaine immergée $(Z_n)_{n \geq 0}$, il existe $n > 1$ et des points $i_1, \ldots, i_{n-1}$ de E tous distincts de i tels que :

$$Q(i, i_1) \cdots Q(i_{n-1}, i) > 0.$$

En utilisant le théorème 8.3, nous obtenons, pour tout borélien A de $\mathbb{R}_+$:

$$
\begin{aligned}
\mathbb{P}_i(S_1^i \in A) &\geq \mathbb{P}_i(S_1^i \in A, Z_1 = i_1, \ldots, Z_{n-1} = i_{n-1}, Z_n = i) \\
&= \mathbb{P}_i(T_n \in A, Z_1 = i_1, \ldots, Z_{n-1} = i_{n-1}, Z_n = i) \\
&= Q(i, i_1) \cdots Q(i_{n-1}, i) \, \mathbb{P}(U_1 + \cdots + U_n \in A),
\end{aligned}
$$

où les U_i sont des variables aléatoires indépendantes de lois exponentielles de paramètres respectifs $q(i_k)$ (avec la convention $i_n = i$). Il s'ensuit que la loi de la variable aléatoire $U_1 + \cdots + U_n$ admet une densité par rapport à la mesure de Lebesgue et donc que la loi de S_1^i sous $\mathbb{P}_i$ est étalée. ♣

♣ *Démonstration du théorème 8.37* : Soit i un point de E. Commençons par appliquer le théorème 6.75 en prenant comme processus régénératif le processus markovien de saut (X_t) et comme processus de renouvellement immergé le processus $(S_n^i)_{n \geq 0}$ (voir la proposition 8.26). Pour cela il faut que $\mu = \mathbb{E}_i(S_1^i) < +\infty$, c'est-à-dire que nous supposons être dans le cas ergodique (d'après la proposition 8.30). Dans ce cas nous obtenons :

$$\lim_{t \to +\infty} \mathbb{E}(f(X_t)) = \frac{1}{\mathbb{E}(S_1^i - S_0^i)} \mathbb{E}\left(\int_{S_0^i}^{S_1^i} f(X_t)\, dt \right).$$

La propriété de Markov forte appliquée au temps d'arrêt S_0^i et la formule (8.7) donnent successivement :

$$\frac{1}{\mathbb{E}(S_1^i - S_0^i)} \mathbb{E}\left(\int_{S_0^i}^{S_1^i} f(X_t)\, dt \right) = \sum_j f(j) \frac{1}{\mathbb{E}_i(S_1^i)} \mathbb{E}_i\left(\int_0^{S_1^i} 1_{\{X_t = j\}}\, dt \right)$$

$$= \sum_j f(j)\, \pi(j).$$

Pour montrer que $\mathbb{P}(X_t = j)$ converge en enlevant l'hypothèse d'ergodicité, nous reprenons la démonstration du théorème 6.75 en choisissant pour processus de renouvellement immergé le processus $(S_n^j)_{n \geq 0}$ et en conservant les mêmes notations. Nous voyons, en utilisant la propriété de Markov forte à l'instant S_0^j, que :

$$\lim_{t \to +\infty} \mathbb{P}(X_t = j) = \lim_{t \to +\infty} \mathbb{E}(f(X_t')) = \lim_{t \to +\infty} \mathbb{P}_j(X_t = j)$$

$$= \frac{1}{\mathbb{E}_j(S_1^j)} \int_0^{+\infty} \mathbb{P}_j(X_t = j, t < S_1^j)\, dt,$$

à condition que la fonction g qui vaut ici $g(t) = \mathbb{P}_j(X_t = j, t < S_1^j) = \mathbb{P}_j(T_1 > t)$ soit directement Riemann intégrable. C'est bien le cas, d'après la proposition 6.42 partie *2*, puisque la fonction g est décroissante et d'intégrale égale à $\mathbb{E}_j(T_1) = 1/q(j)$. Si $E_j(S_1^j) = +\infty$ nous trouvons que $\lim_{t \to +\infty} \mathbb{P}(X_t = j) = 0$ et si $E_j(S_1^j) < +\infty$ nous retrouvons que $\lim_{t \to +\infty} \mathbb{P}(X_t = j) = \pi(j)$ d'après (8.7). ♣

Remarque 8.39 : Pour un processus markovien de sauts régulier, la limite lorsque t tend vers l'infini de $\mathbb{P}(X_t = i)$ existe donc toujours. En effet :

1. si i est transient :

$$\mathbb{P}(X_t = i) \xrightarrow[t \to +\infty]{} 0$$

d'après la proposition 8.36,

2. si i est récurrent, notons C sa classe de récurrence, il n'est pas difficile de voir, en utilisant le théorème 8.37, que :

$$\mathbb{P}(X_t = i) \xrightarrow[t \to +\infty]{} \mathbb{P}(\exists t,\ X_t \in C) \frac{\nu_C(i)}{\sum_{j \in C} \nu_C(j)}$$

où ν_C est une mesure stationnaire sur C.

Remarque 8.40 : Pour avoir un résultat analogue au théorème 8.37 dans le cas d'une chaine de Markov, il est nécessaire d'ajouter une hypothèse d'apériodicité (voir par exemple [35] théorème 4.3.17). Une telle hypothèse n'est pas nécessaire dans le cas d'un processus de Markov, la raison étant de même nature que celle évoquée dans la remarque 8.23.

Corollaire 8.41 *Soit $X = (X_t)$ un processus markovien de sauts ergodique. Alors lorsque t tend vers l'infini la loi du processus $\theta_t X = (X_{s+t})_{s \geq 0}$ converge vers celle d'un processus markovien de sauts de même matrice génératrice que X et dont la loi initiale est la loi stationnaire π au sens où, pour tout $n \geq 1$, tous $0 \leq s_1 < \cdots < s_n$ et tous $i_1, \cdots, i_n$ dans E :*

$$\mathbb{P}(X_{t+s_1} = i_1, \ldots, X_{t+s_n} = i_n) \xrightarrow[t \to +\infty]{} \mathbb{P}_\pi(X_{s_1} = i_1, \ldots, X_{s_n} = i_n).$$

♣ *Démonstration* : La propriété de Markov simple appliquée à l'instant t donne :

$$\begin{aligned}
\mathbb{P}(X_{t+s_1} = i_1, \ldots, X_{t+s_n} = i_n) &= \sum_{i \in E} \mathbb{P}(X_t = i)\, \mathbb{P}_i(X_{s_1} = i_1, \ldots, X_{s_n} = i_n) \\
&= \mathbb{E}(f(X_t))
\end{aligned}$$

avec $f(i) = \mathbb{P}_i(X_{s_1} = i_1, \ldots, X_{s_n} = i_n)$ et le résultat s'obtient en utilisant le théorème 8.37 et les propositions D.4 et D.2. ♣

Un autre théorème limite est le théorème ergodique ponctuel :

Théorème 8.42 ([7] chapitre V paragraphe 3)

Soit (X_t) un processus markovien de sauts ergodique de loi sationnaire π, alors pour toute fonction f positive ou π-intégrable :

$$\frac{1}{t} \int_0^t f(X_s)\, ds \xrightarrow[t \to +\infty]{} \sum_i f(i)\pi(i) \qquad \text{p.s.,}$$

en particulier :

$$\frac{1}{t} \int_0^t 1_{\{X_s = i\}}\, ds \xrightarrow[t \to +\infty]{} \pi(i) \qquad \text{p.s.}$$

8.5   Constructions

Nous allons construire un processus markovien de sauts de matrice génératrice A donnée.

Nous supposons dans tout ce paragraphe que $\sup_i |A(i,i)| = \sup_i q(i) < +\infty$.

Soit A une matrice génératrice, c'est-à-dire une application de $E \times E$ dans $\mathbb{R}$ telle que :

1. $A(i,j) \geq 0$ pour $i \neq j$,

2. pour tout i, $\sum_j A(i,j) = 0$.

8.5.1   Constructions de base

Posons :

$$q(i) = |A(i,i)| = \sum_{j:j\neq i} A(i,j),$$

et définissons la matrice markovienne Q par les formules (8.3) et (8.4), c'est-à-dire :

- si $q(i) \neq 0$,

$$Q(i,j) \;=\; \left\{ \begin{array}{ll} \dfrac{A(i,j)}{q(i)} & \text{si} \;\; i \neq j, \\ 0 & \text{si} \;\; i = j, \end{array} \right.$$

- si $q(i) = 0$, $Q(i,i) = 1$ et pour $i \neq j$, $Q(i,j) = 0$.

La construction suivante est la réciproque du théorème 8.3.

Soit $Z = (Z_n)_{n\geq 0}$ une chaine de Markov sur E de matrice de transition Q et $(\tau_n)_{n\geq 0}$ une famille de variables aléatoires qui sont indépendantes conditionnellement à la chaine Z et respectivement de loi exponentielle de paramètre $q(Z_n)$ (par convention une variable aléatoire de loi exponentielle de paramètre 0 vaut $+\infty$). Posons $T_0 = 0$, $T_n = \tau_0 + \cdots + \tau_{n-1}$ pour $n \geq 1$ et :

$$X_t = Z_n \quad \text{si} \;\; T_n \leq t < T_{n+1}.$$

Remarquons que, puisque la fonction q est bornée, T_n tend presque-sûrement vers l'infini lorsque n tend vers l'infini (voir l'exercice 8.1), nous avons donc bien défini le processus (X_t) pour tout t.

Proposition 8.43 ([7] chapitre II paragraphe 2, [82] chapitre 5)
Le processus (X_t) défini ci-dessus est un processus markovien de sauts de matrice génératrice A et de chaine immergée $(Z_n)_{n\geq 0}$.

Cette proposition prouve l'existence d'un processus markovien de sauts de matrice génératrice donnée et fournit le moyen de le simuler (le lecteur qui souhaite s'affranchir de la condition $\sup_i q(i) < +\infty$ se reportera à [7] chapitre II paragraphe 2).

Plus généralement, soit Λ une fonction bornée sur E et positive, P une matrice markovienne sur $E \times E$ et $Y = (Y_n)_{n \geq 0}$ une chaine de Markov sur E de matrice de transition P. Considérons des variables aléatoires τ'_n $(n \geq 0)$ indépendantes conditionnellement à la chaine Y et de lois exponentielles de paramètres respectifs $\Lambda(Y_n)$, alors le processus (X_t) défini par

$$
\begin{aligned}
X_t &= Y_0 \quad \text{si } t < \tau'_0, \\
X_t &= Y_n \quad \text{si } \tau'_0 + \cdots + \tau'_{n-1} \leq t < \tau'_0 + \cdots + \tau'_n
\end{aligned}
$$

est un processus markovien de sauts ([7] chapitre II paragraphe 2).

Ce résultat nous permet d'obtenir une autre construction d'un processus markovien de sauts de matrice génératrice donnée, connue sous le nom de méthode d'uniformisation.

8.5.2 Méthode d'uniformisation

Soit donc A une matrice génératrice vérifiant $\sup_i |A(i,i)| < +\infty$ et choisissons un réel λ tel que :

$$
\sup_i |A(i,i)| \leq \lambda < +\infty.
$$

Posons :

$$
P = I + \frac{A}{\lambda}, \tag{8.13}
$$

c'est-à-dire $P(i,i) = 1 + A(i,i)/\lambda$ et pour $i \neq j$, $P(i,j) = A(i,j)/\lambda$. Il est facile de vérifier que P est une matrice markovienne. La construction ci-dessus avec pour fonction Λ la fonction constante égale à λ et pour matrice markovienne la matrice P donnée par (8.13) conduit à la proposition suivante :

Proposition 8.44 *Nous nous donnons une matrice markovienne A telle que $\sup_i|A(i,i)| < +\infty$, un processus de Poisson homogène $S = (S_n)_{n \geq 1}$ de paramètre $\lambda \geq \sup_i |A(i,i)|$ et une chaine de Markov $(Y_n)_{n \geq 0}$ de matrice de transition P donnée par (8.13), indépendante du processus S. Alors le processus (X_t) défini par*

$$
\begin{aligned}
X_t &= Y_0 \quad \text{si } t < S_1, \\
X_t &= Y_n \quad \text{si } S_n \leq t < S_{n+1}
\end{aligned}
$$

est un processus markovien de sauts de matrice génératrice A.

Pour se convaincre que le processus (X_t) a bien pour matrice génératrice A le lecteur pourra utiliser la proposition 8.3 et le lemme suivant :

Lemme 8.45 *Soit N une variable aléatoire de loi géométrique sur $\mathbb{N}^*$ de paramètre a ($\mathbb{P}(N = k) = (1 - a)\, a^{k-1}$, $k \geq 1$) et $(\tau'_n)_{n \geq 1}$ des variables aléatoires indépendantes de même loi exponentielle de paramètre λ, alors la variable aléatoire*

$$X = \sum_{k=1}^{N} \tau'_k$$

est de loi exponentielle de paramètre λa.

On peut trouver un résultat analogue à la proposition 8.44 dans le cas de processus markoviens de sauts sur un espace quelconque (non nécessairement dénombrable) dans [42] chapitre 4 paragraphe 2.

Application au calcul de e^{tA}

En fiabilité l'ensemble E est fini et il est utile de calculer numériquement les quantités $\mathbb{P}_i(X_t = j)$. Cela peut se faire en résolvant le système d'équations différentielles (8.6). Cela peut se faire également en calculant e^{tA} (théorème 8.8). Si pour ce faire on utilise la formule de définition de e^{tA} on est amené à calculer $\sum_{0 \leq k \leq n} t^k A^k / k!$ mais le problème est de savoir quel n prendre pour obtenir une précision donnée. Or la proposition 8.44 donne :

$$
\begin{aligned}
e^{tA}(i,j) &= \mathbb{P}_i(X_t = j) = \sum_{k \geq 0} \mathbb{P}_i(S_k \leq t < S_{k+1}, Y_k = j) \\
&= \sum_{k \geq 0} \mathbb{P}(S_k \leq t < S_{k+1}) \mathbb{P}_i(Y_k = j) \\
&= \sum_{k \geq 0} e^{-\lambda t} \frac{(\lambda t)^k}{k!} P^k(i,j),
\end{aligned}
$$

formule qui se vérifie d'ailleurs immédiatement directement. D'où l'idée d'approcher e^{tA} par :

$$E_n = \sum_{k=0}^{n} e^{-\lambda t} \frac{(\lambda t)^k}{k!} P^k. \tag{8.14}$$

Les matrices P^k ayant tous leurs termes positifs, nous avons évidemment, pour tous i et j, $E_n(i,j) \leq e^{tA}(i,j)$. De plus, les matrices P^k étant des matrices dont la somme des lignes vaut 1, il vient :

$$
\begin{aligned}
\sum_j (e^{tA} - E_n)(i,j) &= \sum_j \sum_{k \geq n+1} e^{-\lambda t} \frac{(\lambda t)^k}{k!} P^k(i,j) = \sum_{k \geq n+1} e^{-\lambda t} \frac{(\lambda t)^k}{k!} \\
&= \mathbb{P}(N \geq n+1),
\end{aligned}
$$

où N est une variable aléatoire de loi de Poisson de paramètre λt. Ces lois sont tabulées pour les petites valeurs de λt et s'approchent par des lois gaussiennes sinon, ce qui permet un contrôle efficace de l'erreur commise.

8.6 Martingales associées

Nous allons montrer qu'à un processus markovien de sauts on peut associer toute une famille de martingales et que ces martingales caractérisent le fait que le processus est de Markov.

Nous notons $\mathcal{F} = (\mathcal{F}_t)_{t \geq 0}$ la filtration engendrée par le processus markovien de sauts (X_t).

Lorsque $\sup_i |A(i,i)| < +\infty$, pour toute fonction f bornée, la formule

$$Af(i) = \sum_{j \in E} A(i,j) f(j) = \sum_{j : j \neq i} A(i,j)(f(j) - f(i))$$

définit une fonction Af bornée.

De même pour tout s positif et pour f bornée, la fonction $P_s f$ définie par

$$P_s f(i) = \sum_{j \in E} P_s(i,j) f(j) = \sum_{j \in E} \mathbb{P}_i(X_s = j) f(j) = \mathbb{E}_i(f(X_s))$$

est bornée.

Théorème 8.46 *Soit A une matrice génératrice vérifiant $\sup_i |A(i,i)| < +\infty$ (condition automatiquement vérifiée si E est fini).*

1) Soit (X_t) un processus markovien de sauts de matrice génératrice A, f une fonction bornée définie sur E et posons :

$$M(t) = f(X_t) - f(X_0) - \int_0^t Af(X_s)\, ds.$$

Alors $M = (M(t))_{t \geq 0}$ est une martingale relativement à la filtration $\mathcal{F}$.

2) Soit $X = (X_t)$ un processus continu à droite à valeurs dans un ensemble E fini ou dénombrable et $\mathcal{G} = (\mathcal{G}_t)_{t \geq 0}$ une filtration par rapport à laquelle le processus X est adapté (pour tout t, X_t est $\mathcal{G}_t$-mesurable). Supposons que, pour toute fonction f bornée, le processus M défini par

$$M(t) = f(X_t) - f(X_0) - \int_0^t Af(X_s)\, ds$$

soit une martingale relativement à la filtration $\mathcal{G}$, alors le processus X est un processus markovien de sauts de matrice génératrice A.

Nous donnons ci-dessous la démonstration de la deuxième partie de ce théorème uniquement dans le cas où E est fini en nous appuyant sur la résolution des systèmes différentiels linéaires. Une démonstration dans le cas d'un espace E dénombrable est donnée dans l'appendice G.

♣ *Démonstration* : Pour la première partie supposons que (X_t) soit un processus markovien de sauts. Pour montrer que M est une martingale, nous devons montrer que pour tous s et t positifs :

$$\mathbb{E}(f(X_{t+s})/\mathcal{F}_t) = f(X_t) + \mathbb{E}\left(\int_t^{t+s} Af(X_u)\,du/\mathcal{F}_t\right). \qquad (8.15)$$

La propriété de Markov simple donne $\mathbb{E}(f(X_{t+s})/\mathcal{F}_t) = \varphi(X_t)$ avec φ définie par $\varphi(i) = \mathbb{E}_i(f(X_s)) = P_s f(i)$, donc :

$$\mathbb{E}(f(X_{t+s})/\mathcal{F}_t) = (P_s f)(X_t).$$

De même :

$$\begin{aligned}
\mathbb{E}\left(\int_t^{t+s} Af(X_u)\,du/\mathcal{F}_t\right) &= \mathbb{E}\left(\int_0^s Af(X_{t+u})\,du/\mathcal{F}_t\right) \\
&= \int_0^s \mathbb{E}(Af(X_{t+u})/\mathcal{F}_t)\,du \\
&= \int_0^s P_u Af(X_t)\,du.
\end{aligned}$$

Pour prouver (8.15) il suffit donc de montrer que, pour tout i :

$$P_s f(i) = f(i) + \int_0^s P_u Af(i)\,du,$$

ce qui est l'équation (8.5) de la proposition 8.8.

Pour la deuxième partie, remarquons tout d'abord que si

$$M(t) = f(X_t) - f(X_0) - \int_0^t Af(X_s)\,ds$$

est une martingale relativement à la filtration $\mathcal{G}$, c'est également une martingale relativement à la filtration naturelle $\mathcal{F}$.

Pour montrer que le processus (X_t) est un processus markovien de sauts de matrice génératrice A, il suffit de montrer (voir propositions 8.2 et 8.8) que pour tous $j \in E$, s et t dans $\mathbb{R}_+$:

$$\mathbb{P}(X_{t+s} = j/\mathcal{F}_t) = g(X_t), \quad \text{avec} \quad g(i) = e^{sA}(i,j).$$

Considérons la martingale M pour laquelle $f = 1_{\{j\}}$, nous obtenons :

$$\mathbb{E}\left(1_{\{j\}}(X_{t+s}) - 1_{\{j\}}(X_t) - \int_t^{t+s} A(X_u, j)\,du/\mathcal{F}_t\right) = 0,$$

donc :

$$\begin{aligned}
\mathbb{P}(X_{t+s} = j/\mathcal{F}_t) &= 1_{\{j\}}(X_t) + \int_0^s \mathbb{E}(A(X_{t+v}, j)/\mathcal{F}_t)\,dv \\
&= 1_{\{j\}}(X_t) + \int_0^s \sum_k A(k, j)\mathbb{P}(X_{t+v} = k/\mathcal{F}_t)\,dv.
\end{aligned}$$

Pour t fixé posons $z_s(j) = \mathbb{P}(X_{t+s} = j/\mathcal{F}_t)$, $b(j) = 1_{\{j\}}(X_t)$, z_s et b les vecteurs colonnes dont les composantes sont respectivement les $z_s(j)$ et les $b(j)$. L'équation ci-dessus s'écrit : $z_s = b + \int_0^s A^T z_v\,dv$, ou encore :

$$\begin{cases} z'_s = A^T z_s, \\ z_0 = b. \end{cases}$$

La solution est donc :

$$z_s = b^T e^{sA} = e^{sA}(X_t, \cdot),$$

ce qui est le résultat voulu. ♣

Pour $i \neq j$, notons $N_{i,j}(t)$ le nombre de sauts du processus de i à j antérieurs à t :

$$N_{i,j}(t) = \sum_{s \leq t} 1_{\{X_{s^-}=i, X_s=j\}}.$$

Corollaire 8.47 *Soit E un ensemble fini ou dénombrable, A une matrice génératrice sur E vérifiant $\sup_i |A(i,i)| < +\infty$ et $X = (X_t)_{t \geq 0}$ un processus continu à droite à valeurs dans E dont la filtration naturelle est notée $\mathcal{F}$. Alors les conditions suivantes sont équivalentes :*

1. *X est un processus markovien de sauts de matrice génératrice A,*

2. *pour tout j, le processus M_j défini par :*

$$M_j(t) = 1_{\{X_t=j\}} - 1_{\{X_0=j\}} - \int_0^t A(X_s, j)\, ds$$

est une martingale relativement à la filtration $\mathcal{F}$,

3. *pour tous i et j, $i \neq j$, le processus $M_{i,j}$ défini par :*

$$M_{i,j}(t) = N_{i,j}(t) - \int_0^t 1_{\{X_s=i\}} A(i,j)\, ds$$

est une martingale relativement à la filtration $\mathcal{F}$.

♣ *Démonstration* : En utilisant le théorème 8.46 on voit immédiatement que la condition *1* entraine la condition *2* (prendre $f = 1_{\{j\}}$).

Pour la réciproque, il suffit d'écrire que :

$$f(X_t) - f(X_0) - \int_0^t Af(X_s)\, ds = \sum_{j \in E} f(j) M_j(t),$$

et d'utiliser le théorème 8.46. Le fait que $\sum_{j \in E} f(j) M_j$ soit une martingale lorsque les M_j le sont et que f est bornée se vérifie sans problème (il suffit d'écrire la propriété de martingale et de justifier les interversions de série et d'espérance conditionnelle, ainsi que de série et d'intégrale, par le théorème de Fubini).

Montrons que la condition *2* entraine la condition *3*. Le processus Z donné par $Z_s = 1_{\{X_{s^-}=i\}}$ est adapté à la filtration $\mathcal{F}$ et continu à gauche donc prévisible, de plus il est borné. Par conséquent $\int_0^{\cdot} Z\, dM_j$ est une martingale (voir appendice F proposition F.16 ou proposition F.21), or :

$$\int_0^t Z_s \, dM_j(s) = \sum_{s \leq t} 1_{\{X_{s-}=i, X_s=j\}} - \int_0^t 1_{\{X_{s-}=i\}} A(X_s, j) \, ds$$

$$= N_{i,j}(t) - \int_0^t 1_{\{X_s=i\}} A(i,j) \, ds = M_{i,j}(t).$$

Réciproquement, supposons la condition *3* satisfaite. On vérifie sans problème que :

$$1_{\{X_t=j\}} - 1_{\{X_0=j\}} = \sum_{i:i \neq j} N_{i,j}(t) - \sum_{i:i \neq j} N_{j,i}(t),$$

$$\sum_{i:i \neq j} M_{i,j}(t) - \sum_{i:i \neq j} M_{j,i}(t) = M_j(t),$$

et que $\sum_{i:i \neq j} M_{i,j} - \sum_{i:i \neq j} M_{j,i}$ est une martingale puisque les $M_{i,j}$ et les $M_{j,i}$ le sont. ♣

Comme application du théorème 8.46, nous allons donner des majorations qui sont utiles en pratique (elles nous ont été signalées par V. Kalashnikov). Etant donné $C \subset E$, notons τ_C le premier temps d'entrée du processus dans l'ensemble C :

$$\tau_C = \inf\{t : X_t \in C\}.$$

Proposition 8.48 *Soit (X_t) un processus markovien de sauts de matrice génératrice A vérifiant $\sup_i |A(i,i)| < +\infty$, C_1 et C_2 deux sous-ensembles de E disjoints et V une fonction positive et bornée telle que :*

$$\forall i \notin C_1 \cup C_2, \quad AV(i) \leq 0.$$

On suppose également que τ_{C_1} et τ_{C_2} sont finis presque-sûrement. Alors pour tout i :

$$\mathbb{P}_i(\tau_{C_1} < \tau_{C_2}) \leq \frac{1}{\inf_{k \in C_1} V(k)} \sum_{j \in E} \frac{A(i,j)}{|A(i,i)|} V(j).$$

♣ *Démonstration* : Nous appliquons la première partie du théorème 8.46 avec $f = V$ en prenant comme loi initiale δ_j ($\mathbb{P}(X_0 = j) = 1$). Nous arrêtons la martingale M ainsi obtenue au temps d'arrêt $T = \tau_{C_1} \wedge \tau_{C_2} \wedge n$, ce qui donne (théorème F.11) :

$$\mathbb{E}_j(M(\tau_{C_1} \wedge \tau_{C_2} \wedge n)) = \mathbb{E}_j(M(0)) = 0,$$

c'est-à-dire :

$$\mathbb{E}_j(V(X_{\tau_{C_1} \wedge \tau_{C_2} \wedge n})) = V(j) + \mathbb{E}_j\left(\int_0^{\tau_{C_1} \wedge \tau_{C_2} \wedge n} AV(X_s) \, ds\right).$$

Pour $s < \tau_{C_1} \wedge \tau_{C_2} \wedge n$, $X_s \notin C_1 \cup C_2$, donc $AV(X_s) \leq 0$ par hypothèse. Par suite $\mathbb{E}_j(V(X_{\tau_{C_1} \wedge \tau_{C_2} \wedge n})) \leq V(j)$ et en faisant tendre n vers l'infini, nous obtenons :

$$\mathbb{E}_j(V(X_{\tau_{C_1} \wedge \tau_{C_2}})) \leq V(j). \qquad (8.16)$$

D'autre part la propriété de Markov appliquée à l'instant T_1, premier instant de saut du processus (X_t), donne :

$$\mathbb{E}_i(V(X_{\tau_{C_1} \wedge \tau_{C_2}})) = \sum_{j \in C_1} Q(i,j)V(j) + \sum_{j \notin C_1} Q(i,j)\mathbb{E}_j(V(X_{\tau_{C_1} \wedge \tau_{C_2}})),$$

et en utilisant l'inégalité (8.16) il vient :

$$\mathbb{E}_i(V(X_{\tau_{C_1} \wedge \tau_{C_2}})) \leq \sum_{j \in E} Q(i,j)V(j) = \sum_{j \in E} \frac{A(i,j)}{|A(i,i)|} V(j).$$

Enfin :

$$\mathbb{E}_i(V(X_{\tau_{C_1} \wedge \tau_{C_2}})) \geq \mathbb{E}_i(V(X_{\tau_{C_1}})1_{\{\tau_{C_1} < \tau_{C_2}\}}) \geq \inf_{k \in C_1} V(k)\,\mathbb{P}_i(\tau_{C_1} < \tau_{C_2}).$$

Nous arrivons finalement à :

$$\inf_{k \in C_1} V(k)\,\mathbb{P}_i(\tau_{C_1} < \tau_{C_2}) \leq \sum_{j \in E} \frac{A(i,j)}{|A(i,i)|} V(j),$$

d'où le résultat. ♣

Proposition 8.49 (Critère de Foster-Liapounov) ([60] chapitre 1 corollaire 1)

Soit (X_t) un processus markovien de sauts de matrice génératrice A vérifiant $\sup_i |A(i,i)| < +\infty$ et C un sous-ensemble de E tel que τ_C soit fini presque-sûrement. Si Δ_1 est un réel strictement positif et V_1 une fonction positive et bornée telle que :

$$\forall i \notin C \quad AV_1(i) \leq -\Delta_1,$$

alors :

$$\forall i \notin C \quad \mathbb{E}_i(\tau_C) \leq \frac{V_1(i)}{\Delta_1}.$$

De même si Δ_2 est un réel strictement positif et V_2 une fonction positive et bornée telle que :

$$\forall i \notin C \quad -\Delta_2 \leq AV_2(i),$$

alors :

$$\forall i \notin C \quad \mathbb{E}_i(\tau_C) \geq \frac{V_2(i)}{\Delta_2}.$$

♣ *Démonstration* : Nous appliquons ici aussi le théorème 8.46 avec $f = V_1$ et nous arrêtons la martingale M obtenue à l'instant $\tau_C \wedge n$ (théorème F.11), ce qui donne :

$$\mathbb{E}_i(V_1(X_{\tau_C \wedge n})) = V_1(i) + \mathbb{E}\left(\int_0^{\tau_C \wedge n} AV_1(X_s)\,ds\right).$$

Or, par hypothèse, $AV_1(X_s) \leq -\Delta_1$ pour $s < \tau_C$, donc :

$$0 \leq \mathbb{E}_i(V_1(X_{\tau_C \wedge n})) \leq V_1(i) - \Delta_1 \mathbb{E}_i(\tau_C \wedge n),$$

d'où :

$$\mathbb{E}_i(\tau_C \wedge n) \leq \frac{V_1(i)}{\Delta_1},$$

et on fait tendre n vers l'infini.

La démonstration avec Δ_2 et V_2 est tout à fait analogue. ♣

8.7   Agrégation d'états

Nous verrons dans le chapitre 9 qu'un des principaux problèmes pour appliquer à la fiabilité la modélisation par processus markovien de sauts réside dans la taille de l'espace d'états E. Afin de diminuer cette taille, on peut chercher à regrouper (agréger) des états mais on souhaite que cela n'enlève pas le caractère markovien du processus. Nous allons voir sous quelles conditions cela est vrai.

Plus généralement étant donné un processus markovien de sauts (X_t) à valeurs dans E (espace fini ou dénombrable) et une application f de E dans F (F pouvant toujours être supposé fini ou dénombrable), cherchons des conditions pour que le processus $(f(X_t))$ reste markovien.

Rappelons le résultat pour les chaines de Markov (le lecteur est invité à faire la démonstration comme exercice).

Proposition 8.50 *Soit $\xi = (\xi_n)_{n \geq 0}$ une chaine de Markov à valeurs dans E de matrice de transition P et f une application surjective de E dans F. Le processus $\tilde{\xi} = (f(\xi_n))_{n \geq 0}$ est une chaine de Markov quelle que soit la loi initiale de ξ si et seulement si pour tout $i \in E$ et tout $y \in F$, $\sum_{j:f(j)=y} P(i,j)$ ne dépend que de $f(i)$ et de y.*

Dans ce cas la matrice de transition de la chaine $\tilde{\xi}$ est :

$$\tilde{P}(x,y) = \sum_{j:f(j)=y} P(i,j),$$

où i est un point quelconque de E tel que $f(i) = x$.

Le résultat dans le cas d'un processus markovien de sauts est tout à fait semblable.

Proposition 8.51 *Soit $X = (X_t)$ un processus markovien de sauts à valeurs dans E, de matrice génératrice A vérifiant $\sup_i |A(i,i)| < +\infty$ et f une application surjective de E dans F. Le processus $\tilde{X} = (f(X_t))$ est un processus markovien de sauts quelle que soit la loi initiale de X si et seulement si pour tout $i \in E$ et tout y dans F, $\sum_{j:f(j)=y} A(i,j)$ ne dépend que de $f(i)$ et de y.*

Dans ce cas la matrice génératrice du processus $\tilde{X}$ est :

$$\tilde{A}(x,y) = \sum_{j:f(j)=y} A(i,j)$$

où i est un point quelconque de E tel que $f(i) = x$.

♣ *Démonstration* : Supposons que $\tilde{X}$ soit un processus markovien de sauts quelle que soit la loi initiale de X. Notons $(P_t)_{t \geq 0}$ (respectivement $(\tilde{P}_t)_{t \geq 0}$) le semi-groupe associé à X (respectivement $\tilde{X}$), A (respectivement $\tilde{A}$) la matrice génératrice de X (respectivement $\tilde{X}$). Soit x et y dans F et i dans E tel que $f(i) = x$. Supposons que $X_0 = i$, alors $\tilde{X}_0 = x$ et :

$$\tilde{P}_t(x,y) = \mathbb{P}(\tilde{X}_t = y) = \sum_{j:f(j)=y} \mathbb{P}(X_t = j) = \sum_{j:f(j)=y} P_t(i,j). \tag{8.17}$$

En prenant la dérivée en $t = 0$ de l'équation ci-dessus, nous obtenons :

$$\tilde{A}(x,y) = \sum_{j:f(j)=y} A(i,j),$$

ce qui prouve que le second membre ne dépend que de $x = f(i)$ et de y et donne l'expression de $\tilde{A}$ en fonction de A. Le raisonnement ci-dessus n'est parfaitement rigoureux que si dans le second membre de (8.17) on peut intervertir la somme et la dérivation, ce qui est en particulier le cas lorsque E est fini. Dans le cas général, se reporter à l'exercice 8.6.

Réciproquement, supposons que pour tout i dans E et tout y dans F, $\sum_{j:f(j)=y} A(i,j)$ ne dépende que de $f(i)$ et de y, et posons pour i tel que $f(i) = x$:

$$\tilde{A}(x,y) = \sum_{j:f(j)=y} A(i,j).$$

Pour montrer que le processus $\tilde{X}$ est markovien nous allons appliquer le théorème 8.46. Soit donc g une fonction bornée définie sur F, la fonction $\varphi = g \circ f$ est une fonction bornée définie sur E. Le théorème 8.46 entraine que

$$M(t) = \varphi(X_t) - \varphi(X_0) - \int_0^t A\varphi(X_s)\,ds = g(\tilde{X}_t) - g(\tilde{X}_0) - \int_0^t A\varphi(X_s)\,ds$$

est une martingale relativement à la filtration naturelle $\mathcal{F}$ de X. Or

$$
\begin{aligned}
A\varphi(X_s) &= \sum_{i \in E} 1_{\{X_s = i\}} \sum_{j \in E} A(i,j)\varphi(j) \\
&= \sum_{i \in E} 1_{\{X_s = i\}} \sum_{y \in F} \sum_{j:f(j)=y} A(i,j)g(f(j)) \\
&= \sum_{x \in F} \sum_{i:f(i)=x} 1_{\{X_s = i\}} \sum_{y \in F} g(y)\tilde{A}(f(i),y) \\
&= \sum_{x \in F} 1_{\{\tilde{X}_s = x\}} \sum_{y \in F} \tilde{A}(x,y)g(y) \\
&= \tilde{A}g(\tilde{X}_s).
\end{aligned}
$$

Nous avons donc montré que

$$M(t) = g(\tilde{X}_t) - g(\tilde{X}_0) - \int_0^t \tilde{A}g(\tilde{X}_s)\,ds$$

est une martingale relativement à la filtration $\mathcal{F}$. Le processus $\tilde{X}$ étant adapté par rapport à cette filtration, le théorème 8.46 permet de conclure. ♣

L'exercice 8.7 propose une autre démonstration, ne faisant pas appel aux martingales, de la condition suffisante de la proposition 8.51.

Remarque 8.52 : Il n'est pas difficile de vérifier que la condition "pour tout $i \in E$ et tout $y \in F$, $\sum_{j:f(j)=y} A(i,j)$ ne dépend que de $f(i)$ et de y" est satisfaite dès que la condition "pour tout $i \in E$ et tout $y \in F$ tels que $f(i) \neq y$, $\sum_{j:f(j)=y} A(i,j)$ ne dépend que de $f(i)$ et de y" est satisfaite.

Corollaire 8.53 *Soit $X = (X_t)$ un processus markovien de sauts à valeurs dans E de matrice génératrice A et $(B_x)_{x \in F}$ une partition de l'espace d'états E. Définissons le processus $\tilde{X} = (\tilde{X}_t)$ à valeurs dans F par :*

$$\tilde{X}_t = x \Longleftrightarrow X_t \in B_x.$$

Le processus $\tilde{X}$ est un processus markovien de sauts à valeurs dans F quelle que soit la loi initiale du processus X si et seulement si pour tous x et y dans F, $x \neq y$, et pour tout $i \in B_x$, la quantité $\sum_{j \in B_y} A(i,j)$ ne dépend que de x et y.

Dans ce cas la matrice génératrice $\tilde{A}$ du processus $\tilde{X}$ est donnée par :

$$\tilde{A}(x,y) = \sum_{j \in B_y} A(i,j),$$

où i est un point quelconque de B_x.

♣ *Démonstration* : Il suffit d'appliquer la proposition 8.51 et la remarque 8.52 à la fonction f défnie par : $f(i) = x \Longleftrightarrow i \in B_x$. ♣

La condition nécessaire et suffisante donnée dans le corollaire 8.53 est bien naturelle : elle exprime le fait qu'on est capable de définir le taux de transition entre tout B_x et tout B_y, $x \neq y$.

Nous verrons des exemples d'applications de ce résultat dans le chapitre 9.

La notion d'agrégation que nous venons d'étudier est la notion d'**agrégation forte** ("lumpability" en anglais) dans le sens où elle demande que le processus agrégé soit markovien pour toute loi initiale du processus X. On peut se donner une loi initiale μ pour le processus X (ou une classe $\mathcal{C}$ de lois initiales) et demander que le processus agrégé soit markovien uniquement lorsque la loi initiale de X est μ (ou appartient à la classe $\mathcal{C}$), on parle alors d'**agrégation faible**. Cette notion a été introduite initialement par J.G. Kemeny et J.L. Snell ([64]) sous le nom de "weak lumpability" et étudiée en particulier par A.M. Abdel-Moneim et F.W. Leysieffer ([2]) pour les chaines de Markov et par J. Ledoux, G. Rubino et B. Sericola ([89], [70]) pour les chaines de Markov et les processus markoviens de sauts. La propriété qui caractérise l'agrégation faible est beaucoup plus difficile à vérifier dans les applications que celle de l'agrégation forte et nous ne l'avons vue utilisée que très rarement dans des problèmes pratiques de fiabilité.

8.8   Couplage et ordre stochastique

Dans tout ce paragraphe nous supposons que les processus markoviens de sauts considérés ont des matrices génératrices A qui vérifient $\sup_i |A(i,i)| < +\infty$.

Définition 8.54 *Etant donnés deux processus markovien de sauts (X_t^1) et (X_t^2) à valeurs dans E, nous dirons que le processus $(\tilde{X}_t^1, \tilde{X}_t^2)$ réalise un **couplage des processus** (X_t^1) et (X_t^2) si :*

- *le processus* $(\tilde{X}_t^1, \tilde{X}_t^2)$ *est un processus markovien de sauts sur* $E \times E$,

- *le processus* $(\tilde{X}_t^i)$ *a même loi que le processus* (X_t^i) *pour* $i = 1, 2$.

La démonstration de la proposition suivante est une conséquence immédiate de la proposition 8.51.

Proposition 8.55 *Notons* A_1 *et* A_2 *les matrices génératrices des processus markoviens de sauts* (X_t^1) *et* (X_t^2). *Soit* $(\tilde{X}_t^1, \tilde{X}_t^2)$ *un processus markovien de sauts tel que :*

1. *pour* $i = 1, 2$, *la variable aléatoire* $\tilde{X}_0^i$ *a même loi que la variable aléatoire* X_0^i,

2. *la matrice génératrice* A *du processus* $(\tilde{X}_t^1, \tilde{X}_t^2)$ *vérifie pour tous* i_1 *et* i_2 :

$$\forall j_1 \neq i_1, \quad \sum_{j_2} A((i_1, i_2), (j_1, j_2)) = A_1(i_1, j_1),$$

$$\forall j_2 \neq i_2, \quad \sum_{j_1} A((i_1, i_2), (j_1, j_2)) = A_2(i_2, j_2).$$

Alors le processus $(\tilde{X}_t^1, \tilde{X}_t^2)$ *réalise un couplage des processus* (X_t^1) *et* (X_t^2).

La condition *2* de la proposition 8.55 est donc la condition nécessaire et suffisante sur la matrice A pour que le processus $(\tilde{X}_t^1, \tilde{X}_t^2)$ réalise un couplage des processus (X_t^1) et (X_t^2) lorsque les lois initiales sont correctement ajustées. Une matrice génératrice A qui vérifie la condition *2* de la proposition 8.55 sera appelé un **couplage des matrices génératrices** A_1 et A_2.

Proposition 8.56 *Soit* A *une matrice génératrice qui est un couplage des matrices génératrices* A_1 *et* A_2 *et* π *une loi sationnaire pour* A *(c'est-à-dire que* $\pi A = 0$). *Posons* $\pi_1(\cdot) = \pi(\cdot \times E)$ *et* $\pi_2(\cdot) = \pi(E \times \cdot)$. *Alors* π_1 *et* π_2 *sont des lois stationnaires de* A_1 *et* A_2 *respectivement.*

Autrement dit les marginales de la loi stationnaire d'un processus couplé sont les lois stationnaires de chacune des composantes.

La démonstration de cette proposition est laissée comme exercice.

La notion d'ordre stochastique introduite dans le paragraphe 1.4 se généralise de la manière suivante :

Définition 8.57 *On suppose que l'ensemble* E *est muni d'une relation d'ordre partiel notée* $\prec$.

Etant données deux variables aléatoires Y^1 *et* Y^2 *à valeurs dans* E, *la variable aléatoire* Y^1 *est* **stochastiquement inférieure à la variable aléatoire** Y^2, *ce qui se note* $Y^1 \prec_{st} Y^2$, *s'il existe des variables aléatoires* $\tilde{Y}^1$ *et* $\tilde{Y}^2$ *à valeurs dans* E *telles que* $\tilde{Y}_1 \prec \tilde{Y}_2$ *et* $\tilde{Y}_i$ *a même loi que* Y_i *pour* $i = 1, 2$.

Le processus (X_t^1) *sera dit* **stochastiquement inférieur au processus** (X_t^2), *et on notera* $(X_t^1) \prec_{st} (X_t^2)$, *s'il existe un couplage* $(\tilde{X}_t^1, \tilde{X}_t^2)$ *des processus* (X_t^1) *et* (X_t^2) *tel que presque-sûrement :*

$$\forall t, \quad \tilde{X}_t^1 \prec \tilde{X}_t^2.$$

Proposition 8.58 *Soit* (X_t^1) *et* (X_t^2) *deux processus markoviens de sauts à valeurs dans E de matrices génératrices respectives A_1 et A_2. Supposons que :*

1. $X_0^1 \prec_{st} X_0^2$,

2. *il existe une matrice génératrice A couplage de A_1 et A_2 telle que, pour tous i_1 et i_2 tels que $i_1 \prec i_2$, on ait :*

$$A((i_1, i_2), (j_1, j_2)) = 0 \text{ sauf si } j_1 \prec j_2.$$

Alors :

$$(X_t^1) \prec_{st} (X_t^2).$$

♣ *Démonstration* : Notons $D = \{(i_1, i_2) \in E \times E : i_1 \prec i_2\}$.

D'après la condition *1*, il existe des variables aléatoires Y^1 et Y^2 telles que Y^i ait même loi que X_0^i pour $i = 1, 2$ et $Y^1 \prec Y^2$. Notons μ la loi de (Y^1, Y^2), ses projections sont les lois de X_0^1 et X_0^2 respectivement et $\mu(D^c) = 0$.

Considérons le processus markovien de sauts $(\tilde{X}_t^1, \tilde{X}_t^2)$ de loi initiale μ et de matrice génératrice A. Nous avons :

$$
\begin{aligned}
&\mathbb{P}(\forall t, \ (\tilde{X}_t^1, \tilde{X}_t^2) \in D) \\
&= \sum_{i_1, i_2} \mathbb{P}(\forall t, \ (\tilde{X}_t^1, \tilde{X}_t^2) \in D / (\tilde{X}_0^1, \tilde{X}_0^2) = (i_1, i_2)) \, \mu(i_1, i_2) \\
&= \sum_{(i_1, i_2) \in D} \mathbb{P}(\forall t, \ (\tilde{X}_t^1, \tilde{X}_t^2) \in D / (\tilde{X}_0^1, \tilde{X}_0^2) = (i_1, i_2)) \, \mu(i_1, i_2).
\end{aligned}
$$

Il suffit donc de montrer que pour tout $(i_1, i_2) \in D$:

$$\mathbb{P}(\forall t, \ (\tilde{X}_t^1, \tilde{X}_t^2) \in D / (\tilde{X}_0^1, \tilde{X}_0^2) = (i_1, i_2)) = 1.$$

Notons $(\tilde{Z}_n)_{n \geq 0}$ la chaine de Markov immergée associée au processus markovien de sauts $(\tilde{X}_t^1, \tilde{X}_t^2)$ et Q sa matrice de transition. Nous avons, lorsque $q(i_1, i_2) = |A((i_1, i_2), (i_1, i_2))| \neq 0$:

$$
Q((i_1, i_2), (j_1, j_2)) =
\begin{cases}
\dfrac{A((i_1, i_2), (j_1, j_2))}{q(i_1, i_2)} & \text{si } (i_1, i_2) \neq (j_1, j_2), \\
0 & \text{sinon.}
\end{cases}
$$

La condition *2* entraine que $Q((i_1, i_2), D^c) = 0$ lorsque $i_1 \prec i_2$. Nous en déduisons, par récurrence sur n, que $Q^n((i_1, i_2), D^c) = 0$ lorsque $i_1 \prec i_2$. Par suite, si $i_1 \prec i_2$, nous obtenons $\mathbb{P}_{(i_1, i_2)}(\forall n, \ \tilde{Z}_n \in D) = 1$ ou encore $\mathbb{P}_{(i_1, i_2)}(\forall t, \ (\tilde{X}_t^1, \tilde{X}_t^2) \in D) = 1$. ♣

Une autre démonstration de la proposition 8.58 est proposée dans l'exercice 8.8.

Nous verrons des applications de ces résultats dans le paragraphe 9.3.

Une étude systématique des relations d'ordre dans les processus stochastiques est faite dans [93].

8.9 Exercices

Exercice 8.1 Soit $\tau_1, \ldots, \tau_n, \ldots$ des variables aléatoires indépendantes de lois exponentielles de paramètres respectifs λ_n. On suppose que $\sup_n \lambda_n = \lambda < +\infty$. On pose $T_n = \tau_1 + \cdots + \tau_n$. Montrer que T_n tend presque-sûrement vers l'infini lorsque n tend vers l'infini.

Indication : considérer les variables aléatoires $\tau_i' = \lambda_i \tau_i / \lambda$.

Exercice 8.2 Soit (X_t) un processus markovien de sauts de matrice génératrice A telle que $\sup_i |A(i,i)| < +\infty$. Montrer en utilisant l'équation arrière de Kolmogorov que la probabilité π est invariante si et seulement si $\pi A = 0$.

Exercice 8.3 Considérons un processus markovien de sauts dont la matrice génératrice A vérifie $\sup_{i \in E} |A(i,i)| < +\infty$. Notons B_t l'événement : "le processus possède au moins deux sauts dans l'intervalle de temps $[0,t]$", (avec les notations du paragraphe 8.1.2, $B_t = \{T_2 \le t\}$).

Montrer que :
$$\frac{1}{t} \sup_{i \in E} \mathbb{P}_i(B_t) \xrightarrow[t \to 0]{} 0.$$

Indication : utiliser l'exercice 1.4.

Exercice 8.4 Le but de cet exercice est de proposer une autre démonstration du résultat d'unicité de la proposition 8.9. Etant donnés $s > 0$ et f une fonction bornée définie sur E, posons :

$$\tilde{P}(s)f = \int_0^t e^{-sv} P_v f \, dv.$$

Soit $t \to \varphi(t)$ une application de $\mathbb{R}_+$ dans bE dérivable, telle que $\frac{d\varphi}{dt} = A\varphi$, $\varphi(0) = 0$ et $\sup_t \|\varphi(t)\|_\infty < +\infty$. Pour $s > 0$ fixé, posons $\psi(t) = e^{-st}\varphi(t)$.

1) Montrer que $\psi = -\tilde{P}(s)\dfrac{d\psi}{dt}$.

2) Montrer que pour toute application $t \to u(t)$ de $\mathbb{R}_+$ dans bE et tout $a \ge 0$:

$$\int_0^a \tilde{P}(s)u(t) \, dt = -\tilde{P}(s)\int_0^a u(t) \, dt.$$

3) Montrer que pour tout $a \ge 0$:

$$\int_0^a \psi(t) \, dt = -\tilde{P}(s)\psi(a),$$

puis que :

$$\int_0^{+\infty} \psi(t) \, dt = 0.$$

4) Conclure.

Exercice 8.5 Prouver que la proposition 8.4 peut se démontrer en utilisant la propriété de Markov faible.

Exercice 8.6 Le but de cet exercice est de montrer, dans le cas général où E n'est pas nécessairement fini, la condition nécessaire de la proposition 8.51. Soit X un processus markovien de sauts à valeurs dans E de matrice génératrice A vérifiant $\sup_{i \in E} |A(i,i)| = a < +\infty$. Notons $Z = (Z_n)_{n \geq 0}$ la chaine immergée, Q sa matrice de transition et $(T_n)_{n \geq 1}$ les instants successifs de sauts du processus X. Soit f une application surjective de E dans F et supposons que, quelle que soit la loi initiale de X, le processus $\tilde{X} = (f(X_t))_{t \geq 0}$ soit un processus markovien de sauts dont nous notons $\tilde{A}$ la matrice génératrice, $\tilde{T}_1$ le premier instant de sauts, $\tilde{Z}$ la chaine immergée et $\tilde{Q}$ sa matrice de transition. Soit x et y dans F, $x \neq y$, i dans E tel que $f(i) = x$ et supposons que $X_0 = i$.

1) Montrer que :

$$\mathbb{P}(\tilde{Z}_1 = y, \tilde{T}_1 \leq t) = \sum_{j : f(j) = y} \mathbb{P}(Z_1 = j, T_1 \leq t)$$

$$+ \sum_{j : f(j) = y} \sum_{n \geq 1} \sum_{\substack{i_1, \cdots, i_n : \\ f(i_1) = x, \cdots, f(i_n) = x}} \mathbb{P}(Z_1 = i_1, \ldots, Z_n = i_n, Z_{n+1} = j, T_{n+1} \leq t).$$

2) Soit U une variable aléatoire de loi d'Erlang d'ordre 2 et de paramètre a, c'est-à-dire une variable aléatoire qui est la somme de deux variables aléatoires indépendantes de lois exponentielles de paramètre a. Montrer que pour tout $n \geq 1$, $U \prec_{st} T_{n+1}$.

3) Montrer que :

$$\tilde{Q}(x,y)(1 - e^{-|\tilde{A}(x,x)|t}) = \sum_{j : f(j) = y} Q(i,j)(1 - e^{-|A(i,i)|t}) + r(t),$$

avec :

$$0 \leq r(t) \leq \mathbb{P}(U \leq t) = o(t).$$

4) Montrer que :

$$\tilde{A}(x,y) = \sum_{j : f(j) = y} A(i,j).$$

Exercice 8.7 Le but de cet exercice est de démontrer la condition suffisante de la proposition 8.51 en utilisant l'uniformisation. Soit A une matrice génératrice sur E vérifiant $\sup_{i \in E} |A(i,i)| = \lambda < +\infty$. Considérons un processus de Poisson $W = (W_n)_{n \geq 1}$ homogène de paramètre a et une chaine de Markov $\xi = (\xi_n)_{n \geq 0}$ sur E indépendante de W et de matrice de transition $P = I + \frac{1}{a}A$. Posons :

$$X_t = \xi_n \quad \text{si} \quad W_n \leq t < W_{n+1},$$

avec la convention $W_0 = 0$.

1) Que peut-on dire du processus $X = (X_t)_{t \geq 0}$?

Soit f une application surjective de E dans F. On suppose que pour tout $i \in E$ et tout $y \in F$, $\sum_{j : f(j) = y} A(i,j)$ ne dépend que de $f(i)$ et de y.

2) On pose $\tilde{\xi}_n = f(\xi_n)$. Montrer que $\tilde{\xi} = (\tilde{\xi}_n)_{n \geq 0}$ est une chaine de Markov sur F dont la matrice de transition est de la forme $\tilde{P} = I + \frac{1}{a}\tilde{A}$ où $\tilde{A}$ est une matrice génératrice sur F à expliciter.

3) En déduire que le processus $(f(X_t))_{t \geq 0}$ est un processus markovien de sauts de matrice génératrice $\tilde{A}$.

Exercice 8.8 Le but de cet exercice est de donner une démonstration de la proposition 8.58 en utilisant les martingales. Nous reprenons donc les notations de cette proposition et du début de sa démonstration (définition de l'ensemble D et du processus $(\tilde{X}_t^1, \tilde{X}_t^2)_{t\geq 0}$). Posons :

$$T = \inf\{t : (\tilde{X}_t^1, \tilde{X}_t^2) \in D^c\},$$

$$M_t = f(\tilde{X}_t^1, \tilde{X}_t^2) - f(\tilde{X}_0^1, \tilde{X}_0^2) - \int_0^t Af(\tilde{X}_s^1, \tilde{X}_s^2)\,ds$$

pour $f = 1_{D^c}$.

Montrer que $E(M_{t\wedge T}) = 0$ et en déduire le résultat.

Chapitre 9

Processus de Markov et fiabilité

9.1 Modélisation

Nous allons donner des exemples de modélisation du comportement d'un système à l'aide de processus markoviens de sauts. Pour permettre une lecture plus aisée, nous faisons un catalogue des questions qui apparaissent le plus souvent dans des études de fiabilité (composants indépendants, modes communs, redondance passive, nombre limité de réparateurs) et nous indiquons la modélisation associée à chacune d'elles. Il est bien évident qu'un cas concret mélange ces différentes notions.

Les systèmes que nous étudions sont supposés formés de n composants, ces composants en constituent les "briques de base".

Nous avons vu dans le chapitre 8 qu'il ne peut y avoir de modèle markovien sans qu'il y ait de manière sous-jacente des lois exponentielles et qui dit loi exponentielle dit taux de hasard constant. Il ne faut donc pas s'étonner si dans un premier temps nous ne considérons que des composants de taux de défaillance et de réparation constants en temps (par contre le taux de défaillance ou de réparation d'un composant peut dépendre de l'état des autres composants du système). Nous verrons dans le paragraphe 9.1.5 comment on peut contourner le problème lorsque les taux ne sont pas constants en temps.

Lorsque l'espace d'états est de petite taille, il est commode de représenter la matrice génératrice A d'un processus markovien de sauts par un graphe dont les sommets sont les différents états du système et un arc orienté de i vers j $(i \neq j)$ portant le label α signifie que $A(i, j) = \alpha > 0$. Ce graphe s'appelle le **graphe de Markov** ou le **graphe d'états** du processus.

Dans ce paragraphe nous indiquons comment construire les matrices génératrices correspondant aux cas classiques. Pour effectuer ensuite des calculs de fiabilité, comme indiqué au paragraphe 9.2, il faut connaitre les états de panne du système. Ils peuvent être obtenus par exemple par les coupes minimales, éventuellement à la suite d'une modélisation par arbre de défaillance (voir le chapitre 7)

9.1.1   Composant élémentaire

Considérons un composant dont les durées successives de fonctionnement et de réparation forment un processus de renouvellement alterné (voir le paragraphe 6.5) et posons $X_t = 1$ si le composant est en fonctionnement à l'instant t et $X_t = 0$ sinon. D'après le théorème 8.3 et la proposition 8.43, le processus (X_t) est un processus markovien de sauts si et seulement si les durées de fonctionnement et les durées de réparation sont de lois exponentielles, c'est-à-dire si et seulement si le taux de défaillance et le taux de réparation du composant sont constants.

Considérons donc un composant de taux de défaillance λ et de taux de réparation μ constants et dont toutes les durées de fonctionnement et de réparation sont indépendantes entre elles. Dans la suite nous appelons **composant élémentaire** un tel composant. Le processus (X_t) est donc un processus markovien de sauts à valeurs dans $E = \{1, 0\}$ de matrice génératrice :

$$A = \begin{pmatrix} -\lambda & \lambda \\ \mu & -\mu \end{pmatrix}.$$

Son graphe d'états est donné dans la figure 1 ci-dessous :

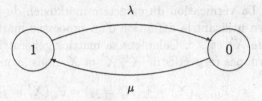

figure 1

La disponibilité du composant à l'instant t est $D(t) = \mathbb{P}(X_t = 1)$ et l'exemple 8.12 montre que :

- si le composant est en marche à l'instant initial

$$D(t) = \frac{\mu}{\lambda + \mu} + \frac{\lambda}{\lambda + \mu} e^{-(\lambda + \mu)t},$$

- si le composant est en panne à l'instant initial

$$D(t) = \frac{\mu}{\lambda + \mu} - \frac{\mu}{\lambda + \mu} e^{-(\lambda + \mu)t},$$

et la disponibilité asymptotique est :

$$D(\infty) = \frac{\mu}{\lambda + \mu}.$$

(Comparer ce résultat avec le corollaire 6.36).

9.1.2   Sous-systèmes et composants indépendants

Sous-systèmes indépendants

Supposons que le système considéré soit formé de deux sous-systèmes indépendants (le terme indépendant se rapporte évidemment à l'indépendance stochastique mais n'a aucune signification relativement au rôle de ces sous-systèmes dans le fonctionnement du système). Si le comportement de chaque sous-système est représenté par un processus markovien de sauts, il en est de même du comportement du système comme l'indique la proposition suivante :

Proposition 9.1 *Soit $X^k = (X_t^k)_{t \geq 0}$, $k = 1, 2$ deux processus markoviens de sauts indépendants, respectivement à valeurs dans E_k et de matrice génératrice A_k. Alors le processus $X = (X_t^1, X_t^2)_{t \geq 0}$ est un processus markovien de sauts à valeurs dans $E = E_1 \times E_2$, dont la matrice génératrice A est donnée pour $(i_1, i_2) \neq (j_1, j_2)$ par :*

$$A((i_1, i_2), (j_1, j_2)) = \begin{cases} A_1(i_1, j_1) & \text{si } i_2 = j_2, \\ A_2(i_2, j_2) & \text{si } i_1 = j_1, \\ 0 & \text{sinon.} \end{cases}$$

♣ *Démonstration* : La vérification du caractère markovien du processus X se fait sans difficulté en utilisant la définition d'un processus markovien de sauts et l'indépendance de X^1 et X^2. Calculons sa matrice génératrice. Notons P_t^1, P_t^2 et P_t les semi-groupes respectifs de X^1, X^2 et X, nous avons :

$$\begin{aligned} P_t((i_1, i_2), (j_1, j_2)) &= \mathbb{P}_{(i_1, i_2)}(X_t^1 = j_1, X_t^2 = j_2) = \mathbb{P}_{i_1}(X_t^1 = j_1)\mathbb{P}_{i_2}(X_t^2 = j_2) \\ &= P_t^1(i_1, j_1)P_t^2(i_2, j_2). \end{aligned}$$

En dérivant par rapport à t nous obtenons :

$$P_t'((i_1, i_2), (j_1, j_2)) = P_t^{1\prime}(i_1, j_1)P_t^2(i_2, j_2) + P_t^1(i_1, j_1)P_t^{2\prime}(i_2, j_2)$$

et pour $t = 0$:

$$\begin{aligned} A((i_1, i_2), (j_1, j_2)) &= A_1(i_1, j_1)I(i_2, j_2) + I(i_1, j_1)A_2(i_2, j_2) \\ &= 1_{\{i_2 = j_2\}}A_1(i_1, j_1) + 1_{\{i_1 = j_1\}}A_2(i_2, j_2), \end{aligned}$$

d'où le résultat. ♣

Voyons à quoi ressemble cette matrice A. Supposons que $E_1 = \{e_1, \ldots, e_{k_1}\}$, $E_2 = \{f_1, \ldots, f_{k_2}\}$, les matrices A_1 et A_2 ayant été construites à partir des éléments de E_1 et E_2 numérotés dans l'ordre donné ci-dessus, et supposons que les éléments de $E = E_1 \times E_2$ soient classés dans l'ordre suivant :

$$e_1 f_1 \; e_2 f_1 \; \cdots \; e_{k_1} f_1 \; e_1 f_2 \; e_2 f_2 \; \cdots\cdots \; e_{k_1} f_2 \; \cdots\cdots \; e_1 f_{k_2} \; e_2 f_{k_2} \; \cdots \; e_{k_1} f_{k_2}. \quad (9.1)$$

Notons I_{k_1} la matrice identité de dimension k_1 et soit A' la matrice définie par :

$$A' = \begin{pmatrix} A_1 & A_2(1,2)\,I_{k_1} & \cdots\cdots & A_2(1,k_2)\,I_{k_1} \\ A_2(2,1)\,I_{k_1} & A_1 & \cdots\cdots & A_2(2,k_2)\,I_{k_1} \\ \vdots & \vdots & \vdots & \vdots \\ \vdots & \vdots & \vdots & \vdots \\ A_2(k_2,1)\,I_{k_1} & A_2(k_2,2)\,I_{k_1} & \cdots\cdots & A_1 \end{pmatrix}.$$

La matrice A s'obtient en modifiant les termes diagonaux de la matrice A' de manière à avoir une matrice génératrice (somme de chaque ligne nulle).

Composants élémentaires indépendants

Considérons un système formé de n composants élémentaires $C_1, \ldots, C_n$ indépendants. Le taux de défaillance du composant C_i est λ_i, son taux de réparation est μ_i. L'ensemble des états du système est $E = \{1,0\}^n$ et l'état $i = (e_1, \ldots, e_n)$ ($e_i \in \{1,0\}$) signifie que le composant C_1 est dans l'état e_1 (en fonctionnement si $e_1 = 1$, en réparation si $e_1 = 0$), le composant C_2 dans l'état e_2, ... le composant C_n dans l'état e_n. D'après la proposition 9.1, l'évolution du système au cours du temps est décrite par le processus markovien de sauts à valeurs dans E de matrice génératrice A dont les seuls termes $A(i,j)$, $i \neq j$ non nuls sont ceux de la forme

$$A((e_1, \ldots, e_{k-1}, e_k, e_{k+1}, \ldots, e_n), (e_1, \ldots, e_{k-1}, 1 - e_k, e_{k+1}, \ldots, e_n)) =$$
$$\begin{cases} \lambda_k & \text{si } e_k = 1 \\ \mu_k & \text{si } e_k = 0, \end{cases}$$

pour $1 \leq k \leq n$.

Le graphe d'états dans le cas $n = 3$ est donné dans la figure 2.

Pour une utilisation informatique, si n dépasse quelques unités il est hors de question d'écrire cette matrice manuellement (c'est-à-dire d'écrire tous les termes non nuls). Il faut une construction automatique. Cela se fait à partir de la récurrence suivante qui permet de passer de la matrice A_k correspondant à k composants à la matrice A_{k+1} correspondant à $k+1$ composants, le composant ajouté étant de taux de défaillance λ_{k+1} et de taux de réparation μ_{k+1}. Posons :

$$A'_{k+1} = \begin{pmatrix} A_k & \lambda_{k+1}\,I_k \\ \mu_{k+1}\,I_k & A_k \end{pmatrix},$$

la matrice A_{k+1} est obtenue à partir de A'_{k+1} en modifiant les termes diagonaux de manière à ce que la somme des lignes soit nulle.

Nous avons évidemment supposé que les états du système construit étaient rangés dans l'ordre indiqué par (9.1), autrement dit si la matrice A_k correspond aux états du système avec k composants, rangés dans l'ordre $e_1, \ldots, e_{2^k}$, la matrice A_{k+1} est celle pour laquelle les états du système, avec $k+1$ composants, sont rangés dans l'ordre suivant :

$$(e_1, 1), \ (e_2, 1), \ \ldots\ldots, \ (e_{2^k}, 1), \ (e_1, 0), \ (e_2, 0), \ \ldots\ldots, \ (e_{2^k}, 0).$$

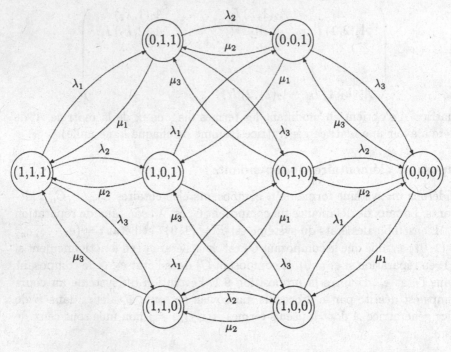

figure 2

En pratique, il est souvent commode de ranger les états du système comme
suit : on commence par l'état pour lequel tous les composants fonctionnent, puis
suivent les états pour lesquels un composant est en panne, puis les états pour
lesquels deux composants sont en panne, ... et on termine par l'état dans lequel
tous les composants sont en panne. Si on souhaite obtenir cette structuration
de l'espace d'états, il est nécessaire de réordonner les états à chaque itération
(c'est-à-dire pour les différents k, après avoir construit la matrice A_k).

Système "k sur n" avec composants identiques

Un système formé de n composants pouvant chacun être dans deux états
("marche" ou "réparation") conduit à une modélisation markovienne avec 2^n
états. Les calculs deviennent rapidement impossibles lorsque n grandit. On
cherche donc à restreindre le nombre d'états du système par agrégation tout
en gardant une modélisation markovienne, comme indiqué dans le paragraphe
8.7. Cela est possible lorsque certains composants ont les mêmes caractéristiques
de fiabilité (mêmes taux de défaillance et mêmes taux de réparation) et jouent
le même rôle dans le système.

Le cas extrême est celui où tous les composants, supposés indépendants, ont
même taux de défaillance λ et même taux de réparation μ. On peut regrouper les
états de la façon suivante : B_ℓ est l'ensemble des états dans lesquels exactement
ℓ composants sont en panne ($0 \leq \ell \leq n$). Le corollaire 8.53 s'applique et le
processus $(\tilde{X}_t)$ défini par

$$\tilde{X}_t = \ell \Longleftrightarrow \ell \text{ composants exactement sont en panne} \qquad (9.2)$$

est un processus markovien de sauts de matrice génératrice $\tilde{A}$ dont les éléments, non diagonaux et non nuls, sont :

$$\tilde{A}(\ell, \ell+1) = \lambda(n-\ell) \quad 0 \leq \ell \leq n-1,$$

$$\tilde{A}(\ell, \ell-1) = \mu\ell \quad 1 \leq \ell \leq n.$$

Le processus $\tilde{X}$ est processus de naissance et mort, son espace d'états comporte $n+1$ éléments au lieu de 2^n pour le processus initial.

L'exemple 8.35 montre que la loi stationnaire du processus $(\tilde{X}_t)$ est la loi binomiale de paramètres n et $\frac{\lambda}{\lambda+\mu}$.

Pour que cette modélisation par un processus de naissance et mort soit utile, il faut que le problème posé soit compatible avec l'agrégation effectuée. Supposons que l'on veuille faire un calcul de disponibilité ou de fiabilité, ce ne sera possible à partir du processus $\tilde{X}$ que si l'ensemble $\mathcal{M}$ des états de marche du système est "clairement identifié" sur l'espace agrégé, c'est-à-dire si $\mathcal{M}$ peut s'écrire sous la forme $B_{\ell_0} \cup \cdots \cup B_{\ell_k}$. Si le système est cohérent cela entraine que $\ell_0 = 0, \ldots, \ell_k = k$, autrement dit le système fonctionne si et seulement si au moins $n-k$ composants fonctionnent. C'est donc un système avec redondance $n-k$ sur n (voir le paragraphe 7.1).

9.1.3 Dépendances fonctionnelles

Exemple simple

Considérons un système formé de 2 composants élémentaires C_1 et C_2 en parallèle. Le taux de réparation du composant C_i est μ_i. Le taux de défaillance du composant C_i est λ_i en fonctionnement normal c'est-à-dire si l'autre composant est en fonctionnement, par contre si l'autre composant est en réparation, le composant C_i est plus "sollicité" et son taux de défaillance est $\lambda_i'(> \lambda_i)$. Alors le comportement du système peut être modélisé par un processus markovien de sauts dont le graphe de Markov est donné dans la figure 3.

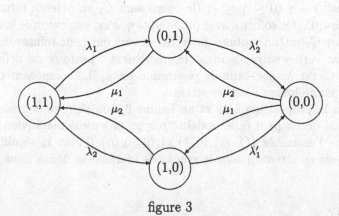

figure 3

Pour s'en convaincre, méditer sur la proposition 8.43 et le lemme suivant (dans le cas $n = 2$).

Lemme 9.2 *Soit $T_1, \ldots T_n$ des variables aléatoires indépendantes de lois exponentielles de paramètres respectifs a_i. Posons :*

$$U = \min_i T_i, \qquad V_i = T_i - U,$$

$$X = i \Longleftrightarrow U = T_i.$$

Alors :

1. *les variables aléatoires U et X sont indépendantes, la variable aléatoire U est de loi exponentielle de paramètre $a = \sum_{i=1}^n a_i$ et :*

$$\mathbb{P}(X = i) = \frac{a_i}{a} \quad 1 \le i \le n,$$

2. *les variables aléatoires $U, V_1, \ldots, V_{i-1}, V_{i+1}, \ldots V_n$ sont, conditionnellement à $\{X = i\}$, indépendantes et de lois exponentielles de paramètres respectifs a et a_j $(1 \le j \le n, \ j \ne i)$.*

♣ *Principe de la démonstration* : On démontre que pour toute fonction f borélienne positive définie sur $\mathbb{R}_+^n$:

$$\mathbb{E}(f(U, V_1, \ldots, V_{i-1}, V_{i+1}, \ldots V_n) \mathbb{1}_{\{X=i\}}) =$$

$$\int_{\mathbb{R}_+^n} f(u, v_1, \ldots, v_{i-1}, v_{i+1}, \ldots, v_n) \frac{a_i}{a} a e^{-au} \, du \prod_{j:j\ne i} a_j e^{-a_j v_j} \, dv_j,$$

et les résultats en découlent sans difficulté. ♣

Redondance passive

Considérons deux composants élémentaires C_1 et C_2 en redondance passive. Le composant C_1 est "normalement" en fonctionnement et le composant C_2 est en attente. Lorsque le composant C_1 tombe en panne, si le composant C_2 est en attente, on essaie immédiatement de le mettre en marche, la probabilité de succès est $1 - \gamma$ $(0 \le \gamma \le 1)$ (le composant C_2 en attente refuse donc de démarrer lorsqu'on le sollicite avec probabilité γ; c'est par exemple le cas lorsque le composant C_2 est un moteur diesel de secours qui peut refuser de démarrer s'il n'est pas vérifié soigneusement régulièrement). Le taux de défaillance du composant C_i est λ_i, son taux de réparation est μ_i. Le composant C_2 ne peut tomber en panne lorsqu'il est en attente.

Grâce à la proposition 8.43 et au lemme 9.2 on peut se convaincre que le système ainsi décrit peut être modélisé par un processus markovien de sauts à valeurs dans l'ensemble $\{(1, 1_a), (0, 1), (1, 0), (0, 0)\}$ (l'état 1_a signifiant que le composant est en attente), dont le graphe de Markov est donné dans la figure 4.

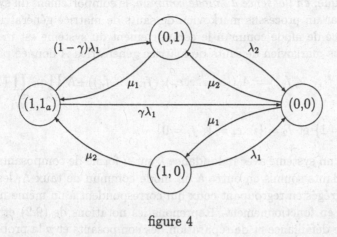

figure 4

Nombre limité de réparateurs

Considérons un système formé de n composants entretenus par $p < n$ réparateurs. Si plus de p composants sont en panne ceux-ci ne peuvent donc être réparés simultanément. On suppose qu'il existe une priorité parmi les composants et que ceux-ci sont numérotés par ordre de priorité (le composant C_1 est donc le plus prioritaire).

Si le taux de réparation du composant C_i est μ_i lorsqu'il n'y a pas de problème de nombre de réparateurs, avec p réparateurs le taux devient μ_i si tous les réparateurs ne sont pas en train de réparer des composants plus prioritaires que C_i, c'est-à-dire si $\sum_{k=1}^{i-1}(1-e_k) \leq p-1$, et le taux est zéro sinon, autrement dit :

$$A((e_1,\cdots,e_{i-1},0,e_{i+1}\cdots,e_n),(e_1,\cdots,e_{i-1},1,e_{i+1}\cdots,e_n))$$
$$= \mu_i \, 1_{\{\sum_{k=1}^{i-1}(1-e_k) \leq p-1\}}.$$

9.1.4 Mode commun

Nous présentons ici une généralisation de la modélisation d'Atwood ([8], [73]). Supposons qu'en plus des défaillances "usuelles" relatives aux composants, un "phénomène extérieur", appelé mode commun, puisse se produire et entrainer la défaillance *simultanée* de plusieurs composants (d'où son nom) (inondation du local dans lequel se trouve le système, court-circuit sur un appareil électrique ...). Lorsque ce mode commun survient, les composants sont affectés (c'est-à-dire tombent en panne - s'ils ne le sont pas déjà -) ou non indépendamment les uns des autres et la probabilité pour que le composant C_i soit affecté est p_i ($0 \leq p_i \leq 1$). Nous supposons que le taux d'apparition du mode commun est constant et égal à Λ (cela signifie que les instants d'apparition du mode commun forment un processus de Poisson homogène d'intensité Λ qui est indépendant du "comportement propre" des composants).

Supposons que, *en l'absence du mode commun*, le comportement du système soit modélisé par un processus markovien de sauts de matrice génératrice A_0, alors en présence de mode commun le comportement du système est modélisé par un processus markovien de sauts de matrice génératrice A donnée par :

$$A((e_1, \ldots, e_n), (f_1, \ldots, f_n)) = A_0((e_1, \ldots, e_n), (f_1, \ldots, f_n)) + \Lambda \prod_{i \in I_2} p_i \prod_{\substack{i \in I_1, \\ i \notin I_2}} (1 - p_i),$$

où $I_1 = \{i : e_i = 1\}$ et $I_2 = \{i : e_i = 1, f_i = 0\}$.

S'il s'agit d'un système avec redondance k sur n formé de composants identiques indépendants soumis en outre à un mode commun de taux Λ, les états peuvent être agrégés en regroupant ceux qui correspondent à un même nombre de composants en fonctionnement. Reprenons les notations de (9.2) et soit λ et μ les taux de défaillance et de réparation des composants et p la probabilité pour qu'un composant donné soit affecté lors de la survenue du mode commun. Les termes non diagonaux de la matrice génératrice $\tilde{A}$ du processus agrégé sont :

$$
\begin{aligned}
\tilde{A}(\ell, \ell - 1) &= \mu \ell \quad 1 \leq \ell \leq n, \\
\tilde{A}(\ell, \ell + 1) &= \lambda(n - \ell) + \Lambda(n - \ell)p(1 - p)^{n - \ell - 1} \quad 0 \leq \ell \leq n - 1, \\
\tilde{A}(\ell, \ell + k) &= \Lambda C_{n - \ell}^k p^k (1 - p)^{n - \ell - k} \quad \ell \geq 0, \ k \geq 2, \ \ell + k \leq n.
\end{aligned}
$$

9.1.5   Macro-états

Exemples

Considérons un composant (non élémentaire) de taux de défaillance λ constant et de taux de réparation non constant. Dans un premier temps nous supposons que la durée de réparation a même loi que la somme de deux variables aléatoires indépendantes de lois exponentielles de paramètres α et β respectivement. L'état "réparation" peut alors être représenté comme un "macro-état" constitué de deux états 0_α et 0_β : tout se passe comme si la réparation consistait à faire passer le composant tout d'abord dans l'état 0_α, la durée de séjour dans cet état étant de loi exponentielle de paramètre α, puis dans l'état 0_β, la durée de séjour dans cet état étant de loi exponentielle de paramètre β et indépendante de la précédente. Un tel comportement se modélise donc par un processus markovien de sauts à trois états : l'état 1 est l'état de marche, les états 0_α et 0_β sont des états de panne, le graphe de Markov est donné dans la figure 5 ci-dessous.

Reprenons le même exemple mais cette fois la durée de réparation est un mélange de deux lois exponentielles, c'est-à-dire que sa densité est de la forme :

$$f(t) = p\alpha e^{-\alpha t} + (1 - p)\beta e^{-\beta t},$$

$0 \leq p \leq 1$, $\alpha > 0$, $\beta > 0$. On voit de même que le comportement du composant se modélise par un processus markovien de sauts dont le graphe de Markov est donné dans la figure 6 ci-dessous.

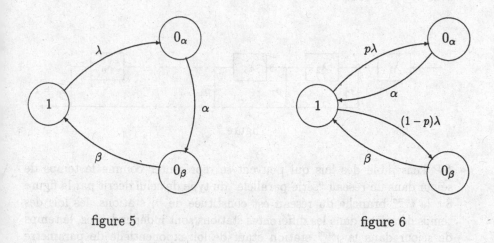

figure 5   figure 6

Nous pourrons modéliser le comportement d'un composant par un processus markovien de sauts chaque fois que les durées de fonctionnement et de réparation pourront être représentées comme la durée de séjour d'un processus markovien de sauts dans un macro-état. La question naturelle est donc de savoir si de telles lois peuvent approcher toute probabilité sur $\mathbb{R}_+$. La réponse est positive comme l'indique le théorème 9.3.

Approximations

Notons :

- $\mathcal{E}$ l'ensemble des mélanges de loi d'Erlang de même intensité, c'est-à-dire les lois sur $\mathbb{R}_+$ dont la densité est de la forme :

$$\sum_{i=1}^{k} p_i \lambda^{k_i} \frac{t^{k_i-1}}{(k_i-1)!} e^{-\lambda t}$$

avec $\lambda > 0$, $\sum_{i=1}^{k} p_i = 1$, $k_i \in \mathbb{N}^*$.

- $\mathcal{C}$ l'ensemble des lois de Cox qui peuvent se représenter comme le temps de séjour dans un réseau du type de celui décrit par la figure 7. Le réseau est constitué de n stations, les lois des temps de séjour dans les différentes stations sont indépendantes, la loi du temps de séjour dans la station numéro i est exponentielle de paramètre λ_i. En sortant de la station numéro i la probabilité pour qu'on quitte le réseau est p_i, la probabilité pour qu'on gagne la station numéro $i + 1$ est $1 - p_i$.

L'ensemble $\mathcal{C}$ est formé des lois dont les densités ont une transformée de Laplace de la forme suivante :

$$\sum_{i=1}^{n}(1-p_1)\cdots(1-p_{i-1})p_i \prod_{k=1}^{i} \frac{\lambda_k}{\lambda_k + s},$$

avec $0 \leq p_i \leq 1$, $\lambda_i > 0$.

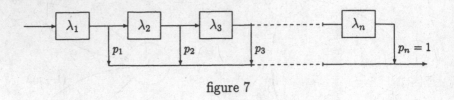

figure 7

- $\mathcal{SP}$ l'ensemble des lois qui peuvent se représenter comme le temps de séjour dans un réseau "série-parallèle" du type de celui décrit par la figure 8 : la $i^{ème}$ branche du réseau est constituée de n_i stations, les lois des temps de séjour dans les différentes stations sont indépendantes, le temps de séjour dans la $j^{ème}$ station étant de loi exponentielle de paramètre $\lambda_{i,j}$, et cette branche est choisie avec probabilité p_i (indépendamment du reste).

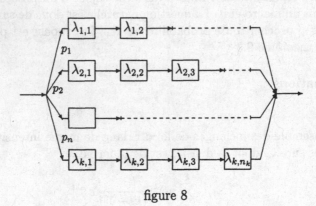

figure 8

L'ensemble $\mathcal{SP}$ est formé des lois dont les densités ont une transformée de Laplace de la forme suivante :

$$\sum_{i=1}^{k} p_i \prod_{j=1}^{n_i} \frac{\lambda_{i,j}}{\lambda_{i,j} + s},$$

avec $p_i \geq 0$, $\sum_{i=1}^{k} p_i = 1$, $n_i \in \mathbb{N}^*$, $\lambda_{i,j} > 0$,

- $\mathcal{SM}$ l'ensemble lois de type phase, c'est-à-dire des lois des temps de séjour d'un processus markovien de sauts dans une classe transiente à nombre fini d'états, plus précisément l'ensemble des lois de variables aléatoires de la forme $T = \inf\{t : Y_t \in F_1\}$ où $(Y_t)_{t \geq 0}$ est un processus markovien de sauts à valeurs dans F et F_1 est un sous-ensemble de F formé d'états transients,

- $\mathcal{Q}$ l'ensemble des densités de probabilité ayant une transformée de Laplace rationnelle.

Théorème 9.3 ([7] chapitre III paragraphe 6 "the phase method", [78] chapitre 2, [79] chapitre 5)

   Nous avons :

$$\mathcal{E} \subset \mathcal{C} = \mathcal{SP} \subset \mathcal{SM} \subset \mathcal{Q},$$

et tous ces espaces sont denses dans l'ensemble des probabilités sur $\mathbb{R}_+$.

   Plus précisément, soit μ une probabilité sur $\mathbb{R}_+$ et p un entier tel que $\int x^p \, d\mu(x) < +\infty$, alors il existe une suite μ_n d'éléments de $\mathcal{E}$ qui converge étroitement vers μ et telle que pour tout $q \leq p$:

$$\int x^q \, d\mu_n(x) \xrightarrow[n \to +\infty]{} \int x^q \, d\mu(x).$$

♣ *Principe de la démonstration* : Les premières inclusions se vérifient sans problème. Le fait que $\mathcal{SM} \subset \mathcal{Q}$ est une conséquence de la remarque 9.21 que nous verrons ci-après.

   Pour montrer que $\mathcal{E}$ est dense, on se ramène à des probabilités sur $[0, A]$ ($A > 0$). On utilise le fait que toute probabilité sur $[0, A]$ est limite d'une suite de probabilités à support fini, c'est-à-dire de la forme $\sum_{i=1}^{n} p_i \delta_{t_i}$. Enfin on vérifie que pour tout $t \geq 0$, si n et λ tendent vers l'infini de telle sorte que n/λ tende vers t, alors la suite de lois d'Erlang d'ordre n et de paramètre λ (voir le paragraphe 1.2.4) converge étroitement vers δ_t. ♣

   En fait le théorème 9.3 n'est pas d'application aisée. En effet si on veut une bonne approximation d'une probabilité sur $\mathbb{R}_+$ par un élément d'une des classes $\mathcal{E}$, $\mathcal{C}$ ou $\mathcal{SM}$, la taille du macro-état correspondant peut être importante. Dans un système formé de N composants élémentaires nous avons déjà dit que le problème de la modélisation markovienne résidait dans la taille de l'espace d'états; avec une modélisation d'un ou plusieurs composants par macro-état, le problème est encore plus aigu.

   Les propositions suivantes précisent quelque peu les propriétés de certains éléments des classes définies ci-dessus et indiquent au praticien vers quel type de loi il doit se diriger s'il veut approcher une loi de probabilité pour laquelle il a une idée du coefficient de variation. Rappelons que le coefficient de variation d'une variable aléatoire ou d'une loi de probabilité d'espérance μ et de variance σ^2 est le quotient σ/μ.

   La loi d'Erlang généralisée d'ordre n est la loi de la somme de n variables aléatoires indépendantes de loi exponentielle (de paramètres non nécessairement égaux).

Proposition 9.4 *Le coefficient de variation d'une loi d'Erlang généralisée d'ordre n appartient à l'intervalle $[\frac{1}{\sqrt{n}}, 1[$.*

   Réciproquement étant donnés $\mu > 0$ et $v \in [\frac{1}{\sqrt{n}}, 1[$, il existe une loi d'Erlang généralisée d'ordre n d'espérance μ et de coefficient de variation v.

Une démonstration de cette proposition est l'objet de l'exercice 9.8. Une démonstration de la proposition suivante est proposée dans l'exercice 9.9.

Proposition 9.5 *Le coefficient de variation d'un mélange de deux lois exponentielles est supérieur ou égal à 1.*

Réciproquement étant donnés $\mu > 0$ et $v \geq 1$, il existe un mélange de deux lois exponentielles dont l'espérance est μ et le coefficient de variation v.

Un mélange de deux lois exponentielles porte également le nom de **loi hyper-exponentielle** (avec deux canaux en parallèle).

Construction de la matrice

Considérons un composant dont les durées successives de fonctionnement et de réparation forment un processus de renouvellement alterné : toutes ces durées sont indépendantes, les durées de fonctionnement (respectivement de réparation) ont même loi que nous supposons appartenir à l'ensemble $\mathcal{SM}$.

Il existe donc un processus markovien de sauts à valeurs dans $(e_1, \ldots, e_m, \Delta)$, de matrice génératrice A, tel que les durées de fonctionnement ait même loi que le temps de séjour de ce processus markovien dans l'ensemble $(e_1, \ldots, e_m)$. Notons A_M la matrice de dimension $m \times m$ qui est la restriction de la matrice A à l'ensemble $(e_1, \ldots e_m) \times (e_1, \ldots e_m)$ (les éléments de A_M non diagonaux représentent les taux de transition entre éléments de $(e_1, \ldots e_m)$), $\alpha_M = (\alpha_M(e_i))_{1 \leq i \leq m}$ le vecteur colonne de dimension m représentant la loi initiale (supposée portée par $(e_1, \ldots, e_m)$) du processus markovien et s_M le vecteur colonne de dimension m représentant les taux de sortie vers $\Delta : s_M(i) = A(e_i, \Delta)$ $(1 \leq i \leq m)$.

Nous effectuons le même travail avec la loi des durées de réparation et construisons ainsi une matrice A_P de dimension $\ell \times \ell$ et deux vecteurs colonnes α_P et s_P de dimension ℓ.

Définissons la matrice A' de dimension $(m + \ell) \times (m + \ell)$ par :

$$A' = \begin{pmatrix} A_M & s_M \, \alpha_P^T \\ s_P \, \alpha_M^T & A_P \end{pmatrix},$$

(nous notons comme toujours M^T la matrice transposée d'une matrice - ou d'un vecteur - M). La matrice du processus markovien de sauts représentant le comportement du composant s'obtient en modifiant la diagonale de A' pour que la somme de chaque ligne soit nulle.

Si un système est constitué de tels composants et si ces composants sont indépendants, une fois construite la matrice pour chaque composant, on peut utiliser la proposition 9.1 et la construction qui en découle pour obtenir la matrice décrivant l'évolution du système.

9.1.6   Composants en série et en parallèle

Considérons un système qui peut être modélisé par un processus markovien de sauts (X_t).

Système avec un seul état de marche

Supposons que le système ne possède qu'un seul état de marche. C'est par exemple le cas pour un système série constitué de composants élémentaires ou plus généralement de composants dont les taux de défaillance sont constants et les lois des durées de réparation appartiennent à la classe $\mathcal{SM}$. Il n'est pas nécessaire que ces composants soient indépendants : des modes communs sont par exemple possibles.

Supposons que le système soit initialement en marche, c'est-à-dire dans le seul état de marche noté e_1. Notons $e_2, \ldots, e_n$ les états de panne. Le théorème 8.3 montre que les durées de fonctionnement sans défaillance du système sont de loi exponentielle de paramètre $|A(e_1, e_1)|$. Les durées de réparation sont également de même loi μ_R donnée par :

$$\mu_R(\cdot) = \sum_{j=2}^{n} \frac{A(e_1, e_j)}{|A(e_1, e_1)|} \, \mathbb{P}_{e_j}(T \in \cdot)$$

avec $T = \inf\{t : X_t = e_1\}$. Enfin toutes ces durées sont indépendantes entre elles.

Par conséquent la succession des instants de panne et de réparation forme un processus de renouvellement alterné simple.

Système avec un seul état de panne

Supposons maintenant que le système ne possède qu'un état de panne noté e_n, les états de marche étant $e_1, \ldots e_{n-1}$. C'est le cas en particulier pour un système parallèle formé de composants élémentaires ou plus généralement de composants dont les taux de réparation sont constants et dont les lois des durées de réparation appartiennent à la classe $\mathcal{SM}$ (les composants ne sont pas nécessairement indépendants : il peut y avoir des modes communs, des redondances passives, ...).

Nous supposons également que la loi initiale μ est portée par $\mathcal{M}$. Toujours en utilisant le théorème 8.3 nous voyons que la première durée de fonctionnement est de loi μ_0 donnée par :

$$\mu_0(\cdot) = \sum_{i \in \mathcal{M}} \mu(i) \mathbb{P}_i(T \in \cdot)$$

avec $T = \inf\{t : X_t = e_n\}$, et que les autres durées de fonctionnement sont de même loi μ_1 vérifiant :

$$\mu_1(\cdot) = \sum_{j=1}^{n-1} \frac{A(e_n, e_j)}{|A(e_n, e_n)|} \, \mathbb{P}_{e_j}(T \in \cdot).$$

Les durées de réparation sont de loi exponentielle de paramètre $|A(e_n, e_n)|$. Enfin toutes ces durées sont indépendantes entre elles.

Dans ce cas la succession des instants de panne et de réparation forme donc un processus de renouvellement alterné modifié.

9.2 Calcul des grandeurs de fiabilité

Considérons un système dont le comportement au cours du temps est décrit par un processus markovien de sauts à valeurs dans un espace E fini. Nous identifions E à l'ensemble $\{1, 2, \ldots, N\}$ et nous supposons que l'ensemble des états de marche $\mathcal{M}$ est :

$$\mathcal{M} = \{1, 2, \ldots, m\},$$

et que l'ensemble des états de panne $\mathcal{P}$ est :

$$\mathcal{P} = \{m, \ldots, m + \ell\}, \quad m + \ell = N.$$

La matrice génératrice A peut s'écrire :

$$A = \begin{pmatrix} A_1 & A_{12} \\ A_{21} & A_2 \end{pmatrix} \tag{9.3}$$

- la matrice A_1 est de dimension $m \times m$, les éléments non diagonaux représentent les transitions entre états de marche,

- la matrice A_{12} est de dimension $m \times \ell$, ses éléments représentent les transitions des états de marche vers les états de panne,

- la matrice A_{21} est de dimension $\ell \times m$, ses éléments représentent les transitions des états de panne vers les états de marche,

- la matrice A_2 est de dimension $\ell \times \ell$, les éléments non diagonaux représentent les transitions entre états de panne.

Dans tout ce paragraphe nous notons μ la loi initiale du processus et lorsque la loi stationnaire, notée π, intervient le processus est supposé irréductible (cette hypothèse peut être affaiblie : il suffit en fait de supposer que le processus possède une seule classe de récurrence).

Nous allons écrire les expressions sous forme matricielle. *Dans toutes les formules tous les vecteurs sont supposés être des vecteurs colonnes.*

Notations :

Le vecteur 1_m est le vecteur colonne de dimension m dont tous les éléments valent 1. Le vecteur $1_{m,m+\ell}$ est le vecteur colonne de dimension $m + \ell$ dont les m premiers éléments valent 1 et les ℓ derniers valent 0.

La matrice I_n est la matrice identité de dimension $n \times n$.

Etant donnné un vecteur colonne v de dimension $m + \ell$, v_1 (respectivement v_2) est le vecteur colonne de dimension m (respectivement ℓ) dont les composantes sont les v_i pour $1 \leq i \leq m$ (respectivement $m + 1 \leq i \leq m + \ell$).

Remarque 9.6 : Par exemple la formule permettant de calculer la loi stationnaire s'écrit $\pi A = 0$ en "notation fonctionnelle" et $\pi^T A = 0$ en notation matricielle.

9.2.1 Disponibilité

Calcul direct

Proposition 9.7 *La disponibilité $D(t)$ du système à l'instant t s'écrit :*

$$D(t) = \mu^T\, e^{tA}\, 1_{m,m+\ell}.$$

Cette formule peut être programmée telle quelle en utilisant un logiciel tel que MATLAB qui calcule les exponentielles de matrices. Si on ne dispose pas d'un tel logiciel, on peut programmer soi-même le calcul de e^{tA} en utilisant la méthode d'homogénéisation, c'est-à-dire la formule (8.14) du chapitre 8.

♣ *Démonstration* : Il suffit d'écrire que :

$$
\begin{aligned}
D(t) &= \sum_{j=1}^{m} \mathbb{P}(X_t = j) = \sum_{j=1}^{m}\sum_{i=1}^{m+\ell} \mu(i)\, \mathbb{P}_i(X_t = j)\\
&= \sum_{j=1}^{m}\sum_{i=1}^{m+\ell} \mu(i)\, P_t(i,j) = \sum_{j=1}^{m}\sum_{i=1}^{m+\ell} \mu(i)\, e^{tA}(i,j). \quad ♣
\end{aligned}
$$

Calcul par système différentiel

En utilisant la formule (8.6) du chapitre 8 nous obtenons :

Proposition 9.8 *La disponibilité $D(t)$ du système à l'instant t est donnée par*

$$D(t) = \sum_{j=1}^{m} x_t(j),$$

les x_t étant des vecteurs colonnes de dimension $N = m+\ell$ solutions du système différentiel :

$$x' = A^T x, \quad x_0 = \mu.$$

Calcul par transformée de Laplace

Notons $\tilde{P}(s)$ la matrice transformée de Laplace du semi-groupe P_t :

$$(\tilde{P}(s))(i,j) = \int_0^{+\infty} e^{-st} P_t(i,j)\, dt.$$

D'après la proposition E.11, la transformée de Laplace de $t \to P'_t(i,j)$ au point $s > 0$ est :

$$-P_0(i,j) + s\tilde{P}(s)(i,j) = (-I + s\tilde{P}(s))(i,j).$$

En prenant les transformées de Laplace des équations de Kolmogorov (théorème 8.7) : $P'_t = AP_t = P_t A$, nous obtenons :

$$-I + s\tilde{P}(s) = A\tilde{P}(s) = \tilde{P}(s)A,$$

d'où :

$$(sI - A)\tilde{P}(s) = \tilde{P}(s)(sI - A) = I,$$

c'est-à-dire :

$$\tilde{P}(s) = (sI - A)^{-1} \quad \text{pour} \quad s > 0.$$

En fait cette formule n'est autre que la proposition 8.10 pour un ensemble E fini. Nous en déduisons que la transformée de Laplace de la disponibilité est :

$$\tilde{D}(s) = \mu^T(sI - A)^{-1}1_{m,m+\ell} \quad \text{pour} \quad s > 0,$$

et le calcul des $D(t)$ se fait alors par inversion de cette transformée de Laplace.

Remarque 9.9 : Nous avons déjà vu dans la remarque 8.11 que le fait que $sI - A$ soit inversible pour tout $s > 0$ signifie que la matrice A ne possède pas de valeurs propres réelles strictement positives. Cela se comprend assez bien si on revient au système différentiel linéaire $x' = A^T x$, $x_0 = \mu$ qui permet de calculer $x_i = \mathbb{P}_\mu(X_t = i)$. La solution de ce système différentiel s'écrit :

$$x_i(t) = \sum_{k=1}^{N} \alpha_{k,i}(t)e^{\lambda_k t},$$

les λ_k étant les valeurs propres de A^T donc de A et les $\alpha_{k,i}$ des polynômes. Comme $x_i(t) = \mathbb{P}_\mu(X_t = i)$ ne tend pas vers l'infini lorsque t tend vers l'infini, il s'ensuit que $\max_k \mathcal{R}(\lambda_k) = a \leq 0$ ... sauf si le coefficient de e^{at} dans l'expression donnant $x_i(t)$ est nul pour toute loi initiale μ, ce qui serait surprenant ! Le corollaire 9.11 du théorème 9.10 suivant (qui date des années 1907-1912) précise ce résultat.

Théorème 9.10 (théorème de Perron Frobénius) ([91] théorème 1.5, [23] Appendice théorème 4.7)

Soit p une matrice carrée de dimension $N \times N$ irréductible dont les termes sont positifs ou nuls. Alors p possède une valeur propre ρ réelle strictement positive et simple. Les modules de toutes les autres valeurs propres sont inférieurs ou égaux à ρ. S'il existe $k - 1$ autres valeurs propres de module ρ, elles sont racines de l'équation $z^k = \rho^k$. Par conséquent toutes les valeurs propres autres que ρ sont de partie réelle strictement inférieure à ρ. De plus :

$$\min_{1 \leq i \leq N} \sum_{j=1}^{N} p(i,j) \leq \rho \leq \max_{1 \leq i \leq N} \sum_{j=1}^{N} p(i,j).$$

*La valeur propre ρ s'appelle la **valeur propre de Perron-Frobenius** de la matrice p.*

En outre on peut choisir un vecteur propre à droite (resp. à gauche) de p associé à ρ dont toutes les composantes sont strictement positives.

Corollaire 9.11 *Soit A une matrice génératrice irréductible, alors* 0 *est valeur propre simple de A et on peut trouver une vecteur propre à droite (resp. à gauche) de A associé à la valeur propre* 0 *dont toutes les composantes sont strictement positives. Posons* $a = \max_i |A(i,i)|$. *Les valeurs propres de A appartiennent au disque fermé de centre* $(-a, 0)$ *et de rayon* a. *Les valeurs propres non nulles de A sont donc de partie réelle strictement négative.*

♣ *Principe de la démonstration* : Soit $a_0 \geq \max_i |A(i,i)|$. On applique le théorème de Perron-Frobenius à la matrice $p = a_0 I_N + A$. ♣

9.2.2 Loi stationnaire et disponibilité asymptotique

Nous supposons que le processus est irréductible, ou plus généralement qu'il ne possède qu'une classe de récurrence. Il existe alors une et une seule probabilité stationnaire π et, pour toute loi initiale et tout i, $\lim_{t \to +\infty} \mathbb{P}(X_t = i) = \pi(i)$ (remarque 8.39).

La loi stationnaire π est solution du système $\pi^T A = 0$, c'est-à-dire $A^T \pi = 0$, mais comme d'une part la matrice A n'est pas inversible et que, d'autre part, nous cherchons une probabilité que nous savons unique, il suffit de remplacer une des équations du système $A^T \pi = 0$ par $\sum_i \pi(i) = 1$.

Si c'est par exemple la dernière équation que nous remplaçons, nous posons :

$$B(i,j) = \begin{cases} A^T(i,j) & \text{si} \quad i \leq m + \ell - 1 \\ 1 & \text{si} \quad i = m + \ell, \end{cases} \tag{9.4}$$

nous obtenons :

$$\pi = B^{-1} \begin{pmatrix} 0 \\ \vdots \\ 0 \\ 1 \end{pmatrix},$$

et la disponibilité asymptotique est :

$$D(\infty) = \sum_{i=1}^{m} \pi(i).$$

9.2.3 Temps moyens de fonctionnement

Calcul du MTTF

Nous notons toujours T la durée de bon fonctionnement du système et nous supposons que pour tout $i \in \mathcal{M}$, $\mathbb{P}_i(T < +\infty) = 1$ (l'ensemble $\mathcal{M}$ est non absorbant).

Commençons par montrer que pour tout $i \in \mathcal{M}$, $\mathbb{E}_i(T) < +\infty$. Pour cela, modifions les transitions à partir des états de panne de telle sorte que pour tout $k \in \mathcal{P}$ et tout $\ell \in E$ on ait $A(k, \ell) > 0$. Cette modification ne change pas $\mathbb{E}_i(T)$

(voir la construction faite dans le chapitre 8, proposition 8.43) et maintenant le processus est irréductible. Par conséquent, d'après la proposition 8.31, pour tous i et j, $\mathbb{E}_i(S_0^j) < +\infty$ et par suite :

$$\mathbb{E}_i(T) = \sum_{j \in \mathcal{P}} \mathbb{E}_i(T 1_{\{X_T = j\}}) = \sum_{j \in \mathcal{P}} \mathbb{E}_i(S_0^j 1_{\{X_T = j\}}) \leq \sum_{j \in \mathcal{P}} \mathbb{E}_i(S_0^j) < +\infty.$$

Posons $u_i = \mathbb{E}_i(T)$. La proposition 8.21 (appliquée avec $E_1 = \mathcal{M}$ et $E_2 = \mathcal{P}$) montre que le vecteur colonne u dont la i^{eme} composante est u_i est solution du système d'équations $A_1 u = -1_m$. Pour en déduire que $u = -A_1^{-1} 1_m$ nous devons montrer que la matrice A_1 est inversible.

Nous avons besoin pour cela d'un lemme préliminaire.

Lemme 9.12 ([22] théorèmes 1.5.1 et 1.4.5)
 Soit B une matrice carrée telle que $\lim_{n \to +\infty} B^n = 0$, alors la matrice $I - B$ est inversible.

Proposition 9.13 *Notons $T = \inf\{t : X_t \in \mathcal{P}\}$ la durée de bon fonctionnement du système. Supposons que l'ensemble $\mathcal{M}$ ne soit pas absorbant, c'est-à-dire que, pour tout $i \in \mathcal{M}$, $\mathbb{P}_i(T < +\infty) = 1$. Alors la matrice A_1 est inversible.*

♣ *Démonstration* : Posons $q(i) = |A(i,i)|$ et notons diag q la matrice diagonale dont la diagonale est le vecteur q. Soit Q la matrice de transition de la chaine de Markov immergée $Z = (Z_n)_{n \geq 0}$. Nous avons :

$$A = (\text{diag } q)(Q - I_N),$$

et donc :

$$A_1 = (\text{diag } q_1)(Q_1 - I_m),$$

en notant q_1 et Q_1 les restrictions de q et Q aux états de marche.

L'ensemble $\mathcal{M}$ n'étant pas absorbant, $q(i) > 0$ pour tout $i \in \mathcal{M}$ et la matrice diag q_1 est inversible. Pour prouver que A_1 est inversible, il suffit donc de prouver que $Q_1 - I_m$ l'est. Pour cela nous appliquons le lemme 9.12 avec $B = Q_1$. Il n'est pas difficile de voir que pour tout $i \in \mathcal{M}$:

$$\sum_{j=1}^{m} Q_1^n(i,j) \leq \mathbb{P}_i(\forall m \leq n, Z_m \in \mathcal{P}) = \mathbb{P}_i(\tau > n),$$

en posant $\tau = \inf\{n : Z_n \in \mathcal{P}\}$. Mais :

$$\mathbb{P}_i(\tau < +\infty) = \mathbb{P}_i(\exists n, Z_n \in \mathcal{P}) = \mathbb{P}_i(T < +\infty) = 1,$$

et donc $\mathbb{P}_i(\tau > n)$ tend vers 0 lorsque n tend vers l'infini. D'où le résultat. ♣

Nous pouvons même donner plus de précision sur les valeurs propres de A_1.

Proposition 9.14 *Reprenons les notations de la formule (9.3) et supposons que la matrice A_1 soit irréductible. Alors A_1 possède une valeur propre simple $s_1 \leq 0$ et on peut trouver un vecteur propre à droite (resp. à gauche) de A_1 associé à s_1 dont toutes les composantes sont strictement positives.*

Les autres valeurs propres de s_1 sont de partie réelle strictement inférieure à s_1. En outre :

$$\min_{1 \leq i \leq m} \sum_{j=m+1}^{m+\ell} A(i,j) \leq -s_1 \leq \max_{1 \leq i \leq m} \sum_{j=m+1}^{m+\ell} A(i,j).$$

Si de plus il existe $i \leq m$ tel que $\sum_{j=m+1}^{m+\ell} A(i,j) > 0$ (c'est-à-dire si l'ensemble $\mathcal{M}$ n'est pas absorbant), alors $s_1 < 0$.

La valeur propre s_1 s'appelle la **valeur propre de Perron-Frobenius** de la matrice A_1.

♣ *Principe de la démonstration* : Soit $a_0 \geq \max_i |A(i,i)|$. Pour établir la première partie de la proposition on applique le théorème de Perron-Frobenius à la matrice $p = a_0 I_m + A$, en remarquant que $\sum_{j \in \mathcal{M}} A(i,j) = -\sum_{j \in \mathcal{P}} A(i,j)$. Ensuite montrer que $s_1 < 0$ revient à montrer que A_1 est inversible, ce qui est l'objet de la proposition précédente. ♣

Revenons à notre problème de calcul du temps moyen de fonctionnement. Nous avons donc :

Proposition 9.15 *Supposons que l'ensemble $\mathcal{M}$ ne soit pas absorbant et notons T le premier instant de défaillance du système. Alors le vecteur colonne $u = (\mathbb{E}_i(T))_{1 \leq i \leq m}$ est donné par :*

$$u = -A_1^{-1} 1_m.$$

En particulier le MTTF du système est :

$$MTTF = \mathbb{E}(T) = -\mu_1^T A_1^{-1} 1_m.$$

Calculs de MUT et MDT

Nous supposons que les ensembles $\mathcal{M}$ et $\mathcal{P}$ ne sont pas absorbants. Nous définissons les instants successifs $(U_n)_{n \geq 1}$ d'entrée dans l'ensemble $\mathcal{M}$ et les instants successifs $(V_n)_{n \geq 1}$ d'entrée dans l'ensemble $\mathcal{P}$ par :

$$
\begin{aligned}
U_1 &= \inf\{t : X_t \in \mathcal{M}\}, \\
V_n &= \inf\{t : t > U_n, X_t \in \mathcal{P}\}, \ n \geq 1, \\
U_{n+1} &= \inf\{t : t > V_n, X_t \in \mathcal{M}\}, \ n \geq 1.
\end{aligned}
$$

Remarquer que si $X_0 \in \mathcal{M}$, alors $U_1 = 0$ et si $X_0 \in \mathcal{P}$ l'instant V_1 est en fait le premier instant de *retour* dans $\mathcal{P}$. Soit u_n et v_n les vecteurs colonnes de dimensions respectives m et ℓ donnés par :

$$u_n(i) = \mathbb{P}(X_{U_n} = i) \ \ 1 \leq i \leq m, \quad v_n(i) = \mathbb{P}(X_{V_n} = m+i) \ \ 1 \leq i \leq \ell.$$

Posons $M_n = V_n - U_n$, $P_n = U_{n+1} - V_n$ pour $n \geq 1$ et enfin $P_0 = U_1$ si $X_0 \in \mathcal{P}$. Les M_n (respectivement les P_n) sont les durées successives de fonctionnement (respectivement de réparation) du système. Rappelons que $MUT = \lim_{n \to \infty} \mathbb{E}(M_n)$ et $MDT = \lim_{n \to \infty} \mathbb{E}(P_n)$ lorsque ces limites existent.

En appliquant la propriété de Markov forte à l'instant U_n et la proposition 9.15 il vient :

$$\mathbb{E}(M_n) = -u_n^T A_1^{-1} 1_m,$$

de même :

$$\mathbb{E}(P_n) = -v_n^T A_2^{-1} 1_\ell.$$

Introduisons la matrice Q_{MP} de dimension $m \times \ell$ et la matrice Q_{PM} de dimension $\ell \times m$ définies comme suit :

$$Q_{MP}(i,j) = \mathbb{P}_i(X_{V_1} = m+j) \quad 1 \leq i \leq m, \ 1 \leq j \leq \ell,$$

$$Q_{PM}(i,j) = \mathbb{P}_{i+m}(X_{U_1} = j) \quad 1 \leq i \leq \ell, \ 1 \leq j \leq m.$$

En prenant $E_2 = \mathcal{P}$ (respectivement $E_2 = \mathcal{M}$), la première formule de la proposition 8.21 donne :

$$Q_{MP} = -A_1^{-1} A_{12}, \quad Q_{PM} = -A_2^{-1} A_{21}.$$

La propriété de Markov forte appliquée à l'instant V_n (respectivement à l'instant U_n) entraine :

$$u_{n+1}^T = v_n^T Q_{PM}, \quad v_n^T = u_n^T Q_{MP},$$

et par suite :

$$u_n^T = u_1^T (Q_{MP} Q_{PM})^{n-1}, \quad v_n^T = v_1^T (Q_{PM} Q_{MP})^{n-1}.$$

Ces formules sont bien naturelles car il n'est pas difficile de voir que $(X_{U_n})_{n \geq 1}$ est une chaine de Markov de matrice de transition $Q_{MM} = Q_{MP} Q_{PM}$ et que $(X_{V_n})_{n \geq 1}$ est une chaine de Markov de matrice de transition $Q_{PP} = Q_{PM} Q_{MP}$. Pour obtenir le MUT et le MDT nous devons chercher la loi stationnaire de ces chaines.

Lemme 9.16 *Rappelons que $\pi^T = (\pi_1^T, \pi_2^T)$ est la loi stationnaire du processus considéré. Alors $\pi_2^T A_{21} Q_{MM} = \pi_2^T A_{21}$ et $\pi_1^T A_{12} Q_{PP} = \pi_1^T A_{12}$.*

♣ *Principe de la démonstration* : Il suffit d'utiliser les relations

$$Q_{MM} = A_1^{-1} A_{12} A_2^{-1} A_{21} \quad Q_{PP} = A_2^{-1} A_{21} A_1^{-1} A_{12}$$

et le fait que π est invariante, ce qui s'écrit :

$$(\pi_1^T, \pi_2^T) \begin{pmatrix} A_1 & A_{12} \\ A_{21} & A_2 \end{pmatrix} = (0,0),$$

c'est-à-dire :

$$\pi_1^T A_1 + \pi_2^T A_{21} = 0, \quad \pi_1^T A_{12} + \pi_2^T A_2 = 0,$$

d'où :

$$\pi_1^T = -\pi_2^T A_{21} A_1^{-1}, \quad \pi_2^T = -\pi_1^T A_{12} A_2^{-1}. \tag{9.5}$$

Proposition 9.17 *Supposons que les matrices Q_{MM} et Q_{PP} définies ci-dessus possèdent chacune une seule classe de récurrence et soient apériodiques, alors MUT et MDT existent et sont donnés par :*

$$MUT = \frac{\pi_1^T 1_m}{\pi_2^T A_{21} 1_m}, \quad MDT = \frac{\pi_2^T 1_\ell}{\pi_1^T A_{12} 1_\ell}.$$

En outre :

$$\pi_1^T A_{12} 1_\ell = \pi_2^T A_{21} 1_m = \frac{1}{MTBF},$$

et la disponibilité asymptotique s'écrit :

$$D(\infty) = \frac{MUT}{MUT + MDT}.$$

Le fait que les matrices Q_{MM} et Q_{PP} ne doivent posséder qu'une seule classe de récurrence ne constitue pas en pratique une hypothèse restrictive. Il n'en serait pas de même si nous avions supposé que ces matrices étaient irréductibles car le plus souvent les $X_{U_n}, n \geq 2$ (respectivement les $X_{V_n}, n \geq 1$) sont à valeurs dans un sous-ensemble strict de $\mathcal{M}$ (respectivement $\mathcal{P}$). L'apériodicité ne semble pas non plus être en pratique une hypothèse trop restrictive.

A l'occasion de la proposition 10.42 nous verrons une autre démonstration de la formule $D(\infty) = MUT/(MUT + MDT)$.

♣ *Démonstration de la proposition 9.17* : Les hypothèses entrainent que, lorsque n tend vers l'infini, u_n converge vers l'unique loi sationnaire u de la chaine de Markov de matrice de transition Q_{MM}. Le lemme 9.16 montre que la probabilité u est proportionnelle à $\pi_2^T A_{21}$ ce qui donne :

$$u = \frac{\pi_2^T A_{21}}{\pi_2^T A_{21} 1_m},$$

et en utilisant les formules (9.5) nous obtenons :

$$\lim_{n \to \infty} \mathbb{E}(M_n) = -u^T A_1^{-1} 1_m = \frac{-\pi_2^T A_{21} A_1^{-1} 1_m}{\pi_2^T A_{21} 1_m} = \frac{\pi_1^T 1_m}{\pi_2^T A_{21} 1_m}.$$

Le calcul de MDT s'effectue de même.

La relation $\pi_1^T A_{12} 1_\ell = \pi_2^T A_{21} 1_m$ n'est autre que la formule de conservation du flux (8.11) appliquée avec $F = \mathcal{M}$. Par suite :

$$MTBF = MUT + MDT = \frac{1}{\pi_2^T A_{21} 1_\ell} = \frac{1}{\pi_1^T A_{12} 1_m},$$

et :

$$\frac{MUT}{MUT + MDT} = \pi_1^T 1_m = D(\infty). \qquad \clubsuit$$

Des résultats complémentaires portant en particulier sur la transformée de Laplace de la loi de (M_n, P_n) se trouvent dans l'exercice 9.18.

Rappelons (voir la formule (7.7) du chapitre 7) que le taux de défaillance de Vesely d'un système dont le comportement est modélisé par un processus stochastique (X_t) est défini par :

$$\lambda_V(t) = \lim_{\Delta \to 0} \frac{1}{\Delta} \mathbb{P}(\exists s \in]t, t + \Delta], X_{s+\Delta} \in \mathcal{P}/X_t \in \mathcal{M}),$$

lorsque cette limite existe. Sous les hypothèses que nous avons faites dans ce chapitre, la probabilité pour qu'il y ait plus d'un événement dans l'intervalle de temps $]t, t + \Delta]$ est en $o(\Delta)$ (voir l'exercice 8.3), donc :

$$\lambda_V(t) = \lim_{\Delta \to 0} \frac{1}{\Delta} \mathbb{P}(X_{t+\Delta} \in \mathcal{P}/X_t \in \mathcal{M}).$$

Proposition 9.18 *Plaçons-nous sous les hypothèses de la proposition 9.17. Alors le taux de défaillance asymptotique de Vesely est :*

$$\lambda_V(\infty) = \lim_{t \to +\infty} \lambda_V(t) = \frac{1}{MUT}.$$

$\clubsuit$ *Démonstration* : La propriété de Markov faible appliquée à l'instant t et la définition de la matrice génératrice A donnent :

$$\lim_{\Delta \to 0} \frac{1}{\Delta} \mathbb{P}(X_{t+\Delta} = j/X_t = i) = \lim_{\Delta \to 0} \frac{1}{\Delta} \mathbb{P}(X_\Delta = j/X_0 = i) = A(i, j).$$

Nous en déduisons :

$$\begin{aligned}
\lambda_V(t) &= \lim_{\Delta \to 0} \frac{1}{\Delta} \sum_{i \in \mathcal{M}} \sum_{j \in \mathcal{P}} \frac{1}{\mathbb{P}(X_t \in \mathcal{M})} \mathbb{P}(X_t = i, X_{t+\Delta} = j) \\
&= \sum_{i \in \mathcal{M}} \sum_{j \in \mathcal{P}} \frac{\mathbb{P}(X_t = i)}{\mathbb{P}(X_t \in \mathcal{M})} \lim_{\Delta \to 0} \frac{1}{\Delta} \mathbb{P}(X_{t+\Delta} = j/X_t = i) \\
&= \sum_{i \in \mathcal{M}} \sum_{j \in \mathcal{P}} \frac{\mathbb{P}(X_t = i)}{\mathbb{P}(X_t \in \mathcal{M})} A(i, j).
\end{aligned}$$

En faisant tendre t vers l'infini et en utilisant la proposition 9.17, nous trouvons :

$$\begin{aligned}
\lambda_V(\infty) &= \frac{1}{\pi(\mathcal{M})} \sum_{i \in \mathcal{M}} \sum_{j \in \mathcal{P}} \pi(i) A(i, j) \\
&= \frac{\pi_1^T A_{12} 1_\ell}{\pi_1^T 1_m} \\
&= \frac{1}{MUT}. \qquad \clubsuit
\end{aligned}$$

Nous verrons (proposition 10.46) que la proposition 9.18 se généralise au cas où le système étudié se modélise par un processus semi-markovien.

9.2.4 Temps de séjour cumulé et nombres moyens de pannes et de réparations sur un intervalle donné

Temps de séjour cumulé

Reprenons les notations du calcul de disponibilité par système différentiel. Posons : $x_s(i) = \mathbb{P}(X_s = i)$. Soit $t > 0$, nous voulons calculer :

$$y_t(i) = \mathbb{E}\left(\int_0^t 1_{\{X_s = i\}}\, ds\right) = \int_0^t x_s(i)\, ds.$$

Cela peut se faire, soit par intégration numérique à partir du calcul des x_s, soit par résolution d'un système linéaire après avoir calculé x_t.

En effet, on remarque que l'équation $x' = A^T x$ s'intégre en :

$$x_t - x_0 = A^T \int_0^t x_s\, ds = A^T y_t.$$

La matrice A^T n'étant pas inversible, on peut, comme pour le calcul de la loi stationnaire, remplacer une des équations par :

$$\sum_i y_t(i) = \int_0^t \sum_i \mathbb{P}(X_s = i)\, ds = t.$$

En reprenant la matrice B donnée par la formule (9.4), il vient :

$$y_t = B^{-1}\begin{pmatrix} (x_t - x_0)(1) \\ \vdots \\ (x_t - x_0)(m + \ell - 1) \\ t \end{pmatrix}$$

Nombre moyen de transitions sur un intervalle de temps donné

Notons $N_{i,j}(t)$ le nombre de sauts du processus (X_s) de i à j ($i \neq j$) sur l'intervalle de temps $[0, t]$. Nous avons vu dans le corollaire 8.47 que le processus $M_{i,j}$ donné par $M_{i,j}(t) = N_{i,j}(t) - \int_0^t 1_{\{X_s = i\}} A(i, j)\, ds$ est une martingale relativement à la filtration propre du processus. Il s'ensuit que pour tout t, $\mathbb{E}(M_{i,j}(t)) = \mathbb{E}(M_{i,j}(0) = 0$, et donc :

$$\mathbb{E}(N_{i,j}(t)) = A(i,j)\mathbb{E}\left(\int_0^t 1_{\{X_s = i\}}\, ds\right) = A(i,j)y_t(i),$$

en reprenant les notations précédentes ($y_t(i)$ est le temps moyen de séjour cumulé dans l'état i).

Le nombre moyen de sorties de l'état i sur l'intervalle de temps $[0, t]$ est donc :

$$\mathbb{E}\left(\sum_{j:j \neq i} N_{i,j}(t)\right) = y_t(i)\sum_{j:j \neq i} A(i,j) = y_t(i)q(i). \tag{9.6}$$

Cette dernière formule s'obtient également en utilisant les processus de renouvellement (voir l'exercice 9.16).

Nombre moyen de pannes et de réparations avant t

Notons $N_P(t)$ (resp. $N_R(t)$) le nombre moyen de défaillances (resp. de réparation) du système avant l'instant t. Nous avons :

$$N_P(t) = \sum_{i \in \mathcal{M}} \sum_{j \in \mathcal{P}} N_{i,j}(t), \qquad N_R(t) = \sum_{i \in \mathcal{P}} \sum_{j \in \mathcal{M}} N_{i,j}(t),$$

et nous obtenons :

$$\mathbb{E}\left(N_P(t)\right) = \sum_{i \in \mathcal{M}} \sum_{j \in \mathcal{P}} y_t(i) A(i,j) = y_{t,1}^T A_{12} 1_\ell,$$

$$\mathbb{E}\left(N_R(t)\right) = \sum_{i \in \mathcal{P}} \sum_{j \in \mathcal{M}} y_t(i) A(i,j) = y_{t,2}^T A_{21} 1_m,$$

en notant $y_{t,1}$ (resp. $y_{t,2}$) le vecteur formé des m premières (resp. des ℓ dernières) composantes du vecteur y_t.

9.2.5 Fiabilité

Notons $(\tilde{X}_t)$ le processus obtenu en rendant les états de panne absorbants. Compte-tenu de la construction qui a été faite dans proposition 8.43, la matrice génératrice de $(\tilde{X}_t)$ est :

$$\tilde{A} = \begin{pmatrix} A_1 & A_{12} \\ 0_{21} & 0_2 \end{pmatrix} \tag{9.7}$$

les matrices 0_{21} et 0_2 étant les matrices identiquement nulles de dimensions respectives $\ell \times m$ et $\ell \times \ell$.

La fiabilité du système initial est égale la disponibilité calculée à partir du processus $(\tilde{X}_t)$.

Calcul direct

Proposition 9.19 *Soit μ_1 le vecteur formé par les m premières composantes de la loi initiale μ. La fiabilité $R(t)$ du système à l'instant t s'écrit :*

$$R(t) = \mu_1^T e^{tA_1} 1_m.$$

♣ *Démonstration* : Il n'est pas difficile de voir que :

$$\tilde{A}^n = \begin{pmatrix} A_1^n & \times \\ 0_{21} & 0_2 \end{pmatrix},$$

$\times$ désignant une matrice (de dimension $m \times \ell$ que nous ne voulons pas expliciter) et par suite :

$$e^{t\tilde{A}} = \begin{pmatrix} e^{tA_1} & \times \\ 0_{21} & I_\ell \end{pmatrix}. \tag{9.8}$$

D'après la proposition 9.7, la fiabilité $R(t)$ du système à l'instant t est donc :

$$R(t) = \mu^T e^{t\tilde{A}} 1_{m,m+\ell} = \mu_1^T e^{tA_1} 1_m. \quad ♣$$

Calcul par système différentiel

Proposition 9.20 *Notons toujours μ_1 le vecteur formé par les m premières composantes de la loi initiale μ. La fiabilité $R(t)$ du système à l'instant t est donnée par :*

$$R(t) = \sum_{j=1}^{m} z_t(j),$$

les z_t étant les vecteurs colonnes de dimension m solutions du système différentiel :

$$z' = A_1^T z, \quad z_0 = \mu_1.$$

♣ *Principe de la démonstration* : Pour calculer la disponibilité associée au processus $(\tilde{X}_t)$, nous reprenons la proposition 9.8. Etant donnée la forme de la matrice $\tilde{A}$, les m premières équations du système différentiel $\tilde{z}' = \tilde{A}^T \tilde{z}$ sont autonomes (elles ne font pas intervenir les valeurs de $\tilde{z}(j)$ pour $j > m$). Le vecteur z formé des m premières composantes du vecteur $\tilde{z}$ est donc solution de $z' = A_1^T z$. ♣

Calcul par transformée de Laplace

Le même raisonnement que celui employé pour la disponibilité montre que la transformée de Laplace $\tilde{R}$ de la fiabilité est :

$$\tilde{R}(s) = \mu_1^T (sI - A_1)^{-1} 1_m, \quad \text{pour} \quad s > 0. \tag{9.9}$$

Par inversion de la transformée de Laplace, on peut en déduire la fiabilité.

Remarque 9.21 : La transformée de Laplace de la loi du premier temps de séjour dans l'ensemble $\mathcal{M}$ est $1 - s\tilde{R}(s)$ (d'après la proposition E.3), c'est donc une fraction rationnelle.

Remarque 9.22 : Soit T le premier instant de panne du système. Nous avons :

$$E(T) = \int_0^{+\infty} \mathbb{P}(T > t)\, dt = \int_0^{+\infty} R(t)\, dt.$$

Si la matrice A_1 est inversible, en faisant tendre s vers 0 dans l'équation (9.9), nous obtenons :

$$E(T) = \tilde{R}(0) = \mu_1^T (-A_1)^{-1} 1_m,$$

et nous retrouvons ainsi la proposition 9.15.

9.2.6　Taux de défaillance

Posons $T = \inf\{t : X_t \in \mathcal{P}\}$. Rappelons que le taux de défaillance du système est défini par :

$$\lambda(t) = \lim_{\Delta \to 0} \frac{1}{\Delta} \mathbb{P}(T \le t + \Delta / T > t)$$

lorsque cette limite existe.

Lemme 9.23 *Le taux de défaillance du système est donné par*

$$\lambda(t) = \lim_{\Delta \to 0} \frac{1}{\Delta} \mathbb{P}(X_{t+\Delta} \in \mathcal{P} / \forall s \le t, \ X_s \in \mathcal{M})$$

lorsque cette limite existe.

♣ *Principe de la démonstration* : Nous devons montrer que :

$$\mathbb{P}(T \le t + \Delta, T > t) = \mathbb{P}(X_{t+\Delta} \in \mathcal{P}, \forall s \le t \ X_s \in \mathcal{M}) + o(\Delta).$$

Il est clair que :

$$\mathbb{P}(T \le t + \Delta, T > t) = \mathbb{P}(\exists u \le t + \Delta \ X_u \in \mathcal{P}, \forall s \le t \ X_s \in \mathcal{M}),$$

le résultat sera donc acquis si nous montrons que :

$$\mathbb{P}(X_t \in \mathcal{M}, X_{t+\Delta} \in \mathcal{M}, \exists u \le t + \Delta \ X_u \in \mathcal{P}) = o(\Delta).$$

La propriété de Markov faible appliquée à l'instant t donne :

$$\mathbb{P}(X_t \in \mathcal{M}, X_{t+\Delta} \in \mathcal{M}, \exists u \le t + \Delta \ X_u \in \mathcal{P}) \le \sum_{i \in \mathcal{M}} \mathbb{P}(X_t = i) \mathbb{P}_i(T_2 \le \Delta)$$
$$\le \max_{i \in E} \mathbb{P}_i(T_2 \le \Delta),$$

où T_2 est le deuxième instant de saut du processus, et on peut montrer (voir l'exercice 8.3) que $\max_{i \in E} \mathbb{P}_i(T_2 \le \Delta) = o(\Delta)$. ♣

Proposition 9.24

$$\lambda(t) = \sum_{i \in \mathcal{M}} \sum_{j \in \mathcal{P}} A(i,j) \mathbb{P}(X_t = i / \forall s \le t, X_s \in \mathcal{M}) = \frac{\mu_1^T e^{tA_1} A_{12} 1_\ell}{\mu_1^T e^{tA_1} 1_m}.$$

♣ *Principe de la démonstration* : Considérons le processus $(\tilde{X}_t)$ (introduit dans le paragraphe 9.2.5) pour lequel les états de panne sont absorbants. En utilisant le lemme 9.23 et la définition de la matrice génératrice, nous obtenons :

$$
\begin{aligned}
\lambda(t) &= \lim_{\Delta \to 0} \frac{1}{\Delta} \mathbb{P}(\tilde{X}_{t+\Delta} \in \mathcal{P} / \tilde{X}_t \in \mathcal{M}) \\
&= \lim_{\Delta \to 0} \frac{1}{\Delta} \frac{1}{\mathbb{P}(\tilde{X}_t \in \mathcal{M})} \sum_{i \in \mathcal{M}} \sum_{j \in \mathcal{P}} \mathbb{P}(\tilde{X}_{t+\Delta} = j, \tilde{X}_t = i) \\
&= \frac{1}{\mathbb{P}(\tilde{X}_t \in \mathcal{M})} \sum_{i \in \mathcal{M}} \sum_{j \in \mathcal{P}} \mathbb{P}(\tilde{X}_t = i) \lim_{\Delta \to 0} \frac{1}{\Delta} \mathbb{P}(\tilde{X}_{t+\Delta} = j / \tilde{X}_t = i) \\
&= \sum_{i \in \mathcal{M}} \sum_{j \in \mathcal{P}} \mathbb{P}(\tilde{X}_t = i / \tilde{X}_t \in \mathcal{M}) \tilde{A}(i,j) \qquad\qquad (9.10) \\
&= \sum_{i \in \mathcal{M}} \sum_{j \in \mathcal{P}} A(i,j) \mathbb{P}(X_t = i / \forall s \le t, X_s \in \mathcal{M}).
\end{aligned}
$$

Pour la deuxième formule de la proposition, nous reprenons l'égalité (9.10). L'expression (9.8) entraine que, pour $i \in \mathcal{M}$:

$$\mathbb{P}(\tilde{X}_t = i) = \left(\mu^T e^{t\tilde{A}}\right)(i) = \left(\mu_1^T e^{tA_1}\right)(i).$$

Le calcul se termine sans difficulté. ♣

Supposons que le processus (X_t) soit irréductible ou plus généralement que le premier temps de défaillance soit fini presque-sûrement. Notons toujours $\tilde{X}$ le processus obtenu en rendant les états de panne absorbants. Si on veut calculer le taux de défaillance asymptotique

$$\lambda(\infty) = \lim_{t \to +\infty} \lambda(t),$$

un problème survient car

$$\mathbb{P}(X_t = i / \forall s \leq t, X_s \in \mathcal{M}) = \mathbb{P}(\tilde{X}_t = i / \tilde{X}_t \in \mathcal{M}),$$

or $\mathbb{P}(\tilde{X}_t = i)$ et $\mathbb{P}(\tilde{X}_t \in \mathcal{M})$ tendent vers 0 et la limite de leur quotient se présente donc sous forme indéterminée.

Définition 9.25 *La* **loi quasi-stationnaire** *du processus (X_t) (relativement à l'ensemble $\mathcal{M}$) est la loi sur $\mathcal{M}$ définie par :*

$$\tilde{\pi}(i) = \lim_{t \to +\infty} \mathbb{P}(X_t = i / \forall s \leq t \; X_s \in \mathcal{M}),$$

lorsque ces limites existent.

L'existence et le mode de calcul de la loi quasi-stationnaire s'obtiennent à partir d'un équivalent de la matrice e^{tA_1} (lorsque t tend vers l'infini) qui est une conséquence du résultat suivant de Perron-Frobenius :

Théorème 9.26 ([91] théorèmes 1.2 et 1.4)

Soit p_1 une matrice carrée de dimension $m \times m$ dont les termes sont positifs ou nuls. Nous supposons la matrice irréductible et apériodique et nous notons ρ sa valeur propre de Perron-Frobenius. Soit v et w des vecteurs propres respectivement à gauche et à droite de p_1 associés à la valeur propre s_1 ($v^T p_1 = s_1 v^T$, $p_1 w = s_1 w$) et tels que $\sum_{i=1}^m v(i)w(i) = 1$. Alors :

$$p_1^n(i,j) \sim_{n \to +\infty} \rho^n w(i)v(j).$$

Une matrice p_1 irréductible est **apériodique** s'il existe k tel que $p_1^k(i,j) > 0$ pour tous i et j. Pour une matrice p_1 irréductible, l'apériodicité est donc acquise dès que $p_1(i,i) > 0$ pour tout i.

Proposition 9.27 *Supposons que la matrice A_1 soit irréductible et notons s_1 sa valeur propre de Perron-Frobenius. Soit v et w des vecteurs propres respectivement à gauche et à droite de A_1 associés à la valeur propre s_1 et tels que $\sum_{i \in E} v(i)w(i) = 1$. Alors, pour tous i et j dans $\mathcal{M}$:*

$$e^{tA_1}(i,j) \sim_{t \to +\infty} w(i)v(j)e^{s_1 t}.$$

Rappelons que d'après la proposition 9.14 (ou la proposition 9.11 si $\mathcal{M}$ est absorbant), on peut choisir les vecteurs v et w tels que toutes leurs composantes soient strictement positives.

Remarquons que si la matrice A_1 est une matrice génératrice, alors $s_1 = 0$ et on peut prendre $w \equiv 1$ et $v = \pi$ la loi stationnaire. On retrouve que :

$$\lim_{t \to +\infty} \mathbb{P}_i(X_t = j) = \lim_{t \to +\infty} e^{tA}(i,j) = \pi(j).$$

♣ *Démonstration de la proposition 9.27* : Nous allons utiliser la méthode d'uniformisation (paragraphe 8.5.2). Soit donc $\lambda > |A(i,i)|$ et posons $P = I + A/\lambda$. Alors $A = \lambda(P - I)$ et $A_1 = \lambda(P_1 - I)$, la matrice P_1 étant la restriction à $\mathcal{M} \times \mathcal{M}$ de la matrice P. La matrice P_1 est irréductible car A_1 l'est et apériodique car $P_1(i,i) > 0$ pour tout $1 \le i \le m$ car $-1 < A(i,i)/\lambda$. Notons ρ la valeur propre de Perron-Frobenius de P_1. Remarquons que la valeur propre de Perron-Frobenius de A_1 est $s_1 = \lambda(\rho - 1)$. Le théorème 9.26 s'écrit :

$$P_1^n(i,j) = \rho^n w(i)v(j)(1 + \varepsilon_{i,j}(n)) \quad \text{avec} \quad \varepsilon_{i,j}(n) \xrightarrow[n \to +\infty]{} 0.$$

Le même calcul que dans le paragraphe 8.5.2 conduit à :

$$
\begin{aligned}
e^{tA_1}(i,j) &= \sum_{n \ge 0} P_1^n(i,j) e^{-\lambda t} \frac{(\lambda t)^n}{n!} \\
&= \sum_{n \ge 0} \rho^n w(i)v(j) e^{-\lambda t} \frac{(\lambda t)^n}{n!} + \sum_{n \ge 0} \rho^n w(i)v(j) \varepsilon_{i,j}(n) e^{-\lambda t} \frac{(\lambda t)^n}{n!} \\
&= w(i)v(j) \left(e^{-\lambda t} e^{\lambda \rho t} + \sum_{n \ge 0} \rho^n \varepsilon_{i,j}(n) e^{-\lambda t} \frac{(\lambda t)^n}{n!} \right) \\
&= w(i)v(j) e^{s_1 t} \left(1 + \mathbb{E}(\varepsilon_{i,j}(N_t)) \right),
\end{aligned}
$$

où N_t est la fonction de comptage d'un processus de Poisson homogène de paramètre $\lambda\rho$. Nous savons (proposition 2.11) que N_t tend presque-sûrement vers l'infini lorsque t tend vers l'infini et donc $\varepsilon_{i,j}(N_t)$ tend vers 0 presque-sûrement. Le théorème de convergence dominée permet de conclure. ♣

Corollaire 9.28 *Supposons la matrice A_1 irréductible, alors la loi quasi-stationnaire $\tilde{\pi}$ existe et c'est l'unique vecteur propre à gauche de s_1 dont la somme des composantes soit égale à 1 :*

$$\forall j \in \mathcal{M}, \quad \sum_{i \in \mathcal{M}} \tilde{\pi}(i) A_1(i,j) = s_1 \tilde{\pi}(j).$$

♣ *Démonstration* : Nous avons vu dans la démonstration de la proposition 9.24 que :

$$\mathbb{P}(X_t = j / \forall s \le t \; X_s \in \mathcal{M}) = \frac{\mathbb{P}(\tilde{X}_t = j)}{\mathbb{P}(\tilde{X}_t \in \mathcal{M})} = \frac{\sum_{i \in \mathcal{M}} \mu(i) e^{tA_1}(i,j)}{\sum_{i \in \mathcal{M}} \sum_{j \in \mathcal{M}} \mu(i) e^{tA_1}(i,j)}.$$

La proposition 9.27 montre que :

$$\mathbb{P}(X_t = j / \forall s \leq t X_s \in \mathcal{M}) \sim_{t \to +\infty} \frac{\sum_{i \in \mathcal{M}} \mu(i) w(i) v(j) e^{s_1 t}}{\sum_{i \in \mathcal{M}} \sum_{k \in \mathcal{M}} \mu(i) w(i) v(k) e^{s_1 t}} = \frac{v(j)}{\sum_{k \in \mathcal{M}} v(k)},$$

ce qui termine la démonstration. ♣

Nous sommes maintenant en mesure de donner un équivalent à la fiabilité du système et de calculer $\lambda(\infty)$.

Proposition 9.29 *Supposons la matrice A_1 irréductible, notons s_1 sa valeur propre de Perron-Frobenius, v et w des vecteurs propres respectivement à gauche et à droite de A_1 associés à s_1 et tels que $\sum_{i \in E} v(i) w(i) = 1$. Alors la fiabilité $R(t)$ du système vérifie :*

$$R(t) \sim_{t \to +\infty} a_1 e^{s_1 t}, \quad \text{avec} \quad a_1 = \sum_{i \in \mathcal{M}} \mu(i) w(i) \sum_{j \in \mathcal{M}} v(j),$$

et le taux de défaillance asymptotique est :

$$\lambda(\infty) = |s_1|.$$

En outre, supposons de plus que l'ensemble $\mathcal{M}$ ne soit pas absorbant (ou encore qu'il existe $i \in \mathcal{M}$ tel que $\sum_{j \in \mathcal{P}} A(i, j) > 0$), alors :

$$\frac{1}{\lambda(\infty)} = \sum_{i \in \mathcal{M}} \tilde{\pi}(i) \mathbb{E}_i(T) = \mathbb{E}_{\tilde{\pi}}(T),$$

$\tilde{\pi}$ étant la loi quasi-stationnaire et T le premier instant de défaillance du système.

♣ *Démonstration* : Les propositions 9.19 et 9.27 entrainent :

$$R(t) = \sum_{i \in \mathcal{M}} \sum_{j \in \mathcal{M}} \mu(i) e^{t A_1}(i, j) \sim_{t \to +\infty} \sum_{i \in \mathcal{M}} \sum_{j \in \mathcal{M}} \mu(i) w(i) v(j) e^{s_1 t},$$

ce qui démontre la première assertion.

En utilisant la proposition 9.24, la relation $0 = A 1_{m+\ell}$ et le corollaire 9.28, nous obtenons :

$$\lambda(\infty) = \sum_{i \in \mathcal{M}} \sum_{j \in \mathcal{P}} \tilde{\pi}(i) A(i, j) = \tilde{\pi}^T A_{12} 1_\ell = -\tilde{\pi}^T A_1 1_m = -s_1 \tilde{\pi}^T 1_m = -s_1 = |s_1|.$$

Supposons que l'ensemble $\mathcal{M}$ ne soit pas absorbant. Puisque $\tilde{\pi}^T A_1 = s_1 \tilde{\pi}^T$ et que A_1 est inversible d'après la proposition 9.13, nous avons $\tilde{\pi}^T = s_1 \tilde{\pi}^T A_1^{-1}$, donc $1 = \tilde{\pi}^T 1_m = s_1 \tilde{\pi}^T A_1^{-1} 1_m$, ce qui entraine :

$$\frac{1}{\lambda(\infty)} = \frac{1}{-s_1} = -\tilde{\pi}^T A_1^{-1} 1_m.$$

Enfin la proposition 9.15 montre que le vecteur $-A_1^{-1} 1_m$ a pour coordonnées les $\mathbb{E}_i(T)$, ce qui termine la démonstration. ♣

Remarque 9.30 : Pour des systèmes fiables, les ingénieurs ont remarqué que le taux de défaillance asymptotique $\lambda(\infty)$ et le taux de défaillance asymptotique de Vesely $\lambda_V(\infty)$ étaient proches. Or nous venons de voir que :

$$\frac{1}{\lambda(\infty)} = \sum_{i \in \mathcal{M}} \tilde{\pi}(i) \mathbb{E}_i(T),$$

et d'après la proposition 9.18 :

$$\frac{1}{\lambda_V(\infty)} = MUT = \sum_{i \in \mathcal{M}} \nu(i) \mathbb{E}_i(T)$$

pour une certaine probabilité ν (qui est la loi asymptotique de retour dans les états de marche). Pour des systèmes fiables, tous les $\mathbb{E}_i(T)$ pour $i \in \mathcal{M}$ sont proches, ce qui nous conforte dans l'idée que $\lambda(\infty)$ et $\lambda_V(\infty)$ sont proches. Nous reviendrons sur leur comparaison de manière beaucoup plus précise dans le paragraphe 9.4.

Remarque 9.31 : Le fait que la fiabilité $R(t)$ soit équivalente, lorsque t tend vers l'infini, à une expression de la forme $a_1 e^{s_1 t}$ est tout à fait cohérent avec le fait que $s_1 = -\lambda(\infty)$. En effet :

$$R(t) = e^{-\int_0^t \lambda(u)\,du}.$$

Si $\lambda(u)$ converge suffisamment vite vers $\lambda(\infty)$ lorsque u tend vers l'infini (voir à ce propos l'exercice 9.14), alors $\int_0^{+\infty} |\lambda(u) - \lambda(\infty)|\,du < +\infty$ et donc :

$$\int_0^t \lambda(u)\,du = \int_0^t (\lambda(u) - \lambda(\infty))\,du + \lambda(\infty)t = C + \lambda(\infty)t + \varepsilon(t),$$

avec $\lim_{t \to \infty} \varepsilon(t) = 0$. Donc :

$$R(t) = e^{-C} e^{-\lambda(\infty)t} e^{\varepsilon(t)} \sim_{t \to \infty} a e^{-\lambda(\infty)t}.$$

Remarque 9.32 : La proposition 9.29 est fausse si la matrice A_1 n'est pas irréductible. Un contre-exemple est l'objet de l'exercice 9.12.

9.3 Comparaison de systèmes

Considérons un système formé de n composants $C_1, \ldots, C_n$. Le composant C_ℓ peut se trouver dans différents états codés par un ensemble E_ℓ. Posons :

$$E = \prod_\ell E_\ell.$$

Nous supposons que les codages sont faits de telle sorte que l'état de chaque composant est parfaitement connu dès qu'on connait $i = (e_1, \ldots, e_n) \in E$ (voir l'exemple 9.33).

Munissons chaque ensemble E_ℓ d'une relation d'ordre partiel de telle sorte que tout "bon état" soit supérieur à tout état de panne. Cela induit une relation d'ordre partiel sur E. Pour ne pas alourdir les notations, nous notons $\prec$ toutes ces relations d'ordre, cela ne prêtant pas à confusion.

Exemple 9.33 : Considérons deux composants C_1 et C_2 en redondance passive, le composant de secours étant C_2. Alors $E_1 = \{1, 0\}$ (l'état 1 étant l'état de marche et l'état 0 l'état de panne) muni de l'ordre naturel : $0 \prec 1$. Il semble naturel de prendre $E_2 = \{1_a, 1, 0\}$ avec $0 \prec 1$, $0 \prec 1_a$, les états 1 (marche) et 1_a (attente) n'étant pas comparables. Mais on peut également prendre $E_2 = \{1, 0\}$, l'état 1 signifiant que le composant C_2 est en marche ou en attente et l'état 0 qu'il est en panne. Dans ce cas si on connait $i = (e_1, e_2)$ on sait exactement dans quel état se trouve chaque composant, en effet une ambiguïté éventuelle n'apparait que si $e_2 = 1$ mais dans ce cas le composant C_2 est en attente si $e_1 = 1$ et en marche si $e_1 = 0$.

Nous notons comme toujours $\mathcal{M}$ (respectivement $\mathcal{P}$) l'ensemble des états de marche (respectivement de panne) du système "global". Par extension de la terminologie usuelle, nous dirons que **la partition $(\mathcal{M}, \mathcal{P})$ est cohérente** (ou de manière plus concise que **le système est cohérent** si :

- $i_1 \in \mathcal{M}$, $i_1 \prec i_2 \implies i_2 \in \mathcal{M}$,

- $i_1 \in \mathcal{P}$, $i_2 \prec i_1 \implies i_2 \in \mathcal{P}$.

Proposition 9.34 *Considérons deux processus markoviens de sauts (X_t^1) et (X_t^2) à valeurs dans E qui modélisent respectivement l'évolution au cours du temps de deux systèmes S_1 et S_2 qui ont même ensemble d'états de marche $\mathcal{M}$ et même ensemble d'états de panne $\mathcal{P}$. On suppose que E est muni d'une relation d'ordre partiel $\prec$, que $(X_t^1) \prec_{st} (X_t^2)$ et que la partition $(\mathcal{M}, \mathcal{P})$ est cohérente.*

Notons D_k, R_k et $MTTF_k$ respectivement la disponibilité, la fiabilité et le MTTF du système S_k. Alors, pour tout $t \geq 0$:

$$D_1(t) \leq D_2(t), \quad R_1(t) \leq R_2(t), \quad MTTF_1 \leq MTTF_2.$$

♣ *Démonstration* : Soit $(\tilde{X}_t^1, \tilde{X}_t^2)$ un couplage des processus (X_t^1) et (X_t^2) (voir la définition 8.54). Nous avons donc presque-sûrement, pour tout t, $\tilde{X}_t^1 \prec \tilde{X}_t^2$, et par suite, la partition $(\mathcal{M}, \mathcal{P})$ étant cohérente :

$$\tilde{X}_t^1 \in \mathcal{M} \implies \tilde{X}_t^2 \in \mathcal{M},$$

$$\tilde{X}_t^2 \in \mathcal{P} \implies \tilde{X}_t^1 \in \mathcal{P},$$

$$T_1 = \inf\{t : \tilde{X}_t^1 \in \mathcal{P}\} \leq T_2 = \inf\{t : \tilde{X}_t^2 \in \mathcal{P}\}.$$

Les résultats en découlent immédiatement. ♣

Cette proposition permet de comparer du point de vue sûreté de fonctionnement deux systèmes de même "topologie" ayant des états initiaux différents et/ou des taux de panne et de réparation différents. Nous allons illustrer cela par un exemple simple. Un cas plus général (incluant des possibilités de mode commun et de redondances passives avec refus de démarrage) est traité dans [26].

Supposons que, pour tout $1 \leq \ell \leq n$, $E_\ell = \{1, 0\}$. Pour $i = (e_1, \ldots e_n) \in E$, notons $i^{\ell,1}$ et $i^{\ell,0}$ les éléments de E définis par :

$$i^{\ell,1}(p) = \begin{cases} e_p & \text{si } p \neq \ell \\ 1 & \text{si } p = \ell \end{cases}, \quad i^{\ell,0}(p) = \begin{cases} e_p & \text{si } p \neq \ell \\ 0 & \text{si } p = \ell \end{cases}.$$

Nous supposons qu'il n'y pas de défaillance de mode commun et que le taux de défaillance (respectivement de réparation) du composant C_ℓ est $\lambda_k(\ell, i)$ (respectivement $\mu_k(\ell, i)$) lorsque ce composant appartient au système S_k et que le système S_k est dans l'état i. Nous faisons la convention que $\lambda_k(\ell, i) = 0$ si $i(\ell) = e_\ell = 0$ et que $\mu_k(\ell, i) = 0$ si $i(\ell) = e_\ell = 1$. Plus précisément, le comportement du système S_k est modélisé par un processus markovien de sauts dont les éléments non nuls et non diagonaux de sa matrice génératrice A_k sont :

$$A_k(i, i^{\ell,0}) = \lambda_k(\ell, i), \quad A_k(i, i^{\ell,1}) = \mu_k(\ell, i).$$

Définissons la matrice génératrice A d'un processus à valeurs dans $E \times E$ par :

$$
\begin{aligned}
A((i_1, i_2), (i_1^{\ell,0}, i_2^{\ell,0})) &= \lambda_1(\ell, i_1) \wedge \lambda_2(\ell, i_2), \\
A((i_1, i_2), (i_1^{\ell,0}, i_2)) &= \lambda_1(\ell, i_1) - \lambda_1(\ell, i_1) \wedge \lambda_2(\ell, i_2), \\
A((i_1, i_2), (i_1, i_2^{\ell,0})) &= \lambda_2(\ell, i_2) - \lambda_1(\ell, i_1) \wedge \lambda_2(\ell, i_2), \\
A((i_1, i_2), (i_1^{\ell,1}, i_2^{\ell,1})) &= \mu_1(\ell, i_1) \wedge \mu_2(\ell, i_2), \\
A((i_1, i_2), (i_1^{\ell,1}, i_2)) &= \mu_1(\ell, i_1) - \mu_1(\ell, i_1) \wedge \mu_2(\ell, i_2), \\
A((i_1, i_2), (i_1, i_2^{\ell,1})) &= \mu_2(\ell, i_2) - \mu_1(\ell, i_1) \wedge \mu_2(\ell, i_2), \\
A((i_1, i_2), (j_1, j_2)) &= 0 \quad \text{pour les autres } (j_1, j_2) \neq (i_1, i_2).
\end{aligned}
$$

Il n'est pas difficile de vérifier à l'aide de la proposition 8.55 que la matrice génératrice A est un couplage des matrices génératrices A_1 et A_2.

Proposition 9.35 *Reprenons les notations ci-dessus et supposons que les conditions suivantes soient satisfaites :*

1. $X_0^1 \prec_{st} X_0^2$,

2. pour tous $i_1 \prec i_2$ et tout $1 \leq \ell \leq n$:

$$
\begin{aligned}
\lambda_2(\ell, i_2) &\leq \lambda_1(\ell, i_1) \quad \text{lorsque } i_1(\ell) = 1(= i_2(\ell)), \\
\mu_1(\ell, i_1) &\leq \mu_2(\ell, i_2) \quad \text{lorsque } i_2(\ell) = 0(= i_1(\ell)).
\end{aligned}
$$

Alors :

$$(X_t^1) \prec_{st} (X_t^2).$$

Par conséquent si la partition $(\mathcal{M}, \mathcal{P})$ est cohérente et si $X_0^1 \prec_{st} X_0^2$, alors :

$$D_1(t) \leq D_2(t), \quad R_1(t) \leq R_2(t), \quad MTTF_1 \leq MTTF_2.$$

♣ *Démonstration* : Cette proposition est une conséquence des propositions 8.58 et 9.34. Pour appliquer la proposition 8.58 il suffit de vérifier que, si $i_1 \prec i_2$, on a : $A((i_1, i_2), (i_1, i_2^{\ell, 0})) = 0$ si $i_1(\ell) = i_2(\ell) = 1$ ce qui est vrai puisque $\lambda_1(\ell, i_1) \geq \lambda_2(\ell, i_2)$, et que $A((i_1, i_2), (i_1^{\ell, 1}, i_2)) = 0$ si $i_1(\ell) = i_2(\ell) = 0$, ce qui découle de la relation $\mu_1(\ell, i_1) \leq \mu_2(\ell, i_2)$. ♣

Corollaire 9.36 *Considérons un système cohérent qui fonctionne comme l'un des systèmes S_k décrit ci-dessus. Rappelons que $\lambda(\ell, i)$ (respectivement $\mu(\ell, i)$) est le taux de défaillance (respectivement le taux de réparation) du composant C_ℓ lorsque le système est dans l'état i. Supposons que pour tout $1 \leq \ell \leq n$, la fonction $i \to \lambda(\ell, i)$ soit décroissante sur l'ensemble $\{i : i(\ell) = 1\}$ et que la fonction $i \to \mu(\ell, i)$ soit croissante sur l'ensemble $\{i : i(\ell) = 0\}$. Alors la disponibilité du système, sa fiabilité et son MTTF sont des fonctions croissantes de l'état initial.*

Corollaire 9.37 *Un système satisfaisant aux hypothèses du corollaire 9.36 et pour lequel l'état initial est l'état de marche parfaite $(1, \ldots, 1)$ est NBU, c'est-à-dire que $R(t + s) \leq R(t)R(s)$, en particulier :*

$$R(t) \geq e^{-\lambda(\infty)t}$$

($\lambda(\infty)$ étant le taux de défaillance asymptotique du système).

♣ *Démonstration* : Notons $i_0 = (1, \ldots, 1)$ l'état de marche parfaite. En appliquant la propriété de Markov faible à l'instant t nous obtenons :

$$
\begin{aligned}
R(t + s) &= \mathbb{P}_{i_0}(\forall u \leq s + t \; X_u \in \mathcal{M}) \\
&= \sum_{i \in \mathcal{M}} \mathbb{P}_{i_0}(\forall u \leq t \; X_u \in \mathcal{M}, X_t = i, \forall v \leq s \; X_v \circ \theta_t \in \mathcal{M}) \\
&= \sum_{i \in \mathcal{M}} \mathbb{P}_{i_0}(\forall u \leq t \; X_u \in \mathcal{M}, X_t = i)\mathbb{P}_i(\forall v \leq s \; X_v \in \mathcal{M}).
\end{aligned}
$$

Mais d'après le corollaire 9.36 :

$$\mathbb{P}_i(\forall v \leq s \; X_v \in \mathcal{M}) \leq \mathbb{P}_{i_0}(\forall v \leq s \; X_v \in \mathcal{M}) = R(s),$$

d'où :

$$R(t + s) \leq R(s) \sum_{i \in \mathcal{M}} \mathbb{P}_{i_0}(\forall u \leq t \; X_u \in \mathcal{M}, X_t = i) = R(s)R(t).$$

La fin de la démonstration est une conséquence de la proposition 1.10. ♣

9.4   A propos du taux de Vesely

Nous considérons toujours un système dont l'évolution peut être décrite par un processus markovien de sauts (X_t) *irréductible* à valeurs dans un ensemble fini et de matrice génératrice A. Notons T le premier instant de panne du système.

Revenons sur l'approximation de Vesely (introduite dans le paragraphe 7.3.4) qui consiste à remplacer le taux de défaillance, qui s'écrit ici :

$$\lambda(t) = \lim_{\Delta \to 0_+} \frac{1}{\Delta} \mathbb{P}(T \leq t + \Delta / T > t) = \lim_{\Delta \to 0_+} \frac{1}{\Delta} \mathbb{P}(X_{t+\Delta} \in \mathcal{P} / \forall s \leq t \; X_s \in \mathcal{M})$$

(car la probabilité pour qu'il y ait plus d'un événement dans l'intervalle de temps $]t, t + \Delta]$ est en $o(\Delta)$ d'après l'exercice 8.3), par :

$$\lambda_V(t) = \lim_{\Delta \to 0_+} \frac{1}{\Delta} \mathbb{P}(X_{t+\Delta} \in \mathcal{P} / X_t \in \mathcal{M}).$$

Remarquons que :

$$
\begin{aligned}
\lambda_V(t) &= \frac{1}{\mathbb{P}(X_t \in \mathcal{M})} \lim_{\Delta \to 0_+} \frac{1}{\Delta} \sum_{i \in \mathcal{M}} \sum_{j \in \mathcal{P}} \mathbb{P}(X_t = i, X_{t+\Delta} = j) \\
&= \frac{1}{D(t)} \sum_{i \in \mathcal{M}} \mathbb{P}(X_t = i) \sum_{j \in \mathcal{P}} \lim_{\Delta \to 0_+} \frac{1}{\Delta} \mathbb{P}(X_{t+\Delta} = j / X_t = i) \\
&= \frac{1}{D(t)} \sum_{i \in \mathcal{M}} \mathbb{P}(X_t = i) \sum_{j \in \mathcal{P}} A(i, j).
\end{aligned}
\tag{9.11}
$$

Posons, pour $i \in \mathcal{M}$:

$$\alpha(i) = \sum_{j \in \mathcal{P}} A(i, j),$$

et notons π la loi stationnaire du processus (X_t). Nous obtenons :

$$\lambda_V(\infty) = \frac{1}{\pi(\mathcal{M})} \sum_{i \in \mathcal{M}} \pi(i) \sum_{j \in \mathcal{P}} A(i, j) = \sum_{i \in \mathcal{M}} \frac{\pi(i)}{\pi(\mathcal{M})} \alpha(i). \tag{9.12}$$

Les états $i \in \mathcal{M}$ tels que $\alpha(i) = \sum_{j \in \mathcal{P}} A(i, j) \neq 0$ sont appelés états de marche critiques car ce sont les états qui conduisent à la panne en une seule transition. C'est pourquoi l'approximation de Vesely s'appelle également **méthode des états de marche critique**.

Nous allons chercher à expliquer pourquoi $\lambda_V(t)$ est proche de $\lambda(t)$ pour t grand et pour cela nous allons comparer les quantités $\lambda_V(\infty) = \lim_{t \to +\infty} \lambda_V(t)$ et $\lambda(\infty) = \lim_{t \to +\infty} \lambda(t)$.

Pourquoi ne comparer que $\lambda(\infty)$ et $\lambda_V(\infty)$? La première raison est qu'il est à première vue surprenant que les deux taux soient proches pour t grand et que nous voulons comprendre pourquoi. La deuxième raison est pragmatique : comme nous le verrons dans les paragraphes suivants, il est plus facile de travailler avec ceux-ci qu'avec $\lambda(t)$ et $\lambda_V(t)$. La troisième raison provient du corollaire 9.37 (rappelons que le résultat qu'il donne est valable pour des systèmes plus généraux que ceux auxquels ce corollaire fait référence - voir [26]). En effet $e^{-\lambda(\infty)t}$ est alors une estimation pessimiste de la fiabilité qui est précise pour des systèmes fiables dès que t n'est pas "trop petit". Par conséquent il est naturel de considérer l'approximation de Vesely modifiée qui consiste à calculer $e^{-\lambda_V(\infty)t}$ et de se contenter de comparer $\lambda(\infty)$ et $\lambda_V(\infty)$.

L'exposé qui va suivre est une version simplifiée, car adaptée aux processus markoviens de sauts irréductibles à valeurs dans un espace fini, de l'article [24].

9.4.1 Différentes expressions du taux de défaillance

Soit (X_t^0) le processus markovien de sauts de même loi initiale que (X_t) et obtenu en supprimant les transitions des états de marche vers les états de panne. Il est donc associé à la matrice génératrice A^0 définie pour i et j dans $\mathcal{M}$ par :

$$A^0(i,j) = A(i,j) \ \text{si} \ i \neq j, \quad A^0(i,i) = \sum_{\substack{j \in \mathcal{M} \\ j \neq i}} A(i,j).$$

La proposition ci-dessous est à la base de tous les calculs.

Proposition 9.38 *Supposons la loi initiale portée par $\mathcal{M}$ et soit*

$$T = \inf\{t : X_t \in \mathcal{P}\}.$$

Etant donné $t > 0$, pour tous $0 \leq t_1 < t_2 < \cdots < t_k$, et $i_1, \ldots, i_k$ des points de $\mathcal{M}$, nous avons :

$$\mathbb{P}(X_{t_1} = i_1, \ldots, X_{t_k} = i_k, T > t) = \mathbb{E}\left(1_{\{X_{t_1}^0 = i_1, \ldots, X_{t_k}^0 = i_k\}} e^{-\int_0^t \alpha(X_s^0)\,ds} \right),$$

avec, pour tout $i \in \mathcal{M}$:

$$\alpha(i) = \sum_{j \in \mathcal{P}} A(i,j).$$

♣ *Démonstration* : Notons $(Z_n)_{n \geq 0}$ la chaine de Markov immergée associée au processus (X_t) (définie dans le théorème 8.3), Q sa matrice de transition et $(T_n)_{n \geq 1}$ les instants successifs de saut du processus (X_t). Soit Q_0 la matrice de transition de la chaine immergée associée au processus (X_t^0). Posons :

$$q(i) = |A(i,i)|, \quad q_0(i) = |A^0(i,i)|.$$

Nous avons, pour i et j dans $\mathcal{M}$:

$$q(i)Q(i,j) = A(i,j)1_{\{i \neq j\}} = A^0(i,j)1_{\{i \neq j\}} = q_0(i)Q_0(i,j),$$

$$q(i) = q_0(i) + \alpha(i).$$

On peut supposer, sans perdre de généralité, que $X_0 = X_0^0 = i_0 \in \mathcal{M}$. Le théorème 8.3 et les relations ci-dessus permettent d'écrire :

$$\mathbb{P}_{i_0}(X_{t_1} = i_1, \cdots, X_{t_k} = i_k, T > t)$$

$$= \sum_{0 \leq n_1 \leq \cdots \leq n_k \leq n} \mathbb{P}_{i_0}(Z_{n_1} = i_1, T_{n_1} \leq t_1 < T_{n_1+1}, \cdots, Z_{n_k} = i_k, T_{n_k} \leq t_k < T_{n_k+1},$$

$$T_n \leq t < T_{n+1}, T > t)$$

$$= \sum_{0 \leq n_1 \leq \cdots \leq n_k \leq n} \sum_{x_{i,j} \in \mathcal{M}} \mathbb{P}_{i_0}(Z_1 = x_{1,1}, \cdots, Z_{n_1-1} = x_{1,n_1-1}, Z_{n_1} = i_1,$$

$$Z_{n_1+1} = x_{2,1}, \cdots, Z_{n_2-1} = x_{2,n_2-n_1-1}, Z_{n_2} = i_2, \cdots, Z_{n_{k-1}+1} = x_{k,1}, \cdots,$$

$$Z_{n_k-1} = x_{k,n_k-n_{k-1}-1}, Z_{n_k} = i_k, Z_{n_k+1} = x_{k+1,1}, \cdots, Z_{n-1} = x_{k+1,n-n_k-1},$$

$$T_{n_1} \leq t_1 < T_{n_1+1}, \cdots, T_n \leq t < T_{n+1})$$

$$= \sum_{0 \leq n_1 \leq \cdots \leq n_k \leq n} \sum_{x_{i,j} \in \mathcal{M}} \int Q(i_0, x_{1,1})q(i_0)e^{-q(i_1)u_1} Q(x_{1,1}, x_{1,2})q(x_{1,1})e^{-q(x_{1,1})u_2}$$

$$\cdots Q(x_{1,n_1-1}, i_1)q(x_{1,n_1-1})e^{-q(x_{1,n_1-1})u_{n_1}} Q(i_1, x_{2,1})q(i_1)e^{-q(i_1)u_{n_1+1}}$$

$$\cdots Q(x_{k+1,n-n_k-2}, x_{k+1,n-n_k-1})q(x_{k+1,n-n_k-2})e^{-q(x_{k+1,n-n_k-2})u_n}$$

$$1_{\{u_1+\cdots+u_{n_1} \leq t_1 < u_1+\cdots+u_{n_1+1}, \cdots, u_1+\cdots+u_{n_k} \leq t_k < u_1+\cdots+u_{n_k+1}, u_1+\cdots+u_n \leq t\}}$$

$$e^{-q(x_{k+1,n-n_k-1})(t-u_n)} du_1 \cdots du_n$$

$$= \sum_{0 \leq n_1 \leq \cdots \leq n_k \leq n} \sum_{x_{i,j} \in \mathcal{M}} \int Q_0(i_0, x_{1,1})q_0(i_0)e^{-q_0(i_1)u_1} Q_0(x_{1,1}, x_{1,2})q_0(x_{1,1})$$

$$e^{-q_0(x_{1,1})u_2} \cdots Q_0(x_{1,n_1-1}, i_1)q_0(x_{1,n_1-1})e^{-q_0(x_{1,n_1-1})u_{n_1}} Q_0(i_1, x_{2,1})q_0(i_1)$$

$$e^{-q_0(i_1)u_{n_1+1}} \cdots Q_0(x_{k+1,n-n_k-2}, x_{k+1,n-n_k-1})q_0(x_{k+1,n-n_k-2})$$

$$e^{-q_0(x_{k+1,n-n_k-2})u_n} 1_{\{u_1+\cdots+u_{n_1} \leq t_1 < u_1+\cdots+u_{n_1+1}, \cdots, u_1+\cdots+u_{n_k} \leq t_k < u_1+\cdots+u_{n_k+1}\}}$$

$$1_{\{u_1+\cdots+u_n \leq t\}} e^{-q_0(x_{k+1,n-n_k-1})(t-u_n)} \exp\left(-(\alpha(i_1)u_1 + \alpha(x_{1,1})u_2 + \cdots\right.$$

$$\left. +\alpha(x_{k+1,n-n_k-2})u_n + \alpha(x_{k+1,n-n_k-1})(t - u_n)\right) du_1 \cdots du_n$$

$$= \mathbb{E}_{i_0}\left(1_{\{X_{t_1}^0 = i_1, \ldots, X_{t_k}^0 = i_k\}} e^{-\int_0^t \alpha(X_s^0) ds}\right). \quad \clubsuit$$

Remarque 9.39 : La proposition 9.38 entraine que :

$$\mathbb{P}(T > t) \leq e^{-\max_i \alpha(i)t},$$

c'est-à-dire que la variable aléatoire T est stochastiquement inférieure à une variable aléatoire de loi exponentielle de paramètre $\max_i \alpha(i)$, ce qui est intuitivement bien naturel.

Lemme 9.40 ([24] lemme 3.1)

Supposons la loi initiale portée par $\mathcal{M}$, alors :

$$\lambda(t) = \frac{\mathbb{E}\left(\alpha(X_t^0)e^{-\int_0^t \alpha(X_s^0) ds}\right)}{\mathbb{E}\left(e^{-\int_0^t \alpha(X_s^0) ds}\right)}.$$

♣ *Démonstration* : La proposition 9.38 donne :

$$\mathbb{P}(T > t) = \mathbb{E}\left(e^{-\int_0^t \alpha(X_s^0) ds}\right),$$

or la fonction $s \to \alpha(X_s^0)$ étant continue à droite (presque-sûrement), la fonction $t \to \int_0^t \alpha(X_s^0)\, ds$ est dérivable à droite (presque-sûrement). Le résultat en découle. ♣

Désormais nous supposons que le processus (X_t^0) est récurrent et que la loi initiale du processus (X_t) est portée par $\mathcal{M}$.

Choisissons un état e_0 de $\mathcal{M}$. Dans les applications, il sera judicieux de prendre pour e_0 un état dans lequel le processus (X_t) revient "rapidement", en général ce sera l'état de marche parfaite (dans lequel tous les composants du système sont en marche ou en attente). Soit S^0 le premier instant de retour à e_0 du processus (X_t^0) :

$$S^0 = \inf\{t : X_{t_-} \neq e_0, X_t = e_0\}.$$

Proposition 9.41 *Il existe $\kappa > 0$ tel que :*

$$\mathbb{E}_{e_0}\left(e^{-\int_0^{S^0}(\alpha(X_u^0)-\kappa)\, du}\right) = 1, \tag{9.13}$$

et :

$$\lambda(\infty) = \kappa = \sum_{i \in \mathcal{M}} \alpha(i)\tilde{\pi}(i),$$

où $\tilde{\pi}$ est la loi quasi-stationnaire relativement à l'ensemble $\mathcal{M}$.

L'existence de κ et l'égalité $\lambda(\infty) = \kappa$ sont des conséquences de résultats figurant dans [28]. En effet si S désigne le premier instant de retour à e_0 du processus (X_t), une démonstration analogue à celle de la proposition 9.38 montre que pour tout a :

$$\mathbb{E}_{e_0}\left(e^{-\int_0^{S^0}(\alpha(X_u^0)-a)\, du}\right) = \mathbb{E}_{e_0}\left(e^{aS}1_{\{S<T\}}\right),$$

et l'existence de κ est la propriété de r-récurrence évoquée dans [28] avec $\kappa = -r$.

L'égalité $\lambda(\infty) = \sum_{i \in \mathcal{M}} \alpha(i)\tilde{\pi}(i)$ se trouve dans [27].

Nous allons donner ci-dessous une démonstration partielle de ces résultats qui suit [24] (démonstration du théorème 3.2).

♣ *Démonstration partielle de la proposition 9.41* : Nous admettons l'existence de κ vérifiant (9.13), nous admettons également que $\mathbb{E}(e^{\kappa S^0}) < +\infty$ et nous supposons de plus qu'il existe $a > \kappa$ tel que :

$$\mathbb{E}_{e_0}(e^{aS^0}) < +\infty. \tag{9.14}$$

Le lemme 9.40 donne :

$$\lambda(t) = \frac{\mathbb{E}\left(\alpha(X_t^0)e^{-\int_0^t(\alpha(X_s^0)-\kappa)\, ds}\right)}{\mathbb{E}\left(e^{-\int_0^t(\alpha(X_s^0)-\kappa)\, ds}\right)}. \tag{9.15}$$

Soit h une fonction positive définie sur $\mathcal{M}$ (et bornée puisque l'ensemble $\mathcal{M}$ est fini). Montrons, en utilisant le théorème de renouvellement, que la fonction f définie par :

$$f(t) = \mathbb{E}\left(h(X_t^0) e^{-\int_0^t (\alpha(X_s^0) - \kappa)\, ds} \right)$$

admet une limite lorsque t tend vers l'infini et explicitons-la. Posons :

$$f_0(t) = \mathbb{E}_{e_0}\left(h(X_t^0) e^{-\int_0^t (\alpha(X_s^0) - \kappa)\, ds} \right).$$

En appliquant la propriété de Markov forte à l'instant S^0, il vient :

$$f(t) = \mathbb{E}\left(h(X_t^0) e^{-\int_0^t (\alpha(X_s^0) - \kappa)\, ds} 1_{\{t < S^0\}} \right) + \mathbb{E}\left(h(X_t^0) e^{-\int_0^t (\alpha(X_s^0) - \kappa)\, ds} 1_{\{S^0 \le t\}} \right)$$

$$= \mathbb{E}\left(h(X_t^0) e^{-\int_0^t (\alpha(X_s^0) - \kappa)\, ds} 1_{\{t < S^0\}} \right)$$

$$+ \mathbb{E}\left(\mathbb{E}\left(1_{\{S^0 \le t\}} h(X_{t-S^0}^0 \circ \theta_{S^0}) e^{-\int_0^{S^0} (\alpha(X_s^0) - \kappa)\, ds} e^{-\int_{S^0}^t (\alpha(X_s^0) - \kappa)\, ds} / \mathcal{F}_{S^0} \right) \right)$$

$$= \mathbb{E}\left(h(X_t^0) e^{-\int_0^t (\alpha(X_s^0) - \kappa)\, ds} 1_{\{t < S^0\}} \right) + \mathbb{E}\left(1_{\{S^0 \le t\}} e^{-\int_0^{S^0} (\alpha(X_s^0) - \kappa)\, ds} f_0(t - S^0) \right).$$

Posons :

$$g(t) = \mathbb{E}\left(h(X_t^0) e^{-\int_0^t (\alpha(X_s^0) - \kappa)\, ds} 1_{\{t < S^0\}} \right),$$

$$g_0(t) = \mathbb{E}_{e_0}\left(h(X_t^0) e^{-\int_0^t (\alpha(X_s^0) - \kappa)\, ds} 1_{\{t < S^0\}} \right),$$

et définissons la mesure finie ν et la probabilité ν_0 par :

$$\nu(A) = \mathbb{E}\left(1_{\{S^0 \in A\}} e^{-\int_0^{S^0} (\alpha(X_s^0) - \kappa)\, ds} \right),$$

$$\nu_0(A) = \mathbb{E}_{e_0}\left(1_{\{S^0 \in A\}} e^{-\int_0^{S^0} (\alpha(X_s^0) - \kappa)\, ds} \right).$$

Nous obtenons :

$$f(t) = g(t) + \int_0^t f_0(t - s)\, d\nu(s), \tag{9.16}$$

et de même :

$$f_0(t) = g_0(t) + \int_0^t f_0(t - s)\, d\nu_0(s). \tag{9.17}$$

En outre :

$$g(t) \le \|h\|_\infty e^{\kappa t} \mathbb{P}(t < S^0) \le \|h\|_\infty \mathbb{E}(e^{\kappa S^0} 1_{\{t < S^0\}}),$$

$$g_0(t) \le \|h\|_\infty \mathbb{E}_{e_0}(e^{\kappa S^0} 1_{\{t < S^0\}}) = g_1(t),$$

donc, d'après (9.14), la fonction g tend vers 0 à l'infini et la fonction g_1 est intégrable et tend vers 0 à l'infini. D'autre part, sous $X_0^0 = e_0$, la loi de S^0 est étalée d'après le lemme 8.38, il en est donc de même pour la probabilité

ν_0. Enfin, toujours d'après (9.14), la probabilité ν_0 est d'espérance m finie. L'équation (9.17) et le théorème 6.61 entrainent que :

$$f_0(t) \xrightarrow[t \to +\infty]{} \frac{1}{m} \int_0^{+\infty} g_0(t)\, dt = \frac{1}{m} \mathbb{E}_{e_0}\left(\int_0^{S^0} h(X_t^0) e^{-\int_0^t \alpha(X_s^0) - \kappa)\, ds}\, \right),$$

et en faisant tendre t vers l'infini dans l'équation (9.16), il vient :

$$f(t) \xrightarrow[t \to +\infty]{} \frac{\nu(\mathbb{R}_+)}{m} \int_0^{+\infty} g_0(t)\, dt = \frac{\nu(\mathbb{R}_+)}{m} \mathbb{E}_{e_0}\left(\int_0^{S^0} h(X_t^0) e^{-\int_0^t \alpha(X_s^0) - \kappa)\, ds}\, \right), \tag{9.18}$$

En prenant successivement $h = \alpha$ et $h = 1$ et en passant à la limite dans (9.15), nous obtenons :

$$\lambda(\infty) = \frac{\mathbb{E}_{e_0}\left(\int_0^{S^0} \alpha(X_t^0) e^{-\int_0^t (\alpha(X_s^0) - \kappa)\, ds}\, dt \right)}{\mathbb{E}_{e_0}\left(\int_0^{S^0} e^{-\int_0^t (\alpha(X_s^0) - \kappa)\, ds}\, dt \right)} . \tag{9.19}$$

Une intégration par parties conduit à :

$$\int_0^{S^0} \alpha(X_t^0) e^{-\int_0^t (\alpha(X_s^0) - \kappa)\, ds}\, dt = \int_0^{S^0} e^{\kappa t}\, d\left(-e^{-\int_0^t \alpha(X_s^0)\, ds}\right)$$

$$= -e^{\kappa S^0} e^{-\int_0^{S^0} \alpha(X_s^0)\, ds} + 1 + \kappa \int_0^{S^0} e^{-\int_0^t (\alpha(X_s^0) - \kappa)\, ds},$$

d'où, en utilisant la propriété (9.13) :

$$\mathbb{E}_{e_0}\left(\int_0^{S^0} \alpha(X_t^0) e^{-\int_0^t \alpha(X_s^0)\, ds}\, dt \right) = -1 + 1 + \kappa\, \mathbb{E}_{e_0}\left(\int_0^{S^0} e^{-\int_0^t (\alpha(X_s^0) - \kappa)\, ds} \right),$$

et en reportant dans (9.19) nous obtenons $\lambda(\infty) = \kappa$.

Posons pour $i \in \mathcal{M}$:

$$\tilde{\pi}(i) = \frac{\mathbb{E}_{e_0}\left(\int_0^{S^0} 1_{\{X_t^0 = i\}} e^{-\int_0^t (\alpha(X_s^0) - \kappa)\, ds}\, dt \right)}{\mathbb{E}_{e_0}\left(\int_0^{S^0} \alpha(X_t^0) e^{-\int_0^t (\alpha(X_s^0) - \kappa)\, ds}\, dt \right)},$$

la formule (9.19) devient :

$$\lambda(\infty) = \sum_i \alpha(i)\tilde{\pi}(i).$$

Montrons que $\tilde{\pi}$ est la loi quasi-stationnaire relativement à $\mathcal{M}$. La proposition 9.38 donne :

$$\mathbb{P}(X_t = i\,/\,\forall s \leq t\ X_s \in \mathcal{M}) = \frac{\mathbb{P}(X_t = i, T > t)}{\mathbb{P}(T > t)}$$

$$= \frac{\mathbb{E}\left(1_{\{X_t^0 = i\}} e^{-\int_0^t \alpha(X_s^0)\, ds} \right)}{\mathbb{E}\left(e^{-\int_0^t \alpha(X_s^0)\, ds} \right)}$$

$$= \frac{\mathbb{E}\left(1_{\{X_t^0 = i\}} e^{-\int_0^t (\alpha(X_s^0) - \kappa)\, ds} \right)}{\mathbb{E}\left(e^{-\int_0^t (\alpha(X_s^0) - \kappa)\, ds} \right)} .$$

Il ne reste plus qu'à passer à la limite au numérateur et au dénominateur en appliquant (9.18) avec $h = 1_{\{i\}}$ puis $h = 1$. ♣

9.4.2 Majoration du taux de défaillance asymptotique

Corollaire 9.42 ([24] proposition 3.3)
Soit π^0 la loi stationnaire du processus (X_t^0). Alors :

$$\lambda(\infty) \leq \lambda^0 \stackrel{déf}{=} \frac{\mathbb{E}_{e_0}\left(\int_0^{S^0} \alpha(X_s^0)\,ds\right)}{\mathbb{E}_{e_0}(S^0)} = \sum_i \alpha(i)\pi^0(i).$$

♣ *Démonstration* : Rappelons l'inégalité de Jensen : si φ est une fonction convexe définie sur $\mathbb{R}$ et Y une variable aléatoire réelle, alors :

$$\varphi(\mathbb{E}(Y)) \leq \mathbb{E}(\varphi(Y)).$$

Utilisons cette inégalité avec $\varphi(x) = e^x$ et $Y = -\int_0^{S^0}(\alpha(X_s^0) - \kappa)\,ds$, il vient :

$$e^{\mathbb{E}_{e_0}(-\int_0^{S^0}(\alpha(X_s^0)-\kappa)\,ds)} \leq \mathbb{E}_{e_0}\left(e^{-\int_0^{S^0}(\alpha(X_s^0)-\kappa)\,ds}\right) = 1,$$

donc $\mathbb{E}_{e_0}(\int_0^{S^0}(\alpha(X_s^0) - \kappa)\,ds \geq 0$, ce qui s'écrit encore :

$$\kappa \leq \frac{\mathbb{E}_{e_0}\left(\int_0^{S^0} \alpha(X_s^0)\,ds\right)}{\mathbb{E}_{e_0}(S^0)}.$$

Il suffit alors d'appliquer la proposition 9.41 pour obtenir l'inégalité cherchée.
L'égalité $\lambda^0 = \sum_i \alpha(i)\pi^0(i)$ provient du théorème 8.37. ♣

Proposition 9.43 ([24] lemme 3.7)
Si la loi stationnaire π du processus (X_t) est réversible, alors :

$$\forall i \in \mathcal{M} \quad \pi^0(i) = \frac{\pi(i)}{\pi(\mathcal{M})},$$

$$\lambda^0 = \lambda_V(\infty), \quad \lambda(\infty) \leq \lambda_V(\infty).$$

♣ *Démonstration* : Fixons un élément j_0 dans $\mathcal{M}$ (par exemple $j_0 = e_0$). Soit $j \in \mathcal{M}$. Le processus (X_t^0) étant irréductible, nous pouvons trouver $j_0 = i_1, i_2, \cdots, i_{n-1}, i_n = j$ dans $\mathcal{M}$ tels que $A(j_0, i_2)A(i_2, i_3) \cdots A(i_{n-1}, j) > 0$. En outre l'irréductibilité et la réversibilité du processus (X_t) donnent :

$$\pi(i) > 0, \quad \text{et} \quad A(i, j) > 0 \Leftrightarrow A(j, i) > 0.$$

Nous pouvons donc définir la fonction φ par :

$$\varphi(j) = \frac{A(j_0, i_2)A(i_2, i_3) \cdots A(i_{n-1}, j)}{A(i_2, j_0)A(i_3, i_2) \cdots A(j, i_{n-1})}.$$

La réversibilité de π entraine que $\pi(j) = \varphi(j)\,\pi(j_0)$. Définissons la probabilité m^0 par $m^0(j) = \varphi(j)m^0(j_0)$ (remarquer que cette formule définit entièrement m^0 lorsqu'on lui impose d'être une probabilité). Pour j et k dans $\mathcal{M}$, nous avons :

$$\frac{m^0(j)}{m^0(k)} = \frac{\varphi(j)}{\varphi(k)} = \frac{\pi(j)}{\pi(k)} = \frac{A(k,j)}{A(j,k)} = \frac{A^0(k,j)}{A^0(j,k)} \, ,$$

ou encore $m^0(j)A^0(j,k) = m^0(k)A^0(k,j)$. La probabilité m^0 est donc réversible pour le processus (X_t^0), elle est donc stationnaire et égale à π^0. Or la probabilité $m^0 = \pi^0$ et la mesure π restreinte à $\mathcal{M}$ sont proportionnelles (par construction de m^0) et par conséquent sur $\mathcal{M}$:

$$\pi^0(\cdot) = \frac{\pi(\cdot)}{\pi(\mathcal{M})} \, .$$

On achève alors la démonstration en appliquant la formule (9.12) et le corollaire 9.42. ♣

L'utilisation du taux de Vesely à la place du taux de défaillance réel est particulièrement intéressante lorsque les composants constituant le système étudié sont indépendants car le taux de Vesely se calcule alors facilement (se reporter au paragraphe 7.3.4).

Pour pouvoir appliquer la modélisation markovienne dans ce cas il est nécessaire que les taux de défaillance et les taux de réparation des composants soient constants. Si tel est le cas et si aucun de ces taux n'est nul, il n'est pas difficile de voir que les processus (X_t) et (X_t^0) sont irréductibles et que le processus (X_t) est réversible. Le corollaire 9.37 et les proposition 9.43 et 9.18 donnent :

Théorème 9.44 *Considérons un système cohérent formé de composants indépendants dont les taux de défaillance et de réparation sont constants et non nuls et dont l'état initial est l'état de marche parfaite. Alors la fiabilité $R(t)$ du système vérifie :*

$$R(t) \geq e^{-\lambda(\infty)t} \geq e^{-\lambda_V(\infty)t} = e^{-t/MUT}.$$

Nous avons déjà signalé (paragraphe 7.3.4) que **l'inégalité** $\lambda(\infty) \leq \lambda_V(\infty)$ **reste vraie pour un système cohérent formé de composants indépendants ayant des taux de défaillance constants et des taux de réparation assez généraux** mais qu'elle est fausse en général si les taux de défaillance ne sont pas constants (voir [24] proposition 3.15 et remarque 3.16).

9.4.3 Majoration de l'erreur relative entre les deux taux

Soit π' la probabilité sur $\mathcal{M}$ donnée par :

$$\pi'(\cdot) = \frac{\pi(\cdot)}{\pi(\mathcal{M})} .$$

Nous avons vu que :

$$\lambda(\infty) = \sum_i \alpha(i)\tilde{\pi}(i), \quad \lambda_V(\infty) = \sum_i \alpha(i)\pi'(i). \qquad (9.20)$$

Pour comparer $\lambda_V(\infty)$ et $\lambda(\infty)$ nous allons construire deux processus de Markov à valeurs dans $\mathcal{M}$ qui ont respectivement π' et $\tilde{\pi}$ pour probabilité stationnaire et qui "se ressemblent beaucoup".

Construction du processus de loi stationnaire π'

Rappelons que $T = \inf\{t : X_t \in \mathcal{P}\}$.

Nous construisons le processus (X_t') de la manière suivante :

- $X_t' = X_t$ pour $t < T$,

- à l'instant T le processus X_t' va dans l'état $j \in \mathcal{M}$ avec probabilité $p'(j)$, p' étant une probabilité sur $\mathcal{M}$ que nous expliciterons plus loin,

- ensuite le processus (X_t') se comporte comme le ferait le processus (X_t) (partant de l'état j) jusqu'à ce que celui-ci aille dans $\mathcal{P}$ et à ce moment le processus (X_t') choisi son état avec probabilité p', etc . . . .

Avec l'aide du théorème 8.3, de la proposition 8.43 et un peu de réflexion, on voit que le processus (X_t') est un processus markovien de sauts à valeurs dans $\mathcal{M}$ dont la matrice génératrice A' est donnée pour i et j dans $\mathcal{M}$, $i \neq j$, par :

$$A'(i,j) = A(i,j) + \alpha(i)p'(j).$$

Nous choisissons la probabilité p' définie par :

$$p'(j) = \frac{\sum_{i\in\mathcal{P}} \pi(i)A(i,j)}{\sum_{j\in\mathcal{M}} \sum_{i\in\mathcal{P}} \pi(i)A(i,j)} .$$

Remarquons (bien que ce soit utile non pour les calculs ultérieurs mais pour l'intuition) que p' est la loi limite de retour dans $\mathcal{M}$ du processus (X_t) (voir le lemme 9.16).

Nous serons amenés à considérer différentes lois initiales pour nos processus. Nous indiquerons comme à l'accoutumée la loi initiale avec laquelle nous travaillons en indice des probabilités et des espérances.

Remarque 9.45 : La définition que nous avons donnée du processus (X_t') est quelque peu heuristique du fait de l'introduction de cet instant T qui, tel que nous l'avons présenté, ne dépend pas de l'histoire propre du processus (X_t'). On pourrait donner une définition rigoureuse de tout ceci mais qui alourdirait beaucoup la présentation. Ce qu'il faut comprendre pour la suite, c'est que cet instant T doit être considéré comme un instant de saut du processus (X_t'), même si l'état j choisi selon p' coïncide avec l'état dans lequel se trouve le processus juste avant l'instant T (pour plus de précision, se reporter au chapitre 10 sur les processus semi-markoviens dans lequel la chaine de Markov immergée peut sauter sur place). C'est ce qui explique la définition que nous allons donner ci-dessous du premier instant de retour en e_0.

Soit S' le premier instant de retour à l'état e_0 du processus (X_t') :

$$S' = \begin{cases} T & \text{si } \forall t < \text{T } X_t' = e_0 \text{ et } X_T' = e_0, \\ \inf\{t : X_{t_-}' \neq e_0, X_t' = e_0\} & \text{sinon.} \end{cases}$$

Remarque 9.46 : Le processus (X_t') peut être considéré comme un processus régénératif dont le premier instant de régénération est S', si bien que le théorème 6.75 s'applique et que nous avons pour toute fonction f définie sur $\mathcal{M}$:

$$\mathbb{E}(f(X_t')) \xrightarrow[t \to +\infty]{} \frac{1}{\mathbb{E}_{e_0}(S')} \mathbb{E}_{e_0}\left(\int_0^{S'} f(X_s')\, ds\right).$$

Lemme 9.47 *La probabilité π' est la probabilité stationnaire du processus (X_t') et :*

$$\lambda_V(\infty) = \frac{\mathbb{E}_{e_0}\left(\int_0^{S'} \alpha(X_t')\, dt\right)}{\mathbb{E}_{e_0}(S')}.$$

♣ *Démonstration* : Le processus (X_t') est irréductible car le processus (X_t^0) l'est et que pour i et j dans $\mathcal{M}$, $A'(i,j) \geq A(i,j) = A^0(i,j)$. Vérifions que π' est stationnaire. Notons C le dénominateur qui apparait dans l'expression de p'. La formule de conservation du flux (8.11) donne :

$$C = \sum_{i \in \mathcal{P}} \sum_{j \in \mathcal{M}} \pi(i) A(i,j) = \sum_{i \in \mathcal{M}} \sum_{j \in \mathcal{P}} \pi(i) A(i,j).$$

Nous avons :

$$\sum_{i \in \mathcal{M}} \pi'(i) A'(i,j) = \frac{1}{\pi(\mathcal{M})} \left(\sum_{i \in \mathcal{M}} \pi(i) A(i,j) + \sum_{i \in \mathcal{M}} \pi(i) \alpha(i) p'(j) \right).$$

Or la relation $\sum_{i \in E} \pi(i) A(i,j) = 0$ s'écrit :

$$\sum_{i \in \mathcal{M}} \pi(i) A(i,j) = -\sum_{i \in \mathcal{P}} \pi(i) A(i,j) = -C p'(j),$$

et d'autre part :

$$\sum_{i \in \mathcal{M}} \pi(i) \alpha(i) = \sum_{i \in \mathcal{M}} \pi(i) \sum_{j \in \mathcal{P}} A(i,j) = C,$$

donc :

$$\sum_{i \in \mathcal{M}} \pi'(i) A'(i,j) = \frac{1}{\pi(\mathcal{M})} (-C p'(j) + C p'(j)) = 0.$$

L'expression de $\lambda_V(\infty)$ donnée dans (9.20), le théorème 8.37 et la remarque 9.46 conduisent à la nouvelle expression de $\lambda_V(\infty)$. ♣

Construction du processus de loi stationnaire $\tilde{\pi}$

Nous construisons le processus $(\tilde{X}_t)$ comme le processus (X'_t) mais en remplaçant la probabilité p' par la probabilité quasi-stationnaire $\tilde{\pi}$.

Sa matrice génératrice $\tilde{A}$ est donc définie pour $i \neq j$ (i et j dans $\mathcal{M}$) par :

$$\tilde{A}(i,j) = A(i,j) + \alpha(i)\tilde{\pi}(j).$$

Rappelons que $\tilde{\pi}$ est un vecteur propre à gauche de A_1 associé à la valeur propre de Perron-Frobenius s_1 (corollaire 9.28) :

$$\forall j \in \mathcal{M}, \quad \sum_{i \in \mathcal{M}} \tilde{\pi}(i)A(i,j) = s_1\tilde{\pi}(j).$$

Soit $\tilde{S}$ le premier instant de retour à e_0 du processus $(\tilde{X}_t)$:

$$\tilde{S} = \begin{cases} T & \text{si } \forall t < T \ \tilde{X}_t = e_0 \text{ et } \tilde{X}_T = e_0, \\ \inf\{t : \tilde{X}_{t_-} \neq e_0, \tilde{X}_t = e_0\} & \text{sinon.} \end{cases}$$

Lemme 9.48 *La probabilité $\tilde{\pi}$ est la probabilité stationnaire du processus $(\tilde{X}_t)$ et :*

$$\lambda(\infty) = \frac{\mathbb{E}_{e_0}\left(\int_0^{\tilde{S}} \alpha(\tilde{X}_t)\,dt\right)}{\mathbb{E}_{e_0}(\tilde{S})}.$$

♣ *Démonstration* : Le processus $(\tilde{X}_t)$ est irréductible, tout comme le processus (X_t^0). Il reste à montrer que $\tilde{\pi}$ est invariante. Il vient :

$$\begin{aligned}
\sum_{i \in \mathcal{M}} \tilde{\pi}(i)\tilde{A}(i,j) &= \sum_{i \in \mathcal{M}} \tilde{\pi}(i)A(i,j) + \sum_{i \in \mathcal{M}} \tilde{\pi}(i)\alpha(i)\tilde{\pi}(j) \\
&= s_1\tilde{\pi}(j) + \tilde{\pi}(j)\sum_{i \in \mathcal{M}} \tilde{\pi}(i)\sum_{j \in \mathcal{P}} A(i,j) \\
&= s_1\tilde{\pi}(j) - \tilde{\pi}(j)\sum_{i \in \mathcal{M}} \tilde{\pi}(i)\sum_{j \in \mathcal{M}} A(i,j) \\
&= s_1\tilde{\pi}(j) - \tilde{\pi}(j)\sum_{j \in \mathcal{M}} s_1\tilde{\pi}(j) \\
&= s_1\tilde{\pi}(j) - s_1\tilde{\pi}(j) \\
&= 0.
\end{aligned}$$

L'expression de $\lambda(\infty)$ s'obtient à partir de (9.20), du théorème 8.37 et de la remarque 9.46. ♣

Erreur entre les deux taux

Rappelons que la loi initiale est supposée être portée par $\mathcal{M}$. On comprend maintenant, à partir des formules données dans les lemmes 9.47 et 9.48, pourquoi les taux $\lambda_V(\infty)$ et $\lambda(\infty)$ sont proches pour des systèmes fiables. En effet pour de tels systèmes les instants S' et $\tilde{S}$ seront "très souvent" inférieurs à T et nous aurons donc "très souvent" $S' = \tilde{S}$ et $\int_0^{S'} \alpha(X_t')\,dt = \int_0^{\tilde{S}} \alpha(\tilde{X}_t)\,dt$ puisque les processus (X_t') et $(\tilde{X}_t)$ coïncident jusqu'à l'instant T.

Pour exploiter cette idée, nous allons encore travailler quelque peu l'expression des taux.

Le lemme suivant se démontre de la même manière que la proposition 9.38 (on peut aussi le déduire de cette même proposition).

Lemme 9.49 *Soit* $S = \inf\{t : X_{t_-} \neq e_0, X_t = e_0\}$, *et* f *une fonction positive définie sur* $\mathcal{M}$, *alors pour toute initiale portée par* $\mathcal{M}$ *nous avons :*

$$\mathbb{E}\left(1_{\{t<S\}} f(X_t) 1_{\{T>t\}}\right) = \mathbb{E}\left(1_{\{t<S^0\}} f(X_t^0) e^{-\int_0^t \alpha(X_u^0)\,du}\right),$$

$$\mathbb{P}(T > S) = \mathbb{E}\left(e^{-\int_0^{S^0} \alpha(X_u^0)\,du}\right).$$

Lemme 9.50 ([24] pages 523 et 526)

Soit S_0^0 *le premier instant d'entrée du processus* (X_t) *dans* e_0 :

$$S_0^0 = \inf\{t : X_t^0 = e_0\}.$$

Alors :

$$\lambda_V(\infty) = \frac{1}{D_1}\left(1 - \mathbb{E}_{e_0}\left(e^{-\int_0^{S^0} \alpha(X_u^0)\,du}\right)\right),$$

avec :

$$\begin{aligned}
D_1 &= \mathbb{E}_{e_0}\left(\int_0^{S^0} e^{-\int_0^t \alpha(X_u^0)\,du}\,dt\right) \mathbb{E}_{p'}\left(e^{-\int_0^{S_0^0} \alpha(X_u^0)\,du}\right) \\
&+ \left(1 - \mathbb{E}_{e_0}\left(e^{-\int_0^{S^0} \alpha(X_u^0)\,du}\right)\right) \mathbb{E}_{p'}\left(\int_0^{S_0^0} e^{-\int_0^t \alpha(X_u^0)\,du}\,dt\right),
\end{aligned}$$

et :

$$\lambda(\infty) = \frac{1}{D_2}\left(1 - \mathbb{E}_{e_0}\left(e^{-\int_0^{S^0} \alpha(X_u^0)\,du}\right)\right),$$

avec :

$$\begin{aligned}
D_2 &= \mathbb{E}_{e_0}\left(\int_0^{S^0} e^{-\int_0^t \alpha(X_u^0)\,du}\,dt\right) \mathbb{E}_{\tilde{\pi}}\left(e^{-\int_0^{S_0^0} \alpha(X_u^0)\,du}\right) \\
&+ \left(1 - \mathbb{E}_{e_0}\left(e^{-\int_0^{S^0} \alpha(X_u^0)\,du}\right)\right) \mathbb{E}_{\tilde{\pi}}\left(\int_0^{S_0^0} e^{-\int_0^t \alpha(X_u^0)\,du}\,dt\right).
\end{aligned}$$

Remarque 9.51 : Si $X_0^0 \neq e_0$ alors $S_0^0 = S^0$, et si $X_0^0 = e_0$ on a $S_0^0 = 0$ (alors que $S^0 > 0$).

♣ *Démonstration du lemme 9.50* : Soit $S_0' = \inf\{t : X_t' = e_0\}$. Etant donnée une fonction f positive définie sur $\mathcal{M}$ posons :

$$a_0 = \mathbb{E}_{e_0}\left(\int_0^{S'} f(X_t')\,dt\right), \quad a_{p'} = \mathbb{E}_{p'}\left(\int_0^{S_0'} f(X_t')\,dt\right).$$

Le lemme 9.49 et la propriété de Markov forte à l'instant T entrainent :

$$a_0 = \mathbb{E}_{e_0}\left(\int_0^{S'\wedge T} f(X_t')\,dt\right) + \mathbb{E}_{e_0}\left(\int_{S'\wedge T}^{S'} f(X_t')\,dt\right)$$

$$= \int_0^{+\infty} \mathbb{E}_{e_0}\left(1_{\{t<S\}}f(X_t)1_{\{T>t\}}\right)dt + \mathbb{E}_{e_0}\left(1_{\{S'\geq T\}}\int_T^{S'} f(X_t')\,dt\right)$$

$$= \int_0^{+\infty} \mathbb{E}_{e_0}\left(1_{\{t<S^0\}}f(X_t^0)e^{-\int_0^t \alpha(X_u^0)\,du}\,dt\right) + \mathbb{P}_{e_0}(S'\geq T)\,\mathbb{E}_{p'}\left(\int_0^{S_0'} f(X_t')\,dt\right)$$

$$= \mathbb{E}_{e_0}\left(\int_0^{S^0} f(X_t^0)e^{-\int_0^t \alpha(X_u^0)\,du}\,dt\right) + \left(1 - \mathbb{E}_{e_0}\left(e^{-\int_0^{S^0}\alpha(X_u^0)\,du}\right)\right)a_{p'}. \quad (9.21)$$

On démontre de même que :

$$a_{p'} = \mathbb{E}_{p'}\left(\int_0^{S_0^0} f(X_t^0)e^{-\int_0^t \alpha(X_u^0)\,du}\,dt\right) + \left(1 - \mathbb{E}_{p'}\left(e^{-\int_0^{S_0^0}\alpha(X_u^0)\,du}\right)\right)a_{p'}$$

et donc :

$$a_{p'} = \frac{\mathbb{E}_{p'}\left(\int_0^{S_0^0} f(X_t^0)e^{-\int_0^t \alpha(X_u^0)\,du}\right)}{\mathbb{E}_{p'}\left(e^{-\int_0^{S_0^0}\alpha(X_u^0)\,du}\right)}. \quad (9.22)$$

En prenant $f = \alpha$ et en remarquant que pour tout s :

$$\int_0^s \alpha(X_t^0)e^{-\int_0^t \alpha(X_u^0)\,du}\,dt = 1 - e^{-\int_0^s \alpha(X_u^0)\,du},$$

il vient :

$$a_0 = \mathbb{E}_{e_0}\left(\int_0^{S'} \alpha(X_t')\,dt\right) = \frac{1 - \mathbb{E}_{e_0}\left(e^{-\int_0^{S^0}\alpha(X_u^0)\,du}\right)}{\mathbb{E}_{p'}\left(e^{-\int_0^{S_0^0}\alpha(X_u^0)\,du}\right)}.$$

On termine le calcul de $\lambda_V(\infty)$ en appliquant le lemme 9.47 et les formules (9.21) et (9.22) avec $f = 1$.

En remplaçant p' par $\tilde{\pi}$ nous obtenons le résultat pour $\lambda(\infty)$. ♣

Proposition 9.52 ([24] corollaire 5.4)

    Soit $\varepsilon, \varepsilon_0, \delta$ et β tels que :

$$\max_{i\neq e_0}\left(\mathbb{E}_i \int_0^{S^0} \alpha(X_u^0)\,du\right) \leq \varepsilon, \qquad \mathbb{E}_{e_0}\left(\int_0^{S^0} \alpha(X_u^0)\,du\right) \leq \varepsilon_0,$$

$$\max_{i\neq e_0}\mathbb{E}_i(S^0) \leq \delta, \qquad \mathbb{E}_{e_0}(T\wedge S) \geq \beta.$$

Alors :

$$\frac{\lambda_V(\infty)}{1 + \rho_V} \leq \lambda(\infty) \leq (1 + \rho_V)\,\lambda(\infty),$$

avec :

$$\rho_V \leq e^\varepsilon \left(\varepsilon + \frac{\delta \varepsilon_0}{\beta} \right).$$

♣ *Démonstration* : Posons :

$$\rho_V = \max \left(\frac{|\lambda_V(\infty) - \lambda(\infty)|}{\lambda(\infty)}, \frac{|\lambda_V(\infty) - \lambda(\infty)|}{\lambda_V(\infty)} \right).$$

Le lemme 9.50 donne :

$$\rho_V \leq \max \left(\frac{|D_2 - D_1|}{D_2}, \frac{|D_2 - D_1|}{D_1} \right).$$

Remarquons que le lemme 9.49 montre que :

$$\mathbb{E}_{e_0} \left(\int_0^{S^0} e^{-\int_0^t \alpha(X_u^0)\,du}\,dt \right) = \int_0^{+\infty} \mathbb{E}_{e_0} \left(1_{\{t < S^0\}} e^{-\int_0^t \alpha(X_u^0)\,du} \right) dt$$

$$= \int_0^{+\infty} \mathbb{E}_{e_0} \left(1_{\{t < S\}} 1_{\{t < T\}} \right) dt$$

$$= \mathbb{E}_{e_0}(T \wedge S).$$

D'autre part :

$$\left| \mathbb{E}_{p'} \left(e^{-\int_0^{S_0^0} \alpha(X_u^0)\,du} \right) - \mathbb{E}_{\tilde{\pi}} \left(e^{-\int_0^{S_0^0} \alpha(X_u^0)\,du} \right) \right|$$

$$= \left| \mathbb{E}_{p'} \left(e^{-\int_0^{S_0^0} \alpha(X_u^0)\,du} \right) - 1 + 1 - \mathbb{E}_{\tilde{\pi}} \left(e^{-\int_0^{S_0^0} \alpha(X_u^0)\,du} \right) \right|$$

$$\leq \max \left(\mathbb{E}_{p'} \left(1 - e^{-\int_0^{S_0^0} \alpha(X_u^0)\,du} \right), \mathbb{E}_{\tilde{\pi}} \left(1 - e^{-\int_0^{S_0^0} \alpha(X_u^0)\,du} \right) \right)$$

$$\leq \max \left(\mathbb{E}_{p'} \left(\int_0^{S_0^0} \alpha(X_u^0)\,du \right), \mathbb{E}_{\tilde{\pi}} \left(\int_0^{S_0^0} \alpha(X_u^0)\,du \right) \right)$$

$$\leq \max_{i \neq e_0} \mathbb{E}_i \left(\int_0^{S^0} \alpha(X_u^0)\,du \right),$$

et :

$$\left| \mathbb{E}_{p'} \left(\int_0^{S_0^0} e^{-\int_0^t \alpha(X_u^0)\,du}\,dt \right) - \mathbb{E}_{\tilde{\pi}} \left(\int_0^{S_0^0} e^{-\int_0^t \alpha(X_u^0)\,du}\,dt \right) \right|$$

$$\leq \max \left(\mathbb{E}_{p'} \left(\int_0^{S_0^0} e^{-\int_0^t \alpha(X_u^0)\,du}\,dt \right), \mathbb{E}_{\tilde{\pi}} \left(\int_0^{S_0^0} e^{-\int_0^t \alpha(X_u^0)\,du}\,dt \right) \right)$$

$$\leq \max_{i \neq e_0} \mathbb{E}_i \left(\int_0^{S^0} e^{-\int_0^t \alpha(X_u^0)\,du}\,dt \right)$$

$$\leq \max_{i \neq e_0} \mathbb{E}_i(S^0).$$

Par suite $|D_2 - D_1|$ est donc majoré par :

$$\mathbb{E}_{e_0}(S \wedge T) \max_{i \neq e_0} \mathbb{E}_i \left(\int_0^{S^0} \alpha(X_u^0)\, du \right) + \left(1 - \mathbb{E}_{e_0} \left(e^{-\int_0^{S^0} \alpha(X_u^0)\, du} \right) \right) \max_{i \neq e_0} \mathbb{E}_i(S^0)$$

$$\leq \ \mathbb{E}_{e_0}(S \wedge T) \max_{i \neq e_0} \mathbb{E}_i \left(\int_0^{S^0} \alpha(X_u^0)\, du \right) + \mathbb{E}_{e_0} \left(\int_0^{S^0} \alpha(X_u^0)\, du \right) \max_{i \neq e_0} \mathbb{E}_i(S^0).$$

D'après l'inégalité de Jensen, D_1 et D_2 sont minorés par :

$$\mathbb{E}_{e_0}(S \wedge T) \min \left(\mathbb{E}_{p'} \left(e^{-\int_0^{S^0} \alpha(X_u^0)\, du} \right), \mathbb{E}_{\tilde{\pi}} \left(e^{-\int_0^{S^0} \alpha(X_u^0)\, du} \right) \right)$$

$$\geq \ \mathbb{E}_{e_0}(S \wedge T) \min \left(e^{-\mathbb{E}_{p'} \left(\int_0^{S_0^0} \alpha(X_u^0)\, du \right)}, e^{-\mathbb{E}_{\tilde{\pi}} \left(\int_0^{S_0^0} \alpha(X_u^0)\, du \right)} \right).$$

Nous obtenons finalement :

$$\rho_V \ \leq \ \max \left(e^{\mathbb{E}_{p'} \left(\int_0^{S_0^0} \alpha(X_u^0)\, du \right)}, e^{\mathbb{E}_{\tilde{p}} \left(\int_0^{S_0^0} \alpha(X_u^0)\, du \right)} \right)$$

$$\times \ \left(\max_{i \neq e_0} \mathbb{E}_i \left(\int_0^{S^0} \alpha(X_u^0)\, du \right) + \frac{\mathbb{E}_{e_0} \left(\int_0^{S^0} \alpha(X_u^0)\, du \right)}{\mathbb{E}_{e_0}(S \wedge T)} \max_{i \neq e_0} \mathbb{E}_i(S^0) \right)$$

$$\leq \ e^{\varepsilon} \left(\varepsilon + \frac{\delta \varepsilon_0}{\beta} \right). \quad \clubsuit$$

Dans un système fiable ε et $\delta\varepsilon_0/\beta$ sont petits et par conséquent ρ_V est faible. Voici un exemple (assez grossier) de valeurs admissibles pour ε, ε_0 et β :

$$\varepsilon = \delta \max_{i \neq e_0} \alpha(i) \qquad \varepsilon_0 = \frac{\alpha(0)}{|A^0(0,0)|} + \varepsilon,$$

$$\beta = \frac{1}{|A(0,0)|} + \sum_{i \in \mathcal{M},\, i \neq e_0} \frac{A(0,i)}{|A(0,0)|} \frac{1}{|A(i,i)|}.$$

La quantité δ peut être estimée par exemple à l'aide du critère de Foster-Liapounov (proposition 8.49).

Plusieurs types de calculs (suivant la nature des systèmes étudiés) sont présentés dans [25] et accompagnés d'exemples numériques qui prouvent que l'encadrement de $\lambda(\infty)$ donné dans la proposition 9.52 est bon et peut être utile en pratique.

9.5   Exercices

Exercice 9.1 On considère un système formé de N composants élémentaires identiques et indépendants. Calculer la disponibilité asymptotique :

   a) en exhibant une mesure réversible,
   b) en utilisant l'indépendance.

Exercice 9.2 On considère trois composants élémentaires indépendants. Deux des composants ont même taux de défaillance et même taux de réparation et on suppose que ces deux composants jouent le même rôle dans le système. Montrer que l'évolution du système au cours du temps peut être représenté par un processus markovien de sauts à 6 états.

Exercice 9.3 On considère le diagramme de fiabilité suivant :

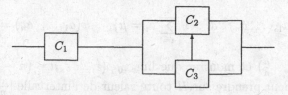

Chaque composant C_i est élémentaire, le composant C_3 a une probabilité de refus de démarrage à la sollicitation non nulle. Tracer le graphe de Markov du système et indiquer les états de marche et les états de panne.

Exercice 9.4 On considère deux composants élémentaires placés en série. Ces composants représentent des appareils électriques : lorsque l'un des compsants est en panne l'autre n'est plus alimenté et ne peut tomber en panne. Tracer le graphe de Markov du système.

Exercice 9.5 On considère deux composants élémentaires. En plus de leurs défaillances "intrinsèques", ces composants peuvent subir des défaillances dues à la présence d'un mode commun. Tracer le graphe de Markov du système.

Exercice 9.6 Montrer que l'évolution du système décrit dans l'exercice 6.4 peut se modéliser par un processus markovien de sauts dont on écrira la matrice génératrice et retrouver la valeur de $D(t)$.

Exercice 9.7 On considère un système pouvant se trouver dans trois états notés $1, 2, 3$. Les états 1 et 2 sont des états de marche, l'état 3 est un état de panne. Le système est initialement dans l'état 1. On note X_t l'état du système à l'instant t et on suppose que X_t est un processus markovien de sauts à valeurs dans $E = \{1, 2, 3\}$ de matrice génératrice :

$$A = \begin{pmatrix} -\lambda_1 & \lambda_1 & 0 \\ 0 & -\lambda_2 & \lambda_2 \\ \mu & 0 & -\mu \end{pmatrix}$$

1) Calculer la disponibilité asymptotique de ce système.

2) Expliquer pourquoi la succession des instants de défaillance et de réparation de ce système peut se modéliser par un processus de renouvellement alterné dont on donnera la loi des durées de fonctionnement et la loi des durées de réparation. Retrouver par cette modélisation la disponibilité asymptotique du système.

3) Donner le MUT et le MDT du sytème et retrouver sa disponibilité asymptotique.

Exercice 9.8 .

1) Soit $X_1, \ldots, X_n$ des variables aléatoires indépendantes de loi exponentielle de paramètres respectifs $1/a_i$. On pose $X = \sum_{i=1}^n X_i$, et on note μ et σ l'espérance et l'écart type de X.

Exprimer μ et σ^2 en fonction des a_i et montrer que $\sigma^2 < \mu^2 \le n\sigma^2$, l'égalité $\mu^2 = n\sigma^2$ ayant lieu si et seulement si les a_i sont constants en i.

2) Etant donné $\mu > 0$, posons :

$$H = \{(a_1, \ldots, a_n) : a_i > 0, \sum_{i=1}^n a_i = \mu\}, \quad \varphi(a_1, \ldots, a_n) = \sum_{i=1}^n a_i^2.$$

Calculer $\varphi(\frac{\mu}{n}, \ldots, \frac{\mu}{n})$ et montrer que $\lim_{\varepsilon \to 0} \varphi(\varepsilon, \ldots \varepsilon, \mu - (n-1)\varepsilon) = \mu^2$. En déduire que φ peut prendre sur H toute valeur de l'intervalle $[\frac{\mu^2}{n}, \mu^2[$.

3) Vérifier que cet exercice constitue une démonstration de la proposition 9.4.

Exercice 9.9 .

1) On considère une variable aléatoire positive de densité de probabilité (sur $\mathbb{R}_+$) de la forme :
$$f(x) = p_1 \lambda_1 e^{-\lambda_1 x} + p_2 \lambda_2 e^{-\lambda_2 x},$$
avec $p_i \ge 0$, $p_1 + p_2 = 1$, $\lambda_i > 0$.

Exprimer sa moyenne μ et sa variance σ^2 en fonction des $a_i = 1/\lambda_i$ et montrer que $\sigma^2 \ge \mu^2$. En déduire que le coefficient de variation est supérieur ou égal à 1 et qu'il est égal à 1 dès que $\lambda_1 = \lambda_2$.

2) Etant donnés $\mu > 0$ et $0 < c < 1$, posons pour $p \in]0,1]$:

$$a_1(p) = \mu(1 - c + \frac{c}{p}), \quad a_2(p) = \mu(1 - c), \quad \varphi(p) = p a_1^2(p) + (1-p)a_2^2(p).$$

a) Montrer que $p a_1(p) + (1-p)a_2(p) = 1$.

b) Montrer que $\varphi(1) = \mu^2$ et que $\lim_{p \to 0} \varphi(p) = +\infty$. En déduire que $2\varphi(p) - \mu^2$ peut prendre toute valeur supérieure ou égale à μ^2.

3) Vérifier que cet exercice constitue une démonstration de la proposition 9.5.

Exercice 9.10 On considère deux systèmes S et S' ayant mêmes états de marche, mêmes états de panne et même état initial. On suppose que les comportements de ces deux systèmes peuvent se modéliser par des processus markoviens de sauts (X_t) et (X'_t) de matrices génératrices respectives A et A'. On suppose qu'il existe $k \in \mathbb{R}_+^*$ tel que :

$$A' = kA.$$

On note D, R, λ, λ_V (respectivement D', R', λ', λ'_V) les disponibilité, fiabilité, taux de défaillance, taux de Vesely du système S (respectivement S').

1) Expliquer pourquoi on peut supposer que $X'_t = X_{kt}$ pour tout t.

2) En déduire que :

$$D'(t) = D(kt), \quad D'(\infty) = D(\infty), \quad R'(t) = R(kt),$$

$$\lambda'(t) = k\lambda(kt), \quad \lambda'(\infty) = k\lambda(\infty), \quad \lambda'_V(t) = k\lambda_V(kt), \quad \lambda'_V(\infty) = k\lambda_V(\infty);$$

Commenter.

3) Retrouver les résultats de la question précédente à partir de calculs matriciels.

Exercice 9.11 On considère un système modélisé par un processus markovien de sauts de matrice génératrice A. Ce système comporte deux états de marche notés 1 et 2. Notons $\mathcal{P}$ l'ensemble des états de panne, et pour $i = 1, 2$ posons :

$$A(i, \mathcal{P}) = \sum_{j \in \mathcal{P}} A(i, j).$$

On suppose que :

$$A(1, 2) = a_1 > 0, \quad A(1, \mathcal{P}) = b_1 \geq 0, \quad A(2, 1) = a_2 > 0, \quad A(2, \mathcal{P}) = b_2 \geq 0.$$

Notons $R_i(t)$ $(i = 1, 2)$ la fiabilité du système à l'instant t lorsque l'état initial est l'état i.

Soit s_1 et s_2 les racines de l'équation :

$$x^2 + (a_1 + b_1 + a_2 + b_2)x + (a_1 + b_1)(a_2 + b_2) - a_1 a_2 = 0.$$

1) Montrer que s_1 et s_2 sont des réels distincts, négatifs ou nuls et qu'ils sont strictement négatifs dès que $b_1 > 0$ ou $b_2 > 0$.

2) Montrer que :

$$R_1(t) = \frac{1}{s_2 - s_1} \left((s_1 + a_1 + a_2 + b_2)e^{s_1 t} - (s_2 + a_1 + a_2 + b_2)e^{s_2 t} \right),$$

$$R_2(t) = \frac{1}{s_2 - s_1} \left((s_2 + a_1 + b_1 + a_2)e^{s_2 t} - (s_1 + a_1 + b_1 + a_2)e^{s_1 t} \right).$$

3) Retrouver une partie du résultat de la première question à l'aide d'un théorème de Perron-Frobenius.

4) Montrer que :

$$\mathbb{P}_1(X_t = 1, X_s \in \{1, 2\} \; \forall s \leq t) = \frac{s_1 + a_2 + b_2}{s_2 - s_1} e^{s_1 t} - \frac{s_2 + a_2 + b_2}{s_2 - s_1} e^{s_2 t},$$

$$\mathbb{P}_1(X_t = 2, X_s \in \{1, 2\} \; \forall s \leq t) = \frac{a_1}{s_2 - s_1} (e^{s_1 t} - e^{s_2 t}).$$

Exercice 9.12 On considère un système modélisé par un processus markovien de sauts de matrice génératrice A. Ce système comporte trois états de marche notés 1, 2 et 3. Notons $\mathcal{P}$ l'ensemble des états de panne, et pour $i = 1, 2, 3$ posons :

$$A(i, \mathcal{P}) = \sum_{j \in \mathcal{P}} A(i, j).$$

On suppose que :

$$A(1, 2) = a_1, \quad A(1, 3) = 0, \quad A(1, \mathcal{P}) = b_1 \geq 0,$$

$$A(2,1) = 0, \quad A(2,3) = a_2, \quad A(2,\mathcal{P}) = b_2 \geq 0,$$

$$A(3,1) = 0, \quad A(3,2) = a_3, \quad A(3,\mathcal{P}) = b_3 \geq 0,$$

avec $a_1 a_2 a_3 > 0$.

On pose $c_i = a_i + b_i$ pour $i = 1, 2, 3$.

Notons $(\tilde{X}_t)_{t \geq 0}$ le processus obtenu en rendant les états de panne absorbants.

Le but de l'exercice est de trouver, pour $i, j \in \{1, 2, 3\}$, un équivalent de $\mathbb{P}_i(\tilde{X}_t = j)$ lorsque t tend vers l'infini ainsi que le taux de défaillance asymptotique du système.

1) Pourquoi ne peut-on appliquer directement un théorème de Perron-Frobenius ?

2) Que peut-on dire de $\mathbb{P}_1(\tilde{X}_t = 1)$?

Posons :

$$A_1' = \begin{pmatrix} -c_2 & a_2 \\ a_3 & -c_3 \end{pmatrix}.$$

Notons s_1' et s_2' les valeurs propres de A_1' et supposons que $s_2' \leq s_1'$.

3) Montrer que s_1' et s_2' sont réelles et que $s_2' < s_1' \leq 0$.

Soit $u' = (u'(2), u'(3))^T$ (respectivement $v' = (v'(2), v'(3))^T$) un vecteur propre à droite (respectivement à gauche) de A_1' associé à la valeur propre s_1'. On suppose que $\sum_{i=2}^{3} u'(i)v'(i) = 1$.

Notons $\lambda_i(\infty)$ le taux de défaillance asymptotique du système lorsque l'état initial est l'état $i \in \{1, 2, 3\}$.

4) Donner un équivalent de $\mathbb{P}_i(\tilde{X}_t = j)$ pour $i \in \{2, 3\}$ et $j \in \{2, 3\}$ et montrer que $\lambda_i(\infty) = |s_1'|$ pour $i \in \{2, 3\}$.

5) Montrer que pour $j \in \{2, 3\}$:

$$\mathbb{P}_1(\tilde{X}_t = j) = a_1 \int_0^t \mathbb{P}_2(\tilde{X}_{t-s} = j) \, e^{-c_1 s} \, ds.$$

6) On suppose que $-c_1 < s_1'$.

a) Montrer que, pour $j \in \{2, 3\}$:

$$\mathbb{P}_1(\tilde{X}_t = j) \sim_{t \to \infty} \frac{u'(2)v'(j)a_1}{c_1 + s_1'} \, e^{s_1' t}.$$

b) Montrer que $\lambda_1(\infty) = |s_1'|$.

7) On suppose que $-c_1 = s_1'$.

a) Montrer que, pour $j \in \{2, 3\}$:

$$\mathbb{P}_1(\tilde{X}_t = j) \sim_{t \to \infty} u'(2)v'(j)a_1 t \, e^{s_1' t}.$$

b) Montrer que $\lambda_1(\infty) = |s_1'|$.

8) On suppose que $s_1' < -c_1$.

a) En utilisant l'exercice 9.11, montrer qu'il existe des réels α_i et β_i tels que :

$$\mathbb{P}_1(\tilde{X}_t = 2) = \alpha_0 e^{-c_1 t} + \alpha_1 e^{s_1' t} + \alpha_2 e^{s_2' t}$$

avec $\alpha_0 \neq 0$ si $c_1 \neq c_3$, $\alpha_0 = 0$ et $\alpha_1 \neq 0$ si $c_1 = c_3$,

$$\mathbb{P}_1(\tilde{X}_t = 3) = \beta_0 e^{-c_1 t} + \beta_1 e^{s_1' t} + \beta_2 e^{s_2' t} \quad \text{avec } \beta_0 \neq 0.$$

b) Donner un équivalent de $\mathbb{P}_1(\tilde{X}_t = j)$ pour $j \in \{2, 3\}$.

c) Montrer que $\lambda_1(\infty) = c_1$.

Exercice 9.13 Nous considérons un système modélisé par un processus markovien de sauts de matrice génératrice A. Nous reprenons les notations du cours, en particulier $(\tilde{X}_t)$ est le processus obtenu en rendant les états de panne absorbants et $R(t)$ est la fiabilité à l'instant t. La proposition 9.24 s'écrit :

$$\lambda(t) = \frac{1}{R(t)} \sum_{i \in \mathcal{M}} \sum_{j \in \mathcal{P}} \mathbb{P}(\tilde{X}_t = i) A(i, j).$$

Puisque $\lambda(t) = -R'(t)/R(t)$, c'est donc que :

$$R'(t) = -\sum_{i \in \mathcal{M}} \sum_{j \in \mathcal{P}} \mathbb{P}(\tilde{X}_t = i) A(i, j).$$

Vérifier directement cette dernière formule.

Exercice 9.14 Nous reprenons les notations du paragraphe 9.2.6. Le théorème 1.2 de [91] est plus précis que le théorème 9.26 que nous avons énoncé. En fait il existe $0 \leq \rho' < \rho$, $p \in \mathbb{N}$ et $C_1 \geq 0$ tels que :

$$p_1^n(i, j) = \rho^n w(i) v(j) + c_{i,j}^{(1)}(n), \quad \text{avec } |c_{i,j}^{(1)}(n)| \leq C_1 n^p \rho'^n.$$

(ρ' est le plus grand module des valeurs propres de p_1 autres que ρ).

1) Montrer qu'il existe $\rho'' > 0$ et $C \geq 0$ tels que :

$$e^{t A_1}(i, j) = w(i) v(j) e^{s_1 t} + c_{i,j}(t), \quad \text{avec } |c_{i,j}(t)| \leq C e^{(s_1 - \rho'') t}.$$

2) En déduire qu'il existe $C' \geq 0$ telle que :

$$|\lambda(t) - \lambda(\infty)| \leq C' e^{-\rho'' t}.$$

Exercice 9.15 Le comportement d'un système est décrit par un processus markovien de sauts (X_t) à valeurs dans E, de matrice génératrice A et de chaîne de Markov immergée $Z = (Z_n)_{n \geq 0}$. Soit $q(i) = |A(i, i)|$. Pour $F \subset E$, τ_F est le premier temps de retour dans F :

$$\tau_F = \inf\{t : t > T_1, \ X_t \in F\},$$

T_1 étant le premier instant de saut du processus (X_t). Enfin ν est le premier temps de retour de la chaîne Z dans l'ensemble $\{i\} \cup \mathcal{P}$:

$$\nu = \inf\{n \geq 1 : Z_n \in \{i\} \cup \mathcal{P}\}.$$

On pose :

$$\gamma = \mathbb{P}(\tau_{\mathcal{P}} < \tau_{\{i\}}), \quad \xi = \mathbb{E}\left(\sum_{n=0}^{\nu-1} \frac{1}{q(Z_n)}\right).$$

On suppose que l'état initial du système est l'état $i \in \mathcal{M}$. Montrer que :

$$MTTF = \frac{\xi}{\gamma}.$$

Exercice 9.16 Soit (X_t) un processus markovien de sauts irréductible à valeurs dans un ensemble fini E et $i \in E$ (on pourrait tout aussi bien supposer E fini ou dénombrable et l'état i récurrent). On note $(S_n)_{n \geq 0}$ le processus de renouvellement formé par les instants successifs d'entrée dans i et $(V_n)_{n \geq 1}$ les instants successifs de sortie de l'état i :

$$V_n = \inf\{t : t > S_{n-1}, X_t \neq i\}.$$

On note a le paramètre de la loi exponentielle du temps de séjour dans l'état i ($a = q(i)$ avec les notations du chapitre 8), $m_e(t)$ (respectivement $m_d(t)$) le nombre moyen d'entrées dans l'état i (respectivement de sorties de l'état i) entre les instants 0 et t :

$$m_e(t) = \mathbb{E}(\sum_{n \geq 0} 1_{\{S_n \leq t\}}), \quad m_d(t) = \mathbb{E}(\sum_{n \geq 1} 1_{\{V_n \leq t\}}).$$

On pose :

$$p(t) = \mathbb{P}(X_t = i), \quad c(t) = \int_0^t p(u)\, du,$$

$c(t)$ est l'espérance du temps de séjour cumulé dans l'état i.

1) Montrer que les instants $S_0, V_1, S_1, V_2, \ldots, S_{n-1}, V_n, \ldots$ forment un processus de renouvellement alterné modifié.

2) Soit $\tilde{m}_e$, $\tilde{m}_d$ et $\tilde{c}$ les transformées de Laplace respectives des fonctions m_e, m_d et c. Montrer que :

$$\tilde{c}(s) = \frac{1}{a}\, \tilde{m}_d(s) = \frac{1}{1 + as}\, \tilde{m}_e(s).$$

3) Retrouver la formule (9.6) et montrer que :

$$ac(t) = (m_e * f)(t),$$

où f est la densité de la loi exponentielle de paramètre a.

4) Montrer que :

$$m_e(t) - 1 \leq m_d(t) \leq m_e(t)(1 - e^{-at}).$$

Exercice 9.17 On considère un système formé de deux composants identiques C_1 et C_2 en redondance passive. C'est "normalement" le composant C_1 qui fonctionne et le composant C_2 qui est en attente. Pour chacun des composants, deux types de panne peuvent se produire : des pannes qu'on détecte (elles arrivent avec un taux λ) et qu'on va donc réparer (le taux de réparation est μ), et des pannes qu'on ne détecte pas (elles arrivent avec un taux λ'). Lorsqu'une panne non détectée se produit on ne la répare donc pas et on ne cherche pas non plus à utiliser le composant C_2 lorsque cette panne arrive sur C_1. Enfin le composant C_2 ne peut tomber en panne quand il est en attente.

Le composant C_1 a donc trois états :

- marche, notée 1,

- panne détectée, notée $\bar{1}$,

- panne non détectée, notée $\bar{\bar{1}}$,

et le composant C_2 a quatre états :

- attente, notée 2_a,

- marche, notée 2,

- panne détectée, notée $\bar{2}$,

- panne non détectée, notée $\bar{\bar{2}}$.

Construire le graphe de Markov correspondant et l'agréger si possible.

Exercice 9.18 On reprend les notations du paragraphe 9.2.3. On suppose que le processus est irréductible et que l'ensemble $\mathcal{M}$ n'est pas absorbant. Pour $s \geq 0$, on définit la matrice L_s par :

$$L_s(i,j) = \mathbb{E}_i(e^{-sV_1} 1_{\{X_{V_1}=m+j\}}) \quad 1 \leq i \leq m, \ 1 \leq j \leq \ell.$$

1) Montrer que :
$$L_s = (sI_m - A_1)^{-1} A_{12}.$$

2) Soit e_1 la matrice définie par :

$$e_1(i,j) = \mathbb{E}_i(V_1 1_{\{X_{V_1}=j+m\}}) \quad 1 \leq i \leq m, \ 1 \leq j \leq \ell.$$

Montrer que :
$$e_1 = \left(A_1^{-1}\right)^2 A_{12}.$$

Retrouver que :
$$\mathbb{E}_\mu(V_1) = -\mu^T A_1^{-1} 1_m.$$

3) On définit la matrice e_2 par :

$$e_2(i,j) = \mathbb{E}_i(V_1^2 1_{\{X_{V_1}=j+m\}}) \quad 1 \leq i \leq m, \ 1 \leq j \leq \ell.$$

Montrer que :
$$e_2 = -2 \left(A_1^{-1}\right)^3 A_{12}.$$

En déduire que :
$$\mathbb{E}_\mu(V_1^2) = 2\mu^T \left(A_1^{-1}\right)^2 1_m.$$

4) Montrer que :
$$E(M_n P_n) = -u_n^T \left(A_1^{-1}\right)^2 A_{12} A_2^{-1} 1_\ell.$$

5) Montrer que pour $s \geq 0$ et $t \geq 0$:

$$\mathbb{E}\left(e^{-sM_n} e^{-tP_n}\right) = u_n^T (sI_m - A_1)^{-1} A_{12}(tI_\ell - A_2)^{-1} A_{21} 1_m.$$

Retrouver le résultat de la question *4*.

Exercice 9.19 On considère un processus de Markov à valeurs dans un espace fini qui représente l'évolution d'un matériel au cours du temps. On suppose que les conditions d'existence du $MTBF$ sont satisfaites. Soit $N(t)$ le nombre de pannes sur $[0, t]$.

1) Montrer qu'il existe une fonction a telle que :

$$\mathbb{E}(N(t)) = \int_0^t a(s)\, ds, \qquad \lim_{s \to +\infty} a(s) = \frac{1}{MTBF}\, .$$

2) Montrer que :

$$\frac{\mathbb{E}(N(t))}{t} \xrightarrow[t \to +\infty]{} \frac{1}{MTBF}\, ,$$

et que :

$$\mathbb{E}(N(t+h)) - \mathbb{E}(N(t)) \xrightarrow[t \to +\infty]{} \frac{h}{MTBF}\, .$$

Chapitre 10

Processus semi-markovien

10.1 Définitions et premières propriétés

Soit E un ensemble fini ou dénombrable, $(Y_n)_{n\geq 0}$ un processus à valeurs dans E et $(T_n)_{n\geq 0}$ une suite croissante (au sens large) de variables aléatoires positives :

$$0 = T_0 \leq T_1 \leq T_2 \leq \cdots \leq T_n \leq \cdots.$$

Définition 10.1 *Le processus* $(Y,T) = (Y_n, T_n)_{n\geq 0}$ *est un* **processus de renouvellement markovien** *(homogène en temps) à valeurs dans E si, pour tous $n \geq 0$, $i, j, i_0, \ldots, i_{n-1}$ dans E et $t, t_1, \ldots, t_n$ dans $\mathbb{R}_+$:*

$$\mathbb{P}(Y_{n+1} = j, T_{n+1} - T_n \leq t / Y_0 = i_0, Y_1 = i_1, T_1 = t_1, \ldots, Y_n = i, T_n = t_n)$$
$$= \mathbb{P}(Y_{n+1} = j, T_{n+1} - T_n \leq t / Y_n = i) = Q(i, j, t). \tag{10.1}$$

Le noyau $Q = (Q(i, j, dt))_{i,j\in E}$ est le **noyau semi-markovien du processus** (Y,T). Pour toute fonction f mesurable positive (ou bornée) définie sur $\mathbb{R}_+$, nous avons :

$$\mathbb{E}(1_{\{Y_{n+1}=j\}} f(T_{n+1} - T_n) / Y_n = i) = \int f(t) Q(i, j, dt).$$

De manière générale $Q = (Q(i, j, dt))_{i,j\in E}$ est un **noyau semi-markovien** sur un espace E fini ou dénombrable si, pour tous i et j fixés, $Q(i, j, dt)$ est une mesure positive sur $\mathbb{R}_+$ et si, pour tout i, $\sum_{j\in E} Q(i, j, dt)$ est une probabilité sur $\mathbb{R}_+$.

La définition 10.1 entraine immédiatement que :

Proposition 10.2 *Le processus* (Y,T) *est un processus de renouvellement markovien à valeurs dans E, de noyau semi-markovien Q, si et seulement si, pour tout entier n, tous points $i_0, \ldots, i_n$ de E et toutes fonctions $f_1, \ldots, f_n$ boréliennes positives définies sur $\mathbb{R}_+$:*

$$\mathbb{E}\left(1_{\{Y_0=i_0, Y_1=i_1, \ldots, Y_n=i_n\}} f_1(T_1) f_2(T_2 - T_1) \cdots f_n(T_n - T_{n-1})\right) =$$
$$\mathbb{P}(Y_0 = i_0) \int f_1(u_1) Q(i_0, i_1, du_1) \int f_2(u_2) Q(i_1, i_2, du_2)$$
$$\cdots \int f_n(u_n) Q(i_{n-1}, i_n, du_n)$$

Corollaire 10.3 *Soit* (Y, T) *un processus de renouvellement markovien à valeurs dans* E, *de noyau semi-markovien* Q. *Alors :*

1. *le processus* $Y = (Y_n)_{n \geq 0}$ *est une chaine de Markov à valeurs dans* E, *de matrice de transition* p *donnée par :*

$$p(i, j) = Q(i, j, +\infty) = \int_0^{+\infty} Q(i, j, dt),$$

2. *conditionnellement à la chaine de Markov* Y, *les variables aléatoires* $T_{n+1} - T_n$ $(n \geq 0)$ *sont indépendantes, la loi de* $T_{n+1} - T_n$ *ne dépend que de* Y_n *et* Y_{n+1}, *et pour toute fonction* f *borélienne positive définie sur* $\mathbb{R}_+$ *et tous* i *et* j *dans* E :

$$\mathbb{E}(f(T_{n+1} - T_n) / Y_n = i, Y_{n+1} = j) = \int f(t) \, \frac{1}{p(i, j)} \, Q(i, j, dt).$$

Afin d'éviter les cas pathologiques, nous *supposons désormais* que pour tous i et j, $\mathbb{P}(T_1 > 0 / Y_0 = i, Y_1 = j) = \mathbb{P}(T_{n+1} - T_n > 0 / Y_n = i, Y_{n+1} = j) > 0$.

La notion de processus de renouvellement markovien généralise celle de processus de renouvellement, en effet :

1. si l'ensemble E est réduit à un point, les $(T_n)_{n \geq 0}$ forment un processus de renouvellement simple,

2. étant données ν_0 et ν_1 deux probabilités sur $\mathbb{R}_+$, si $E = \{0, 1\}$, $p(0, 1) = 1$, $p(1, 1) = 1$, $\mathbb{P}(Y_0 = 0) = 1$ et $Q(i, j, dt) = p(i, j) \, \nu_i(dt)$, alors les $(T_n)_{n \geq 1}$ forment un processus de renouvellement de loi inter-arrivées ν_1 et de délai ν_0,

3. étant données ν_0 et ν_1 deux probabilités sur $\mathbb{R}_+$, si $E = \{1, 2\}$, $p(1, 2) = 1$, $p(2, 1) = 1$, $\mathbb{P}(Y_0 = 1) = 1$ et $Q(i, j, dt) = p(i, j) \, \nu_i(dt)$, alors les $(T_n)_{n \geq 1}$ forment un processus de renouvellement alterné simple,

4. soit ν_0, ν_1 et ν_2 des probabilités sur $\mathbb{R}_+$, si $E = \{0, 1, 2\}$, $p(0, 1) = 1$, $p(1, 2) = 1$, $p(2, 1) = 1$, $\mathbb{P}(Y_0 = 0) = 1$ et $Q(i, j, dt) = p(i, j) \, \nu_i(dt)$, alors les $(T_n)_{n \geq 1}$ forment un processus de renouvellement alterné modifié.

Définition 10.4 *Soit* (Y, T) *un processus de renouvellement markovien à valeurs dans* E *et* $\Delta \notin E$, *posons :*

$$X_t = \begin{cases} Y_k & \text{si} \quad T_k \leq t < T_{k+1}, \\ \Delta & \text{si} \quad t \geq \sup_n T_n. \end{cases}$$

Le processus $(X_t)_{t \geq 0}$ *est le* **processus semi-markovien** *(minimal) associé à* (Y, T) *et la chaine de Markov* Y *est la* **chaine de Markov immergée**.

Dans les applications, $\sup_n T_n = +\infty$ et le processus (X_t) est à valeurs dans E.

La notion de processus semi-markovien généralise celle de processus markovien de sauts. En effet :

1. soit p est une matrice de transition sur E et a est une fonction strictement positive définie sur E, posons $Q(i, j, dt) = p(i, j)a(i)e^{-a(i)t}\,dt$, alors le processus (X_t) est un processus markovien de sauts,

2. soit (X_t) un processus markovien de sauts de matrice génératrice A, notons p la matrice de transition de la chaine immergée et posons $q(i) = |A(i, i)|$, alors (X_t) est un processus semi-markovien de noyau semi-markovien Q avec :
$$Q(i, j, dt) = p(i, j)q(i)e^{-q(i)t}\,dt.$$

Définition 10.5 *Lorsque la chaine de Markov $Y = (Y_n)_{n\geq 0}$ est irréductible (respectivement récurrente), le processus de renouvellement markovien (Y, T) et le processus semi-markovien (X_t) sont dits irréductibles (respectivement récurrents).*

10.2 Processus de renouvellement markovien

La proposition suivante est une reformulation de la proposition 10.2.

Proposition 10.6 *Les propriétés suivantes sont équivalentes :*

1. *le processus (Y, T) est un processus de renouvellement markovien de noyau semi-markovien Q,*

2. *pour tout entier $k \geq 1$ et toutes fonctions boréliennes positives $f_1, \ldots, f_k$ définies sur $\mathbb{R}_+$:*
$$\mathbb{E}\left(1_{\{Y_0=i_0, Y_1=i_1\}}f_1(T_1)1_{\{Y_2=i_2\}}f_2(T_2)\cdots 1_{\{Y_k=i_k\}}f_k(T_k)\right)$$
$$= \mathbb{P}(Y_0 = i_0)\int f_1(u_1)Q(i_0, i_1, du_1)\int f_2(u_1 + u_2)Q(i_1, i_2, du_2)\cdots$$
$$\cdots \int f_k(u_1 + u_2 + \cdots + u_k)Q(i_{k-1}, i_k, du_k),$$

3. *pour tout entier $k \geq 1$ et toutes fonctions boréliennes positives $f_1, \ldots, f_k$ définies sur $\mathbb{R}_+$:*
$$\mathbb{E}\left(1_{\{Y_0=i_0, Y_1=i_1\}}f_1(T_1)1_{\{Y_2=i_2\}}f_2(T_2)\cdots 1_{\{Y_k=i_k\}}f_k(T_k)\right)$$
$$= \mathbb{P}(Y_0 = i_0)\int f_1(t_1)Q(i_0, i_1, dt_1)\int f_2(t_2)(\delta_{t_1} * Q)(i_1, i_2, dt_2)\cdots$$
$$\cdots \int f_k(t_k)(\delta_{t_{k-1}} * Q)(i_{k-1}, i_k, dt_k),$$

où $(\delta_t * Q)(i, j, \cdot)$ est le produit de convolution de la mesure de Dirac $\delta_t(\cdot)$ avec la mesure $Q(i, j, \cdot)$.

Posons :
$$\tilde{Q}((i,t);(j,ds)) = (\delta_t * Q)(i,j,ds).$$

La fonction $\tilde{Q}$ est une fonction de transition sur $E \times \mathbb{R}_+$ au sens où : pour tous $(i,t) \in E \times \mathbb{R}_+$ la mesure $\tilde{Q}((i,t);(da,ds))$ est une probabilité sur $E \times \mathbb{R}_+$ et pour toute fonction f mesurable positive définie sur $\mathbb{E} \times \mathbb{R}_+$, la fonction $t \to \int f(a,s)\,\tilde{Q}((i,t);(da,ds)) = \sum_{a \in E} \int f(a,s)\,\tilde{Q}((i,t);(a,ds))$ est borélienne.

De même $\bar{Q}$ défini par :
$$\bar{Q}((i,t);(j,ds)) = Q(i,j,ds)(= \tilde{Q}((i,0);(j,ds)))$$

est une fonction de transition sur $E \times \mathbb{R}_+$.

Voici une nouvelle manière d'exprimer les propositions 10.2 et 10.6.

Corollaire 10.7 *Posons $\xi_n = T_n - T_{n-1}$ pour $n \geq 1$ et $\xi_0 = 0$. Les propriétés suivantes sont équivalentes :*

1. *le processus (Y,T) est un processus de renouvellement markovien de noyau semi-markovien Q,*

2. *le processus (Y,T) est une chaine de Markov à valeurs dans $E \times \mathbb{R}_+$ de loi initiale $\mu_{Y_0} * \delta_0$ (μ_{Y_0} étant la loi de Y_0) et de fonction de transition $\tilde{Q}$,*

3. *le processus $(Y_n, \xi_n)_{n \geq 0}$ est une chaine de Markov à valeurs dans $E \times \mathbb{R}_+$ de loi initiale $\mu_{Y_0} * \delta_0$ et de fonction de transition $\bar{Q}$.*

La définition et les propriétés d'une chaine de Markov (à valeurs dans un espace non nécessairement fini ou dénombrable) peuvent se trouver par exemple dans [35] chapitre 4 ou [40] chapitre VII.

Etant donnés deux noyaux semi-markoviens Q_1 et Q_2 sur E, définissons le noyau semi-markovien $Q_1 Q_2$ par :
$$Q_1 Q_2(i,j,\cdot) = \sum_{k \in E} Q_1(i,k,\cdot) * Q_2(k,j,\cdot). \tag{10.2}$$

Remarque 10.8 : Le produit de deux fonctions de transition $\tilde{Q}_1$ et $\tilde{Q}_2$ sur $E \times \mathbb{R}_+$ est défini par :
$$\tilde{Q}_1 * \tilde{Q}_2((i,t);(j,B)) = \sum_k \int \tilde{Q}_1((i,t);(k,ds))\tilde{Q}_2((k,s);(j,B)).$$

Si $\tilde{Q}_\ell((i_1,u);(i_2,ds)) = \delta_u * Q_\ell(i_1,i_2,ds)$ pour tout u et pour $\ell = 1,2$, on vérifie que, pour tout t :
$$\tilde{Q}_1 \tilde{Q}_2((i_1,t);(i_2,\cdot)) = \delta_t * Q_1 Q_2(i_1,i_2,\cdot).$$

Corollaire 10.9 *Soit (Y,T) un processus de renouvellement markovien de noyau semi-markovien Q et f une fonction borélienne positive définie sur $\mathbb{R}_+$, alors :*
$$\mathbb{E}(1_{\{Y_n=j\}}f(T_n)/Y_0 = i) = \int f(t)\,Q^n(i,j,dt).$$

Ce corollaire se démontre à partir de la propriété *3* de la proposition 10.6. On peut également le voir comme une conséquence des propriétés des chaines de Markov : la loi de (Y_n, T_n), sachant $Y_0 = i$ (et $T_0 = 0$) est $\tilde{Q}^n((i, 0); \cdot)$ et, d'après la remarque 10.8, nous avons $\tilde{Q}^n((i, 0); (j, dt)) = Q^n(i, j, dt)$.

Posons :

$$\nu_0^j = \inf\{n \geq 0 : Y_n = j\}, \quad S_0^j = T_{\nu_0^j},$$

$$\nu_k^j = \inf\{n > \nu_{k-1}^j : Y_n = j\}, \quad S_k^j = T_{\nu_k^j}.$$

Si $Y_0 = X_0 = j$ alors $S_0^j = 0$, sinon S_0^j est le premier temps d'entrée dans j du processus (X_t). Les S_k^j $(k \geq 1)$ sont les instants successifs de retour dans j du processus (X_t). Remarquer que si $p(j, j) = 0$ cela correspond bien à la notion classique de temps de retour (telle que nous l'avons vue pour les processus de Markov), sinon c'est une extension de cette notion au cas de processus pouvant "sauter sur place".

Dans les formules ci-dessus, nous faisons les conventions $\inf \emptyset = +\infty$ (comme toujours), et $T_\infty = +\infty$.

La terminologie "processus de renouvellement markovien" vient du corollaire 10.3 et de la proposition suivante.

Proposition 10.10 *Soit (Y, T) un processus de renouvellement markovien. S'il est récurrent irréductible, alors le processus $S^j = (S_n^j)_{n \geq 0}$ est un processus de renouvellement. Dans le cas général, $S^j = (S_n^j)_{n \geq 0}$ est un processus de renouvellement défectif (voir la remarque 6.10).*

♣ *Principe de la démonstration* : Supposons le processus récurrent irréductible, les S_n^j sont alors des variables aléatoires réelles. Soit $f_0, \cdots, f_n$ des fonctions boréliennes définies sur $\mathbb{R}_+$. En appliquant la propriété de Markov forte à la chaine de Markov $Z = (Y_n, T_n)_{n \geq 0}$ et au temps d'arrêt ν_n^j qui représente le $n^{ème}$ temps d'entrée de la chaine Z dans l'ensemble $\{j\} \times \mathbb{R}_+$, nous obtenons :

$$\mathbb{E}(f_0(S_0^j)f_1(S_1^j - S_0^j) \cdots f_n(S_n^j - S_{n-1}^j))$$

$$= \mathbb{E}\left(f_0(T_{\nu_0^j})f_1(T_{\nu_1^j} - T_{\nu_0^j}) \cdots f_n(T_{\nu_n^j} - T_{\nu_{n-1}^j})\right)$$

$$= \mathbb{E}\left(f_0(T_{\nu_0^j})f_1(T_{\nu_1^j} - T_{\nu_0^j}) \cdots f_{n-1}(T_{\nu_{n-1}^j} - T_{\nu_{n-2}^j})\mathbb{E}_{Z_{\nu_{n-1}^j}}(f_n(T_{\nu_1^j} - T_{\nu_0^j}))\right).$$

Il n'est pas difficile de voir (en utilisant la caractérisation *3* du corollaire 10.7) que :

$$\mathbb{E}_{j,s}(f_n(T_{\nu_1^j} - T_{\nu_0^j})) = \mathbb{E}_{j,0}(f_n(T_{\nu_1^j})) = \mathbb{E}(f_n(T_{\nu_1^j})/Y_0 = j).$$

En itérant les calculs précédents, nous arrivons à :

$$\mathbb{E}(f_0(S_0^j)f_1(S_1^j - S_0^j) \cdots f_n(S_n^j - S_{n-1}^j)) =$$
$$\mathbb{E}(f_0(T_{\nu_0^j}))\mathbb{E}(f_1(T_{\nu_1^j})/Y_0 = j) \cdots \mathbb{E}(f_n(T_{\nu_1^j})/Y_0 = j). \quad ♣$$

10.3   Propriété de Markov

Pour $i \in E$, posons $\mathbb{P}_i(\cdot) = \mathbb{P}(\cdot / X_0 = i) = \mathbb{P}(\cdot / Y_0 = i)$ et notons $\mathbb{E}_i$ l'espérance sous $\mathbb{P}_i$.

10.3.1   Propriété de Markov aux instants de saut

Soit $\mathcal{F}_t$ la tribu engendrée par les variables aléatoires X_s, $s \leq t$, $\mathcal{F}_\infty = \vee_t \mathcal{F}_t$ et soit $\mathcal{G}_k$ la tribu engendrée par les variables aléatoires $Y_0, Y_1, \ldots, Y_k, T_1, \ldots T_k$. Il n'est pas difficile de vérifier que $\mathcal{G}_k = \mathcal{F}_{T_k}$.

Tout comme pour les processus markoviens de sauts (paragraphe 8.2), nous définissons l'opérateur de translation θ_t. Il est caractérisé par les relations : $X_s \circ \theta_t = X_{t+s}$. Plus généralement si T est aléatoire $\theta_T(\omega) = \theta_{T(\omega)}(\omega)$.

Théorème 10.11 (propriété de Markov à l'instant T_k) *Soit (X_t) le processus semi-markovien associé au processus de renouvellement markovien (Y, T). Soit $k \geq 1$, $n \geq 1$, $0 \leq t_1 < t_2 < \cdots < t_n$ et f une fonction borélienne positive définie sur E^n, alors :*

$$\mathbb{E}(f(X_{T_k+t_1}, \ldots, X_{T_k+t_n}) / \mathcal{F}_{T_k}) = \mathbb{E}_{X_{T_k}}(f(X_{t_1}, \ldots, X_{t_n})).$$

Plus généralement pour toute fonction g borélienne positive ou bornée et toute variable aléatoire $\mathcal{F}_\infty$-mesurable U :

$$\mathbb{E}(g(T_k, U \circ \theta_{T_k}) / \mathcal{F}_{T_k}) = \psi(T_k, X_{T_k}) \quad \text{sur } \{T_k < +\infty\},$$

avec :

$$\psi(s, i) = \mathbb{E}_i(g(s, U)).$$

♣ *Démonstration* : La tribu $\mathcal{F}_{T_k} = \mathcal{G}_k$ est également la tribu engendrée par $Y_0, Y_1, \ldots, Y_k, \xi_1, \ldots \xi_k$. Appliquons la propriété de Markov simple à l'instant k et à la chaine de Markov $(Y_p, \xi_p)_{p \geq 0}$, en remarquant que $\mathbb{E}_{(Y_k, \xi_k)}(\cdot) = \mathbb{E}_{Y_k}(\cdot)$ (car $\bar{Q}((i, s); \cdot)$ ne dépend pas de s). Il vient :

$$\mathbb{E}(f(X_{T_k+t_1}, \ldots, X_{T_k+t_n}) / \mathcal{F}_{T_k})$$
$$= \sum_{0 \leq p_1 \leq \cdots \leq p_n} \mathbb{E}(1_{\{T_{k+p_1} \leq t_1+T_k < T_{k+p_1+1}\}} \cdots 1_{\{T_{k+p_n} \leq t_n+T_k < T_{k+p_n+1}\}}$$
$$\times f(X_{T_k+t_1}, \ldots, X_{T_k+t_n}) / \mathcal{F}_{T_k})$$
$$= \sum_{0 \leq p_1 \leq \cdots \leq p_n} \mathbb{E}(1_{\{\xi_{k+1}+\cdots+\xi_{k+p_1} \leq t_1 < \xi_{k+1}+\cdots+\xi_{k+p_1+1}\}} \cdots$$
$$\cdots 1_{\{\xi_{k+1}+\cdots+\xi_{k+p_n} \leq t_n < \xi_{k+1}+\cdots+\xi_{k+p_n+1}\}} f(Y_{k+p_1}, \ldots, Y_{k+p_n}) / \mathcal{G}_k)$$
$$= \sum_{0 \leq p_1 \leq \cdots \leq p_n} \mathbb{E}_{(Y_k, \xi_k)}(1_{\{\xi_1+\cdots+\xi_{p_1} \leq t_1 < \xi_1+\cdots+\xi_{p_1+1}\}} \cdots 1_{\{\xi_1+\cdots+\xi_{p_n} \leq t_n < \xi_1+\cdots+\xi_{p_n+1}\}}$$
$$f(Y_{p_1}, \ldots, Y_{p_n}))$$
$$= \mathbb{E}_{Y_k}(f(X_{t_1}, \ldots, X_{t_n}))$$
$$= \mathbb{E}_{X_{T_k}}(f(X_{t_1}, \ldots, X_{t_n})).$$

Ceci achève la démonstration de la première partie du théorème.

La deuxième partie découle de la première par application de techniques classiques d'intégration (théorème de la classe monotone). ♣

Corollaire 10.12 *Soit* (X_t) *le processus semi-markovien associé au processus de renouvellement markovien* (Y,T). *Pour tout* $k \geq 1$, *tous* i *et* j *dans* E *et toute fonction* f *positive (ou bornée) définie sur* E *nous avons :*

$$\mathbb{E}_i\left(1_{\{T_k \leq t\}}1_{\{X_{T_k}=j\}}f(X_t)\right) = \int_0^t \mathbb{E}_j(f(X_{t-s}))\,Q^k(i,j,ds).$$

♣ *Démonstration :* Sur l'ensemble $\{T_k \leq t\}$ nous avons : $X_t = X_{t-T_k} \circ \theta_{T_k}$. Posons $g(s,U) = f(X_{t-s})$ et appliquons le théorème 10.11. Nous obtenons :

$$
\begin{aligned}
\mathbb{E}_i\left(1_{\{T_k \leq t\}}1_{\{X_{T_k}=j\}}f(X_t)\right) &= \mathbb{E}_i\left(\mathbb{E}_i\left(1_{\{T_k \leq t\}}1_{\{X_{T_k}=j\}}f(X_{t-T_k}) \circ \theta_{T_k}/\mathcal{F}_{T_k}\right)\right) \\
&= \mathbb{E}_i\left(1_{\{T_k \leq t\}}1_{\{X_{T_k}=j\}}\mathbb{E}_i(f(X_{t-T_k}) \circ \theta_{T_k}/\mathcal{F}_{T_k})\right) \\
&= \mathbb{E}_i\left(1_{\{T_k \leq t\}}1_{\{X_{T_k}=j\}}\mathbb{E}_i(g(T_k, U \circ \theta_{T_k}/\mathcal{F}_{T_k})\right) \\
&= \mathbb{E}_i\left(1_{\{T_k \leq t\}}1_{\{X_{T_k}=j\}}\psi(T_k, X_{T_k})\right)
\end{aligned}
$$

avec $\psi(s,\ell) = \mathbb{E}_\ell(g(s,U)) = \mathbb{E}_\ell(f(X_{t-s}))$. Le corollaire 10.9, donnant la loi de $(Y_k, T_k) = (X_{T_k}, T_k)$, permet de conclure. ♣

10.3.2 Propriété de Markov aux instants d'entrée

Soit $F \subset E$, notons ν_k^F les instants successifs d'entrée dans F de la chaine de Markov $(Y_n)_{n\geq 0}$, $S_k^F = T_{\nu_k^F}$ et $\mathcal{F}_{S_k^F} = \{A : A \cap \{S_k^F = T_n\} \in \mathcal{G}_n \,\forall n\}$.

Théorème 10.13 (propriété de Markov à l'instant S_k^F) *Soit* (X_t) *le processus semi-markovien associé au processus de renouvellement markovien* (Y,T). *Soit* $k \geq 1$, $n \geq 1$, $0 \leq t_1 < t_2 < \cdots < t_n$ *et* f *une fonction borélienne positive définie sur* E^n, *alors, sur* $\{S_k^F < +\infty\}$:

$$\mathbb{E}(f(X_{S_k^F+t_1},\ldots,X_{S_k^F+t_n})/\mathcal{F}_{S_k^F}) = \mathbb{E}_{X_{S_k^F}}(f(X_{t_1},\ldots,X_{t_n})).$$

Plus généralement pour toute fonction g *borélienne positive ou bornée et toute variable aléatoire* $\mathcal{F}_\infty$-*mesurable* U :

$$\mathbb{E}(g(S_k^F, U \circ \theta_{S_k^F})/\mathcal{F}_{S_k^F}) = \psi(S_k^F, X_{S_k^F}) \quad \text{sur } \{S_k^F < +\infty\},$$

avec :

$$\psi(s,i) = \mathbb{E}_i(g(s,U)).$$

♣ *Démonstration :* Passons directement à la démonstration du cas général. Donnons-nous $A \in \mathcal{F}_{S_k^F}$. La définition de la tribu $\mathcal{F}_{S_k^F}$ et le théorème 10.11 permettent d'écrire :

$$
\begin{aligned}
\mathbb{E}\left(g(S_k^F, U \circ \theta_{S_k^F})1_A\right) &= \sum_m \mathbb{E}\left(1_{\{S_k^F = T_m\}}g(T_m, U \circ \theta_{T_m})1_A\right) \\
&= \sum_m \mathbb{E}\left(1_{A \cap \{S_k^F = T_m\}}\mathbb{E}(g(T_m, U \circ \theta_{T_m})/\mathcal{F}_{T_m})\right) \\
&= \sum_m \mathbb{E}\left(1_{A \cap \{S_k^F = T_m\}}\psi(T_m, X_{T_m})\right) \\
&= \sum_m \mathbb{E}\left(1_{A \cap \{S_k^F = T_m\}}\psi(S_k^F, X_{S_k^F})\right) \\
&= \mathbb{E}\left(1_A \psi(S_k^F, X_{S_k^F})\right). \quad \clubsuit
\end{aligned}
$$

Le théorème 10.13 et la proposition 10.10 donnent :

Corollaire 10.14 *Soit $j \in E$. Un processus semi-markovien récurrent irréductible est un processus régénératif pour lequel on peut prendre $S^j = (S_n^j)_{n \geq 0}$ comme processus de renouvellement immergé. En outre les cycles sont indépendants.*

10.4 Lois marginales du processus semi-markovien

Etant donné $t > 0$, nous cherchons des renseignements sur la loi de X_t.

10.4.1 Equations d'états

Posons $P_t(i, j) = \mathbb{P}(X_t = j / X_0 = i)$.

Proposition 10.15 *Etant donné un processus semi-markovien associé à un processus de renouvellement markovien (Y, T) de noyau semi-markovien Q, nous avons :*

$$
\forall i, j \in E \quad P_t(i, j) = 1_{\{i=j\}}\mathbb{P}_i(T_1 > t) + \sum_{k \in E} \int_0^t P_{t-s}(k, j)\, Q(i, k, ds). \qquad (10.3)
$$

Les équations (10.3) sont appelées **équations d'états** du processus semi-markovien.

$\clubsuit$ *Démonstration* : Nous appliquons le corollaire 10.12 et nous obtenons :

$$
\begin{aligned}
\mathbb{P}_i(X_t = j) &= \mathbb{P}_i(X_t = j, t < T_1) + \mathbb{P}_i(X_t = j, T_1 \leq t) \\
&= 1_{\{i=j\}}\mathbb{P}_i(T_1 > t) + \sum_{k \in E} \mathbb{P}_i(T_1 \leq t, X_{T_1} = k, X_t = j) \\
&= 1_{\{i=j\}}\mathbb{P}_i(T_1 > t) + \sum_{k \in E} \int_0^t \mathbb{P}_k(X_{t-s} = j)\, Q(i, k, ds). \quad \clubsuit
\end{aligned}
$$

Remarque 10.16 : Les équations (10.3) correspondent aux équations arrière de Kolmogorov (théorème 8.7). En effet, dans le cas markovien :

$$Q(i, k, ds) = p(i, k)q(i)e^{-q(i)s}\, ds,$$

en notant p (pour éviter les confusions) la matrice de transition de la chaine de Markov immergée. Les équations (10.3) s'écrivent alors :

$$P_t(i, j) = 1_{\{i=j\}}e^{-q(i)t} + e^{-q(i)t} \sum_k \int_0^t p(i, k)q(i)P_u(k, j)e^{q(i)u}\, du,$$

et en dérivant (formellement) on obtient :

$$
\begin{aligned}
P_t'(i, j) &= -q(i)1_{\{i=j\}}e^{-q(i)t} - q(i)e^{-q(i)t} \sum_k \int_0^t p(i, k)q(i)P_u(k, j)e^{q(i)u}\, du \\
&\quad + p(i, k)q(i)P_t(k, j) \\
&= -q(i)P_t(i, j) + \sum_{k: k \neq i} A(i, k)P_t(k, j) \\
&= AP_t(i, j).
\end{aligned}
$$

10.4.2   Loi limite

Nous admettons la proposition suivante dont la démonstration figure dans [23] chapitre 10 proposition 2.23.

Proposition 10.17 *Si le processus semi-markovien est irréductible et s'il existe un point $i \in E$ tel que la loi de $S_1^i - S_0^i$ soit non-arithmétique alors pour tout $j \in E$ la loi de $S_1^j - S_0^j$ est non-arithmétique. Dans ce cas le* **processus semi-markovien est dit non-arithmétique**.

Proposition 10.18 *Soit (X_t) un processus semi-markovien récurrent et irréductible, associé à un processus de renouvellement markovien (Y, T) et soit ν la loi stationnaire de la chaine de Markov Y. Pour tout $i \in E$, posons :*

$$m(i) = \mathbb{E}_i(T_1) = \sum_j \int_0^{+\infty} s\, Q(i, j, ds) = \int_0^{+\infty} (1 - \sum_j Q(i, j, t))\, dt.$$

Alors, pour tout $j \in E$:

$$\mathbb{E}_j(S_1^j) = \frac{\sum_{i \in E} \nu(i)m(i)}{\nu(j)}.$$

♣ *Démonstration* : Posons :

$$m(k, \ell) = \mathbb{E}(T_n - T_{n-1}/Y_{n-1} = k, Y_n = \ell) = \int_0^{+\infty} t\, \frac{1}{p(k, \ell)} Q(k, \ell, dt),$$

$$\mu(k, \ell) = \int_0^{+\infty} t\, Q(k, \ell, dt) = p(k, \ell)\, m(k, \ell).$$

En utilisant le corollaire 10.3, il vient :

$$
\begin{aligned}
\mathbb{E}_j(S_1^j) &= \mathbb{E}_j\left(\sum_{n=1}^{\nu_1^j}(T_n - T_{n-1})\right) \\
&= \mathbb{E}_j\left(\sum_{n\geq 1}1_{\{\nu_1^j\geq n\}}\mathbb{E}_j(T_n - T_{n-1}/Y)\right) \\
&= \mathbb{E}_j\left(\sum_{n\geq 1}1_{\{\nu_1^j\geq n\}}m(Y_{n-1},Y_n)\right) \\
&= \sum_{k,\ell}m(k,\ell)\sum_{n\geq 1}\mathbb{P}_j(\nu_1^j\geq n, Y_{n-1}=k, Y_n=\ell).
\end{aligned}
$$

Or :

$$
\begin{aligned}
&\sum_{n\geq 1}\mathbb{P}_j(\nu_1^j\geq n, Y_{n-1}=k, Y_n=\ell) \\
&= \sum_{n\geq 2}1_{\{k\neq j\}}\sum_{i_1\neq j,\dots,i_{n-2}\neq j}\mathbb{P}_j(Y_1=i_1,\dots,Y_{n-2}=i_{n-2},Y_{n-1}=k,Y_n=\ell) \\
&\quad+1_{\{k=j\}}p(k,\ell) \\
&= p(k,\ell)\sum_{n\geq 2}1_{\{k\neq j\}}\sum_{i_1\neq j,\dots,i_{n-2}\neq j}\mathbb{P}_j(Y_1=i_1,\dots,Y_{n-2}=i_{n-2},Y_{n-1}=k) \\
&\quad+1_{\{k=j\}}p(k,\ell) \\
&= p(k,\ell)1_{\{k\neq j\}}\sum_{n\geq 2}\mathbb{P}_j(\nu_1^j\geq n, Y_{n-1}=k)+1_{\{k=j\}}p(k,\ell) \\
&= p(k,\ell)\sum_{n\geq 1}\mathbb{P}_j(\nu_1^j\geq n, Y_{n-1}=k).
\end{aligned}
$$

L'expression $\sum_{n\geq 1}\mathbb{P}_j(\nu_1^j\geq n, Y_{n-1}=k)$ est égale à l'espérance, partant de j, du nombre de visites de la chaine de Markov Y à l'état k avant son premier retour en j, c'est donc $\nu(k)/\nu(j)$ (voir par exemple [41] chapitre 5 théorème 4.3 ou [35] théorème 4.3.13). Il s'en suit que :

$$
\begin{aligned}
\mathbb{E}_j(S_1^j) &= \sum_{k,\ell}m(k,\ell)p(k,\ell)\frac{\nu(k)}{\nu(j)} \\
&= \sum_k\frac{\nu(k)}{\nu(j)}\sum_\ell\mu(k,\ell) \\
&= \sum_k\frac{\nu(k)}{\nu(j)}\mathbb{E}_k(T_1). \quad\clubsuit
\end{aligned}
$$

Corollaire 10.19 *Soit (X_t) un processus semi-markovien récurrent et irréductible. Alors ou bien pour tout j, $\mathbb{E}_j(S_1^j) < +\infty$ et dans ce cas le processus est dit* **ergodique**, *ou bien pour tout j, $\mathbb{E}_j(S_1^j) = +\infty$.*

Théorème 10.20 *Soit (X_t) un processus semi-markovien récurrent, irréductible et non-arithmétique associé à un processus de renouvellement markovien (Y,T). Soit ν la loi stationnaire de la chaine de Markov Y. Supposons que $m(k) = \mathbb{E}_k(T_1) < +\infty$ pour tout k. Alors :*

1. *ou bien pour tout j, $\mathbb{E}_j(S_1^j) < +\infty$ et dans ce cas pour toute fonction f mesurable bornée :*

$$\mathbb{E}(f(X_t)) \xrightarrow[t \to +\infty]{} \frac{1}{\mathbb{E}_j(S_1^j)} \mathbb{E}_j \left(\int_0^{S_1^j} f(X_t)\, dt \right) = \sum_k f(k)\pi(k),$$

avec :

$$\pi(j) = \frac{\nu(j)m(j)}{\sum_k \nu(k)m(k)},$$

2. *ou bien pour tout j, $\mathbb{E}_j(S_1^j) = +\infty$ et :*

$$\mathbb{P}(X_t = j) \xrightarrow[t \to +\infty]{} 0.$$

♣ *Démonstration* : C'est la même que celle du théorème 8.37 en remplaçant la proposition 8.26 par le corollaire 10.14. Il reste à identifier la limite dans le cas ergodique. Nous avons :

$$\frac{1}{\mathbb{E}_j(S_1^j)} \mathbb{E}_j \left(\int_0^{S_1^j} f(X_t)\, dt \right) = \sum_i f(i) \frac{1}{\mathbb{E}_j(S_1^j)} \mathbb{E}_j \left(\int_0^{S_1^j} 1_{\{X_t = i\}}\, dt \right).$$

En prenant $f = 1_{\{i\}}$ nous obtenons, pour tout j :

$$\mathbb{P}(X_t = i) \xrightarrow[t \to +\infty]{} \frac{1}{\mathbb{E}_j(S_1^j)} \mathbb{E}_j \left(\int_0^{S_1^j} 1_{\{X_t = i\}}\, dt \right),$$

et en particulier en choisissant $j = i$, il vient :

$$\frac{1}{\mathbb{E}_j(S_1^j)} \mathbb{E}_j \left(\int_0^{S_1^j} 1_{\{X_t = i\}}\, dt \right) = \frac{1}{\mathbb{E}_i(S_1^i)} \mathbb{E}_i \left(\int_0^{S_1^i} 1_{\{X_t = i\}}\, dt \right)$$

$$= \frac{1}{\mathbb{E}_i(S_1^i)} \mathbb{E}_i(T_1) = \frac{m(i)}{\mathbb{E}_i(S_1^i)},$$

ce qui donne :

$$\frac{1}{\mathbb{E}_j(S_1^j)} \mathbb{E}_j \left(\int_0^{S_1^j} f(X_t)\, dt \right) = \sum_i f(i)\pi(i),$$

avec :

$$\pi(i) = \frac{m(i)}{\mathbb{E}_i(S_1^i)}.$$

En utilisant la proposition 10.18, nous trouvons :

$$\pi(i) = \frac{m(i)\nu(i)}{\sum_k \nu(k)m(k)}. \qquad ♣$$

Remarque 10.21 : La loi π ne dépend que de la chaine de Markov immergée et de la durée moyenne de séjour dans les états. Par conséquent, soit (X_t) un processus semi-markovien et $(\tilde{X}_t)$ un processus markovien de sauts tels que :

les matrices de transition des chaines de Markov immergées de ces deux processus soient les mêmes et les temps moyens de séjour dans les états soient les mêmes pour les deux processus (c'est-à-dire que $q(i) = 1/m(i)$ avec les notations habituelles). Nous supposons de plus que les processus sont récurrents irréductibles et que le processus semi-markovien est non-arithmétique. Alors, pour tout i :

$$\lim_{t \to +\infty} \mathbb{P}(X_t = i) = \lim_{t \to +\infty} \mathbb{P}(\tilde{X}_t = i).$$

Exemple 10.22 : Considérons un processus de renouvellement alterné simple représentant les instants successifs de panne et de réparation d'un matériel. Posons $X_t = 1$ si le matériel est en fonctionnement à l'instant t et $X_t = 0$ sinon. Nous avons vu dans le paragraphe 10.1 que (X_t) peut être considéré comme un processus semi-markovien, la matrice de transition de la chaine de Markov Y étant donnée par $p(0,1) = 1$ et $p(1,0) = 1$. La loi stationnaire ν de la chaine Y (qui est récurrente irréductible) vérifie donc $\nu(0) = \nu(1) = \frac{1}{2}$. D'autre part $m(1) = \mathbb{E}_1(T_1)$ est l'espérance de la loi ν_1 de la durée de fonctionnement sans défaillance qui est égale ici à MUT et $m(0) = \mathbb{E}_0(T_1)$ est l'espérance de la loi ν_2 de la durée de réparation et vaut MDT. Si la loi de S_1^1, qui est $\nu_1 * \nu_2$ sous $\mathbb{P}_1$, est non-arithmétique, nous retrouvons que :

$$D(t) = \mathbb{P}(X_t = 1) \xrightarrow[t \to +\infty]{} \frac{\nu(1)m(1)}{\nu(1)m(1) + \nu(0)m(0)} = \frac{\frac{1}{2}MUT}{\frac{1}{2}MUT + \frac{1}{2}MDT}$$
$$= \frac{MUT}{MUT + MDT}.$$

Remarque 10.23 : Supposons que nous soyons dans le cas ergodique. Le fait que, pour tout j, $\mathbb{P}(X_t = j)$ converge vers $\pi(j)$ lorsque t tend vers l'infini et que π soit une probabilité n'entraine pas (comme dans le cas markovien) que la probabilité π soit invariante au sens où : si X_t est de loi π, alors pour tout s, X_{t+s} est de loi π (voir l'exercice 10.1). Nous dirons quelques mots sur la stationnarité dans le paragraphe 10.4.3.

Remarque 10.24 : Notons A_t la durée écoulée depuis l'entrée dans l'état courant :

$$A_t = t - T_n \quad \text{sur } T_n \leq t < T_{n+1}.$$

Le processus $(X_t, A_t)_{t \geq 0}$ est en fait un processus de Markov (à valeurs dans un espace non dénombrable). Les exercices 10.3 et 10.4 montrent que la loi limite de (X_t, A_t) (donc la loi stationnaire du processus $(X_t, A_t)_{t \geq 0}$ car il est markovien) a pour densité (par rapport au produit de la mesure de comptage sur E par la mesure de Lebesgue sur $\mathbb{R}_+$) :

$$(j, u) \to \pi(j) \frac{1}{\mathbb{E}_j(T_1)} \mathbb{P}_j(T_1 > u).$$

10.4.3 A propos de stationnarité

Plaçons-nous dans le cas ergodique.

Le problème soulevé dans la remarque 10.23 vient de ce que notre définition d'un processus semi-markovien contient le fait qu'à l'instant initial le processus "entre" dans son état initial, alors que la stationnarité dans le cas d'un processus de renouvellement, correspond à un phénomène d'âge non nul à l'instant initial.

Plus précisément, si on pense que le processus stationnaire s'obtient en observant le processus à partir de l'instant t et en faisant tendre t vers l'infini, l'exercice 10.3 laisse supposer que, pour décrire le processus stationnaire, il faut modifier la formule (10.1) pour $n = 0$ et prendre :

$$\mathbb{P}(X_0 = j) = \pi(j),$$

$$\mathbb{P}(Y_1 = k, T_1 \leq t / X_0 = j) = Q_0(j, k, t) = \int_0^t \frac{1}{m(j)} \int_u^{+\infty} Q(j, k, ds) \, du,$$

avec :

$$m(j) = \sum_k \int_0^{+\infty} s \, Q(j, k, ds).$$

On peut montrer que cette intuition est bonne (voir par exemple les résultats généraux sur les processus régénératifs établis dans [97] et repris dans [60] paragraphe 1.6).

10.5 Equations de renouvellement markovien

10.5.1 Fonctions de renouvellement associées à un processus de renouvellement markovien

Soit (Y, T) un processus de renouvellement markovien de noyau semi-markovien Q que nous supposons récurrent irréductible. Nous avons défini les instants S_n^j (correspondant aux différents instants d'entrée dans l'état j pour le processus semi-markovien associé) et montré (dans la proposition 10.10) que le processus $S^j = (S_n^j)_{n \geq 0}$ est un processus de renouvellement, éventuellement défectif. Notons $\rho(i, j, t)$ sa fonction de renouvellement sous la probabilité P_i :

$$\rho(i, j, t) = \sum_{n \geq 0} \mathbb{P}_i(S_n^j \leq t) = \mathbb{E}_i\Big(\sum_{n \geq 0} 1_{\{S_n^j \leq t\}}\Big).$$

La quantité $\rho(i, j, t)$ est donc le nombre moyen, partant de i, de visites à j avant t. D'après la remarque 6.10, elle est finie pour tous i, j,, t.

Le corollaire 10.9 donne :

$$\begin{aligned}
\rho(i, j, t) &= \mathbb{E}_i\Big(\sum_{n \geq 0} 1_{\{T_n \leq t, \, Y_n = j\}}\Big) \\
&= \sum_{n \geq 0} \mathbb{P}_i(T_n \leq t, Y_n = j) \\
&= \sum_{n \geq 0} Q^n(i, j, t) \qquad\qquad (10.4)
\end{aligned}$$

(avec la convention $Q^0(i, j, t) = 1_{\{i=j\}}$).

10.5.2   Les équations et leurs solutions

Revenons aux équations d'états (10.3). Posons :

$$f_j(i,t) = P_t(i,j), \qquad g_j(i,t) = 1_{\{i=j\}}\mathbb{P}_i(T_1 > t),$$

nous avons pour tout j :

$$f_j(i,t) = g_j(i,t) + \sum_{k \in E} \int_0^t f_j(k, t-s)\, Q(i,k,ds).$$

Un tel système d'équations (j étant fixé) est un exemple d'équations de renouvellement markovien.

Nous dirons qu'une fonction f définie sur $E \times \mathbb{R}_+$ est **uniformément
bornée sur tout compact** si elle est bornée sur tout compact de $\mathbb{R}_+$ uni-
formément en $i \in E$, c'est-à-dire si $sup_{i \in E} sup_{s \le t} |f(i,s)| < +\infty$, pour tout
$t > 0$.

Etant donné un noyau semi-markovien Q et une fonction f définie sur $E \times \mathbb{R}_+$
uniformément bornée sur tout compact, nous définissons la fonction $dQ * f$ sur
$E \times \mathbb{R}_+$ par :

$$(dQ * f)(i,t) = \sum_{k \in E} \int_0^t f(k, t-s)\, Q(i,k,ds).$$

On voit immédiatement que la fonction $dQ*f$ est elle aussi uniformément bornée
sur tout compact.

Nous avons défini le produit de deux noyaux semi-markoviens Q_1 et Q_2 par
la formule (10.2). Il n'est pas difficile de vérifier que :

$$d(Q_1 Q_2) * f = dQ_1 * (dQ_2 * f).$$

Etant donné un noyau semi-markovien Q, on appelle **équation(s) de renouvellement markovien** une équation de la forme :

$$f = g + dQ * f, \tag{10.5}$$

où f et g sont deux fonctions définies sur $E \times \mathbb{R}_+$. Il faut évidemment que
l'expression $dQ * f$ ait un sens, c'est pourquoi nous ne nous intéressons qu'aux
fonctions f qui sont uniformément bornées sur tout compact.

Nous voulons généraliser la proposition 6.47, c'est-à-dire montrer que la
solution f de l'équation (10.5) est $d\rho * g$ lorsque g est uniformément bornée sur
tout compact. Pour que $d\rho * g$ soit uniformément bornée sur tout compact dès
que g l'est, il faut que pour tout t, $\sup_i \sum_j \rho(i,j,t) = \sup_i \mathbb{E}_i(\sum_n 1_{\{T_n \le t\}}) < +\infty$.
C'est en particulier le cas lorsque l'ensemble E est fini (voir l'exercice 10.2).

Théorème 10.25 ([7] Chapitre X proposition 2.4)
   *Soit Q un noyau semi-markovien dont la fonction de renouvellement ρ
vérifie $\sup_i \sum_j \rho(i,j,t) < +\infty$ et g une fonction définie sur $E \times \mathbb{R}_+$ et uniformément bornée sur tout compact. Alors, l'équation de renouvellement mar-
kovien*

$$f = g + dQ * f$$

admet une et une seule solution f qui soit uniformément bornée sur tout compact et cette solution est :

$$f = d\rho * g.$$

La démonstration est tout à fait analogue à celle effectuée pour une équation de renouvellement (proposition 6.47). Nous l'omettons.

10.5.3 Convergence de la solution

Commençons par une application directe du théorème de renouvellement 6.43.

Proposition 10.26 *Nous supposons que (Y,T) est un processus de renouvellement markovien à valeurs dans E, récurrent, irréductible et non-arithmétique. Nous notons ν la loi stationnaire de la chaine de Markov Y et pour k dans E, $m(k) = \mathbb{E}_k(T_1)$. Soit g une fonction directement Riemann intégrable. Alors :*

$$\int_0^t g(t-s)\, \rho(i,j,ds) \xrightarrow[t\to+\infty]{} \frac{\nu(j)}{\sum_{k\in E}\nu(k)m(k)} \int_0^{+\infty} g(s)\, ds.$$

♣ *Démonstration :* Posons $G(i,j,t) = \mathbb{P}_i(S_0^j \leq t)$. Nous savons (formule (6.5) de la proposition 6.9) que :

$$d\rho(i,j,\cdot) = dG(i,j,\cdot) * d\rho(j,j,\cdot),$$

donc :

$$g * d\rho(i,j,\cdot) = g * dG(i,j,\cdot) * d\rho(j,j,\cdot) = g_1 * d\rho(j,j,\cdot).$$

La fonction g étant directement Riemann intégrable, il en est de même de la fonction g_1 d'après la proposition 6.42, de plus il est facile de vérifier que $\int g_1(s)\, ds = \int g(s)\, ds$ car $dG(i,j,\cdot)$ est une probabilité. Le théorème de renouvellement 6.43 et la proposition 10.18 permettent de conclure. ♣

Nous en déduisons immédiatement la proposition suivante :

Proposition 10.27 *Nous supposons que (Y,T) est un processus de renouvellement markovien à valeurs dans un ensemble fini E, récurrent, irréductible et non arithmétique. Nous notons ρ sa fonction de renouvellement, ν la loi stationnaire de la chaine de Markov Y et pour k dans E, $m(k) = \mathbb{E}_k(T_1)$. Soit g une fonction définie sur $E \times \mathbb{R}_+$ telle que pour tout j dans E la fonction $g(j,\cdot)$ soit directement Riemann intégrable. Alors :*

$$\sum_{j\in E}\int_0^t g(j,t-s)\, \rho(i,j,ds) \xrightarrow[t\to+\infty]{} \frac{1}{\sum_{k\in E}\nu(k)m(k)} \int_0^{+\infty} \sum_{j\in E}\nu(j)g(j,s)\, ds.$$

Lorsque l'ensemble E n'est pas fini, la proposition 10.27 reste valide à condition d'imposer des conditions plus restrictives à la fonction g ([23] chapitre 10 théorème 4.17).

Corollaire 10.28 *Soit* (Y,T) *un processus de renouvellement markovien à valeurs dans un ensemble fini* E, *irréductible et non arithmétique, de noyau semi-markovien* Q. *Notons* ν *la loi stationnaire de la chaine de Markov* Y *et pour* k *dans* E, *posons* $m(k) = \mathbb{E}_k(T_1)$. *Si* f *et* g *sont deux fonctions définies sur* $E \times \mathbb{R}_+$, *uniformément bornées sur tout compact, qui vérifient :*

$$f = g + dQ * f$$

et si pour tout j *dans* E *la fonction* $g(j, \cdot)$ *est directement Riemann intégrable, alors pour tout* i *dans* E :

$$f(i,t) \xrightarrow[t \to +\infty]{} \frac{1}{\sum_{k \in E} \nu(k) m(k)} \int_0^{+\infty} \sum_{j \in E} \nu(j) g(j,s)\, ds.$$

Exemple 10.29 : Les équations d'états (10.3) et le corollaire 10.28 permettent de retrouver le théorème 10.20 lorsque E est fini.

10.5.4 Application à un problème de délai

Certains matériels ou certaines installations (telles que les centrales nucléaires) ne sont pas immédiatement opérationnels après une réparation : un temps de redémarrage est nécessaire et le matériel reste encore indisponible pendant ce temps.

Par conséquent le matériel n'est pas opérationnel à un instant donné soit parce qu'il est en réparation, soit parce qu'il est en phase de redémarrage. L'indisponibilité au sens mathématique, $\bar{D}(t)$, c'est-à-dire la probabilité que le matériel ne puisse être utilisé à l'instant t est donc la somme de l'indisponibilité usuelle $\bar{D}^{(u)}(t)$ (c'est-à-dire de la probabilité pour que le matériel soit en réparation à l'instant t) et de la probabilité $\bar{D}^{(r)}(t)$ pour que le matériel soit en phase de redémarrage à cet instant. Notre but est d'évaluer :

$$\bar{D}^{(r)}(\infty) = \lim_{t \to +\infty} \bar{D}^{(r)}(t).$$

Notons τ la durée nécessaire pour redémarrer le matériel. Nous supposons cette durée déterministe (si elle est aléatoire et indépendante du processus intrinsèque des pannes et des réparations des différents composants, il suffit d'intégrer le résultat obtenu par rapport à la loi de τ).

Soit (X_t) le processus décrivant les états des composants du système. Nous supposons ce processus markovien ou plus généralement que le processus oubli son passé aux instants de fin de réparation (c'est-à-dire que le processus (X_t) est semi-régénératif au sens classique avec comme instants de semi-régénération, les instants de réparation - voir le paragraphe 10.6 -).

L'indisponibilité usuelle $\bar{D}^{(u)}(t)$ est égale à $\mathbb{P}(X_t \in \mathcal{P})$, alors que $\bar{D}^{(r)}(t)$ est la probabilité de l'événement E_t : "le matériel n'est pas en réparation à l'instant t et sa dernière réparation s'est achevée depuis une durée inférieure à τ".

Pour simplifier l'exposé, nous supposons que l'instant initial est un instant de fin de réparation et nous laissons le lecteur passer ensuite au cas général. Notons $U_1 = 0, U_2, \cdots$ les instants successifs de fin de réparation et $V_1, V_2, \cdots$ les instants successifs de panne du matériel. Etant données les hypothèses faites sur le processus (X_t), le processus $(X_{U_n}, U_n)_{n \geq 1}$ est un processus de renouvellement markovien dont nous notons Q le noyau semi-markovien. Nous supposons ce processus de renouvellement markovien récurrent, irréductible et non-arithmétique. Nous obtenons :

$$
\begin{aligned}
\mathbb{P}_i(E_t) &= \mathbb{P}_i(E_t, t < U_2) + \sum_j \mathbb{P}_i(E_t, U_2 \leq t, X_{U_2} = j) \\
&= \mathbb{P}_i(t < \tau \wedge V_1) + \sum_j \int_0^t \mathbb{P}_j(E_{t-s}) \, Q(i, j, ds).
\end{aligned}
$$

Posons $f(i, t) = \mathbb{P}_i(E_t)$ et $g(i, t) = \mathbb{P}_i(t < \tau \wedge V_1)$. Les fonctions f et g sont uniformément bornées sur tout compact et vérifient :

$$
f = g + dQ * f.
$$

Le corollaire 10.28 donne :

$$
\mathbb{P}_i(E_t) \xrightarrow[t \to +\infty]{} \frac{1}{\sum_k \nu(k) m(k)} \sum_j \nu(j) \int_0^{+\infty} \mathbb{P}_j(t < \tau \wedge V_1) \, dt,
$$

ν étant la loi stationnaire du processus de Markov $(X_{U_n})_{n \geq 1}$ et $m(k) = \mathbb{E}_k(U_2)$. Par conséquent, $\sum_k \nu(k) m(k)$ est le $MTBF$ du système. En outre :

$$
\int_0^{+\infty} \mathbb{P}_j(t < \tau \wedge V_1) \, dt = \mathbb{E}_j(\tau \wedge V_1) = \int_0^\tau R_j(t) \, dt,
$$

en notant $R_j(t)$ la fiabilité du système lorsque l'état initial est j. Notons R_ν la fiabilité du système lorsque l'état initial est ν.

Nous avons donc prouvé que :

$$
\bar{D}^{(r)}(t) \xrightarrow[t \to +\infty]{} \frac{1}{MTBF} \int_0^\tau R_\nu(t) \, dt.
$$

En pratique, la durée V_1 est élevée et τ est petit, si bien que $\mathbb{E}_\nu(\tau \wedge V_1)$ peut être approché par τ. En tout état de cause, il s'agit d'une estimation pessimiste :

$$
\bar{D}^{(r)}(\infty) \leq \frac{\tau}{MTBF}.
$$

Dans le cas markovien, nous pouvons expliciter $\int_0^\tau R_j(t) \, dt$. Nous notons comme toujours A_1 la restriction de la matrice génératrice aux états de marche et nous la supposons inversible. En considérant la mesure ν comme une mesure sur les états de marche (ce qui est naturel puisqu'elle ne charge que ceux-ci), nous savons (proposition 9.19) que :

$$
R_\nu(t) = \nu^T e^{t A_1} 1_m.
$$

Nous en déduisons que :

$$\int_0^\tau R_\nu(t)\,dt = \nu^T \int_0^\tau e^{tA_1} 1_m\,dt$$

$$= \nu^T A_1^{-1} \int_0^\tau A_1 e^{tA_1} 1_m\,dt$$

$$= \nu^T A_1^{-1} \int_0^\tau \frac{d}{dt}(e^{tA_1} 1_m)\,dt$$

$$= \nu^T A_1^{-1}(e^{A_1\tau} - I)1_m$$

D'après le lemme 9.16 et la proposition 9.17 :

$$\nu^T A_1^{-1} = MTBF \times \pi_2^T A_{21} A_1^{-1} = -MTBF \times \pi_1^T,$$

ce qui nous permet d'obtenir :

$$\bar{D}^{(r)}(\infty) = -\pi_1^T(e^{A_1\tau} - I)1_m.$$

On peut en déduire un développement en série de $\bar{D}^{(r)}(\infty)$ en fonction de τ. On voit sans peine que le premier terme est $\tau/MTBF$.

10.6　Processus semi-régénératif

Tout comme nous avons défini un processus régénératif à partir d'un processus de renouvellement, nous allons définir un processus semi-régénératif à partir d'un processus de renouvellement markovien.

Un processus càd-làg $(X_t)_{t\geq 0}$ (à valeurs dans un espace F) est **semi-régénératif** s'il existe un processus de renouvellement markovien (Y, T) vérifiant $\sup_n T_n = +\infty$ et tel que, pour tout n, la loi du processus $(X_{t+T_n})_{t\geq 0}$ conditionnellement à $(T_1, \ldots, T_n, Y_0, \ldots, Y_n)$, soit égale sur l'ensemble $\{Y_n = i\}$ à celle du processus $(X_t)_{t\geq 0}$ sachant $\{Y_0 = i\}$.

Le processus (Y, T) est appelé **processus de renouvellement markovien immergé**.

Remarque 10.30 : Nous avons donné ci-dessus la définition d'un processus semi-régénératif au sens large (définition de [7]). La définition que donne [23] est différente et généralise la notion de processus régénératif au sens classique. Nous dirons donc (en suivant [23]) qu'un processus càd-làg $(X_t)_{t\geq 0}$ (à valeurs dans un espace F) est **semi-régénératif au sens classique** s'il existe un processus de renouvellement markovien (Y, T) (à valeurs dans un espace E) tel que $\sup_n T_n = +\infty$, et pour tout $n \geq 0$:

- T_n est un temps d'arrêt relativement à la filtration naturelle $\mathcal{F} = (\mathcal{F}_t)_{t\geq 0}$ engendrée par le processus $(X_t)_{t\geq 0}$,

- Y_n est mesurable relativement à la tribu $\mathcal{F}_{T_n}$ du passé de T_n,

- conditionnellement à $\mathcal{F}_{T_n}$, la loi du processus $(X_{t+T_n})_{t\geq 0}$ est égale sur l'ensemble $\{Y_n = i\}$ à celle du processus $(X_t)_{t\geq 0}$ sachant $\{Y_0 = i\}$.

Exemple 10.31 : Soit (X_t) un processus semi-markovien associé à un processus de renouvellement markovien (Y, T) tel que $\sup_n T_n = +\infty$. la propriété de Markov aux instants de saut montre que ce processus est semi-régénératif et qu'on peut prendre comme processus semi-markovien sous-jacent le processus (Y, T). Si le noyau de renouvellement markovien Q vérifie $Q(i, i, t) = 0$ pour tout i (le processus "ne saute pas sur place") il est semi-régénératif au sens strict (le fait que $Q(i, i, t) = 0$ permet de montrer que les T_n sont des temps d'arrêt car ce sont les instants de saut du processus (X_t)).

Exemple 10.32 : Nous considérons toujours un processus semi-markovien (X_t) associé à un processus de renouvellement markovien (Y, T) pour lequel $\sup_n T_n = +\infty$ (sans autre hypothèse sur le noyau de renouvellement). Nous posons :

$$W_t = T_{n+1} - t \ \text{ et } \ A_t = t - T_n \quad \text{sur } \{T_n \le t < T_{n+1}\}.$$

On peut considérer les processus (X_t, W_t), (X_t, A_t), (X_t, W_t, A_t) comme semi-régénératifs au sens classique en prenant le processus (Y, T) comme processus de renouvellement markovien immergé.

Exemple 10.33 : Soit (X_t) un processus semi-markovien à valeurs dans E et $\mathcal{M}$ un sous-ensemble de E. Notons U_n les instants successifs d'entrée dans $\mathcal{M}$. Nous supposons les U_n finis presque-sûrement pour tout n et que $\sup_n U_n = +\infty$. Posons $Z_n = X_{U_n}$. On peut voir le processus (X_t) comme un processus semi-régénératif ayant $(Z, U) = (Z_n, U_n)_{n \ge 0}$ comme processus de renouvellement markovien immergé.

D'autres exemples de processus semi-régénératifs se trouvent dans [23].

Remarque 10.34 : La notion de processus semi-régénératif (au sens large) est une généralisation de la notion de processus régénératif (au sens large). En fait, la généralisation n'est pas si importante que cela car on se persuade facilement qu'un processus semi-régénératif dont le processus de renouvellement markovien immergé (Y, T) (à valeurs dans E) est récurrent, est en fait régénératif (les instants de régénération étant les instants d'entrée de la chaine Y dans un point $i \in E$ donné). Cependant le fait de voir un processus donné comme processus semi-régénératif plutôt que comme processus régénératif permet de donner une expression différente de la loi limite, comme le montre le théorème ci-dessous.

Théorème 10.35 *Soit (X_t) un processus semi-régénératif, de processus de renouvellement markovien immergé (Y, T). Supposons le processus semi-markovien (Y, T) récurrent, irréductible et non-arithmétique. Soit ν la loi stationnaire de la chaine de Markov Y. Supposons que $\sum_k \nu(k) \mathbb{E}_k(T_1) < +\infty$. Alors pour toute fonction f continue et bornée :*

$$\mathbb{E}(f(X_t)) \xrightarrow[t \to +\infty]{} \frac{1}{\sum_k \nu(k) \mathbb{E}_k(T_1)} \sum_i \nu(i) \mathbb{E}_i \left(\int_0^{T_1} f(X_s) \, ds \right),$$

$\mathbb{E}_i$ *désignant l'espérance par rapport à la loi conditionnelle* $\mathbb{P}_i(\cdot) = \mathbb{P}(\cdot / Y_0 = i)$.

Ce théorème peut se démontrer à partir du théorème 6.75 et de la remarque 10.34 (voir [7] démonstration de la proposition 3.2 chapitre X) ou bien directement, à partir des équations de renouvellement markovien et du corollaire 10.28 lorsque l'ensemble E, dans lequel la chaine Y prend ses valeurs, est fini. Lorsque l'ensemble E n'est pas fini l'obtention de la limite à partir des équations de renouvellement markovien est plus délicate (voir [23] chapitre 10 démonstration du théorème 6.12).

Le théorème 10.35 entraine le résultat de fiabilité suivant :

Théorème 10.36 *Considérons un système dont nous notons* $(U_n)_{n \geq 1}$ *les instants successifs de fin de réparation, et posons* $U_0 = 0$. *Supposons que l'évolution du système au cours du temps puisse être modélisée par un processus semi-régénératif* $(X_t)_{t \geq 0}$ *ayant* $(X_{U_n}, U_n)_{n \geq 0}$ *comme processus de renouvellement markovien immergé. Alors la disponibilité asymptotique du système s'écrit :*

$$D(\infty) = \frac{MUT}{MTBF},$$

dès que la chaine de Markov $(X_{U_n})_{n \geq 0}$ *est récurrente irréductible et apériodique (ce qui entraine l'existence du MUT et du MTBF) et que la loi de* U_1 *est non-arithmétique.*

♣ *Démonstration* : Notons ν la loi stationnnaire de la chaine de Markov $(X_{U_n})_{n \geq 0}$ et M_n les durées successives de bon fonctionnement du système. Le processus étant semi-régénératif, il vient :

$$\mathbb{E}(M_n) = \sum_i \mathbb{P}(X_{U_n} = i)\mathbb{E}_i(M_1),$$

et comme, sous les hypothèses énoncées, la loi de X_{U_n} converge vers ν, nous en déduisons :

$$MUT = \lim_{n \to +\infty} \mathbb{E}(M_n) = \sum_i \nu(i)\mathbb{E}_i(M_1) = \sum_i \nu(i)\mathbb{E}_i\left(\int_0^{U_1} 1_{\{X_s \in \mathcal{M}\}}\, ds\right).$$

De même :

$$MTBF = \sum_i \nu(i)\mathbb{E}_i(U_1).$$

Appliquons le théorème 10.35 avec $f = 1_{\mathcal{M}}$. Nous obtenons :

$$
\begin{aligned}
\lim_{t \to +\infty} \mathbb{P}(X_t \in \mathcal{M}) &= \frac{1}{\sum_k \nu(k)\mathbb{E}_k(U_1)} \sum_i \nu(i)\mathbb{E}_i\left(\int_0^{U_1} 1_{\{X_s \in \mathcal{M}\}}\, ds\right) \\
&= \frac{MUT}{MTBF}. \quad \clubsuit
\end{aligned}
$$

10.7 Grandeurs de fiabilité

Dans tout ce paragraphe nous supposons que le comportement d'un système est décrit par un processus semi-markovien $X = (X_t)$ à valeurs dans un ensemble E fini. Nous notons comme toujours $\mathcal{M}$ (respectivement $\mathcal{P}$) l'ensemble des états de marche (respectivement de panne). Lorsque nous écrirons des formules matricielles, nous supposerons (comme dans le chapitre 9) que les états du système sont rangés de telle manière que les m premiers constituent les états de marche et les ℓ derniers les états de panne.

Soit (Y, T) le processus de renouvellement markovien associé à X de noyau de renouvellement Q. Nous supposons que $0 < m(k) = \mathbb{E}_k(T_1) < +\infty$ pour tout k.

Nous notons μ la loi initiale qui sera identifiée dans les formules matricielles à un vecteur colonne, 1_m le vecteur colonne de dimension m dont toutes les composantes valent 1 et $1_{m,m+\ell}$ le vecteur colonne de dimension $m + \ell$ dont les m premières composantes valent 1 et les autres 0.

10.7.1 Disponibilité

La disponibilité du système est :

$$D(t) = \mathbb{P}(X_t \in \mathcal{M}) = \sum_{i \in E} \sum_{j \in \mathcal{M}} \mu(i) P_t(i, j).$$

Nous ne pouvons donner de formule explicite de la disponibilité, par contre nous allons expliciter sa transformée de Laplace car les équations d'états (10.3) permettent de calculer la transformée de Laplace de P_t.

Posons :

$$h(i, t) = \mathbb{P}_i(T_1 > t) = \sum_j \int_t^{+\infty} Q(i, j, ds) = 1 - \sum_j Q(i, j, t), \qquad (10.6)$$

$$\tilde{P}(s)(i, j) = \int_0^{+\infty} e^{-st} P_t(i, j)\, dt, \quad \tilde{Q}(s)(i, j) = \int_0^{+\infty} e^{-st} Q(i, j, dt), \quad (10.7)$$

$$\tilde{h}(s)(i) = \int_0^{+\infty} e^{-st} h(i, t)\, dt.$$

Nous considérons $\tilde{P}(s)$ et $\tilde{Q}(s)$ comme des matrices carrées (dont la dimension est $m+\ell$), et nous notons $diag(\tilde{h}(s))$ la matrice diagonale dont la diagonale est formée des composantes du vecteur $\tilde{h}(s)$.

Proposition 10.37 ([28] proposition 1)

Définissons la matrice A par :

$$A(s)(i, j) = \begin{cases} \dfrac{\tilde{Q}(i, j, s)}{\tilde{h}(s)(i)} & \text{pour} \quad i \neq j, \\[2ex] -\displaystyle\sum_{j: j \neq i} \dfrac{\tilde{Q}(i, j, s)}{\tilde{h}(s)(i)} & \text{pour} \quad i = j. \end{cases}$$

Nous supposons que le processus est irréductible ou plus généralement que la matrice $A(s)$ n'a pas de valeur propre réelle strictement positive. Soit $\tilde{D}$ la transformée de Laplace de la disponibilité. Nous avons pour tout $s > 0$:

$$\tilde{D}(s) = \mu^T \tilde{P}(s) 1_{m,m+\ell},$$

avec :

$$\tilde{P}(s) = (I - \tilde{Q}(s))^{-1} diag(\tilde{h}(s)) = (sI - A(s))^{-1},$$

en notant I la matrice identité (de dimension $m + \ell$).

♣ *Démonstration* : En regardant les deux membres des équations d'états (10.3) comme des fonctions de t et en prenant leurs transformées de Laplace nous obtenons :

$$\tilde{P}(s)(i,j) = 1_{\{i=j\}} \tilde{h}(s)(i) + \sum_k \tilde{Q}(s)(i,k) \tilde{P}(s)(k,j),$$

c'est-à-dire :

$$(I - \tilde{Q}(s)) \tilde{P}(s) = diag(\tilde{h}(s)).$$

Les $\tilde{h}(s)(i)$ étant non nuls, la matrice $diag(\tilde{h}(s))$ est inversible. Nous notons $diag(1/h(s))$ son inverse, c'est-à-dire la matrice diagonale dont les éléments diagonaux sont les $1/\tilde{h}(s)(i)$. Nous avons :

$$diag(1/\tilde{h}(s)) (I - \tilde{Q}(s)) \tilde{P}(s) = I.$$

D'autre part la relation (10.6) entraine que :

$$\tilde{h}(s)(i) = \frac{1}{s} - \sum_j \frac{1}{s} \tilde{Q}(i,j,s),$$

et on vérifie alors facilement que :

$$diag(1/\tilde{h}(s)) (I - \tilde{Q}(s)) \tilde{P}(s) = sI - A(s).$$

Pout tout s, les termes non diagonaux de la matrice $A(s)$ sont positifs et la somme des lignes est nulle, on peut donc la considérer comme une matrice génératrice. Si le processus est irréductible, il en est de même de la matrice $A(s)$ et le corollaire 9.11 du théorème de Perron-Frobenius entraine que la matrice $A(s)$ n'a pas de valeur propre strictement positive, donc $sI - A(s)$ est inversible. Par suite $I - \tilde{Q}(s)$ est également inversible et la proposition est établie. ♣

Remarque 10.38 : La proposition 10.37 est une généralisation au cas semi-markovien de la formule $\tilde{P}(s) = (sI - A)^{-1}$ établie dans le cas markovien. Il n'est d'ailleurs pas difficile de vérifier directement sur la définition de $A(s)$ que, dans le cas markovien, la matrice $A(s)$ de la proposition 10.37 ne dépend pas de s et est égale à la matrice génératrice A.

Nous avons vu dans la remarque 10.21 que la loi limite d'un processus semi-markovien est la même que celle du processus markovien de sauts de même chaine de Markov immergée et de même durée moyenne de séjour dans les états, par conséquent :

Proposition 10.39 *La disponibilité asymptotique calculée à partir d'une modé-lisation semi-markovienne est la même que celle calculée à partir du proces-sus markovien de sauts qui a même chaine de Markov immergée, même durée moyenne de séjour dans les états et mêmes états de marche que le processus semi-markovien.*

10.7.2 Durées moyennes

Proposition 10.40 *Dans le cas d'un processus semi-markovien, le MTTF est le même que celui du processus markovien de sauts qui a même chaine de Markov immergée, même durée moyenne de séjour dans les états et mêmes états de marche que lui.*

♣ *Principe de la démonstration* : Posons $\tau = \inf\{t : X_t \in \mathcal{P}\}$ et $x_i = \mathbb{E}_i(\tau)$. Nous procédons comme dans la démonstration de la proposition 8.21. En appliquant la propriété de Markov à l'instant T_1 nous obtenons :

$$x_i = \mathbb{E}_i(T_1) + \sum_{k \in \mathcal{M}} p(i, k) x_k.$$

Cette équation ne fait intervenir que la matrice de transition p de la chaine de Markov immergée et les durées moyennes de séjour dans les états. Le résultat en découle. ♣

Posons $U_0 = 0$, notons U_n ($n \geq 1$) les instants successifs de fin de réparation du système (que nous supposons finis presque-sûrement) et $Z_n = X_{U_n}$. Nous supposons la chaine de Markov $(Z_n)_{n \geq 1}$ récurrente, irréductible et apériodique de loi stationnaire ν. Soit τ le premier instant de panne du système. La propriété de Markov aux instants U_n (instants d'entrée dans $\mathcal{M}$) (théorème 10.13) montre que MUT et $MTBF$ existent et valent :

$$MUT = \lim_{n \to +\infty} \sum_{i \in \mathcal{M}} \mathbb{P}(U_n = i) \mathbb{E}_i(\tau) = \sum_{i \in \mathcal{M}} \nu(i) \mathbb{E}_i(\tau),$$

$$MTBF = \lim_{n \to +\infty} \sum_{i \in \mathcal{M}} \mathbb{P}(U_n = i) \mathbb{E}_i(U_1) = \sum_{i \in \mathcal{M}} \nu(i) \mathbb{E}_i(U_1).$$

Le même raisonnement est valable pour MDT. Nous en déduisons :

Proposition 10.41 *Dans le cas d'un processus semi-markovien MUT, MDT et MTBF sont les mêmes que pour le processus markovien de sauts qui a même chaine de Markov immergée, même durée moyenne de séjour dans les états et mêmes états de marche que lui.*

Nous avons démontré que, dans le cas d'un processus markovien, la disponibilité asymptotique est de la forme $D(\infty) = MUT/(MUT + MDT)$, sous des conditions raisonnables. Ce résultat est encore valable dans le cas semi-markovien, ce qui se voit facilement à partir du résultat dans le cas markovien et des propositions 10.39 et 10.41. C'est également une conséquence de la remarque 10.33 et du théorème 10.36, ce qui nous donne une autre démonstration du résultat dans le cas markovien.

Proposition 10.42 *Dans le cas d'un processus semi-markovien (et sous les conditions qui garantissent l'existence des quantités intervenant dans la formule ci-dessous), la disponibilité asymptotique s'écrit :*

$$D(\infty) = \frac{MUT}{MTBF} \cdot$$

10.7.3   Fiabilité

Comme dans le cas markovien, pour calculer la fiabilité du système, on effectue un calcul de disponibilité après avoir rendu les états de panne absorbants. En utilisant la proposition 10.37, nous obtenons :

Proposition 10.43 ([28] proposition 5)

Soit μ_1 le vecteur colonne de dimension m obtenu en ne conservant que les m premières composantes du vecteur μ décrivant la loi initiale, $A_1(s)$ la matrice carrée de dimension m qui est la restriction aux m premières coordonnées de la matrice $A(s)$ définie dans la proposition 10.37. La transformée de Laplace $\tilde{R}$ de la fiabilité du système est :

$$\tilde{R}(s) = \mu_1^T (sI - A_1(s))^{-1} 1_m \quad \text{pour} \quad s > 0.$$

Nous avons vu que la disponibilité asymptotique est la même pour le processus semi-markovien et le processus markovien ayant même chaine de Markov immergée et mêmes durées moyennes de séjour dans les états. On peut se demander si le même phénomène a lieu (non pour la fiabilité asymptotique qui est toujours nulle, mais) pour le taux de défaillance asymptotique. Nous allons voir que ce n'est pas le cas mais que c'est vrai pour le taux de Vesely asymptotique.

Dans toute la fin de ce paragraphe nous supposons que le noyau de renouvellement Q a une densité q par rapport à la mesure de Lebesgue :

$$Q(i, j, ds) = q(i, j, s) \, ds.$$

10.7.4   Taux de défaillance asymptotique

Les résultats que nous donnons dans ce paragraphe sont extraits de [28].

Soit $\tilde{Q}_1(s)$ la restriction aux états de marche de la matrice $\tilde{Q}(s)$ définie dans (10.7). C'est une matrice dont tous les termes sont positifs ou nuls. Notons $a(s)$ sa valeur propre de Perron-Frobenius (théorème 9.10).

Notons $r_Q(i,j)$ l'abscisse de convergence de la transformée de Laplace $\tilde{Q}(i,j,s)$ et :

$$r_Q = \max_{i \in \mathcal{M}, j \in \mathcal{M}} r_Q(i,j).$$

Nous faisons les hypothèses suivantes :

H1 : les fonctions $u \to q(i,j,u)$ sont continues et bornées,

H2 : il existe i et j dans $\mathcal{M}$ tels que $\tilde{Q}(i,j,r_Q) = +\infty$,

H3 : l'ensemble $\mathcal{M}$ est irréductible et non absorbant, c'est-à-dire que la matrice p_1, restriction aux états de marche de la matrice de transition de la chaine de Markov immergée, est irréductible et qu'il existe $i \in \mathcal{M}$ tel que $\sum_j p_1(i,j) < 1$.

Soit

$$r = \sup\{s : a(s) = 1\},$$

on peut montrer que, sous les hypothèses ci-dessus, r existe et que :

$$r_Q < r < 0.$$

Nous supposons de plus que :

H4 : pour tous i dans $\mathcal{M}$ et j dans $\mathcal{P}$, $\tilde{Q}(i,j,r) < +\infty$,

H5 : pour tous i dans $\mathcal{M}$ et j dans $\mathcal{P}$:

$$e^{-ru}q(i,j,u) \xrightarrow[u \to +\infty]{} 0.$$

Remarque 10.44 : Dans la plupart des cas $q(i,j,u) = p(i,j)f(i,u)$. Sous cette condition l'hypothèse H4 est une conséquence des précédentes et l'hypothèse H5 se réduit à l'existence d'une limite pour $e^{-ru}f(i,u)$ lorsque u tend vers l'infini.

Les hypothèses H1 à H5 peuvent être affaiblies (voir [28]), cependant celles que nous avons données recouvrent les cas usuels.

Proposition 10.45 ([28] théorème 29)
Sous les hypothèses H1 à H5, le taux de défaillance asymptotique $\lambda(\infty)$ est :

$$\lambda(\infty) = |r|.$$

Bien que cette proposition ne fournisse pas une formule explicite de calcul du taux $\lambda(\infty)$ elle donne une méthode numérique pour l'obtenir : il suffit de résoudre numériquement l'équation $a(s) = 1$ (par exemple par dichotomie, en utilisant un programme de calcul de la plus grande valeur propre).

Taux de Vesely asymptotique

La définition du taux de Vesely (formule (7.7)) et l'exercice 10.5 montrent que le taux de Vesely λ_V est donné par :

$$\lambda_V(t) = \lim_{\Delta \to 0_+} \frac{1}{\Delta} \, \mathbb{P}(X_{t+\Delta} \in \mathcal{P} / X_t \in \mathcal{M}).$$

Proposition 10.46 *Considérons un processus semi-markovien récurrent, irréductible et non-arithmétique dont le noyau de renouvellement est de la forme $Q(i,j,du) = q(i,j,u)\,du$. Supposons que pour j dans $\mathcal{M}$ et k dans $\mathcal{P}$ les fonctions $s \to q(j,k,s)$ soient bornées, continues à droite presque-partout et tendent vers 0 à l'infini.*

Alors le taux de Vesely asymptotique est le même que pour le processus markovien de sauts ayant même chaine de Markov immergée, mêmes temps moyens de séjour dans les états et mêmes états de marche.

En particulier :

$$\lambda_V(\infty) = \frac{1}{MUT} \; .$$

♣ *Démonstration* : L'exercice 10.5 et la propriété de Markov à l'instant T_n permettent d'écrire :

$$
\begin{aligned}
&\mathbb{P}_i(X_t \in \mathcal{M}, X_{t+\Delta} \in \mathcal{P}) \\
&= \sum_{j \in \mathcal{M}} \sum_{k \in \mathcal{P}} \sum_{n \geq 0} \mathbb{P}_i(T_n \leq t < T_{n+1}, X_{T_n} = j, X_{T_{n+1}} = k) + o(\Delta) \\
&= \sum_{j \in \mathcal{M}} \sum_{k \in \mathcal{P}} \sum_{n \geq 0} \int_0^t \mathbb{P}_j(t-s < T_1 \leq t-s+\Delta, X_{T_1} = k)\, Q^n(i,j,ds) + o(\Delta) \\
&= \sum_{j \in \mathcal{M}} \sum_{k \in \mathcal{P}} \int_0^t \mathbb{P}_j(t-s < T_1 \leq t-s+\Delta, X_{T_1} = k)\, \rho(i,j,ds) + o(\Delta) \\
&= \sum_{j \in \mathcal{M}} \sum_{k \in \mathcal{P}} \int_0^t \int_{t-s}^{t-s+\Delta} q(j,k,u)\,du\, \rho(i,j,ds) + o(\Delta).
\end{aligned}
$$

En utilisant le fait que les fonctions $s \to q(j,k,s)$ sont continues à droite presque partout et le théorème de convergence dominé, nous obtenons :

$$\lambda_V(t) = \frac{1}{\mathbb{P}_i(X_t \in \mathcal{M})} \sum_{j \in \mathcal{M}} \sum_{k \in \mathcal{P}} \int_0^t q(j,k,t-s)\, \rho(i,j,ds).$$

La proposition 10.20 entraine que $\mathbb{P}_i(X_t \in \mathcal{M})$ converge vers $\pi(\mathcal{M})$ lorsque t tend vers l'infini. Enfin, grâce à la proposition 10.26 améliorée par le théorème 6.61, nous obtenons :

$$
\begin{aligned}
\lambda_V(\infty) &= \frac{1}{\pi(\mathcal{M})} \sum_{j \in \mathcal{M}} \sum_{k \in \mathcal{P}} \frac{\nu(j)}{\sum_k \nu(k)m(k)} \int_0^{+\infty} q(j,k,s)\,ds \\
&= \frac{1}{\pi(\mathcal{M})} \sum_{j \in \mathcal{M}} \sum_{k \in \mathcal{P}} \pi(j) \frac{p(j,k)}{m(j)} \; .
\end{aligned}
$$

Compte-tenu de la forme de π (théorème 10.20) et de celle de $\lambda_V(\infty)$, la première partie de la proposition est établie. La deuxième partie résulte alors de la proposition 10.41. ♣

10.8 Sur le produit de processus semi-markoviens

Les processus semi-markoviens constituent une généralisation des processus markoviens, mais leur utilisation pour modéliser un système formé de plusieurs composants est moins pertinente qu'on pourrait le penser a priori. En effet, considérons un système formé de composants indépendants, l'évolution de chaque composant étant représentée par un processus semi-markovien mais non markovien, alors l'évolution du système n'est pas décrite par un processus semi-markovien. Cela provient du fait que, lorsqu'un composant change d'état, il perd la mémoire de son passé, mais ce n'est pas le cas pour les autres composants, par suite le système ne perd pas la mémoire de son passé à chaque changement d'état.

En d'autres termes, le produit de processus markoviens indépendants est un processus markovien alors que le produit de processus semi-markoviens indépendants n'est pas un processus semi-markovien en général.

Alors comment étudier de tels processsus et qu'advient-il des résultats de fiabilité qui semblent tout à fait naturels, comme par exemple la formule $D(\infty) = MUT/MTBF$?

Nous avons déjà donné des éléments de réponse dans le chapitre 7, paragraphe 7.3.4.

En fait, pour des composants qui ont des taux de défaillance et de réparation bornés et dont l'évolution est régie par des processus semi-markoviens, indépendants ou non, on peut montrer, sous des conditions raisonnables d'irréductibilité, les résultats suivants (voir [29]) :

- la disponibilité asymptotique du système est égale à $MUT/MTBF$,

- si on note $m_P(t)$ le nombre moyen de pannes du système sur $[0, t]$, alors sa dérivée $m'_p(t)$ tend vers $1/MTBF$ lorsque t tend vers l'infini,

- en particulier le nombre moyen de pannes du système sur $[0, t]$ satisfait à un théorème du type théorème de renouvellement de Blackwell (bien que le processus formé par les instants successifs de panne du système ne soit pas un processus de renouvellement), plus précisément : le nombre moyen de pannes du système sur l'intervalle de temps $(t, t + h)$ tend vers $h/MTBF$ lorsque t tend vers l'infini,

- le taux de Vesely asymptotique du système est égal à $1/MUT$.

Lorsque les composants sont supposés de plus indépendants, le $MTBF$ du système est le même que si on avait considéré que le taux de défaillance (respectivement le taux de réparation) de chaque composant était constant et égal à l'inverse de son temps moyen de fonctionnement (respectivement de réparation). Remarquons que ce résultat est contenu implicitement dans la formule suivante, que nous avons donnée dans la proposition 7.3 :

$$\frac{1}{MTBF} = \sum_{j=1}^{n} \Big(\varphi(\bar{d}_1(\infty), \cdots, \bar{d}_{j-1}(\infty), 1, \bar{d}_{j+1}(\infty), \cdots, \bar{d}_n(\infty))$$

$$- \varphi(\bar{d}_1(\infty), \cdots, \bar{d}_{j-1}(\infty), 0, \bar{d}_{j+1}(\infty), \cdots, \bar{d}_n(\infty)) \Big) \frac{1}{MTBF_j},$$

la fonction φ étant la fonction de structure du système, MUT_j et $MTBF_j$ les MUT et $MTBF$ du composant j et $\bar{d}_j(\infty) = MUT_j/MDT_j$ la disponibilité asymptotique de celui-ci.

La méthode utilisée dans [29] pour démontrer ces résulats consiste à rendre les processus markoviens en ajoutant les durées depuis lesquelles les composants sont dans leurs états courants respectifs et à écrire des équations de renouvellement markoviens. La difficulté vient de ce que l'espace E n'est plus dénombrable et cela entraine des problèmes techniques dont la résolution sort du cadre de cet ouvrage.

10.9   Exercices

Exercice 10.1 Considérons un processus semi-markovien (X_t) à valeurs dans l'ensemble $E = \{1, 2\}$ de noyau semi-markovien $Q(i, j, dt) = p(i, j)\,\nu_i(dt)$ avec $p(1, 2) = 1$ et $p(2, 1) = 1$. Cherchons s'il existe une probabilité μ sur E qui soit invariante au sens où : si X_0 est de loi μ, alors pour tout t, X_t est de loi μ. Supposons qu'une telle probabilité existe et essayons de la caractériser.

Notons $\tilde{\nu}_i$ la transformée de Laplace de la probabilité ν_i ($i = 1, 2$). Nous posons $f_i(t) = \mathbb{P}(X_t = 1/X_0 = i)$ et nous notons $\tilde{f}_i$ la transformée de Laplace de la fonction f_i ($i = 1, 2$).

1) Donner (sans effectuer de calcul mais en utilisant un résultat du chapitre 6) l'expression de $\tilde{f}_1$ en fonction de $\tilde{\nu}_1$ et $\tilde{\nu}_2$. En déduire celle de $\tilde{f}_2$.

2) Móntrer que, si μ existe, elle vérifie pour tout $s \geq 0$:

$$\mu(1)\tilde{\nu}_1(s)(1 - \tilde{\nu}_2(s)) = \mu(2)\tilde{\nu}_2(s)(1 - \tilde{\nu}_1(s)).$$

3) On suppose que chacune des probabilités ν_i ($i = 1, 2$) est d'espérance $m(i)$ finie. Montrer que si μ existe, alors $\mu(i) = m(i)/(m(1) + m(2))$.

4) Montrer que si ν_i est la loi exponentielle de paramètre a_i (pour $i = 1, 2$), alors μ existe et expliquer pourquoi c'est un résultat déjà connu.

5) Montrer qu'en général μ n'existe pas.

Exercice 10.2 Soit (Y, T) un processus de renouvellement markovien à valeurs dans un ensemble fini E tel que, pour tous i et j, $\mathbb{P}(T_1 > 0/Y_0 = i, Y_1 = j) > 0$. On pose :

$$a = \max_{i,j} \mathbb{E}(e^{-T_1}/Y_0 = i, Y_1 = j).$$

Montrer que pour tout $n \geq 1$:

$$\mathbb{E}(e^{-T_n}) \leq a^n,$$

et en déduire que pour tout t :

$$\sum_n \mathbb{P}(T_n \leq t) < +\infty.$$

Exercice 10.3 Soit (X_t) un processus semi-markovien associé à un processus de renouvellement markovien (Y, T) et posons :

$$W_t = T_{n+1} - t, \quad A_t = t - T_n \quad \text{sur} \quad \{T_n \leq t < T_{n+1}\}.$$

Nous supposons le processus ergodique.

1) On pose, pour j et x fixés,

$$f_1(t) = \mathbb{P}_j(X_t = j, W_t > x), \quad f_2(t) = \mathbb{P}_j(X_t = j, A_t \leq x).$$

Montrer que les fonctions f_1 et f_2 vérifient chacune une équation de renouvellement.

En déduire leurs limites lorsque t tend vers l'infini.

2) Soit ν la loi stationnaire de la chaine Y. On pose :

$$\pi(j) = \frac{\nu(j)\mathbb{E}_j(T_1)}{\sum_k \nu(k)\mathbb{E}_k(T_1)} \, .$$

Montrer que pour tous i, j et x :

$$\mathbb{P}_i(X_t = j, W_t \leq x) \xrightarrow[t \to +\infty]{} \pi(j) \int_0^x \frac{1}{\mathbb{E}_j(T_1)} \, \mathbb{P}_j(T_1 > u) \, du,$$

$$\mathbb{P}_i(X_t = j, A_t \leq x) \xrightarrow[t \to +\infty]{} \pi(j) \int_0^x \frac{1}{\mathbb{E}_j(T_1)} \, \mathbb{P}_j(T_1 > u) \, du.$$

Commenter ce résultat.

3) Retrouver les résultats précédents en utilisant le théorème 10.35.

4) Montrer plus généralement que :

$$\mathbb{P}_i(X_t = j, W_t > x, X_{t+W_t} = k) \xrightarrow[t \to +\infty]{} \pi(j) \int_x^{+\infty} \frac{1}{\mathbb{E}_j(T_1)} \int_u^{+\infty} Q(j, k, ds) \, du.$$

Exercice 10.4 On considère un processus semi-markovien (X_t) de fonction de renouvellement ρ et on pose :

$$A_t = t - T_n \quad \text{sur} \quad T_n \leq t < T_{n+1}.$$

1) Montrer que pour toute fonction f borélienne positive :

$$\mathbb{E}_i(1_{\{X_t = j\}} f(A_t)) = f(t) 1_{\{i=j\}} \mathbb{P}_i(T_1 > t) + \int_0^t f(t - s) \mathbb{P}_j(T_1 > t - s) \, \rho(i, j, ds).$$

2) Retrouver (sous les conditions ad-hoc) la loi limite de (X_t, A_t) donnée dans l'exercice 10.3.

3) On suppose que, pour tous i et j, $\rho(i, j, ds) = r(i, j, s) \, ds$. Montrer que, sous P_i, la loi de (X_t, A_t) est :

$$(j, u) \to \alpha_j(t) \, \delta_t(du) + p_j(u, t) \, dt,$$

avec $\alpha_j(t) = 1_{\{i=j\}} \mathbb{P}_i(T_1 > u)$ et $p_j(u, t) = \mathbb{P}_j(T_1 > u) r(i, j, t - u) 1_{[0,t]}(u)$.

Exercice 10.5 On considère un processus de renouvellement markovien sur un espace fini E, dont le noyau de renouvellement Q possède une densité par rapport à la mesure de Lebesgue :

$$\forall i, j, \quad Q(i, j, ds) = q(i, j, s)\, ds,$$

et on suppose que les fonctions $s \to q(i, j, s)$ sont bornées sur tout compact. Soit $t \geq 0$ donné, et B_Δ l'événement "au moins deux des T_n ($n \geq 1$) sont dans l'intervalle $[t, t + \Delta]$".

Montrer que :

$$\mathbb{P}_i(B_\Delta) \leq \sum_j \int_0^t \mathbb{P}_j(t - s \leq T_1, T_2 \leq t - s + \Delta)\rho(i, j, ds).$$

En déduire que $\mathbb{P}(B_\Delta) = o(\Delta)$.

Partie III

Appendices

Appendice A

Intégrale de Stieltjés

A.1 Définition dans le cas d'une fonction croissante

Proposition A.1 .

1) Soit F une fonction de $\mathbb{R}$ dans $\mathbb{R}$, croissante et continue à droite. Alors il existe une unique mesure μ positive définie sur les boréliens de $\mathbb{R}$ telle que pour tous réels a et b, $a < b$, on ait :

$$\mu(]a, b]) = F(b) - F(a).$$

2) Inversement, si μ est une mesure positive définie sur les boréliens de $\mathbb{R}$ telle que $\mu(]a, b]) < +\infty$ pour tous réels $a < b$, alors toute fonction F de la forme

$$F(x) = \begin{cases} c + \mu(]0, x]) & \text{pour} \quad x \geq 0 \\ c - \mu(]x, 0]) & \text{pour} \quad x < 0 \end{cases} \tag{A.1}$$

vérifie pour tous réels a et b $(a < b)$:

$$\mu(]a, b]) = F(b) - F(a), \tag{A.2}$$

et toute fonction F vérifiant (A.2) est de la forme (A.1).

En outre ces fonctions F sont croissantes, continues à droite et $c = F(0)$.

Lorsque la mesure μ et la fonction F sont reliées par la formule (A.2), on note

$$\mu = dF.$$

Autrement dit la mesure dF est caractérisée par :

$$\forall\, a < b, \quad dF(]a, b]) = F(b) - F(a).$$

Exemple A.2 :

1. si $F = 1_{[a, +\infty[}$ alors $dF = \delta_a$,

2. soit μ une mesure positive sur $\mathbb{R}$, α un élément de $[-\infty, +\infty[$ et f une fonction borélienne positive μ-intégrable sur tout intervalle de la forme $(\alpha, , x]$ $(x > \alpha)$. Posons $F(x) = \int_\alpha^x f(t)\,\mu(dt)$, alors :

$$dF(x) = f(x)\,\mu(dx).$$

Remarque A.3 : Si F_1 et F_2 sont deux fonctions de $\mathbb{R}$ dans $\mathbb{R}$ croissantes et continues à droite, pour tous a_1 et a_2 positifs, nous avons :

$$d(a_1 F_1 + a_2 F_2) = a_1 dF_1 + a_2 dF_2.$$

Lorsque la mesure μ est portée par $\mathbb{R}_+$, nous pouvons choisir F nulle sur $]-\infty, 0[$. En prenant $c = \mu(\{0\})$ nous avons $F(x) = \mu([0, x])$ pour $x \geq 0$.

Par conséquent, se donner une mesure positive portée par $\mathbb{R}_+$, finie sur tout compact, équivaut à se donner une fonction F croissante, continue à droite, nulle sur $]-\infty, 0[$, la relation entre μ et F étant :

$$\text{pour } t \geq 0 \quad F(t) = \mu([0, t]),$$

ou, de façon équivalente :

$$\text{pour } 0 \leq a < b \quad \mu(]a, b]) = F(b) - F(a),$$

$$\text{et} \quad \mu(\{0\}) = F(0).$$

Remarquons que dans ce cas :

$$\mu = F(0)\delta_0 + dG \quad \text{avec } G = (F - F(0))1_{\mathbb{R}_+}.$$

Remarque A.4 : Si la fonction F est décroissante et continue à droite, la fonction $\tilde{F} = -F$ est croissante et continue à droite. On définit alors dF par $dF = -d\tilde{F}$. La mesure dF est une mesure négative, elle est toujours caractérisée par :

$$\forall\, a < b, \quad dF(]a, b]) = F(b) - F(a).$$

A.2   Quelques formules utiles

Etant donné une fonction W càd-làg, nous posons $\Delta W(s) = W(s) - W(s_-)$.

Proposition A.5 (formule d'intégration par parties) *Si U et V sont deux fonctions croissantes définies sur $\mathbb{R}_+$, continues à droite, on a la formule d'intégration par parties suivante :*

$$U(t)V(t)$$
$$= U(0)V(0) + \int_{]0,t]} V(s)\,dU(s) + \int_{]0,t]} U(s_-)\,dV(s)$$
$$= U(0)V(0) + \int_{]0,t]} V(s_-)\,dU(s) + \int_{]0,t]} U(s_-)\,dV(s) + \sum_{s \leq t} \Delta U(s)\Delta V(s).$$

♣ *Démonstration* : D'une part :

$$(dU \otimes dV)(]0,t] \times]0,t]) = [U(t) - U(0)][V(t) - V(0)],$$

d'autre part :

$$
\begin{aligned}
&(dU \otimes dV)(]0,t] \times]0,t]) \\
&= (dU \otimes dV)(\{(x,y) : 0 < x < y \le t\}) + \\
&\quad (dU \otimes dV)(\{(x,y) : 0 < y \le x \le t\}) \\
&= \int_{]0,t]} dU(]0,y[) \, dV(y) + \int_{]0,t]} dV(]0,x]) \, dU(x) \\
&= \int_{]0,t]} [U(y_-) - U(0)] \, dV(y) + \int_{]0,t]} [V(x) - V(0)] \, dU(x) \\
&= \int_{]0,t]} U(s_-) \, dV(s) - U(0)[V(t) - V(0)] \\
&\quad + \int_{]0,t]} V(s) \, dU(s) - V(0)[U(t) - U(0)].
\end{aligned}
$$

D'où le résultat. ♣

Corollaire A.6 *Soit* U *une fonction croissante et continue définie sur* $\mathbb{R}_+$, *alors :*

$$U^n(t) = U^n(0) + \int_0^t n \, U^{n-1}(s) \, dU(s),$$

c'est-à-dire :

$$d[U^n(s)] = n \, U^{n-1}(s) \, dU(s),$$

et, pour tout réel a *:*

$$e^{aU(t)} = e^{aU(0)} + \int_0^t a e^{aU(s)} \, dU(s),$$

c'est-à dire :

$$d[e^{aU(s)}] = a \, e^{aU(s)} \, dU(s).$$

♣ *Démonstration* : Lorsque les fonctions U et V sont continues, la formule d'intégration par parties de la proposition A.5 donne :

$$U(t)V(t) = U(0)V(0) + \int_{]0,t]} V(s) \, dU(s) + \int_{]0,t]} U(s) \, dV(s),$$

et nous en déduisons, par récurrence sur n :

$$U^n(t) = U^n(0) + \int_{]0,t]} nU^{n-1}(s) \, dU(s).$$

Multiplions l'expression précédente par $a^n/n!$ et sommons sur n. Nous appliquons le théorème de convergence dominée, en utilisant le fait que U est bornée sur $[0,t]$, et nous obtenons :

$$e^{aU(t)} = e^{aU(0)} + \int_0^t a e^{aU(s)} \, dU(s). \qquad ♣$$

Proposition A.7 ([35] proposition 6.2.11, [21] théorème T4 annexe A4)

Soit U est une fonction croissante, continue à droite, définie sur $\mathbb{R}_+$ et à valeurs dans $\mathbb{R}$ et telle que $U(0) = 0$. Alors pour tout réel a l'équation

$$z(t) = z(0) + a \int_{]0,t]} z(s_-)\, dU(s)$$

a une et une seule solution bornée sur tout compact et cette solution est :

$$z(t) = z(0) \left(\prod_{s \leq t} (1 + a\Delta U(s)) \right) \exp\left(aU^c(t) \right),$$

où $U^c(t) = U(t) - \sum_{s \leq t} \Delta U(s)$ est la partie continue de U.

En particulier si U est une fonction définie sur $\mathbb{R}_+$, croissante, continue, nulle en 0, l'équation

$$z(t) = z(0) + a \int_0^t z(s)\, dU(s) \quad \text{pour } t \geq 0$$

admet une unique solution bornée sur tout compact. Cette solution est :

$$z(t) = z(0) \exp\left(a \int_0^t dU(s) \right).$$

♣ *Démonstration* : Posons :

$$x(t) = z(0) \prod_{s \leq t} (1 + a\Delta U(s)) \quad \text{et} \quad y(t) = \exp\left(aU^c(t) \right) = \exp\left(\int_0^t a\, dU^c(s) \right).$$

La fonction y étant continue, la proposition A.6 donne $dy(s) = ay(s)\, dU^c(s)$ et la formule d'intégration par parties (proposition A.5) entraine :

$$
\begin{aligned}
z(t) &= x(t)y(t) \\
&= z(0) + \int_0^t x(s_-)ay(s)\, dU^c(s) + \sum_{s \leq t} y(s)x(s_-)a\, \Delta U(s) \\
&= z(0) + a \int_{]0,t]} z(s_-)\, dU(s),
\end{aligned}
$$

ce qui prouve que

$$z(t) = z(0) \left(\prod_{s \leq t} (1 + a\Delta U(s)) \right) \exp\left(aU^c(t) \right)$$

est solution de l'équation :

$$z(t) = z(0) + a \int_{]0,t]} z(s_-)\, dU(s).$$

Pour montrer que l'équation précédente possède une seule solution bornée sur tout compact, supposons qu'elle possède deux telles solutions et notons $\tilde{z}(t)$ leur différence. La fonction $\tilde{z}(t)$ vérifie :

$$\tilde{z}(t) = a \int_0^t \tilde{z}(s)\, dU(s),$$

ce qui entraine :

$$|\tilde{z}(t)| \le |a| \int_0^t |\tilde{z}(s)|\, dU(s).$$

Posons $y(t) = |\tilde{z}(t)|$ et itérons l'inéquation

$$y(t) \le |a| \int_0^t y(s_1)\, dU(s_1),$$

ce qui donne :

$$y(t) \le |a|^{k+1} \int_0^t dU(s_1) \int_0^{s_1} dU(s_2) \ldots \int_0^{s_k} y(s_{k+1})\, dU(s_{k+1}).$$

Posons $K(t) = \sup_{s \le t} y(s)$. Nous obtenons :

$$0 \le y(t) \le K(t) \frac{|a|^{k+1} U(t)^{k+1}}{(k+1)!}.$$

En faisant tendre k vers l'infini, nous trouvons que $y(t) = 0$. ♣

A.3 Fonctions à variation bornée

Nous ne considérons ici que des fonctions (respectivement des mesures) à support dans $\mathbb{R}_+$. Nous les identifions aux fonctions (respectivement aux mesures) sur $\mathbb{R}$ nulles sur $]-\infty, 0[$.

Définition A.8 *Une fonction V définie sur $\mathbb{R}_+$ et à valeurs dans $\mathbb{R}$ est à variation bornée si, pour tout $t > 0$:*

$$
\begin{aligned}
T_V(t) \\
= \sup\left\{ \sum_{i=0}^n |V(t_{i+1}) - V(t_i)| : n \ge 1,\, 0 = t_0 \le t_1 < \ldots < t_n = t \right\} \\
< +\infty.
\end{aligned}
$$

La fonction T_V définie sur $\mathbb{R}_+$ est la variation totale de V.

La fonction T_V est une fonction croissante et elle est continue à droite si V l'est.

Remarque A.9 : Si V est une fonction croissante alors elle est à variation bornée et $T_V(t) = V(t) - V(0)$.

Théorème A.10 ([14] chapitre 6 fin de la section 31)

Une fonction V de $\mathbb{R}_+$ dans $\mathbb{R}$, continue à droite, est à variation bornée si et seulement si :

$$V - V(0) = \Phi_1 - \Phi_2,$$

où Φ_1 et Φ_2 sont deux fonctions de $\mathbb{R}_+$ dans $\mathbb{R}$, croissantes, continues à droite et nulles en 0.

La décompostion ci-dessus n'est pas unique mais il existe un et un seul couple (Φ_1, Φ_2) tel qu'on ait de plus $T_V = \Phi_1 + \Phi_2$.

Soit V une fonction satisfaisant les hypothèses du théorème A.10 et (Φ_1, Φ_2) le couple de fonctions croissantes associé qui vérifie $T_V = \Phi_1 + \Phi_2$. A chaque fonction Φ_i, associons la mesure $\mu_i = d\Phi_i$, donc :

$$dT_V = \mu_1 + \mu_2.$$

Remarquons que $\mu_i(\{0\}) = \Phi_i(0) = 0$.

Posons :

$$dV = \mu_1 - \mu_2,$$

alors dV est une mesure signée et :

$$|dV| = dT_V = \mu_1 + \mu_2.$$

Par conséquent pour toute fonction f qui est dV-intégrable :

$$\left| \int f(s)\, dV(s) \right| \le \int |f(s)|\, dT_V(s).$$

Pour avoir quelques notions sur les mesures signées, le lecteur peut se reporter à [90].

Remarque A.11 : Les propositions A.5, A.6 et A.7, énoncées lorsque U est croissante, restent valables pour U continue à droite et à variation bornée.
On vérifie aussi sans difficulté qu'elles sont également valables lorsque U s'écrit $U = U_1 + iU_2$, les fonction U_1 et U_2 étant continues à droite et à variations bornées.

Appendice B

Intervalles de confiance

B.1 Introduction

Nous allons montrer comment obtenir un intervalle de confiance pour un paramètre à estimer lorsque la fonction de répartition de la variable aléatoire observée est une fonction décroissante (ou plus généralement monotone) de ce paramètre.

On suppose donc que l'on cherche à estimer un paramètre $\theta \in \Theta$ à partir de l'observation d'une variable aléatoire X.

Définition B.1 *Soit α un nombre compris entre 0 et 1. Un domaine de confiance de θ de niveau $1 - \alpha$ est une famille $S(x)$ de sous-ensembles de Θ, indexée par le résultat de l'observation, qui vérifie :*

$$\forall\, \theta \in \Theta \quad \mathbb{P}_\theta(\theta \in S(X)) \geq 1 - \alpha.$$

Autrement dit, si x est le résultat de l'observation et si on affirme que "θ appartient à $S(x)$", on aura raison, quelle que soit la vraie valeur de θ, dans au moins $(1 - \alpha)\%$ des cas observés.

Un intervalle de confiance est d'autant plus satisfaisant qu'il est plus petit (pour l'inclusion), c'est pourquoi on cherche, quand c'est possible, à réaliser :

$$\forall\, \theta \in \Theta \quad \mathbb{P}_\theta(\theta \in S(X)) = 1 - \alpha.$$

A niveau fixé le domaine de confiance n'est pas unique et on est amené à préciser sa forme. Par exemple si Θ est un intervalle (borné ou non) de $\mathbb{R}$, on cherche les intervalles de confiance de types suivants :

- les demi-droites supérieures de confiance

$$\forall\, \theta \in \Theta \quad \mathbb{P}_\theta(\theta \geq s_-(X)) \geq 1 - \alpha,$$

- les demi-droites inférieures de confiance

$$\forall\, \theta \in \Theta \quad \mathbb{P}_\theta(\theta \leq s_+(X)) \geq 1 - \alpha,$$

- les intervalles bornés "symétriques en loi" de confiance

$$\forall\,\theta\in\Theta \quad \mathbb{P}_\theta(s_-(X)\leq\theta\leq s_+(X))=1-\alpha,$$

avec :

$$\cdot\,\mathbb{P}_\theta(\theta\leq s_-(X))=\frac{\alpha}{2}\,,$$

et :

$$\mathbb{P}_\theta(\theta\geq s_+(X))=\frac{\alpha}{2}\,.$$

B.2 Construction pratique

Supposons que $\Theta=(\theta_0,\theta_1)\subset\mathbb{R}$ (les parenthèses signifient que l'intervalle Θ peut être indifféremment ouvert, fermé ou semi-ouvert) $(-\infty\leq\theta_0\leq\theta_1\leq+\infty)$ et notons F_θ la fonction de répartition de X pour la valeur θ du paramètre. Nous nous plaçons dans le cas où, pour tout x, la fonction $\theta\to F_\theta(x)$ est strictement décroissante.

Proposition B.2 *Supposons que pour tout x dans E, la fonction $\theta\to F_\theta(x)$ soit continue et strictement décroissante et que :*

$$\lim_{\theta\to\theta_0}F_\theta(x)=1,\quad\lim_{\theta\to\theta_1}F_\theta(x)=0.$$

Pour $0<\alpha<1$ nous avons :
  1) pour tout x dans E, il existe un unique $\theta(x)$ qui vérifie:

$$F_{\theta(x)}(x)=\alpha,$$

et la famille $S(x)=\{\theta:\theta\leq\theta(x)\}$ est une famille d'intervalles de confiance de θ de niveau $1-\alpha$.
  2) posons $\tilde{F}_\theta(x)=F_\theta(x_-)=\mathbb{P}(X<x)$, alors pour tout x dans E, la fonction $\theta\to\tilde{F}_\theta(x)$ est strictement décroissante et il existe un unique $\hat{\theta}(x)$ qui vérifie :

$$\tilde{F}_{\hat{\theta}(x)}(x)=1-\alpha,$$

et la famille $S(x)=\{\theta:\theta\geq\hat{\theta}(x)\}$ est une famille d'intervalles de confiance de θ de niveau $1-\alpha$.
  3) Si $\theta_-(x)$ et $\theta_+(x)$ sont définis par :

$$F_{\theta_+(x)}(x)=\frac{\alpha}{2}\,,$$

$$\tilde{F}_{\theta_-(x)}(x)=1-\frac{\alpha}{2}\,,$$

la famille $S(x)=\{\theta:\theta_-(x)\leq\theta\leq\theta_+(x)\}$ est une famille d'intervalles de confiance de θ, symétriques en loi, de niveau $1-\alpha$.

♣ *Démonstration* : 1) La décroissance stricte de la fonction $\theta \to F_\theta(x)$ et la définition de $\theta(x)$ entrainent que :

$$\{\theta \leq \theta(x)\} \iff \{F_\theta(x) \geq \alpha\},$$

et par conséquent :

$$\mathbb{P}_\theta(\theta \leq \theta(X)) = \mathbb{P}_\theta(F_\theta(X) \geq \alpha).$$

Soit G_θ l'inverse continue à gauche de F_θ définie par :

$$G_\theta(t) = \inf\{x \in E : F_\theta(x) \geq t\}.$$

Nous avons (voir l'exercice 1.2) :

$$\{F_\theta(x) \geq t\} \iff \{G_\theta(t) \leq x\},$$

et :

$$F_\theta(G_\theta(x)_-) \leq x,$$

donc :

$$
\begin{aligned}
\mathbb{P}(F_\theta(X) \geq \alpha) &= \mathbb{P}(G_\theta(\alpha) \leq X) \\
&= 1 - \mathbb{P}(X < G_\theta(\alpha)) \\
&= 1 - F_\theta(G_\theta(\alpha)_-) \\
&\geq 1 - \alpha.
\end{aligned}
$$

2) Il est immédiat de vérifier que, puisque pour tout x la fonction $\theta \to F_\theta(x)$ est strictement décroissante, il en est de même pour la fonction $\theta \to F_\theta(x_-)$. Soit $\eta = -\theta$ et $Z = -X$. Pour la valeur η du nouveau paramètre, la fonction de répartition de Z est $H_\eta(z) = 1 - \tilde{F}_{-\eta}(-z)$. L'assertion *2* n'est alors rien d'autre que la transcription de *1* à l'aide de ce changement de variable.

3) La troisième assertion est une conséquence immédiate des deux premières.
♣

Remarque B.3 : Si la fonction $\theta \to F_\theta(x)$ est strictement croissante, il suffit de renverser les inégalités dans les intervalles de confiance construits.

B.3   Exemples

Dans certains cas, il est facile de vérifier la monotonie de la fonction $\theta \to F_\theta(x)$.

Loi de Poisson

Lorsque X est de loi de Poisson de paramètre θ, le lemme 2.7 montre que

$$F_\theta(n) = \mathbb{P}(X \leq n) = 1 - \int_0^\theta \frac{1}{n!} x^n e^{-x}\, dx$$

est une fonction décroissante de θ pour tout n.

Loi binomiale

Nous nous plaçons dans le cas d'une loi binomiale de paramètres n connu et p inconnu. Soit $p < p'$ et $U_1, \cdots, U_n$ des variables aléatoires indépendantes de loi uniforme sur $[0, 1]$. Posons :

$$Y_i = 1_{\{U_i \leq p\}}, \quad X = \sum_{i=1}^{n} Y_i, \quad Y_i' = 1_{\{U_i \leq p'\}}, \quad X' = \sum_{i=1}^{n} Y_i'.$$

Les variables aléatoires X et X' sont de loi binomiale de paramètres n et respectivement p et p'. Il est clair que $X \leq X'$ et donc pour tout k :

$$F_{p'}(k) = \mathbb{P}(X' \leq k) \leq \mathbb{P}(X \leq k) = F_p(k).$$

En fait il y a inégalité stricte car :

$$\mathbb{P}(X \leq k) - \mathbb{P}(X' \leq k) = \mathbb{P}(X \leq k, X' \geq k+1)$$
$$\geq \quad \mathbb{P}(U_1 \leq p', \cdots, U_{k+1} \leq p', U_1 > p, \cdots, U_{n-k} > p) > 0.$$

Loi gaussienne

Nous supposons que X est de loi gaussienne de moyenne θ inconnue et de variance σ^2 connue. Alors :

$$F_\theta(x) = \int_{-\infty}^{x} \frac{1}{\sqrt{2\pi}\sigma} e^{-\frac{(u-\theta)^2}{2\sigma^2}} \, du = \int_{-\infty}^{x-\theta} \frac{1}{\sqrt{2\pi}\sigma} e^{-\frac{s^2}{2\sigma^2}} \, ds$$

est une fonction décroissante de θ.

Modèle à rapport de vraisemblance monotone

Lorsqu'on ne peut vérifier directement sur l'expression de F_θ la monotonie de θ, on peut utiliser le résultat suivant.

Proposition B.4 *Supposons que X ait pour densité (par rapport à une mesure μ ne dépendant pas de θ) une fonction f_θ strictement positive et que pour tout $\theta < \theta'$ la fonction $y \to \frac{f_{\theta'}(y)}{f_\theta(y)}$ soit strictement croissante.*

Soit x vérifiant $0 < F_\theta(x) < 1$ pour tout θ, alors la fonction $\theta \to F_\theta(x)$ est strictement décroissante.

♣ *Démonstration* : Posons $C = \frac{f_{\theta'}(x)}{f_\theta(x)}$ et $\alpha = F_\theta(x)$. Alors la quantité

$$\left(f_{\theta'}(y) - C f_\theta(y)\right)\left(1_{\{y \leq x\}} - \alpha\right) = f_\theta(y)\left(\frac{f_{\theta'}(y)}{f_\theta(y)} - \frac{f_{\theta'}(x)}{f_\theta(x)}\right)\left(1_{\{y \leq x\}} - \alpha\right)$$

est strictement négative pour $y \neq x$. En intégrant par rapport à la mesure μ nous obtenons :

$$0 > F_{\theta'}(x) - C F_\theta(x) - \alpha(1 - C) = F_{\theta'}(x) - \alpha + C(\alpha - F_\theta(x)) = F_{\theta'}(x) - F_\theta(x). ♣$$

Appendice C

Statistiques classiques

C.1 Introduction

Nous observons les durées successives de fonctionnement de n matériels identiques. Lorsqu'un matériel tombe en panne, il peut soit ne pas être réparé, soit être réparé parfaitement (ou de manière équivalente remplacé par du matériel neuf identique), soit subir une "petite réparation". Ce dernier cas est étudié dans le chapitre 3, nous ne considèrerons donc ici que les deux premiers cas.

Les essais peuvent être arrêtés soit après une durée totale de fonctionnement fixée à l'avance, c'est ce qu'on appelle usuellement les **plans d'essais de type 1**, soit lorsqu'on a observé un nombre de défaillances déterminé au préalable, ce sont les **plans d'essais de type 2**.

Lorsqu'on effectue un plan d'essais de type 1 qui se termine à l'instant τ, nous n'observons pas l'instant de défaillance des matériels qui sont en fonctionnement à l'instant τ, nous savons seulement que ces instants sont postérieurs à τ. C'est ce qu'on appelle une censure (à droite). Des censures existent également dans les plans d'essais de type 2 comportant plus d'un matériel en essai, lorsque le nombre de défaillances qu'on a choisi d'oberver est un nombre total sur l'ensemble des matériels (et non un nombre de défaillances par matériel).

Nous allons passer en revue les différents cas évoqués ci-dessus et donner pour chacun d'eux les estimateurs du maximum de vraisemblance (et leurs propriétés lorsque c'est possible) dans le cas où les durées de fonctionnement sont de loi exponentielle (c'est-à-dire lorsque le taux de défaillance est constant) ou de loi de Weibull. Mais commençons par les résultats généraux valables pour tous les plans.

Notons θ le paramètre à estimer. Soit f_θ la densité de la durée de fonctionnement sans défaillance d'un matériel et F_θ sa fonction de répartition. Posons $\bar{F}_\theta = 1 - F_\theta$. Nous admettons le résultat naturel suivant : dans tous les exemples considérés, la densité de la loi de l'observation sera de la forme :

$$\prod_{i=1}^{d} f_\theta(u_i) \prod_{i=1}^{c} \bar{F}_\theta(v_i),$$

les u_i étant les durées de fonctionnement observées, les v_i les durées censurées (la durée de fonctionnement est supérieure à v_i). La log-vraisemblance est donc :

$$L(\theta) = \sum_{i=1}^{d} \log f_\theta(u_i) + \sum_{i=1}^{c} \log \bar{F}_\theta(v_i). \tag{C.1}$$

Loi exponentielle

Nous supposons que $\theta = \lambda$ et que $f_\lambda(x) = \lambda e^{-\lambda x}$. La log-vraisemblance s'écrit :

$$L(\lambda) = d \log \lambda - \lambda \left(\sum_{i=1}^{d} u_i + \sum_{i=1}^{c} v_i \right),$$

et l'estimateur du maximum de vraisemblance est :

$$\hat{\lambda} = \frac{d}{\sum_{i=1}^{d} u_i + \sum_{i=1}^{c} v_i}. \tag{C.2}$$

Ses propriétés vont dépendre du plan d'essais, par exemple pour certains d'entre eux le nombre d (respectivement c) est déterministe, pour d'autres il est aléatoire.

Loi de Weibull

Lorsque les durées de fonctionnement suivent une loi de Weibull, nous avons :

$$\theta = (\alpha, \beta), \quad f_{(\alpha,\beta)}(x) = \frac{\beta}{\alpha^\beta} x^{\beta-1} e^{-(x/\alpha)^\beta}, \quad \bar{F}_{(\alpha,\beta)}(x) = e^{-(x/\alpha)^\beta}.$$

La log-vraisemblance devient :

$$L(\alpha, \beta) = d \log \beta - \beta \, d \log \alpha + (\beta - 1) \sum_{i=1}^{d} \log u_i - \sum_{i=1}^{d} \left(\frac{u_i}{\alpha} \right)^\beta - \sum_{i=1}^{c} \left(\frac{v_i}{\alpha} \right)^\beta,$$

et les estimateurs $\hat{\alpha}$ et $\hat{\beta}$ du maximum de vraisemblance vérifient :

$$\hat{\alpha} = \left(\frac{\sum_{i=1}^{d} u_i^{\hat{\beta}} + \sum_{i=1}^{c} v_i^{\hat{\beta}}}{d} \right)^{1/\hat{\beta}}, \tag{C.3}$$

$$\frac{d}{\hat{\beta}} - \frac{d \left(\sum_{i=1}^{d} u_i^{\hat{\beta}} \log u_i + \sum_{i=1}^{c} v_i^{\hat{\beta}} \log v_i \right)}{\sum_{i=1}^{d} u_i^{\hat{\beta}} + \sum_{i=1}^{c} v_i^{\hat{\beta}}} + \sum_{i=1}^{d} \log u_i = 0. \tag{C.4}$$

C.2 Cas se ramenant à un échantillon

C.2.1 Plan sans censure ni réparation

Nous disposons de n matériels et chaque matériel est testé jusqu'à ce qu'on observe sa défaillance. Notons T_i l'instant de défaillance du $i^{ème}$ matériel. Ce modèle est représenté dans la figure 1.

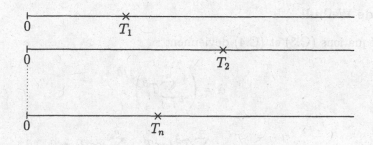

figure 1

Les variables aléatoires $T_1, \cdots, T_n$ sont indépendantes et de même loi de densité f_θ. Nous sommes dans le cas d'un échantillon de taille n. La formule (C.1) s'applique avec :

$$d = n, \quad u_i = T_i, \quad c = 0.$$

Loi exponentielle

La formule (C.2) s'écrit :

$$\hat{\lambda} = \frac{n}{\sum_{i=1}^{n} T_i}.$$

Nous retrouvons le même cadre que dans le paragraphe 3.3.1, à ceci près que T_n est remplacé ici par $\sum_{i=1}^{n} T_i$. La remarque 3.17 montre que :

$$\mathbb{E}(\hat{\lambda}) = \frac{n}{n-1} \lambda, \quad var(\hat{\lambda}) = \frac{n^2}{(n-1)^2(n-2)} \lambda^2.$$

L'estimateur $\hat{\lambda}$ n'est pas sans biais. L'estimateur $(n-1)\hat{\lambda}/n$ est sans biais et sa variance est $\lambda^2/(n-2)$.

La loi de $\sum_{i=1}^{n} T_i$ est la loi gamma de paramètres $(n, 1/\lambda)$. La loi de $\hat{\lambda}$ n'est pas de type connu, par contre la loi de $1/\hat{\lambda}$ est la loi gamma de paramètres $(n, 1/\lambda n)$ et la loi de $2\lambda \sum_{i=1}^{n} T_i$ est la loi du χ^2 à $2n$ degrés de liberté (lemme 3.4), ce qui nous permet de construire des intervalles de confiance pour λ (comme dans la proposition 3.16). Nous obtenons :

Proposition C.1 *Les intervalles suivants :*

- $[0, \frac{1}{2\sum_{i=1}^{n} T_i} \chi^2_\gamma(2n)],$

- $[\frac{1}{2\sum_{i=1}^{n} T_i}\chi^2_{1-\gamma}(2n), +\infty[,$

- $[\frac{1}{2\sum_{i=1}^{n} T_i}\chi^2_{(1-\gamma)/2}(2n), \frac{1}{2\sum_{i=1}^{n} T_i}\chi^2_{(1+\gamma)/2}(2n)],$

sont des intervalles de confiance pour λ de niveau γ.

Loi de Weibull

Les équations (C.3) et (C.4) deviennent :

$$\hat{\alpha} = \left(\frac{1}{n}\sum_{i=1}^{n} T_i^{\hat{\beta}}\right)^{1/\hat{\beta}},$$

$$\frac{n}{\hat{\beta}} - \frac{n}{\sum_{i=1}^{n} T_i^{\hat{\beta}}}\sum_{i=1}^{n} T_i^{\hat{\beta}}\log T_i + \sum_{i=1}^{n}\log T_i = 0.$$

La deuxième équation peut se résoudre par la méthode de Newton.

A ce propos, le lecteur qui souhaite des précisions sur un apport de la méthode de Newton en estimation peut se reporter à [35] paragraphe 3.3.5 ou à [47] paragraphe 2.6.4.

C.2.2   Plan multicensuré de type 2

Nous observons n matériels, chaque matériel étant réparé après défaillance (réparation complète) et le $i^{ème}$ matériel étant observé jusqu'à sa $k_i^{ème}$ défaillance. Cela correspond à la figure 2.

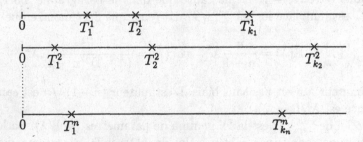

figure 2

Les instants de défaillance du matériel numéro i sont notés T_j^i, $1 \le j \le k_i$. Les variables aléatoires $T_1^1, T_2^1-T_1^1, \cdots, T_{k_1}^1-T_{k_1-1}^1, T_1^2, T_2^2-T_1^2, \cdots, T_{k_2}^2 - T_{k_2-1}^2, \cdots, T_1^n, T_2^n - T_1^n, \cdots, T_{k_n}^n - T_{k_n-1}^n$ sont indépendantes. Nous sommes ramenés à l'étude d'un échantillon de taille $\sum_{i=1}^{n} k_i$.

C.3 Plan de type 1 sans réparation

Nous observons n matériels non réparables, le matériel numéro i étant observé jusqu'à la date τ_i (τ_i est une durée fixée à l'avance, non aléatoire). Cela correspond à la figure 3.

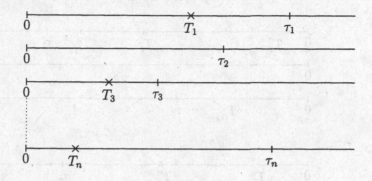

figure 3

L'instant de défaillance du matériel numéro i est noté T_i, il n'est observé que si $T_i \leq \tau_i$.

Les u_i des formules (C.1), (C.2), (C.3) et (C.4) sont les T_j tels que $T_j \leq \tau_j$, les v_i sont les τ_j pour lesquels $T_j > \tau_j$.

Posons $S_i = T_i \wedge \tau_i$. Soit $\mathcal{O}$ l'ensemble des numéro des matériels pour lesquels on a observé la panne et D son cardinal (l'ensemble $\mathcal{O}$ et le nombre D sont aléatoires).

Loi exponentielle

Nous obtenons :

$$\hat{\lambda} = \frac{D}{\sum_{i=1}^{n} S_i} \; .$$

La loi de l'estimateur $\hat{\lambda}$ n'est pas une loi connue. Son espérance et sa variance n'ont pas de forme explicite, il faut avoir recours à la simulation.

Loi de Weibull

Les équations (C.3) et (C.4) deviennent :

$$\hat{\alpha} = \left(\frac{1}{D} \sum_{i=1}^{n} S_i^{\hat{\beta}} \right)^{1/\hat{\beta}},$$

$$\frac{D}{\hat{\beta}} - D \frac{\sum_{i=1}^{n} S_i^{\hat{\beta}} \log S_i}{\sum_{i=1}^{n} S_i^{\hat{\beta}}} - \sum_{j \in \mathcal{O}} \log T_j = 0.$$

C.4   Plan de type 1 avec réparation

Nous observons n matériels qui sont réparés instantanément et complètement lors d'une défaillance. Le matériel numéro i est observé jusqu'à l'instant τ_i, le nombre de défaillances survenues pour ce matériel est K_i (aléatoire) et les instants de défaillance sont les T_j^i, $0 \leq j \leq K_i$. Cela correspond à la figure 4.

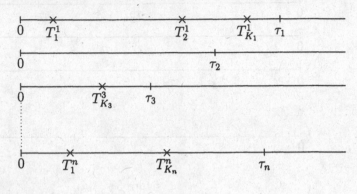

figure 4

Cette fois-ci $D = \sum_{i=1}^n K_i$, $C = n$, les u_i sont les $T_j^i - T_{j-1}^i$ avec $j \leq K_i$ (et la convention $T_0^i = 0$), et $v_i = \tau_i - T_{K_i}^i$.

Loi exponentielle

La log-vraisemblance s'écrit

$$L(\lambda) = D \log \lambda - \lambda \sum_{i=1}^n \tau_i.$$

La statistique D est exhaustive et nous obtenons :

$$\hat{\lambda} = \frac{D}{\sum_{i=1}^n \tau_i} = \frac{\sum_{i=1}^n N_i(\tau_i)}{\sum_{i=1}^n \tau_i}.$$

Posons $\tau = \sum_{i=1}^n \tau_i$. L'observation du matériel numéro i correspond à l'observation d'un processus de Poisson homogène d'intensité λ sur l'intervalle de temps $[0, \tau_i]$, donc K_i qui est le nombre de points observés est de loi de Poisson de paramètre $\lambda \tau_i$ et les variables aléatoires K_i étant indépendantes entre elles, leur somme D est de loi de Poisson de paramètre $\sum_{i=1}^n \lambda \tau_i = \lambda \tau$. Puisque D est une statistique exhaustive pour le modèle, il est donc normal d'estimer λ par :

$$\hat{\lambda} = \frac{D}{\tau}.$$

L'estimateur $\hat{\lambda}$ est un "bon" estimateur de λ : il est sans biais, efficace, de variance minimum ... (voir la proposition 3.1). Le corollaire 2.8 (ou la proposition 3.2) permet de construire des intervalles de confiance :

Proposition C.2 *Les intervalles suivants :*

- $[0, \frac{1}{2\tau}\chi^2_\gamma(2D+2)]$,

- $[\frac{1}{2\tau}\chi^2_{1-\gamma}(2D), +\infty[$,

- $[\frac{1}{2\tau}\chi^2_{(1-\gamma)/2}(2D), \frac{1}{2\tau}\chi^2_{(1+\gamma)/2}(2D+2)]$,

sont des intervalles de confiance pour λ *de niveau* γ.

Loi de Weibull

Nous avons toujours $D = \sum_{i=1}^n K_i$. Les équations (C.3) et (C.4) s'écrivent :

$$\hat{\alpha} = \left(\frac{\sum_{i=1}^n \sum_{j=1}^{K_i}(T_j^i - T_{j-1}^i)^{\hat{\beta}} + \sum_{i=1}^n (\tau_i - T_{K_i}^i)^{\hat{\beta}}}{D} \right)^{1/\hat{\beta}},$$

$$\frac{D}{\hat{\beta}} - \frac{D\left(\sum_{i=1}^n\sum_{j=1}^{K_i}(T_j^i - T_{j-1}^i)^{\hat{\beta}}\log(T_j^i - T_{j-1}^i) + \sum_{i=1}^n(\tau_i - T_{K_i}^i)^{\hat{\beta}}\log(\tau_i - T_{K_i}^i)\right)}{\sum_{i=1}^n\sum_{j=1}^{K_i}(T_j^i - T_{j-1}^i)^{\hat{\beta}} + \sum_{i=1}^n(\tau_i - T_{K_i}^i)^{\hat{\beta}}}$$

$$+ \sum_{i=1}^n\sum_{j=1}^{K_i}\log(T_j^i - T_{j-1}^i) = 0.$$

C.5 Plan de type 2 sans réparation

Nous observons n matériels qui ne sont pas réparés après défaillance, et nous les observons jusqu'à ce que nous ayons constaté r défaillance au total ($r \leq n$). Notons $T_1 < T_2 < \cdots < T_r$ les instants de ces défaillances (voir la figure 5).

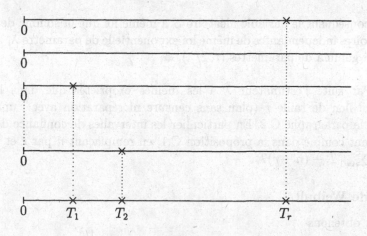

figure 5

Nous avons $d = r$, $c = n - r$, les u_i sont les T_i, les v_i sont tous égaux à T_r.

Loi exponentielle

Nous trouvons :

$$\hat{\lambda} = \frac{r}{\sum_{i=1}^{r} T_i + (n-r)T_r} \ .$$

Lemme C.3 *La variable aléatoire $S = \sum_{i=1}^{r} T_i + (n-r)T_r$ est de loi gamma de paramètres $(r, 1/\lambda)$.*

♣ *Démonstration* : Notons X_i l'instant de défaillance (éventuellement non observé) du matériel numéro i. Soit φ une fonction borélienne positive. Alors :

$$\mathbb{E}(\varphi(S)) = \sum_{i_1,\cdots,i_r} \left(\varphi(S) 1_{\{X_{i_1} < \cdots < X_{i_r}\}} \prod_{j \notin \{i_1,\cdots,i_r\}} 1_{\{X_j > X_{i_r}\}} \right)$$

$$= n(n-1)\cdots(n-r+1) \int \varphi(u_1 + \cdots + u_r + (n-r)u_r)$$

$$\times \ \lambda^r e^{-\lambda(\sum_{j=1}^{r} u_j + (n-r)u_r)} 1_{\{u_1 < \cdots < u_r\}} \, du_1 \cdots du_r.$$

On remarque que :

$$u_1 + \cdots + u_r + (n-r)u_r = nu_1 + (n-1)(u_2 - u_1) + \cdots + (n-r+1)(u_r - u_{r-1}).$$

Posons :

$$v_1 = nu_1, \quad v_2 = (n-1)(u_2 - u_1), \quad v_r = (n-r+1)(u_r - u_{r-1}).$$

Nous obtenons :

$$\mathbb{E}(\varphi(S)) = \int_{\mathbb{R}_+^r} \varphi(v_1 + \cdots + v_r) \lambda^r e^{-\lambda(v_1 + \cdots + v_r)} \, dv_1 \cdots dv_r.$$

Par conséquent la variable aléatoire S a même loi que la somme de r variables aléatoires indépendantes de même loi exponentielle de paramètre λ, elle est donc de loi gamma de paramètres $(r, 1/\lambda)$. ♣

Par suite l'estimateur $\hat{\lambda}$ a les mêmes propriétés que dans le cas d'un échantillon de taille r (plan sans censure ni réparation avec r matériels) vu dans le paragraphe C.2. En particulier les intervalles de confiance de λ se construisent comme dans la proposition C.1, en remplaçant n par r et $\sum_{i=1}^{n} T_i$ par $S = \sum_{i=1}^{r} T_i + (n-r)T_r$.

Loi de Weibull

Nous obtenons :

$$\hat{\alpha} = \left(\frac{1}{r} \sum_{j=1}^{r} T_j^{\hat{\beta}} + \frac{n-r}{r} T_r^{\hat{\beta}} \right)^{1/\hat{\beta}},$$

$$\frac{r}{\hat{\beta}} - r\frac{\sum_{j=1}^{r} T_j^{\hat{\beta}} \log T_j + (n-r)T_r^{\hat{\beta}} \log T_r}{\sum_{j=1}^{r} T_j^{\hat{\beta}} + (n-r)T_r^{\hat{\beta}}} + \sum_{j=1}^{r} \log T_j = 0.$$

Contrairement à ce qui se passe dans le cas d'une loi exponentielle (sans mémoire), ce plan ne correspond pas à un échantillon de taille r. Par contre, les expressions de $\hat{\alpha}$ et $\hat{\beta}$ sont les mêmes que pour le plan de type 1 sans réparation (paragraphe C.3), en prenant $S_j = T_j$ pour $j \leq r$ et $S_j = T_r$ pour $j > r$, c'est-à-dire en prenant toutes les censures τ_i (qui étaient constantes dans le plan de type 1) égales à la variable aléatoire T_r.

C.6   Plan de type 2 avec réparation

Nous observons simultanément n matériels qui sont réparés instantanément et complètement après une défaillance, et ceci jusqu'à ce que nous ayons observé exactement r défaillances au total.

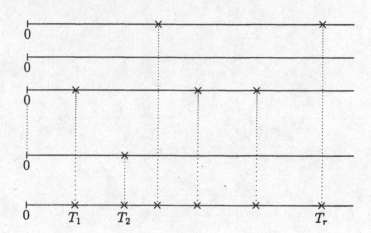

figure 6

Cette fois-ci $d = r$, $c = n - 1$.

Loi exponentielle

Nous obtenons :

$$\hat{\lambda} = \frac{r}{nT_r}.$$

La variable aléatoire T_r est le $r^{ème}$ point du processus "bilan". Ce processus "bilan" est la superposition de n processus de Poisson indépendants et homogènes de paramètre λ, c'est donc un processus de Poisson homogène de paramètre $n\lambda$ (proposition 2.47). Par suite T_r est de loi gamma de paramètres $(r, 1/\lambda n)$ et nT_r est de loi gamma de paramètres $(r, 1/\lambda)$. L'estimateur $\hat{\lambda}$ a donc les mêmes propriétés que dans le cas d'un échantillon de taille r (et que dans le cas d'un plan de type 2 sans réparation). En particulier la proposition C.1 peut être utilisée en remplaçant n par r et $\sum_{i=1}^{n} T_i$ par nT_r.

Nous laissons le lecteur écrire les équations donnant les estimateurs du maximum de vraisemblance dans le cas de la loi de Weibull. C'est le même genre de formule que dans le cas d'un plan de type 1 avec réparation (page 387).

Appendice D

Convergence de mesures

Nous nous limitons (sauf dans le théorème D.12) *à l'étude des mesures positives bornées définies sur les boréliens de* $\mathbb{R}$ (nous ne le rappellerons pas dans les énoncés). *Nous présentons les différents types de convergence, leurs liens et leurs caractérisations.*

La plupart des propriétés se généralisent à des mesures définies sur d'autres espaces mais nous nous contentons de les donner sur $\mathbb{R}$ car cela nous suffit dans le cadre de ce livre. Le lecteur intéressé par un cadre plus général se reportera à [15] (noter que les mesures considérées dans [15] sont des probabilités).

Définition D.1 *Notons* C_K *l'ensemble des fonctions continues de* $\mathbb{R}$ *dans* $\mathbb{R}$ *à support compact,* C_0 *l'ensemble des fonctions continues de* $\mathbb{R}$ *dans* $\mathbb{R}$ *qui tendent vers* 0 *à l'infini et* C_b *l'ensemble des fonctions continues et bornées de* $\mathbb{R}$ *dans* $\mathbb{R}$.

La suite de mesures μ_n *converge vers la mesure* μ :

- *vaguement si* :

$$\forall f \in C_K, \quad \int f \, d\mu_n \xrightarrow[n \to \infty]{} \int f \, d\mu,$$

- *faiblement si* :

$$\forall f \in C_0, \quad \int f \, d\mu_n \xrightarrow[n \to \infty]{} \int f \, d\mu,$$

- *étroitement si* :

$$\forall f \in C_b, \quad \int f \, d\mu_n \xrightarrow[n \to \infty]{} \int f \, d\mu.$$

Proposition D.2 .

1) La suite μ_n *converge étroitement vers* μ *si et seulement si elle converge vaguement (ou faiblement) et si* $\mu_n(\mathbb{R})$ *converge vers* $\mu(\mathbb{R})$.

2) Si $\sup_n \mu_n(\mathbb{R}) < +\infty$, *alors la suite* μ_n *converge faiblement vers* μ *si et seulement si elle converge vaguement (vers* μ).

Donc si les mesures μ_n *et la mesure* μ *sont des probabilités, il y a équivalence entre les trois types de convergence.*

Définition D.3 *Un intervalle I de $\mathbb{R}$ est un intervalle de continuité de la mesure μ si $\mu(\partial I) = 0$, ∂I étant la frontière de I (si $I = (a, b)$ avec a et b dans $\mathbb{R}$ - intervalle ouvert, fermé ou semi-ouvert à droite ou à gauche - alors $\partial I = \{a\} \cup \{b\}$, si $I =\,]-\infty, a)$ ou $I = (a, +\infty[$ avec a dans $\mathbb{R}$ - intervalle ouvert ou fermé - alors $\partial I = \{a\})$.*

Proposition D.4 ([15] chapitre 1 théorèmes 2.1 et 2.2 dans le cas de probabilités)

1) La suite de mesures μ_n converge vaguement vers la mesure μ si et seulement si, pour tout intervalle I de continuité de μ qui est borné, $\mu_n(I)$ converge vers $\mu(I)$.

2) La suite de mesures μ_n converge étroitement vers la mesure μ si et seulement si, pour tout intervalle I de continuité de μ (borné ou non), $\mu_n(I)$ converge vers $\mu(I)$.

Dans ce cas $\mu_n(A)$ converge vers $\mu(A)$ pour tout ensemble A dont la frontière ∂A vérifie $\mu(\partial A) = 0$.

Il n'est pas difficile d'en déduire :

Proposition D.5 *Supposons que pour tout x tel que $\mu(\{x\}) = 0$, la suite de réels $\mu_n(]-\infty, x])$ converge vers $\mu(]-\infty, x])$, alors μ_n converge vaguement vers μ.*

En particulier si μ_n et μ sont des probabilités de fonctions de répartition F_n et F et si, pour tout x tel que $\mu(\{x\}) = F(x) - F(x_-) = 0$, $F_n(x)$ converge vers $F(x)$ alors la suite μ_n converge étroitement vers μ.

Remarque D.6 : Si μ_n est une suite de probabilités qui converge vaguement vers une mesure μ, alors $\mu(\mathbb{R}) \leq 1$.

Théorème D.7 (théorème de compacité faible de Helly-Bray) ([98] paragraphe 17.4, [43] chapitre VIII paragraphe 6 théorème 1, [34] théorème 3.4.27)

Soit $a > 0$ et B_a l'ensemble des mesures μ telles que $\mu(\mathbb{R}) \leq a$. Soit μ_n une suite d'éléments de B_a, alors il existe une sous-suite μ_{n_k} qui converge faiblement vers une mesure μ appartenant à B_a, et la suite μ_n converge faiblement si et seulement si toutes les sous-suites convergentes ont même limite.

Définition D.8 *Une suite de probabilités μ_n est tendue (ou stochastiquement bornée) si :*
$$\forall \varepsilon > 0, \quad \exists a > 0, \quad \forall n \quad : \mu_n([-a, a]) > 1 - \varepsilon.$$

Proposition D.9 .

1) Si la suite de probabilités μ_n converge étroitement vers μ, alors la suite μ_n est tendue.

2) Si la suite de probabilités μ_n est tendue et converge vaguement vers μ, alors elle converge étroitement vers μ.

Théorème D.10 (théorème de Prohorov) ([41] chapitre 2 théorème 9.2, [15] chapitre 1 théorème 6.1)

Si la suite de probabilités μ_n est tendue, alors il existe une sous-suite qui converge faiblement.

Théorème D.11 (convergence et transformée de Laplace) ([43] chapitre XIII paragraphe 1 théorème 2)

Soit μ_n une suite de probabilités définies sur $\mathbb{R}_+$ de transformées de Laplace respectives φ_n.

1) Si la suite μ_n converge faiblement (ou vaguement) vers une mesure μ définie sur $\mathbb{R}_+$, de transformée de Laplace φ, alors pour tout $s > 0$ la suite de réels $\varphi_n(s)$ converge vers $\varphi(s)$.

2) S'il existe une fonction φ définie sur $\mathbb{R}_+^*$ telle que, pour tout $s > 0$, la suite de réels $\varphi_n(s)$ converge vers $\varphi(s)$, alors φ est la transformée de Laplace d'une mesure μ (vérifiant $\mu(\mathbb{R}) \leq 1$) et la suite de mesures μ_n converge faiblement vers la mesure μ.

En outre il y a convergence étroite (c'est-à-dire que μ est une probabilité) si et seulement si $\varphi(s)$ tend vers 1 quand s tend vers 0.

Le théorème D.11 se généralise à des mesures non bornées :

Théorème D.12 ([43] chapitre XIII paragraphe 1 théorème 2a)

Soit m_n une suite de mesures positives sur $\mathbb{R}_+$ (non nécessairement bornées) de transformées de Laplace respectives φ_n.

1) Si la suite m_n converge vaguement vers une mesure m, définie sur $\mathbb{R}_+$, de transformée de Laplace φ et si la suite de réels $\varphi_n(a)$ est bornée alors, pour tout $s > a$, $\varphi_n(s)$ converge vers $\varphi(a)$.

2) S'il existe a et une fonction φ définie sur $]a, +\infty[$ tels que $\varphi_n(s)$ converge vers $\varphi(s)$ pour tout $s > a$, alors il existe une mesure m dont la transformée de Laplace est égale à φ sur $]a, +\infty[$ et la suite m_n converge vaguement vers m.

Appendice E

Transformée de Laplace

Dans ce chapitre, nous ne nous intéressons qu'à la transformée de Laplace de mesures ou de fonctions définies sur $\mathbb{R}_+$ (c'est-à-dire considérées comme nulles sur $\mathbb{R}_-$).

Les résultats que nous présentons sont issus de [43] chapitre XIII.

E.1 Transformée de Laplace de mesures positives

E.1.1 Cas des mesures bornées

Définition E.1 *Soit μ une mesure positive bornée définie sur $\mathbb{R}_+$, sa transformée de Laplace est la fonction φ définie sur $\mathbb{R}_+$ par :*

$$\varphi(s) = \int_{\mathbb{R}_+} e^{-sx}\, \mu(dx).$$

Les trois propositions suivantes se démontrent sans difficulté, les deux premières en utilisant le théorème de Fubini, la troisième le théorème de dérivation sous l'intégrale.

Proposition E.2 (convolution) *Soit μ et ν deux mesures positives bornées définies sur $\mathbb{R}_+$ de transformées de Laplace respectives φ_μ et φ_ν. Alors la transformée de Laplace $\varphi_{\mu*\nu}$ de la mesure $\mu * \nu$, produit de convolution des mesures μ et ν, est :*

$$\varphi_{\mu*\nu} = \varphi_\mu \varphi_\nu.$$

Proposition E.3 (intégration par parties) *Soit μ une mesure positive sur $\mathbb{R}_+$, de transformée de Laplace φ, alors :*

$$\int_0^{+\infty} e^{-sx}\, \mu([0,x))\, dx = \frac{\varphi(s)}{s} \quad \text{pour } s > 0,$$

l'intervalle $[0,x)$ étant l'intervalle $[0,x[$ ou bien l'intervalle $[0,x]$.

Proposition E.4 *Soit φ la transformée de Laplace d'une mesure positive bornée définie sur $\mathbb{R}_+$. Alors la fonction φ est indéfiniment dérivable sur $\mathbb{R}_+^*$ et :*

$$(-1)^n \varphi^{(n)}(s) = \int_0^{+\infty} e^{-sx} x^n \, \mu(dx) \quad \text{pour } s > 0.$$

Théorème E.5 (injectivité) *Deux mesures positives bornées définies sur $\mathbb{R}_+$ ayant mêmes transformées de Laplace sont égales.*

♣ *Principe de la démonstration* : Notons C_0 l'ensemble des fonctions continues définies sur $\mathbb{R}_+$ et à valeurs réelles, qui tendent vers 0 à l'infini. D'après le théorème de Stone-Weierstrass, l'espace vectoriel Γ engendré par les fonctions $x \to e^{-sx}$, $s > 0$, est dense dans l'ensemble C_0 muni de la topologie de la convergence uniforme. Donnons-nous $f \in C_0$ et f_n une suite de fonctions appartenant à Γ qui tend vers f uniformément.

Soit μ et ν deux mesures positives bornées définies sur $\mathbb{R}_+$ ayant mêmes transformées de Laplace, alors :

$$\forall n, \quad \int f_n \, d\mu = \int f_n \, d\nu,$$

et en passant à limite :

$$\int f \, d\mu = \int f \, d\nu.$$

D'où le résultat. ♣

E.1.2   Extension aux mesures non bornées

Définition E.6 *Soit m une mesure positive sur $\mathbb{R}_+$. L'ensemble I des réels s tels que*

$$\int_0^{+\infty} e^{-sx} m(dx) < +\infty$$

est soit vide, soit un intervalle de $\mathbb{R}$ de la forme $[a, +\infty[$ ou $]a, +\infty[$. Lorsque cet ensemble I n'est pas vide, la transformée de Laplace de la mesure m est la fonction φ définie sur I par :

$$\varphi(s) = \int_0^{+\infty} e^{-sx} m(dx),$$

et le nombre a s'appelle l'abscisse de convergence de la transformée de Laplace de m.

Remarque E.7 : Soit φ la transformée de Laplace d'une mesure positive m (sur $\mathbb{R}_+$) et soit a_0 tel que :

$$\int_0^{+\infty} e^{-a_0 x} m(dx) < +\infty.$$

Posons $\tilde{m}(dx) = e^{-a_0 x} m(dx)$. Alors la mesure $\tilde{m}$ est une mesure bornée dont la transformée de Laplace $\tilde{\varphi}$ est :

$$\tilde{\varphi}(s) = \varphi(s + a_0), \quad s \geq 0.$$

Grâce à cette remarque, l'étude de la transformée de Laplace des mesures positives quelconques se ramène à celle de la transformée de Laplace des mesures bornées. En particulier :

Théorème E.8 (injectivité pour mesures positives quelconques) *Deux mesures positives sur $\mathbb{R}_+$ dont les transformées de Laplace coïncident sur un intervalle de la forme $[a_0, +\infty[$ sont égales.*

E.2   Transformée de Laplace de fonctions

En suivant ce qui a été fait pour les mesures, il est naturel de définir la transformée de Laplace d'une fonction f, définie sur $\mathbb{R}_+$, comme la différence des transformées de Laplace des mesures $f_+(x)\,dx$ et $f_-(x)\,dx$.

Nous nous contentons ci-dessous d'examiner le cas des fonctions intégrables et des fonctions à croissance polynomiale.

Définition E.9 *Une fonction f définie sur $\mathbb{R}_+$ est à croissance polynomiale si cette fonction est bornée sur tout compact et s'il existe un entier $n \geq 0$ tel que $f(t)/t^n$ tende vers 0 lorsque t tend vers l'infini.*

Définition E.10 *La transformée de Laplace d'une fonction f intégrable (respectivement à croissance polynomiale) portée par $\mathbb{R}_+$ est la fonction notée $\tilde{f}$ ou $\mathcal{L}f$ définie sur $\mathbb{R}_+$ (respectivement $\mathbb{R}_+^*$) par :*

$$\tilde{f}(s) = (\mathcal{L}f)(s) = \int_0^{+\infty} e^{-sx}\, f(x)\,dx.$$

La proposition suivante se vérifie sans peine.

Proposition E.11 *Toutes les fonctions considérées sont supposées intégrables ou à croissance polynomiale.*

1. si f est dérivable :

$$\forall s > 0 \quad (\mathcal{L}f')(s) = s(\mathcal{L}f)(s) - f(0),$$

2. Si F est une primitive de f :

$$\forall s > 0 \quad \tilde{F}(s) = \frac{F(0) + \tilde{f}(s)}{s}\ .$$

Le théorème E.8 d'injectivité de la transformée de Laplace devient :

Théorème E.12 *Deux fonctions définies sur $\mathbb{R}_+$ et dont les transformées de Laplace coïncident sur un intervalle de la forme $[a_0, +\infty[$ sont égales presque-partout.*

E.3 Quelques transformées de Laplace usuelles

Le tableau ci-dessous donne la transformée de Laplace de quelques mesures ou fonctions. Celles-ci doivent être considérées comme définies sur $\mathbb{R}_+$ donc prises nulles sur $\mathbb{R}_-$.

fonction ou mesure		transformée de Laplace
δ_0		1
δ_a	$(a \geq 0)$	e^{-sa}
1		$\dfrac{1}{s}$
e^{-at}	$(a \geq 0)$	$\dfrac{1}{s+a}$
$\sin(at)$	$(a \in \mathbb{R})$	$\dfrac{a}{s^2+a^2}$
$\cos(at)$	$(a \in \mathbb{R})$	$\dfrac{s}{s^2+a^2}$
$t^{\alpha-1}e^{-t}$	$(\alpha > 0)$	$\dfrac{\Gamma(\alpha)}{(1+s)^\alpha}$
t^α	$(\alpha \geq 0)$	$\dfrac{\Gamma(\alpha+1)}{s^{\alpha+1}}$

La transformée de Laplace étant linéaire, ce tableau permet de calculer la transformée de Laplace inverse des fonctions qui nous intéressent dans ce livre.

E.4 Inversion

Définition E.13 *Une fonction φ définie sur $\mathbb{R}_+^*$ est complètement monotone si elle est indéfiniment dérivable sur $\mathbb{R}_+^*$ et si :*

$$\forall s > 0, \ (-1)^n \varphi^{(n)}(s) \geq 0.$$

Proposition E.14 ([43] chapitre XIII paragraphe 4 théorèmes 1 et 1.a)
Une fonction définie sur $\mathbb{R}_+^*$ est la transformée de Laplace d'une mesure positive sur $\mathbb{R}_+$ si et seulement si elle est complètement monotone.

En particulier, une fonction φ définie sur $\mathbb{R}_+^*$ est la transformée de Laplace d'une probabilité sur $\mathbb{R}_+$ si et seulement si elle est complètement monotone et vérifie $\varphi(0) = 1$.

Théorème E.15 (théorème d'inversion) ([43] chapitre XIII paragraphe 4 théorème 2)

Soit m une mesure positive sur $\mathbb{R}_+$ dont la transformée de Laplace φ est définie sur $\mathbb{R}_+^*$. Alors, pour tout $x \geq 0$ tel que $m(\{x\}) = 0$, on a :

$$m([0, x]) = \lim_{a \to +\infty} \sum_{n \leq ax} \frac{(-a)^n}{n!} \varphi^{(n)}(a).$$

Corollaire E.16 ([43] chapitre XIII paragraphe 4 corollaire suivant le théorème 2)

La foncton φ définie sur $\mathbb{R}_+^*$ est de la forme :

$$\varphi(s) = \int_0^{+\infty} e^{-sx} f(x)\, dx, \quad \text{avec } 0 \leq f \leq C,$$

si et seulement si :

$$\forall a > 0, \quad 0 \leq \frac{(-a)^n \varphi^{(n)}(a)}{n!} \leq \frac{C}{a}.$$

E.5 Théorèmes taubériens

Les théorèmes taubériens donnent le lien entre le comportement à l'infini d'une fonction et le comportement en 0 de sa transformée de Laplace, lorsque la dite fonction est la "primitive" d'une mesure positive.

Les théorèmes que nous donnons sont tous issus de [43] chapitre XIII paragraphe 5, mais ils sont énoncés sous une forme différente. Pour passer de la version de [43] à la nôtre, il suffit d'utiliser le fait qu'une fonction F définie sur $\mathbb{R}_+$, positive, croissante et continue à droite est de la forme $F(x) = m([0, x])$, m étant une mesure positive sur $\mathbb{R}_+$ (proposition A.1 de l'appendice A), et d'appliquer la proposition E.3.

Théorème E.17 ([43] chapitre XIII paragraphe 5 théorème 1)

Soit F une fonction définie sur $\mathbb{R}_+$, positive, croissante et continue à droite dont la transformée de Laplace $\tilde{F}$ est définie sur $\mathbb{R}_+^*$. Soit $\rho \in \mathbb{R}_+$. Les conditions suivantes sont équivalentes :

1. $\forall s > 0, \quad \dfrac{\tilde{F}(\tau s)}{\tilde{F}(\tau)} \xrightarrow[\tau \to 0]{} \dfrac{1}{s^{\rho+1}},$

2. $\forall x > 0, \quad \dfrac{F(tx)}{F(t)} \xrightarrow[t \to +\infty]{} x^\rho.$

En outre, lorsque ces conditions sont satisfaites, nous avons :

$$F\left(\frac{1}{\tau}\right) \sim_{\tau \to 0} \tau \tilde{F}(\tau)\Gamma(\rho+1).$$

Dans le théorème précédent nous avons supposé $\rho < +\infty$, le cas $\rho = +\infty$ correspond à la proposition suivante.

Proposition E.18 ([43] chapitre XIII paragraphe 5 corollaire suivant le théorème 1)

Soit F une fonction définie sur $\mathbb{R}_+$, positive, croissante et continue à droite dont la transformée de Laplace $\tilde{F}$ est définie sur $\mathbb{R}_+^*$. S'il existe $a > 1$ tel que :

$$\frac{\tilde{F}(\tau a)}{\tilde{F}(\tau)} \xrightarrow[\tau \to 0]{} 0, \quad \text{ou} \quad \frac{F(ta)}{F(t)} \xrightarrow[t \to +\infty]{} +\infty,$$

alors :

$$\frac{F\left(\frac{1}{\tau}\right)}{\tau \tilde{F}(\tau)} \xrightarrow[\tau \to 0]{} 0.$$

Définition E.19 *Soit L une fonction positive définie sur $\mathbb{R}_+^*$.*
Elle varie lentement à l'infini si :

$$\forall x > 0, \quad \frac{L(tx)}{L(t)} \xrightarrow[t \to +\infty]{} 1.$$

Elle varie lentement en 0 si :

$$\forall x > 0, \quad \frac{L(tx)}{L(t)} \xrightarrow[t \to 0]{} 1,$$

c'est-à-dire si la fonction $x \to L(1/x)$ varie lentement à l'infini.

Exemple E.20 : La fonction $L(t) = (\log t)^p$ $(p \geq 0)$ varie lentement à l'infini mais la fonction $L(t) = t$ ne varie pas lentement à l'infini.

En reformulant le théorème E.17, il vient :

Théorème E.21 (théorème taubérien) ([43] chapitre XIII paragraphe 5 théorème 2)

Soit F une fonction définie sur $\mathbb{R}_+$, positive, croissante et continue à droite dont la transformée de Laplace $\tilde{F}$ est définie sur $\mathbb{R}_+^*$. Soit $\rho \in \mathbb{R}_+$ et L une fonction qui varie lentement à l'infini. Les conditions suivantes sont équivalentes :

1. $\tilde{F}(s) \sim \dfrac{1}{s^{\rho+1}} L\left(\dfrac{1}{s}\right)$ quand $s \to 0$,

2. $F(t) \sim \dfrac{1}{\Gamma(\rho+1)} t^\rho L(t)$ quand $t \to +\infty$.

Théorème E.22 ([43] chapitre XIII paragraphe 5 théorème 3)

Le théorème E.21 reste valable lorsqu'on échange les rôles de 0 et de l'infini (s tend vers +∞ et t tend vers 0).

Remarque E.23 : Supposons que la fonction L du théorème E.21 soit égale à une constante, nous obtenons :

$$\tilde{F}(s) \sim \frac{c}{s^{\rho+1}} \text{ pour } s \to 0 \iff F(t) \sim \frac{c}{\Gamma(\rho+1)} t^\rho \text{ pour } t \to +\infty.$$

Or $c/s^{\rho+1}$ est la transformée de Laplace de $ct^\rho/\Gamma(\rho+1)$. Le théorème nous dit donc que les équivalents se conservent par transformée de Laplace à condition d'échanger les rôles de 0 et de l'infini.

Que se passe-t-il si la fonction F n'est pas la "primitive" d'une mesure positive ? Les résultats sont moins agréables car un bon comportement (par exemple à l'infini) de $\int_0^x f(s)\, ds$ n'entraine pas nécessairement un bon comportement de f. Il faut des hypothèses supplémentaires. Par exemple si ρ est strictement positif et si la fonction f est positive et monotone sur un intervalle de la forme $]x_0, +\infty[$, alors :

$$\tilde{f}(s) \sim \frac{1}{s^\rho} L(\frac{1}{s}) \text{ pour } s \to 0 \iff f(t) \sim \frac{1}{\Gamma(\rho)} t^{\rho-1} L(t) \text{ pour } t \to +\infty.$$

([43] chapitre XIII paragraphe 5 théorème 4).

On peut également montrer "à la main" ou en utilisant le théorème E.21 que :

Proposition E.24 *Si :*

$$f(t) \xrightarrow[t \to +\infty]{} \ell \neq 0,$$

alors :

$$\ell = \lim_{s \to 0} s\tilde{f}(s).$$

Appendice F

Quelques résultats sur les martingales

Nous donnons des résultats de base sur les martingales en nous restreignant au cas des martingales à variation bornée. Le lecteur qui souhaite plus de précisions, sans avoir à entrer dans la théorie générale des martingales, peut se reporter aux chapitres 1 et 2 de [44]. Il peut également consulter les trois premiers chapitres et les appendices de [21] ou les paragraphes 6.2 puis 7.2 et 8.1 de [35]. Enfin pour un exposé plus complet mais concis, consulter le premier chapitre de [58].

Nous travaillons avec un espace de probabilité $(\Omega, \mathcal{A}, \mathbb{P})$ muni d'une filtration $\mathcal{F} = (\mathcal{F}_t)_{t \geq 0}$, c'est-à-dire d'une suite croissante de sous-tribus de $\mathcal{A}$. Toutes les notions introduites le sont relativement à cette filtration.

On note $\mathcal{F}_\infty = \vee_{t \geq 0} \mathcal{F}_t$ la tribu engendrée par $\cup_{t \geq 0} \mathcal{F}_t$ et $\mathcal{F}_{t_+} = \cap_{s > t} \mathcal{F}_s$. La **filtration $\mathcal{F}$ est continue à droite** si, pour tout $t \geq 0$, $\mathcal{F}_{t_+} = \mathcal{F}_t$.

A partir du paragraphe F.3, la filtration $\mathcal{F}$ sera supposée continue à droite.

Nous identifierons deux **processus indistinguables** c'est-à-dire deux processus X et Y tels que $\mathbb{P}(\forall t, X(t) = Y(t)) = 1$.

Un processus X est càd-làg si toutes ses trajectoires $t \to X(t, \omega)$ sont continues à droite avec des limites à gauche.

F.1 Martingales

Définition F.1 *Le processus X est adapté si pour tout $t \geq 0$, $X(t)$ est $\mathcal{F}_t$-mesurable.*

Définition F.2 *Le processus M est une martingale si :*

    a. il est adapté et càd-làg,

    b. pour tout $t \geq 0$, $\mathbb{E}(M(t)) < +\infty$,

    c. pour tous s et t positifs : $\mathbb{E}(M(t+s)/\mathcal{F}_t) = M(t)$.

Définition F.3 *Le processus A est un processus croissant s'il est à valeurs dans $\mathbb{R}_+$, càd-làg, adapté, nul en 0 et si, pour presque tout ω, la fonction $t \to A(t, \omega)$ est croissante.*

Définition F.4 *La variable aléatoire T à valeurs dans $\bar{\mathbb{R}}_+$ est un temps d'arrêt si, pour tout $t \geq 0$, $\{T \leq t\} \in \mathcal{F}_t$.*
Si T est un temps d'arrêt, la tribu $\mathcal{F}_T$ est définie par :

$$\mathcal{F}_T = \{ A \in \mathcal{F}_\infty : \forall t \geq 0, A \cap \{T \leq t\} \in \mathcal{F}_t \}.$$

Exemple F.5 : ([58] proposition 1.28 chapitre I ou [35] paragraphe 7.1.2).
Nous faisons la convention classique : $\inf\{\emptyset\} = +\infty$.

1) Soit A un processus croissant et $a \in \mathbb{R}_+$, alors $T = \inf\{t : A(t) \geq a\}$ est un temps d'arrêt.

2) Supposons la filtration $\mathcal{F}$ continue à droite, et soit X un processus adapté continu à droite (respectivement continu à gauche) à valeurs dans $\mathbb{R}^d$. Alors pour tout ouvert $\mathcal{O}$ de $\mathbb{R}^d$, le temps d'entrée dans $\mathcal{O}$ défini par $T = \inf\{t : X(t) \in \mathcal{O}\}$ est un temps d'arrêt.

3) Supposons la filtration $\mathcal{F}$ continue à droite, et soit X un processus adapté et continu. Alors pour tout fermé F de $\mathbb{R}^d$, le temps d'entrée dans F défini par $T = \inf\{t : X(t) \in F\}$ est un temps d'arrêt.

♣ *Principe de la démonstration* : Soit A un processus croissant, $a \in \mathbb{R}_+$ et posons $T = \inf\{t : A(t) \geq a\}$, alors $\{T \leq t\} = \{A(t) \geq a\}$.
Pour le deuxième point, si X est continu à droite ou à gauche, alors :

$$\{T < t\} = \bigcup_{s \in \mathbb{Q}, 0 < s < t} \{X(s) \in \mathcal{O}\},$$

donc $\{T < t\} \in \mathcal{F}_t$ pour tout t. Par suite $\{T \leq t\} = \bigcap_n \{T < t + \frac{1}{n}\} \in \mathcal{F}_{t+}$, d'où le résultat puisque nous avons supposé que $\mathcal{F}_t = \mathcal{F}_{t+}$.
Pour le troisième point, notons $d(x, F)$ la distance de x à F, et posons :

$$\mathcal{O}_n = \{x : d(x, F) < \frac{1}{n}\}, \quad T_n = \inf\{t : X(t) \in \mathcal{O}_n\}.$$

Si X est continu, alors $\{T \leq t\} = \bigcap_n \{T_n < t\}$, d'où le résultat en utilisant le deuxième point. ♣

Définition F.6 *Le processus N est un processus de comptage simple si :*

a. *c'est un processus croissant,*

b. *ses trajectoires sont constantes par morceaux,*

c. *ses sauts ne sont que de 1,*

d. *pour tout $t \geq 0$, $N(t)$ est fini presque-sûrement.*

Un processus de comptage simple est de la forme :

$$N(t) = \sum_{n \geq 1} 1_{\{T_n \leq t\}},$$

où $(T_n)_{n \geq 1}$ est une suite croissante de variables aléatoires à valeurs dans $]0, +\infty]$ telle que presque-sûrement :

- $\lim_n T_n = +\infty$,

- pour tout $n < m$, $T_n < T_m$ sur $\{T_n < +\infty\}$.

Par définition un processus de comptage simple est adapté, ce qui équivaut au fait que les variables aléatoires T_n sont des temps d'arrêt.

La terminologie de "processus de comptage simple" nous est propre. La notion que nous avons définie correspond classiquement à la notion de processus de comptage. Nous y adjoignons le terme "simple" pour éviter toute confusion car dans le chapitre 2 nous avons considéré des fonctions de comptage qui ne correspondent pas nécessairement à des processus ponctuels simples et dont les sauts peuvent donc être de plus de 1.

Définition F.7 *Le processus X (ou la famille de variables aléatoires $X(t)_{t \geq 0}$) est uniformément intégrable ou équi-intégrable si :*

$$\lim_{a \to +\infty} \sup_t \int_{\{|X(t)| > a\}} |X(t)| \, d\mathbb{P} = 0.$$

Proposition F.8 *Le processus X est uniformément intégrable si et seulement si :*

1. $\sup_t \mathbb{E}[\, |X(t)|\,] < +\infty$,

2. *pour tout $\varepsilon > 0$, il existe $\delta > 0$ tel que :*

$$\mathbb{P}(A) \leq \delta \quad \Longrightarrow \quad \sup_t \int_A |X(t)| \, d\mathbb{P} \leq \varepsilon.$$

Nous profitons du rappel de cette notion d'uniforme intégrabilité pour donner une généralisation du théorème de convergence dominée :

Théorème F.9 (théorème de Lebesgue généralisé) ([98] paragraphe 13.7)
Soit X_n une suite de variables aléatoires uniformément intégrables qui converge en probabilité vers une variable aléatoire X, alors la suite X_n converge vers X dans L^1.

Remarque F.10 : Ce théorème est bien une généralisation du théorème de convergence dominée de Lebesgue car s'il existe une variable aléatoire Y intégrable telle que $|X_n| \leq Y$ pour tout n, alors la famille $(X_n)_{n \geq 0}$ est uniformément intégrable.

Les deux prochains résultats sont connus sous le nom de "théorèmes d'arrêt".

Théorème F.11 ("optional sampling theorem" en anglais) ([21] chapitre 1 théorème T2, [44] théorème 2.2.1)

Soit M une martingale et S et T deux temps d'arrêt vérifiant $S \leq T$. Si l'une des deux conditions suivantes est vérifiée :

1. il existe une constant $a > 0$ telle que $T \leq a$,

2. M est uniformément intégrable,

alors :

$$\mathbb{E}[\, M(T)/\mathcal{F}_S \,] = M(S).$$

Corollaire F.12 ("optional stopping theorem" en anglais) ([44] théorème 2.2.2)

Soit M une martingale (relativement à la filtration $\mathcal{F}$) et T un temps d'arrêt, alors le processus

$$M^T \; : \; t \to M(t \wedge T)$$

est une martingale (relativement à la filtration $\mathcal{F}$).

F.2 Martingales à variation bornée

F.2.1 Processus prévisibles

Définition F.13 La tribu prévisible est la tribu sur $[0, +\infty[\times \Omega$ engendrée par les ensembles de la forme :

- $\{0\} \times A$ avec $A \in \mathcal{F}_0$ et,

- $]s, t] \times \Gamma$ avec $0 \leq s \leq t$ et $\Gamma \in \mathcal{F}_s$.

Un processus X est prévisible si l'application $(t, \omega) \to X(t, \omega)$ de $]0, +\infty[\times \Omega$ dans $\mathbb{R}$ est mesurable par rapport à la tribu prévisible.

Proposition F.14 ([44] lemme 1.4.2, [58] chapitre I définition 2.1 et théorème 2.2)

1) La tribu prévisible est la tribu engendrée par les ensembles qui s'écrivent $\{0\} \times A$ avec $A \in \mathcal{F}_0$ ou $\{(t, \omega) : t \leq T(\omega)\}$, la variable aléatoire T décrivant l'ensemble des temps d'arrêt (ou l'ensemble des temps d'arrêt bornés).

2) La tribu prévisible est la tribu engendrée par les processus adaptés et continus à gauche.

3) Tout processus déterministe est prévisible.

F.2.2 Processus croissants associés

Définition F.15 *Etant donnés deux processus croissants A et $\tilde{A}$, ils sont associés si pour tout $t \geq 0$, $A(t)$ et $\tilde{A}(t)$ sont intégrables et si $A - \tilde{A}$ est une martingale.*

Proposition F.16 ([35] proposition 6.2.14)

Soit A et $\tilde{A}$ deux processus croissants associés et Z un processus prévisible. Alors :

1) Si $Z \geq 0$, $\mathbb{E}\left(\int_0^t Z(s)\,dA(s) \right) = \mathbb{E}\left(\int_0^t Z(s)\,d\tilde{A}(s) \right).$

2) Si pour tout $t \geq 0$, $\mathbb{E}\left(\int_0^t |Z(s)|\,dA(s) \right) < +\infty$ (ou de manière équivalente $\mathbb{E}\left(\int_0^t |Z(s)|\,d\tilde{A}(s) \right) < +\infty$), alors le processus

$$\int Z\,d(A - \tilde{A}) \ : \ t \to \int_0^t Z(s)\,d(A - \tilde{A})(s)$$

est une martingale.

♣ *Principe de la démonstration* : La première partie de la proposition se déduit de la deuxième en considérant le processus $Z \wedge n$ puis en faisant tendre n vers l'infini.

Supposons maintenant que, pour tout $t \geq 0$, $\mathbb{E}\left(\int_0^t |Z(s)|\,dA(s) \right) < +\infty$ et montrons que le processus $\int Z\,d(A - \tilde{A})$ est une martingale. Posons :

$$M = A - \tilde{A}.$$

Soit $u_1 < u_2$. Si $Z(s, \omega) = 1_{]u_1, u_2]}(s)\,1_A(\omega)$ avec $A \in \mathcal{F}_{u_1}$, alors :

$$\widetilde{M}(t) = \int_0^t Z(s)\,dM(s) = 1_A\left[M(t \wedge u_2) - M(t \wedge u_1) \right].$$

Nous voulons montrer que pour tous t et s positifs :

$$\mathbb{E}(\,\widetilde{M}(t + s) - \widetilde{M}(t)/\mathcal{F}_t\,) = 0.$$

Nous allons utiliser le fait (facile à vérifier) que le processus

$$t \to \bar{M}(t) = M(t \wedge u_2) - M(t \wedge u_1)$$

est une martingale.

Si $t + s \leq u_1$ alors $\widetilde{M}(t + s) = \widetilde{M}(t) = 0$.

Si $t \leq u_1 < t + s$, alors $\widetilde{M}(t) = 0 = \bar{M}(u_1)$ et :

$$
\begin{aligned}
\mathbb{E}(\,\widetilde{M}(t + s)/\mathcal{F}_t\,) &= \mathbb{E}(\mathbb{E}(\widetilde{M}(t + s)/\mathcal{F}_{u_1})/\mathcal{F}_t\,) \\
&= \mathbb{E}(\,1_A\,\mathbb{E}(\,\bar{M}(t + s)/\mathcal{F}_{u_1}) \,/\, \mathcal{F}_t\,) \\
&= \mathbb{E}(\,1_A\bar{M}(u_1)/\mathcal{F}_t\,) \\
&= 0.
\end{aligned}
$$

Si $u_1 < t$, alors $A \in \mathcal{F}_t$ et le processus $\bar{M}$ étant une martingale, nous obtenons :

$$\mathbb{E}(\,\widetilde{M}(t+s) - \widetilde{M}(t)/\mathcal{F}_t\,) = 1_A\,\mathbb{E}(\,\bar{M}(t+s) - \bar{M}(t)/\mathcal{F}_t\,) = 0.$$

On termine la démonstration par un argument de classe monotone. ♣

Corollaire F.17 *Soit A un processus croissant tel que, pour tout $t \geq 0$, $A(t)$ soit de carré intégrable. Alors il existe au plus un processus croissant $\tilde{A}$ tel que, pour tout t, $\tilde{A}(t)$ soit de carré intégrable, et qui soit associé à A et prévisible.*

♣ *Principe de la démonstration* : Soit A un processus croissant et A_1 et A_2 deux processus croissants prévisibles associés à A et tels que, pour tout $t \geq 0$, les variables aléatoires $A_1(t)$ et $A_2(t)$ soient de carré intégrable, alors $A_1 - A_2$ est une martingale.

La formule d'intégration par parties (proposition A.5) donne :

$$(A_1 - A_2)^2\,(t) = \int_0^t (A_1 - A_2)(s)\,d(A_1 - A_2)(s) + \int_0^t (A_1 - A_2)(s_-)d(A_1 - A_2)(s).$$

Puisque $M = A_1 - A_2$ est une martingale et que $Z = A_1 - A_2$ est prévisible, les deux intégrales du second membre de la formule ci-dessus sont des martingales d'après la proposition F.16 (les intégrabilités résultent également de la formule d'intégration par parties : par exemple $\int_0^t A_i(s)dA_j(s) \leq A_i(t)A_j(t)$).

Par suite $(A_1 - A_2)^2$ est une martingale, nulle en 0, donc, pour tout $t \geq 0$, $\mathbb{E}(\,(A_1 - A_2)^2(t)\,) = 0$.

Nous obtenons donc que, pour tout $t \geq 0$, $A_1(t) = A_2(t)$ presque-sûrement. En utilisant la continuité à droite de A_1 et A_2, nous en déduisons que, presque-sûrement, pour tout $t \geq 0$, $A_1(t) = A_2(t)$. ♣

En fait la décomposition de Doob-Meyer (théorème F.27) donnera un résultat d'unicité plus précis : il suffit de supposer que $A(t)$ est intégrable pour tout t. De plus elle donnera également un résultat d'existence (voir le théorème F.28).

F.2.3 Sur la terminologie

La notion de fonction à variation bornée est introduite dans l'appendice A.

Définition F.18 *Un processus à variation bornée est un processus càd-làg, adapté, nul en 0 et dont les trajectoires sont à variation bornée.*

Un processus croissant est donc un processus à variation bornée.

Une fonction à variation bornée s'écrit comme différence de deux fonctions croissantes. Nous avons un résultat analogue pour les processus à variation bornée.

Lemme F.19 ([58] proposition 3.3 chapitre 1)

Soit V un processus à variation bornée. Il existe une unique paire (A_1, A_2) de processus croissants, appelés canoniques, tels que $V = A_1 - A_2$ et tels que la variation totale de V soit $T_V = A_1 + A_2$.

Si V est prévisible, alors A_1, A_2 et T_V le sont également.

Nous adopterons la terminologie suivante :

Définition F.20 *Une martingale à variation bornée est une martingale de la forme $M = A - \tilde{A}$ où A et $\tilde{A}$ sont deux processus croissants tels que, pour tout $t \geq 0$, $\mathbb{E}(A(t)) = (\mathbb{E}(\tilde{A}(t))) < +\infty$.*

La définition F.18 et le lemme F.19 ci-dessous montrent que la définition ci-dessus correspond à la notion de processus à variation bornée intégrable de [21]. Par contre pour [58], cela ne correspond pas à la notion de processus à variation bornée intégrable mais c'est un cas particulier de processus localement à variation bornée intégrable !

F.2.4 Quelques propriétés

Si V est un processus à variation bornée et f une fonction mesurable positive ou dV-intégrable (pouvant dépendre de ω), nous posons :

$$\int_0^t f(s)\, dV(s) = \int_{[0,t]} f(s)\, dV(s) \left(= \int_{]0,t]} f(s)\, dV(s)\right).$$

La proposition F.16 se ré-écrit :

Proposition F.21 *Soit M une martingale à variation bornée et Z un processus prévisible tel que :*

$$\forall t, \quad \mathbb{E}\left(\int_0^t |Z(s)|\, |dM(s)|\right) < +\infty.$$

Alors le processus

$$\int Z\, dM \ : \ t \to \int_0^t Z(s)\, dM(s)$$

est une martingale à variation bornée.

Si X est un processus càd-làg, on pose $\Delta X(t) = X(t) - X(t_-)$.

Corollaire F.22 *Si $M = A - \tilde{A}$ est une martingale à variation bornée telle que pour tout $t \geq 0$ les variables aléatoires $A(t)$ et $\tilde{A}(t)$ soient de carré intégrable, alors*

$$t \to M^2(t) - \sum_{s \leq t} (\Delta M(s))^2$$

est une martingale.

Plus généralement, soit $M_1 = A_1 - \tilde{A}_1$ et $M_2 = A_2 - \tilde{A}_2$ deux martingales à variation bornée et telles que, pour tout $t \geq 0$, les variables aléatoires $A_i^2(t)$ et $\tilde{A}_i^2(t)$ $(i = 1, 2)$ soient de carré intégrable. Alors

$$t \to M_1(t)\, M_2(t) - \sum_{s \leq t} \Delta M_1(s)\, \Delta M_2(s)$$

est une martingale.
Par conséquent si M_1 et M_2 n'ont pas de saut commun, alors $M_1 M_2$ est une martingale et M_1 et M_2 sont dites orthogonales.

Le processus $t \to \sum_{s \leq t} \Delta M_1(s)\, \Delta M_2(s)$ est noté $[M_1, M_2]$ et $[M, M]$ est souvent condensé en $[M]$.

♣ *Principe de la démonstration du corollaire F.22* : La formule d'intégration par parties (proposition A.5) donne :

$$\begin{aligned}
M_1(t)\, M_2(t) \;=\; & M_1(0)\, M_2(0) + \int_0^t M_1(s_-)\, dM_2(s) \\
& + \int_0^t M_2(s_-)\, dM_1(s) + \sum_{s \leq t} \Delta M_1(s)\, \Delta M_2(s),
\end{aligned}$$

et d'après les propositions F.14 et F.21, les processus

$$t \to \int_0^t M_1(s_-)\, dM_2(s) \quad \text{et} \quad t \to \int_0^t M_2(s_-)\, dM_1(s)$$

sont des martingales (pour les intégrabilités, utiliser également la formule d'intégration par parties). ♣

Continuons d'explorer les propriétés de $\int Z\, dM$.

Proposition F.23 *Soit $M = A - \tilde{A}$ une martingale à variation bornée et telle que, pour tout $t \geq 0$, les variables aléatoires $A(t)$ et $\tilde{A}(t)$ soient de carré intégrable. De plus soit B un processus croissant tel que $M^2 - B$ soit une martingale et soit Z un processus prévisible borné, alors :*

1. *$\int Z\, dM$ est une martingale,*

2. *$\left(\int Z\, dM\right)^2 - \int Z^2 dB$ est une martingale.*

La première partie de cette proposition résulte de la proposition F.16. Le schéma de démonstration de la deuxième partie est le même que celui de la proposition F.16. La démonstration (dans un cadre légèrement différent) est explicitée dans [44] théorème 2.4.2.

Si $\int Z_i\, dM_i$ $(i = 1, 2)$ sont deux martingales vérifiant les hypothèses de la proposition F.23, on en déduit un résultat sur $\int Z_1\, dM_1 \int Z_2\, dM_2$ à l'aide du lemme suivant :

Lemme F.24 (méthode de polarisation) *Soit M_1 et M_2 deux processus tels que, pour tout $t \geq 0$, $M_i(t)$ soit de carré intégrable $(i = 1, 2)$. Soit B_+ et B_- deux processus croissants tels que les processus*

$$(M_1 + M_2)^2 - B_+ \quad \text{et} \quad (M_1 - M_2)^2 - B_-$$

soient des martingales. Alors

$$M_1 M_2 - \frac{1}{4}(B_+ - B_-)$$

est une martingale.

La démonstration est immédiate en écrivant que :

$$4M_1 M_2 - (B_+ - B_-) = \left((M_1 + M_2)^2 - B_+\right) - \left((M_1 - M_2)^2 - B_-\right).$$

Pour aller plus loin, nous allons utiliser des résultats de la théorie générale des martingales développés par exemple dans [37]. Pour cela, nous ferons désormais l'hypothèse classique suivante :

la filtration $\mathcal{F}$ est supposée continue à droite.

Nous ne le repréciserons pas dans les énoncés.

Dans les applications qui nous intéressent, la filtration considérée sera engendrée par un processus de comptage simple et de ce fait continue à droite (proposition 4.3).

F.3 Quelques résultats généraux

Définition F.25 *Le processus X est une sous-martingale si :*

a. *le processus X est adapté,*

b. *pour tout $t \geq 0$, $\mathbb{E}(X(t)) < +\infty$,*

c. *pour tous s et t positifs : $\mathbb{E}(X(t+s)/\mathcal{F}_t) \geq X(t)$.*

Exemple F.26 :
1) Un processus croissant A tel que $\mathbb{E}(A(t)) < +\infty$ pour tout $t \geq 0$ est une sous-martingale positive.
2) Si M est une martingale telle que, pour tout $t \geq 0$, $\mathbb{E}(M^2(t)) < +\infty$ alors M^2 est une sous-martingale (positive).

Théorème F.27 (décomposition de Doob-Meyer) ([44] théorème 1.4.1)
Soit X une sous-martingale positive et continue à droite, alors il existe une martingale M continue à droite et un processus croissant A prévisible vérifiant $\mathbb{E}(A(t)) < +\infty$ pour tout $t \geq 0$, et tels que

$$X = M + A,$$

et cette décomposition est unique.

En outre si X est borné alors M est uniformément intégrable et A est intégrable.

Dans le théorème ci-dessus, comme dans tous les autres énoncés, les égalités entre processus et les unicités ont lieu à une indistinguabilité près.

L'hypothèse de positivité pour la sous-martingale X n'est pas l'hypothèse classique, mais elle nous suffit pour l'utilisation que nous ferons de cette décomposition. Pour le cas général, se reporter à [58] théorème 3.15 du chapitre 1.

La décomposition de Doob-Meyer a pour corollaire les deux résultats suivants.

Théorème F.28 *Soit A un processus croissant qui vérifie $\mathbb{E}(A(t)) < +\infty$ pour tout $t \geq 0$. Alors il existe un et un seul processus croissant prévisible $\tilde{A}$, associé à A, c'est-à-dire tel que $A - \tilde{A}$ soit une martingale (et par suite $E(\tilde{A}(t)) < +\infty$ pour tout $t \geq 0$).*

Théorème F.29 *Considérons une martingale M continue à droite telle que $\mathbb{E}(M^2(t)) < +\infty$ pour tout $t \geq 0$. Alors il existe un et un seul processus croissant noté $< M, M >$ ou $< M >$, prévisible et tel que :*

- *pour tout $t \geq 0$, $\mathbb{E}(< M, M >(t)) < +\infty$,*

- *$M^2 - < M, M >$ est une martingale.*

Le processus $< M, M >$ est le **processus croissant de la martingale** M.

Théorème F.30 (inégalité de Doob) ([58] chapitre 1 théorème 1.43)
Soit M une martingale, alors :

$$\mathbb{E}(\sup_{s \leq t} M^2(s)) \leq 4 \sup_{s \leq t} \mathbb{E}(M^2(s)) = 4\mathbb{E}(M^2(t)).$$

F.4 Martingales locales

F.4.1 Localisation

Un processus X possède localement la propriété (P) s'il existe une suite croissante de temps d'arrêt T_n (à valeurs dans $[0, +\infty]$) appelée **suite localisante** telle que $\lim_n \uparrow T_n = +\infty$ et telle que le processus

$$X^{T_n} : t \to X(t \wedge T_n)$$

possède la propriété (P).

Nous commençons par donner quelques définitions de base puis nous précisons les versions locales qui leur correspondent.

Définition F.31 *Le processus X est :*

1. **borné** *s'il existe une constante $K < +\infty$ telle que, presque-sûrement :*

$$\forall t, \quad |X(t)| \leq K,$$

2. **intégrable** *si :*

$$\sup_{t \geq 0} \mathbb{E}(|X(t)|) < +\infty,$$

3. **de carré intégrable** *si :*

$$\sup_{t \geq 0} \mathbb{E}(X^2(t)) < +\infty.$$

Définition F.32 *S'il existe une suite croissante de temps d'arrêt T_n pour laquelle $\lim_n \uparrow T_n = +\infty$ et telle que le processus X^{T_n} soit :*

1. *borné, alors X est localement borné,*

2. *intégrable (resp. de carré intégrable), alors X est localement intégrable (resp. localement de carré intégrable),*

3. *une martingale (resp. une sous-martingale), alors X est une martingale locale (resp. une sous-martingale locale),*

4. *une martingale intégrable (resp. de carré intégrable), alors X est une martingale locale intégrable (resp. une martingale locale de carré intégrable).*

Proposition F.33 .

1) Une martingale est une martingale locale.

2) Soit N un processus de comptage simple, alors N est localement borné (donc localement intégrable et localement de carré intégrable).

Plus généralement tout processus croissant dont les sauts sont bornés est localement borné (donc localement intégrable et localement de carré intégrable).

3) Si la filtration $\mathcal{F}$ est continue à droite, alors tout processus à valeurs dans $\mathbb{R}$, nul en 0 (ou tel que la variable aléaoire $X(0)$ soit bornée), adapté et continu à gauche est localement borné (donc localement intégrable et localement de carré intégrable).

♣ *Principe de la démonstration* : Pour le premier point, il suffit de prendre $T_n = n$.

Pour le deuxième point, considérons un processus croissant A dont les sauts sont bornés par une constante K, et soit $T_n = \inf\{t : A(t) \geq n\}$. Alors T_n est un temps d'arrêt (exemple F.5), la suite T_n tend vers l'infini car A est à valeurs réelles et, pour tout $t \geq 0$, $A(t \wedge T_n) \leq A(T_n) \leq n + K$.

Pour le troisième point, posons $T_n = \inf\{t : |X(t)| > n\}$. C'est un temps d'arrêt (exemple F.5) et la suite T_n tend vers l'infini car X est à valeurs réelles.

Par définition de T_n, si $0 \leq s < T_n(\omega)$, alors $|X(s,\omega)| \leq n$. Par suite, en utilisant la continuité à gauche de X, nous obtenons pour tout t :

$$|X(t \wedge T_n)| \leq n \quad \text{si } T_n \neq 0.$$

Si $T_n = 0$, alors $X(t \wedge T_n) = X(0)$ et le résultat découle de l'hypothèse faite sur $X(0)$. ♣

Une martingale M nulle en 0 vérifie $\mathbb{E}(M(t)) = 0$ pour tout t. Il n'en est pas de même pour une martingale locale.

Lemme F.34 *Soit X un processus à valeurs positives tel que $X(0) = 0$ (par exemple $X = M^2$ où M est une martingale locale) et A un processus croissant tels que $X - A$ soit une martingale locale, alors pour tout $t \geq 0$:*

$$\mathbb{E}(X(t)) \leq \mathbb{E}(A(t)).$$

Si de plus X est un processus croissant, alors pour tout $t \geq 0$:

$$\mathbb{E}(X(t)) = \mathbb{E}(A(t)).$$

♣ *Démonstration* : Soit T_n une suite de temps d'arrêt croissant vers l'infini et telle que le processus $t \rightarrow X(t \wedge T_n) - A(t \wedge T_n)$ soit une martingale. Nous avons, pour tous t et n, $\mathbb{E}[X(t \wedge T_n)] = \mathbb{E}[A(t \wedge T_n)]$. Le lemme de Fatou entraine donc :

$$
\begin{aligned}
\mathbb{E}[X(t)] &= \mathbb{E}[\liminf_n X(t \wedge T_n)] \leq \liminf_n \mathbb{E}[X(t \wedge T_n)] \\
&= \liminf_n \mathbb{E}[A(t \wedge T_n)] = \mathbb{E}[A(t)].
\end{aligned}
$$

Si X est un processus croissant, alors :

$$\mathbb{E}[X(t)] = \mathbb{E}[\lim_n \uparrow X(t \wedge T_n)] = \lim_n \uparrow \mathbb{E}[X(t \wedge T_n)],$$

d'où le résultat. ♣

F.4.2 Propriétés générales des martingales locales

La décomposition de Doob-Meyer et ses corollaires se généralisent de la façon suivante.

Théorème F.35 ([44] théorème 2.2.3)
  Soit X une sous-martingale locale positive continue à droite. Alors il existe un unique processus croissant prévisible A, tel que, pour tout $t \geq 0$, $A(t)$ soit fini presque-sûrement et tel que $X - A$ soit une martingale locale.
  Soit $(T_n)_{n \geq 1}$ une suite localisante pour X, alors $A(t) = \lim_n A_n(t)$ où A_n est le processus croissant prévisible tel que $X^{T_n} - A_n$ soit une martingale.

Théorème F.36 ([44] théorème 2.3.3), [58] chapitre I théorème 4.2)

1) Soit M une martingale locale de carré intégrable. Alors il existe un et un seul processus croissant prévisible noté $< M, M >$ ou $< M >$ tel que

$$M^2 - < M, M >$$

soit une martingale locale. Le processus croissant $< M, M >$ est appelé variation quadratique prévisible de M ou **processus croissant** *de M.*

En outre si T_n est une suite localisante pour M, alors :

$$< M, M > = \lim_n < M^{T_n}, M^{T_n} > .$$

2) Soit M_1 et M_2 deux martingales locales de carré intégrable et posons :

$$
\begin{aligned}
< M_1, M_2 > &= \frac{1}{4} \left(< M_1 + M_2, M_1 + M_2 > - < M_1 - M_2, M_1 - M_2 > \right) \\
&= \frac{1}{2} \left(< M_1 + M_2, M_1 + M_2 > - < M_1, M_1 > - < M_2, M_2 > \right)
\end{aligned}
$$

Alors $< M_1, M_2 >$ est un processus prévisible à variation bornée et

$$M_1 M_2 - < M_1, M_2 >$$

est une martingale locale.

Le processus $< M, M >$ que nous introduisons ici est une généralisation du processus (noté également $< M, M >$ ou $< M >$) que nous avons introduit dans le théorème F.29.

Corollaire F.37 ([44] corollaires 2.3.1 et 2.3.2)

Soit M une martingale locale de carré intégrable telle que $M(0) = 0$. Alors pour tout $t \geq 0$:

$$E(M^2(t)) \leq \mathbb{E}(< M, M > (t)).$$

Si de plus M est une martingale, alors pour tout $t \geq 0$:

$$var(M(t)) = E(M^2(t)) = \mathbb{E}(< M, M > (t)).$$

♣ *Principe de la démonstration* : La première assertion n'est autre que le lemme F.34.

Pour la deuxième assertion, pour t tel que $E(M^2(t)) = +\infty$ il n'y a rien à démontrer. Si t est tel que $E(M^2(t)) < +\infty$ et si M est une martingale, alors, d'après l'inégalité de Doob, $s \to M(t \wedge s)$ est une martingale de carré intégrable. Par suite, le théorème F.29 et le résultat d'unicité du théorème F.36 permettent d'affirmer que $s \to M^2(t \wedge s) - < M, M > (t \wedge s)$ est une martingale, d'où le résultat. ♣

F.4.3   Deux résultats de convergence

Convergence en probabilité

Le lemme F.34 permet d'obtenir, à partir d'un résultat dû à E. Lenglart, une majoration utile pour démontrer des convergences en probabilité.

Proposition F.38 (inégalité de Lenglart) ([72], [58] chapitre I lemme 3.30)

Soit X un processus càd-làg adapté et A un processus croissant prévisible tels que pour tout temps d'arrêt T borné :

$$\mathbb{E}(\,|X(T)|\,) \leq \mathbb{E}(\,A(T)\,).$$

Alors pour tous $\eta > 0$ et $\delta > 0$ et pour tout temps d'arrêt T :

$$\mathbb{P}(\sup_{s \leq T} |X(s)| > \eta\,) \leq \frac{\delta}{\eta} + \mathbb{P}(A(T) > \delta).$$

En particulier, si M est une martingale locale de carré intégrable et de processus croissant $< M >$, alors pour tous $\eta > 0$ et $\delta > 0$ et pour tout temps d'arrêt T :

$$\mathbb{P}(\sup_{s \leq T} |M(s)| > \eta\,) \leq \frac{\delta}{\eta^2} + \mathbb{P}(< M >(T) > \delta).$$

Corollaire F.39 *Soit M_ρ une famille de martingales locales de carrés intégrables et de processus croissants respectifs $< M_\rho >$ et T_ρ une famille de temps d'arrêt. Si :*

$$< M_\rho >(T_\rho) \xrightarrow[\rho \to \infty]{P} 0,$$

alors :

$$\sup_{s \leq T_\rho} |M(s)| \xrightarrow[\rho \to \infty]{P} 0.$$

Convergence presque-sûre

Pour établir une convergence presque-sûre, on peut utiliser la proposition suivante :

Proposition F.40 ([80] proposition VII.2.4 dans le cas de martingales à temps discret et [35] théorème 8.2.17 pour des martingales à temps continu)

Soit M une martingale (locale) dont le processus croissant A est continu. Alors sur $\{A(\infty) = \lim_{t \to \infty} A(t) = +\infty\}$, pour tout $\varepsilon > 0$:

$$\frac{M(t)}{A(t)^{1/2+\varepsilon}} \xrightarrow[t \to +\infty]{} 0$$

presque-sûrement.

F.4.4   Martingale et martingale locale

Il est intéressant d'avoir des conditions suffisantes pour qu'une martingale locale soit une martingale.

Proposition F.41 *Si M est une martingale locale telle que, pour tout $t \geq 0$:*

$$\mathbb{E}(\sup_{s \leq t} |M(s)|) < +\infty,$$

alors M est une martingale.

En particulier si M est une martingale locale de carré intégrable de processus croissant A et si, pour tout $t \geq 0$, $\mathbb{E}(A(t)) < +\infty$ alors M et $M^2 - A$ sont des martingales.

♣ *Démonstration* : Soit T_n une suite de temps d'arrêt croissant vers l'infini et telle que M^{T_n} soit une martingale. Soit $s < t$, alors :

$$\mathbb{E}(M(t \wedge T_n)/\mathcal{F}_s) = M(s \wedge T_n). \tag{F.1}$$

Puisque $\mathbb{E}(|M(s)|) \leq \mathbb{E}(\sup_{s \leq t}|M(s)|) < +\infty$, la variable aléatoire $M(s)$ est finie presque-sûrement, donc lorsque n tend vers l'infini, $M(s \wedge T_n)$ tend presque-sûrement vers $M(s)$. De même $M(t \wedge T_n)$ tend presque-sûrement vers $M(t)$ et, par convergence dominée, la condition $\mathbb{E}[\sup_{s \leq t}|M(s)|] < +\infty$ montre que $\mathbb{E}(M(t \wedge T_n)/\mathcal{F}_s)$ converge presque-sûrement vers $\mathbb{E}(M(t)/\mathcal{F}_s)$. Par passage à la limite dans l'égalité (F.1) nous obtenons :

$$\mathbb{E}(M(t)/\mathcal{F}_s) = M(s),$$

donc M est une martingale.

Supposons maintenant que M soit une martingale locale de carré intégrable de processus croissant A et que, pour tout $t \geq 0$, $\mathbb{E}(A(t)) < +\infty$. Montrons que $\sup_{s \leq t}|M(s)|$ est de carré intégrable. Soit $(T_n)_{n \geq 1}$ une suite localisante, alors l'inégalité de Doob entraine que, pour tout n :

$$
\begin{aligned}
\frac{1}{4}\mathbb{E}(\sup_{s \leq t} M^2(s \wedge T_n)) &\leq \mathbb{E}(M^2(t \wedge T_n)) \\
&\leq \mathbb{E}(A(t \wedge T_n)) \\
&\leq \mathbb{E}(A(t)).
\end{aligned}
$$

Puisque $M^2 - A$ est une martingale locale, le lemme F.34 montre que, pour tout s, $\mathbb{E}(M^2(s)) \leq \mathbb{E}(A(s)) < +\infty$ et donc $M(s)$ est finie presque-sûrement. Par suite, $M(s \wedge T_n)$ converge presque-sûrement vers $M(s)$ lorsque n tend vers l'infini et le lemme de Fatou, joint au résultat précédent, donne :

$$
\begin{aligned}
\mathbb{E}(\sup_{s \leq t} M^2(s)) &= \mathbb{E}(\sup_{s \leq t} \liminf_n M^2(s \wedge T_n)) \\
&\leq \mathbb{E}(\liminf_n \sup_{s \leq t} M^2(s \wedge T_n)) \\
&\leq \liminf_n \mathbb{E}(\sup_{s \leq t} M^2(s \wedge T_n)) \\
&\leq 4\mathbb{E}(A(t)) < +\infty.
\end{aligned}
$$

Nous en déduisons que $\sup_{s \leq t} |M(s)|$ est intégrable et donc que M est une martingale d'après la première partie de la démonstration, puis que :

$$\mathbb{E}[\sup_{s \leq t} |M^2(s) - A(s)|] \leq \mathbb{E}[\sup_{s \leq t} |M^2(s)|] + \mathbb{E}[\sup_{s \leq t} |A(s)|]$$
$$\leq 5A(t).$$

La première partie de la proposition permet encore une fois de conclure. ♣

F.5 Martingales locales à variation bornée

Dans les applications, les martingales locales à variation bornée apparaissent "naturellement" lorsqu'on veut "compenser" un processus croissant dans le sens suivant :

Théorème F.42 ([58] chapitre 1 théorème 3.17)

Soit A un processus croissant localement intégrable, alors il existe un et un seul processus croissant localement intégrable et prévisible $\tilde{A}$, appelé le **compensateur** *de A qui vérifie l'une des propriétés équivalentes suivantes :*

1. *$A - \tilde{A}$ est une martingale locale,*

2. *pour tout temps d'arrêt T, $\mathbb{E}(A(T)) = \mathbb{E}(\tilde{A}(T))$,*

3. *pour tout processus Z prévisible et positif :*

$$\mathbb{E}\left(\int_0^\infty Z(s)\, dA(s)\right) = \mathbb{E}\left(\int_0^\infty Z(s)\, d\tilde{A}(s)\right).$$

La démonstration de ce théorème repose sur la technique de localisation et la décomposition de Doob-Meyer (théorème F.27).

F.5.1 Quelques résultats généraux

Les résultats que nous donnons maintenant sont des résultats généraux dans le sens où ils concernent toute martingale locale à variation bornée mais ils sont également généraux car ils sont valables pour des martingales locales quelconques.

Le premier théorème est une "version localisée" des propositions F.21, F.22 et F.23.

Théorème F.43 ([4] théorème II.3.1)

1) Soit M une martingale locale à variation bornée et Z un processus prévisible tel que $\int |Z||dM|$ est localement borné. Alors $\int Z\, dM$ est une martingale locale.

2) Soit M une martingale locale de carré intégrable, à variation bornée et Z un processus prévisible tel que $\int Z^2\, d<M>$ est localement borné (ou tel que le processus $\int Z^2 \, d[M]$ est localement intégrable). Alors $\int Z \, dM$ est une martingale locale de carré intégrable et :

$$\left[\int Z \, dM\right] = \int Z^2 \, d[M],$$

$$\left\langle \int Z \, dM \right\rangle = \int Z^2 \, d < M > .$$

Plus généralement si M_1 et M_2 sont deux martingales locales de carré intégrable qui sont à variation bornée et si Z_1 et Z_2 sont deux processus prévisibles tels que les processus $\int Z_i^2 \, d < M_i >$ $(i = 1, 2)$ sont localement finis (ou tels que les processus $\int Z_i^2 \, d[M_i]$ sont localement intégrables), alors :

$$\left[\int Z_1 \, dM_1, \int Z_2 \, dM_2\right] = \int Z_1 Z_2 \, d[M_1, M_2],$$

$$\left\langle \int Z_1 \, dM_1, \int Z_2 \, dM_2 \right\rangle = \int Z_1 Z_2 \, d < M_1, M_2 > .$$

Nous donnons maintenant une formule exponentielle. Elle a été établie dans le cadre général des semimartingales par Catherine Doléans-Dade ([38], [39], [58] chapitre 1 théorème 4.61).

Proposition F.44 *Soit M une martingale locale à variation bornée, à valeurs dans $\mathbb{R}$ ou $\mathbb{C}$ (dans ce dernier cas cela signifie que $M = M_1 + iM_2$ où M_1 et M_2 sont des martingales locales à variation bornée). Nous supposons de plus que la variation de M est localement bornée. Alors le processus $\mathcal{E}(M)$ donné par :*

$$\mathcal{E}(M)(t) = e^{M(t)} \prod_{s \leq t} (1 + \Delta M(s)) e^{-\Delta M(s)}$$

est une martingale locale.

♣ *Principe de la démonstration* : Nous appliquons la proposition A.7 et la remarque A.11 avec $U = M$. Nous en déduisons que

$$X(t) = e^{M(t)} \prod_{s \leq t} (1 + \Delta M(s)) e^{-\Delta M(s)} = e^{M^c(t)} \prod_{s \leq t} (1 + \Delta M(s))$$

vérifie l'équation :

$$X(t) = 1 + \int_0^t X(s_-) \, dM(s).$$

La première partie du théorème F.43 et l'exemple F.5 permettent alors de conclure que X est une martingale locale. ♣

Nous verrons dans le paragraphe suivant une deuxième formule exponentielle.

F.5.2 Somme de sauts compensés

En appliquant la proposition F.33 et le théorème F.42 à un processus de comptage simple, nous obtenons :

Théorème F.45 *Soit N un processus de comptage simple. Il existe un et un seul processus croissant prévisible A qui vérifie l'une des propriétés équivalentes suivantes :*

1. *$N - A$ est une martingale locale,*

2. *pour tout temps d'arrêt T, $\mathbb{E}(N(T)) = \mathbb{E}(A(T))$,*

3. *pour tout processus Z prévisible et positif :*

$$\mathbb{E}\left(\int_0^\infty Z(s)\, dN(s)\right) = \mathbb{E}\left(\int_0^\infty Z(s)\, dA(s)\right).$$

De plus si, pour tout $t \geq 0$, $\mathbb{E}(N(t)) < +\infty$ (ou de manière équivalente si pour tout $t \geq 0$, $\mathbb{E}(A(t)) < +\infty$) alors $N - A$ est une martingale.

Si le processus A est continu, d'après la proposition F.33 la martingale $M = N - A$ est localement de carré intégrable. Nous voulons déterminer son processus croissant.

Théorème F.46 *Soit N un processus de comptage simple de compensateur A continu. Alors $M = N - A$ est une martingale locale de carré intégrable et son processus croissant est :*
$$< M, M >= A.$$

Si de plus $\mathbb{E}(N(t)) < +\infty$ pour tout t (ou de manière équivalente si $\mathbb{E}(A(t)) < +\infty$ pour tout t) alors $M^2 - A$ est une martingale.

♣ *Principe de la démonstration :* Le fait que M soit localement de carré intégrable est une conséquence de la proposition F.33. En outre, puisque A est continu, les sauts de M sont les sauts de N et :

$$M(t) = \sum_{s \leq t} \Delta N(s) - A(t) = \sum_{s \leq t} \Delta M(s) - A(t).$$

D'autre part, d'après le corollaire F.22, le processus

$$M^2(t) - \sum_{s \leq t} (\Delta M(s))^2$$

est une martingale locale ou, de manière équivalente, le processus

$$< M, M > (t) - \sum_{s \leq t} (\Delta M(s))^2$$

est une martingale locale. Par suite le processus

$$\sum_{s \leq t} \Delta M(s) - A(t) + \; < M, M > (t) - \sum_{s \leq t} (\Delta M(s))^2$$

est une martingale locale.

Puisque M et N ont les mêmes sauts et que N n'a que des sauts de 1 nous avons $\Delta M(s) = (\Delta M(s))^2$ et par suite $< M, M > -A$ est une martingale locale. Comme $< M, M >$ et A sont tous deux prévisibles, nous en déduisons qu'ils sont tous deux processus croissant de M. L'unicité du processus croissant entraine alors que $< M, M >= A$. ♣

En utilisant le théorème F.43 et la proposition F.41, nous en déduisons :

Théorème F.47 *Soit N un processus de comptage dont le compensateur A est continu et Z un processus prévisible.*

1) Si, pour tout $t \geq 0$, $\int_0^t |Z(s)| \, dA(s) < +\infty$ presque-sûrement, alors $\int Z \, d(N - A)$ est une martingale locale.

2) Si $\int_0^t Z^2(s) \, dA(s) < +\infty$ presque-sûrement pour tout $t \geq 0$, alors le processus

$$\int Z \, d(N - A)$$

est une martingale locale de carré intégrable, de processus croissant :

$$\int Z^2 dA.$$

Si pour tout $t \geq 0$, $\mathbb{E}(\int_0^t Z^2(s) \, dA(s)) < +\infty$, alors :

$$\int Z \, d(N - A) \quad \text{et} \quad \left(\int Z \, d(N - A) \right)^2 - \int Z^2 \, d(N - A)$$

sont des martingales.

Nous allons donner maintenant une deuxième formule exponentielle. Elle a été démontrée par M. Yor ([100]) dans le cas des semimartingales. Son énoncé dans le cas général nous amènerait à introduire de nouvelles notions, c'est pourquoi nous avons choisi de nous limiter au cas qui nous préoccupe.

Proposition F.48 *Soit N un processus de comptage dont le compensateur A est continu et Z un processus prévisible localement borné (par exemple un processus adapté et continu à gauche). Posons :*

$$\widetilde{M} = \int Z \, d(N - A).$$

Alors, pour tout $a \in \mathbb{C}$, le processus X donné par :

$$
\begin{aligned}
X(t) &= \exp\left(a \int_0^t Z(s) \, d\widetilde{M}(s) - \int_0^t (e^{aZ(s)} - 1 - aZ(s)) \, dA(s) \right) \\
&= \exp\left(a \int_0^t Z(s) \, dN(s) - \int_0^t (e^{aZ(s)} - 1) \, dA(s) \right)
\end{aligned}
$$

est une martingale locale à valeurs dans $\mathbb{C}$ (au sens de la proposition F.44).

♣ *Principe de la démonstration* : Posons $M = N - A$. Nous appliquons la proposition A.7 et la remarque A.11 avec $dU(s) = (e^{aZ(s)} - 1)\, dM(s)$. Nous obtenons que

$$
\begin{aligned}
X(t) &= \left(\prod_{s \leq t}(1 + \Delta U(s)) \right) \exp(U^c(t)) \\
&= \left(\prod_{s \leq t}[1 + (e^{aZ(s)} - 1)\Delta N(s)] \right) \exp\left(- \int_0^t (e^{aZ(s)} - 1)\, dA(s) \right) \\
&= \exp\left(\int_0^t aZ(s)\, dN(s) - \int_0^t (e^{aZ(s)} - 1)\, dA(s) \right) \\
&= \exp\left(a\int_0^t Z(s)\, d\widetilde{M}(s) - \int_0^t (e^{aZ(s)} - 1 - aZ(s))\, dA(s) \right)
\end{aligned}
$$

vérifie l'équation :

$$
X(t) = 1 + \int_0^t X(s_-)(e^{aZ(s)} - 1)\, dM(s).
$$

La première partie de la proposition F.47 et l'exemple F.5 entrainent que X est une martingale locale. ♣

Remarque F.49 : Dans la proposition F.48 on peut affaiblir l'hypothèse "Z localement borné" en la remplaçant par exemple par "le processus $\int |Z|\, dA$ est localement fini et le processus $\int |e^{aZ} - 1|\, dA$ est localement intégrable".

Appendice G

Caractérisation d'un processus de Markov par martingales

Soit A une matrice génératrice sur un espace E fini ou dénombrable et telle que $\sup_{i \in E} |A(i,i)| = K < +\infty$.

Le but de cet appendice est de donner une démonstration du résultat suivant qui constitue la deuxième partie du théorème 8.46.

Théorème G.1 *Soit $X = (X_t)_{t \geq 0}$ un processus continu à droite à valeurs dans E. Supposons que, pour toute fonction f bornée, le processus $M = (M(t))_{t \geq 0}$ défini par*

$$M(t) = f(X_t) - f(X_0) - \int_0^t Af(X_s)\, ds$$

soit une martingale relativement à la filtration naturelle $\mathcal{F}$ du processus X, alors le processus X est un processus markovien de sauts de matrice génératrice A.

Dans le chapitre 8 nous avons démontré ce résultat lorsque E est fini. Nous donnons ici une démonstration dans le cas général. Celle-ci est l'adaptation au cas qui nous préoccupe du théorème 4.1 chapitre 4 de [42] (qui est une caractérisation des processus de Markov à valeurs dans un espace quelconque).

Dans tout cet appendice, $\|\cdot\|$ désigne la norme de la convergence uniforme :

$$\|f\| = \sup_{i \in E} |f(i)|.$$

Notons $(P_t)_{t \geq 0}$ le semi-groupe associé à A, c'est-à-dire $P_t = e^{tA}$ ou encore $(P_t)_{t \geq 0}$ est le semi-groupe associé à un processus de Markov de matrice génératrice A (dont l'existence est garantie par la proposition 8.43).

Rappelons (voir proposition 8.10) que, pour f bornée et $s > 0$, l'équation

$$sg - Ag = f$$

admet une et une seule solution bornée g, que nous notons $(sI - A)^{-1}f$ et qui est :

$$g = (sI - A)^{-1}f = \int_0^{+\infty} e^{-st} P_t f\, dt.$$

La notation $(sI - A)^{-1}$ ne peut entrainer de confusion car nous avons vu (remarque 8.11) que, lorsque l'ensemble E est fini, $(sI - A)^{-1}$ est bien l'inverse de la matrice $sI - A$.

Proposition G.2 *Pour toute fonction f bornée sur E :*

$$\|(I - \frac{1}{n}A)^{-[nt]}f - P_t f\| \xrightarrow[n \to +\infty]{} 0$$

($[nt]$ désigne la partie entière de nt).

♣ *Démonstration* : Nous avons :

$$(I - \frac{1}{n}A)^{-1}f = n(nI - A)^{-1}f = \int_0^{+\infty} ne^{-nt}P_t f\, dt,$$

et par récurrence sur k :

$$
\begin{aligned}
(I - \frac{1}{n}A)^{-k}f &= \int_0^{+\infty}\cdots\int_0^{+\infty} n^k e^{-n(s_1+\cdots+s_k)}P_{s_1+\cdots+s_k}f\, ds_1\cdots ds_k \\
&= \int_0^{+\infty} n^k e^{-ns}P_s f \left(\int_{s_1+\cdots+s_{k-1}\le s} ds_1\cdots ds_{k-1}\right) ds \\
&= \int_0^{+\infty} n^k e^{-ns}\frac{s^{k-1}}{(k-1)!}P_s f\, ds.
\end{aligned}
$$

Remarquons que $n^k e^{-ns}\frac{s^{k-1}}{(k-1)!}$ est la densité de la loi gamma de paramètres k et $\frac{1}{n}$, c'est donc la loi de $\frac{1}{n}(Y_1 + \cdots + Y_k)$ où les variables aléatoires Y_i sont indépendantes et de même loi exponentielle de paramètre 1. Posons $S_n = \frac{1}{n}\sum_{\ell=1}^{[nt]} Y_\ell$, la loi des grands nombres entraine que S_n converge presque-sûrement vers t lorsque n tend vers l'infini.

Définissons les fonctions g_i ($i \in E$) par $P_s f(i) = g_i(s)$. D'une part nous savons (voir proposition 8.8) que $\|P_s f - P_t f\| = \sup_i |g_i(s) - g_i(t)|$ tend vers 0 lorsque s tend vers t. D'autre part nous avons montré ci-dessus que :

$$(I - \frac{1}{n}A)^{-[nt]}f(i) = \int_0^{+\infty} n^{[nt]}e^{-ns}\frac{s^{[nt]-1}}{([nt]-1)!}g_i(s)\, ds = \mathbb{E}(g_i(S_n)),$$

et donc :

$$\|(I - \frac{1}{n}A)^{-[nt]}f - P_t f\| = \sup_i |\mathbb{E}(g_i(S_n)) - g_i(t)| \le \mathbb{E}(\sup_i |g_i(S_n) - g_i(t)|).$$

Puisque S_n converge presque-sûrement vers t quand n tend vers l'infini, nous en déduisons que $\sup_i |g_i(S_n) - g_i(t)|$ converge presque-sûrement vers 0 et nous obtenons par convergence dominée que $\|(I - \frac{1}{n}A)^{-[nt]}f - P_t f\|$ tend vers 0 (car $\sup_{i,s} |g_i(s)| \le \|f\|$). ♣

Proposition G.3 *Sous les hypothèses du théorème G.1, pour tout $\lambda \ge 0$, le processus M_λ défini par*

$$M_\lambda(t) = e^{-\lambda t}f(X_t) + \int_0^t e^{-\lambda s}(\lambda f(X_s) - Af(X_s))\, ds$$

est une martingale (relativement à la filtration $\mathcal{F}$).

♣ *Démonstration* : Posons $M(t) = f(X_t) - \int_0^t Af(X_s)\, ds$. La formule d'intégration par parties (voir la proposition A.5 et la remarque A.11) donne :

$$\int_0^t (1 - e^{-\lambda s})\, dM(s) = (1 - e^{-\lambda t})M(t) - \int_0^t M(s)\lambda e^{-\lambda s}\, ds.$$

Le premier membre est une martingale (comme intégrale stochastique d'un processus continu borné par rapport à une martingale - voir appendice F) et par suite

$$\widetilde{M}_\lambda(t) = e^{-\lambda t}M(t) + \int_0^t M(s)\lambda e^{-\lambda s}\, ds$$

est une martingale. Or :

$$
\begin{aligned}
\widetilde{M}_\lambda(t) &= e^{-\lambda t}f(X_t) + \int_0^t \lambda f(X_s)e^{-\lambda s}\, ds - e^{-\lambda t}\int_0^t Af(X_s)\, ds \\
&\quad - \int_0^t \int_0^s Af(X_u)\, du\, \lambda e^{-\lambda s}\, ds \\
&= e^{-\lambda t}f(X_t) + \int_0^t \lambda f(X_s)e^{-\lambda s}\, ds - e^{-\lambda t}\int_0^t Af(X_s)\, ds \\
&\quad - \int_0^t (e^{-\lambda u} - e^{-\lambda t})Af(X_u)\, du \\
&= e^{-\lambda t}f(X_t) + \int_0^t \lambda f(X_s)e^{-\lambda s}\, ds - \int_0^t e^{-\lambda u}Af(X_u)\, du \\
&= M_\lambda(t),
\end{aligned}
$$

d'où le résultat. ♣

♣ *Démonstration* du théorème G.1 : Etant donnée une fonction f bornée, nous devons prouver que, pour tous réels positifs u et t :

$$\mathbb{E}(f(X_{t+u})/\mathcal{F}_t) = (P_u f)(X_t).$$

La proposition G.3 montre que si h est une fonction bornée :

$$\mathbb{E}\left(e^{-\lambda(t+u)}h(X_{t+u})/\mathcal{F}_t\right) - e^{-\lambda t}h(X_t) + \mathbb{E}\left(\int_t^{t+u} e^{-\lambda s}(\lambda h - Ah)(X_s)\, ds/\mathcal{F}_t\right) = 0,$$

ce qui entraine :

$$e^{-\lambda u}\mathbb{E}(h(X_{t+u})/\mathcal{F}_t) - h(X_t) + \mathbb{E}\left(\int_0^u e^{-\lambda v}(\lambda h - Ah)(X_{t+v})\, dv/\mathcal{F}_t\right) = 0.$$

En faisant tendre u vers l'infini, nous obtenons (par convergence dominée) :

$$h(X_t) = \mathbb{E}\left(\int_0^{+\infty} e^{-\lambda s}(\lambda h - Ah)(X_{t+s})\, ds/\mathcal{F}_t\right).$$

Nous allons calculer $(P_u f)(X_t)$ en utilisant la proposition G.2. Appliquons la formule ci-dessus avec $\lambda = n$ et $h = (I - \frac{1}{n}A)^{-1}f$, il vient :

$$[(I - \frac{1}{n}A)^{-1}f](X_t) = \mathbb{E}\left(\int_0^{+\infty} e^{-ns}[(nI - A)(I - \frac{1}{n}A)^{-1}f](X_{t+s}) \, ds/\mathcal{F}_t\right)$$

$$= \mathbb{E}\left(\int_0^{+\infty} ne^{-ns}f(X_{t+s}) \, ds/\mathcal{F}_t\right)$$

$$= \mathbb{E}\left(\int_0^{+\infty} e^{-s}f(X_{t+\frac{s}{n}}) \, ds/\mathcal{F}_t\right).$$

Itérant cette formule, nous arrivons à :

$$[(I - \frac{1}{n}A)^{-k}f](X_t) = \mathbb{E}\left(\int_{\mathbb{R}_+^k} e^{-(s_1+\cdots+s_k)}f(X_{t+\frac{1}{n}(s_1+\cdots+s_k)}) \, ds_1\cdots ds_k/\mathcal{F}_t\right)$$

$$= \mathbb{E}\left(\int_0^{+\infty} e^{-s}f(X_{t+\frac{s}{n}})\frac{s^{k-1}}{(k-1)!} \, ds/\mathcal{F}_t\right).$$

En prenant $k = [nu]$, nous avons :

$$(I - \frac{1}{n}A)^{-[nu]}f(X_t) = \int_0^{+\infty} \frac{s^{[nu]-1}}{([nu]-1)!}e^{-s}\mathbb{E}(f(X_{t+\frac{s}{n}})/\mathcal{F}_t) \, ds. \tag{G.1}$$

Le fait que $M(t) = f(X_t) - f(X_0) - \int_0^t Af(X_s) \, ds$ soit une martingale donne pour tous réels positifs u_1 et u_2 :

$$\mathbb{E}(f(X_{t+u_2}) - f(X_{t+u_1}) - \int_{u_1}^{u_2} Af(X_{t+s}) \, ds/\mathcal{F}_{t+\min(u_1,u_2)}) = 0,$$

et donc, en prenant l'espérance conditionnelle par rapport à $\mathcal{F}_t$:

$$\mathbb{E}(f(X_{t+u_2}) - f(X_{t+u_1}) - \int_{u_1}^{u_2} Af(X_{t+s}) \, ds/\mathcal{F}_t) = 0.$$

Nous appliquons ceci à $u_1 = u$ et $u_2 = \frac{s}{n}$, l'équation (G.1) devient :

$$(I - \frac{1}{n}A)^{-[nu]}f(X_t) = \mathbb{E}(f(X_{t+u})/\mathcal{F}_t)\int_0^{+\infty} \frac{s^{[nu]-1}}{([nu]-1)!}e^{-s} \, ds + R_n$$

$$= \mathbb{E}(f(X_{t+u})/\mathcal{F}_t) + R_n, \tag{G.2}$$

avec :

$$|R_n| = \left|\mathbb{E}\left(\int_0^{+\infty} \frac{s^{[nu]-1}}{([nu]-1)!}e^{-s}\int_u^{\frac{s}{n}} Af(X_{t+v}) \, dv \, ds/\mathcal{F}_t\right)\right|$$

$$\leq \|Af\|\int_0^{+\infty} |\frac{s}{n} - u|\frac{s^{[nu]-1}}{([nu]-1)!}e^{-s} \, ds$$

$$= \|Af\|\mathbb{E}(|\frac{S_n}{n} - u|),$$

la variable aléatoire S_n étant de loi gamma de paramètres $[nu]$ et 1. On peut donc supposer que $S_n = Y_1 + \cdots + Y_{[nu]}$, les variables aléatoires Y_i étant indépendantes et de même loi exponentielle de paramètre 1. La loi des grands nombres entraine que $\mathbb{E}(|\frac{S_n}{[nu]} - 1|)$ tend vers 0 quand n tend vers l'infini, il en est donc de même de $\mathbb{E}(|\frac{S_n}{n} - u|)$, ce qui prouve que R_n tend vers 0. En faisant tendre n vers l'infini dans l'équation (G.2) et en appliquant la proposition G.2, nous obtenons le résultat cherché. ♣

Bibliographie

[1] O.O. AALEN. Nonparametric inference for a family of counting processes. *Ann. Statist.*, **6**, 701–726, 1978.

[2] A.M. ABDEL-MONEIM et F.W. LEYSIEFFER. Weak Lumpability in finite Markov Chains. *J. Appl. Prob.*, **19**, 685–691, 1982.

[3] P.K. ANDERSEN et R.D. GILL. Cox's regression model for counting processes : A large sample study. *Ann. Statist.*, **10**, 1100–1120, 1982.

[4] P.K. ANDERSEN, O. BORGAN , R.D. GILL et N. KEIDING. *Statistical Models Based on Counting Processes*. Springer Verlag, Springer Series in Statistics, 1993.

[5] A. ANTONIADIS. A penality method for nonparametric estimation of the intensity function of a counting process. *Annals of the Institute of Mathematical Statistics*, **41**, 4, 1781–1808, 1989.

[6] A. ANTONIADIS et G. GRÉGOIRE. Penalized Likelihood Estimation for Rates with Censored Survival Data. *Scandinavian Journal of Statistics*, **17**, 43–63, 1990.

[7] S. ASMUSSEN. *Applied Probability and Queues*. Wiley, 1992.

[8] C.L. ATWOOD. Data analysis using the binomial failure rate common cause model. *Rapport NUREG/CR-3437*, 1983.

[9] T. AVEN. A theorem for determining the compensator of a counting process. *Scandinavian Journal of Statistics*, **12**, 69–72, 1985.

[10] V. BAGDONAVIČIUS et M. NIKULIN. Generalized additive-multiplicative semiparametric models in survival analysis. XVIIème *Rencontre Franco-Belge de Statisticiens*, Université de Marne-la-Vallée, 21 et 22 Novembre 1996.

[11] R.E. BARLOW et F. PROSCHAN. *Statistical Theory of Reliability and Life Testing : Probability Models*. Holt, Rinehart and Winston, International Series in Decision Processes, 1975.

[12] R.E. BARLOW et F. PROSCHAN. Theory for Maintained Systems : Distribution of Time to First Failure. *Mathematics of Operations Research*, **1**, 32–42, 1976.

[13] R.E. BARLOW, F. PROSCHAN. Importance of system components and fault tree events. *Stochastic Processes and their Applications*, **3**, 153–173, 1975.

[14] P. BILLINGSLEY. *Probability and Measure*. Wiley and Sons, 1979.

[15] P. BILLINGSLEY. *Convergence of Probability Measures*. Wiley and Sons, 1968.

[16] Z.W. BIRNBAUM. On the importance of different components in a multicomponent system. Dans *Multivariable analysis II*, P.R. Korishnaiah Editeur, Academic Press, New York, 1969.

[17] J.L. BON. *Fiabilité des systèmes : modèles mathématiques*. Masson, Techniques Stochastiques, 1995.

[18] O. BORGAN. Maximum Likelihood Estimation in Parametric Counting Process Models with Applications to Censored Failure Time Data, *Scandinavian Journal of Statistics*, **11**, 1–16, 1984.

[19] N. BOULEAU. *Probabilités de l'ingénieur*. Hermann, 1986.

[20] N. BOULEAU. *Processus stochastiques et applications*. Hermann, 1988.

[21] P. BRÉMAUD. *Point Processes and Queues : Martingale Dynamics*. Springer Verlag, Springer Series in Statistics, 1981.

[22] P.G. CIARLET. *Introduction à l'analyse numérique matricielle et à l'optimisation*. Masson, 1994.

[23] E. ÇINLAR. *Introduction to stochastic processes*. Prentice-Hall, 1975.

[24] C. COCOZZA–THIVENT et V. KALASHNIKOV. The failure rate in reliability : Approximations and bounds. *J. Appl. Math. Stoch. Anal.*, **9**, 4, 497–530, 1996.

[25] C. COCOZZA–THIVENT et V. KALASHNIKOV. The failure rate in reliability : Numerical treatment. *J. Appl. Math. Stoch. Anal.*, **10**, 1, 21–45, 1997.

[26] C. COCOZZA–THIVENT et M. ROUSSIGNOL. Techniques de couplage en fiabilité. *Ann. Inst. Henri Poincaré*, Probab. Stat. **31**, 1, 119–141, 1995.

[27] C. COCOZZA–THIVENT et M. ROUSSIGNOL. Comparaison des lois stationnaire et quasi-stationnaire d'un processus de Markov et applications à la fiabilité. *Séminaire de Probabilités XXX*, Lecture Notes in Mathematics 1626, Springer Verlag , 24–39, 1996.

[28] C. COCOZZA–THIVENT et M. ROUSSIGNOL. Semi-Markov processes for reliability studies. *ESAIM : Probability and Statistics*, **1**, 207–223, 1997.

[29] C. COCOZZA–THIVENT et M. ROUSSIGNOL. Robustesse de quelques formules de fiabilité. *Prépublications de l'Equipe d'Analyse et de Mathématiques Appliquées, Université de Marne-la-Vallée*, n°20/97, 1997.

[30] C. COCOZZA et M. YOR. Démonstration d'un théorème de F. Knight à l'aide de martingales exponentielles. *Séminaire de Probabilités XIV, 1978/1979*, Lecture Notes in Mathematics 784, Springer Verlag, 496–499, 1980.

[31] Ph. COURRÈGE, P. PRIOURET. Temps d'arrêt d'une fonction aléatoire. *Publ. Inst. Stat. Univ. Paris*, 245–274, 1965.

[32] D.R. COX et P.A.W. LEWIS. *The Statistical Analysis of Series of Events*. Wiley and Sons, 1966.

[33] D.R. COX et D. OAKES. *Analysis of Survival Data*. Chapman and Hall, Monographs on Statistics and Applied Probability, 1984.

[34] D. DACUNHA-CASTELLE et M. DUFLO. *Probabilités et statistiques, 1. Problèmes à temps fixe*. Masson, 1994 (2ème édition).

[35] D. DACUNHA-CASTELLE et M. DUFLO. *Probabilités et statistiques, 2. Problèmes à temps mobile*. Masson, 1993 (2ème édition).

[36] D. DACUNHA-CASTELLE et M. DUFLO. *Exercices de probabilités et statistiques, 1. Problèmes à temps fixe*. Masson, 1982.

[37] C. DELLACHERIE et P.A. MEYER. *Probablités et potentiel : théorie des martingales*. Hermann, 1980 (nouvelle édition).

[38] C. DOLÉANS-DADE. Quelques applications de la formule de changement de variable pour les semimartingales. *Z. Wahrsch. verw. Geb.*, **16**, 181–194, 1970.

[39] C. DOLÉANS-DADE et P.A. MEYER. Intégrales stochastiques par rapport aux martingales locales. *Séminaire de Probabilités IV*, Lecture Notes in Mathematics 124, Springer Verlag, 77–107, 1970.

[40] M. DUFLO. *Méthodes récursives aléatoires*. Masson, 1990.

[41] R. DURRETT. *Probability : Theory and Examples*. Wadsworth and Brooks/Cole, 1991.

[42] S. N. ETHIER et T. G. KURTZ. *Markov processes : characterization and convergence*. Wiley, 1986.

[43] W. FELLER. *An Introduction to Probability Theory and its Applications, volume II*. Wiley, 1966.

[44] T.R. FLEMING et D.P. HARRINGTON. *Counting Processes and Survival Analysis*. Wiley, 1991.

[45] J.B. FUSSEL. How to hand-calculate system reliability characteristics. *IEEE Transactions on Reliability*, **24**, 1975.

[46] O. GAUDOIN. Optimal properties of the Laplace trend test. *IEEE Transactions on Reliability*, **41**, 4, 525–532, 1992.

[47] V. GENON-CATALOT et D. PICARD. *Eléments de statistique asymptotique*. Springer Verlag, Mathématiques et Applications n°.11, 1993.

[48] R.D. GILL. Large sample behavior of the product-limit estimator. *Annals of Statistics*, **11**, 49–58, 1983.

[49] R.D. GILL. Discussion of the papers by Helland and Kurtz. *Bull. Int. Statist. Inst.*, **50**, 3, 239–243, 1983.

[50] I.S. HELLAND. Applications of central limit theorems for martingales with continuous time. *Bull. Int. Statist. Inst.*, **50**, 1, 346–360, 1983.

[51] N.L. HJORT. Dynamic likelihood hazard rate estimation. *Biometrika*, à paraitre, 1997.

[52] N.L. HJORT et I.K. GLAD. Nonparametric density estimation with a parametric start. *Annals of Statistics*, **23**, 3, 882–904, 1995.

[53] N.L. HJORT et M.C. JONES. Locally parametric-nonparametric density estimation. *Annals of Statistics*, **24**, 4, 1619–1647 1996.

[54] R.P. HUGHES. Fault tree truncation error bounds. *Reliability Engineering*, **17**, 37–46, 1986.

[55] J. JACOD. *Calcul Stochastique et Problèmes de Martingales*. Springer Verlag, Lecture Notes in Mathematics 714, 1979.

[56] J. JACOD. Multivariate point processes : Predictable projection, Radon-Nikodym derivatives, representation of martingales. *Z. Wahrsch. verw. Geb.*, **31**, 235–253, 1975.

[57] J. JACOD. Théorèmes limites pour les processus. *Ecole d'Eté de Probabilités de Saint-Flour XIII - 1983*, Lecture Notes in Mathematics 1117, Springer Verlag, 298–409, 1985.

[58] J. JACOD et A.N. SHIRYAEV. *Limit Theorems for Stochastic Processes*. Springer Verlag, A Series of Comprehensive Studies in Mathematics 288, 1987.

[59] Yu. KABANOV, L.S. LIPTSER et A.N. SHIRYAYEV Some limit theorems for simple point processes (a martingale approach). *Stochastics*, **3**, 3, 203–216, 1980.

[60] V. KALASHNIKOV. *Regenerative processes*. CRC Press, 1994.

[61] J.D. KALBFLEISCH et R.L. PRENTICE. Marginal likelihoods based on Cox's regression and life model. *Biometrika*, **60**, 267–278, 1973.

[62] S. KARLIN et H.M. TAYLOR. *A First Course in Stochastic Processes*. Academic Press, 1975.

[63] S. KARLIN et H.M. TAYLOR. *A Second Course in Stochastic Processes*. Academic Press, 1981.

[64] J.G. KEMENY et J.L. SNELL. *Finite Markov chains*. Springer Verlag, 1976.

[65] F. KERVÉGANT. *Contribution aux simplifications quantitatives des modélisations de sûreté*. Thèse, Université de Technologie de Compiègne, octobre 1991.

[66] F. KERVÉGANT, L. LIMNIOS et C. COCOZZA-THIVENT. Evaluation probabiliste approchée des grands arbres de défaillance. *RAIRO/RO*, **26**, 125–137, 1992.

[67] C. KOOPERBERG et C.J. STONE. Logspline Density Estimation for Censored Data. *Journal of Computational and Graphical Statistics*, 1, 301–328, 1992.

[68] Y. A. KUTOYANTS. *Parameter estimation for stochastic processes*. R & E Research and Exposition in Mathematics 6, traduit du Russe et édité par B.L.S. Prakasa Rao, Heldermann Verlag Berlin, 1984.

[69] H.E. LAMBERT. Fault trees for decision making in systems analysis. Rapport Technique UCRL–51829, Lawrence Livermore Laboratory, Livermore, 1975.

[70] J. LEDOUX, G. RUBINO et B. SERICOLA. Agrégation faible des processus de Markov absorbants. Rapport Technique 1736, INRIA Rennes, 1992.

[71] E.L. LEHMANN. *Testing Statistical Hypotheses*. Wiley, 1959.

[72] E. LENGLART. Relation de domination entre deux processus. *Ann. Inst. Henri Poincaré*, **13**, 171–179, 1977.

[73] N. LIMNIOS. *Arbres de défaillances*. Hermes, 1991.

[74] T. LINDVALL. A probabilistic proof of Blackwell's renewal theorem. *Ann. Prob.*, **15**, 482–485, 1977.

[75] T. LINDVALL. *Lectures on the Coupling Methods*. John Wiley and Sons, 1992.

[76] M. MESSERI. *Exercices de mathématiques 2. Analyse I*. Belin, 1987.

[77] M.. MODARRES et H. DEZFULI. A truncation methodology for evaluating large fault tree. *IEEE Transactions on Reliability*, **33**, 4, 325–328, 1984.

[78] M. NEUTS. *Matrix-geometric solutions in stochastic models*. The John Hopskins University Press, 1981.

[79] M. NEUTS. *Structured stochastic matrices of M/G/1 type and their applications*. Marcel Dekker Inc, 1989.

[80] J. NEVEU. *Martingales à temps discret*. Masson, 1972.

[81] J. NEVEU. Processus ponctuels. *Ecole d'Eté de Probabilités de Saint-Flour VI - 1976*. Lecture Notes in Mathematics 598, Springer Verlag, 250–447, 1977.

[82] J. NEVEU. Introduction aux processus aléatoires. Université Pierre et Marie Curie, Second cycle de mathématiques, Maîtrise, 1985.

[83] F. O'SULLIVAN. Fast computation of fully automated log-density and log-hazard estimators. *SIAM J. Sci. Stat. Comput.*, **9**, 363–379, 1988.

[84] A. PAGÈS, M. GONDRAN. *Fiabilité des systèmes*. Eyrolles, Collection de la Direction des Etudes et Recherches d'Electricité de France, 1980.

[85] H. RAMLAU-HANSEN. Smoothing counting process intensities by means of kernel functions. *Annals of Statistics*, **11**, 453–466, 1983.

[86] R. REBOLLEDO. La méthode des martingales appliquée à l'étude de la convergence en loi de processus. *Mem. Soc. Math. France 62*, 1980.

[87] R. REBOLLEDO. Central limit theorems for local martingales. *Z. Wahrsch. verw. Geb.*, **51**, 269–286, 1980.

[88] R. REBOLLEDO. Sur les applications de la théorie des martingales à l'étude statistique d'une famille de processus ponctuels. *Journées de Statistique des Processus Stochastiques, Grenoble 1977*, 27–70, Lecture Notes in Mathematics 636, Springer Verlag, 1978.

[89] G. RUBINO et B. SERICOLA. Agrégation d'états dans les processus markoviens. Rapport Technique 858, INRIA Rennes, 1988.

[90] W. RUDIN. *Real and Complex Analysis*. Mc Graw-Hill, 1966.

[91] E. SENETA. *Non-negative matrix and Markov chains*. Springer Verlag, Springer Series in Statistics, 1973.

[92] I. SIFFRE. Propriétés asymptotiques de l'estimateur du maximum de vraisemblance dans le cadre de plans d'expérience en fiabilité. *Prépublications de l'Equipe d'Analyse et de Mathématiques Appliquées, Université de Marne-la-Vallée, n°19/97*, 1997.

[93] D. STOYAN. *Comparison Methods for Queues and Other Stochastic Models*. Wiley, 1983.

[94] L. TAÏB, C. COCOZZA-THIVENT et R. VOGIN. Méthode d'évaluation de la fiabilité des systèmes avec prise en compte des essais systèmes, sous-systèmes et des essais durcis. *7ème Colloque International de fiabilité et de maintenabilité, Brest* 69–74, 1990.

[95] M. TANNER et W.H. WONG. The estimation of the hazard function from randomly censored data by the kernel method. *Annals of Statistics*, **11**, 989–993, 1983.

[96] H. THORISSON. A complete coupling proof of Blackwell's renewal theorem. *Stochastic Processes and their Applications*, **26**, 87–97, 1987.

[97] H. THORISSON. Construction of a stationary regenerative process. *Stochastic Processes and their Applications*, **42**, 237–253, 1992.

[98] D. WILLIAMS. *Probability with Martingales*. Cambridge University Press, 1991.

[99] B. YANDELL. Nonparametric inference for rates with censored data. *Annals of Statistics*, **11**, 1119–1135, 1983.

[100] M. YOR. Sur les intégrales stochastiques optionnelles et une suite remarquable de formules exponentielles. *Séminaire de Probabilités X*, Lecture Notes in Mathematics 511, Springer Verlag, 481–500, 1976.

Index

Déjà parus dans la même collection